分子生物
反应与技术研究

FENZI SHENGWU FANYING YU JISHU YANJIU

主　编　冀玉良　兰　喜　王庆东
副主编　刘富平　尹艳丽　武安泉
　　　　翟焕趁

中国水利水电出版社
www.waterpub.com.cn

内 容 提 要

全书围绕分子生物反应与技术展开讨论,主要内容包括导论,遗传物质的分子本质,DNA、RNA、蛋白质的生物合成,转座子,生物基因表达的调控,生物发育的分子调控,细胞的信息传递,分子遗传技术,分子生物基本操作技术,分子生物技术的应用等内容,通过对基本分子生物反应分析而逐步展开对分子生物反应相关技术进行研究。

本书内容丰富,取材新锐,文字表述简明扼要,是一本适合于分子生物反应研究爱好者阅读的实用性强的学术著作,对相关院校专业的师生和相关领域的研究人员来说也是一本颇为有益的参考书。

图书在版编目(CIP)数据

分子生物反应与技术研究/冀玉良,兰喜,王庆东
主编.--北京:中国水利水电出版社,2014.3(2022.10重印)
ISBN 978-7-5170-1824-7

Ⅰ.①分⋯ Ⅱ.①冀⋯②兰⋯③王⋯ Ⅲ.①分子生
物学—研究 Ⅳ.①Q7

中国版本图书馆 CIP 数据核字(2014)第 051450 号

策划编辑:杨庆川 责任编辑:杨元泓 封面设计:马静静

书 名	分子生物反应与技术研究
作 者	主 编 冀玉良 兰 喜 王庆东
	副主编 刘富平 尹艳丽 武安泉 翟焕趁
出版发行	中国水利水电出版社
	(北京市海淀区玉渊潭南路1号D座 100038)
	网址:www.waterpub.com.cn
	E-mail:mchannel@263.net(万水)
	sales@mwr.gov.cn
	电话:(010)68545888(营销中心)、82562819(万水)
经 售	北京科水图书销售有限公司
	电话:(010)63202643、68545874
	全国各地新华书店和相关出版物销售网点
排 版	北京鑫海胜蓝数码科技有限公司
印 刷	三河市人民印务有限公司
规 格	184mm×260mm 16开本 27印张 691千字
版 次	2014年6月第1版 2022年10月第2次印刷
印 数	3001—4001册
定 价	89.00元

前　　言

分子生物学是从分子水平研究生命本质的一门新兴边缘学科。该学科以核酸和蛋白质等生物大分子的结构及其在遗传信息和细胞信息传递中的作用为研究对象,是当前生命科学中发展最快并正在与其他学科广泛交叉与渗透的重要前沿领域。分子生物学的发展为人类认识生命现象带来了前所未有的机会,也为人类提高意识进化至新的层面创造了极为广阔的前景。

进入 21 世纪,分子生物学知识获得了快速更新,已深入到了生命科学的各个分支中,如生理学、病理学、发育生物学、神经生物学、免疫学等学科,取得了许多令人瞩目的成就,已经成为推动生物科学持续有力发展的主要动力和重要的技术保障,同时也深刻影响着人类的生活和社会发展。可以说,掌握和了解分子生物反应的原理与技术,成为了从事该领域乃至其他相关学科研究工作的一个十分重要的前提。

尽管生命体的结构和生活方式千姿百态,但是从分子水平上观察却都凸显出生命过程内在的统一。正是这种统一使分子生物学发展成为一门独立的学科。本书在结合各参编教师多年来的实践和经验,同时还吸取了近年来相关著作优点的基础上,用 13 章的内容对分子生物反应与技术进行了研究。

第 1 章为导论,主要就分子生物学的起源与发展、概念和基本内容进行了概述。第 2 章和第 3 章的内容包括遗传物质的分子本质,以及基因、基因组与基因组学。第 4 章至第 6 章讲述了 DNA、RNA、蛋白质的生物合成反应。第 7 章至第 10 章分别对转座子、生物基因表达的调控、生物发育的分子调控、细胞的信息传递等内容进行了描述。第 11 章至第 13 章则主要从实际应用出发,详细阐述了分子遗传技术、分子基本操作技术和分子生物技术的应用。本书的编写力求做到概念明确,逻辑严密,条理清楚,语言简练,文字流畅,理论联系实际,在贯彻基础性、系统性、科学性等原则的同时,又极力注重本书的实用性。

全书由冀玉良、兰喜、王庆东担任主编,刘富平、尹艳丽、武安泉、翟焕趁担任副主编,并由冀玉良、兰喜、王庆东负责统稿,具体分工如下:

第 1 章、第 3 章:冀玉良(商洛学院);

第 8 章、第 9 章、第 13 章:兰喜(中国农业科学院兰州兽医研究所);

第 2 章、第 11 章:王庆东(郑州大学);

第 6 章、第 10 章:刘富平(海南大学);

第 7 章、第 12 章:尹艳丽(河南工业大学);

第 4 章:武安泉(周口师范学院);

第 5 章:翟焕趁(河南工业大学)。

在本书的编写中,参阅了许多相关著作和文献资料,吸收了他们的很多观点,在此一并谨向这些相关作者表示由衷的感谢,恕这里不一一列举了。

分子生物学的原理和研究方法极其丰富且发展十分迅速的,由于篇幅所限,书中难以一一详细论述探讨。同时,囿于编者水平,书中难免有不妥之处,敬请读者和专家批评指正,我们将不胜感激。

编　者
2014 年 1 月

目　录

第1章　导论 …………………………………………………………… 1

1.1　分子生物学的定义 …………………………………………… 1

1.2　分子生物学的发展 …………………………………………… 1

1.3　分子生物学研究的主要内容 ………………………………… 12

第2章　遗传物质的分子本质 ……………………………………… 19

2.1　遗传物质 ………………………………………………………… 19

2.2　核酸结构 ………………………………………………………… 24

2.3　核酸的变性和复性 ……………………………………………… 45

2.4　核酸的研究技术 ………………………………………………… 50

2.5　核酸的序列测定 ………………………………………………… 55

第3章　基因、基因组与基因组学 ………………………………… 59

3.1　基因 ……………………………………………………………… 59

3.2　基因组 …………………………………………………………… 71

3.3　基因组学 ………………………………………………………… 93

第4章　DNA 生物合成反应 ………………………………………… 102

4.1　DNA 的复制 …………………………………………………… 102

4.2　DNA 的逆转录 ………………………………………………… 116

4.3　DNA 的损伤与修复 …………………………………………… 120

4.4　DNA 的突变 …………………………………………………… 130

4.5　DNA 的重组和转座 …………………………………………… 137

第5章　RNA 生物合成反应 ………………………………………… 144

5.1　DNA 转录 ……………………………………………………… 144

5.2　生物 RNA 的合成 ……………………………………………… 149

5.3　生物 RNA 的转录后加工 ……………………………………… 175

5.4　RNA 生物合成的选择性抑制 ………………………………… 184

5.5　内含子与外显子 ………………………………………………… 187

第6章　蛋白质生物合成反应 ……………………………………… 192

6.1　蛋白质构象 ……………………………………………………… 192

6.2　参与蛋白质合成的物质 ………………………………………… 194

6.3　遗传密码 ………………………………………………………… 202

6.4　生物的蛋白质合成 ……………………………………………… 206

6.5　蛋白质翻译后的修饰 …………………………………………… 214

6.6　蛋白质翻译后的输送 …………………………………………… 219

6.7　蛋白质合成的抑制剂 …………………………………………… 227

6.8　蛋白质的降解 …………………………………………………… 228

第 7 章 转座子·································231
  7.1 转座子概述·······························231
  7.2 转座子模型与基因表达·······················251
  7.3 反转录转座子·······························257
  7.4 转座的分子机制·····························267

第 8 章 生物基因表达的调控·······················271
  8.1 生物基因表达调控概述·······················271
  8.2 原核生物的基因表达调控·······················272
  8.3 真核生物的基因表达调控·······················291
  8.4 基因表达调控异常与疾病·······················304

第 9 章 生物发育的分子调控·······················307
  9.1 概述·································307
  9.2 各物质对生物发育的分子调控···················311

第 10 章 细胞的信息传导·······················317
  10.1 细胞信息传导概述·······················317
  10.2 G-蛋白关联受体的信息调控···················319
  10.3 通过酶关联细胞表面受体进行信号调控···········329
  10.4 小分子信号调控·······················331
  10.5 细胞对信号的反应·······················332

第 11 章 分子遗传技术·······················334
  11.1 分子遗传基本技术·······················334
  11.2 DNA 文库的构建与筛选···················346
  11.3 遗传物质的分子水平分析···················350

第 12 章 分子基本操作技术·······················361
  12.1 核酸的分离、纯化、检测和杂交···············361
  12.2 聚合酶链式反应·······················365
  12.3 凝胶电泳技术·······················369
  12.4 DNA 序列分析·······················377
  12.5 基因表达分析·······················379

第 13 章 分子生物技术的应用···················389
  13.1 分子标记·······················389
  13.2 生物芯片·······················392
  13.3 基因治疗·······················395
  13.4 DNA 指纹图谱·······················402
  13.5 DNA 重组技术鉴别人类基因···················405
  13.6 利用抑制基因表达分析生物学过程···············413
  13.7 转基因动物和植物·······················420

参考文献·································425

第1章 导 论

1.1 分子生物学的定义

分子生物学(Molecular Biology)是在分子水平上研究生命的重要物质(注重于核酸、蛋白质等生物大分子)的化学与物理结构、生理功能及其结构与功能的相关性,揭示复杂生命现象本质的一门现代生物学。它是定量地阐明生物学规律(遗传进化规律、分化发育规律、生长衰老规律等),透过生命现象揭示生命本质的一门学科。

20世纪初期,现代科学技术迅速发展起来。当时的研究者们已经在细胞学、遗传学、生物化学和物理学等领域取得了大量的研究成果。到了20世纪中期,科学家们不仅研究豌豆、果蝇、玉米等材料,也对一些简单的生物,如细菌、噬菌体等作了深入的研究。所谓的简单只是与高等生物相比较而言,这些细菌和噬菌体其实也是相当复杂的。科学家们发现:在大多数生物中,DNA是主要的遗传信息载体;DNA的结构使它的复制与修复近乎完美;DNA的线状结构编码了蛋白质的三维结构。所有这些研究成果表明:那些控制简单生物的基本生物学原则对那些复杂的生物同样适用。从此,分子生物学真正发展起来。

从广义上来说,蛋白质及核酸等生物大分子的结构与功能的研究都属于分子生物学的范畴,也就是从分子水平阐明生命现象和生物学规律,如蛋白质的结构、功能和运动,酶的作用机理和动力学,膜蛋白的结构、功能和跨膜运输等,都属于分子生物学的内容。但是有些题目一般不属于分子生物学内容,如代谢中的某些反应,如果这些反应由反应物和产物的浓度来调节,一般就认为是典型的生物化学反应。另外,细胞结构与各种细胞成分的组织则属于细胞生物学。

从狭义概念来描述分子生物学这一学科的定义与研究范畴,则是偏重于生物大分子——核酸(或基因),主要研究脱氧核糖核酸(deoxyribonucleic acid,DNA)的复制、转录、翻译和基因表达调控的过程。同时涉及与重要调控过程有关的蛋白质和非编码核糖核酸(noncoding RNA,ncRNA)结构与功能的分子生物学研究。特别是核糖核酸(ribonucleic acid,RNA)方面的研究,包括小干扰RNA(small interference RNA,siRNA)和微小RNA(microRNA,miRNA)在内的小分子RNA对生物分化、发育、细胞周期、凋亡、印迹、应激等的调控功能研究,以及核酶(ribozyme)催化蛋白质生物合成等功能的研究。

本书的内容也侧重于狭义分子生物学的概念。

1.2 分子生物学的发展

科学领域中任何一门学科的形成和发展,一般很难准确地说明它是何时、何人创始的。分子生物学的产生和发展,同其他学科一样,经历了漫长而艰辛的过程,逐步走向成熟而迅速发展的道路。

1.2.1　分子生物学的产生背景

自从有了人类文明史,就有了人们对生命现象的记载与描述,就有了人们对大自然、对生命现象的观察与思考。分子生物学的形成经历了漫长的历史发展过程:由形态结构→细胞结构→分子结构;由定性分析→定位分析→定量分析;由表现型→基因型→表现型,不断深化、不断成熟。

生命的形成经历了两个大的阶段:化学进化阶段与生物进化阶段。恩格斯说:"生命的起源,必然是通过化学的途径实现的。"奥巴斯也指出:"地球上生命的起源是碳氢化合物,和由它们形成的多分子系统进化过程中的有规律事件。"洪荒时代的地球是一个无生命的世界,被一氧化碳、二氧化碳、氢气、氮气、氨气、甲烷、硫化氢等组成的还原性大气笼罩。随着地球上化学反应的活跃,物质开始了化学进化。无机化合物借地热、放电、紫外线、宇宙射线等能量合成了简单的有机化合物。随着有机化合物的蓄积与有序组合,在某种特定环境中出现了原始生命。物质进化从此由化学进化步入了生物进化阶段。

纵观生命科学史,根据已有的研究与证据,关于生命现象与本质的研究可分为四个阶段:生命物质形成阶段,细胞形成阶段(单细胞生物),多细胞生物形成阶段,人类——高等智能生物的形成阶段。对生命研究的层次与内容也随之不断地多元化、精细化、定量化、系统化与整合化。

生物学最早是研究动植物的形态、解剖和分类,偏重于宏观的描述。从早期对自然界生物的观察与描述,发展到研究其结构、机能以及各种生命过程。自从 1839 年 Schwann 和 Schleiden 证明动物和植物都是由细胞组成之后,生物学进入细胞水平的研究。由于细胞学的研究得到迅速发展,遗传学原理也得到揭示,生理学和生物化学随之兴起。以细胞为主要材料,人们对细胞的化学组成的了解日益深化,对构成细胞的生物大分子(主要是蛋白质及核酸)在生命活动中所起的作用有了深刻的认识。这些促使生物学的探索逐渐进入了亚细胞水平与分子水平。

1938 年的一份洛克菲勒基金会年度报告(Report of the Rockefeller Foundation)中,首次出现"molecular biology"一词。当时,洛克菲勒基金支持了 Bernal 和 Crowfoot 发表的第一张胃蛋白酶晶体的 X 线衍射图谱有关研究,以及 Astbury 和 Bell 关于 DNA 的 X 线晶体图谱所揭示的 DNA 结构像"一叠钱币"的研究。这一系列的研究工作已经开始应用相当精细的技术进行了生命活动的定量研究,研究的内容已经涉及生命活动的精细过程。人们的目光已经注意到生命现象的深层次问题——大分子生命物质的分子结构与功能的相关性。1945 年,William Astbury 正式使用"分子生物学"这一术语,并将分子生物学定义为生物大分子的化学和物理结构的研究。

1869 年,德国学者 Miescher 首次从莱茵河鲑鱼精子中提取了 DNA。1871 年,Miescher 又从白细胞核中分离出 DNA。1910 年,Kossel 第一次分离获得了核酸类物质的组成单位——单核苷酸。19 世纪末 20 世纪初,Mendel 和 Morgan 等人根据长期实验研究结果,已开始认识到生物遗传的分子基础。一系列实验已经证明一切生命现象和生物性状都与细胞内核酸、蛋白质等生物大分子的基本化学反应密切相关,只是这些生物大分子是以何种特殊的结构形式与作用机制来决定生命现象和生物性状的还不清楚。

1949 年,Chargaff 发现一个重要规律,即在任何来源的 DNA 中,G—C,A—T,且 A+G=C+T。在不同来源的 DNA 分子中,(A+T)/(G+C)的比值不同。1953 年,Watson 和 Crick 共同提出了脱氧核糖核酸的双螺旋模型,即 DNA 分子是以磷酸糖链为主链反向平行的双股螺旋结构,DNA 上的四种碱基按 Chargaff 规律依靠氢键构成双股磷酸糖链之间的碱基对。这个模型为揭开遗传信息的复制和转录的秘密铺平了道路。同年,Sanger 利用纸层析和纸电泳技术第一次揭示了生物大分子蛋白质激素——胰岛素的一级结构,开创了生物大分子序列分析的新纪元。

Watson 和 Crick 于 1953 年提出了 DNA 反向平行双螺旋的结构模型,生物学研究转向以生物大分子为目标,分子生物学开始形成了独立的学科。这是人类对生物界认识的一个不断深入的过程。

生物学发展到今天,以分子生物学为特征的现代生物学从生物表现型研究发展到基因型研究,从基因的遗传与稳定性研究发展到基因的突变与转移性研究,从零星的单个基因研究发展到基因组学研究,从功能基因研究发展到基因表达调控研究。生物学研究从宏观到微观,从现象深入到本质,从结构联系到功能,终于形成了生物学的带头学科——分子生物学。

现代生物学研究已经证明,生物进化的外部原因在于自然环境选择的结果,而内部的动力则是基因的突变、转移与重组。分子生物学研究已经实现了"基因→表型"的飞跃,使生物学研究由"表型→基因"的研究模式提升为"表型→基因→表型"的研究路途。这一良性循环的研究模式大大加速了生命科学发展的进程。因此,现代生物学又称之为反向生物学,分子生物学就是现代生物学的灵魂。

1.2.2　分子生物学的发展历程

归纳分子生物学的产生背景,可将分子生物学的发展分为三个阶段:①19 世纪后期到 20 世纪 50 年代初的准备和酝酿阶段;②50 年代初到 70 年代初的现代分子生物学的建立和发展阶段;③70 年代后至今的初步认识生命本质并开始改造生命的深入发展阶段。

1. 准备和酝酿阶段

在这一阶段的两大重点是:确定了蛋白质是生命的主要基础物质;确定了生物遗传的物质基础是 DNA。

20 世纪二三十年代确认了自然界有 DNA 和 RNA 两类核酸。但由于当时对核苷酸和碱基的定量分析不够精确,长期认为 DNA 结构只是"四核苷酸"单位的重复,不具有多样性,不能携带更多的信息。当时对携带遗传信息的候选分子更多的是考虑蛋白质。A. Kossel 关于细胞化学尤其是蛋白质和核酸方面的研究取得突破,T. H. Morgan 发现染色体在遗传中的作用,他们分别获得 1910 年和 1933 年诺贝尔生理学或医学奖。40 年代以后的实验事实使人们对核酸的功能和结构有了正确的认识。1944 年 O. T. Avery 等证明了肺炎球菌转化因子是 DNA;1952 年 S. Furbery 等的 X 射线衍射分析阐明了核苷酸并非平面的空间构象,提出了 DNA 是螺旋结构;1948～1953 年 E. Chargaff 等用新的层析和电泳技术分析组成 DNA 的碱基和核苷酸量,提出了 DNA 碱基组成 A—T、G—C 的 Chargaff 规则,为碱基配对的 DNA 结构认识打下了基础。

2. DNA 的半保留复制

1953 年 Watson 和 Crick 提出的 DNA 双螺旋结构模型(DNA double helix model)是现代分子生物学诞生的里程碑。DNA 双螺旋结构发现的深刻意义在于:①确立了核酸作为信息分子的结构基础;②提出碱基配对是核酸复制、遗传信息传递的基本方式;③确定了核酸是遗传的物质基础,为认识核酸与蛋白质的关系及其生命中的作用打下了最重要的基础。

在 Watson 和 Crick 提出 DNA 的双螺旋结构模型的时候，就对 DNA 的复制过程进行了预测，按照 DNA 的双螺旋结构模型，DNA 分子由两条反平行的 DNA 单链组成，两条链上的碱基按照碱基互补配对原则，通过氢键相连，一条链上的 G 只能与另一条链上的 C 配对，A 只能与 T 配对，即一条链上的碱基排列顺序决定了另一条链上的碱基排列顺序，或者说，DNA 分子中的每一条链都含有合成它的互补链所需要的全部信息。因此，Watson 和 Crick 认为，DNA 复制时，两条互补链的碱基对之间的氢键首先断裂，双螺旋解开，两条链分开，分别作为模板，按照碱基互补配对原则合成新链，每条新链与其模板链组成一个子代 DNA 分子，子代 DNA 分子具有与亲代 DNA 分子完全相同的碱基排列顺序，即携带了相同的遗传信息。在这个过程中，一个亲代 DNA 分子通过复制产生了两个相同的子代 DNA 分子，每个子代 DNA 分子中一条链来自亲代 DNA（模板），一条链来自新合成的 DNA，这种方式被称为半保留复制（semiconservative replication）。后来由 Meselson 和 Stahl 设计的实验结果与按照半保留复制机制预期的结果完全一致。

3. 基因与蛋白质之间确立关系

DNA 通过半保留复制机制精确地自我复制，从而将遗传信息传递给子代，保证了遗传的稳定性。那么 DNA 又是如何发挥作用，从而决定的不同生物特定的性状呢？

1902 年，Archibald Garrod 在研究黑尿病（alkaptonurea）时发现这种疾病符合孟德尔隐性遗传规律，因此推测这种疾病很可能是由一个基因变异失活而引起的。病人的主要症状是尿液中黑色素的积累，Garrod 据此认为该病是由某条生化代谢途径中的某种中间产物的异常积累而引起的，他假设这种异常积累是因为转化该中间产物的酶失活而造成的。在此基础上 Garrod 提出了"一个失活的基因产生一种失活的酶"的假设，即一个基因一种酶假说（one-gene/one-enzyme hypothesis）。

George Beadle 和 E. L. Tatum 通过链孢菌在突变菌株中找到了催化某一代谢反应的失活的酶，并证明在突变菌株中只有一个基因发生了突变。也就是说，一个突变的基因产生一种失活的酶，或者干脆不产生产物。这就是一个基因一种酶假说。"一个基因一种酶"的假说在 1957 年第一次得到了很好的实验证明。V. M. Ingram 研究了镰刀形细胞贫血症（sickle cell anemia）的血红蛋白和正常血红蛋白的氨基酸序列后发现，镰刀形细胞贫血症患者的 β-珠蛋白同正常野生型之间仅有一个氨基酸的差别，即在 β-珠蛋白的氨基端第六位缬氨酸取代了正常的谷氨酸。这表明基因的突变会直接影响到它所编码的蛋白质多肽链的结构，从而为"一个基因一种酶"的假说提供了有利的证据。然而，这个假说并不完全正确，这是因为：

1）许多酶分子可以由数条多肽链组成，而一个基因只能产生一条多肽链。

2）许多基因负责产生非酶蛋白质。

3）一些基因的产物并不是蛋白质，而是 RNA。因此，后来有人主张将"一个基因一种酶"假说修正为"大多数基因含有产生一条多肽链的信息"。

4. 中心法则的建立

所谓中心法则是指生物体可以在 DNA 模板上合成 RNA，再以 RNA 为模板、在适应体参与下、氨基酸按密码顺序合成肽链，使得遗传信息从 DNA 流向 RNA 再流向蛋白质的规律。

在中心法则之中，编码蛋白质的基因中所蕴含的信息通过转录（transcription）和翻译（translation）两个相关联的过程得到表达。

关于基因的转录,1955 年 Brachet 用洋葱根尖和变形虫做实验,发现若加入 RNA 酶,则蛋白质合成会停止,Hall 和 Spiegelman 关于 T2 噬菌体 DNA-RNA 的杂交实验也发现,蛋白质合成的模板是 RNA,1958 年 Crick 提出著名的中心法则。1960 年 Weiss 和 Hurwitz 两个小组分别发现了 RNA 聚合酶,随后在真核生物中分离出多种 RNA 聚合酶,在原核生物和真核生物中分离出多种与转录相关的酶和蛋白质,并对这些酶和蛋白质的结构和功能进行了深入的研究,搞清楚了转录的基本过程。

关于基因的翻译,1954 年 Gamow 推测遗传密码是三联体,1961 年 Crick,Barrett 和 Brenner 等用插入和缺失突变证实了遗传密码为三联体。同年,Brewner,Jacob 和 Meselson 发现细菌的 mRNA,Nirenberg 开始用人工合成的核苷酸同聚物作为 mRNA 破译遗传密码。1964 年 Khorana 通过合成的核苷酸重复共聚物破译密码子,Nirenberg 等通过三联体结合实验破译密码子。1966 年遗传密码的破译工作基本结束,Crick 绘制了密码表,并提出了摆动学说。

1970 年前后,Howard Temin 和 David Baltimore 分别从致癌 RNA 病毒——劳氏肉瘤病毒(rous sarcoma virus)和鼠白血病病毒(murine leukemia virus,MuLV)中发现了逆转录酶(reverse transcriptase,RT)。逆转录酶的发现揭示了生物遗传中存在着由 RNA 形成 DNA 的过程,遗传信息不仅可以从 DNA 流向 RNA,也可以从 RNA 流向 DNA,进一步发展和完善了"中心法则"。

5. 基因工程的兴起和发展

基因工程的兴起是以对 DNA 结构和功能的深入研究,和一些工具酶的发现为基础的。1964 年 Holliday 提出了 DNA 重组模型,1967 年不同的实验室同时发现了 DNA 连接酶。

从 20 世纪 60 年代末开始,限制性内切酶等工具酶的发现,DNA 测序技术的建立,质粒载体、病毒载体的利用,终于在 70 年代中期诞生了基因工程。人们可以任意地将 DNA 基因元件切割、组建,并使指定的基因在不同的细胞中工作。

1965 年,瑞士微生物遗传学家 Werner Arber 首次从理论上提出了生物体内存在着一种具有切割基因功能的限制性内切酶(restriction enzyme,RE),并于 1968 年成功分离出 I 型限制性内切酶;1970 年,Hamilton O. Smith 分离出了 II 型限制性内切酶;同年,Daniel Nathans 使用 II 型限制性内切酶首次完成了对基因的切割。他们的研究成果为人类在分子水平上实现人工基因重组提供了有效的技术手段。

1975 年,Frederick Sanger 发明了确定 DNA 分子一级结构的末端终止法(酶法);1977 年,Walter Gilbert 发明了 DNA 一级结构测定的化学断裂法。其中,Sanger 发明的 DNA 测序法至今仍被广泛使用,经过改良之后的末端终止法是分子生物学研究中最基本、最常用的技术之一。Berg 把两个不同来源的 DNA 连接在一起并发挥其应有的生物学功能,证明了完全可以在体外对基因进行操作。

1973 年,S. N. Cohen 和 H. W. Boyer 等人将大肠杆菌中两种不同特性的质粒片段用内切酶和连接酶进行剪切和拼接,获得了第一个重组质粒,然后通过转化技术将它引入大肠杆菌细胞中进行复制,并发现它能表达原先两个亲本质粒的遗传信息,从而开创了遗传工程的新纪元。在此基础上,Boyer 于 1976 年成功地运用 DNA 重组技术生产出人的生长激素;1978 年,美国哈佛大学的科学家利用 DNA 重组技术生产出胰岛素;1980 年,瑞士和美国科学家利用 DNA 重组技术生产出干扰素。从此引发了 70 年代末、80 年代初的基因工程工业化的热潮。现代生物工程由此崛起,它包括基因工程、细胞工程、酶工程与发酵工程、蛋白质工程等。到 20 世纪末,全世界已有 50 多个国家和地区拥有生物工程企业、生物工程产品不少于 160 种。这些最新成果已经对人类健康、生命质量、农业生产及其产品的加工产生了积极而深远的影响。

通过观察分子生物学的发展过程,可看到分子生物学是生命科学范围发展最为迅速的一个前沿领域,推动着整个生命科学的发展。至今分子生物学仍在迅速发展中,新成果、新技术不断涌现,这也从另一方面说明分子生物学发展还处在初级阶段。虽然分子生物学已建立的基本规律给人们认识生命的本质找出了光明的前景,但分子生物学的历史还短,积累的资料还不够,对核酸、蛋白质组成生命的许多基本规律还在探索当中,目前还不能彻底搞清楚基因产物的功能、调控、基因间的相互关系和协调,因此,分子生物学还要经历漫长的研究道路。

1.2.3 分子生物学的发展基础

分子生物学是一门交叉学科,与其他学科互相促进,互相渗透。回顾分子生物学的发展历史,许多学科的成果都成为分子生物学发展的基础。分子生物学发展的历史充满着科学家的艰苦付出,也有很多逸闻趣事。

1. 遗传学基础

1859 年,达尔文发表了《物种起源》,提出了适者生存的进化理论。他认为,动植物在长期的生命过程中会发生一些微小的变化,其中一些动植物积累了这些变化,对环境更加适应,从而得到更好的生存与繁衍。

1856—1864 年,孟德尔(Mendel)的著名实验开创了现代遗传学,他提出了遗传的分离定律和独立分配定律,还提出了遗传因子的概念。

1903 年,Sutton 用自己的工作解释了孟德尔的实验,并推测遗传因子是细胞中染色体的一个部分。尽管 Sutton 的试验并没有直接证明遗传的染色体理论,但非常重要,因为 Sutton 第一次把遗传现象与细胞学联系在一起。

1910 年以后,摩尔根(Morgan)等人用果蝇作试验时,发现有些基因在染色体上的距离近些,有些则远些。他们根据大量的试验构建了遗传图谱,并提出了连锁遗传规律。

1915 年,摩尔根证实了遗传的染色体基础。

不同的基因可能会位于同一条染色体上产生遗传的连锁现象,然而连锁通常并不完全。Janssens 提出了染色体交换理论,染色体在减数分裂过程的联会阶段发生断裂,然后交叉连接起来,造成了不完全连锁。

1931 年,Barbara MeCli ntock 用玉米为材料证实了染色体的断裂重接。

一旦遗传的规律被阐明,就可以解释生物的变异现象和进化理论。但是,每个基因上发生的变化都很小,这些小的变化足以产生新的物种吗?Wright 等人认为:由于地球的年龄很大,又由于选择的压力很温和,一些小的有利的性状足以积累起来形成新的物种。到 20 世纪 40 年代,生物学家 Huxley、遗传学家 Dobzhansky、古生物学家 Simpson 和鸟类学家 Mayr 从各自的研究结果出发,都证实经典遗传学与进化论确实是一致的。

2. 物理学与生物化学基础

几乎就在孟德尔的遗传定律刚刚发现以后,遗传学家就开始思考基因的化学结构,以及基因是如何工作的。但是在很长时间内都没有实质性的进展。因为当时核酸和蛋白质的结构都不清楚。

　　1927 年，Muller 和 Stadler 分别独立地发现了 X 射线可以诱导突变，由突变的频率可以估计一个基因的大小。以后的时间里，很多科学家都发现基因的突变可以影响到细胞中的蛋白质，由此发现基因与蛋白质之间具有一定的关系。此时，Beadle 和 Edward 基于对红色面包霉的研究，提出了一个基因一个酶的假说。

　　但是，蛋白质的结构是什么？基因的结构是什么？基因是如何工作的？决定遗传信息的究竟是蛋白质还是基因？经典遗传学无法提供有效的研究手段来研究基因的化学本质，因此需要借助其他学科的方法。

　　1928 年，Griffith 证明灭活的致病性肺炎链球菌中的某些成分可以转化非致病性的肺炎链球菌。

　　1944 年，Avery 鉴定出了这种成分的化学本质，这是来自于致病性肺炎链球菌的 DNA。Avery 由此证明了 DNA 是遗传信息的载体。

　　1952 年，Hershey 和 Chase 用噬菌体也证明了 DNA 是遗传信息的载体。

　　一个多世纪以前，很多科学家认为研究生物学一定要用完整的活细胞，因为他们相信细胞具有某种"活力"，一旦细胞破碎，"活力"就会丧失，研究就无法进行。一旦科学家决定打开一个活细胞，分子生物学就诞生了。

　　1949 年，生物化学家 Chargaff 研究了 DNA 的化学组成，提出了 Chargaff 规则。当蛋白质的结构开始用 X 射线分析时，一些科学家也在用 X 射线分析 DNA 的结构。

　　到了 20 世纪 50 年代，Wilkins 和 Franklin 获得了 DNA 纤维结构高质量的 X 射线衍射图谱。这个图谱显示 DNA 是螺旋结构，而且可能由 2 条或 3 条多核苷酸链组成。1952 年，有机化学家发现 DNA 的多核苷酸链间的连键是 $3' \rightarrow 5'$ 磷酸二酯键。

　　1953 年，Watson 和 Crick 推导出了 DNA 的双螺旋结构，并推测了 DNA 分子自我复制的机制。DNA 双螺旋结构的发现是一场伟大的革命，从此 DNA 不再神秘，它与丙酮酸、甘油等一样，都是化学分子，都可以在实验室进行研究。

　　当 Watson 和 Crick 推导出了 DNA 的双螺旋结构的时候，Kornberg 正在研究嘧啶和嘌呤核苷酸的合成。Kornberg 和同事们发现了嘌呤和嘧啶核苷酸的从头合成途经以及这些途径中的很多酶。

　　1956 年，Kornberg 等人发现 DNA 合成的前体是四种脱氧三磷酸核苷，随后又发现了合成DNA 的酶（现在我们知道这是 DNA 聚合酶 I），并用纯化的 DNA 聚合酶合成了具有侵染性的噬菌体 ΦX174 的 DNA。

　　1958 年，Meselson 和 Stahl 发现 DNA 在复制的过程中两条链要分开，子代 DNA 分子中只有一条链是新合成的，一条链保留在子代分子中，就是半保留复制。

　　1968 年，冈崎（Okazaki）提出 DNA 半不连续复制的模型。

　　双螺旋的发现彻底终结了 DNA 是否是遗传物质的争论。但是，DNA 不可能是蛋白质合成的直接模板。因为在细胞中，活跃地合成蛋白质的位置上不存在 DNA。况且真核生物的 DNA 位于细胞核中，而蛋白质合成是在细胞质中。那么，一定还有另外一种分子，它从 DNA 那里得到了遗传信息，然后移动到细胞质中作为合成蛋白质的模板。这种分子很可能就是第二类核酸——RNA。Casporsson 和 Brachet 已经在细胞质中发现了大量的 RNA。

　　但是，RNA 的核苷酸顺序如何转变成蛋白质中的氨基酸顺序呢？一开始人们想象可能是

RNA 折叠起来形成一个疏水的空穴,空穴的形状恰好与一种特殊的氨基酸契合。但是 Crick 认为这根本不可能。因为从化学性质上看,RNA 中碱基上的基团更可能与水溶性的基团反应。其次,即使某些 RNA 片段能够形成疏水的空穴,这样的结构也无法区分 Gly 与 Ala,或者 Val 与 Ile。因为这 2 对氨基酸的侧链非常相似,各自只差一个甲基。在 1955 年,Crick 推测一定存在一种接头分子(adaptor),这种分子既可以识别核酸,又能够连接氨基酸,它很可能也是一种 RNA。Crick 在 1956 年又提出了中心法则:遗传信息可以自我复制,可以从 DNA 流向 RNA,然后再流向蛋白质,这就构成了中心法则的基本内容。

1953 年,Zamecnik 等发展了在体外用无细胞系统合成蛋白质的体系。几年以后,他们又发现在合成蛋白质以前,氨基酸首先要连接到 tRNA 上;同时还发现了催化这个反应的是氨酰-tRNA 合成酶。tRNA 就是 Crick 预言的接头分子,tRNA 的一端用反密码子与蛋白质合成的模板识别,另一端连接氨基酸。

蛋白质合成的模板是什么? 最初有人认为是 rRNA。但是经过仔细研究之后发现这是不可能的。第一,核糖体由大、小两个亚基组成,每个亚基都含有 rRNA;第二,几乎在所有的细菌、植物和动物中,所有小亚基中的 rRNA 大小都非常相似;第三,尽管相应的 DNA 中的 AT/GC 比例不同,大、小 rRNA 的碱基组成几乎相同。这种相似性怎么可能指导合成大量的蛋白质呢? 所以,rRNA 不可能是蛋白质合成的模板。现在我们知道 rRNA 是核糖体的组成成分之一。

1960 年,Brenner 及 Gross 等人发现,用噬菌体 T2 感染大肠杆菌后,细菌不再合成自己的 RNA,只从 T2 的 DNA 上转录噬菌体的 RNA。转录出来的 T2 RNA 不是与核蛋白结合形成核糖体,而是附着在核糖体上,然后沿核糖体的表面移动到可以结合氨酰-tRNA 的位置上去合成蛋白质。因为 T2 RNA 从 DNA 上接受遗传信息,又转移到核糖体上合成蛋白质,所以把它叫做信使 RNA(mRNA)。从此发现,mRNA 才是蛋白质合成的模板。

1958 年,Weiss 和 Hurwitz 的实验室分别独立地发现了依赖于 DNA 的 RNA 聚合酶。

遗传密码的破译是分子生物学的伟大成就之一。1961 年,Nirenberg 用体外蛋白质合成系统,加入人工合成 poly U 和各种同位素标记的氨基酸,得到的是多聚苯丙氨酸的肽链。这个实验证明了 UUU 是苯丙氨酸的密码子,还证明可以用合成的 RNA 链作为蛋白质合成的模板。后来他用同样的方法证明了 AAA 编码 Lys,CCC 编码 Pro。但 GGG 容易形成三股螺旋,后来使用另外的方法才证明 GGG 编码 Gly。

Nirenberg 多核苷酸磷酸化酶合成 RNA 链。这个酶合成 RNA 时不需要模板,当使用混合的核苷酸为底物时,模板的序列是随机的。虽然可以根据加入反应体系中的 NTP 的比例来估计核苷酸在密码子中的比例,但这个方法不能确定密码子的碱基顺序。

同时,有机化学家 Khorana 合成了具有确切碱基顺序的多聚核糖核苷酸。进一步证实每个密码子由三个核苷酸组成,但由于不能确定确切的起始核苷酸,还是不能确认到底哪一个密码子对应于哪一个氨基酸。

1964 年,Nirenberg 发现以三核苷酸为模板就足以使相应的氨酰-tRNA 结合到核糖体上,但是三核苷酸还是随机的片段。Khorana 将自己的方法与 Nirenberg 的方法结合,很快解读了约 50 个密码子。后来又破译了其他的密码子,并发现 3 个密码子是终止密码子,AUG 既是 Met 的密码子,也是起始密码子。这些发现也包括其他实验室的工作。

上述重要发现共同建立了以中心法则为基础的分子遗传学基本理论体系。1970 年 Temin

和 Baltimore 又同时从鸡肉瘤病毒中发现了以 RNA 为模板合成 DNA 的逆转录酶,又进一步补充和完善了遗传信息传递的中心法则。

操纵子学说使人们开始了解基因表达调控。最初发现了原核生物基因表达调控的一些规律,后来研究逐渐扩展到真核基因表达调控机理,真核生物发育与细胞分化的机理。目前的研究已经使我们了解到真核生物基因表达调控机理在于:基因的顺式调控元件与反式作用因子的相互识别与作用;核酸与蛋白质之间的相互识别与作用;蛋白质与蛋白质之间的相互识别与作用。

在研究基因表达调控的过程中,细胞核内及其他小分子 RNA 具有特殊功能。还发现了具有催化活性的 RNA,即核酶。1995 年,Guo 等发现一些短的 RNA 片段可以造成同源的 mRNA 降解,从而调节基因表达,叫做 RNA 沉默(RNA silence)。

3. 技术方法的基础

1967—1970 年,R. Yuan 和 H. O. Smith 等发现的限制性核酸内切酶为基因工程提供了有力的工具。

1975—1977 年,Sanger、Maxam 和 Gilbert 先后发明了 DNA 序列的快速测定法。

1985 年,Mullis 等发明聚合酶链式反应(polymerase chain reaction,PCR),这种特定核酸序列扩增技术以其高灵敏度和特异性被广泛应用,对分子生物学的发展起到了重大的推动作用。目前分子生物学已经从研究单个基因发展到研究生物整个基因组的结构与功能。

20 世纪 90 年代,全自动核酸序列测定仪问世。

新技术的不断涌现促进了分子生物学的不断进步。现在,打破种属界限,将不同来源的 DNA 在体外重组,从而大量获得目标蛋白已经成为一种常规的操作。

1.2.4　分子生物学的发展趋势

当前,人类基因组研究的重点正在由"结构"向功能转移,一个以基因组功能研究为主要研究内容的"后基因组"(post-genomics)时代已经到来。它的主要任务是研究细胞全部基因的表达图式和全部蛋白图式,或者说"从基因组到蛋白质组"。于是,分子生物学研究的重点似乎又将回到蛋白质上来,生物信息学也应运而生。随着新世纪的到来,生命科学又将进入这样一个新时代,学习分子生物学的青年学生,应该了解一些本学科特征和发展趋向。

1. 功能基因组学

遗传学最近的定义是,对生物遗传的研究和对基因的研究。功能基因组学(Functional Genomics)是依附于对 DNA 序列的了解,应用基因组学的知识和工具去了解影响发育和整个生物体的特定序列表达谱。以酿酒酵母(S. cervisiae)为例,它的 16 条染色体的全部序列已于 1996 年完成,基因组全长 12 086 kb,含有 5 885 个可能编码蛋白质的基因,140 个编码 rRNA 基因,40 个编码 snRNA 基因和 275 个 tRNA 基因,共计 6 340 个基因。功能基因组学是进一步研究这 6 000 多个基因,在一定条件下,譬如酵母孢子形成期,同时有多少基因协同表达才能完成这一发育过程,这就需要适应这一时期的全套基因表达谱(gene expression pattern)。要解决如此复杂的问题就必须在方法学上有重大的突破,创造出高效快速地同时测定基因组成千上万个基因活动的方法。目前用于检测分化细胞基因表达谱的方法有基因表达连续分析法(serial analysis of gene expression,SAGE)、微阵列法(microarray)、有序差异显示(ordered differe ntial display,

ODD)和 DNA 芯片(DNA chips)技术等。今后,随着功能基因组学的深入发展,将会有更新更好的方法和技术出现。

功能基因组亦包括了在测序后对基因功能的研究。酵母有许多功能重复的基因,常分布在染色体的两端,当酵母处于丰富培养基条件时,这些基因似乎是多余的,但环境改变时就显示出其功能。基因丰余现象实际上是对环境的适应,丰余基因的存在为进化适应提供了可选择的余地。基因组全序列还保留了基因组进化的遗迹,提示基因重复常发生在近中心粒区和染色体臂中段。

当前,研究者已把酵母基因组作为研究真核生物基因组功能的模式,计划建立酵母基因组 6 000 多个基因的单突变体文库(single mutant library),并可用于其他高等真核生物基因组之"基因功能作图"。

总之,功能基因组学的任务是对成千上万的基因表达进行分析和比较,从基因组整体水平上阐述基因活动的规律。核心问题是基因组的多样性和进化规律,基因组的表达及其调控,模式生物体基因组研究等。这门新学科的形成,是在后基因组时代生物学家的研究重点从揭示生命的所有遗传信息转移到在整体水平上对生物功能研究的重要标志。

2. 蛋白质组学

蛋白质组(proteome)对不少人来说,目前还是一个比较陌生的术语。它是在 1994 年由澳大利亚 Macguarie 大学的 Wilkins 等首先提出的,随后,得到国际生物学界的广泛承认。他们对蛋白质组的定义为:"蛋白质组指的是一个基因组所表达的全部蛋白质"(proteome indicates the proteins expressed by a genome);"proteome"是由蛋白质一词的前几个字母"prote"和基因组一词的后几个字母"ome"拼接而成。

蛋白质组学是以蛋白质组为研究对象,研究细胞内所有蛋白质及其动态变化规律的科学。蛋白质组与基因组不同,基因组基本上是固定不变的,即同一生物不同细胞中基因组基本上是一样的,人类的基因总数约是 6～10 万个。单从 DNA 序列尚不能回答某基因的表达时间、表达量、蛋白质翻译后加工和修饰的情况,以及它们的亚细胞分布等。这些问题可望在蛋白质组研究中找到答案,因为蛋白质组是动态的,有它的时空性、可调节性,进而能够在细胞和生命有机体的整体水平上阐明生命现象的本质和活动规律。蛋白质组研究的数据与基因组数据的整合,亦会对功能基因组的研究发挥重要的作用。

蛋白质组由原定义一个基因组所表达的蛋白质,改为细胞内的全部蛋白质,比较更为全面而准确。但是,要获得如此完整的蛋白质组,在实践中是难以办到的。因为蛋白质的种类和形态总是处在一个新陈代谢的动态过程中,随时发生着变化,难以测准。所以,1997 年,Cordwell 和 Humphery-Smith 提出了功能蛋白质组(functional proteome)的概念,它指的是在特定时间、特定环境和实验条件下基因组活跃表达的蛋白质。与此同时,中国生物科学家提出了功能蛋白质组学(functional protemics)新概念,把研究定位在细胞内与某种功能有关或在某种条件下的一群蛋白质。

功能蛋白质组只是总蛋白质组的一部分,通过对功能蛋白质组的研究,既能阐明某一群体蛋白质的功能,亦能丰富总蛋白质数据库,是从生物大分子(蛋白质、基因)水平到细胞水平研究的重要桥梁环节。

无论是蛋白质组学还是功能蛋白质组学,首先都要求分离亚细胞结构、细胞或组织等不同生命结构层次的蛋白质,获得蛋白质谱。为了尽可能分辨细胞或组织内所有蛋白质,目前一般采用高分辨率的双向凝胶电泳。一种正常细胞的双向电泳图谱通过扫描仪扫描并数字化,运用二维分析软件可对数字化的图谱进行各种图像分析,包括分离蛋白在图谱上的定位,分离蛋白的计数、图谱间蛋白质差异表达的检测等。一种细胞或组织的蛋白质组双向电泳图,可得到几千甚至上万种蛋白质,为了适应这种大规模的蛋白质分析,质谱已成为蛋白质鉴定的核心技术。从质谱技术测得完整蛋白质的相对分子质量、肽质谱(或称肽质量指纹,pepetide massfingerprint)以及部分肽序列等数据,通过相应数据库的搜寻来鉴定蛋白质。此外,尚需对蛋白质翻译后修饰的类型和程度进行分析。在蛋白质组定性和定量分析的基础上建立蛋白质组数据库。

从提出蛋白质组的概念到现在短短几年中,已于 1997 年构建成第一个完整的蛋白质组数据库——酵母蛋白质数据库(yeast protein database,YPD),进展速度极快,新的思路和技术不断涌现,蛋白质组学这门新兴学科,在今后的实践中将会不断完善,充实壮大,发展成为后基因组时代的带头学科。

3. 生物信息学

HGP 大量序列信息的积累,导致了生物信息学(Bioinformatics)这门全新的学科的产生,对 DNA 和蛋白质序列资料中各种类型信息进行识别、存储、分析、模拟和转输。它常由数据库、计算机网络和应用软件三大部分组成。

国际上现有 4 个大的生物信息中心,即美国生物工程信息中心(GenBank)和基因组序列数据库(GSDB),欧洲分子生物学研究所(EMBL)和日本 DNA 数据库(DDBJ)。这些中心和全球的基因组研究实验室通过网站、电子邮件或者直接与服务器和数据库联系而获得的搜寻系统,使得研究者可以在多种不同的分析系统中对序列数据进行查询,利用和共享巨大的生物信息资源。

随着 DNA 大规模自动测序的迅猛发展,序列数据爆炸性地积累,HGP 正式启动之时,就与信息科学和数据库技术同步发展,收集、存储、处理了庞大的数据,生物信息学逐步走向成熟,在基因组计划中发挥了不可取代的作用。建立的核苷酸数据库,已存有数百种生物的 cDNA 和基因组 DNA 序列的信息。在已应用的软件中,有 DNA 分析、基因图谱构建、RNA 分析、多序列比较、同源序列检索、三维结构观察与演示、进化树生成与分析等。

在蛋白质组计划中,由于蛋白质组随发育阶段和所处环境而变化,mRNA 丰度与蛋白质的丰度不是显著相关,以及需要经受翻译后的修饰,因而对蛋白质的生物信息学研究,在内容上有许多特殊之处。现在建立的数据库,有蛋白质序列、蛋白质域、二维电泳、三维结构、翻译后修饰、代谢及相互作用等。而通用的软件,主要包括蛋白质质量+蛋白质序列标记、模拟酶解、翻译后修饰等。

当今的潮流是利用生物信息学研究基因产物——蛋白质的性质并估计基因的功能。传统的基因组分析是利用一系列方法来得到连续的 DNA 序列的信息,而蛋白质组连续系(proteomic cortigs)则源于多重相对分子质量和等电范围,由此来构建活细胞内全部蛋白质表达的图像。氨基酸序列与其基因的 DNA 序列将被联系在一起,最终与蛋白质组联系在一起,从而允许人们研究不同条件下的细胞和组织。

1.3 分子生物学研究的主要内容

1.3.1 分子生物学的研究范围

早期的生物学研究范围很窄,主要是对生物的外部观察与描述,以及对动、植物种类的系统整理,最重要的分支学科与研究领域都是建立在形态学与解剖学基础上的。

分子生物学的研究范围极广,分支学科也很多,几乎涉及生命科学的各个层面以及与生命科学相关的各个领域。现代化学和物理学理论、技术和方法在生命本质和生物遗传研究方面的应用催生了分子生物学,分子生物学理论和技术的发展又促进了化学、物理学、生物学、遗传学等相关学科的进步。这些学科之间既相对独立,又有交叉。不同学科之间的交叉又催生了许多边缘学科。

分子生物学与生物化学、细胞生物学和生物物理学的关系非常密切。分子生物学更着重强调的是:①从分子水平进行研究。生物化学、细胞生物学和生物物理学则更强调细胞水平、整体水平和群体水平的研究。②重点研究生物大分子,即蛋白质(protein)、酶(enzyme)、核酸(nucleic acid)、脂质(lipid)体系和部分多糖(polysaccharide)及其复合体系。而一些小分子物质在生物体内的转化属于生物化学的范围。③研究生命活动的普遍规律,即整个生物界所共同具有的基本特征。而研究某一特定生物体或某一种生物体内的某一特定器官的物理、化学现象或变化,则属于生物化学、细胞生物学或生物物理学的范畴。

可以说,分子生物学已经渗透到生物学的几乎所有领域,成为生命科学领域的带头学科。

就生物体自身而言,生命过程是一个多层次、连续的整合过程。只有深入到基因水平研究结构基因的功能与调控基因的功能,才有可能阐明生命的整合过程。就生物体与周围环境的关系而言,深入分子水平研究生物与环境的相互作用及其机制和规律,才有可能阐明生命进化及其生物多样性的实质。

随着生物的进化,物种的演变以及对生命现象研究的不断深化,基于分子水平的研究范围越来越大。除了一门以分子生物学理论与生物技术为基础的分子分类学正在悄然形成之外,分子遗传学、分子细胞学等已成为分子生物学的主要研究范围。

分子遗传学是分子生物学的重点研究范围。经典遗传学研究的主要内容包括了三大遗传定律:1865 年孟德尔通过豌豆杂交实验建立的遗传学两大定律——分离定律和自由组合定律,以及 1910 年摩尔根通过果蝇遗传实验,建立的遗传学连锁交换定律。经典遗传学的基本单位只是一个不可再分的抽象的基因。分子遗传学与分子生物学的知识体系大面积交叉与融合。可以说没有分子生物学就没有分子遗传学,没有分子遗传学就没有分子生物学。

分子细胞学是分子生物学研究的一个扩大的整体范围。在生命结构层次中,细胞是由生物大分子和其他必要的分子和元素构成的具有严整结构的生命单位。各类生物的基本结构单位都是细胞。无论多么复杂的生物,一切活动都首先在细胞中发生。结构是功能的基础,有什么样的功能必然有相应的结构作为支撑。关于细胞生物学的研究也同步进入了分子细胞生物学研究领域。细胞与亚细胞的结构、细胞的增殖与生长、细胞分化、细胞衰老、细胞死亡(包括凋亡)、细胞迁移、细胞外基质与胞间通讯、细胞信号转导、细胞与组织工程、细胞间相互作用、物质运输以及分子细胞学的新技术与新方法都是研究范围。分子水平的细胞学研究是分子生物学的一个重要的研究领域,应用分子生物学的理论与技术将更清楚地揭示细胞作为生物基本单位的重要功能和不可替代位置。

分子生态学则是分子生物学研究的一个更大的空间范围。分子生态学这一新兴学科的产生同样是分子生物学、生态学与种群生物学交叉、渗透的结果。利用分子生物学的手段与方法,在分子水平上研究生物系统结构与功能,研究生态系统与环境的相互作用及其机制和规律,使分子生物学的研究范围更为扩大。

分子生态学所采用的研究技术包括探针、序列分析、DNA分子标记等分子生物学技术。其最终达到的目的是从分子水平揭示生物与环境的相互作用及其机制和规律。用于识别物种、分析群体进化、地理起源等方面问题。通过分析种群的遗传变异,确定种内或种间的系统发生和进化;确定生物多样性保护和管理上的价值和规模,鉴别迁移物种中个体的起源,研究种群迁移与有效种群大小的关系等,具有十分重要的科学价值。

因此,分子生物学的研究范围包括了自然界的整个空间,包括了生物圈中的一切生物,包括了各种生物的所有生命现象。

1.3.2 分子生物学的研究对象和内容

分子生物学的研究对象主要是核酸和蛋白质这两种生物大分子。目前普遍认为,在所有生物中,①构成生物大分子的单体都是相同的,它们具有共同的核酸语言和共同的蛋白质语言;②生物体内一切有机大分子的建成都遵循共同的规则;③生物大分子单体(核苷酸、氨基酸)组成和排列方式的不同是产生功能差异的基础,不同的生物大分子之间的互作是造成物种特性差异的根本原因。

核酸和蛋白质的结构分析及遗传物质和遗传信息传递规律的研究对分子生物学学科的发展起到了巨大的推动作用,在这些研究的基础上,分子生物学在基因组学和功能基因组学、基因的表达和调控、蛋白质组学(Proteomics)和基因工程(DNA重组技术)等方面取得了非常卓越的成就。

1. 结构分子生物学

生物大分子,特别是蛋白质和核酸结构和功能的研究,是分子生物学在分子水平上研究生命现象本质的基础。所谓的分子水平,指的是那些携带遗传信息的核酸和在遗传信息传递及细胞内、细胞间通讯过程中发挥着重要作用的蛋白质等生物大分子。这些生物大分子均具有较大的分子质量,由简单的小分子核苷酸或氨基酸排列组合以蕴藏各种信息,并且具有复杂的空间结构以形成精确的相互作用系统,由此构成生物的多样化和生物个体精确的生长发育和代谢调节控制系统。阐明这些复杂的结构及结构与功能的关系是分子生物学的主要任务。

要了解一种生物大分子的功能,通常要先研究其结构。例如,对DNA的结构的研究使认识基因突变(gene mutation)、染色体复制(chromosome replication)和遗传重组(genetic recombination)成为可能;tRNA分子的三维结构的研究解释了DNA储存的遗传信息如何翻译到蛋白质的氨基酸顺序中;对初始转录本mRNA和成熟mRNA排列顺序的比较让我们认识到RNA加工在基因表达过程中的重要性;对DNA结合蛋白的激活结构域和DNA结合结构域的诠释展现了生物大分子间相互作用的主要方式。

结构分子生物学的任务是通过阐明生物大分子的三维结构来解释细胞的生理功能。在蛋白质结构分析方面,1951 年 L. C. Pauling 等提出的 α 螺旋结构描述了蛋白质分子中肽链的一种构象;1955 年 F. Sanger 完成了胰岛素的氨基酸序列的测定;1957 年和 1959 年 J. C. Kendrew 和 M. F. Perutz 在 X 射线分析中分别应用重原子同晶置换技术和计算机技术阐明了鲸肌红蛋白和马血红蛋白的立体结构;1965 年中国科学家合成了有生物活性的胰岛素,首先实现了蛋白质的人工合成。在核酸结构分析方面,1944 年 O. T. Avery 等研究细菌中的转化现象,证明了 DNA 是遗传物质;1953 年 J. D. Watson 和 F. H. C. Crick 提出了 DNA 的双螺旋结构,开辟了分子生物学研究的新纪元;1961 年 F. Jacob 和 J. L. Monod 提出了操纵子的概念,解释了原核基因表达的调控。到 20 世纪 60 年代中期,关于 DNA 自我复制、RNA 转录和蛋白质合成的一般性质已基本清楚,遗传和变异的规律也随之逐渐明朗。

2. 遗传信息的传递规律

遗传物质可以是 DNA,也可以是 RNA。细胞的遗传物质都是 DNA,只有一些病毒和亚病毒的遗传物质是 RNA。以 DNA 为模板按照碱基互补配对的原则合成 DNA,以及以 RNA 为模板合成 RNA,都称为复制(replication)。以 DNA 为模板按照碱基互补配对的原则合成 RNA,称为转录(transcription)。转录产生的并不是成熟的 mRNA,而只是成熟 mRNA 的前体,或称为初始转录本 mRNA,它们需要进行一定的剪切和连接才能成为成熟的 mRNA,这个过程称为 RNA 加工(RNA processing)。以成熟的 mRNA 为模板在核糖体上进行蛋白质多肽链的合成,称为翻译(translation)。翻译产生的只是蛋白质前体,它需要加工、修饰、折叠和组装后,转运到适当的位置后才能发挥作用。这种从 DNA 到 RNA,再到蛋白质的遗传信息传递方向,叫做直线形中心法则(central dogma)(图 1-1(a))。

以 RNA 为遗传物质的病毒称为逆转录病毒(retrovirus),在这种病毒的感染周期中,单链的 RNA 分子在逆转录酶(reverse transcriptase)的作用下,可以逆转录成单链的 DNA,然后再以单链的 DNA 为模板生成双链 DNA。在逆转录酶催化下,RNA 分子产生与其序列互补的 DNA 分子,称为互补 DNA(compleme ntary DNA,cDNA),这个过程即为逆转录(reverse transcription)。由此可见,遗传信息并不一定是从 DNA 单向地流向 RNA,RNA 携带的遗传信息同样也可以流向 DNA。但是 DNA 和 RNA 中包含的遗传信息只是单向地流向蛋白质,迄今为止还没有发现蛋白质的信息逆向地流向核酸。另外,DNA 和 RNA 在复制、转录和翻译过程中都需要蛋白质的参与和调节,因此,蛋白质在遗传信息传递过程中起着非常重要的调控作用。这种 DNA、mRNA 和蛋白质间复杂的相互作用类似一个三角形,它是对直线形中心法则的必要补充,可形象地称之为三角形中心法则(图 1-1(b))。

随着对 RNA 种类的不断发现,现代分子生物学家对 RNA,尤其是小分子 RNA(small RNA,sRNA)或非编码 RNA(non-coding RNA,ncRNA)的功能有了更深入的认识。许多小分子细胞核 RNA(snRNA)与 RNA 加工有关,一些小分子细胞核仁 RNA(snoRNA)参与 rRNA 的合成,19~22 nt 的微小 RNA(miRNA)参与 DNA 和 RNA 的修饰、mRNA 的稳定性、蛋白质的合成。因此,有的科学家认为在遗传信息传递过程中,小分子 RNA 起着中心的调控作用,它们对 DNA、RNA 和蛋白质的结构与功能都有着非常重要的影响。因此,这种 DNA、mRNA、蛋白质和 sRNA 间的复杂关系,可称为圆锥形中心法则(图 1-1(c))。

图 1-1　遗传信息的传递

(a)直线中心法则;(b)三角形中心法则;(c)圆锥形中心法则

　　虽然中心法则对遗传信息的传递方向进行了系统的概括,但还是存在一些特别现象曾对中心法则提出严重的挑战,如朊病毒的发现。朊病毒是一种蛋白质传染颗粒(proteinaceous infectious particle),它是羊瘙痒病、疯牛病和人类的库鲁病(Kuru disease)和克—杰氏综合征(Creutzfeldt-Jacob disease,CJD)的病原体,能在寄主中传播,并在受感染的宿主细胞内产生与自身相同的分子,且实现相同的生物学功能,这意味着这种蛋白质分子也是负载和传递遗传信息的物质。但更深入的研究表明,朊病毒只是由基因编码产生的一种正常蛋白质的异构体,它进入宿主细胞后并不是自我复制,而是将细胞内基因编码产生的 PrP 蛋白(prion related protein)由正常的 PrPc 异构体转变成致病的 prpsc 异构体。因此,朊病毒并不是遗传物质。当然,不依赖核糖体的非核糖体肽合成酶(NRPS)和 RNA 编辑(RNA editing)的发现,使人们认识到遗传信息的传递规律还有待进一步的完善和发展。

　　3. 基因、基因组和蛋白质组

　　基因(gene)是 DNA 分子中含有特定遗传信息的一段核苷酸序列,它包含合成一种功能蛋白或 RNA 分子所必需的全部 DNA 序列。根据其是否具有转录和翻译功能,基因可分为三类:①编码蛋白质的基因,具有转录和翻译功能,包括编码酶和结构蛋白的结构基因及编码阻遏蛋白的调节基因;②只有转录功能而没有翻译功能的基因,包括 tRNA 基因和 rRNA 基因;③不转录的基因,它对基因表达起调节控制作用,包括启动基因和操纵基因,启动基因和操纵基因有时被统称为控制基因。随着分子生物学研究的深入,人们又发现在基因结构中存在有“断裂基因”、“重叠基因”、“假基因”、“移动基因”等。移动基因,又称跳跃基因(jumping gene)或转座子(transposon)。这些结构的发现,使人们对基因的功能有了更深入的理解。

　　基因位于染色体上,并在染色体上呈线性排列。基因不仅可以通过复制把遗传信息传递给下一代,还可以使遗传信息得到表达。不同个体之间在形态、发育和功能等方面的不同,都是基因差异所致。基因是表现生物体遗传性状的物质基础。

　　单倍体细胞中的全套染色体或病毒粒子所含的全部 DNA 分子或 RNA 分子,称为该生物体的基因组(genome)。基因组中既含有编码序列,也含有非编码序列。基因组的大小用全部

DNA 的碱基对(base pair，bp)总数表示。

1986 年美国科学家 T. Roderick 提出了基因组学(genomics)，指对所有基因进行基因组作图、核苷酸序列分析、基因定位和基因功能分析的一门科学。基因组研究主要包括以全基因组测序为目标的结构基因组学(structural genomics)、以基因功能鉴定为目标的功能基因组学(functional genomics)或后基因组(postgenome)、研究和利用模式生物基因组测序产生的大量基因组信息进行基因结构和功能分析的比较基因组学(Comparative Genomics)。

结构基因组学是一门通过基因作图、核苷酸序列分析确定基因组成、基因定位的科学。遗传信息在染色体上，但染色体不能直接用来测序，必须将基因组这一巨大的研究对象进行分解，使之成为较易操作的小的结构区域，这个过程就是基因作图(gene maping)。根据使用的标志和手段不同，基因作图主要有三种类型：①遗传连锁图——通过遗传重组所得到的基因在具体染色体上的线性排列图谱。利用遗传标志之间的重组频率，确定它们的相对距离，一般用厘摩(cM，即每次减数分裂的重组频率为 1‰)来表示，遗传标志有 RFLP(限制性酶切片段长度多态性)、RAPD(随机引物扩增多态性 DNA)、AFLP(扩增片段长度多态性)、STR(短串联重复序列，又称微卫星)和 SNP(单个核苷酸的多态性)等。②物理图谱—利用限制性内切核酸酶处理染色体，根据重叠序列确定片段间连接顺序的图谱。利用遗传标志之间物理距离〔碱基对(bp)、千碱基(kb)或兆碱基(Mb)〕确定图距，遗传标志主要采用序列标签位点 (sequence tagsite，STS)，染色体定位明确且可用 PCR 扩增的单拷贝序列。③转录图谱——利用表达序列标签(expressed sequence tag，EST)作为标记所构建的分子遗传图谱。mRNA 或 cDNA 的 5′或 3′端序列称为表达序列标签，一般长 300～500 bp。

功能基因组学是利用结构基因组所提供的信息和产物，发展和应用新的实验手段，通过在基因组或系统水平上全面分析基因的功能，使得生物学研究从对单一基因或蛋白质的研究转向多个基因或蛋白质同时进行系统研究的学科。研究内容包括基因功能发现、基因表达分析及突变检测。采用的技术包括减法杂交、差示筛选、cDNA 代表差异分析、mRNA 差异显示等传统的分析技术和基因表达的系统分析、cDNA 微阵列、DNA 芯片等新型技术。

比较基因组学(Comparative Genomics)是在模式生物的基因组图谱和测序基础上，对已知的基因和基因组结构进行比较，来了解基因的功能、表达机理和物种进化的学科。它利用模式生物基因组与人类基因组之间编码顺序上和结构上的同源性，克隆人类疾病基因，揭示基因功能和疾病分子机制，阐明物种进化关系及基因组的内在结构。

基因是遗传信息的携带者，但全部生物功能的执行者却是蛋白质，因此仅从基因的角度来研究是远远不够的，必须研究由基因转录和翻译出蛋白质的过程，才能真正揭示生命的活动规律。蛋白质组学就是研究细胞内蛋白质组成及其活动规律的新兴学科。蛋白质组是指全部基因表达的全部蛋白质及其存在方式，是一个基因、一个细胞或组织所表达的全部蛋白质成分。蛋白质组学对不同时间和空间发挥功能的特定蛋白质群体进行研究，从蛋白质水平上探索蛋白质作用模式、功能机理、调节控制及蛋白质群体内相互作用，为临床诊断、病理研究、药物筛选、药物开发、新陈代谢途径等提供理论依据和基础。但由于蛋白质具有多样性、可变性、复杂性、低表达蛋白质难以检测等特点，蛋白质组研究中要求的"全部的蛋白质成分"非常不容易达到。双向聚丙烯酰胺凝胶电泳(two-dimensional polyacrylamide gel electrophoresis，2D PAGE)、质谱鉴定、计算机图像数据处理与蛋白质数据库是目前蛋白质组学研究的主要工具。

4. 基因的表达和控制

典型的基因表达(gene expression)是指细胞在生命过程中,把储存在 DNA 序列中的遗传信息经过转录和翻译,转变成具有生物活性的蛋白质分子。生物体内的各种功能蛋白质和酶都是利用相应的结构基因编码的。rRNA、tRNA 或 microRNA 等非编码 RNA(ncRNA)的基因经转录和转录后加工产生成熟的 ncRNA,也是 ncRNA 的基因表达。

生物基因组的遗传信息并不是同时全部都表达出来的,一般情况下,只有 5%～10% 的基因在高水平转录状态,部分基因处于较低水平的表达,多数基因处在沉默状态,即使蛋白质合成量比较多、基因开放比例较高的肝细胞,一般也只有不超过 20% 的基因处于表达状态。

生物个体的各种组织细胞都含有个体发育、生存和繁殖的全部遗传信息,但这些遗传信息的表达是受到严格调控的,通常各组织细胞只合成其自身结构和功能所需要的蛋白质。不同组织细胞中不仅表达的基因数量不相同,而且基因表达的强度和种类也各不相同,这就是基因表达的组织特异性(tissue specificity)和细胞的差别基因表达(differe ntial gene expression)。如果基因表达调控发生变化,细胞的形态与功能也会随之改变。例如,正常肝细胞转化成肝癌细胞时,就首先有甲胎蛋白(alfa fetal protein,AFP)基因表达方面的改变,合成 AFP 的量会大幅度提高,这已经成为肝癌早期诊断的一个重要指标。

基因组中表达的基因分为两类:①维持细胞基本生命活动所必需的,称为持家基因(house keeping gene),如各种组蛋白基因。持家基因的表达一般不受环境变化的影响,属于组成性表达(constitutive expression),这些基因的表达产物是细胞或生物体整个生命过程中都持续需要而必不可少的。当然,组成性基因表达也不是一成不变的,其表达强弱也是受一定的机制调控。②指导合成组织特异性蛋白的基因,对分化有重要影响,称为奢侈基因(luxury gene),即组织特异性表达的基因(tissue-specific gene),如表皮的角蛋白基因、肌肉细胞的肌动蛋白基因和肌球蛋白基因、红细胞的血红蛋白基因等。这类基因与各类细胞的特殊性有直接的关系,是在各种组织中进行不同的选择性表达的基因。奢侈基因的表达容易受环境变化的影响。因环境条件变化基因表达水平增高的现象称为诱导(induction),这类基因被称为可诱导的基因(inducible gene),随环境条件变化而基因表达水平降低的现象称为阻遏(repression),相应的基因被称为可阻遏的基因(repressible gene)。

细胞分化发育的不同时期,基因表达的情况是不相同的,某些基因关闭(turn off),某些基因转向开放(turn on),这就是基因表达的阶段特异性(srage specificity)。即使是同一个细胞,处在不同的发育状态,其基因的表达和蛋白质合成的情况也不尽相同。因此,生物的基因表达不是杂乱无章的,而是受着严密、精确调控的,尽管我们现在对调控机理的奥妙所知还不多,但已经可以认识到,不仅生命的遗传信息是生物生存所必需的,而且遗传信息的表达调控也是生命本质所在。

5. 基因工程

继 1969 年 J. A. Shapiro 证明基因可以离开染色体而独立地发挥作用和 1967～1970 年 R. Yuan 和 H. O. Smith 等发现限制性内切核酸酶以后,科学家对体外进行 DNA 操作产生了浓厚的兴趣,与之相关的领域也得到了迅速发展。基因工程(gene engineering)就是在体外将各种来源的遗传物质插入病毒、细菌质粒、噬菌体或其他载体分子,形成遗传物质的新组合,继而通过转化或转染使之掺入到原先没有这类分子的宿主细胞内,而能持续稳定地繁殖。在基因工程中将外源 DNA 插入载体分子所形成的杂合分子称为重组 DNA(recombinant DNA)或 DNA 嵌合体(DNA chimera),在宿主细胞内对重组 DNA 分子进行无性繁殖的过程又称为分子克隆(molecular cloning)、基因克隆(gene cloning)或 DNA 重组(DNA recombination)。在基因工程中,有时不但要求被操作的基因能够克隆,而且能够正确表达。

与基因工程相似的名词术语很多,包括遗传工程(genetic engineering)、基因操作(gene manipulation)、DNA 重组技术(recombinant DNA technique)等。这些术语虽然各有侧重点,但所代表的具体内容都彼此相关,在许多场合下被混同使用,很难作出严格的区分。

基因工程可打破种属界限,在原核生物中表达真核生物基因。例如,1972 年 P.Bery 等将 SV40 病毒 DNA 与噬菌体 P22DNA 在体外重组成功,转化大肠杆菌,使本来在真核生物中合成的蛋白质能在细菌中合成;1979 年美国基因技术公司用人工合成的人胰岛素基因重组转入大肠杆菌中合成人胰岛素。至今我国已有人干扰素、人白细胞介素-2、人集落刺激因子、重组人乙型肝炎病毒疫苗、基因工程幼畜腹泻疫苗等多种基因工程药物和疫苗进人生产或临床试用,世界上还有几百种基因工程药物及其他基因工程产品在研制中,成为当今医药业发展的重要方向。

转基因动植物和基因剔除植物的成功也是基因工程技术发展的结果。1982 年 R.Palmiter 等将克隆的生长激素基因导入小鼠受精卵细胞核内,培育得到比原小鼠个体大几倍的"巨鼠",激起了人们创造优良家畜品种的热情。我国水生生物研究所将生长激素基因转人鱼受精卵,得到的转基因鱼的生长显著加快、个体增大。在转基因植物方面,1994 年能比普通番茄保鲜时间更长的转基因番茄投放市场。1996 年转基因玉米、转基因大豆相继投入商品生产,美国最早研制得到抗虫棉花,我国科学家将自己发现的蛋白酶抑制剂基因转入棉花获得抗棉铃虫的棉花株。到 2010 年全世界已有 1.48 亿 hm^2 土地种植转基因植物。

基因诊断(genetic diagnosis)与基因治疗(gene therapy)是基因工程技术在医学领域发展的一个重要方面。1991 年美国向一患先天性免疫缺陷病(遗传性腺苷脱氨酶 ADA 基因缺陷)的女孩体内导入重组的 ADA 基因,获得成功。我国也在 1994 年利用转基因绵羊分泌的含有丰富凝血因子Ⅸ的乳汁,成功治愈了乙型血友病患者。

第2章　遗传物质的分子本质

2.1　遗传物质

2.1.1　遗传物质的发现

虽然古人早就意识到了生物遗传现象的存在,但是人们对于生物遗传特性的认识,是在1865年,孟德尔发表了关于生物遗传规律的基础,1910年摩尔根提出基因学说之后才开始让人们认识到生物遗传特性是由存在于染色体上的基因(或遗传因子)来控制的。在此期间,研究者相继发现染色体是由DNA和蛋白质组成的。

1869年Miescher从细胞核中分离出含磷很高的酸性化合物,称为核素(nuclein),1889年Altman制备了不含蛋白质的核酸制品,命名为核酸(nucleic acid)。1892年Miescher曾推测核酸可能是遗传物质,但遗憾的是20世纪40年代之前,这一推论未能得到实验的证实,也未得到学术界的重视。

DNA作为遗传物质被发现,得益于对细菌转化现象的观察。有两组确证DNA才是遗传物质的最经典和最具说服力的实验:肺炎球菌转化实验和T2噬菌体感染大肠杆菌的实验。

1928年,英国科学家Frederick Griffith利用肺炎双球菌(strptococcus pneumoniae)进行了一系列实验小鼠的细菌感染实验。野生型的肺炎双球菌在培养基上形成大而透亮的菌落。显微镜下观察到的细菌是圆形的,外部被一种粘稠的荚膜包裹,边界光滑,因此称为光滑(smooth,S)型。荚膜可以保护细菌,以免被宿主的白细胞吞噬。S型细菌具有致病性,注射到小鼠体内可以使小鼠感染而发病死亡。而有些肺炎双球菌突变后丧失了致病性。这种细菌在培养基上形成小而粗糙的菌落,称为粗糙(rough,R)型。R型细菌不能形成荚膜,不能保护细菌免遭宿主白细胞的吞噬,因此不具有致病性。

Griffith在实验中发现,如果把S型的细菌用沸水杀死,细菌就不能使小鼠感染。但有趣的是,如果把杀死的S型细菌和活的R型细菌混合培养后,同时注射到小鼠体内,小鼠将被感染致死。而且,最终在被感染的小鼠体内可以分离到S型肺炎双球菌。分离到的S型肺炎双球菌和野生型细菌完全一样,可以使健康的小鼠得病。这就意味着,沸水杀死的S型细菌把控制生成荚膜的遗传物质转化给了R型细菌,使R型细菌具有生成荚膜的能力,成为S型细菌,而且这种性状是可以遗传的。但是这种遗传性物质的本质是什么并不清楚。如图2-1所示为Griffith肺炎球菌转化实验。

1944年,Oswald Avery、Colin MacLeod和Maclyn McCarty的研究则填补了这项空白。首先,他们采用与Griffith类似的实验系统证明,有机溶剂抽提或者胰蛋白酶和胰凝乳蛋白酶消化去除S型肺炎双球菌粗提物中的蛋白质,都不影响其转化能力;用RNA酶处理后的S型肺炎双球菌的粗提物仍可使R型细菌转化为S型细菌。相反,用DNA酶处理后,S型肺炎双球菌的粗提物却失去了使R型细菌转化为S型细菌的能力。同时Avery等人采用了一系列实验手段证明 S 型肺炎双球菌的转化物质的特性（如离心沉降特性、电泳特性、紫外吸收特性和氮磷比例等）均与 DNA 类似，而与蛋白质差别很大。因此认为引起细菌转化的遗传物质是 DNA。如图 2-2 所示。

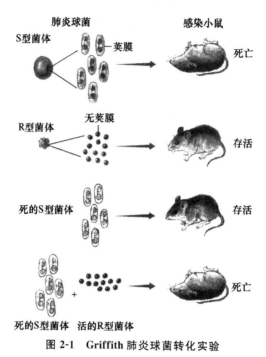

图 2-1　Griffith 肺炎球菌转化实验

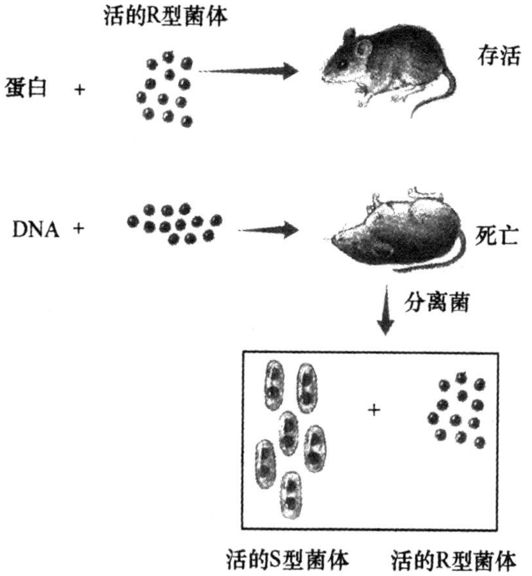

图 2-2　Avery 的实验证明被转移的物质——DNA

后来，Avery 等用物理、化学方法证明了纯化的可转移物质是 DNA，因为该物质在超高速离心时沉降非常迅速，说明分子量非常高，DNA 具有此特性；该物质在电泳时具有相对高的迁移能力，DNA 分子因为高的电荷—质量比，也具有这个特性；溶液中该物质在 260 nm 具有最大的紫外吸收,这是 DNA 分子的特性;元素化学分析表明,该物质平均含有的氮－磷比率为 1.67,这是 DNA 分子具备的特征。

2.1.2　DNA 作为遗传物质的进一步证实

虽然 Avery 等人证实引起细菌转化的遗传物质是 DNA,但是当时却没有引起及时关注。反对者依然认为组成 DNA 的四种核苷酸的简单重复不可能携带复杂的遗传信息,而提取的转化物质中污染的痕量蛋白质依然可能对细菌的转化造成影响。因此 Rollin Hotchkiss 进一步纯化了肺炎双球菌的转化物质,使蛋白质的污染降低到只有 0.02%,并证明如此高纯度的 DNA 仍然可以将 R 型细菌转化为 S 型细菌。

1950 年,Erwin Chargaff 证明不同生物中 DNA 的碱基组成不同,而同种生物体内不同组织、不同器官中的 DNA 碱基组成保持恒定,不受生长发育状况的影响,即具有种属特异性,而没有组织特异性。这与遗传物质的特性相吻合。

1952 年,A. D. Hershey 和 MarthaChase 通过完成 T2 噬菌体大肠感染细菌实验进一步证实了 DNA 是遗传物质。T2 噬菌体是一种结构简单的细菌病毒,只由蛋白质外壳和 DNA 核心组成,当其感染细菌时,噬菌体的遗传物质进入到细菌细胞内,利用细菌的代谢系统进行遗传物质的复制和噬菌体颗粒的装配。那么,遗传物质是蛋白质还是 DNA? Hershey 和 Chase 将 T2 噬菌体的蛋白用 ^{35}S 标记、DNA 用 ^{32}P 标记后,用标记的噬菌体感染细菌,再除去大肠杆菌外残留的噬菌体部分,以分析究竟是哪种物质进入了大肠杆菌。发现只有标记的 DNA 进入细菌细胞内,而标记的蛋白质则留在细胞外。正是进入到细菌细胞内的 DNA 作为噬菌体的遗传物质完成了噬菌体的复制和增殖。这就证明只有 DNS 进入了大肠杆菌宿主,如图 2-3 所示。

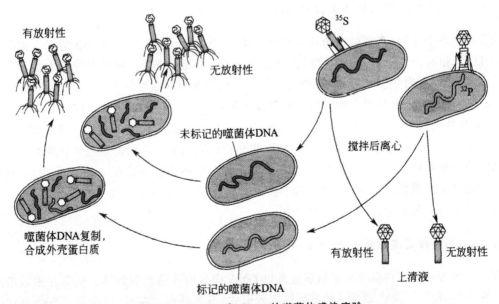

有放射性　　无放射性

^{35}S

未标记的噬菌体DNA

搅拌后离心

^{32}P

噬菌体DNA复制,
合成外壳蛋白质

有放射性　　无放射性

标记的噬菌体DNA

上清液

图 2-3　Hershey 和 Chase 的噬菌体感染实验

尽管噬菌体只是一种非常低等的生命形式,但随后 1950 年 Erwin Chargaff 定则的提出,Rollin Hotchkiss 有关纯化的 DNA 仍具转化细菌的能力,1953 年 Watson 和 Crick 提出 DNA

双螺旋结构模型等一系列的研究结果表明了 DNA 作为生物体的遗传物质具有广泛性,在自然界各种生命形式中,DNA 都是遗传信息的主要载体。

现已证明,除少数病毒以 RNA 为遗传物质外,多数生物体的遗传物质是 DNA。RNA 主要存在于细胞质中,核内 RNA 只占 RNA 总量的约 10%。RNA 的主要作用是从 DNA 转录遗传信息,并指导蛋白质的生物合成。在从细胞核内分离的两种核酸中,DNA 携带了生物体的遗传信息,细胞以 DNA 为模板转录 RNA,然后以 RNA 为模板翻译出蛋白质,完成从遗传信息到结构和功能分子的转换。遗传信息的流向是 DNA—RNA—蛋白质。这就是最初提出的"中心法则",如图 2-4 所示。

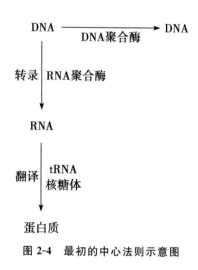

图 2-4　最初的中心法则示意图

2.1.3　遗传物质 DNA 的主要存在形式

染色体是所有生物(真核微生物和原核微生物)遗传物质 DNA 的主要存在形式。但是不同生物的 DNA 相对分子质量、碱基对数、长度等并不相同。总趋势是:越是低等的生物,其 DNA 相对分子质量、碱基对数和长度越小,相反则越长。即染色体 DNA 的含量,真核生物高于原核生物,高等动植物高于真核微生物。而且真核微生物和原核微生物的染色体有着明显的如下区别:①真核生物的遗传物质是 DNA,原核生物的遗传物质是 DNA,病毒的遗传物质是 DNA 或 RNA;②真核生物的染色体由 DNA 及蛋白质(组蛋白)构成,原核生物的染色体是单纯的 DNA;③真核生物的染色体不止一个,呈线形,而原核微生物的染色体往往只有一个,呈环形;④真核生物的多条染色体形成核仁并为核膜所包被,膜上有孔,可允许 DNA 大分子物质进出,而原核微生物的染色体外无膜包围,分散于原生质中。

2.1.4　另一种遗传物质——RNA

我们目前所知的生物以及大多数病毒都以 DNA 作为遗传信息的载体。病毒在多数情况下并不被称为"生物",因为病毒是一种寄生的生命形式,当离开宿主存在时,病毒并不能表现出任何生命特征。只有当处于宿主细胞内时,病毒才能利用宿主细胞的蛋白质及核酸合成装置完成自身的复制。因此,有人仅仅把病毒称为"遗传系统"(genetic system)。遗传系统这个名词可以适用于表述任何含有遗传物质并且有能力复制的生命形式。

大多数病毒由 DNA 和蛋白质构成。DNA 作为病毒的基因组,编码病毒蛋白质的遗传信息就储存在 DNA 分子的核苷酸序列中,病毒的 DNA 被蛋白质的外壳所包裹。

但也有少数病毒的遗传物质是 RNA。在植物、细菌和动物中都发现了 RNA 病毒。人免疫缺陷病毒(human immunodeficiency virus,HIV)即艾滋病病毒就是一种 RNA 病毒,如图 2-5 所示;导致人患非典型肺炎的 SARS 病毒(severe acute respiratory virus)也是一种 RNA 病毒。和 DNA 病毒类似,RNA 病毒的核酸也是包装在蛋白质外壳之中的。不同的 RNA 病毒的基因组有的是单链 RNA,有的由双链 RNA 构成。

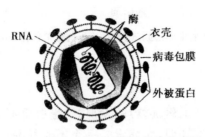

图 2-5　人免疫缺陷病毒的结构模式图

RNA 病毒颗粒的中心是病毒 RNA 基因组,其外包裹着由病毒的 gag 基因编码的核心蛋白(core proteins)。核心蛋白的外面是病毒外膜,来源于宿主的细胞膜。外膜上有外被蛋白,由病毒的 env 基因编码。

这些 RNA 病毒侵入宿主细胞后可以在 RNA 复制酶(replicase)的作用下进行病毒 RNA 的复制。用复制的产物 RNA 感染细胞,可以产生正常的 RNA 病毒,证明病毒的全部遗传信息,包括合成病毒外壳蛋白和各种酶的信息都贮存在被复制的 RNA 中,因此 RNA 是这些病毒的遗传物质。

在 RNA 病毒中,有一类复制需要经过 DNA 中间体的合成,这类病毒侵染宿主细胞后并不使细胞死亡,而是使细胞发生恶性转化,即癌变,因此被称为致癌 RNA 病毒。

Temin 发现致癌 RNA 病毒的复制行为与一般 RNA 病毒不同,放线菌素 D 可以抑制致癌 RNA 病毒的复制,但不能抑制一般 RNA 病毒的复制,而放线菌素 D 专一性地抑制以 DNA 为模板的反应,可见致癌 RNA 病毒的复制涉及 DNA 的合成。因此 Temin 于 1964 年提出了前病毒学说(pro-virus theory),即致癌 RNA 病毒的复制需要经过一个 DNA 中间体(称为前病毒),这个 DNA 中间体可以部分或全部整合到宿主细胞的 DNA 中,随宿主细胞的 DNA 复制而复制,并随宿主细胞的 DNA 一起传递给子代细胞,导致细胞的恶性转变。

前病毒学说的核心是以 RNA 为模板合成 DNA 的过程,为了证明前病毒学说,Temin 等人努力寻找可以 RNA 为模板合成 DNA 的逆转录酶。1970 年,Temin 和 Baltimore 各自获得了成功。

逆转录酶的发现证明遗传信息不仅可以从 DNA 流向 RNA,也可以从 RNA 流向 DNA,因此对传统的中心法则是一个重要的补充,如图 2-6 所示。这一发现还促进了分子生物学、生物化学和病毒学的研究,为肿瘤的防治提供了新的线索,也为分子生物学的研究提供了新的研究工具。

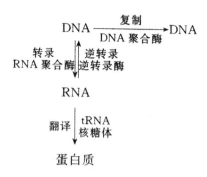

图 2-6 完整的中心法则示意图(遗传信息可以由 RNA 流向 DNA)

2.1.5 其他的遗传物质

朊病毒(蛋白样感染颗粒,也称朊粒)的发现对"蛋白质不是遗传物质"的定论带来了一片疑云。大量的研究结果已经证明,朊病毒是一个不含核酸的蛋白感染因子,有两种构象:正常型(也称细胞型,以 PrP^C 表示)和致病型(瘙痒型,以 PrP^{SC} 表示),它们的一级结构相同,表明两种蛋白质被同一基因所编码,但立体构象不同,PrP^{SC} 比 PrP^C 具有高得多的 β 折叠结构。

朊病毒的增殖,有人认为因为病毒本身不含核酸,打破了原来的中心法则,是 PrP^{SC} 以自身为模板自我复制把 PrP^C 转化成 PrP^{SC},即蛋白质本身可作为遗传信息。也有人认为,朊病毒的增殖并没有改变中心法则,PrP^C 的合成过程仍然是以宿主的基因为模板来合成朊病毒蛋白,也就是说,决定蛋白质一级结构的遗传信息来自于宿主基因,而非 PrP^{SC}。

朊病毒的发现和研究,可以看到在理论上有可能向 DNA 作为唯一遗传物质基础的理论提出挑战,为分子生物学的发展带来新的影响,而在实践方面有可能为弄清由蛋白质的折叠与生物功能之间的关系的研究延伸至与疾病的致病因子之间的关系的研究,为治疗和根除 PrP^{SC} 引起的疾病(有人称为构象病)开辟新的途径。

2.2 核酸结构

2.2.1 核酸的化学组成

目前已知生物体中的核酸是由众多核苷酸聚合而成的多聚核苷酸(polynucleotide),包括核糖核酸(RNA)和脱氧核糖核酸(DNA)两大类。构成核酸的基本单位是核苷酸(nucleotide)分为核糖核苷酸和脱氧核糖核苷酸。核酸经部分水解生成核苷酸,核苷酸部分水解生成核苷和磷酸,核苷可以水解生成戊糖和含氮碱基。核苷酸组成核酸链的模式如图 2-7 所示。

在图 2-7 中,B_1、B_2、B_3、…、B_n 代表一个相同或不同的碱基;若 R 是 OH,则戊糖为核糖,构成 RNA;若 R 是 H,则戊糖为脱氧核糖,构成 DNA。此外,在某些 RNA 中,少数 R 也可以是 OCH_3。

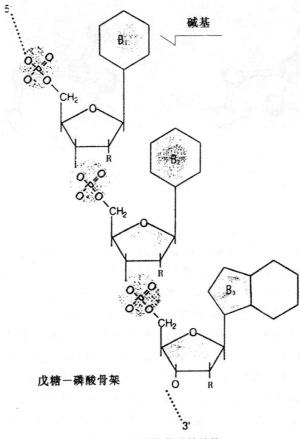

图 2-7　多聚核苷酸的结构

1. 戊糖

RNA 和 DNA 两类核酸是因所含的戊糖不同而分类的,RNA 含 D-核糖,DNA 含 D-2-脱氧核糖。某些 RNA 中含有少量的 D-2-O-甲基核糖,即核糖的第 2 个碳原子上的羟基已被甲基化。所有这三种戊糖与碱基连接都是 β-构型。D-核糖和 D-2-脱氧核糖的结构式如图 2-8 所示。

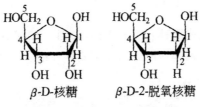

β-D-核糖　　　β-D-2-脱氧核糖

图 2-8　核糖和脱氧核糖的结构

在核酸中,戊糖的第一位与碱基形成糖苷键,形成的化合物称作核苷。在核苷中,戊糖中的原子编号改为 $1'$,$2'$,$3'$……,以区别于各碱基杂环中的原子编号。核糖和脱氧核糖均为 β-D-型呋喃糖,通常糖环的 4 个原子处于同一平面,另一个原子偏离平面,若突出的原子偏向 C-$5'$一侧,称为内式(endo),若偏向另一侧则称之为外式(exo)。DNA 中的核糖通常为 C-$3'$内式,或 C-$2'$内式。如图 2-9 所示。

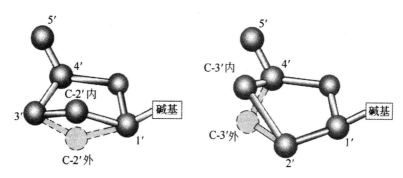

图 2-9   五碳糖的立体结构

2. 含氮碱基

组成核酸的碱基主要是嘌呤和嘧啶的衍生物,如图 2-10 所示。它们分别是腺嘌呤(A)、鸟嘌呤(G)、胞嘧啶(C)、胸腺嘧啶(T)和尿嘧啶(U),如图 2-11、图 2-12 所示。核酸中的碱基有嘌呤和嘧啶两大类,嘌呤环和嘧啶环中各原子的编号是目前国际上普遍采用的统一编号。DNA 和 RNA 均含有腺嘌呤和鸟嘌呤,但二者所含的嘧啶碱有所不同,RNA 主要含胞嘧啶和尿嘧啶,DNA 则含胞嘧啶和胸腺嘧啶(5-甲基尿嘧啶)。某些类型的 DNA 含有比较少见的特殊碱基,称稀有碱基。如小麦胚 DNA 含有较多的 5-甲基胞嘧啶,在某些噬菌体(细菌病毒)中含有 5-羟甲基胞嘧啶。稀有碱基是主要碱基经过化学修饰生成的,因此也可称作修饰碱基。在一些核酸中还存在少量的其他修饰碱基,如次黄嘌呤、二氢尿嘧啶、5-甲基尿嘧啶(胸腺嘧啶)、4-硫尿嘧啶等。tRNA 中的修饰碱基种类较多,含量不等,某些 tRNA 中的修饰碱基可达碱基总量的 10% 或更多。

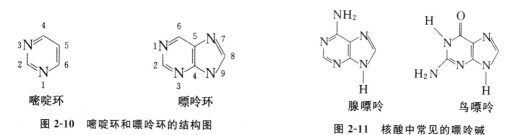

图 2-10   嘧啶环和嘌呤环的结构图   图 2-11   核酸中常见的嘌呤碱

含氧的碱基有烯醇式和酮式两种互变异构体,如图 2-13 所示。在生理 pH 条件下主要以酮式存在。体内核酸大分子中的碱基一般也是以酮式存在的。

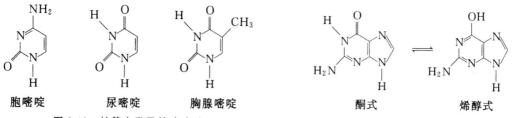

图 2-12   核算中常见的嘧啶碱   图 2-13   含氮碱基的酮式和烯醇式

碱基可用英文名称前 3 个字母表示,如腺嘌呤(adenine)为 Ade,鸟嘌呤(guanine)为 Gua,胞嘧啶(cytosine)为 Cyt,尿嘧啶(uracil)为 Ura,胸腺嘧啶(thymine)为 Thy,也可用英文名称的第一个字母表示,分别为 A、G、C、U、T,单字符号使用更多。

3. 核苷

由戊糖和含氮碱生成的 β-糖苷统称为核苷(nucleoside)。在核苷分子中,糖环上的原子编号是 1、2、3、4、5。核糖核苷主要有四种:腺苷、鸟苷、胞苷和尿苷。脱氧核糖核苷主要也是四种:脱氧腺苷、脱氧尿苷、脱氧胞苷和脱氧胸苷。酸核糖的 $1'$ 碳原子通常与嘌呤碱的第 9 位氮原子或嘧啶碱的第 1 位氮原子相连。在 tRNA 中有少量尿嘧啶的第 5 位碳原子与核糖的 $1'$ 碳原子相连,这是一种碳苷,因为戊糖与碱基的连接方式较特殊,也称为假尿苷。

嘌呤类核苷是通过嘌呤环上的 N_9 与戊糖的 C_1 连接而成,嘧啶类核苷是通过嘧啶环的 N_1 和戊糖的 C_1 连接而成。由嘌呤形成的核苷可以有顺式和反式两种结构类型,嘧啶形成的核苷只有反式构象是稳定的,在顺式结构中,C_2 位的取代基与糖残基存在空间位阻,如图 2-14 所示。

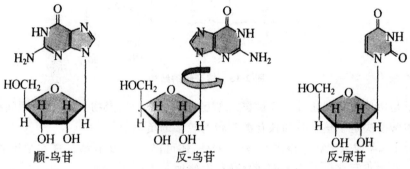

顺-鸟苷　　　　反-鸟苷　　　　反-尿苷

图 2-14　核苷的顺式和反式结构

核苷常用单字符号(A,G,C,U)表示,脱氧核苷则在单字符号前加一小写的 d(dA,dG,dC,dT)。常见的修饰核苷符号有:次黄苷或肌苷(inosine)为 I,黄嘌呤核苷(xa nthosine)为 X,二氢尿嘧啶核苷(dihydrouridine)为 D,假尿嘧啶核苷(pseudouridine)为 ψ。取代基团用英义小写字母表示,碱基取代基团的符号写在核苷单字符号的左下角,核糖取代基团的符号写在右下角,取代基团的位置写在取代基团符号的右上角,取代基的数量则写在右下角。如 5-甲基脱氧胞苷的符号为 m^5dC,而 N^6,N^6-二甲基腺嘌呤的符号为 m_2^6A。

4. 核苷酸

(1)核苷酸的结构和功能。

核苷与磷酸酯以酯键连接形成核苷酸(nucleotide),如图 2-15 所示。核苷中的核糖有 3 个游离羟基($2'$-、$3'$-、$5'$-羟基),均可以被磷酸酯化,分别生成 $2'$-,$3'$- 和 $5'$-三种核苷酸。脱氧核苷酸的五碳糖上只有 2 个自由羟基($3'$-、$5'$-羟基)可以酯化,所以只有 $3'$- 和 $5'$-脱氧核苷酸,各种核苷酸的结构已经用有机合成等方法证实。

生物体内的游离核苷酸多为 $5'$-核苷酸,所以通常将核苷-$5'$一磷酸简称为核苷一磷酸或核苷酸。各种核苷酸在文献中通常用英文缩写表示,如腺苷酸为 AMP,鸟苷酸为 GMP。脱氧核苷酸则在英文缩写前加小写 d,如 dAMP,dGMP 等。

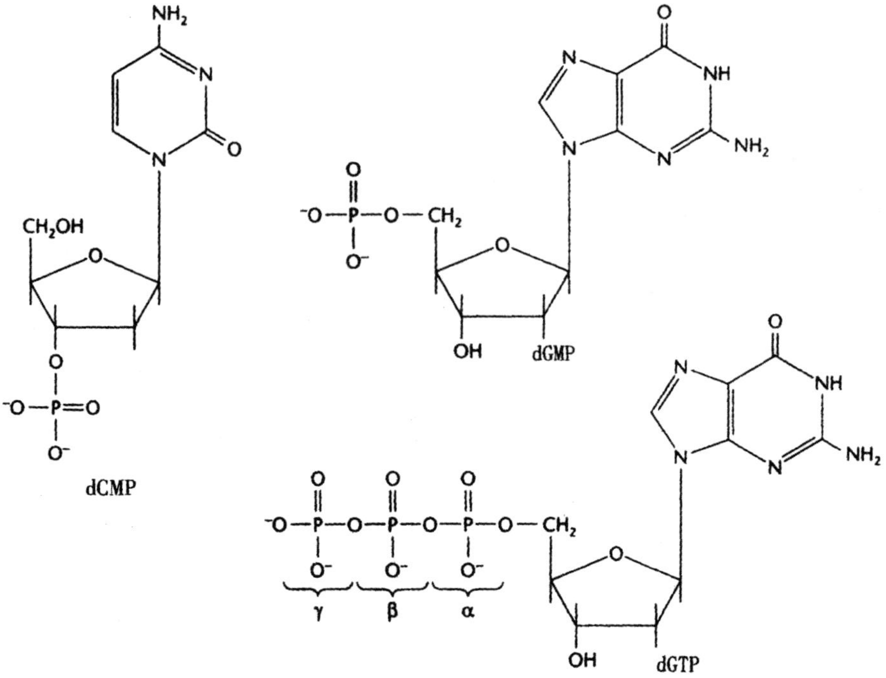

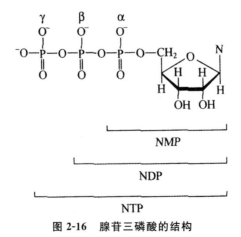

图 2-15　核苷酸的结构

核酸分子是由单核苷酸通过 3,5-磷酸二酯键连接而成的高聚物。糖-磷酸相间成为其骨架,核苷酸中的磷酸基决定了核苷酸和核苷酸都带有较多的负电荷。

用酶水解 DNA 或 RNA,除得到 5′-核苷酸外,还可得到 3′-核苷酸。现在常用的表示法是在核苷符号的左侧加小写字母 p 表示 5′-磷酸酯,右侧加 p 表示 3′-磷酸酯。如 pA 表示 5′-腺苷酸,Cp 表示 3′-胞苷酸。若为 2′-磷酸酯,则需标明,如 Gp2′表示 2′-鸟苷酸,游离的 2′-核苷酸在生物体内不常见。

生物体内的 AMP 可与一分子磷酸结合,生成腺苷二磷酸(ADP),ADP 再与一分子磷酸结合,生成腺苷三磷酸(Adenosine Triphosphate,ATP),如图 2-16 所示。

图 2-16　腺苷三磷酸的结构

其他单核苷酸也可以产生相应的二磷酸或三磷酸化合物。各种核苷三磷酸（ATP，GTP，CTP，UTP）是体内 RNA 合成的直接原料，各种脱氧核苷三磷酸（dATP，dGTP，dCTP，dTTP）是 DNA 合成的直接原料。核苷三磷酸化合物在生物体的能量代谢中起着重要的作用，在所有生物系统化学能的转化和利用中普遍起作用的是 ATP。其他核苷三磷酸参与特定的代谢过程，如 UTP 参与糖的互相转化与合成，CTP 参与磷脂的合成，GTP 参与蛋白质和嘌呤的合成等。

腺苷酸同时是一些辅酶的结构成分，如烟酰胺腺嘌呤二核苷酸（辅酶Ⅰ，NAD＋）、烟酰胺腺嘌呤二核苷酸磷酸（辅酶Ⅱ，NADP＋）、黄素腺嘌呤二核苷酸（FAD）等。

哺乳动物细胞中的 $3',5'$-环状腺苷酸（$3',5'$-cyclic adenosinemonophosphate，cAMP）是一些激素发挥作用的媒介物，被称为这些激素的第二信使。许多药物和神经递质也是通过 cAMP 发挥作用的。cGMP 是 cAMP 的拮抗物，二者共同在细胞的生长发育中起重要的调节作用。某些哺乳动物细胞中还发现了 cUMP 和 cCMP，目前功能不详。

环核苷酸是在细胞内一些因子的作用下，由某种核苷三磷酸（NTP）在相应的环化酶作用下生成的，cAMP 和 cGMP 的结构式如图 2-17 所示。

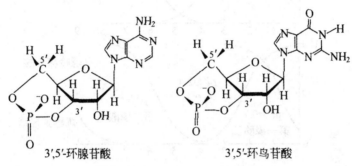

3',5'-环腺苷酸　　　　　　　3',5'-环鸟苷酸

图 2-17　cAMP 和 cGMP 的结构式

近几年发现一些核苷多磷酸和寡核苷多磷酸对代谢有重要的调控作用。如在细菌的培养基中缺少某种必需氨基酸时，几秒钟内即发生 GTP＋ATP→ppGpp 或 pppGpp 的反应。在 ppGpp 或 pppGpp 的作用下，细菌会严格控制代谢活动以减少消耗，加快体内原有蛋白质的水解以获取所缺的氨基酸，并用以合成生命活动必需的蛋白质，从而延续生命。枯草杆菌在营养不利的情况下形成芽孢时，合成 ppApp，pppApp 和 pppApppp，使细菌处于休眠状态度过恶劣时期。很多原核生物（如大肠杆菌）、真核生物（如酵母菌）和哺乳动物都存在 $A^{5'}pppp^{5'}A$（Ap_4A），在哺乳动物中 Ap_4A 含量与细胞生长速度为正相关。核苷酸及其衍生物在调控方面的作用，已成为生物体调控机制研究方向的一个重要领域。

（2）核苷酸的性质。

核苷酸的碱基具有共轭双键结构，所以在 260 nm 左右核苷酸有强吸收峰。由于碱基的紫外吸收光谱受碱基种类和解离状态的影响，故测定核苷酸的紫外吸收时应注意在一定的 pH 下进行。图 2-18 表示了四种核苷酸在不同 pH 下的紫外吸收光谱。利用碱基紫外吸收的差别，可以鉴定各种核苷酸。

核苷酸的碱基和磷酸基均含有解离基团。图 2-19 为 4 种核苷酸的解离曲线。可以看出，当 pH 处于第一磷酸基和碱基解离曲线的交点时，二者的解离度刚好相等。在这个 pH 下，第二磷酸基尚未解离，所以这一 pH 为该核苷酸的等电点。当 pH 小于等电点时，该核苷酸带净正电荷。相反，若 pH 大于核苷酸的等电点，则该核苷酸带净负电荷。

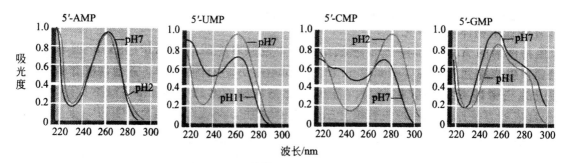

图 2-18　核苷酸的紫外吸收光谱

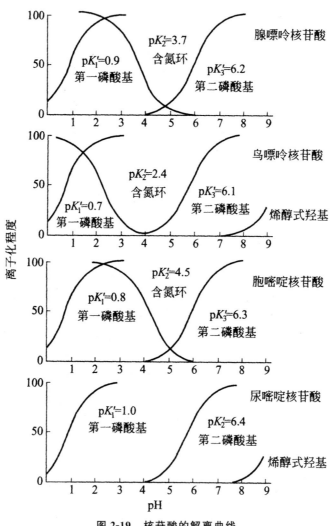

图 2-19　核苷酸的解离曲线

在 pH3.5 时,各种核苷酸的第一磷酸基会完全解离,带 1 个单位的负电荷,第二磷酸基完全未解离。含氮碱基的解离度会有明显的差别,分别为 CMP($+0.84$)＞ AMP($+0.54$)＞GMP($+0.05$)＞UMP(0)。这样,所有核苷酸都带净负电荷,而带负电荷的多少各不相同。在 pH3.5 的缓冲液中进行电泳,它们会以不同的速度向正极移动,其移动速度的顺序是 UMP＞

GMP＞AMP＞CMP，因而可以将它们分开。

　　用阳离子交换树脂分离上述四种核苷酸时，先在低 pH（例如 pH1.0）下使它们都带上净正电荷（UMP 除外），经离子交换作用结合到树脂上，再用 pH 递增的缓冲液进行洗脱。UMP 因不带正电荷，首先被洗脱下来，接着是 GMP，因为嘌呤环同离子交换树脂的非极性吸附比嘧啶环大许多倍，抵消了 AMP 和 GMP 之间正电荷的差别，所以洗脱顺序是：UMP→GMP→CMP→AMP。

2.2.2　核酸的一级结构

　　实验证明 DNA 和 RNA 都是没有分支的多核苷酸长链，链中每个核苷酸的 3′-羟基和相邻核苷酸戊糖上的 5′-磷酸相连。因此，核苷酸间的连接键是 3′,5′-磷酸二酯键（3′,5′-phos phodi-ester bond）。由相间排列的戊糖和磷酸构成核酸大分子的主链，而代表其特性的碱基则可以看成是有次序地连接在其主链上的侧链基团。由于同一条链中所有核苷酸间的磷酸二酯键有相同的走向，RNA 和 DNA 链都有特殊的方向性，而每条线形核酸链都有一个 5′-末端和一个 3′-末端，如图 2-20 所示。

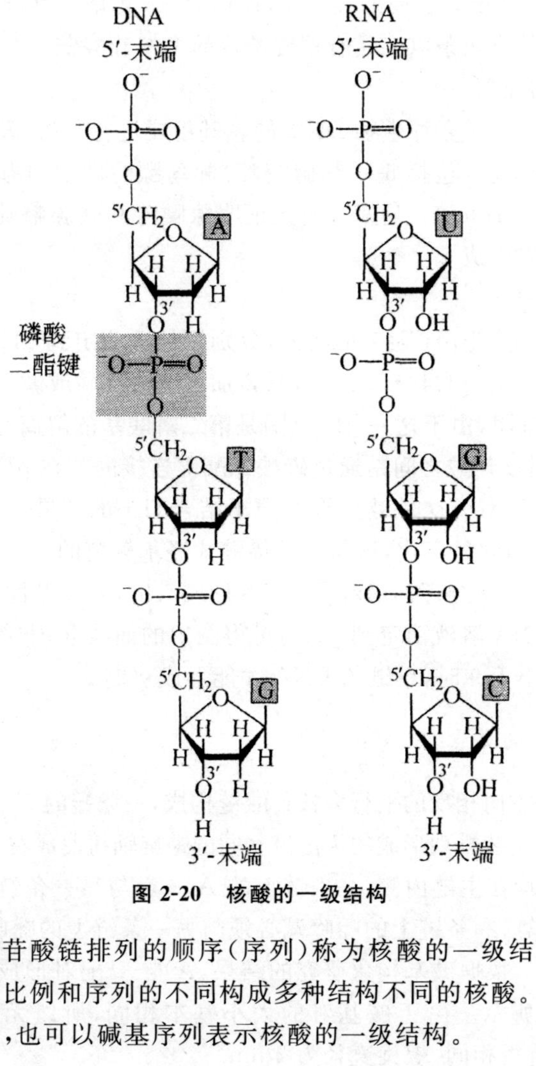

图 2-20　核酸的一级结构

　　各核苷酸残基沿多核苷酸链排列的顺序（序列）称为核酸的一级结构。核苷酸的种类虽不多，但可因核苷酸的数目、比例和序列的不同构成多种结构不同的核酸。由于戊糖和磷酸两种成分在核酸主链中不断重复，也可以碱基序列表示核酸的一级结构。

用简写式表示核酸的一级结构时,用 p 表示磷酸基团,当它放在核苷符号的左侧时,表示磷酸与糖环的 5′-羟基结合,右侧表示与 3′-羟基结合,如 pApCpGpU。在表示核酸酶的水解部位时,常用这种简写式。

各种简写式所表示的碱基序列,通常左边是 5′-末端,右边是 3′-末端。如欲表示其他种结构,应注明,如双链核酸的两条链为反向平行,同时描述两条链的结构时必须注明每条链的走向。

2.2.3 核酸的二级结构

DNA 双链的螺旋形空间结构称 DNA 的二级结构。1953 年 Watson 和 Crick 提出 DNA 的双螺旋结构,是 20 世纪自然科学最重要的发现之一,对生命科学的发展具有划时代的意义。

1. DNA 双螺旋结构的实验依据

(1)X-射线衍射数据。

Franklin 和 Wilkins 发现不同来源的 DNA 纤维具有相似的 X-射线衍射图谱,而且沿长轴有 0.34 nm 和 3.4 nm 两个重要的周期性变化,说明 DNA 可能有共同的空间结构。X-射线衍射数据说明,DNA 含有两条或两条以上具有螺旋结构的多核苷酸链。

(2)关于碱基成对的证据。

Chargaff 等应用层析法对多种生物 DNA 的碱基组成进行分析,发现 DNA 中腺嘌呤和胸腺嘧啶的数目基本相等,胞嘧啶(包括 5-甲基胞嘧啶)和鸟嘌呤的数目基本相等,这一规律被称作 Chargaff 规则(Chargaff's rules)。后来又有人证明腺嘌呤和胸腺嘧啶之间可以生成 2 个氢键,胞嘧啶和鸟嘌呤之间可以生成 3 个氢键。

(3)DNA 的滴定曲线。

若将小牛胸腺 DNA 制成 pH 为 7 的溶液,分别用盐酸滴定到 pH2,用 NaOH 滴定到 pH2,可得到图 2-21 的曲线 Ⅰ。在 pH4~11 之间,只要加入少量的酸或碱,pH 就发生明显变化,说明这一 pH 区段无可滴定基团,由于这一 pH 范围是第二磷酸基的解离范围,这一结果说明第二磷酸基处于结合状态,表明核苷酸之间是通过磷酸二酯键连接的。在 pH 小于 4.5 时,加入一定量的酸不会引起 pH 的明显变化,这是碱基的 N 原子结合 H+ 的结果,当 pH 大于 11 时,加入一定量的碱,不会引起 pH 值的明显变化,这是碱基烯醇式羟基解离的结果。在 pH 4~11 之间,碱基的可解离基团不可滴定,一个合理的解释是 DNA 形成双链,有关基团参与了氢键的形成。若分别从 pH2 和 pH12 将 DNA 溶液滴定到 pH7,可得图中的曲线Ⅱ,非缓冲区在 pH6~9 之间,说明只有当 pH 大于 6 和小于 9 时,单链的 DNA 才能形成双链。

2. DNA 双螺旋结构的要点

1)DNA 分子由两条方向相反的平行多核苷酸链构成,一条链的 5′-末端与另一条链的 3′-末端相对,两条链的糖—磷酸交替排列形成的主链沿共同的螺旋轴扭曲成右手螺旋,如图 2-22 所示。

2)两条链上的碱基均在主链内侧,一条链上的 A 一定与另一条链上的 T 配对,G 一定与 C 配对。根据分子模型计算,一条链上的嘌呤碱必须与另一条链上的嘧啶碱相匹配,其距离才正好与双螺旋的直径相吻合。根据碱基构象研究的结果,A 与 T 配对形成 2 个氢键,G 与 C 配对形成 3 个氢键,如图 2-23 所示。由于碱基对的大小基本相同,所以无论碱基序列如何,双螺旋 DNA 分子整个长度的直径相同,螺旋直径为 2 nm。

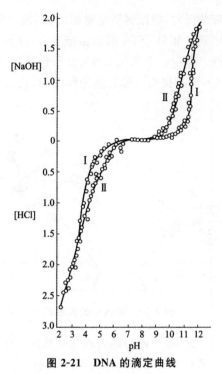

图 2-21　DNA 的滴定曲线

曲线 I 从 pH6.9 分别用酸或碱滴定;曲线 II 从 pH12 和 pH2 分别用酸或碱滴定

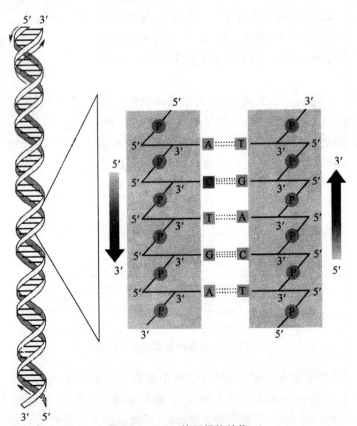

图 2-22　DNA 的双螺旋结构

碱基之间的配对关系称碱基配对,根据碱基配对的原则,在一条链的碱基序列被确定后,另一条链必然有相对应的碱基序列。如果 DNA 的两条链分开,任何一条链都能够按碱基配对的规律合成与之互补的另一条链。即由一个亲代 DNA 分子合成两个与亲代 DNA 完全相同的子代分子。事实上,Watson 和 Crick 在提出双螺旋结构模型时,已经考虑到 DNA 复制问题,并很快提出了半保留复制假说。

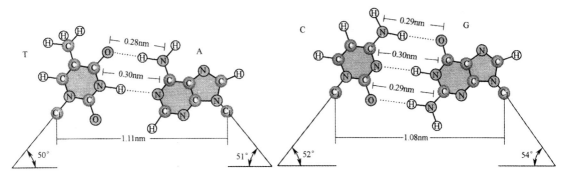

图 2-23　DNA 中的碱基对

3)成对碱基大致处于同一平面,该平面与螺旋轴基本垂直。糖环平面与螺旋轴基本平行,磷酸基连在糖环的外侧。相邻碱基对平面间的距离为 0.34 nm,该距离使碱基平面间的 π 电子云可在一定程度上互相交盖,形成碱基堆积力。双螺旋每转一周有 10 个碱基对,每转的高度(螺距)为 3.4 nm,如图 2-24 所示。DNA 分子的大小常用碱基对数表示,而单链分子的大小则常用碱基数,或核苷酸数来表示。

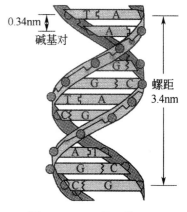

图 2-24　DNA 的碱基平面

由于双螺旋每转一周有 10 个碱基对,相邻碱基平面之间会绕着双螺旋的螺旋轴旋转 36°,这不利于形成碱基堆积力。对 DNA 空间结构的进一步研究发现,构成碱基对的两个碱基平面之间如图 2-25 所示的螺旋桨式的扭曲,这种扭曲可以使相邻碱基平面之间的重叠面增加,有利于提高分子的碱基堆积力。

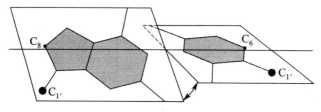

图 2-25　碱基对的螺旋桨式扭曲

4)由于碱基对的糖苷键有一定的键角,使两个糖苷键之间的窄角为 120°,广角为 240°。碱基对因而向两条主链的一侧突出,碱基对上下堆积起来,窄角的一侧形成小沟,其宽度为 1.2 nm。广角的一侧形成大沟,其宽度为 2.2 nm。因此,DNA 双螺旋的表面可看到一条连续的大沟,和一条连续的小沟,如图 2-26 所示。如果碱基对的两个糖呈直线相对,也就是说两个糖苷键之间形成 180°的角度,DNA 分子的表面就会形成大小相同的两条沟。大沟和小沟可以特异性地与蛋白质相互作用。特别是在大沟处,A-T,T-A,G-C 和 C-G 的有关基团分布各不相同,可以提供与蛋白质相互识别的丰富信息。

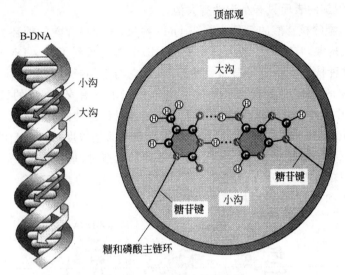

图 2-26　DNA 的大沟和小沟

5)大多数天然 DNA 属双链 DNA,某些病毒如 ΦX174 和 M13 的 DNA 为单链 DNA。

6)双链 DNA 分子主链上的化学键受碱基配对等因素影响旋转受到限制,使 DNA 分子比较刚硬,呈比较伸展的结构。但一些化学链亦可在一定范围内旋转,使 DNA 分子有一定的柔韧性。按照 Watson 和 Crick 提出的 DNA 双螺旋结构,相邻碱基平面之间会旋转 36°的角度,但 Dickerson 等研究人工合成的 12 bp DNA 的空间结构,发现相邻碱基平面之间的旋转角度可在 28°~42°之间变动。研究发现,双螺旋结构可以发生一定的变化而形成不同的类型,亦可进一步扭曲成三级结构。

3. DNA 二级结构的其他类型

如图 2-27 所示,DNA 链中有不少单键可以旋转,因此,DNA 在一定的条件下会呈现不同的二级结构类型。Watson 和 Crick 依据相对湿度 92% 的 DNA 钠盐所得到的 X 射线衍射图提出的双螺旋结构称 B-DNA,细胞内的 DNA 与 B-DNA 非常相似。相对湿度为 75% 的 DNA 钠盐结构有所不同,称 A-DNA,A-DNA 的碱基平面倾斜了 20°。A-DNA 与 RNA 分子中的双螺旋区,以及 DNA-RNA 杂合双链分子在溶液中的构象很接近,因此推测基因转录时,DNA 分子发生 B-DNA→A-DNA 的转变。

在 A-DNA 和 B-DNA 中碱基均以反式构象存在,但二者的糖环构象不同,B-DNA 为 C-2′-endo 构象,而 A-DNA 为 C-3′-endo 构象。A-DNA 的碱基平面因此而倾斜了 20°,同时,

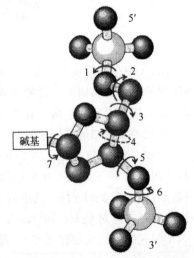

图 2-27　DNA 主链中可旋转的单键

分子表面的大沟变得狭而深,小沟变得宽而浅。

1979 年底 Rich 等将人工合成的 DNA 片段 d 制成晶体,并进行了 X 射线衍射分析(分辨率 0.09 nm),证明此片段糖-磷酸主链形成锯齿形的左手螺旋,命名为 Z-DNA。Z-DNA 直径约 1.8 nm,螺旋的每转含 12 个碱基对,整个分子比较细长而伸展。Z-DNA 的碱基对偏离中心轴,并靠近螺旋外侧,螺旋的表面只有小沟没有大沟。

在 Z-DNA 中,嘌呤核苷酸的糖环为 C-3'-endo 构象,嘧啶核苷酸的糖环为 C-2'-endo 构象,嘌呤核苷酸为顺式构象,嘧啶核苷酸为反式构象。Rich 等还得到了对 Z-DNA 特异的抗体。用荧光化合物标记这种抗体后用电子显微镜观察,发现它与果蝇唾液腺染色体的许多部位结合。在鼠类和各种植物的完整细胞核等自然体系中也找到了含有 Z-DNA 的区域。说明在天然 DNA 中确有一些片段处于左手螺旋状态,而且执行着某种细胞功能。

用甲基化的 d(GC)n 作为实验材料,在接近生理条件的盐浓度时,DNA 可以从 B 型结构转变为 Z 型结构。已知当双螺旋 DNA 处于高度甲基化的状态时,基因表达一般受到抑制,反之则得到加强,说明 B-DNA 与 Z-DNA 的相互转换可能和基因表达的调控有关。

DNA、B-DNA 和 Z-DNA 的结构如图 2-28 所示。

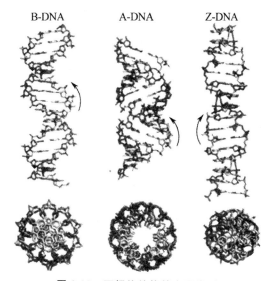

图 2-28　双螺旋结构的主要类型

DNA 中存在不少如图 2-29 所示的二重对称结构,即一条链碱基序列的正读与另一条链碱基序列的反读是相同的。这种序列也可称作反向重复顺序或者回文顺序,这样的序列很容易形成发夹结构或十字架结构。有些回文顺序可以作为限制性核酸内切酶的识别位点,还有些回文顺序形成的发夹结构在转录的终止,或转录活性的调控方面发挥重要作用。

DNA 的某些区段存在图 2-30 所示的镜像重复,这种重复序列可能形成三螺旋 DNA 的结构,如图 2-30 所示。在三螺旋结构中,存在 T-A * T,C-G * C+,T-A * A 和 C-G * G 四种三联碱基配对,如图 2-31 所示,其中的"-"表示 Watson-Crick 碱基对,"*"表示 Hoob steen 碱基配对,这种碱基配对是 Hoobsteen 于 1963 年首先发现的,因此而得名。C+表示质子化的 C,由于 DNA 的三螺旋结构中存在 C+,因此,也可被称作 H-DNA。

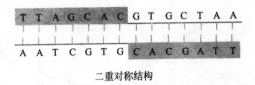

二重对称结构

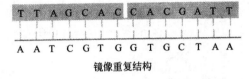

镜像重复结构

图 2-29　DNA 的二重对称结构和镜像重复结构

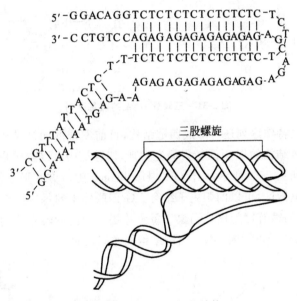

三股螺旋

图 2-30　DNA 的三螺旋结构

　　在一定的条件下,单链 DNA 片段可以插入 DNA 双螺旋的大沟,形成局部的分子间 DNA 三螺旋结构,这种结构与基因表达调控的关系值得注意。此外,在 DNA 重组时也形成 DNA 的三螺旋结构,被称作 R-DNA。

　　在细胞外,三螺旋结构的形成需要酸性条件。但研究发现,多胺类(如精胺和亚精胺)在生理条件下可促进三螺旋结构的形成,其可能的原因是,多胺类降低了三条链的磷酸骨架之间的静电斥力。利用抗三螺旋 DNA 的抗体发现,真核生物的染色体中确实存在三螺旋 DNA。研究发现,三螺旋结构可阻止 DNA 的体外合成。一种假设的可能机制是,当 DNA 聚合酶到达镜像重复序列的中央时,模板会回折,与新合成的 DNA 形成稳定的三螺旋结构,使 DNA 聚合酶无法沿模板链移动,从而终止复制过程。细胞内是否存在这样的机制,有待实验工作的证实。

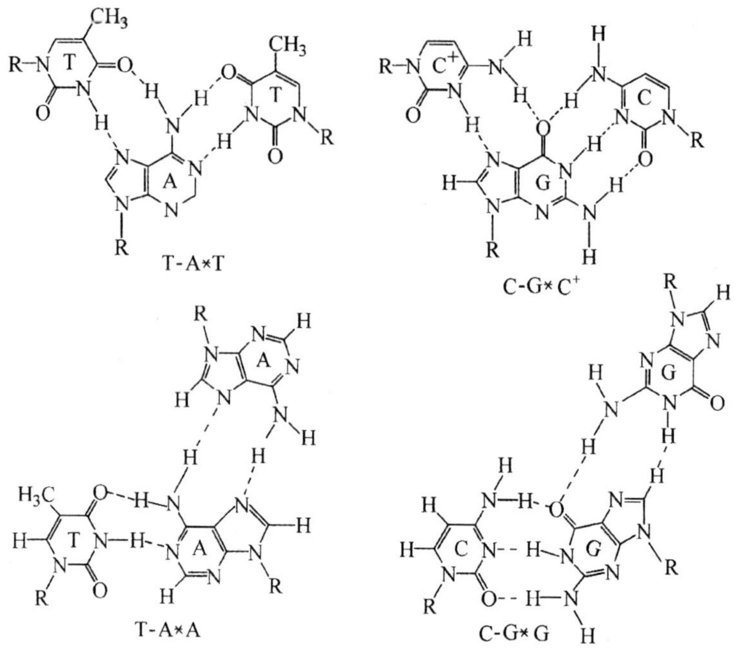

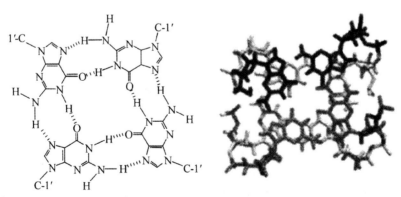

图 2-31　三螺旋 DNA 的碱基配对

此外,DNA 的某些特殊序列还可形成四链结构,目前发现的四链结构均是由串联重复的鸟苷酸链构成的。对四链结构的 X 射线衍射研究发现,四链结构可以看成是由 G-四联体片层以螺旋方式堆积而成的。如图 2-32 所示,4 个 G 以 Hoobsteen 配对方式形成四联体,中心的 4 个羰基氧原子形成一个负电微区,可以同阳离子结合。G-四联体中的每一个 G 分别来自 4 条多聚鸟苷酸链,G 与戊糖形成的糖苷键为反式构象。每个片层之间的旋转角度为 30°,可使螺旋轴延伸 0.34 nm。环境中的阳离子可影响 DNA 四链结构的率间构象。

图 2-32　核酸的四链结构

真核生物染色体的端粒 DNA 中有许多鸟苷酸的串联重复,在一定的条件下,有可能形成四链 DNA 结构。研究发现,在非变性电泳中,端粒 DNA 有很高的泳动度,端粒 DNA 对水解单链核酸的酶有抗性,核磁共振和 X-射线衍射研究发现,端粒 DNA 中存在 G-G 氢键,这些实验证据支持端粒 DNA 中存在四链 DNA 结构。除端粒 DNA 外,免疫球蛋白铰链区所对应的 DNA 片段,成视网膜细胞瘤敏感基因、tRNA 基因和 SupF 基因的一些特殊序列,均存在串联重复的鸟苷酸链,有可能形成四链 DNA 结构。在酵母提取液中,发现了以四链 DNA 为底物的核酸酶,提示生物体内可能有天然存在的四链 DNA 结构。

2.2.4　核酸的超螺旋结构

DNA 的三级结构是指在一、二级结构基础上多聚核苷酸链的卷曲。从一定意义上讲,是在双螺旋结构基础上的卷曲。DNA 的三级结构包括单链形成分子内的多种螺旋与环状结构,环状分子的打结,超螺旋与连环体等拓扑构型,线状双链可能存在的弯曲和超螺旋。

超螺旋是 DNA 三级结构的一种形式,超螺旋结构是 DNA 三级结构中最常见的形态。正常的 DNA 双螺旋由于解旋或增旋产生的张力,促使 DNA 内部的原子位置重新排列,导致 DNA 分子本身发生卷曲,这种卷曲就称为超螺旋(superhelix)。负超螺旋在自然界的存在具有普遍性。

1. 超螺旋的形成和结构

起初研究者认为,所有的 DNA 分子都是线形,具有两个游离的末端。真核生物细胞中的每条染色体确实是一条极长的 DNA 分子。而在研究猴子的 SV40 病毒 DNA 时发现,SV40 DNA 是一个含有约 5 000 碱基对的环形双螺旋 DNA。后来发现大多数细菌的染色体 DNA、质粒 DNA 都是环形。

DNA 双螺旋结构可以用一组结构参数来描述。平时 DNA 分子处于松弛状态,它的轴是一条直线,松弛的环状 DNA 的轴在一个平面中。但 DNA 的结构参数会受到周围湿度、离子环境和 DNA-结合蛋白的影响。也就是说,其结构是可变的。

DNA 的超螺旋结构首先是在多瘤病毒的超速离心分离过程中被发现,相对分子质量相同,密度不同而呈现三种状态。随后以 λDNA 的酶切和连接实验证实,是由于 DNA 的不同形状造成的。带有缺口的环状分子比线形分子沉降快,形成超螺旋结构的分子比带"缺口"的沉降快,如图 2-33 所示。这是因为带"缺口"的 DNA 已经解了几圈螺旋而使结构变得比超螺旋疏松,但仍比线状致密的缘故。由于 DNA 取 B 型构象时,每圈有 10 个碱基对,不受任何张力影响,DNA 分子处于松弛状态,没有链的扭曲。但是,带"缺口"的双链 DNA,在增加或减少几圈螺旋后两端封闭,产生的张力不能随着链的转动而除去,只能迫使环状分子旋转扭曲,原子位置重排,因而形成超螺旋结构进行补偿。而由解旋形成的超螺旋为右手超螺旋,又叫作负超螺旋,由增旋形成的超螺旋为左手超螺旋,又叫作正超螺旋。

DNA 超螺旋一般有 2 种形式,一是双链闭环 DNA 所形成的相互盘绕式超螺旋,此种 DNA 较小,大都存在于质粒、线粒体、叶绿体和某些病毒中;二是螺旋管式超螺旋,大都存在于真核细胞染色质中,在染色质中 DNA 环绕组蛋白形成核小体。尽管线状 DNA 和环状 DNA 在体内都可以形成超螺旋,但是,目前在体外尚无法将线状 DNA 的两端固定。因此,在分离过程中内部张力已释放,而环状 DNA 在体外容易保留超螺旋状态,常用来研究 DNA 超螺旋结构的性质。

若打断 DNA 分子的长链,使 DNA 分子额外多转几圈或少转几圈,就会发生双螺旋结构参数的改变,DNA 分子中会产生额外的张力。如此时 DNA 分子的末端游离,DNA 分子可以通过自由旋转而释放这种额外张力,从而恢复原来的双螺旋结构参数。但当 DNA 分子的末端固定或末端之间共价连接形成环状 DNA 分子,如不打断双链中的糖—磷酸骨架,DNA 分子就无法自由转动,额外的张力就不能释放。这种张力可以导致 DNA 分子内部原子空间位置的重排,造成双螺旋 DNA 通过自身轴的多次转动形成螺旋的螺旋,也即形成超螺旋 DNA(Supercoiled DNA),释放额外张力。

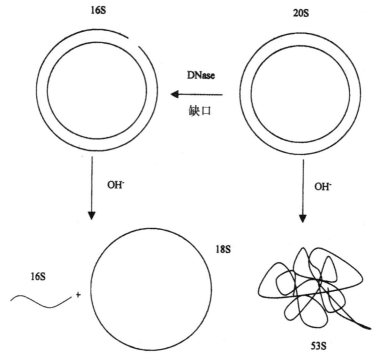

图 2-33　多溜病毒 DNA 碱处理后的不同形式

　　DNA 分子双螺旋圈数减少,双螺旋结构处于拧松状态,形成负超螺旋,负超螺旋为右旋。DNA 分子双螺旋圈数增加,双螺旋结构处于拧紧状态,形成正超螺旋,正超螺旋为左旋。绝大多数天然存在的 DNA 形成的是负超螺旋。如图 2-34 所示。

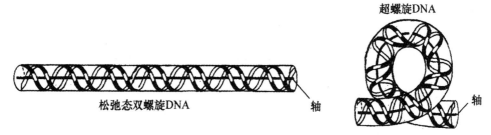

图 2-34　松弛态的双螺旋 DNA 与超螺旋 DNA

　　2. 超螺旋结构的拓扑学特性

　　超螺旋 DNA 可采取两种拓扑学上相当的形式:一种是双螺旋绕分子圆柱体(多数情况下是蛋白质组成)旋转;另一种是双螺旋分子相互盘绕。超螺旋的这两种形式可以互相转变,如图 2-35 所示。应用这种模型,以拓扑学研究 DNA 超螺旋结构的几何性质,以微分几何研究 DNA 超螺旋结构的变形和扭曲。

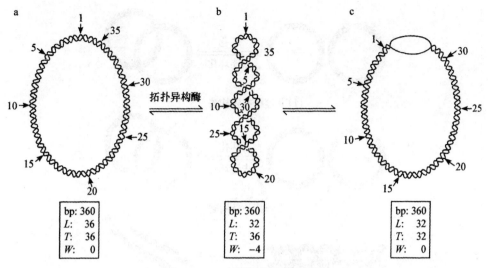

图 2-35　DNA 超螺旋状态的改变

DNA 超螺旋结构的变化可以用数学式来表述：

$$L = T + W$$

其中，L 为连接数，指 DNA 的一条链绕另一条链盘绕的次数。也就是如果我们想将两条链完全分开时，假设一条链不动，另一条链必须绕另一条链旋转的次数。L 对于特定的 DNA 分子来讲是一常数。T 为盘绕数，指 DNA 的一条链绕双螺旋轴所做的完整旋转数。W 为超盘绕数，即超螺旋数，是代表双螺旋轴在空间的转动数。T 和 W 是可变的。

3. 拓扑异构酶

其他特性都相同，只有拓扑学性质不同的分子称为拓扑异构体（topoisomer）。细胞内存在着一类可以催化 DNA 拓扑异构体相互转化的酶，称为拓扑异构酶（topoisomerase）。它的作用是与 DNA 共价结合，形成 DNA-蛋白质复合物，能够切开 DNA 单链或双链中的糖—磷酸骨架中的磷酸二酯键，使 DNA 分子出现暂时性裂口，DNA 多核苷酸链可以穿越而改变 DNA 分子的拓扑状态。在此过程中，可以在不改变核苷酸序列的前提下，改变 DNA 的连接数，进而促进超螺旋的形成，如图 2-36 所示。此外，拓扑异构酶还能使环状 DNA 发生连环化（catenate）或去连环化（decatenate）、打结（knot）或解结（unknot）。如图 2-37 所示。

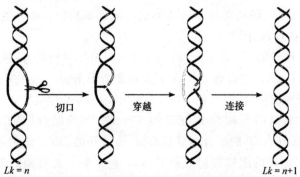

图 2-36　Ⅰ型拓扑异构酶切口、穿越和连接

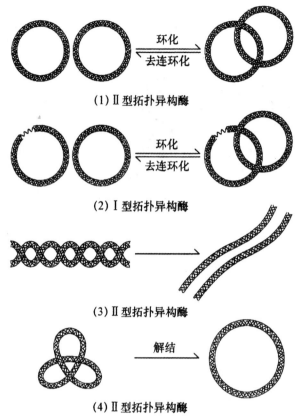

(1) Ⅱ型拓扑异构酶

(2) Ⅰ型拓扑异构酶

(3) Ⅱ型拓扑异构酶

(4) Ⅱ型拓扑异构酶

图 2-37　拓扑异构酶发生连环化或去连环化、打结或解结

(1)原核生物的拓扑异构酶。

最先被发现的拓扑异构酶是大肠杆菌的蛋白,它能使超螺旋结构松弛,然后重新命名为大肠杆菌拓扑异构酶Ⅰ(Topo Ⅰ)。拓扑异构酶Ⅰ是相对分子质量(M_r)约为100 000的单一多肽链,含有3~4个为其活力所需的锌原子。

拓扑异构酶Ⅰ的松弛活力具有这样的特点:它可以消除DNA的负超螺旋而不引起DNA发生其他改变。DNA的松弛是逐步进行的,磷酸二酯键的自由可以通过形成共价的蛋白-DNA中间体面保存,并转而用于链的重新连接,而不需要ATP或NAD这样的辅助因子。

拓扑异构酶Ⅰ首先与DNA结合,使该处的DNA熔解,随后与单链区形成酶-DNA复合物,切割DNA双链中的一条链,切割点的5′磷酸形成磷酰酪氨酸键,DNA的一条链穿越切割点断裂的链重新连接后,酶被释放(图2-38)。

大肠杆菌的DNA旋转酶(DNA gyrase)属于DNA拓扑异构酶Ⅱ,能够让松弛的双链环形DNA转化为负超螺旋DNA。它含有2个A亚基和2个B亚基。

旋转酶使DNA超螺旋化时,首先使105~140 bp的DNA片段按正方向包裹自身;在该片段中心附近切割,每一断口的5′端与A亚基的Tyr 122共价结合;接近或位于包裹片段内的DNA区域,通过B亚基与ATP的结合而穿越断口;被切开的DNA链利用蛋白-DNA复合物所贮存的能量重新闭合;DNA的超螺旋化依赖于ATP的水解。旋转酶的B亚基具有ATP酶活力。在没有ATP时,旋转酶可以使负超螺旋DNA松弛。

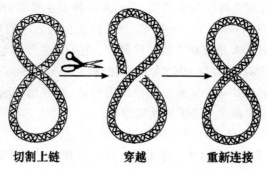

切割上链　　　穿越　　　重新连接

图 2-38　拓扑异构酶结构的作用

(2)真核生物拓扑异构酶。

真核生物的 Ⅰ 型拓扑异构酶与原核生物的酶有明显差别,如表 2-1 所示,是一相对分子质量为 95 000 的单一多肽链。催化反应与原核生物的酶相似,但它能同样使正、负超螺旋 DNA 松弛。松弛作用可以发生于 EDTA 存在的条件下,Mg^{2+} 可以提高酶的活力。酶通过其特定 Tyr 与断口的 $3'$ 磷酸连接形成中间体。Ⅱ 型真核生物拓扑异构酶为 150 000～180 000 的均二聚体,能以同样的速率松弛正、负超螺旋 DNA。但与原核生物不同的是,无法产生负超螺旋。作用时需要有 ATP 和 Mg^{2+}。

原核和真核生物拓扑异构酶都回参与 DNA 复制、转录与重组。

表 2-1　真核生物与原核生物拓扑异构酶的差别

性质	Ⅰ 型		Ⅱ 型	
	原核生物	真核生物	原核生物	真核生物
被切割的 DNA 链	1	1	2	2
亚基相对分子质量	100 000	95 000	97 900	150 000
亚基数	单体	单体	A2B2	均二聚体
对 ATP 的需求	否	否	是	是
对 Mg^{2+} 的需求	是	否	是	是
依赖于 DNA 的 ATP 酶	否	否	是	否
产生负超螺旋	否	否	是	否
松弛负超螺旋	是	是	否	是
松弛正超螺旋	滞	是	是	是
连环,打结	是	是	是	是

2.2.5　RNA 的结构

RNA 和 DNA 在结构上的区别有三点:第一,RNA 通常以单链形式存在;第二,RNA 骨架含有核糖而不是 $2'$-脱氧核糖,在核糖的 $2'$-位置上带有一个羟基;第三,DNA 中的胸腺嘧啶由 RNA 中的尿嘧啶取代,尿嘧啶拥有和胸腺嘧啶相同的单环结构,但是缺少 $5'$-甲基基团。

细胞内的 RNA 能够行使多种生物学功能。RNA 的种类主要有：核糖体 RNA（rRNA）、转移 RNA（tRNA）和信使 RNA（mRNA）。mRNA 是蛋白质生物合成的模板，tRNA 运载氨基酸并识别 mRNA 的密码子，rRNA 是核糖体的组成部分。它们的主要功能是参与蛋白质的生物合成。此外，细胞核小分子 snRNA 参与 mRNA 的剪接，核仁小分子 snoRNA 参与 rRNA 成熟加工，gRNA 参与 RNA 编辑，SRP-RNA 参与蛋白质的分泌，端粒酶 RNA 参与染色体端粒的合成。还有一些 RNA 是细胞中催化一些重要反应的酶。

尽管 RNA 是单链分子，它依然可以形成局部双螺旋，这是因为 RNA 链频繁发生自身折叠，从而使链内的互补序列形成碱基配对区。除了 A∶U 配对和 C∶G 配对外，RNA 同时具有额外的非 Watson-Crick 碱基配对，如 G∶U 碱基对，这一特征使 RNA 更易于形成双螺旋结构。RNA 分子自身折叠形成双螺旋时，不配对的序列以发卡（hairpin）、凸起（bulge）、内部环等形式游离于双链区之外，如图 2-39 所示。

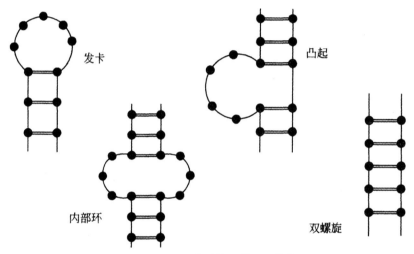

图 2-39　RNA 分子的几种二级结构

在 RNA 骨架上 2'-OH 的存在阻止了 RNA 形成 B 型螺旋。双螺旋 RNA 更类似于 A 型 DNA。它的小沟宽且浅而易于接近；大沟狭而深，与它相互作用的蛋白质的氨基酸侧链难以靠近。因而 RNA 不适合与蛋白质进行序列特异性的相互作用。

RNA 分子中的核苷酸排列顺序称为核酸的一级结构。单链核苷酸自身折叠由单链区、茎环结构、内部环、双链区等元件组成平面结构，称为 RNA 的二级结构。RNA 的二级结构主要由核酸链不同区段碱基间的氢键维系。在二级结构的基础上，核酸链再次折叠形成的高级结构就被称作 RNA 的三级结构（tertiary structure）。由于没有形成长的规则螺旋的限制，因此 DNA 能够形成大量的三级结构。

三级结构的元件包括假节结构、三链结构、环-环结合以及螺旋-环结合。假节结构是指茎环结构环区上的碱基与茎环结构外侧的碱基配对形成的由两个茎和两个环构成的假节，如图 2-40 所示。环-环结合可以看成是特殊的假节结构。螺旋-环结合可以看成是特殊的三链结构。三级结构形成时，原来相距很远的两个核苷酸相互接近并形成碱基对，在三级结构的维系中起着重要作用。

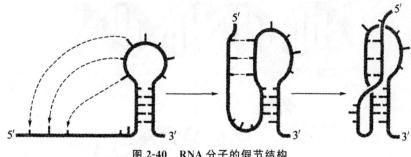

图 2-40　RNA 分子的假节结构

tRNA、rRNA 和 mRNA 虽然长度相差较大,但它们都是单股多聚核苷酸。对其一级结构的分析,主要采用片段重叠法和直接法。目前由于 DNA 序列分析法简便、快速,通常将 RNA 反转录成 cDNA,测定 cDNA 序列后,再推断出 RNA 的一级结构。

在各种 RNA 链中,除 U、C、A、G 四种基本核苷酸外,还含有多种稀有核苷酸(碱基被修饰),其中以 tRNA 含量最高,约占其总核苷酸数的 5% ～ 20%;rRNA 次之,含量约为 0.6% ～ 1.7%;mRNA 中含量最少或者不含稀有核苷酸。

单链 RNA 分子通过自身回折能够形成部分螺旋、茎环相间排列的二级结构,进而再折叠形成三级结构。与蛋白质和其他分子结合的位点或功能性位点,大都位于茎环结构的环区或游离的端区。而茎环结构的形成,使得一些功能位点能够在空间上彼此靠近,从而为酶或其它调控因子提供了作用部位。

2.3　核酸的变性和复性

DNA 分子由稳定的双螺旋结构松解为无规则线性结构的现象称为 DNA 变性(denaturation)。因为 DNA 的互补双链靠相对较弱的非共价键连接在一起,使得两条链较易打开,这也就使得 DNA 易于复制。在 DNA 溶液加热到高于生理温度(接近 100℃)或在高 pH 时,双螺旋结构的互补双链被打开成单链,这个过程就称为 DNA 的变性。变性时维持双螺旋稳定性的氢键断裂,碱基间的堆积力遭到破坏,但不涉及核苷酸链中共价键的断裂,如图 2-41 所示。凡能破坏双螺旋稳定性的因素如氢键和碱基堆积力,以及增强不利于 DNA 双螺旋构象维持的因素如磷酸基团的静电斥力和碱基内能的各种物理、化学条件都可以成为变性的原因,如加热、极端的 pH、低离子强度、有机试剂尿素和甲酰胺等,均可破坏双螺旋结构,引起核酸分子变性。而且,这种变性完全是可逆的。当加热过的 DNA 溶液缓慢冷却时,单链 DNA 就会与互补的链重新形成原来的双螺旋,这个过程称为 DNA 的复性(renaturation)。

常用的 DNA 变性方法主要是热变性和碱变性。热变性使用得十分广泛,热量使核酸分子热运动加快,增加了碱基的分子内能,破坏了氢键与碱基堆积力,最终破坏核酸分子的双螺旋结构,引起核酸分子变性。然而,高温可能引起磷酸二酯键的断裂,得到长短不一的单链 DNA。而碱变性方法则没有这个缺点,在 pH 为 11.3 时,碱基去质子化,全部氢键都被破坏,DNA 则会完全变成单链的变性 DNA。

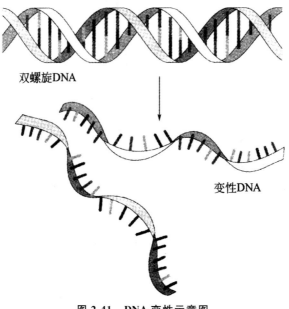

双螺旋DNA

变性DNA

图 2-41　DNA 变性示意图

2.3.1　核酸的变性

核酸在化学、物理因素的影响下,维系核酸双螺旋结构的氢键和碱基堆集力受到破坏,分子由稳定的双螺旋结构松解为无规则线性结构甚至解旋成单链的现象,称为核酸的变性。核酸的变性可以是部分的,也可能发生在整个核酸分子上,但是不涉及其一级结构即磷酸二酯键的断裂。

1. 核酸因变性引起的理化性质的改变

变性能导致 DNA 溶液粘度降低。DNA 双螺旋是紧密的"刚性"结构,变性后代之以"柔软"而松散的无规则单股线性结构,DNA 粘度因此而明显下降。另外变性后整个 DNA 分子的对称性及分子局部的构象改变,使 DNA 溶液的旋光性发生变化。

变性时 DNA 溶液最重要的变化是增色效应。DNA 分子具有吸收 250 nm～280 nm 波长的紫外光的特性,其吸收峰值在 260 nm。DNA 分子中碱基间电子的相互作用是紫外吸收的结构基础,但双螺旋结构有序堆积的碱基又"束缚"了这种作用。变性时 DNA 的双链解开,有序的碱基排列被打乱,增加了对光的吸收,因此变性后 DNA 溶液的紫外吸收作用增强,称为增色效应。浓度为 50 μg/ml 的双螺旋 DNA 的 A260＝1.00,完全变性的 DNA 即单链 DNA 的 A260＝1.37,而单核苷酸的等比例混合物的 A260＝1.60。

2. 影响核酸变性的因素

凡能破坏有利于 DNA 双螺旋构象维持的因素如氢键和碱基堆集力,以及增强不利于 DNA 双螺旋构象维持的因素如磷酸基的静电斥力和碱基分子内能的各种物理、化学条件都可以成为变性的原因,如加热、极端的 pH、低离子强度、有机试剂甲醇、乙醇、尿素及甲酰胺等,均可破坏双螺旋结构,引起核酸分子变性。如要维持单链状态,可保持 pH 大于 11.3,以破坏氢键;或者盐浓度低于 0.01 mol/L,此时由于磷酸基的静电斥力,使配对的碱基无法相互靠近,碱基堆集作用也保持在最低水平。

常用的 DNA 变性方法主要是热变性方法和碱变性方法。热变性使用得十分广泛,热量使核酸分子热运动加快,增加了碱基的分子内能,破坏了氢键和碱基堆集力,最终破坏核酸分子的双螺旋结构,引起核酸分子变性,A260 的吸收值增大。因此,增色效应与温度具有十分密切的关系,热变性常用于变性动力学的研究。然而高温可能引起磷酸二酯键的断裂,得到长短不一的单链 DNA。而碱变性方法则没有这个缺点,在 pH 为 11.3 时,全部氢键都被破坏,DNA 完全变成单链的变性 DNA。在制备单链 DNA 时,优先采取这种方法。

3. 核酸的熔解温度

热变性使 DNA 分子双链解开一半所需的温度称为熔解温度。DNA 分子的热变性具有在很狭窄的温度范围内突发跃变的过程,很像结晶达到熔点时的熔化现象,故称熔解温度。当缓慢而均匀地增加 DNA 溶液的温度,记录各个不同温度下的 A260 值,即可绘制成 DNA 的变性曲线,如图 2-42 所示。典型 DNA 变性曲线呈 S 型。S 型曲线下方平坦,表示 DNA 的氢键未被破坏;待加热到某一温度时,次级键突然断开,DNA 迅速解链,同时伴随吸光率急剧上升;此后因"无链可解"而出现温度效应丧失的上方平坦段。当被测 DNA 的 50% 发生变性,即增色效应达到一半时的温度即为 T_m。它在 S 型曲线上相当于吸光率增加的中点处所对应的横坐标。

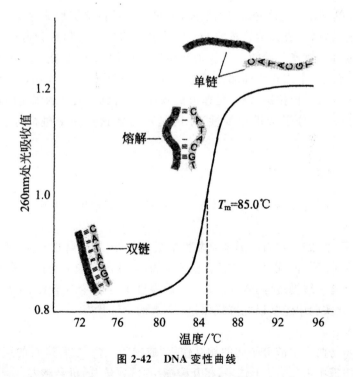

图 2-42　DNA 变性曲线

DNA 分子的变性温度主要取决于 DNA 自身的性质,它们包括以下两个方面。
(1)DNA 的均一性。
包括 DNA 分子中碱基组成的均一性以及 DNA 种类的均一性。总地来说,DNA 均一性越大,Tm 值范围较窄,反之亦然。

(2)DNA 的 GC 含量。

GC 含量越高,T_m 值越高。因为 GC 碱基对具有 3 个氢键,而 AT 碱基对只有 2 个氢键,DNA 中 GC 含量高显然更能增强结构的稳定性。T_m 与 GC 含量的关系可用以下经验公式表示(DNA 溶于 0.2 mol/L NaCl 中):

$$T_m = 69.3 + 0.41 * (G+C)\%。$$

2.3.2 核酸的复性

变性 DNA 在适当条件下,两条互补链全部或部分恢复到天然双螺旋结构的现象称为复性。热变性的 DNA 一般经缓慢冷却后即可复性,这个过程也称"退火"。

复性并不是两条单链重新缠绕的简单过程。它首先从单链分子之间随机的无规则碰撞运动开始,当碰撞的两条单链大部分碱基都不能互补时,所形成的氢键都是短命的,很快会被分子的热运动所瓦解。只有当可以互补配对的一部分碱基相互靠近时,一般认为需要 10 个~20 个碱基对,特别是富含 G—C 的节段首先形成氢键,产生一个或几个双螺旋核心。这一步称为成核作用;然后,两条单链的其余部分就会像拉链那样迅速形成双螺旋结构。因此,复性过程的限制因素是分子碰撞过程。

1. 复性过程

热变性 DNA 单链如果快速冷却,则两条互补的链会保持单链形式存在;若缓慢冷却则分开的单链重新互补配对,恢复成天然状态的 DNA,这种缓慢冷却过程称为退火(annealing)。复性是从单链分子间的随机碰撞开始的。当两条互补单链 DNA 中的互补区段在无规则运动中彼此靠近时,它们就会形成一个或几个局部的双螺旋,这一过程称为成核作用(nuclation)。然后,两条单链的其余部分就会像拉链那样,迅速形成双螺旋。因此,复性的限制因素是分子间的碰撞过程,部分变性的 DNA 分子会迅速复性,原因是不需要这样一个碰撞过程。复性有时也称退火。

2. 影响复性的因素

DNA 的复性不仅受温度影响,还受 DNA 自身特性等其他因素的影响。

(1)温度和时间。

一般认为比 T_m 低 25℃左右的温度是复性的最佳条件,越远离此温度,复性速度就越慢。在很低的温度(如 4℃以下)下,分子的热运动显著减弱,互补链碰撞结合的机会自然大大减少。复性时温度下降必须是一缓慢过程,若在超过 T_m 的温度下迅速冷却至低温(如 4℃以下),复性几乎是不可能的,因此实验中经常以此方式保持 DNA 的变性状态。

(2)DNA 浓度。

复性的第一步是两个单链分子间的相互作用"成核"。这一过程进行的速度与 DNA 浓度的平方成正比。即溶液中 DNA 分子越多,相互碰撞结合"成核"的机会越大。

(3)DNA 顺序的复杂性。

DNA 顺序的复杂性越低,互补碱基的配对越容易实现;而 DNA 顺序的复杂性越高,实现互补越困难。

核酸的复杂性程度可以用 Cot 值表示,即复性时 DNA 的初始浓度 Co(核苷酸的摩尔数)与复性所需时间 t(秒)的乘积。如果保持实验温度、溶剂离子强度、核酸片段大小等其他因素相同,以复性 DNA 的百分比对 Cot 作图,可以得到 Cot 曲线,如图 2-43 所示。在标准条件下(一般为 0.18 ml/L 阳离子浓度,400 nt 的核苷酸片段)测得的复性率达 0.5 时的 Cot 值称 Cot1/2,与核苷酸对的复杂性成正比。

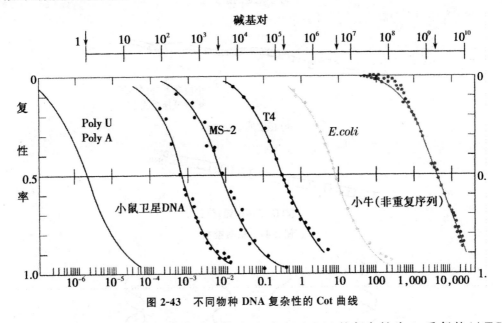

图 2-43　不同物种 DNA 复杂性的 Cot 曲线

核酸分子的复杂性可用非重复碱基对数表示,如 poly(A)的复杂性为 1,重复的(ATGC)n组成的 poly 体的复杂性为 4,分子长度是 105 碱基对的非重复 DNA 的复杂性为 105。同时,在 DNA 总浓度(以核苷酸为单位)相同的情况下,片段越短,片段浓度就越高,复性所需的时间也越短。对于来自原核生物的 DNA 分子,Cot 值的大小可代表基因组的大小及基因组中核苷酸对的复杂程度。而真核基因组中因含有许多不同程度的重复序列,所得到的 Cot 曲线中的 S 曲线更加复杂,按 Cot 值由低到高,分别对应回文序列、高度重复序列、中摩再复序列和非重复序列。

2.3.3　分子杂交

分子杂交(hybridization)是依据 DNA 复性原理发展的一种分子生物学实验技术。两条来源不同,但含有互补序列的单链核酸分子形成杂合双链(heteroduplex)的过程就叫作分子杂交。在进行分子杂交时,首先在一定条件下使核酸变性(通常是升高温度),然后再在适当的条件下复性。杂交可以发生于 DNA 与 DNA 之间,也可以发生在 RNA 与 RNA 之间以及 DNA 与 RNA 之间,如图 2-44 所示。

利用分子杂交可以判断 DNA 之间的同源性程度。DNA 与 RNA 杂交可以了解特定基因的存在和转录强度,图 2-45 显示了 DNA 与 RNA 的杂交。分子杂交是分子生物学最常用的技术之一,常常被用来检测特定的核酸序列的存在。

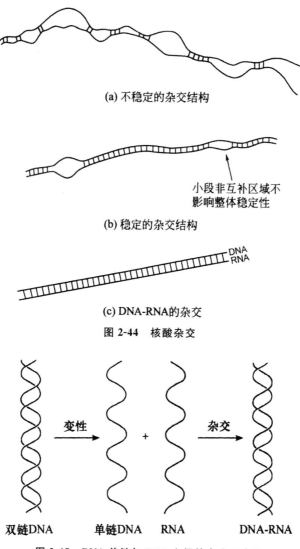

(a) 不稳定的杂交结构

小段非互补区域不
影响整体稳定性

(b) 稳定的杂交结构

DNA
RNA

(c) DNA-RNA的杂交

图 2-44　核酸杂交

变性　　＋　　杂交

双链DNA　　单链DNA　　RNA　　DNA-RNA

图 2-45　DNA 单链与 RNA 之间的杂交示意图

2.4　核酸的研究技术

2.4.1　核酸的提取与沉淀

　　核酸类化合物都溶于水而不溶于有机溶剂,所以核酸可用水溶液提取,除去杂质后,用有机溶剂沉淀。在细胞内,核糖核酸与蛋白质结合成核糖核蛋白(RNP),脱氧核糖核酸与蛋白质结合成脱氧核糖核蛋白(DNP)。在 0.14 mol/L 的氯化钠溶液中,RNP 的溶解度相当大,而 DNP 的溶解度仅为在水中溶解度的 1%。当氯化钠的浓度达到 1 mol/L 的时候,RNP 的溶解度小,而 DNP 的溶解度比在水中的溶解度大 2 倍。所以常选用 0.14 mol/L 的氯化钠溶液提取 RNP,选用 1 mol/L 的氯化钠溶液提取 DNP。两种核蛋白在不同 pH 条件下溶解度也不相同,RNP 在

pH0.2～2.5 时溶解度最低,而 DNP 则在 pH4.2 时溶解度最低。

核酸分离纯化一般应维持在 0～4℃的低温条件下,以防止核酸的变性和降解。为防止核酸酶引起的水解作用,可加入十二烷基硫酸钠(SDS)、乙二胺四乙酸(EDTA)、δ-羟基喹啉、柠檬酸钠等抑制核酸酶的活性。

1. RNA 的提取

tRNA 约占细胞内 RNA 的 15%,相对分子质量较小,在细胞破碎以后溶解在水溶液中,离心或过滤除去组织或细胞残渣,用酸处理调节到 pH5,得到的沉淀即为 tRAN 粗品。mRNA 占细胞 RNA 的 5%左右,很不稳定,提取条件要严格控制。rRNA 约占细胞内 RNA 的 80%,一般提取的 RNA 主要是 rRNA。

(1)稀盐溶液提取法。

用 0.14 mol/L 的氯化钠溶液反复抽提组织匀浆或细胞裂解液,得到 RNP 提取液,再进一步去除 DNP、蛋白质、多糖等杂质,获得纯化的 RNA。

(2)苯酚水溶液提取法。

在组织匀浆或细胞裂解液中加入等体积的 90%苯酚水溶液,在一定条件下振荡一定时间,将 RNA 与蛋白质分开,离心分层后,DNA 和蛋白质处于苯酚层中,而 RNA 和多糖溶解于水层中。苯酚溶液提取法操作时温度可控制在 2℃～5℃进行,称为冷酚法提取。也可控制在 60℃左右,称为热酚法提取。苯酚溶液提取法不需事先提取 RNP,而是直接将 RNA 与蛋白质和 DNA 等初步分开,是目前提取 RNA 的常用方法。使用时苯酚一般需要减压重蒸,或使用市售的水饱和酚。通常多次用苯酚或氯仿处理使蛋白质变性,每次处理后离心取上层水相。用 Trizol 试剂可以制备高质量的 RNA,但 Trizol 试剂的价格较高。此外也可用表面活性剂,如 SDS 和二甲基苯磺酸钠等处理细胞匀浆来提取 RNA。mRNA 可用寡聚 dT-纤维素亲和层析,或偶联寡聚 dT 的磁珠从总 RNA 中分离。

由于 RNA 酶存在广泛,且十分稳定,破碎细胞时要加入胍盐破坏 RNA 酶,试剂要用 0.1%的 DEPC(焦碳酸二乙酯)配制,器皿要高压灭菌或用 0.1%的 DEPC 处理。

2. DNA 的提取

从细胞中提取 DNA,一般在细胞破碎后用浓盐法提取。即用 1 mol/L 的氯化钠溶液从细胞匀浆中提取 DNP,再与含有少量辛醇或戊醇的氯仿一起振荡除去蛋白质。或者先以 0.14 mol/L 氯化钠溶液(也可用 0.1 mol/L NaCl 加上 0.05 mol/L 柠檬酸代替)反复洗涤除去 RNP 后,再用 1 mol/L 氯化钠溶液提取 DNP,经水饱和酚和氯仿戊醇(辛醇)反复处理,除去蛋白质,而得到 DNA。

3. 核酸的沉淀

(1)有机溶剂沉淀法。

由于核酸都不溶于有机溶剂,所以可在核酸提取液中加入乙醇或 2-乙氧基乙醇,使 DNA 或 RNA 沉淀下来。

(2)等电点沉淀法。

脱氧核糖核蛋白的等电点为 pH4.2,核糖核蛋白的等电点为 pH2.0～2.5,tRNA 的等电点为 pH5。所以将核酸提取液调节到一定的 pH,就可使不同的核酸或核蛋白分别沉淀而分离。

(3)钙盐沉淀法。

在核酸提取液中加入一定体积比(一般为 1/10)的 10％氯化钙溶液,使 DNA 和 RNA 均成为钙盐形式,再加进 1/5 体积的乙醇,DNA 钙盐即形成沉淀析出。

(4)选择性溶剂沉淀法。

选择适宜的溶剂,使蛋白质等杂质形成沉淀而与核酸分离,这种方法称为选择性溶剂沉淀法。

2.4.2 核酸的电泳分离

琼脂糖凝胶电泳常用于分离鉴定核酸,如 DNA 的鉴定,DNA 限制性内切酶图谱的制作等。常用的缓冲液是 pH8.0 的 Tris-硼酸-EDTA(TBE),在这一 pH 下,核酸带负电荷,向正极移动。电泳时可在凝胶中加入荧光染料 EB,以便在电泳过程中用紫外灯观察核酸区带的移动状况,电泳结束后在紫外灯下拍照。

用于分离核酸的琼脂糖凝胶电泳主要是水平型平板电泳,凝胶板的上表面浸泡在电极缓冲液下 1~2 mm,故又称为潜水式电泳。这种方法电泳槽简单,可以根据需要制备不同规格的凝胶板,制胶和加样比较方便,需样品量少,分辨力高,已成为分子生物学研究中的常用方法。

DNA 片段在凝胶中电泳时,迁移距离(迁移率)与分子大小(碱基对数)的对数成反比,因此可在一个泳道加若干种已知大小的标准物,另一个泳道加待分析的样品,电泳后,标准物按分子大小形成一系列条带,将未知片段的移动距离与标准物的条带进行比较,便可测出未知片段的大小。

不同构象 DNA 的移动速度次序为:cccDNA＞直线 DNA＞开环的双链环状 DNA。当琼脂糖浓度太高时,环状 DNA(一般为球形)不能进入胶中,相对迁移率为 0,而同等大小的直线双链 DNA(刚性棒状)则可沿长轴方向前进。由此可见,这三种构型的相对迁移率大小次序与凝胶浓度有关,同时,也受到电流强度、缓冲液离子强度和荧光染料浓度等因素的影响。

RNA 可用琼脂糖凝胶电泳或聚丙烯酰胺凝胶电泳分离,一般来说,迁移率与分子大小成反比。

2.4.3 核酸的超速离心

DNA 的密度与其碱基组成有关,G—C 对的比例越高,密度越大。不同密度的 DNA 可用密度梯度离心分离。其方法的要点是:将 DNA 溶于 8.0 mol/L 氯化铯溶液中,装入离心管用 45 000 r/m 长时间离心,氯化铯形成密度梯度,顶部的密度为 1.55 g/cm³,底部的密度为 1.80 g/cm³,若样品中有多种密度不等的 DNA 分子,离心后会分别处于与其密度相同的区域,从而使不同密度的 DNA 得以分离。根据测出的 DNA 密度,还可估算 G—C 对的比例。

在密度梯度离心的介质中加入 EB,可以在紫外灯下直接观察离心管中核酸形成的区带。这一方法可用来分离 DNA 和 RNA,离心后,RNA 因密度大,处于离心管底,DNA 处于离心管中与其密度相等的区域,若样品中有蛋白质,则会处于离心管的顶部。这一方法还可用来分离不同构象的 DNA,经过离心,超螺旋 DNA 靠近离心管底,开环和线型 DNA 靠近离心管口,闭环 DNA 处于二者之间。

2.4.4　核酸的分子杂交

在退火条件下,不同来源的 DNA 互补区形成双链,或 DNA 单链和 RNA 单链的互补区形成 DNA-RNA 杂合双链的过程称分子杂交。

分子杂交广泛用于测定基因拷贝数、基因定位、确定生物的遗传进化关系等。通常对天然或人工合成的 DNA 或 RNA 片段进行放射性同位素或荧光标记,做成探针,经杂交后,检测放射性同位素或荧光物质的位置,寻找与探针有互补关系的 DNA 或 RNA。

直接用探针与菌落或组织细胞中的核酸杂交,因未改变核酸所在的位置,称原位杂交技术。将核酸直接点在膜上,再与探针杂交称点杂交,使用狭缝点样器时,称狭缝印迹杂交。该技术主要用于分析基因拷贝数和转录水平的变化,亦可用于检测病源微生物和生物制品中的核酸污染状况。

杂交技术较广泛的应用是将样品 DNA 切割成大小不等的片段,经凝胶电泳分离后,用杂交技术寻找与探针互补的 DNA 片段。由于凝胶机械强度差,不适合于杂交过程中较高温度和较长时间的处理,Southern 提出一种方法,将电泳分离的 DNA 条带从凝胶转移到适当的膜(如硝酸纤维素膜或尼龙膜)上,再进行杂交操作,称 Southern 印迹法,或 Southern 杂交技术。如图 2-46 所示,将 DNA 条带从凝胶转移到膜上的方法有两种,早期使用的渗透转移法用干燥的吸水纸吸取渗透上移的缓冲液,DNA 条带随缓冲液从凝胶转移到膜上。这种方法需要随时更换湿的吸水纸,转移所需的时间与环境的温度和湿度有关,条件较难控制。电转移法所需的时间短,条件容易控制,但需要专门的电泳仪和电泳槽。由于通电的凝胶面积大,容易生热,最好用可控温度的循环水冷却。

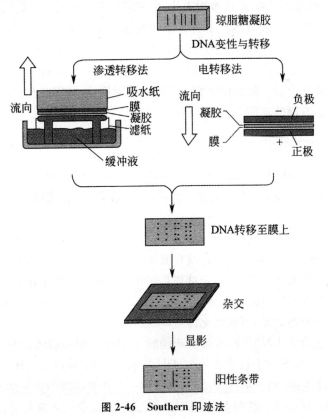

图 2-46　Southern 印迹法

进行杂交操作后,如何检测膜上的阳性条带,取决于探针的类型。若探针是用放射性同位素标记的,需要对膜进行放射自显影处理。这种方法灵敏度较高,但防护和废物处理较麻烦。若探针是用生物素标记的,可先用偶联碱性磷酸酶的抗生物素蛋白处理膜,再加入合适的底物,使其水解产物有特定的颜色,或能发光,即可检出阳性条带的位置。这类方法不断得到改进,已经可以达到很高的灵敏度,且安全性和重复性好,现已得到广泛的应用。

将电泳分离后的变性 RNA 吸印到适当的膜上再进行分子杂交的技术,被称为 Northern 印迹法,或 Northern 杂交技术。其原理与 Southern 杂交类似,主要区别是,DNA 电泳后常用碱溶液处理凝胶使 DNA 变性,RNA 容易被碱水解,通常用甲醛、羟甲基汞或戊二醛作为变性剂。

Southern 杂交广泛用于测定基因拷贝数,基因定位,研究基因变异,基因重排,DNA 多态性分析和疾病诊断。Northern 杂交常用于检测组织或细胞的基因表达水平。

2.4.5 DNA 芯片技术

DNA 芯片技术是以核酸的分子杂交为基础的。其要点是用点样或在片合成的方法,将成千上万种相关基因(如多种与癌症相关的基因)的探针整齐地排列在特定的基片上,形成阵列,将待测样品的 DNA 切割成碎片,用荧光基团标记后,与芯片进行分子杂交,用激光扫描仪对基片上的每个点进行检测。若某个探针所对应的位置出现荧光,说明样品中存在相应的基因。由于一个芯片上可容纳成千上万个探针,DNA 芯片可对样本进行高通量的检测。若将两个样本(A 和 B)的 RNA 提取出来,用逆转录酶转化成 cDNA(与 RNA 互补的 DNA),分别用红色荧光标记 A 样本的 cDNA,用绿色荧光标记 B 样本的 cDNA,再与同一个 DNA 芯片杂交,则出现红色荧光的位点,其探针所对应的基因只在 A 样本中表达,出现绿色荧光的位点,其探针所对应的基因只在 B 样本中表达。若某基因在 A 样本和 B 样本中均表达,则其相应探针所在的位点会出现黄色荧光,黄色的色度(红色和绿色的相对比例)反映该基因在 A 样本和 B 样本中的相对表达量,用这种方法可以高通量的研究基因表达状况的差异。由此可以看出,DNA 芯片可以用于基因功能和基因表达状况的高通量分析。随着疾病相关基因的不断确定,基因芯片技术可靠性的不断提高,基因芯片在疾病诊断方面的应用会日益广泛。

2.4.6 DNA 的化学合成

DNA 的化学合成广泛用于合成寡核苷酸探针和引物,有时也用于人工合成基因和反义寡核苷酸。目前寡核苷酸均是用 DNA 合成仪合成的,大多数 DNA 合成仪是以固相磷酰亚胺法为基础设计制造的。

核酸固相合成的基本原理是将所要合成的核酸链的末端核苷酸先固定在一种不溶性高分子固相载体上,然后再从此末端开始将其他核苷酸按顺序逐一用磷酸二酯键连接起来。每掺入一个核苷酸残基经历一轮相同的操作,由于被加长的核酸链始终被固定在固相载体上,所以过量的未反应物或反应副产物可用过滤或洗涤的方法除去。合成至所需长度后的核酸链可从固相载体上切割下来并脱去各种保护基,再经纯化即可得到最终产物。

固相磷酰亚胺法合成 DNA 时,末端核苷酸的 $3'$-OH 与固相载体成共价键,$5'$-OH 被 $4,4'$-二甲氧基三苯甲基保护,下一个核苷酸的 $5'$-OH 亦被 DMTr 保护,$3'$-OH 的磷酸基上有-N(C3H7)2 和-OCH3 两个基团,用于活化 $3'$-OH,每延伸一个核苷酸需四步化学反应。

1)脱三苯甲基。末端核苷酸的 DMTr 用三氯乙酸/二氯甲烷溶液脱去,游离出 $5'$-OH。

2)缩合。新生成的 5′-OH 在四唑催化下与下一个核苷 3′-磷酰亚胺单体缩合使链增长。

3)盖帽。有少量(小于 0.5%)未缩合的 5′-OH 要在甲基咪唑或二甲氨基吡啶催化下用乙酸苷乙酰化封闭,以防进一步缩合造成错误延伸。

4)氧化。新增核苷酸链中的磷为三价亚磷,需用碘氧化成五价磷。

上述步骤循环一次,核苷酸链向 5′方向延伸一个核苷酸。

合成后的寡核苷酸链仍结合在固相载体上,且各种活泼基团也被保护基封闭着,要经过以下合成后处理才能使用。

1)切割。用浓氨水可将寡核苷酸链从固相载体上切割下来,切割后的寡核苷酸具有游离的 3′-OH。

2)脱保护。切割后的寡核苷酸磷酸基及碱基上仍有一些保护基,这些保护基也必须完全脱去。磷酸基的保护基 β-氰乙基在切割的同时即可脱掉,而碱基上的保护基苯甲酰基和异丁酰基则要在浓氨水中 55℃放置 15h 左右方能脱掉。

3)纯化。纯化的目的主要是去掉短的寡核苷酸片段,盐及各种保护基等杂质。通常采用的纯化方法有电泳法、高效液相色谱法和高效薄层色谱法等。纯化这一步操作是可以选择的,对要求不高的应用如 PCR 等可不做纯化。

近年来发展了一些修饰试剂,可以在合成寡核苷酸时,对某些核苷酸进行一定的修饰,为寡核苷酸探针的非放射性标记提供了新的途径。

2.5　核酸的序列测定

2.5.1　末端终止法

末端终止法的特点在于将生物体内 DNA 复制的酶学过程应用到序列测定中。首先,双链的待测 DNA 可以通过克隆入单链噬菌体载体产生单链 DNA 或者直接通过碱变性、加热变性的方法得到单链 DNA。根据已知序列合成的特定引物与上述单链模板褪火后在 DNA 聚合酶的催化下以四种 dNTP 的混合物为底物合成一条与模板链互补的 DNA 链。如果四种脱氧核苷酸中有一种或几种的 Q 位磷是带有放射性标记的,那么,新合成的链将被放射性同位素标记。在正常反应条件下,只要有足够的 dNTP 存在,DNA 链将沿着 5′→3′方向一直延伸到模板的末端。但是,如果在反应混合物中加入一种脱氧核苷酸类似物即 2′,3′-双脱氧核苷三磷酸(ddNTP),由于它的脱氧核糖上缺少 3′-OH,当它掺入到 DNA 链上后,反应在掺入处提前终止。因此只要控制反应体系中 dNTP(其中有一种带放射性标记)和 ddNTP 的比例,就可以得到一组长短不同的、具有相同起点的片段。测序反应通常是四个反应平行进行,每个反应的 dNTP 底物中仅加入一种双脱氧核苷三磷酸,例如某反应中加入了 ddATP,那么在一定的长度范围内,所有新合成的 DNA 片段 3′-端都是 A,都是由于掺入 ddATP 而导致的意外终止,在 ddATP 浓度适当的情况下,所有新生链中 A 的位置都会对应于相应长度的 DNA 片段。将四组反应产物通过高分辨率的聚丙烯酰胺凝胶电泳分离,再经放射自显影,就可以从图谱上按片段从小到大读出新生 DNA 链的碱基排列顺序,根据碱基互补配对的原则很容易得出模板链的序列,如图 2-47 所示。

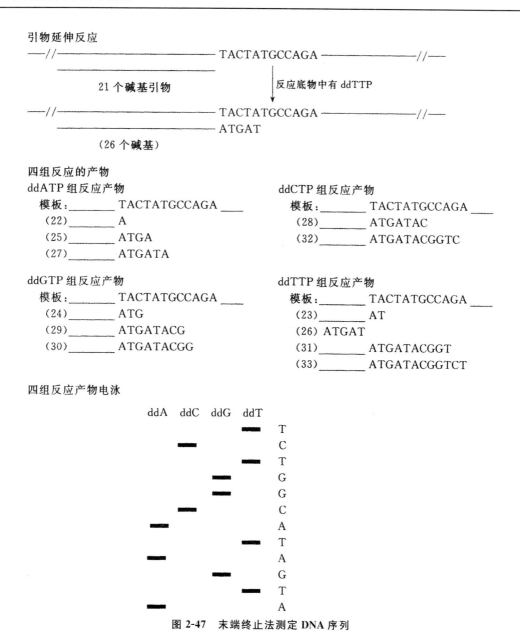

图 2-47 末端终止法测定 DNA 序列

2.5.2 化学裂解法

化学裂解法首先将待测定的 DNA 片段的一端(3′-端或 5′-端)进行放射性标记,然后在适当的条件下,用专一性的化学试剂特异性地修饰 DNA 分子上的某种(类)碱基,并控制反应条件,使每条 DNA 链上平均仅有一个碱基被修饰。然后从 DNA 链上除去已被修饰的碱基,并通过不同的化学处理使 DNA 在这个部位被切断。得到各种长度的带放射性标记的片段并在聚丙烯酰胺凝胶上电泳分离。裂解 DNA 的过程包括:有限的碱基修饰、修饰碱基从核糖上脱离及 5′、3′两侧磷酸二酯键断裂三步反应。例如,硫酸二甲酯在 pH8.0 条件下可以使 DNA 上鸟嘌呤 N7 位被甲基化,甲基化使 C8-C9 键对碱裂解有特异的敏感性,极易水解;哌啶甲酸在

pH2.0 下可以使嘌呤环的 N 原子质子化而脱嘌呤,并可使 DNA 链仅在鸟嘌呤残基处断裂。如果同位素标记在 5′-端的话,这样就产生了一条 DNA 单链分子,5′-端有放射性同位素标记,3′端的下一个碱基为鸟嘌呤。当然还需要同时再完成针对其他三种碱基的特异性裂解反应,通常可以通过酸的作用削弱腺嘌呤和鸟嘌呤的糖苷键,哌啶甲酸进而脱去嘌呤并切断磷酸二酯键。如果将这组结果与鸟嘌呤的结果在相邻的加样孔电泳的话,通常比较很容易推断出腺嘌呤的位置。

肼在碱性条件下进攻胸腺嘧啶和胞嘧啶的 C4 位和 C6 位,然后在哌啶甲酸的作用下脱去碱基并进一步导致 DNA 链断裂。在 1.0 mol/L NaCl 存在条件下,肼与胞嘧啶发生专一性反应,这样就可以在 C 和 C+T 两组产物中区分 C 和 T。所有经碱基专一性部分降解后得到的片段均比包含该碱基的片段少了一个核苷酸,如图 2-48 所示。

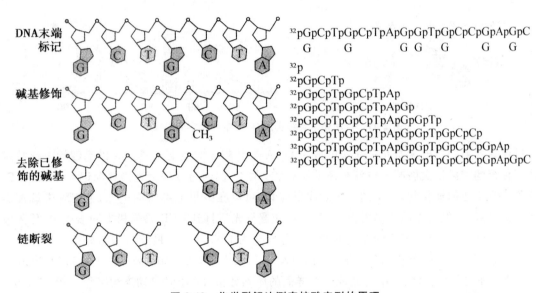

图 2-48　化学裂解法测定核酸序列的原理

化学裂解法测定核酸序列在速度、操作难度、可测定的 DNA 片段的长度等方面都逊于末端终止法,但对于测定小片段 DNA、引物、人工合成片段的序列,这是唯一的方法。

末端终止法是通过在体外合成 DNA 的过程中掺入 ddNTP 从而产生四组末端已知的 DNA 片段的混合物,化学裂解法则是通过特异性的化学修饰及裂解,进而得到四组末端(的下一个碱基)已知的 DNA 片段的混合物,这两种看似完全不同的方法实际上有着一个完全相同的思路。

2.5.3　全自动 DNA 测序

Sanger 发明 DNA 测序方法以前都是由手工完成的。尽管每次测定序列的长度可以达到数百个碱基,但要完成任何一个生物的基因组的序列测定,工作量还是十分巨大。20 世纪 90 年代初期,在 Sanger 法的基础上,DNA 序列的自动化测定技术得到了发展。正是在这一技术的基础上,人类基因组计划才得以实施。图 2-49 显示自动化 DNA 序列测定的原理。

(1) 引物延伸反应

ddA 反应：

———————— TACTATGCCAGA
———————— ATGA

ddC 反应：

———————— TACTATGCCAGA
———————— ATGATAC

ddG 反应：

———————— TACTATGCCAGA
———————— ATGATACG

ddT 反应：

———————— TACTATGCCAGA
———————— ATGAT

(2) 电泳

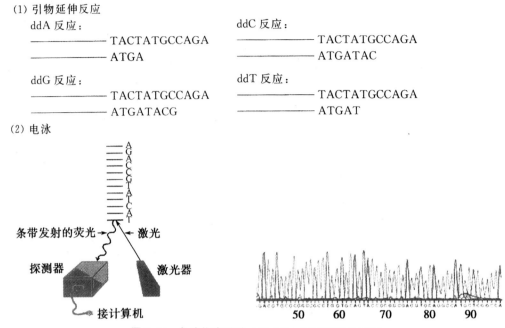

图 2-49　自动化末端终止法 DNA 序列测定的原理

　　目前阵列毛细管电泳激光荧光法已成为 DNA 大量测序的主要工具。它以毛细管电泳技术取代了传统的聚丙烯酰胺凝胶电泳分离 DNA 片段的方式,通过 4 种荧光染料标记 4 种 ddNTP,与双脱氧终止法原理相同,产生的 4 个测序反应物,可以在一根毛细管内电泳,毛细管末端配有激光照射装置,诱发出不同的发射波长荧光、经光栅分光后打到 CCD 摄像机上同步成像,传入电脑后经专用软件分析后,把不同颜色的荧光信号转变为 DNA 序列,最终打印出分析结果。操作过程中凝胶更换、进样、分析、打印结果全部自动化。Beckman-Coulter 公司的 CEQTM 2000 为8 道毛细管阵列分析仪,可 2 小时完成 8 个样品的序列分析,24 小时自动连续工作。PE Applied Biosystems 公司的 ABI PRISM 3700 型为 96 道阵列毛细管电泳 DNA 分析仪,具有独特的荧光监测系统(Sheath Flow Detection)。可 15 分钟完成 1 000 个样品的分析工作,是当前大规模工厂化自动测序系统。Pharmacia 公司的最新产品 mega BACE1000 全自动 DNA 测序仪,同样为96 根毛细管装置,24 小时可测定 550 000 个碱基。

第3章 基因、基因组与基因组学

3.1 基因

从 1865 年 Mendel 提出遗传因子的概念,到 1953 年 Watson 和 Crick 发现 DNA 的双螺旋结构模型,基因由当初的抽象符号逐渐被赋予了具体的内容。随着对基因研究的深入以及基因学科的发展,人们对基因的认识也越来越不同。20 世纪以来,基因的概念随着生命科学的发展而不断完善,同时随着对基因功能认识的深入,人们所知的基因种类也日益增多。

3.1.1 基因研究的三个阶段

对基因的认识和研究,大体上可分为以下三个阶段。

(1)20 世纪 50 年代以前,主要从细胞的染色体水平上进行研究,属于基因的染色体遗传学阶段。

1865 年,孟德尔(Mendel)以豌豆为材料进行了大量杂交实验,提出了"遗传因子"学说,指出遗传因子是一种物质。不过他当时所指的遗传因子只是代表决定某个遗传性状的抽象符号。

1903 年,Sutton 和 Boveri 提出遗传因子在染色体上,第一次把遗传物质和染色体联系起来,这个观点就是遗传的染色体理论。

1909 年,丹麦生物学家 Johannsen 根据希腊文"给予生命"之义,用基因(gene)一词代替了 Mendel 的"遗传因子"。然而,这里的基因还没有涉及具体的物质概念,依然是一种与细胞的任何可见形态结构毫无关系的抽象概念。

1926 年 Morgan 通过对果蝇的研究出版《基因论》,认为基因是组成染色体的遗传单位,并且证明基因在染色体上占有一定位置,而且呈线性排列,由此提出"功能、交换、突变"三位一体的基因概念。他们发现,一条染色体上有很多基因,一些性状的遗传行为之所以不符合 Mendel 的独立分配定律,是因为代表这些性状的基因位于同一条染色体上,彼此连锁而不易分离。这样,Morgan 首次将代表某一特定性状的基因,同某一特定的染色体联系起来。他指出:"物质必须由某种独立的要素组成,这些要素我们叫作遗传因子,或者更简单地叫作基因"。基因不再是抽象的符号,而是在染色体上占有一定空间的实体。

虽然 Morgan 的出色工作使遗传的染色体理论得到普遍认同,但是早期研究曾认为遗传物质是蛋白质。1941 年 Beadle 和 Tatum 研究红色面包霉的营养缺陷突变体,发现每一种突变都同一种酶有关,因而提出一个基因一个酶的学说。他们荣获了 1958 年的诺贝尔生理学或医学奖,但这一学说并未解决基因的化学本质问题。直到 1944 年,Avery 等人通过肺炎链球菌转化实验证明,基因的化学本质是 DNA。

这一时期源自早期化学分析的错误概念,认为 DNA 是一个四核苷酸的单一重复序列,使许多遗传学家认为 DNA 不可能是遗传物质。

(2)20 世纪 50 年代以后,主要从 DNA 大分子水平上进行研究,属于基因的分子生物学阶段。

1952 年 A. D. Hershey 和 Martha Chase 以 T2 噬菌体感染大肠杆菌的实验(图 3-1)进一步证实了 DNA 是遗传物质。

1953 年 Watson 和 Crick 提出 DNA 双螺旋模型,阐述了 DNA 自我复制的机制,推测 DNA 分子中的碱基序列贮存了遗传信息。因此与 Wilkins 共享诺贝尔生理学或医学奖,后者通过对 DNA 分子的 X 射线衍射研究证实了 DNA 的反向平行双螺旋模型。

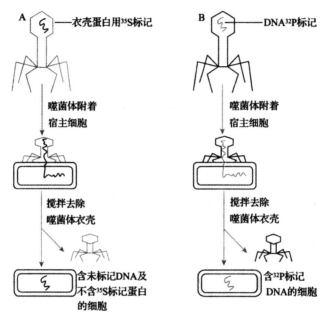

图 3-1　Hershey-Chase 实验(Weaver,2009)

1955 年,Benzer 提出顺反子的概念,编码一个蛋白质的全部组成所需信息的最短片段,即一个基因。一般而言,一个顺反子就是一个基因,基因仅是一个功能单位,基因内部的碱基对才是重组单位和突变单位。在分子水平上,基因就是一段有特定功能的 DNA 序列。1958 年 Crick 提出中心法则,认为大多数生物的遗传物质为 DNA,病毒为 RNA,从而将 DNA 双螺旋结构与其功能联系起来。1961 年法国科学家 Jacob 和 Monod 以及其他科学家相继发表了他们对调控基因的研究,证实了 mRNA 携带着从 DNA 到蛋白质合成所需要的信息。

在这个时期,科学家们对基因的理解是:基因是编码功能性蛋白质多肽链或 RNA 所必需的全部核酸序列(通常是 DNA 序列),负载特定的遗传信息并在一定条件下调节、表达遗传信息,指导蛋白质合成。一个基因包括编码蛋白质多肽链或 RNA 的序列、为保证转录所必需的调控序列、内含子以及相应编码区上游 5′-端和下游 3′-端的非编码序列。

(3)近 20 多年来,随着重组 DNA 技术的完善与应用,研究者们已经改变了从表型到基因的传统研究途径,能够直接从克隆目的基因出发,研究基因的功能及其与表型的关系,使基因的研究进入了反向生物学阶段(reverse biology)。

反向生物学即通过表型来探索基因的结构和功能,它利用重组 DNA 技术和离体定向诱变的方法研究已知结构的基因的相应功能,在体外使基因突变,再导入体内,检测突变的遗传效应。

20 世纪 70 年代后,基因的概念随着多学科交叉认识和实验方法的日新月异又有了许多不同的发展,重叠基因、假基因、断裂基因先后被发现。

　　总之,基因的概念随着遗传学、分子生物学、生物化学等领域的相互也在不断被深入的认识。从遗传学的角度看,基因是生物的遗传物质,是遗传的基本单位——突变单位、重组单位和功能单位;从分子生物学的角度看,基因是负载特定遗传信息的 DNA 分子或 RNA 片段,在一定条件下能够表达这种遗传信息,调控特定的生理功能。目前,我们所说的基因也包括基因两侧的调控区域,该区域是基因起始和终止(某些情况)表达所需的。

　　广义来说,基因的定义是:DNA 或 RNA 分子中有特定遗传功能的一段序列。基因主要位于染色体上。此外,细菌的质粒、真核生物的叶绿体、线粒体等细胞都含有一定的 DNA 序列,其中大部分是具有遗传功能的基因,这些染色体外的 DNA 称为染色体外遗传物质。

3.1.2　生物体内基因的大小和数目

1. 基因的大小

　　真核生物中,由于内含子序列的存在,基因比实际编码蛋白质的序列要大得多。外显子的大小与基因的大小没有必然的联系。与整个基因相比,编码蛋白质的外显子要小得多,大多数外显子编码的氨基酸数小于 100。内含子通常比外显子大得多,因此基因的大小取决于它所包含的内含子的长度,一些基因的内含子特别长,例如哺乳动物的二氢叶酸还原酶基因含有 6 个外显子,其 mRNA 的长度为 2 kb,但基因的总长度达 25 kb~31 kb,含有长达几十 kb 的内含子。内含子之间也有很大的差别,大小从几百个 bp 到几万个 bp 不等。

　　基因的大小还与所包含的内含子的数目有关。在不同的基因中,内含子的数目变化很大,有些断裂基因含有一个或少数几个内含子,如珠蛋白基因;某些基因含有较多的内含子,如鸡卵清蛋白基因有 7 个内含子,伴清蛋白基因含有 16 个内含子。

　　进化过程中,断裂基因首先出现在低等的真核生物中。在酿酒酵母中,大多数基因是非断裂的,断裂基因所含外显子的数目也非常少,一般不超过 4 个,长度都很短。其他真菌基因的外显子也较少,不超过 6 个,长度不到 5 kb。在更高等的真核生物,如昆虫和哺乳动物中,大多数基因是断裂基因。昆虫的外显子一般不超过 10 个,哺乳动物则比较多,有些基因甚至有几十个外显子。

　　由于基因的大小取决于内含子的长度和数目,导致酵母和高等真核生物的基因大小差异很大。大多数酵母基因小于 2 kb,很少有超过 5 kb 的。而高等真核生物的大多数基因长度在 5 kb~100 kb 之间。

　　从低等真核生物到高等真核生物,其 mRNA 和基因的平均大小略有增加,平均外显子数目的明显增加是真核生物的一种标志。在哺乳动物、昆虫、鸟类中,基因的平均长度几乎是其 mRNA 长度的 5 倍。

2. 基因的数目

　　从基因组的大小可以粗略地算出基因的数目。虽然一些基因通过选择性表达可以产生一个以上的产物,但这种现象并不常见,对基因数目的计算影响不大。由于 DNA 中存在非编码序列,使计算产生误差,所以需要确定基因密度。为准确地确定基因数目,需要知道整个基因组的 DNA 序列。目前已知酵母基因组的全序列,其基因密度较高,平均每个开放阅读框(open reading frame,ORF)为 1.4 kh,基因间的平均分隔为 600 bp,即大约 70% 的序列为开放阅读框。其中约一半基因是已知的基因或与已知基因有关的基因,其余是新基因。因此可推测未发现基因的数目。

在基因组的基因密度不明确的情况下,基因数目是难以估计的,此时可以通过基因分离鉴定得到一些物种的基因数目,但这只是一个最小值,真正的基因数目往往大得多。通过测序鉴定开放阅读框也可以推测基因数目,但有的开放阅读框可能不是基因,有些基因的外显子在分离时可能会断裂,这都导致估高估计基因数目,因此鉴定开放阅读框可以得到基因数目的最大值。另一种测定基因数目的方法是计算表达基因的数目。在脊椎动物细胞中平均表达 1 万~2 万个基因。但由于在细胞中表达的基因只占机体所有基因的一小部分,所以这个方法也不能准确估计基因数目。一般真核生物的基因是独立转录的,每个基因都产生一个单顺反子的 mRNA。但是线虫(C. elegans)的基因组是个例外,其中 25% 的基因能产生多顺反子的 mRNA,表达多种蛋白质,这种情况会影响对基因数目的测定。

通过突变分析可以确定必需基因的数量。如果在染色体一段区域充满致死突变,通过确定致死位点的数量就可得知这段染色体上必需基因的数量。然后外推至整个基因组,可以计算出必需基因的总数。利用这个方法,计算出果蝇的致死基因数为 5 000。如果果蝇和人的基因组情况相同,可预测人有 10 万个以上致死基因。但测定的致死位点,即必需基因的数目必然小于基因总数。目前还无法知道非必需基因的数量,通常基因组的基因总数可能与必需基因的数量处于相同的数量级。通过确定酵母的必需基因比例发现:当在基因组中随机引入插入突变时,只有 12% 是致死的,另外的 14% 阻碍生长,大多数插入没有作用。

3.1.3 基因的类型

分子生物学和分子遗传学的向前发展,推动着人类认识自身和世界的脚步,DNA 分子克隆技术、DNA 序列的快速测定,以及核酸分子杂交技术等现代实验手段的不断涌现,为进一步了解基因结构和功能提供了新的视界,"移动基因"、"断裂基因"、"假基因"、"基因家族"等有关基因的新概念,丰富了对基因本质的认识。

1. 移动基因

移动基因(movable genes)又称转座因子(transposable elements),是指 DNA 可以从染色体基因组上的一个位置转移到另一个位置,甚至在不同染色体之间跃迁,因此也称跳跃基因(jumping genes)。1950 年,美国遗传学家 Barbara McCli ntock 在研究玉米时发现一个称为 D_s(解离因子)的转座因子可以通过改变自身的位置引起邻近部位的基因失活或恢复活性,从而导致玉米籽粒性状改变。后来科学家们又陆续发现了很多这类基因,现在已了解到真核生物中普遍存在移动基因。

易位(translocation)是不同于转座(transposition)的概念,指的是染色体发生断裂后,通过同另一条染色体断端连接而转移到另一条染色体上。此时,染色体断片上的基因也朝着染色体的重接而移动到新的位置。转座则是在转座酶的作用下,转座因子或是直接从原来位置上切离下来,然后插入染色体新的位置,或是染色体上的 DNA 序列转录成 RNA,随后反转录为 cDNA,再插入染色体上新的位置。这样,在原来位置上仍然保留转座因子,而其拷贝则插入新的位置,也就是使转座因子在基因组中的拷贝数又增加一份。转座因子本身既包含了基因,如编码转座酶的基因,同时又包含了非编码蛋白质的 DNA 序列。基因的移动能够产生突变和染色体重排,进而影响其他基因的表达,这是一个重要的进化因素。

2. 断裂基因或不连续基因

过去人们一直认为,基因的遗传密码是连续不断地排列在一起,形成一条没有间隔的完整的 DNA 序列。但是对真核生物编码基因的研究发现,在编码序列中间插有与氨基酸编码无关的 DNA 间隔区,这些间隔区称为内含子(intron);而编码区则称为外显子(exon)。含有内含子的基因称为不连续基因或断裂基因(split genes)。一个基因的两端起始和结束于外显子,对应于其转录产物 RNA 的 5′-端和 3′-端。如果一个基因具有 n 个内含子,则相应地含有 $n+1$ 个外显子。

断裂基因最早是 Roberts 和 Sharp 于 1997 年在研究在腺病毒六邻体外壳蛋白质的 mRNA 时首先发现的。他们在实验中发现,腺病毒的 hexon 基因在与其相对应的成熟转录产物 mRNA 进行杂交时并不完全配对,而且在为配对的地方会形成多个 DNA 突环,称 R 环。也就是说,mRNA 分子与其模板 DNA 相比,丢失了一些基因片段。后来证实,这些片段是在 mRNA 加工过程中从初级转录本上被"剪切出去"的。R 环的形成说明腺病毒外壳蛋白质的基因具有 mR-NA 中不存在的序列,这些序列就是内含子。图 3-2(a)为电子显微镜照片,图 3-2(b)为对电子显微镜照片进行解释的示意图,图 3-2(c)为腺病毒基因结构示意图。

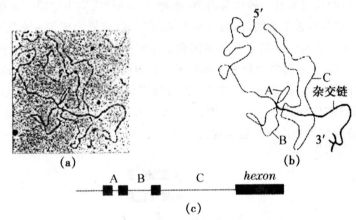

图 3-2　基因腺病毒外壳蛋白质基因与 **mRNA** 的杂交(**杨建雄,2009**)

这说明真核生物的基因是不连续的,从而改变了原来对基因结构的看法。比较 DNA 结构和相应的 mRNA,可以发现两者之间的差异:mRNA 包含这一段按照遗传密码原则编码相应蛋白产物的核苷酸序列,而 DNA 中则含有位于编码区内打断翻译成蛋白序列的额外序列。至此,断裂基因被人们发现。

断裂基因不仅在腺病毒中存在,事实上,断裂基因在真核生物中普遍存在(少数真核生物基因除外,如组蛋白和干扰素的基因等没有内含子)看,而在原核生物基因组中极为少见。因为后来发现鸡卵清蛋白质的基因与其 mRNA 杂交也会出现与其内含子数对应的 7 个 R 环。此外,一些比较简单的生物如海胆、果蝇甚至大肠杆菌的噬菌体基因中也都存在内含子序列,只是在不同生物中,这些内含子序列的长度和数目不同。一般来讲,低等的真核生物,其内含子少,序列短;而高等真核生物,其内含子则相对较多,序列较长。

研究发现,断裂基因在表达时首先转录成初级转录产物,即前体 mRNA;然后经过后加工,除去无关的 DNA 内含子序列的转录物,连接外显子,最后成为成熟的 mRNA 分子,这种删除内含子、连接外显子的过程,称为 RNA 拼接或剪接(RNA splicing),如图 3-3 所示。

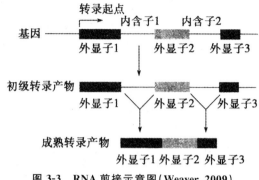

图 3-3　RNA 剪接示意图(Weaver,2009)

在基因的进化中,可能发生外显子的复制,结果在结构基因内出现了重复序列。在鸡的胶原蛋白质基因中,一个 54 bp 的外显子多次重复,某些外显子累计突变,失去编码功能,就可能转化为内含子。产生新基因的另一种方式是某些内含子插入到外显子内,使外显子变小,或将内含子切除,外显子会变大。例如,珠蛋白超家族包含血红蛋白、肌红蛋白和豆血红蛋白,以及其他血红素结合蛋白。原始的鱼类只有一种珠蛋白链,硬骨鱼和两栖类则为连锁的 α 基因和 β 基因,说明在大约 5 亿年前,硬骨鱼进化期间,珠蛋白祖先基因倍增,变异形成了 α 基因和 β 基因。哺乳类和鸟类在约 3.5 亿年前同两栖类分开,α 基因和 β 基因的分开那么应在此之前的 2.7 亿年前,如图 3-4 所示。随后,突变引起的趋异进化形成了 α 基因簇和 β 基因簇的各个成员。β 和 δ 基因间核苷酸置换位点的趋异度为 3.7%,产生 1% 差异所需的时间被定义为单位进化时间(UEP),经计算,分子进化的 UEP 为 1 040 万年。因此估算,β 和 δ 珠蛋白趋异的时间大约在 4 000 万年前。γ 和 ε 基因核苷酸置换位点的趋异度为 9.6%,经估算趋异的时间大约在 1 亿年前,如图 3-5 所示。

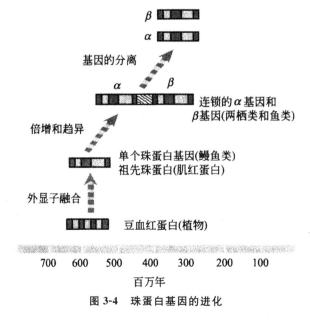

图 3-4　珠蛋白基因的进化

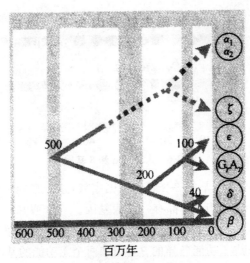

图 3-5　珠蛋白基因族的趋异进化

其他还有很多内含子插入或切除的例子，如肌动蛋白质基因的进化，胰岛素基因的进化等。RNA 剪接耗费巨大，为什么生物体仍然要先转录内含子，然后再将其切除？有什么生物学意义？大量事实表明内含子可能有多方面的功能，对基因的表达具有重要作用，可以调控基因的表达，增加基因表达产物的多样性，促进重组，增加基因组的复杂性，有利于物种变异与进化等。

3. 假基因

在多基因家族中，有些基因核苷酸序列与相应的正常功能基因基本相同，但却不能合成出功能蛋白质，这些失活基因称为假基因（pseudogene），通常用符号 ψ 表示，如 $\psi\alpha_1$ 表示与 α_1 相似的假基因。1977 年 Jacq 等在爪蟾的 5S rRNA 基因家族中首先发现了假基因。以后在珠蛋白基因家族、免疫球蛋白基因家族以及组织相容性抗原基因家族中也都发现了假基因，它们常常处于功能基因的间隔处。同 cDNA 一样，假基因没有内含子和启动子序列，而在 3′ 端具有 mRNA 分子特有的多聚腺苷（polyA）序列。

许多假基因与具有功能的"亲本基因"（parental gene）连锁，而且其编码区及侧翼序列具有很高的同源性。这类基因被认为是由含有"亲本基因"的若干复制片段串连重复而成的，称为重复的假基因。珠蛋白基因家族中的假基因就属于这一类型。

珠蛋白基因编码血红蛋白的珠蛋白链，人类珠蛋白基因由分别位于不同染色体上的两个相关的基因家族（α 和 β）组成，其中，人类的 β 簇分布在 50 kb 范围的 DNA 上，包含 5 个有功能基因（ε、δ、β 各 1 个，γ 2 个）和一个假基因 $\psi\beta_1$。2 个 γ 基因只有 1 个氨基酸的差别，γ_G 的第 136 位为 Gly，而在 γ_A 为 Ala。

α 簇含有 3 个功能基因，3 个假基因和 1 个未知功能的 θ 基因，排列顺序为 ξ、$\psi\xi$、$\psi\alpha_2$、$\psi\alpha_1$、α_2、α_1、θ（图 3-6）。序列分析表明，$\psi\alpha_1$ 基因同三个有功能的 α-珠蛋白基因 DNA 序列相似，只是假基因中含有很多突变。$\psi\alpha_1$ 假基因被认为是由 α-珠蛋白基因复制产生的：开始复制生成的基因是有功能的，后来在进化中产生了一个失活突变。由于该基因是复制产生的，所以尽管失去了功能，但是不至影响到生物体的存活。随后在假基因中又积累了更多的突变，从而形成了现今的假基因序列。

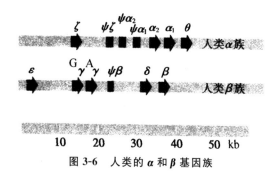

图 3-6 人类的 α 和 β 基因族

还有一个典型的例子就是山羊的 β-珠蛋白基因家族,这个家族中存在三种成体基因 β^{A}、β^{B}、β^{C},如图 3-7 所示,每个基因上游几 kb 都有一个假基因。三个假基因之间的相似性比它们与 β-珠蛋白基因更多,而且以至三个假基因失活的突变是相同的。说明很可能是原始的 $\psi\beta\beta$ 结构作为一个整体发生了复制,形成了功能各异的 β 基因和两个无功能的基因。

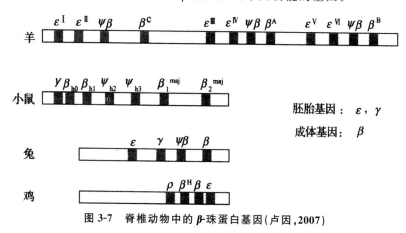

图 3-7 脊椎动物中的 β-珠蛋白基因(卢因,2007)

此外,在真核生物的染色体基因组中还存在着一类加工的假基因(processed pseudogene)。这类假基因不与"亲本基因"连锁,结构与转录物而非"亲本基因"相似,如都没有启动子和内含子,但在基因的 3′-端都有一段连续的腺嘌呤短序列,类似 mRNA 3′-端的 polyA 尾巴。这些特征表明,类似的这类假基因很可能是来自加工后的 RNA,称为加工的假基因。

假基因由于存在以下几个原因中的一个或几个,因而没有表达活性:①缺乏有功能的调控区,使其不能进行正常的转录;②虽然可以转录,但由于突变或缺失等原因,引起 mRNA 加工缺陷而不能翻译;③mRNA 的翻译被提前终止;④虽然可以翻译,但生成的是无功能的肽链。真核生物基因组中,假基因的存在具有普遍性,如 α 珠蛋白质和 β 珠蛋白质基因簇中都存在 1～2 个能与真核基因序列进行分子杂交,但又没有正常功能的 DNA 区域。

4. 重叠序列

不同基因的核苷酸序列存在彼此重叠的现象,这种具有独立性但使用部分共同序列的基因称为重叠基因(overlapping genes)或嵌套基因(nested genes)。

1977 年,Sanger 在测定噬菌体 ΦX174 的全部核苷酸序列时,意外地发现 ΦX174 噬菌体单链 DNA5 全长是 5 387 个核苷酸,但它编码的 9 种蛋白质全长是 2 000 个氨基酸。如果使用单一的读码结构,它最多只能编码 1 795 个氨基酸。按每个氨基酸的平均相对分子质量(M_r)为 110 计算,该噬菌体所合成的全部蛋白质总相对分子质量最多为 197 000。但实际测定发现,ΦX174 噬菌体共编码 11 种蛋白质,总相对分子质量高达 262 000。1977 年,Sanger 等人测定了 ΦX174 噬菌体的核苷酸序列,发现它的一部分 DNA 能够编码两种不同的蛋白质,才解开了上述矛盾。

根据 Sanger 等人的研究,ΦX174 噬菌体 DNA 中存在两种不同的重叠基因:第一种是一个基因的核苷酸序列完全包含在另一个基因的核苷酸序列中。例如,B 基因位于 A 基因之中,E 基因完全在 D 基因之内,并且它们的读码结构不同,因此编码的蛋白质也不同。第二种类型是两个基因的核苷酸序列的末端密码子相互重叠。例如,A 基因终止密码子的 3 个核苷酸 TGA,与 C 基因的起始密码子 ATG 相互重叠了 2 个核苷酸;D 基因的终止密码子 TAA 与 J 基因的起始密码子 ATG 重叠了一个核苷酸。后来在 G4 病毒的单链环状 DNA 基因组中还发现三个基因共有一段重叠的 DNA 序列(图 3-8、图 3-9)。

目前发现,不仅在细菌、噬菌体和病毒等低等生物基因组中存在重叠序列,在一些真核生物中也存在不同于原核生物的其他类型的重叠序列。有一种特殊的重叠基因,一个基因的编码序列完全寓居于另一个基因的内含子序列中。例如,果蝇蛹上皮蛋白质基因位于另一个基因的内含子之中。

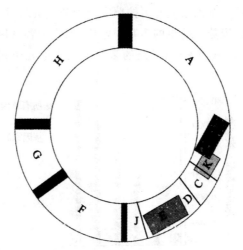

图 3-8　ΦX174 噬菌体的重叠基因(杨建雄,2009)

5′···GAAGGAGUGAUGUAAUGUCUAAAGGU···3′　Φχ174DNA的一段重叠序列(D、J、E)

5′···GAAGGAGUGAUGUAA3′　　　　　D基因mRNA的3′末端序列
　　Glu Gly Val Met stop

　　　　　　　5′AUGUCUAAA···3′　　　J基因mRNA起始密码的第一密码子
　　　　　　　Met Ser Lys　　　　　　与D基因终止密码的第三密码子重叠

5′···GAAGGAGUGA3′　　　　　　　E基因完全包含在D基因之内,
　　Lys Glu stop　　　　　　　　　但读框不同

图 3-9　ΦX174 噬菌体的基因片段

5. 基因家族

基因家族(gene family)是真核生物基因组中来源相同、结构相似、功能相关的一组基因。基因家族通过同一个祖先基因的复制和变异传递下来,其成员基因的核苷酸或编码产物的结构具有一定程度同源性,尽管基因家族各成员序列上具有相关性,但序列相似的程度以及组织方式不同。

基因家族中的成员成簇排列成大段的串联重复单位,定位于染色体的特殊区域,称为串联重复基因,还可被称为成簇的基因家族,或基因簇(gene cluster)。这是按照基因家族的成员在染色体上的分布,将基因家族分成了两类。从分子进化的角度看,它们可能是同一个祖先基因扩增的产物。基因簇中也有一些基因家族的成员在染色体上的排列并不十分紧凑,中间可能还包含一些间隔序列,但大多数都分布在染色体上相对集中的区域。另一类则被称为分散的基因家族(interspersed gene family),其家族成员在 DNA 上没有明显的物理联系,也可能分散在不同的染色体上,各成员在序列上有明显的差别。

目前已经发现了很多基因家族,人类基因组计划确定的 40 000 条基因归类于 15 000 个家族。在不同的生物中,随着基因组的增大,基因家族数达到了一种相对稳定的状态,如图 3-10 所示。例如,人类生长激素基因家族包括人生长激素、人胎盘促乳素和催乳素三种激素的基因,它们之间的核酸序列高度同源。基因家族也可按照家族中各成员之间序列相似的程度分为简单的多基因家族和复杂的多基因家族。简单的多基因家族,家族中各基因的全序列或至少编码序列具有很高的同源性,如 rRNA 基因家族;复杂的多基因家族由几个相关基因构成独立的转录单元,家族间由间隔序列分开。

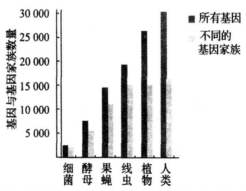

图 3-10　不同物种的基因数与基因家族数比较(卢因,2007)

现在人们又发现了基因超家族(gene superfamily)。基因超家族是指一组由多个基因家族组成的更大的基因家族,在高等真核生物细胞内,有些基因簇内含有数百个功能相关的基因,它们是由基因扩增后结构上的轻微变化而形成的,在结构上有着不同程度的同源性。这些基因或与基因家族中的组织形式类似,或进化产生了某些新功能。它也有两种组织形式:卫星 DNA,成簇存在于染色体的特定区域;分散重复的 DNA,重复单位并不成簇存在,而是分散于染色体的各个位点上。目前已发现了很多的基因超家族的存在,典型的例子有免疫球蛋白基因超家族、核受体基因超家族、细胞因子基因超家族等。随着越来越多的新基因被发现,通过数据库对新基因和原有基因的结构和功能进行分析,发现了不少新的基因超家族。例如,Ser 蛋白酶族的多种酶,活性中心都有关键性的 Ser 残基,以往被认为是一个多基因家族。通过对基因结构的比对发现,载脂蛋白也属于 Ser 蛋白酶族。因此,Ser 蛋白酶族和载脂蛋白就构成了 Ser 蛋白酶型基因超家族。

3.1.4　基因簇与重复基因

1. 基因家族和基因簇

基因家族(gene family)是真核生物基因组中来源相同、结构相似、功能相关的一组基因。尽管基因家族各成员序列上具有相关性,但序列相似的程度以及组织方式不同。其中大部分有功能的家族成员之间相似程度很高,有些家族成员间的差异很大,甚至有无功能的假基因。基因家族的成员在染色体上的分布形式是不同的,有些基因家族的成员在特殊的染色体区域上成簇存在,而另一些基因家族的成员在整个染色体上广泛地分布,甚至可存在于不同的染色体上。

根据家族成员的分布形式不同,可以把基因家族分为成簇存在的基因家族(clustered gene family),即基因簇以及散布的基因家族(interspersed gene family)。

基因簇(gene cluster)指的是,基因家族的各成员紧密成簇排列成大段的串联重复单位,定位于染色体的特殊区域。它们是同一个祖先基因扩增的产物。也有一些基因家族的成员在染色体上的排列并不十分紧密,中间可能包含一些无关序列。但大多数分布在染色体上相对集中的区域。基因簇中也包括没有生物功能的假基因。通常基因簇内各序列间的同源性大于基因簇间的序列同源性。

散布的基因家族指的是,家族成员在 DNA 上无明显的物理联系,甚至分散在多条染色体上。各成员在序列上有明显差别,其中也含有假基因。但这种假基因与基因簇中的假基因不同,它们来源于 RNA 介导的转座作用。

按照基因家族成员之间序列相似的程度,可把基因家族分为以下几类。

1)经典的基因家族。家族中各基因的全序列或至少编码序列具有高度的同源性,如 rRNA 基因家族和组蛋白基因家族。在进化过程中,这些家族成员有自动均一化的趋势。它们的特点为:各成员间有高度的序列一致性,甚至完全相同;拷贝数高,常有几十个甚至几百个拷贝;非转录的间隔区短而且一致。

2)基因家族各成员。其编码产物上具有大段的高度保守氨基酸序列,这对基因发挥功能是必不可少的。基因家族的各基因中有部分十分保守的序列,但总的序列相似性却很低。

3)家族各成员。编码产物之间只有一些很短的保守氨基酸序列。从 DNA 水平上看,这些基因家族成员之间的序列同源性更低。但其基因编码产物具有相同的功能,因为在蛋白质中存在发挥生物功能所必不可少的保守区域。

4)超基因家族。家族中各基因序列间没有同源性,但其基因产物的功能相似。蛋白质产物中虽没有明显保守的氨基酸序列,但从整体上看却有相同的结构特征,如免疫球蛋白家族。

2. 重复序列

除了基因家族外,染色体上还有大量无转录活性的重复 DNA 序列家族,主要是基因以外的 DNA 序列。重复序列有两种组织形式:一种是串联重复 DNA,成簇存在于染色体的特定区域;另一种是散布的重复 DNA,重复单位并不成簇存在,而是分散于染色体的各个位点上,来源于 RNA 介导的转座作用。散布的重复序列家族的许多成员是可转移的元件,是不稳定的,可转移到基因组的不同位置。

3. 串联的重复 DNA

有些高度重复 DNA 序列的碱基组成和浮力密度同主体 DNA 有区别，在浮力密度梯度离心时，可形成不同于主 DNA 带的卫星带，称为卫星 DNA。卫星 DNA 由非常短的串联重复 DNA 序列组成。这些序列一般对应于染色体上的异染色质区域。有些高度重复序列的碱基组成与主体 DNA 相差不大，不能通过浮力密度梯度离心法分离，但可以通过其他方法鉴定（如限制性作图），这样的 DNA 序列称为隐蔽卫星 DNA(cryptic satellite DNA)。

根据重复单位的大小。这些非编码的高度重复的 DNA 序列可以进一步分为卫星 DNA(satellite DNA)、小卫星 DNA(minisatellite DNA)、微卫星 DNA(microsatellite DNA)三类。

卫星 DNA 由长串联重复序列组成，一般对应于染色体上的异染色质区域。小卫星 DNA 由中等大小的串联重复序列组成，位于靠近染色体末端的区域，也可分散在核基因组的多个位置上，一般没有转录活性。其中有一些高变的小卫星 DNA，重复单位之间的序列有很大不同，但都含有一个基本的核心序列——GGGCAGGAXG，多数靠近端粒。另一类小卫星 DNA 是端粒 DNA，主要成分是六核苷酸的串联重复单位 TTAGGG，作为一种缓冲成分，在真核生物染色体末端的复制中起重要作用。微卫星 DNA 是由更简单的重复单位组成的小序列，分散于基因组中，大多数重复单位是二核苷酸，少数为三核苷酸和四核苷酸的重复单位。

4. 散布的重复 DNA

与串联重复序列组织形式不同的另一种重复序列是以散在方式分布于基因组内的散在重复序列。根据重复序列的长短不同，可以分为短散布元件(short interspersed element,SINE)，和长散布元件(long interspersed element,LINE)。短散布元件的重复序列长度在 500 bp 以下，在人基因组中的重复拷贝数达 10 万以上。长散布元件的重复序列在 1 000 bp 以上，在人类基因组中有上万份拷贝。所有真核生物中都具有 SINEs 和 LINEs，但比例不同，如果蝇和鸟类含 LINEs 较多，而人和蛙中则含 SINEs 较多。

在人类基因组中有一种中等重复序列，长约 300 bp，几十万个成员分散分布在单倍体基因组中，在其 170 bp 处有一个限制性酶 Alu Ⅰ 的酶切位点，因此被称为 Alu 基因家族(Alu family)。人类基因组中，大约平均每隔 6 kb 左右就有一个 Alu 序列，一般出现在内含子或基因附近，可以作为人类 DNA 片段的特征标记。

Alu 家族的每个成员彼此都很相似，由 130 bp 的串联重复序列组成，右边的一个重复序列中有 31 bp 的插入序列，来自 7SL RNA(信号识别颗粒 SRP 的成分)。7SL RNA 长 300 nt，5'-端的 90 nt 和 Alu 序列左端同源，3'-端的 40 个碱基和 Alu 右端同源，而中央的 160 个碱基和 Alu 序列并不同源。Alu 序列的 G+C 含量很高，在具有反转录活性的 Alu 序列中，G+C 含量高达 65%，两个重复序列之间由富含腺嘌呤的接头连接。Alu 家族的成员和转座子相似，两端有短的正向重复序列存在。但是 Alu 家族的每个重复片段的长度不同，因为 Alu 序列可能由 RNA 聚合酶Ⅲ转录而来，因此可能带有下游启动子。在细胞遗传学水平上观察，Alu 重复序列集中在染色体 R 带，即基因组转录活跃的区段。在几乎所有已知的编码基因的内含子中，都已经发现了 Alu 序列。Alu 家族的广泛存在暗示它可能具有一定的功能。部分 Alu 序列中有 14 bp 与乳头瘤病毒乙型肝炎病毒的复制起始区有同源性，因此推测 Alu 家族可能和真核基因组的复制区相连接，但是 Alu 家族的成员数要比推测的复制区多 10 倍。

3.2　基因组

基因组(gemome)是指生物单倍体染色体的总和。遗传图谱对分析基因组和单个基因都很重要,我们可以从不同水平上对基因组进行作图。遗传图谱(genetic map)或连锁图谱(linkage map)以重组率来确定突变之间的距离,其局限性是它依赖于影响表型的突变。限制图谱(restriction map)是用限制酶将 DNA 切割成片段,然后测定片段之间的距离建立的图谱。它以 DNA 的长度来代表距离,因此为遗传物质提供了物理图谱。限制性图谱未能确定遗传上相互独特的位点,要使其与遗传图谱相联系,必须选择能影响酶切位点的突变。基因组上较大的改变能影响限制性片段的大小和数量,易于识别,点突变则很难被发现。终极图谱(ultimate map)是确定 DNA 的序列,从序列中可以确定基因和它们之间的距离。通过分析一个 DNA 序列的可读框架,可推测它是否编码蛋白质。这里基本的推测是自然选择阻止了编码蛋白质序列中破坏性突变的聚集。与此相反,可以假定整个编码序列实际上很可能用来产生蛋白质。通过比较野生型 DNA 和其突变型等位基因,可以确定突变的实质和其确切的位点,从而定义遗传图谱(完全依赖于突变的位点)和物理图谱(取决于 DNA 序列组成)的关系。

相似的技术也用于确认 DNA 和测序,以及基因组作图,虽然存在一定程度上的差异,其原理都是获得一系列重叠的 DNA 片段,能组成一个连续的图谱。通过片段之间的重叠,使每一个片段都与另一个片段相联系,确保没有片段丢失。该原理也用于限制性片段排序作图以及连接片段间的序列。

3.2.1　基因组多态性

1. 普遍存在的遗传多态性

依据孟德尔对基因组的观点,将等位基因分为野生型(wild-type)和突变型。随后我们认识到由于多个等位基因存在,每一个都产生不同的表型(有些情况下,或许很难将一个基因定义为野生型)。

多个等位基因同时存在于一个基因座称为遗传多态性(genetic polymorphism)。任何稳定存在多等位基因的位点称为多态化(polymorphic)基因。如果一个等位基因在种群中出现的频率大于 1％,就可视为多态化基因。

突变等位基因多态性的基础是什么呢? 它们产生改变蛋白质功能的各种突变,引起突变表型。如果我们比较限制图谱和这些等位基因的 DNA 序列,可发现它们也是多态性的,因为每一个图谱或序列都是不同的。

虽然在表型上并不明确,野生型本身也是多态性的。野生型等位基因的差异可以用不影响其功能的序列变化加以区分,当然这种变化也不会引起表型差异。一个种群可能在基因型上存在广泛的多态性。在特定位点上可能有多个不同的序列,有些能影响表型是可以发现的,但另一些却无法察觉,因为它们不产生可见的效应。

因此一个基因座上存在多种连续的变化,包括改变 DNA 序列而不改变蛋白质序列,改变蛋白质序列而不改变蛋白质功能,产生有不同活性的蛋白质以及产生没有功能的突变蛋白质。

基因组中一些多态性可以通过比较不同基因组的限制性图谱进行检测,前提是限制酶酶切片段类型变化。当一个靶位点在一个基因组中出现而在另一个基因组中不存在时,第一个基因组中额外的切割会产生两个片段,而第二个基因组是单独的一个片段(图 3-11)。

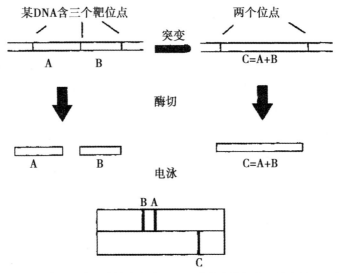

图 3-11　影响限制酶位点的点突变可经凝胶电泳片段大小的变化进行检测

2. 限制性片段长度多态性

因为限制图谱与基因功能是独立的,不论序列改变是否引起表型变化,此水平上的多态性都可被发现。限制性位点多态性很可能几乎不影响到表型,很多涉及不影响蛋白质产生的序列改变(比如,它们处于基因之间)。

两个体基因组限制图谱之间的差别称为限制性片段长度多态性(restriction fragmerit length polymorphism,RFLP)。RFLP 可以与其他标记一样作为遗传标记。可直接检验由限制图谱获得的基因型,而不是检测其表型的特点。图 3-12 表示三个世代限制图谱之间的血缘关系,其限制图谱在 DNA 标记片段水平按孟德尔规律分离。

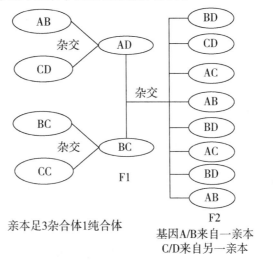

亲本足3杂合体1纯合体

基因A/B来自一亲本
C/D来自另一亲本

图 3-12　限制片段长度多态性(RFLP)可以按孟德尔方式遗传,4 种等位基因在每代中独立地分离,但图中经限制消化后所有等位基因之间的组合在凝胶电泳中都存在

　　重组频率也可用限制性标记和可见的表型标记来测量(图 3-13),因此遗传图谱可以包括基因型和表型标记。

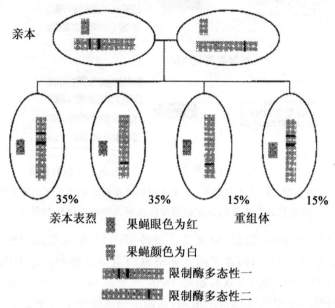

亲本

35%　　35%　　15%　　15%

亲本表烈　　　　　　　重组体

■ 果蝇眼色为红

▨ 果蝇颜色为白

▥ 限制酶多态性一

▥ 限制酶多态性二

图 3-13　可用限制酶多态性作为遗传标记,测量两个重组子表型(如眼睛的颜色) 所对应的遗传学距离图中做了简化,仅将有关的等位基因列出

3. RFLP 的应用

　　限制性标记并不限于在影响表型的基因组变化中应用,也在分子水平提供了一种检验遗传位点的有效技术。与已知表型相关突变的一个典型问题是,由于不知道相关的基因和蛋白质,因此难以确定相关遗传位点应放在遗传图谱的哪个位置。很多破坏性或致命性人类疾病属于这一类型。比如包囊纤维化表现孟德尔遗传,但是在该基因详细鉴定之前,此突变功能的分子实质一直是未知的。

　　如果限制酶多态性在基因组中自由发生,则有些会在特定基因附近产生。我们可以确定这样的限制性标记,因为该标记与突变表型密切相关。如果比较患病者的和正常人的 DNA 限制图谱,可能发现一个特定的限制性位点通常出现(或者丢失)在患者 DNA 中,原因是限制性标记与表型间 100%相关。这暗示限制性标记与突变基因距离很近,以至于它们在重组中不能分离。

　　限制性标记的判定有两个重要作用:①为发现疾病提供诊断过程。有些遗传描述详细但是分子机制描述困难的人类疾病很难诊断,如果一个限制性片段与表型密切相关,那么无论是在出生前还是出生后,其存在都可用来诊断该种疾病。②为分离基因提供依据。如果两个位点很少或者从不重组,在遗传图谱中限制性片段应该距离基因相对很近。尽管遗传中"相对很近"用 DNA 碱基对表示可能是有一定距离,但它提供了一个使我们沿着 DNA 找到基因的起点。

　　RFLP 在人类基因组内发生非常频繁,对遗传作图很有用。如果等位基因序列在两条染色体上,其在个别碱基对上发生频率是 1/1 000 bp,影响限制性位点的碱基变化可通过 RFLP 检测出来(图 3-14)。

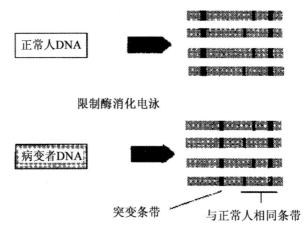

限制酶消化电泳

突变条带　　　　与正常人相同条带

图 3-14　如果某限制性标记与一个表型相关,则该限制酶位点必定位于决定此表型的基因附近图中,
突变将正常人普遍存在的带转换成病人中普遍存在的带

一旦把 RFLP 分配到一个连锁群,即可置于遗传图谱上,并且与其两侧标记的距离可以确定。人和鼠 RFLP 的建立,使人们构建了两个相应基因组的连锁图。人类图谱包括超过 5 000 个相距 1.6 cM(1~2 Mb)的标记,鼠具有超过 7 000 个相距 0.2 cM(200 kb)的标记。任何不清楚的位点可以通过与这些位点的连锁检测出来,从而迅速地绘于图谱上。

多态性的频率意味着每个个体有独特的限制性位点。在特殊区域发现的位点重组称为单一型(haplotype)。单一型概念最初用于描述主要组织兼容性基因座的遗传组成。现在延伸到描述基因组限定区域的等位基因或限制性位点(或者任何其他遗传标记)的特殊重组。

4. 亲—子鉴定技术

RFLP 的存在为建立疑似亲—子关系鉴定技术提供了基础。如果亲本不能确定,比较可能亲本和子代适当染色体区域内 RFLP 图谱,就可找到他们之间确切的关系。使用 DNA 限制性分析确认个体被称为 DNA 指纹技术(finger printing)。

3.2.2　原核生物基因组与染色体

1. 原核生物基因组的遗传物质

绝大多数原核生物的基因组由一个单一的环状 DNA 分子组成。与真核生物相比,原核生物基因组要小得多,例如大肠杆菌($E.coli$)的基因组为 4 639 kb,只是酵母基因组的 2/5。原核生物的基因数目也比真核生物少,$E.coli$ 只有 4 397 个基因。

原核生物基因组的结构紧密,表现为:①基因间隔区较短;②缺乏断裂基因,除少数几个例外(主要是古细菌)原核生物中没有断裂基因;③重复序列罕见,原核生物基因组中也没有相当于真核生物基因组中那样高拷贝、全基因组分布的重复序列。在大肠杆菌的基因组中,非编码序列仅占 11%,以小片段的形式分布于整个基因组中。

原核生物基因组的另一个特征是存在操纵子。在原核生物的基因组中,功能相关的基因往往丛集在一起,形成一个转录单位,被转录成一条多顺反子 RNA,翻译产生的一组蛋白质参与同一个生化过程。例如,大肠杆菌的乳糖操纵子含有 3 个基因,参与将二糖(乳糖)转化为单糖(葡萄糖和半乳糖)的代谢途径。通常在大肠杆菌生活的环境里不含乳糖,所以在大多数时间里,操纵子并不表达,不产生利用乳糖的酶。当环境中存在乳糖时,操纵子开启,3 个基因一起表达,协同合成利用乳糖的酶。

2. 原核生物的染色体

细菌是典型的原核生物,其染色体基因组的主要特征有:①基因组通常仅有一条环形或线形双链 DNA 分子,与蛋白质结合形成类核。②只有一个复制起始点。③有操纵子结构,即数个相关的结构基因(其表达产物一般参与同一个生化过程)串联在一起,受同一调控区调节,合成多顺反子 mRNA。④非编码 DNA 所占比例很少,编码蛋白质的结构基因为单拷贝的,但 rRNA 基因一般是多拷贝的。⑤基因组 DNA 具有多种调控区,如复制起始区、复制终止区、转录启动子、转录终止区等特殊序列,还有少量重复序列,比病毒基因组复杂。⑥具有与真核生物基因组类似的可移动 DNA 序列。

与大多数细菌一样,大肠杆菌的染色体 DNA 呈环状,周长是 1.6 mm。大肠杆菌细胞长约 2 btm,宽约 0.5~1 μm。游离的大肠杆菌染色体 DNA 将形成无规则的螺旋,其体积大约是细菌细胞的 1 000 倍。因此,细菌染色体 DNA 必须经过高度压缩才能适应细胞的体积。

细菌的染色体 DNA 聚集在一起,在细菌细胞内形成一个较为致密的区域,称为类核或拟核。这种结构由蛋白质和一条超螺旋 DNA 组成,其中还含有一些 RNA 成分。可以把类核完整地从细菌细胞中分离出来。用蛋白酶或 RNA 酶处理,可使类核由致密变得松散,表明蛋白质和 RNA 起到了稳定类核的作用。

在类核中,染色体 DNA 形成 40~50 个长度大约是 100 kb 的环。环的两端以某种方式固定在类核的蛋白质核心上,因此每一个环在拓扑学上是一个独立的结构域 (图 3-15)。在电子显微镜下可以观察到有些结构域清晰地含有超螺旋,而另一些结构域则呈松弛状态,这可能是 DNA 断裂导致了超螺旋的消失。超螺旋也有助于 DNA 的压缩。

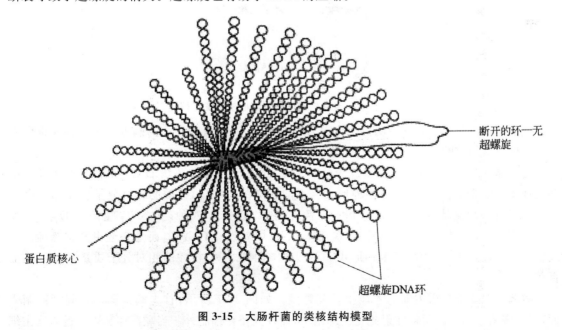

图 3-15　大肠杆菌的类核结构模型

类核中的蛋白质组分包括在类核组装过程中起特异作用的蛋白质和负责维持 DNA 超螺旋状态的促旋酶和拓扑异构酶 I。在这些包装蛋白中,数量最多的是 H-NS 蛋白。它是 2 个相同的亚基构成的二聚体,亚基的分子质量为 15.6 kD。每个大肠杆菌细胞大约含有 20 000 个 H-NS 二聚体,它们与 DNA 紧密结合,对 DNA 进行大规模压缩。但人们尚未证实这些蛋白质是否和细菌染色体 DNA 形成有规律性的结构。

3. 细菌的自主遗传物质——质粒和噬菌体

质粒是细菌染色体外的可以自主复制的 DNA 分子。大多数质粒都是环状超螺旋双链 DNA,称为共价闭合环状分子。在一些链霉菌属和个别的粘球菌属中,发现有线性质粒和单链 DNA 存在。质粒的大小是可变的,从几百 bp 到几百 kb。细胞中质粒 DNA 分子具有稳定的拷贝数。正常生理条件下,其拷贝数在世代之间保持不变。

通过氯化铯密度梯度离心可以将质粒 DNA 从寄主细胞染色体 DNA 中分离。当含有溴化乙锭(EB)的氯化铯(CsCl)溶液加到大肠杆菌裂解液中时,染色体 DNA 和质粒 DNA 因为结合的 EB 分子数不同而具有不同的密度,在密度梯度离心时形成不同的平衡条带,达到分离目的(图 3-16)。

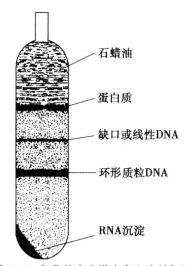

图 3-16　氯化铯密度梯度离心法制备质粒

噬菌体是由蛋白质和核酸两类生物大分子组成的,以细菌为寄主的病毒。每一种病毒颗粒具有一种类型的核酸。

噬菌体的核酸,最常见的是双链线性 DNA。此外也有双链环状 DNA、单链环状 DNA、单链线性 DNA 以及单链 RNA 等多种形式。不同的噬菌体之间,核酸的相对分子质量相差可达上百倍。有些噬菌体的 DNA 碱基并不是标准的 A、T、G、C 四种,如 SP01 噬菌体 DNA 中没有 T 碱基,而是 5-羟甲基尿嘧啶;T4 噬菌体 DNA 中就没有 C 碱基,而是 5-羟甲基胞嘧啶。链线性 DNA 以及单链 RNA 等多种形式。不同的噬菌体之间,核酸的相对分子质量相差可达上百倍。

噬菌体需要结合宿主细胞才能生长和繁殖。如图 3-17 所示,首先病毒颗粒吸附到细菌表面,然后噬菌体的基因组被注射到宿主细胞中,而外壳留在细胞外。当噬菌体基因组进入宿主细胞后,噬菌体进入潜伏期,噬菌体依靠宿主的转录和翻译机器表达噬菌体基因组所编码的蛋白质,依靠宿主或者自身编码的 DNA 聚合酶复制噬菌体基因组 DNA,并随宿主细胞的分裂而传递到子代细胞中,并不影响宿主细胞的表型。适当条件下,噬菌体基因组 DNA 开始表达噬菌体的壳体蛋白、噬菌体组装所需蛋白等,在宿主细胞内完成子代噬菌体的组装,并裂解宿主细胞,释放子代噬菌体,进入裂解期。

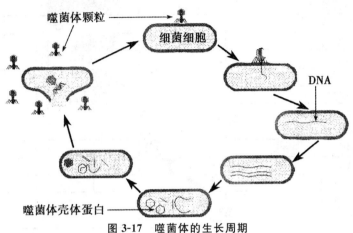

图 3-17　噬菌体的生长周期

3.2.3　真核生物基因组与染色体

真核生物的细胞结构和功能远比原核生物复杂,其基因组也比原核生物复杂得多。真核生物是具有由膜包被的核结构和细胞骨架的单细胞或多细胞生物。

1. C 环矛盾与非编码 RNA

每一种生物单倍体基因组的 DNA 总量被称为 C 值(C value)。一个生物物种的 C 值是恒定的。随着生物的进化,生物体的结构和功能越来越复杂,其 C 值就越大:酿酒酵母的基因组为 12 Mb,最简单的多细胞生物线虫的基因组有 100 Mb,果蝇基因组的大小为 180 Mb,而人类基因组的大小为 3 200 Mb。DNA 含量与有机体之间存在这样的关系不难理解,随着有机体变得越来越复杂,它们需要更大的基因组来容纳更多的遗传信息。在很多情况下,不同生物种类之间基因组大小的差异不能用生物已知的进化地位来解释(图 3-18)。许多复杂性相近的生物体其基因组大小却显著不同,如同为被子植物,DNA 含量可相差几个数量级。甚至还存在不同生物 C 值的大小与进化等级完全相反的现象,如软骨鱼类的 C 值比硬骨鱼、爬行类、鸟类和哺乳类都要高。鸟类是由爬行动物进化而来的,但是鸟类 DNA 的最高含量竟然与爬行类 DNA 的最低含量相同。将上述 C 值与物质进化的复杂性不一致的现象称为 C-值矛盾。

出现 C 值矛盾的原因在于真核生物的基因组中存在着大量的非编码 DNA。甚至是较为原始的真核生物,例如酵母,其非编码 DNA 几乎占整个基因组 DNA 的 50%。在高等的真核生物的基因组中,非编码 DNA 所占的比例则更高。哺乳动物,例如小鼠和人,大约有 20 000~30 000 个基因分布在 3 000 Mb 的基因组 DNA 上,这意味着超过 85% 的 DNA 序列是非编码 DNA。

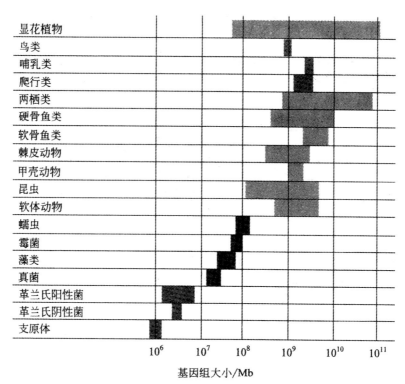

图 3-18　不同类生物基因 DNA 的值

2. 真核生物基因组的重复序列

（1）DNA 序列的复性动力学。

真核生物基因组的总体特征可以通过 DNA 复性动力学来估计。DNA 复性过程遵循二级反应动力学，可用 C_0t 曲线来描述，方程式为 $C_0t(1/2)=1/K$。根据复性动力学方程，DNA 的 $C_0t(1/2)$ 值与 K 值相关，而 DNA 序列的复杂性影响 K 值。在控制反应条件（初始浓度、温度、离子强度、片段大小）相同的前提下，DNA 分子的 $C_0t(1/2)$ 值，取决于核苷酸的排列复杂性。

用已知复杂度的标准 DNA 的 $C_0t(1/2)$ 作标准，通过比例关系可以计算任何 DNA 的复杂度。一般以 $E.coli$ 的 $C_0t(1/2)$ 为标准，因为它的复杂度与它基因组 DNA 长度 4.2×10^6 bp 相同，按以下公式可计算待测 DNA 样品的复杂度：

$$\frac{任何\ DNA\ 的\ C_0t(1/2)}{E.coli\ 的\ C_0t(1/2)}=\frac{任何\ DNA\ 的复度}{4.2 \times 10^6\ bp}$$

图 3-19 是真核生物基因组 DNA 复性曲线的模式图，分析了绝大多数真核生物基因组 DNA 复性的动力学曲线，曲线走势与原核生物有很大的差异。从图中可以看出复性反应分为三相，是一条复合多 S 形曲线，每相代表了基因组内不同复杂程度的序列类型。而原核生物的 DNA 复性曲线形状都是单一的 S 形，说明原核生物的 DNA 大都为单一序列。

在研究工作中，经常需要知道基因组的复杂度和总长度。可以根据单一序列（慢速复性组分）的动力学复杂度，计算出整个基因组的总长度。如与 $E.coli$ DNA 复性曲线比较，已知单一序列复杂度 3.0×10^8 bp，占基因组的 45%，则整个基因组的总长度应该为：3.0×10^8 bp/0.45＝6.7×10^8 bp。

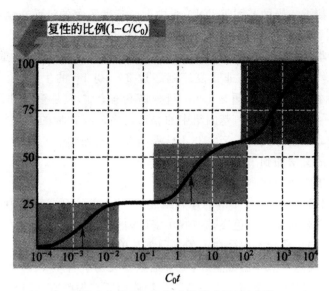

图 3-19　真核生物基因组复性曲线模式图(杨建雄,2009)

根据复性动力学可以鉴定出真核生物基因组有两种类型的序列:非重复序列和重复序列。当一个基因组内存在的核苷酸序列不止一个拷贝时,则称这个序列为重复序列。

不同生物基因组中非重复序列所占比例差别较大,图 3-20 总结了一些有代表性生物的基因组组成。原核生物只含有非重复 DNA 序列;低等真核生物的大部分 DNA 是非重复的,重复组分不超过 20%。

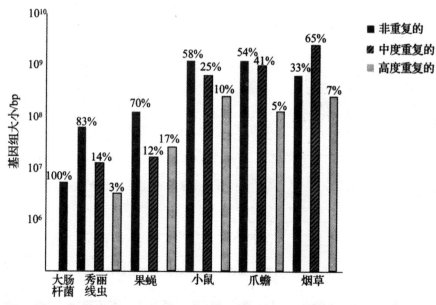

图 3-20　不同生物的基因组组成(卢因,2007)

在一个基因组中的各组分拷贝数称为重复频率,用 f 表示。DNA 序列的重复频率,可以用以下公式计算:

重复频率(f)＝非重复 DNA 序列组分的 $C_0t(1/2)$／重复 DNA 序列组分的 $C_0t(1/2)$

在动物细胞中,接近一半的基因组 DNA 是中度或高度重复的。而在植物和两栖动物中,非重复 DNA 只占基因组很小的一部分,中度和高度重复组分高达 80%。在一些多倍体植物中没有非重复序列,复性很慢的组分也有 2～3 个拷贝。在简单的生物体中,非重复序列的长度随基因组大小的增加而增加。但很少有非重复序列超过 $2×10^9$ bp 的生物体。当基因组的大小在 $3×10^9$ bp(如哺乳动物)以上时,非重复 DNA 组分将不再增加,只是重复组分的数量和比例随着基因组的增大而进一步增加。另外,基因组中的非重复序列与物种的相对复杂性有较好的相关性。例如,$E.coli$ 的非重复序列时 $4.2×10^6$ bp,秀丽线虫增加到 $6.6×10^7$ bp,黑腹果蝇增加到约 10^8 bp,哺乳动物的又增加到了约 $2×10^9$ bp。

(2)真核生物基因组重复序列的类型。

真核生物基因组 DNA 由重复不等的序列组成,有些重复序列成簇集中在染色体 DNA 的某些部位,如染色体的着丝粒或异染色质。有些重复序列分散存在于基因组的各个部位。

1)单拷贝序列。绝大多数编码蛋白质的基因都是单拷贝序列。基因组中的基因在某一时空条件下并不同时全都表达。除了脑细胞外,一个细胞中大约只有 $1×10^4$ 种不同的蛋白质,其中 80% 是维持生命所必需的基本蛋白质。一般将生物体内所有细胞所共同具有的蛋白质称为持家蛋白质。人体至少有 250 种不同的细胞,每种细胞一般表达 300～400 种自身特有的蛋白质,这些蛋白质的基因大多数都是单拷贝的。

图 3-21 显示了人类基因组 DNA 的各种序列类型,框内数字表示该种序列的大约碱基对数,真核生物基因组中各种序列的排列如图 3-22 所示。

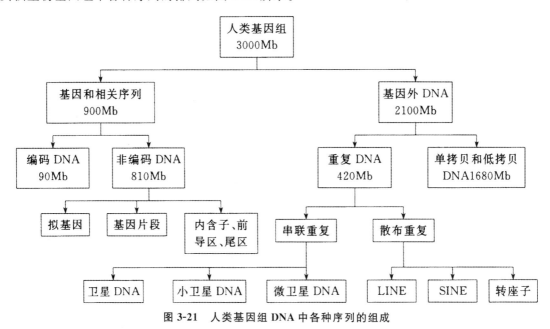

图 3-21　人类基因组 DNA 中各种序列的组成

图 3-22　真核生物的基因和各种重复序列的排列示意图

2)低度重复序列。低度重复序列(slightly repetitive sequence)在基因组中一般有 2～10 个拷贝,通常是一些编码蛋白质的基因,其氨基酸序列具有很高的同源性。例如,tRNA 基因和一些组蛋白基因。

3）中度重复序列。中度重复序列（moderately repetitive sequence）在基因组内重复数十次至数十万次，平均长度 6×10^5 bp，通常是非编码序列，分散存在于基因组内。目前认为，大部分的非编码中度重复序列与基因表达的调控相关。

4）高度重复序列。存在于大多数高等真核生物基因组中，重复频率达 10^6 次以上的 DNA 序列称为高度重复序列（highly repetitive sequence）。例如，人类的 Alu 家族大约有 30 万种类型，而其他物种的 Alu 类似家族共有 50 万种。

3. 真核生物的染色体与染色质

（1）组蛋白。

真核细胞中含有 5 种组蛋白——H1、H2A、H2B、H3 和 H4。组蛋白的氨基酸组成十分特殊，富含带正电的氨基酸，在各种组蛋白中有超过 20% 的氨基酸残基为赖氨酸和精氨酸。H1 为连接组蛋白，分子质量约为 20 kD，由球形的中央结构域及 N 端和 C 端两个臂构成。H2A、H2B、H3 和 H4 是相对较小的蛋白质，分子质量一般为 11~15 kD，称为核心组蛋白，构成核小体的核心。每种核心组蛋白包括一个约 80 个氨基酸残基构成的保守区域，称为组蛋白折叠域（图 3-23），调节组蛋白的组装。组蛋白折叠域由 3 个 α-螺旋组成，螺旋间由短的无规则的环隔开。每个核心组蛋白有一个 N 端延伸，称为"尾巴"，这是因为它没有一个确定的结构。组蛋白 N 端尾巴上含有许多修饰化位点，修饰作用包括发生在赖氨酸和丝氨酸残基上的磷酸化、乙酰化和甲基化。这些修饰，特别是乙酰化可以调节染色质的结构与功能，并且是表观遗传学的重要内容。

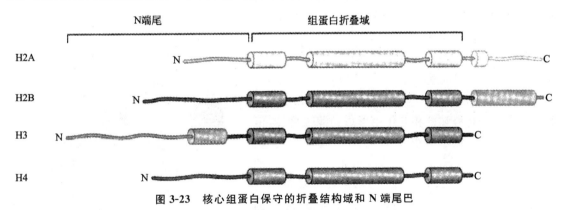

图 3-23 核心组蛋白保守的折叠结构域和 N 端尾巴

4 种核心组蛋白没有种属和组织特异性，在进化上十分保守，特别是 H3 和 H4 是已知蛋白质中最保守的。比较不同来源的 H4 分子中的 102 个氨基酸残基，发现豌豆和牛的这种组蛋白只有两个氨基酸的差异，而它们的分歧时间已有 3 亿年的历史，人和酵母也只有 8 个氨基酸的差异。这种现象反映出这些组蛋白在生物学功能上的重要性。H1 组蛋白的中心球形结构域在进化上保守，而 N 端和 C 端两个"臂"的氨基酸变异较大，所以 H1 在进化上不如核心组蛋白保守。H1 组蛋白有一定的种属和组织特异性，在哺乳动物细胞中，H1 约有 6 种密切相关的亚型，氨基酸顺序稍有不同。

（2）核小体。

细胞在通过细胞周期时，染色质的结构不断发生着变化。在间期细胞中，染色质呈松散状态，但也不是散布在整个细胞核中。在 DNA 复制完成以后，染色质大约压缩 100 倍，呈现一定的形态,称为染色体。把染色体分离出来,并使其逐渐解压缩,然后在电子显微镜下观察处于不同压缩状态的染色质,发现其基本结构是一种 11 nm 粗的纤维,就像一根细线上串联着许多有一定间隔的小珠状颗粒(图 3-24)。染色体就是由这种串珠状结构多层次压缩而成的。将这种珠状结构称为核小体,它是由 DNA 于组蛋白组成的。

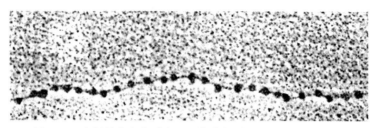

图 3-24　在低盐亲水介质中展开的染色质,示串珠状的核小体

每个核小体包括 200 bp DNA,缠绕在一个由组蛋白 H2A、H2B、H3 和 H4 各两分子组成的圆盘状八聚体核心上[图 3-25(a)]。根据其对微球菌核酸酶的敏感性,核小体 DNA 被分为核心 DNA 和连接 DNA。微球菌核酸酶能迅速地剪切无蛋白质保护的 DNA 序列,而对结合有蛋白质的 DNA 序列的剪切效率很差。核心 DNA 的长度为 147 bp,在组蛋白八聚体上以左手方式缠绕 1.65 圈,形成核小体核心颗粒。两个核心颗粒之间的 DNA 称为连接 DNA。不同物种的核心 DNA 的长度相同,但连接 DNA 的长度是可变的,从 15~55 bp 不等。组蛋白 H1 有两个臂从它的中央球形结构域伸出,分别与核小体一端的连接 DNA 以及核心 DNA 的中部结合,使 DNA 更紧密地盘绕在组蛋白核心上(图 3-11),被称为连接组蛋白。一个核小体包括一个核心颗粒、连接 DNA 和一分子的组蛋白 H1。

核心组蛋白首先在溶液中形成中间组装体。H3 和 H4 通过折叠域的互作形成一个异源二聚体,两个 H3-H4 二聚体形成一个四聚体。H2A 和 H2B 在溶液中也是通过折叠域的相互作用形成异源二聚体,但不形成四聚体。核小体组装是一个有序的过程。核小体组装时,(H3-H4)2 四聚体与核心 DNA 中间的 60 bp 区段相互作用,并与核心 DNA 进出核小体的片段结合,造成 DNA 高度弯曲。结合到 DNA 上的 (H3-H4)2 四聚体再与两个拷贝的 H2A-H2B 二聚体结合完成核小体的组装。

(3)从核小体到中期染色体。

巨大的细胞核 DNA 分子要包装成染色体需经多层次的结构变化才能实现。若增大离子强度,并保留 H1,通过电镜可观察到 11 nm 纤维会折叠成 30 nm 纤维,这种结构代表了 DNA 压缩的第二个层次,反映了细胞核染色质结构。目前较公认的 0 nm 纤维的结构模型是螺线管模型,该模型认为核小体纤维盘绕形成一种中空螺线管,每圈含 6 个核小体,其外径为 30 nm

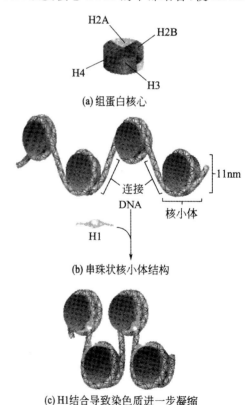

(a)组蛋白核心

(b)串珠状核小体结构

(c)H1结合导致染色质进一步凝缩

图 3-25　核小体结构模型

（图 3-26），因此，螺线管的形成使 DNA 一级包装又压缩了 6 倍。H1 组织蛋白在维持毗邻核小体的紧密度与核小体纤维折转形成螺线管中起了重要作用。DNA 包装为核小体和 30 nm 纤维共同导致 DNA 的线性长度压缩了 40 倍。

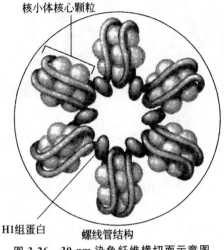

图 3-26　30 nm 染色纤维横切面示意图

30 nm 纤维需要进一步的折叠才能成为染色体，但是折叠的细节尚不清楚。20 世纪 70 年代，Laemmli 等用 2 mol/L NaCl 溶液或硫酸葡聚糖加肝素处理 Hela 细胞中期染色体，除去组蛋白和大部分非组蛋白后，在电镜下观察到由非组蛋白构成的染色体骨架和由骨架伸展出的无数DNA 侧环组成的晕圈（图 3-27）。据此，1993 年 Freeman 等提出了 30 nm 螺旋管与染色体骨架相结合的染色体包装模型（图 3-28）。一般认为 30 nm 纤维围绕染色体骨架形成 40～90 kb 的环，环的基部与柔韧的染色体骨架相连，形成伸展的间期染色体。染色体骨架螺旋化，并进一步压缩成中期染色体。

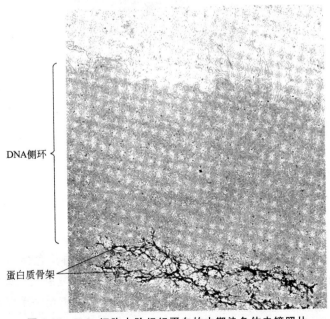

图 3-27　Hela 细胞去除组织蛋白的中期染色体电镜照片

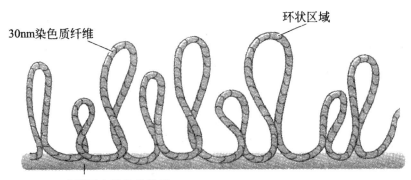

图 3-28　30 nm 染色质纤维围绕染色体骨架盘绕成环

(4)常染色体与异染色体。

中期染色体是真核细胞中 DNA 压缩程度最高的状态,只有在核分裂时才出现。分裂结束后,染色体松散开来,形成看不到单个结构的染色质。用光学显微镜观察间期细胞核时,可以看到着色深浅不同的区域(图 3-29)。染色较弱的区域为常染色质,其在间期相对疏松,在整个细胞核中分散存在。一般认为异染色质的结构高度致密,参与基因表达的蛋白质不能接近 DNA,因此无转录活性。相反,常染色质允许参与基因表达的蛋白质与 DNA 结合,有转录活性。

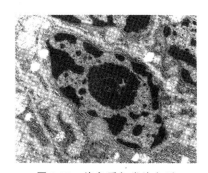

图 3-29　染色质与常染色质

深的区域主要集中在核的周边,称为异染色质,结构相对致密。异染色质又分为组成型异染色质和兼性异染色质两种。组成型异染色质的 DNA 不含基因,一直保持压缩状态。着丝粒、端粒以及某些染色体的特定区域属于组成型异染色质。与组成型异染色质不同,兼性异染色质无永久特性,仅在部分细胞的部分时间出现。兼性异染色质含有基因,但这些基因因位于异染色质区而失活。例如,哺乳类雌性个体的体细胞有 2 条 X 染色体,到间期一条变成异染色质,位于这条 X 染色体上的基因就全部失活。

3.2.4　真核生物染色体 DNA 的几个重要元件

真核生物染色体 DNA 上有几个重要的元件,它们分别是指导染色体 DNA 复制起始的复制起点、细胞分裂时引导染色体进入子细胞的着丝粒及负责保护和复制线性染色体末端的端粒(图 3-30)。这三种元件对于细胞分裂过程中染色体的正确复制和分离至关重要。

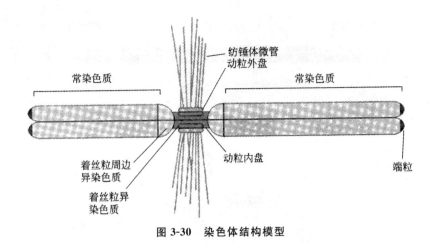

图 3-30　染色体结构模型

1. 复制起点

复制起点是 DNA 复制开始的位点，一般来说位于非编码区。真核生物染色体 DNA 有多个复制起点，例如，酵母第三号染色体是已知真核生物最小的染色体之一，总共携带 180 个基因，含有 19 个复制起点。不同生物的复制起点都有 2 个共同的特征：第一，它们含有一段富含 AT 的 DNA 序列，此段序列容易解旋；第二，它们含有复制起始子蛋白的结合位点，此位点是组装复制起始机器的核心序列。

复制起始子蛋白是复制起始中涉及的唯一序列特异性 DNA 结合蛋白，在复制起始过程中，一般执行 3 种功能：第一，与复制起点处的特异性序列结合；第二，一旦与 DNA 结合，它们就扭曲或者解旋其结合位点附近的 DNA 区域；第三，起始子蛋白与复制起始所需的其他因子相互作用，使它们聚集到复制机器上。

2. 着丝粒

着丝粒是染色体上染色很淡的缢缩区，由一条染色体复制产生的两个姐妹染色单体在此部位相联系。着丝粒指导一个称为动粒的蛋白质复合体的形成。纺锤体微管附着在动粒上，在有丝分裂后期拉动姐妹染色单体相互远离，进入两个子代细胞。因此，着丝粒是 DNA 复制后染色体正确分离所必需的。

一些生物的着丝粒 DNA 已被测序，发现它主要由重复序列构成。着丝粒的大小和组成在不同生物间变化很大。人类染色体着丝粒的大小从 240 kb 到几个 Mb 不等，而酿酒酵母能够使酵母人工染色体有效分离的最小着丝粒区域只有 125 bp。如图 3-31(a)所示，酿酒酵母的着丝粒 DNA 由三个保守元件组成，它们募集着丝粒蛋白，并指导这些蛋白质组装成动粒。

着丝粒 DNA 与组蛋白装配成着丝粒染色质。着丝粒特异性组蛋白取代通常的 H3，与 H2A、H2B 和 H4 一起构成组蛋白八聚体核心，着丝粒 DNA 缠绕在八聚体上形成着丝粒核小体。人类的 H3 组蛋白变构体是 CENPA，它取代 H3 组蛋白形成的着丝粒核小体是动粒组装的位点。在酿酒酵母中，Cse4 取代 H3 参与组蛋白核心的形成，另外，结合在 CDE Ⅰ 上的 Cbfl 同源二聚体和结合在 CDEⅢ 上的 Cbf3 复合体一同参与动粒的形成[图 3-31(b)]。

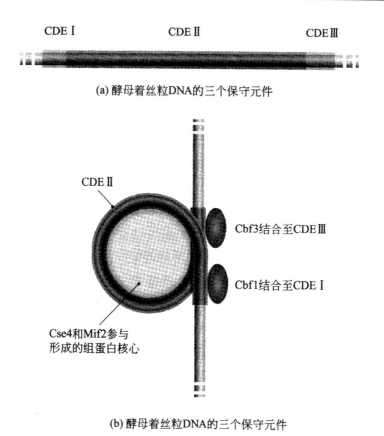

(a) 酵母着丝粒DNA的三个保守元件

CDE Ⅱ

Cbf3结合至CDE Ⅲ

Cbf1结合至CDE Ⅰ

Cse4和Mif2参与
形成的组蛋白核心

(b) 酵母着丝粒DNA的三个保守元件

图 3-31　酿酒酵母的着丝粒

3. 端粒

端粒是真核生物染色体的末端,由端粒 DNA 和蛋白质构成。端粒可以维持染色体末端的稳定性,防止线性 DNA 末端发生降解以及染色体末端的融合。染色体断裂产生的末端具有"黏性",会使不同的染色体粘连在一起,然而染色体的天然末端是稳定的。端粒还能使线性 DNA 分子的末端得以复制,解决了线性 DNA 分子的"末端复制问题"。

端粒 DNA 由简单序列串联重复而成,并且具有一个 $3'$-突出端。重复单位的长度通常为6～8 bp,例如,哺乳动物端粒 DNA 的重复单位是 TTAGGG。端粒 DNA 的一条链富含 G,并且富含 G 的 DNA 单链的走向是 $5' \rightarrow 3'$ 方向,构成端粒 DNA 的 $3'$-末端。

绝大多数真核生物的染色体在末端回折,形成的环称为 t-环(图 3-32)。这种结构最先是在人类染色体的端粒中观察到的,它的大小与端粒 DNA 的长度有关。t-环的形成需要端粒重复序列和 $3'$-末端的单链。这些 DNA 序列募集一系列端粒 DNA 特异性结合蛋白催化 t-环的形成。图 3-32(b)为人类染色体 t-环形成的模式图 $3'$-末端的单链区侵入端粒 DNA 的双螺旋区,并置换出双螺旋的一条单链。然后,这条被置换出的单链被单链结合蛋白 POT1 覆盖。其他的多亚基蛋白质复合体结合在双链区,其中一些蛋白质的功能已经被阐明,它们中有些催化 DNA 的弯曲,有些参与调节端粒 DNA 的长度,还有一些主要起保护作用。

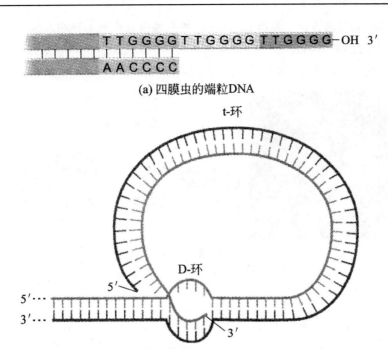

(a) 四膜虫的端粒DNA

(b) 端粒的t-环模型

图 3-32　端粒的结构

3.2.5　病毒的基因组

病毒的基本结构是由外壳蛋白质包裹着里面的遗传物质核酸。病毒缺乏独立生存所必需的生物化学机制,需要在宿主细胞内生存的寄生生物,在进入活的易感宿主细胞后,以其基因组核酸为模板,依赖宿主细胞提供原料和能量进行自我复制来繁殖。

根据病毒基因组的核酸类型可以将病毒分为 DNA 病毒和 RNA 病毒;根据宿主的不同也可以将病毒分为动物病毒、植物病毒、真菌病毒和噬菌体等。不同类型的病毒,有不同的复制方式。目前已知的病毒有数千种,能够侵染包括细菌、真菌、植物及人类等各种生物。

病毒的进化速度很快,主要原因是病毒的核酸聚合酶在复制或转录过程中出错率较高。一个感染了 HIV(人类免疫缺陷)的患者体内可能携带有几百万个不同的病毒,而且每一个病毒的序列都与其他个体不同。同时,人类在对病毒的研究上有着很多重要的成果。这些研究成果除了揭示许多重要的分子生物学过程之外,对人类认识病毒感染和治病的分子本质和诊断、预防并治疗病毒引起的疾病提供了重要的理论基础,也促进了基因工程疫苗和抗病毒药物的研制和发展。

1. RNA 病毒基因组

HIV 是一种能够引起人类的获得性免疫缺损综合症,即艾滋病。HIV 的致病机理在于能够破坏宿主的免疫系统,从而使得其他病原生物乘虚而入导致疾病,对人类是致命的。艾滋病的感染人数正以大约每年 3％ 的速度增长。

在已经发现的两种艾滋病毒 HIV Ⅰ 和 HIV Ⅱ 中,HIV 基因组由两条单链正义 RNA 组成,每个 RNA 基因长 9.2 kb。5′端有甲基化帽,3′端有 polyA 尾巴,主要结构基因是种群特异性抗原基因、聚合酶基因和被膜蛋白质基因,两端还有长末端重复序列基因(Long Terminal Repeat, LTR)。除了这三个结构基因,还有 tat、rev、nef、vif、vpr 和 vpu 六个调节基因,编码六种调控蛋白。如图 3-33 所示。

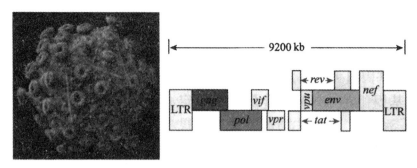

图 3-33　HIV 模式图以及基因组结构图

2. 腺病毒基因组

腺病毒(adenovirus,Ad)是一种没有包膜的直径为 70～90 nm 的壳粒,由 252 个壳粒呈二十面体排列构成。每个壳粒的直径为 7～9 nm。其病毒壳体含有三种主要的蛋白质:240 个六邻体(Ⅱ),12 个五邻体基底(Ⅲ)和纤突(Ⅳ),还有多种其他的辅助蛋白质Ⅵ,Ⅷ,Ⅸ,Ⅲa 和Ⅳa2。

腺病毒是 1953 年从腺样组织中分离得到的,医学上腺病毒被认为是导致急性呼吸道感染的病因,而长期潜伏在扁桃腺和淋巴组织中,会导致多个器官及系统的系统。腺病毒的分布十分广泛,从各种哺乳动物、鸟类和两栖类动物中都可分离到。完整的腺病毒颗粒 M_r 为 $1.7 \times 10^8 \sim 1.85 \times 10^8$,沉降系数约 560S,在 C_sCl 中的密度为 $1.32 \sim 1.35 \ mg/cm^3$。腺病毒对热和酸稳定,能在肠道中存活。人体腺病毒已知有 33 种,分别命名为 ad1～ad33,研究得最详细的是 ad2。人类腺病毒基因组是线性双链 DNA,包括早期蛋白基因(E1 A、E1 B、E2 A、E2 B、E3、E4)和晚期蛋白基因 L1、L2、L3、L4、L5。腺病毒 DNA 的两条链都有编码功能,但转录方向不同。DNA 分子两端有反向重复区,当双链变性后可通过链内退火形成单链环状 DNA 分子。如图 3-34 所示。

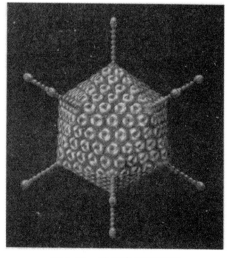

图 3-34　腺病毒的结构图

腺病毒易培养转化,基因组中可插入较大的外源片段,而且可以在宿主细胞内大量扩增,可用于基因工程和基因治疗。

3. λ噬菌体的基因组

λ噬菌体是 *E.coli* 的一种温和性噬菌体,头部为直径 55 nm 的二十面体,颈部与尾部(15 nm×135 nm)相连,尾端再与尾丝(75 nm×2 nm)相连。λ噬菌体的基因组大小为 4.85×10^4 bp,包括 46 个基因,分为头部基因、尾部基因、调控(免疫)区、复制控制区和晚期基因调控区等区域,如图 3-35 所示。

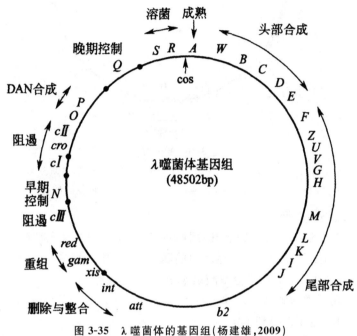

图 3-35　λ噬菌体的基因组(杨建雄,2009)

λ噬菌体的裂解生长的特性,可构建重组 DNA 分子,在基因工程和基因文库构建方面有广泛的应用。换句话说,λ噬菌体是基因工程中广泛使用的克隆载体。

3.2.6　核外基因组

1. 质粒基因

根据质粒的主要特征可以把质粒分为:①致育质粒或称 F 质粒,仅携带转移基因,除了能够促进质粒通过有性接合转移外,不具备其他特征,如大肠杆菌的 F 质粒(图 3-36)。②耐药性质粒(或称 R 质粒),携带有能赋予宿主细菌对某一种或多种抗生素抗性的基因。③Col 质粒,编码大肠杆菌素,这是一种能够杀死其他细菌的蛋白质,大肠杆菌携带的 ColE1 质粒属于此类质粒。④降解质粒,使宿主菌能够代谢一些通常情况下无法利用的分子,如甲苯和水杨酸,假单胞菌中的 TOL 质粒属于此类质粒。⑤毒性质粒,赋予宿主菌致病性,如根瘤农杆菌中的 Ti 质粒能够在双子叶植物中诱导根瘤菌。

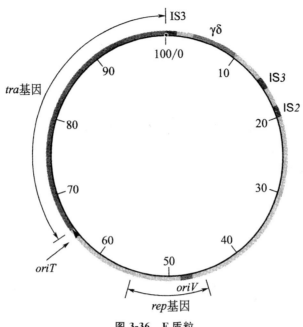

图 3-36　F 质粒

　　IS2 和 IS3 为插入序列；γδ 又称 Tn100，为一转座子；*tra* 基因编码的蛋白质参与鞭毛的生成；*rep* 编码的蛋白质参与 DNA 的复制；*oriV* 是环状 DNA 的复制起点；*oriT* 是滚环复制的起点

　　(1)质粒 DNA 编码的表型。

　　因大小不同，质粒能够编码几种或者几百种蛋白质。质粒很少编码细胞生长必需的产物，如 RNA 聚合酶、核糖体的亚基或者三羧酸循环中的酶。然而，质粒携带的基因通常使细菌获得在某种特定条件下的选择优势，如使宿主细胞能够利用稀有碳源，或者对重金属或抗生素产生抗性，或者合成毒素杀死周围的敏感性菌株。不具有任何可识别表型的质粒称为隐蔽质粒。隐蔽质粒所携带的基因的功能尚未得到鉴定。

　　(2)质粒的拷贝数。

　　质粒是独立于细胞染色体之外、自主复制的 DNA 分子。质粒 DNA 通常是环状双链，主要存在于细菌中。不同的质粒在宿主细胞中的拷贝数变化很大。有些质粒，在一个细胞中存在一个或两个拷贝，这种类型的质粒称为严紧型质粒；有些则存在很多拷贝，这种类型的质粒称为松弛型质粒。质粒，尤其是松弛型质粒经过结构改造，已成为基因工程中最常用的载体。质粒的大小也有很大的变化。大肠杆菌的 F 质粒是一个中等大小的质粒，大约是大肠杆菌染色体 DNA 的 1‰。大多数多拷贝质粒要小得多，ColE 质粒的大小仅为 F 质粒的十分之一。

　　(3)质粒 DNA 的转移。

　　部分质粒可自主地从一个宿主细胞移动到另一个宿主细胞，这一特点称为质粒的可移动性。许多中等大小的质粒，如 F 质粒和 P 质粒具备这一性质，因而被称为 Tra$^+$。质粒的转移涉及的基因超过 30 个，小型质粒，例如 ColE 质粒，没有足够的 DNA 来容纳转移所必需的基因，因此不能独立地转移。然而，很多小型质粒，包括 ColE 质粒，可以在 Tra$^+$ 质粒编码的蛋白质的作用下，从一个细胞传递到另一个细胞，这种现象称为质粒 DNA 的迁移作用，具有迁移作用的质粒称为 Mob$^+$。一些具有转移性质的质粒(如 F 质粒)也能够转移染色体上的基因。

　　当质粒 DNA 从供体细胞向受体细胞发生转移时，质粒 DNA 的一条链在 *oriT* 位点被一种质粒编码的特异性内切核酸酶切断。*oriT* 不同于质粒的复制起点 *oriV*。一种质粒编码的专一性的解旋酶将断裂的链从质粒上剥离出来，然后被转移至受体细胞。一旦整条链进入了受体细胞，两个末端重新连接起来，又形成一个环状 DNA 分子。在供体细胞内，当旧链不断地被解旋酶从质粒 DNA 上分离出来时，通常会从断裂的 3′-OH 开始合成一条新的互补链。

2. 线粒体基因组

线粒体基因组包含多种基因或基因簇，主要有 rRNA 基因、tRNA 基因、ATPase 基因和细胞色素氧化酶基因等。线粒体基因组只能编码部分所需的蛋白质，许多重要的多亚基蛋白质复合物，由核基因组与线粒体基因组各自编码部分亚基。例如，酵母线粒体中的 ATP 酶是由 F_0 和 F_1 组成的复合体，跨膜因子 F_0 的三个亚基由线粒体基因组编码，而可溶性 F_1 ATP 酶的 5 个亚基由核基因组编码。细胞色素 c 氧化酶的各亚基也是两个基因组分别编码的，细胞色素 bcl 复合物中的一个亚基来源于线粒体基因组，而另 6 个亚基来源于核基因组。

线粒体基因组编码 13 种呼吸链中的蛋白质亚基，这些亚基与核基因编码的亚基一起，共同构成了呼吸链上的电子传递体蛋白质，包括：复合体Ⅰ的 7 个亚基，复合体Ⅲ的 1 个亚基，复合体Ⅳ的 3 个亚基，复合体Ⅴ的 2 个亚基。但线粒体基因组自身编码的蛋白质只占呼吸链组分的一小部分，大部分仍是由核基因编码，在细胞质内合成后运输到线粒体内发挥作用的。

图 3-37 为酵母线粒体和人类线粒体基因组结构。酵母线粒体基因组最显著的特征是图上座位比较分散。两个最主要的座位是 *oxi3*（编码细胞色素氧化酶的亚基 1）和断裂基因 box（编码细胞色素 b）。这两个基因加起来与哺乳动物线粒体基因组的总长度相当。这些基因中大多数较长的内含子具有与第一个外显子一致的开放阅读框，在某些情形下，内含子可以被翻译，使这两个基因可以生成多个蛋白质产物。其余的基因是非断裂基因，编码细胞色素氧化酶的另两个亚基，ATP 酶的亚基以及线粒体核糖体蛋白质。酵母线粒体基因组中大约 24% 的 DNA 由富含 A-T 碱基对的短序列（图中空白处）构成，这些序列尚未发现编码功能。

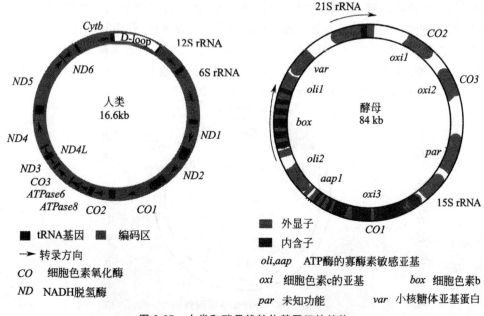

图 3-37　人类和酵母线粒体基因组的结构

人类 mtDNA 为 16 569 bp,有 37 个基因,其中 22 个 tRNA 基因,2 个 rRNA 基因和 13 个蛋白质编码序列,tRNA 基因位于编码 rRNA 和蛋白质的基因之间。多数基因之间无间隔,一个基因的最后一个碱基与下一个基因的第一个碱基相邻,位于顺反子中间区域中的序列可能不超过 87 bp。存在重叠,以一个碱基的重叠为最多,即一个基因最后的碱基作为下一个基因的第一个碱基。人类 mtDNA 中的蛋白质编码基因与酵母相同的有细胞色素 b,细胞色素氧化酶的 3 个亚基,ATP 酶的一个亚基。与酵母不同的是,哺乳动物线粒体编码 NADH 脱氧酶的 7 个亚基(或相关蛋白质)。其中有 5 个阅读框缺乏标准的终止密码,终止密码为 AGA 或 AGG,在标准的遗传密码表中,这两个密码编码精氨酸。

虽然 mtDNA 基因组是存在于细胞核染色体之外的基因组,也没有与组蛋白组装而成的染色质结构。但由于其具有遗传上的半自主性,因此具有自我复制、转录和编码蛋白质等物质的功能。

线粒体 DNA 的突变与衰老有关,研究发现,mtDNA 的变化随着年龄增加而增加,从而能导致老年退化性疾病,如多种神经性病变和肌肉疾病等。mtDNA 的突变率比核 DNA 高 5～10 倍。可能的原因是:①线粒体内 DNA 修复机制很少。②mtDNA 缺少组蛋白的保护。③线粒体内进行着大量的生物氧化过程,所产生的自由基对其 DNA 有损伤作用。mtDNA 的变异有点突变、缺失和由于核 DNA 缺陷引发的 mtDNA 缺失或数量减少等类型。这些变异都能以细胞质遗传的方式传递到子代。

3. 叶绿体基因组

叶绿体也属于半自主性的细胞器,叶绿体基因组(chloroplast genome)比较大。至 2006 年底,已有 82 个叶绿体基因组完成测序,这些基因组大小差别较大,但其基因数差别不大。在高等植物中叶绿体基因组通常为 140 kb,在低等真核生物中则高达 200 kb。叶绿体 DNA(ctDNA)也是双链环状分子,与核 DNA 不同,ctDNA 不含 5-甲基胞嘧啶,也不与组蛋白结合。在 CsCl 密度梯度离心中的浮力密度为 1.697 g/mL,相当于约 37% 的 G-C 含量,不同植物的 G-C 含量为 36%～40%,低于植物的核 DNA。因此,可以用 CsCl 密度梯度离心法将叶绿体 DNA 分离出来。大多数植物叶绿体 DNA 都有数万碱基对的两个反向重复序列(IR),IRA 和 IRB 序列相同,方向相反。IR 把环状的叶绿体 DNA 分子分隔成为两个大小不同的单拷贝区:长单拷贝(LSC)区 78.5～100 kb,短单拷贝区(SSC)12～76 kb。所有不同植物叶绿色体中含 rRNA 基因(4.5S,5S,16S,23S)都位于 IR 区内,其中还含有 tR-NA 的基因(图 3-38)。

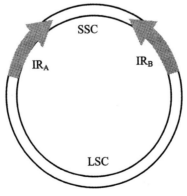

图 3-38　叶绿体基因组结构

叶绿体基因组编码自身蛋白质合成所需的各种 rRNA 和 tRNA，rRNA 和 tRNA 的种类与线粒体类似，但比细胞质中存在的种类少。叶绿体基因编码的 50 种蛋白质，包括 RNA 聚合酶和一些核糖体蛋白质，细胞器基因通过细胞器中的合成体系转录和翻译。

根据叶绿体基因组中 rRNA 基因的数目，可将其分为 3 种类型，少数植物为只含单拷贝的 rRNA 基因的 I 型，大多数高等植物的叶绿体基因组为含两个拷贝的 rRNA 基因的 II 型，III 型含 3 个拷贝的 rRNA 基因，仅见于裸藻。

大多数叶绿体基因的蛋白质产物是类囊体膜的组分，或者是与氧化还原反应有关的酶类。有些蛋白质复合物与线粒体复合物一样，其一部分亚基由叶绿体基因组编码，而另一部分亚基由核基因组编码。例如，1,5-二磷酸核酮糖羧化酶—加氧酶是地球上已知存在量最多的蛋白质，占叶片可溶性蛋白质的大约 50%，类囊体可溶性蛋白质的大约 80%。1,5-二磷酸核酮糖羧化酶—加氧酶全酶由 8 个大亚基（LSU）和 8 个小亚基（SSU）组成，酶的活性中心位于大亚基上，小亚基的主要功能是调节酶的活性。研究发现，大亚基由叶绿体基因组编码，小亚基由核基因编码。在叶绿体中也有只由一个基因组编码的蛋白质，在已鉴定了的叶绿体基因中，有 45 个基因的产物为 RNA，18 个基因编码类囊体膜的蛋白质，27 个基因的产物是与基因表达有关的蛋白质，还有 10 个基因的产物与光合电子传递功能有关。

3.3　基因组学

1986 年，美国科学家 Roderick 提出基因组学（Genomics）的概念，是指对某物种的所有基因进行基因组作图（包括遗传图谱、物理图谱、转录图谱），核苷酸序列分析，基因定位和基因功能分析的一门科学。因此，基因组学研究应该包括两方面的内容，以全基因组测序为目标的结构基因组学（Structural Genomics）和以基因功能鉴定为目标的功能基因组学（Functional Genomics）。结构基因组学是基因组分析的早期阶段，以建立生物体高分辨率遗传图谱、物理图谱和大规模测序为基础。功能基因组学代表了基因分析的新阶段，是利用结构基因组学提供的信息，系统地研究基因功能，以高通量、大规模的实验方法以及统计与计算机分析为特征。随着人类基因组作图和基因组测序工作的完成，当前的研究重心已从结构基因组学过渡到功能基因组学。

3.3.1　结构基因组学

结构基因组学是基因组学的一个重要组成部分和研究领域，是一门通过基因作图、核苷酸序列分析确定基因组成、基因定位的科学。结构基因组学的内容包括基因组作图和基因组测序，它的研究将会带动生物科学各个领域及医药、农业、酶工程等许多方面的新发展。

1. 基因组作图

人类的单倍体基因组分布在 22 条常染色体和 X、Y 性染色体上，最大的 1 号染色体有 263 Mb，最小的 21 号染色体也有 50 Mb。人类基因组计划的首要目标是测定全部 DNA 序列，但由于人的染色体不能直接用于测序，因此人类基因组计划的第一阶段是要将基因组这一巨大的研究对象进行分解，将其分为容易操作的小的结构区域，这个过程简称为染色体作图（Mapping）。根据使用的标记和手段的不同，染色体作图可以分为遗传连锁作图和物理作图。

(1)物理图谱(physical map)。

物理图谱指的是 DNA 序列上两点的实际距离,通常由 DNA 的限制性酶切片段或克隆的 DNA 片段有序排列而成,其基本单位是 kb(千碱基对)或 Mb(兆碱基对)。物理图谱反应的是 DNA 序列上两点之间的实际距离,而遗传图谱则反应这两点之间的连锁关系。在 DNA 交换频繁的区域,两个物理位置相距很近的基因或 DNA 片段可能具有较大的遗传距离,而两个物理位置相距很远的基因或 DNA 片段则可能因该部位在遗传过程中很少发生交换而具有很近的遗传距离。

人类基因组的物理图谱包含了两层意思。首先,基因组的物理图谱需要大量定位明确、分布较均匀的序列标记,这些序列标记可以用 PCR 的方法扩增,称为序列标签位点(Sequence Tagged Sites,STS)。其次,在大量 STS 的基础上构建覆盖每条染色体的大片段 DNA 的连续克隆系(contig),为最终完成全序列的测定奠定基础。这种连续克隆系的构建最早建立在酵母人工染色体(Yeast Artificial Chromosome,YAC)上。YAC 可以容纳几百 kb 到几个 Mb 的 DNA 插入片段,构建覆盖整条染色体所需的独立克隆数最少。但 YAC 系统中的外源 DNA 片段容易发生丢失、嵌合而影响最终结果的准确性。20 世纪 90 年发展起来的细菌人工染色体(Bacterial Artificial Chromosome,BAC)系统克服了 YAC 系统的缺陷,具有稳定性高,易于操作的优点,在构建人类基因组的物理图谱中得到了广泛应用。BAC 的插入片段达 80～300 kb,构建覆盖人类全部基因组的 BAC 连续克隆系,约需 $3×10^5$ 个独立克隆(15 倍覆盖率,BAC 插入片段平均长 150 kb)。除了上述两种系统,在构建人类基因组的物理图谱中所利用的系统还有 P1 噬菌体(Bacteriophage P1,插入片段最大 125 kb)和 P1 来源的人工染色体(P1-derived Artificial Chromosome,PAC,插入片段可达 300 kb)。

从精细的物理图谱出发,排出对应于特定染色体区域的重叠度最小的 BAC 连续克隆系后,就可以对其中的 BAC 逐个进行测序。进行 BAC DNA 测序的基本步骤是:

①将待测的 BAC DNA 随机打断,选取其中较小的片段(约 1.6～2 kb);

②将这些片段克隆到测序载体中,构建出随机文库;

③挑选随机克隆进行测序,达到对 BAC DNA 8～10 倍的覆盖率;

④将测序所得的相互重叠的随机序列组装成连续的重叠群;

⑤利用步移(walking)或引物延伸等方法填补存在的缝隙;

⑥获得高质量的、连续的、真实的完成序列。

对一个 BAC 克隆而言,其内部所有缝隙被填补后的序列称为完成序列;而对一段染色体区域或一条染色体而言,序列的完成是指覆盖该区域的 BAC 连续克隆系之间的缝隙被全部填补。依照美国国立卫生研究院(NIH)和能源部联合制定的标准,最终的完成序列需要同时满足以下三个条件:

①序列的差错率低于 1/10 000;

②序列必须是连贯的,不存在任何缺口(gap);

③测序所采用的克隆必须能够真实的代表基因组结构。

(2)遗传学图。

遗传学图又称连锁图谱(linkage map),是以具有遗传多态性(在一个遗传位点具有一个以上的等位基因,在群体中的出现频率皆高于 1% 的遗传标记)为"路标",以遗传学距离[在减数分裂事件中两个位点之间进行交换、重组的百分率,1% 的重组率称为 1 cM(ce nti Morgan)]为图距的基因组图。遗传图谱的建立为基因识别和完成基因定位创造了条件。

　　人类基因组遗传连锁图的绘制需要应用多态性标记。人的 DNA 序列上平均每几百个碱基会出现一些变异（variation），这些变异通常不产生病理性后果，并按照 Mendel 遗传规律由亲代传给子代，从而在不同个体间表现出不同，因而被称为多态性（polymorphism）。

　　现在的多态性标记主要有以下三种。

　　1）限制性片段长度多态性（restriction fragment length polymorphism，RFLP）。

　　RFLP 是第 1 代标记，用限制性内切酶特异性切割 DNA 链，由于 DNA 的点突变所造成的能切与不能切两种状况，而产生不同长度的等位片段，可用凝胶电泳显示多态性，用于基因突变分析、基因定位和遗传病基因的早期检测等方面。RFLP 具有以下优点：在多种生物的各类 DNA 中普遍存在；能稳定遗传，且杂合子呈共显性遗传；只要有探针就可检测不同物种的同源 DNA 分子的 RFLP，缺点是需要大量相当纯的 DNA 样品，而且 DNA 杂交膜和探针的准备，以及杂交过程都相当耗时耗力，同时由于探针的异源性而引起的杂交低信噪比或杂交膜的背景信号太高等都会影响杂交的灵敏度。

　　2）DNA 重复序列的多态性标记。

　　人类基因的多态性较多的是由重复序列造成的，这也是人类基因组的重要特点之一。重复序列的多态性有小卫星 DNA 多态性或 VNTR 的多态性和微卫星的 DNA 多态性等多种。小卫星 DNA 重复序列（minisatellite）或不同数目的串联重复（variable number of tandem repeats，VNTR）的多态性，指的是基因组 DNA 中有数十到数百个核苷酸片段的重复，重复的次数在人群中有高度变异，总长不超过 20 kb，是一种遗传信息量很大的标记物，可以用 Southern 杂交或 PCR 法检测。微卫星 DNA 重复序列（microsatellite）或短串联重复（short tandem repeats，STR）多态性，是基因组中由 1～6 个碱基的重复，如（CA）n，（GT）n 等产生的，以 CA 重复序列的利用度为最高。微卫星 DNA 重复序列在染色体 DNA 中散在分布，其数量可达 5～10 万，是目前最有用的遗传标记。第二代 DNA 遗传标记多指 STR 标记。

　　3）单核苷酸多态性标记（single nucleotide polymorphism，SNP）。

　　1996 年 MIT 的 E. Lander 提出了"第三代 DNA 遗传标记"。这种遗传标记的特点是单个碱基的置换，与第一代的 RFLP 及第二代的 STR 以长度的差异作为遗传标记的特点不同，而且 SNP 的分布密集，每千个核苷酸中可出现一个 SNP 标记位点，在人类基因组中有 300 万个以上的 SNP 遗传标记，这可能达到了人类基因组多态性位点数目的极限。这些 SNP 标记以同样的频率存在于基因组编码区或非编码区，存在于编码区的 SNP 约有 20 万个，称为编码 SNP（coding SNP，cSNP）。

　　每个 SNP 位点通常仅含两种等位基因——双等位基因（Biallelic），其变异不如 STR 繁多，但数目比 STR 高出数十倍到近百倍，因此被认为是应用前景最好的遗传标记物。

2. 重叠群的建立

　　染色体被分解并完成测序后，需要组装，低分辨率物理图谱可以为组装提供标记。对重叠群的各个克隆片段进行组装的基本原理如图 3-39 所示。这里使用的是片段重叠法，与蛋白质序列测定中组装肽段，或核酸测序中随机片段的组装是相似的。比如 A 克隆中有 2 号、11 号和 12 号 STS，其 2 号 STS 与 C 克隆重叠，说明 C 克隆应组装到 A 克隆之前。A 克隆的 12 号 STS 与 D 克隆重叠，说明 D 克隆应组装到 A 克隆之后。需要说明的是，这里只是一个示意图，实际工作中的克隆数和 STS 更多，组装会更复杂，所以我们可以通过计算机帮助完成类似的工作。

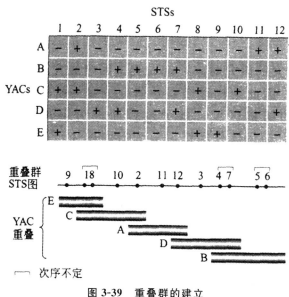

图 3-39 重叠群的建立

3. 高分辨率物理图谱的制作

重叠群克隆中的大片段通常要被分解成较小的片段,用 BAC 进行亚克隆。亚克隆中的片段才被用来通过随机切割进行测序。由于亚克隆中的片段也需要组装,在分解大片段之前,需要制作大片段的高分辨率物理图谱。制作高分辨率物理图谱,可以采用多种不同的分子标记。

限制性片段长度多态性(restriction fragment length polymorphism,RFLP)是第一代分子标记,由于限制性内切酶可特异性切割 DNA 链,DNA 的点突变可能影响酶切位点。酶切后 DNA 片段的长度,可用凝胶电泳分析。RFLP 可用于基因突变分析、基因定位和遗传病基因的早期检测等方面。

用限制性核酸内切酶切位点制作 DNA 的物理图谱,需要配合使用多种限制性核酸内切酶,图 3-40 说明了这种方法的基本原理,随着片段长度的增加,实验过程的难度和结果分析的复杂性会明显增加。因而这种方法主要用于较简单基因组的物理图谱制作。

4. 基因组测序

(1)全基因组的"鸟枪法"测序策略。

全基因组的"鸟枪法"测序策略,是指在获得一定的遗传和物理图谱信息的基础上,绕过建立连续的 BAC 克隆系的过程,直接将基因组 DNA 分解成小片段,进行随机测序,并辅以一定数量的 10 kb 克隆和 BAC 克隆的末端测序结果,在此基础上进行序列拼接,直接得到待测基因组的完整序列。这一策略从一提出就受到质疑,并不为主流的公共领域所采纳。1995 年,由 Craig Venter 领导的私营研究所 TIGR(The Institute of Genomie Research)将这种方法应用于对嗜血流感杆菌(H. influenzae)全基因组的测序中,成功的测定了它的全基因组序列。该方法随后在对包括枯草杆菌、大肠杆菌等 20 多种微生物的基因组测序中得到了成功的应用。1998 年,TIGR 和 PE 公司联合组建了一个新的 Celera 公司,宣布计划采用全基因组的"鸟枪法"测序策略,在 2003 年底前测定人类的全部基因组序列。接着,Celera 公司与美国加州大学伯克利分校的果蝇计划(BDGD)合作,仅用了 4 个月的时间,就用全基因组的"鸟枪法"测序策略完成了果蝇基因组 120 Mb 的全序列测定和组装,证明了这一技术路线的可行性,成为利用同一策略进行人类基因组测序的一次预实验。2000 年 6 月,国际人类基因组测序小组和 Celena 公司共同宣布基本完成了人类基因组序列的工作草图,并于次年 2 月分别在 Nature 和 science 杂志上正式公布了工作草图。

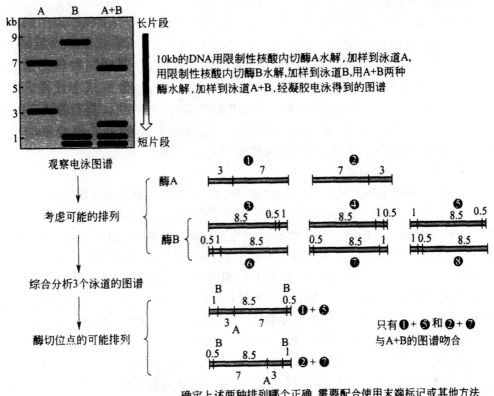

图 3-40　限制性核酸内切酶图谱的制作

(2)cDNA 测序。

人类基因组中发生转录表达的序列(即基因)仅占总序列的约 5%,对这一部分序列进行测定将直接导致基因的发现。由 mRNA 逆转录而来的互补 DNA 称为 cDNA,代表在细胞中被表达的基因。由于与重要疾病相关的基因或具有重要生理功能的基因具有潜在的应用价值。使得cDNA 测序受到制药工业界和研究机构的青睐,纷纷投入重金进行研究并抢占专利。cDNA 测序的研究重点首先放在 EST 测序,根据 EST 测序的结果,可以获得基因在研究条件下的表达特征。EST(expressed sequence tag)是基因表达的短 cDNA 序列,携带完整基因的某些片段的信息,是寻找新基因、了解基因在基因组中定位的标签。比较不同条件下(如正常组织和肿瘤组织)的 EST 测序结果,可以获得丰富的生物学信息(如基因表达与肿瘤发生、发展的关系)。其次,利用 EST 可以对基因进行染色体定位。至 2005 年 5 月 13 日,公共数据库内有 26 858 818 条 EST(其中人类 EST 有 6 057 800),更多的 EST 和全长 cDNA 则掌握在一批以基因组信息为产品的生物技术公司手中。

（3）人类基因组的测序。

在世界各国科学家的努力下，人类基因组测序工作顺利开展，并取得了巨大的进展。与此同时，许多私营公司由于觊觎人类基因组计划将在医药行业带来的巨大应用前景，纷纷投入巨资开展自己的测序计划。1998 年，由 PE 公司和 TIGR 合作成立的 Celera 公司宣布将在 3 年时间内完成人类基因组全序列的测定工作，建立用于商业开发的数据库，并对一大批重要的人类基因注册专利。面对私营领域的挑战，公共领域的测序计划也加快了步伐。2000 年 6 月 25 日，美、英、日、法、德和中国的 16 个测序中心或协作组获得了占人类基因组 21.1% 的完成序列及覆盖人类基因组 65.7% 的工作草图，两者相加达到 86.8%。同时，对整条染色体的精细测序也获得突破性进展。1999 年 12 月，英、日、美、加拿大和瑞典科学家共同完成了人类 22 号染色体的常染色体部分共 33.4 Mb 的测序。2001 年 2 月 15 日，国际公共领域人类基因组计划和美国的 Celera 公司分别在 Nature 和 Science 杂志上公布了人类基因组序列工作草图，完成全基因组 DNA 序列 95% 的测序。2003 年 4 月 14 日，国际人类基因组测序共同负责人 Francis Collins 博士宣布，人类基因组序列图绘制成功，全基因组测序完成 99%。

（4）模式生物体的基因组测序。

人类基因组计划除了要完成人类基因组的作图、测序，还对一批重要的模式生物体，如大肠杆菌、面包酵母、线虫、果蝇、拟南芥、小鼠等的基因组进行研究。低等的模式生物体的基因组结构相对较简单，对其进行全基因组作图测序，可以为人类基因组的研究进行技术的探索和经验的积累。更重要的是，这些研究一方面有助于人们在基因组水平上认识进化规律，另一方面，可以通过对不同生物体中的同源基因的研究，以及利用模式生物体的转基因和基因敲除术（gene knockout）等方法研究基因的功能。随着遗传图谱和物理图谱的进一步完善，测序技术的进一步改进及测序成本的降低，对其他各种模式生物体，尤其是基因组很大的哺乳类动物和植物基因组的测序工作将会不断展开。1997 年，大肠杆菌的全基因组序列测定工作完成，人们第一次掌握了这种重要的模式生物的全部遗传信息。随后，在国际多方合作的基础上，面包酵母、线虫和果蝇的全基因组序列相继得到测定。我国科学家在完成了对水稻基因组的物理图谱的绘制工作以后，对它的全序列测定工作也已经开始。2000 年 4 月 4 日，美国孟山都（Monsanto）公司宣布与 Leory Hood 领导的研究小组合作测定了水稻基因组的工作草图。2002 年 5 月 6 日，国际小鼠基因组测序联盟宣布，完成了最重要的模式生物小鼠基因组的序列草图。

3.3.2 功能基因组学

功能基因组学（functional genomics）又称后基因组学（post genomics），是利用结构基因组学所提供的信息，发展并应用新的实验手段，在基因组或系统水平上对基因功能进行的全面研究。从对单一基因或蛋白质的研究，转向对多个基因或蛋白质同时进行系统的研究。研究内容包括基因表达分析及突变检测，和基因表达产物的生物学功能，如蛋白质激酶对特异蛋白质进行磷酸化修饰，参与细胞间和细胞内的信号传递途径，参与细胞的形态建成等。基因的功能直接或间接与基因转录有关，因此，狭义的功能基因组学是研究细胞、组织或器官在特定条件下的基因表达。广义地讲，功能基因组学是结合基因组来定量分析不同时空表达的 mRNA 谱、蛋白质谱和代谢产物谱，所有对基因组功能的高通量研究，都可归于功能基因组学的范畴。

功能基因组学与转录组学、蛋白质组学和生物信息学等密切相关（相关知识在第 1 章已经进行过概述，这里对其进行详细阐述），同时在功能基因组学的基础上还产生出许多不同的分支，如药物基因学、比较基因组学、进化基因组学等。

1. 蛋白质组学

蛋白质本身的存在形式和活动规律，必须从直接对蛋白质的研究来解决。虽然蛋白质的可变性和多样性等特殊性质导致了蛋白质研究技术远远比核酸技术要复杂和困难得多，但正是这些特性参与和影响着整个生命过程。蛋白质组的概念是 1994 年提出的，但在 20 世纪 80 年代初，在基因组计划提出之前，就有人提出过类似的蛋白质组计划，当时称为 Human Protein Index 计划，旨在分析细胞内所有的蛋白质。但由于种种原因，这一计划被搁浅。90 年代初期，各种技术已比较成熟，在这样的背景下，经过各国科学家的讨论，才提出蛋白质组这一概念。1996 年，澳大利亚建立了世界上第一个蛋白质组研究中——Australia Proteome Analysis Facility (APAF)。随后，丹麦、加拿大、日本和瑞士相继成立了蛋白质组研究中心。2001 年 4 月，在美国成立了国际人类蛋白质组研究组织（Human Proteome Organization，HUPO），欧洲、亚太地区也都成立了区域性蛋白质组研究组织，试图通过合作的方式，融合各方面的力量，完成人类蛋白质组计划（Human Proteome Project）。

蛋白质组学的研究内容大致可以分为两大类：结构蛋白质组学和功能蛋白质组学。前者的主要研究方向包括蛋白质氨基酸序列以及三维结构的解析、种类分析和数量确定；后者则以蛋白质的功能和相互作用为主要目标。

（1）蛋白质分离与分析。

迄今为止大通量分离蛋白质的主要方法是二位聚丙烯酰胺凝胶电泳（双向电泳）。这项起源于 20 世纪 70 年代的技术，依据等电点和相对分子质量的不同在电场中将不同蛋白质分开，在平面聚丙稀酰胺凝胶上形成一个二维的图谱。可看作是先进行一次等电聚焦，然后再沿着等电聚焦电泳条带垂直方向进行 SDS 聚丙烯酰胺凝胶电泳。一般来说，双向电泳可以在一块凝胶上分辨出 2 000 种蛋白质，很熟练的技术人员用最好的凝胶甚至可以分辨出 11 000 中蛋白质。图 3-41（a）为蛋白质双向电泳原理的示意图，图 3-41（b）为一个实验结果的图片。通过对比不同组织蛋白质提取物的双向电泳图谱，找出有差异的斑点，进行蛋白质结构的研究，是蛋白质组学的常用方法。

蛋白质经二维电泳分离后，可以将单个的蛋白样点从凝胶中切割出来，用蛋白水解酶消化成多个多肽片段，用蛋白质谱仪进行分析。目前有两种主要方法：基质辅助激光解析电离飞行质谱和电喷雾电离随机质谱。前者可获得多肽片段质量的信息，后者可获得多肽片段详细的资料。虽然两者的操作方式截然不同，可是其原理都是带电粒子在磁场中运动的速度和轨迹依粒子的质量与携带电荷比的不同而变化，从而来判断粒子的质量和特性。近年来正在研究以色谱和凝胶电

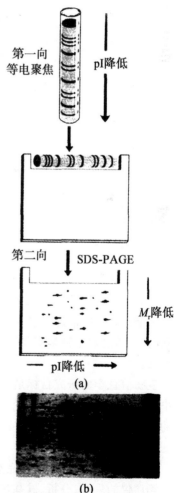

图 3-41　蛋白质的双向电泳

泳组合来取代双向电泳,在一定程度上降低技术难度,进一步提高分辨率。

(2)蛋白质相互作用。

在每一个细胞的生命进程中,大多数蛋白质通过直接的物理相互作用与其他蛋白质共同行使功能。通过掌握能够与某种蛋白质发生相互作用的一些蛋白质的特性,便可推断出该蛋白的功能。例如,一个功能未知蛋白被发现与一系列和细胞生长有关的蛋白有相互作用,那么可以推测该未知蛋白参与了类似的细胞生长过程。因此绘制细胞中蛋白—蛋白相互作用的图谱,对了解这种细胞的生物学属性有重大意义。

酵母双杂交系统是常用的适用于大范围蛋白—蛋白相互作用研究的体内方法,如图 3-42 所示。这一方法的要点是,将转录激活因子如酵母转录因子 GAL4 的 DNA 结合功能域(DNA binding domain,BD)和转录激活结构域(activation domain,AD)分开,分别构建两个质粒,将 BD 同已知蛋白质(俗称"诱饵蛋白质",图中 X)的基因构建在同一个表达载体上,而 AD 和称为"猎物蛋白质"(prey)的待检蛋白质(图中 Y)的基因构建于另一表达载体上。

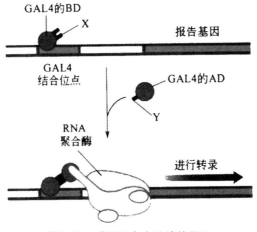

图 3-42　酵母双杂交系统的原理

2. 生物信息学

生物信息学(Bioinformatics)是 20 世纪 80 年代末开始,随着基因组测序数据迅猛增加而逐渐兴起的一门新兴学科,也是生物科学与计算机科学,以及应用数学等多门学科相互交叉而形成的交叉学科。生物信息学将大量系统的生物学数据与数学和计算机科学的分析理论和实用工具联系起来,通过对生物学实验数据的获取、加工、存储、检索和分析,解释这些数据所蕴含的生物学意义。

生物信息学的研究目标是探索生命的起源、进化、遗传和发育的本质,认识隐藏在 DNA 序列中的遗传语言,了解基因组信息结构的复杂性及遗传语言的根本规律,通过人体生理和病理过程的分子基础,为人类疾病的诊断、预防和治疗提供合理有效的治愈方法。目前生物信息学的主要任务是:

(1)获取人和各种生物的完整基因组。

测序仪的采样、分析、碱基读出、载体识别和去除、拼接与组装、填补序列间隙、重复序列标识、读框预测、基因标注等都依赖于信息学的软件和数据库。这是个信息的收集、整理、管理、处理、维护、利用和分析的过程,包括建立国际基本生物信息库和生物信息传输的国际互联网系统、建立生物信息数据质量的评估与检测系统、生物信息的在线服务,以及生物信息可视化等。

(2)发现新基因和新的单核苷酸多态性。

发现新基因是当前国际上基因组研究的热点,使用生物信息学的方法是发现新基因的重要手段。利用 EST 数据库发现新基因称为基因的"电脑克隆"。EST 序列是基因表达的短 eDNA 序列,它们携带着完整基因的某些片段的信息。通过计算分析从基因组 DNA 序列中确定新基因编码区,已经形成许多分析方法,如根据编码区具有的独特序列特征、根据编码区与非编码区在碱基组成上的差异等。截止到 2005 年 5 月,在 GenBank 的 EST 数据库中,人类 EST 序列已超过 600 万条。

单核苷酸多态性研究是人类基因组计划走向应用的重要步骤。SNP 提供了一个强有力的工具,用于高危群体的发现、疾病相关基因的鉴定、药物的设计和测试以及生物学的基础研究等。SNP 在基因组中分布相当广泛,近年的研究表明,在人类基因组中每 300 个 bp 就出现一个 SNP 位点。大量存在的 SNP 位点使人们有机会发现与各种疾病相关的基因组突变。

(3)获取蛋白质组信息。

基因芯片技术只能反映从基因组到 RNA 的转录水平上的表达情况,而从 RNA 到蛋白质还有许多中间环节的影响。这样,仅凭基因芯片技术人们还不能最终掌握蛋白质的整体表达状况。因此,近年在发展基因芯片的同时,人们还发展了二维凝胶电泳技术和质谱测序技术。通过二维凝胶电泳技术可以获得某一时间截面上蛋白质组的表达情况,通过质谱测序技术则可以得到所有这些蛋白质的序列组成。然而,最重要的是运用生物信息学的方法分析获得的海量数据,从中还原出生命运转和调控的整体系统的分子机制。

(4)预测蛋白质结构。

基因组和蛋白质组研究的迅猛发展,使许多新蛋白序列涌现出来。然而,要了解这些蛋白质的功能,只有氨基酸序列是远远不够的,还需要了解其空间结构。蛋白质的功能依赖于其空间结构,而且在执行功能的过程中,蛋白质的空间结构会发生改变。目前,除了通过 X 射线衍射晶体结构分析、多维核磁共振波谱分析和电子显微镜二维晶体三维重构等物理方法获得蛋白质的空间结构外,还可以通过计算机辅助预测蛋白质的空间结构。一般认为,蛋白质的折叠类型只有数百到数千种,远远小于蛋白质所具有的自由度数目,而且蛋白质的折叠类型与其氨基酸序列具有相关性,因此有可能直接从蛋白质的氨基酸序列,通过计算机辅助方法预测出蛋白质的空间结构。

(5)研究生物信息分析的技术与方法。

为了适应生物信息学的飞速发展,其研究方法和手段必须得到提高。例如,开发有效的能支持大尺度作图和测序需要的软件、数据库和若干数据库工具,以及电子网络等远程通讯工具;改进现有的理论分析方法,如统计方法、模式识别方法、复性分析方法、多序列比对方法等;创建适用于基因组信息分析的新方法、新技术,发展研究基因组完整信息结构和信息网络的方法,发展生物大分子空间结构模拟、电子结构模拟和药物设计的新方法和新技术。

第4章 DNA 生物合成反应

4.1 DNA 的复制

DNA 复制是指在细胞分裂之前亲代细胞基因组 DNA 的加倍过程。待细胞分裂结束,每个子代细胞都会得到一套完整的、与亲代细胞相同的基因组 DNA。在 DNA 分子上,每次复制发生的单位叫复制子(replicon)。复制子包括了从复制的起始位点直到终止位点的全部 DNA 序列。

4.1.1 DNA 的复制方式

DNA 复制是指亲代 DNA 双链解链,分别作为模板按照碱基配对原则指导合成新的互补链,从而形成两个子代 DNA 的过程,是细胞和多数 DNA 病毒增殖时发生的重要事件。因此,DNA 的复制实际上是基因组的复制。

无论是在原核生物还是在真核生物,DNA 的复制合成都需要 DNA 模板、dNTP 原料、DNA 聚合酶、引物和 Mg^{2+}。DNA 聚合酶催化脱氧核苷酸以 $3',5'$-磷酸二酯键相连合成 DNA,合成方向为 $5'\rightarrow3'$。反应可以表示如下:

$$5'(dNMP)_n-OH3'+dNTP \xrightarrow[\text{DNA 模板,Mg}^{2+}]{\text{DNA 聚合酶}} 5'(dNMP)_n-OH3'+PPi$$

Watson 和 Crick 于 1953 年提出双螺旋模型时就推测了 DNA 复制的基本方式,并认为碱基配对原则使 DNA 复制和修复成为可能。现已阐明:在绝大多数生物体内,DNA 复制的基本方式是相同的。

1. 半保留复制

DNA 复制最重要的特征是半保留复制。DNA 复制时,亲代 DNA 双螺旋解开成为两条单链,各自作为模板,按照碱基配对规律合成一条与模板互补的新链,形成两个子代 DNA 分子。每一个子代 DNA 分子中都保留有一条来自亲代 DNA 的链。这种 DNA 复制的方式称为半保留复制(图 4-1)。

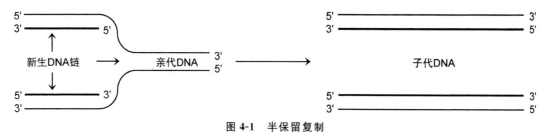

图 4-1 半保留复制

1953 年在建立了双螺旋模型之后,Watson 和 Crick 提出了半保留复制的设想。1958 年,

Messelson 和 Stahl 设想通过用 ^{15}N 标记大肠埃希菌 DNA 的实验证实上述半保留复制的假想。他们将大肠埃希菌($E.coli$)放在含 ^{15}NH$_4$Cl 的培养液中培养若干代后,DNA 全部被 ^{15}N 标记而成为"重"DNA(^{15}N-DNA),密度大于普通 ^{14}N-DNA("轻"DNA),经 CsCl 密度梯度超速离心后,出现在靠离心管下方的位置。但如果将含 ^{15}N-DNA 的 $E.coli$ 转移到 ^{14}NH$_4$Cl 的培养液中进行培养,按照 $E.coli$ 分裂增殖的世代分别提取 DNA 进行密度梯度超速离心分析,发现随后的第一代 DNA 只出现一条区带,位于 ^{15}N-DNA("重"DNA)和 ^{14}N-DNA("轻"DNA)之间;第二代的 DNA 在离心管中出现两条区带,其中上述中等密度的 DNA 与"轻"DNA 各占一半。随着 $E.coli$ 继续在 ^{14}NH$_4$Cl 的培养液中进行培养,就会发现"重 DNA"不断被稀释掉,而"轻 DNA"的比例会越来越高。实验过程如图 4-2 所示。

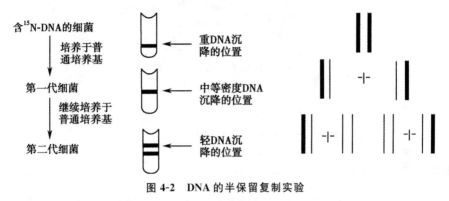

图 4-2　DNA 的半保留复制实验

随后的许多实验研究也证明 DNA 的半保留复制机制是正确的,对于保证遗传信息传代的准确性有着重要的意义。

2. 半不连续复制

DNA 的两条链均能作为模板指导两条新的互补链合成(复制)。但由于 DNA 分子的两条链是反向平行的,一条链的为 $5'\to3'$,另一条链为 $3'\to5'$。目前已知进行复制的 DNA 聚合酶合成方向均为 $5'\to3'$。因此,在 DNA 同一区域、同一时间是无法同时进行复制的。日本学者冈崎通过实验验证了 DNA 的不连续复制模型。以复制叉向前移动的方向为标准,DNA 的一条模板链走向是 $3'\to5'$走向,在该模板链上,新合成的互补链能够以 $5'\to3'$方向连续合成,此合成链称为前导链(图 4-3);在 DNA 相同区域的另一条模板链,其走向是 $5'\to3''$,此时是无法以该模板链指导合成新的互补链,但随着复制叉继续向前移动一定距离后,该模板链在某一位点开始指导合成新的互补链。互补链合成的走向与复制叉的走向相反,随着复制叉不断向前移动,该模板链上形成了许多不连续的 DNA 片段,最后连接成一条完整的互补 DNA 链,该合成链称为滞后链或后随链(图 4-3)。

滞后链首先合成的是较短的 DNA 片段,最后连接成滞后链,这种 DNA 片段称冈崎片段。真核细胞的冈崎片段长度约为 100~200 个核苷酸,相当于一个核小体 DNA 的大小;细菌细胞的冈崎片段长度约为 1 000~2 000 个核苷酸,相当于一个顺反子或是基因的大小。由此可见,DNA 复制时,一条链(前导链)是连续的,另一条链(滞后链)是不连续的,这种模式称半不连续复制。

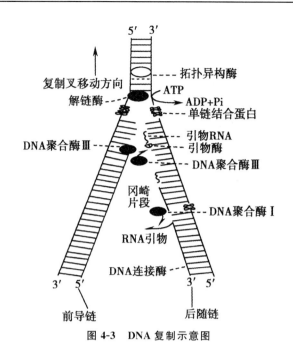

图 4-3 DNA 复制示意图

3. 固定的起始位置

实验证明,DNA 复制总是从序列特异的复制起始位点开始。大肠埃希菌、酵母以及病毒 SV_{40} 的复制起始位点的 DNA 序列差别很大,但它们都有共同的特征:①有多种短片段 DNA 重复序列,它们是多种参与复制起始的蛋白质结合的部位,这些蛋白质对 DNA 聚合酶的加入起关键作用;②复制起始位点有 AT 丰富的序列,从而使 DNA 双链易于解开。图 4-4 为大肠埃希菌 *E. coli* 复制起始位点 OriC 的结构。

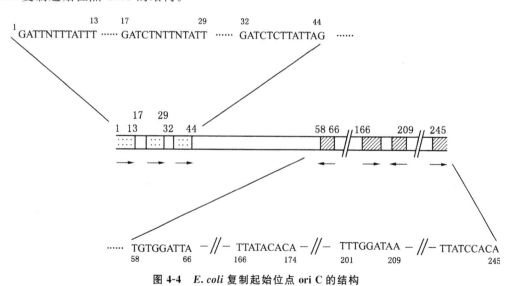

图 4-4 *E. coli* 复制起始位点 ori C 的结构

上方 3 组串联重复序列;下方 2 组反向重复序列

4. 双向复制

复制时,DNA 从复制起始点向两个方向解链,形成两个延伸方向相反的复制叉,称为双向复制。习惯上把两个相邻起始点之间的复制区称为一个复制子。复制子是独立完成复制的功能单位。

在原核生物中,环状 DNA 的双向复制是从一个复制起始点开始,向两个相反方向延伸形成两个复制叉。而在真核生物中,每个染色体有多个复制起始点,每个起始点产生两个移动方向相反的复制叉,复制完成时,复制叉相遇并汇合连接。真核生物的双向复制是多点复制(图 4-5)。

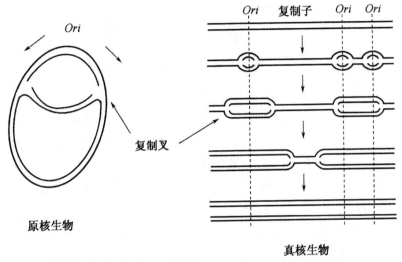

图 4-5 DNA 的双向复制

5. D-环复制

线粒体 DNA 编码参与电子传递和氧化磷酸化的蛋白质以及其他一些线粒体蛋白质。线粒体 DNA 复制是一种起始很特殊的单向复制模式,如图 4-6 所示。

从图中可以看到,线粒体 DNA 有两个复制起点,分别用于每条子代链的合成。合成首先在前导链模板开始进行单向复制。随着前导链的合成,前导链取代后随链模板,形成了一个后随链模板取代环(D-环)。

当前导链合成完成三分之二时,D-环通过并暴露出后随链模板复制的起点。此时开始后随链合成,合成方向与前导链合成方向相反,也是单向进行的。因为后随链复制推迟,所以当前导链合成已经完成时,后随链合成才进行到三分之一。无论前导链还是后随链的合成都需要 RNA 引物,而且每条链合成都是在 DNA 聚合酶 I 催化下连续进行的。

6. 滚环复制

细菌环状 DNA 复制是从复制起点开始,双向同时进行,形成 θ 样中间物,又称为"θ"型复制,最后两个复制方向相遇而终止复制。一些简单的环状 DNA 如质粒、病毒 DNA 或 F 因子经接合作用转移 DNA 时,采用滚环复制。

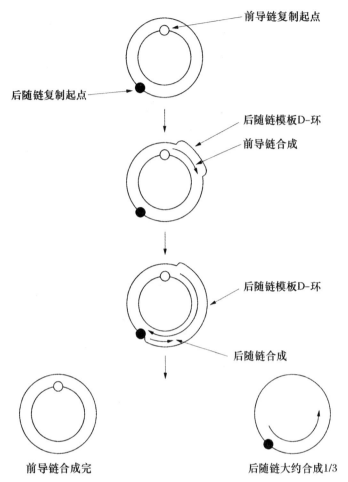

图 4-6 通过 D-环机制复制 DNA

细菌质粒 DNA 在进行滚环复制时,亲代双链 DNA 的一条链在 DNA 复制起点处被切开,$5'$ 端游离出来。DNA 聚合酶Ⅲ可以将脱氧核苷酸聚合在 $3'$-OH 端。这样,没有被切开的内环 DNA 可作为模板,由 DNA polⅢ在外环切口上的 $3'$-OH 末端开始进行聚合延伸。另外,外环的 $5'$端不断向外侧伸展,并且很快被单链结合蛋白所结合,作为模板指导另一条链的合成延伸。DNA 聚合酶Ⅰ切除 RNA 引物,并填充间隙构成完整的 DNA 链。但以外环链解开形成的模板,只能使相应的互补链不连续地合成。随着以内环链作模板进行的复制,以及外环单链的展开,意味着整个质粒环要不断向前滚动,最终得到两个与亲代相同的子代环状 DNA 分子,如图 4-7 所示。

7. 高保真性复制

DNA 复制的半保留性使子代细胞得到和亲代细胞相一致的遗传物质,称为高保真性复制。确保 DNA 复制的半保留性就是确保 DNA 复制的高保真性,这至少需要依赖 3 种机制:①遵守严格的碱基配对规律;②DNA 聚合酶在复制延长中对碱基的选择功能,即 DNA 聚合酶在复制延长中能正确选择底物核苷酸,使之与模板核苷酸配对;③DNA 聚合酶在复制出错时的即时校读功能,即复制偶尔出错时可通过 DNA 聚合酶的 $3' \rightarrow 5'$外切作用切除错配的核苷酸,掺入正确的核苷酸。

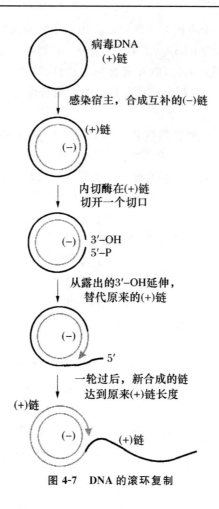

病毒DNA
(+)链

感染宿主，合成互补的(−)链

(+)链
(−)

内切酶在(+)链
切开一个切口

(−)　3'-OH
　　　5'-P

从露出的3'-OH延伸，
替代原来的(+)链

(−)　5'

一轮过后，新合成的链
达到原来(+)链长度

(+)链
(−)　(+)链

图 4-7　DNA 的滚环复制

4.1.2　DNA 复制的反应体系

DNA 复制是一个非常复杂的生物合成过程，涉及多种生物分子。除需亲代 DNA 分子为模板外，还需要四种脱氧核苷三磷酸(dNTP)为底物，以及提供 3'-OH 末端的引物。此外还需要许多相关酶和蛋白因子的参与，其中部分酶和蛋白质结合在一起，协同动作，构成复制体(replisome)。原核生物和真核生物 DNA 复制均涉及 DNA 聚合酶、拓扑异构酶、解旋酶、单链结合蛋白、引发酶及连接酶等酶和蛋白质的参与。

1. DNA 聚合酶

DNA 聚合酶又称为依赖 DNA 的 DNA 聚合酶，是以脱氧核苷三磷酸作为底物催化合成 DNA 的一类酶。从不同的生物包括细菌、植物、动物中都发现有多种 DNA 聚合酶。这些酶中只有一部分真正参与复制反应，被称为 DNA 复制酶(Replicase)，其他的酶参与复制中的辅助作用或参与 DNA 的修复。1957 年，Kornberg 首次在大肠杆菌中发现 DNA 聚合酶Ⅰ。此后，在原核生物和真核生物中相继发现了多种 DNA 聚合酶。DNA 聚合酶又具体分为以下几种。

（1）DNA 聚合酶Ⅰ。

DNA 聚合酶Ⅰ是由 Kornberg 于 1956 年发现的一种多功能酶，它有 5'→3'外切酶、3'→5'外切酶、$5'→3'$聚合酶活性中心三个不同的活性中心。用枯草杆菌蛋白酶水解 DNA 聚合酶Ⅰ可以得到两个片段。其中大片段称为 Klenow 片段,含 $3'→5'$外切酶活性中心和 $5'→3'$聚合酶活性中心;小片段含 $5'→3'$外切酶活性中心。DNA 聚合酶Ⅰ活性低,主要功能是在复制过程中切除引物,填补缺口,而不是催化 DNA 复制合成。此外,DNA 聚合酶Ⅰ还参与 DNA 的修复。

DNA 聚合酶有以下多种活性。

1)聚合活性。在模板指导下,以脱氧核苷三磷酸为底物在引物的 $3'$-OH 末端加上脱氧核苷酸。每个酶分子每分钟添加 1 000 个单核苷酸。如果 DNA 的合成是由聚合酶催化的,那么都需要以下条件:模板;一个 $3'$-OH 末端的引物,且该引物必须与模板形成氢键;合成从 $5'→3'$方向进行。

2)$3'→5'$外切酶活性。在没有脱氧核苷三磷酸底物时,能从 $3'$-OH 开始以 $3'→5'$方向水解DNA,产生 $5'$单核苷酸。实际上 DNA 复制时,加上去的脱氧核苷酸不一定每次都正确,错误的机会不少,有时甚至加上一个不与模板配对的核苷酸,当 $3'$-OH 末端的碱基不与模板配对时,聚合酶就无聚合活性。

3)$5'→3'$外切酶活性。从图 4-7 中我们可以看到 DNA 聚合酶Ⅰ具有 $5'→3'$外切酶活性,它的特点是:只能在 $5'$-P 末端一个接一个地切除核苷酸;可以连续地切除多个核苷酸;只切除配对的 $5'$-P 末端的核苷酸;既能切除脱氧核苷酸也能切除核苷酸;对只具有 $5'$-P 末端的切口也有活性。

DNA 聚合酶Ⅰ的 $5'→3'$外切酶活性和聚合活性同时作用可以进行切口平移,用来制造放射性探针控制条件,使 DNA 聚合酶Ⅰ在缺口处只具有聚合活性而不具有外切酶活性,在这种情况下,新生的链会取代亲代链,这样的取代被认为是 DNA 重组中重要的环节。

4)内切酶活性。DNA 聚合酶Ⅰ同时具有 $5'→3'$外切酶活性和 $5'→3'$内切酶活性。它们在两个碱基之间切开,产生一个具有 $5'$-P 末端的不配对碱基的片段。

(2)DNA 聚合酶Ⅱ。

DNA 聚合酶Ⅱ是一种多酶复合体,有 $5'→3'$聚合酶活性中心和 $3'→5'$外切酶活性中心,但没有 $5'→3'$外切酶活性中心。DNA 聚合酶Ⅱ的功能可能是在应急修复应答中起作用,DNA 聚合酶Ⅱ也可以像 DNA 聚合酶Ⅰ一样填补缺口,并在 DNA 损伤修复中更容易利用损伤的模板直接合成 DNA。

(3)DNA 聚合酶Ⅲ。

带有 DNA 聚合酶Ⅲ的温度敏感突变(polC)的大肠杆菌在限制温度下是不能存活的,从这种菌株得到的裂解液也不能合成 DNA,当加入正常细菌的 DNA 聚合酶Ⅲ时可以恢复它的聚合能力,因此与前两种 DNA 聚合酶不同的是,聚合酶Ⅲ在体内复制 DNA 的过程中必不可少。

DNA 聚合酶Ⅲ是一种多美复合体,由 α、β、γ、δ、δ'、ε、θ、τ、χ 和 ψ 共 10 种亚基构成,其中 α、ε 和 θ 亚甲基构成了全酶的中心。α 亚基含 $5'→3'$聚合酶活性中心,ε 亚基含 $3'→5'$外切酶活性中心,θ 亚基可能起装配作用,其他亚基各有不同作用。

2. 解旋、解链酶类和单链 DNA 结合蛋白

DNA 分子的碱基位于紧密缠绕的双螺旋内部,只有将 DNA 双链解成单链,它才能起模板作用。因此,DNA 的复制包括 DNA 分子双螺旋构象变化及双螺旋的解链。复制解链时应沿同一轴反向旋转,因 DNA 很长,且复制速度快,旋转达 100 次/s,极易发生 DNA 分子打结、缠绕、连环现象。闭环状态的 DNA 又按一定方向扭转形成超螺旋,通常 DNA 分子的扭转是适度的,

若盘绕过分称为正超螺旋,盘绕不足则称为负超螺旋,具体可见图 4-8 所示。

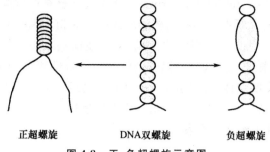

正超螺旋　　　DNA双螺旋　　　负超螺旋

图 4-8　正、负超螺旋示意图

复制起始时,需多种酶和蛋白质因子参与,目前已知的解旋、解链酶类和蛋白质主要有解螺旋酶、DNA 拓扑异构酶和单链 DNA 结合蛋白。它们共同将螺旋或超螺旋解开、理顺 DNA 链,并维持 DNA 分子在一段时间内处于单链状态。

(1)解螺旋酶。

DNA 双螺旋在复制和修复中都必须解链,以便提供单链 DNA 模板。DNA 双螺旋并不会自动打开,解螺旋酶可以促使 DNA 在复制位置处打开双链。解螺旋酶可以和 DNA 分子中的一条单链 DNA 结合,利用 ATP 分解成 ADP 时产生的能量沿 DNA 链向前运动,促使 DNA 双链打开。大肠杆菌中已发现有两类解螺旋酶参与这个过程,一类称为解螺旋酶Ⅱ或解螺旋酶Ⅲ,与随后链的模板 DNA 结合,沿 $5'\rightarrow 3'$ 方向运动;第二类称为 Rep 蛋白,和前导链的模板 DNA 结合,沿 $3'\rightarrow 5'$ 方向运动。

(2)DNA 拓扑异构酶。

拓扑是指物体或图像作弹性位移而保持物体原有的性质。在 DNA 复制过程中,需要部分 DNA 呈现松弛状态,这使其他部分的 DNA 由于呈现正、负超螺旋状态而出现打结或缠绕等拓扑学性质的改变。DNA 拓扑异构酶是一类通过催化 DNA 链的断裂、旋转和重新连接而改变 DNA 拓扑学性质的酶。在 DNA 复制、转录、重组和染色质重塑等过程中,DNA 拓扑异构酶的作用是调节 DNA 的拓扑结构,促进 DNA 和蛋白质相互作用,如图 4-9 所示。

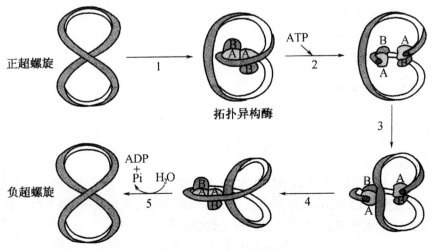

图 4-9　DNA 拓扑异构酶

（3）单链 DNA 结合蛋白。

单链结合蛋白(single strand binding protein,SSB)能与已被解链酶解开的单链 DNA 结合，以维持模板处于单链状态，又可保护其不被核酸酶水解。单链 DNA 结合 SSB 后既可避免重新形成双链的倾向，又可避免自身发夹螺旋的形成，还能使前端双螺旋的稳定性降低，易被解开。当 DNA 聚合酶在模板上前进，逐个接上脱氧核苷酸时，SSB 即不断脱离，又不断与新解开的链结合。E. coli 中的 SSB 为四聚体，对单链 DNA 具有很高的亲和性，但对双链 DNA 和 RNA 没有亲和力。它们与 DNA 结合时有正协同作用。而真核生物的 SSB 没有协同作用。SSB 可以循环使用，在 DNA 的修复和重组中均有参与。

3. 引物与引物酶

人们在研究各种 DNA 聚合酶所需的反应条件时发现，已知的任何一种 DNA 聚合酶都不能从头起始合成一条新的 DNA 链，而必须有一段引物。已发现的大多数引物为一段 RNA，长度一般为 1～10 个核苷酸。合成这种引物的酶称为引物酶，这种 RNA 聚合酶与转录时的 RNA 聚合酶不同，因为它对利福平不敏感。引物酶在模板的复制起始部位催化互补碱基的聚合，形成短片段的 RNA。

引物之所以是 RNA 而不是 DNA，是因为 DNA 聚合酶没有催化两个游离 dNTP 聚合的能力，而生成 RNA 的核苷酸聚则可以是酶促的游离 NTP 聚合。一段短 RNA 引物即可以提供 3′-OH 末端供 dNTP 加入、延长之用。

4. 连接酶

DNA 连接酶可催化 DNA 分子中两段相邻单链片段的连接，但不能连接单独存在的 DNA 单链。DNA 连接酶催化一个 DNA 链的 5′磷酸根与另一条 DNA 链的 3′羟基形成磷酸二酯键，从而将两个相邻的 DNA 片段连接起来。因为 DNA 的复制是半不连续的，在复制的一定阶段需要 DNA 连接酶将不连续的冈崎片段连接完整。所以这两个链都必须与同一另外的链互补结合，而且在连接的过程中只能产生一个切口。

DNA 连接酶在 DNA 复制、重组和修复中作用显著，缺乏 DNA 连接酶的大肠杆菌突变株中冈崎片段积累，对紫外光敏感性增加。每个大肠杆菌约有 300 个连接酶分子，在 30℃ 下每分钟可以连接 7 500 个切口，而在实际过程中，每分钟需要连接的缺口只有 200 个左右，因此连接酶的含量是足够 DNA 进行复制的。

4.1.3 生物 DNA 复制过程

1. 原核生物的 DNA 复制过程

（1）复制的起始。

E. coli 只有一个复制起点称 OriC，由 245 bp 组成。这一顺序在大多数细菌中是高度保守的，其排列方式如图 4-10 所示，关键顺序是 3 个 13 bp 的正向重复顺序，和 4 个 9 bp(TTATC-CACA) 的重复序列，此外还有 11 个拷贝的甲基化位点序列 GATC。

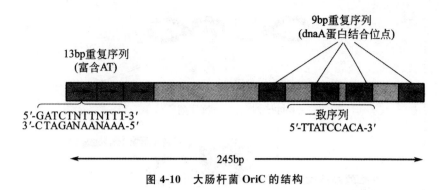

图 4-10　大肠杆菌 OriC 的结构

DNA 复制的起始阶段需要在引发体作用下合成 RNA 引物。噬菌体 ΦX174 的引发体是由 Dna B(解旋酶)Dna G(引物酶)和至少 6 种其他蛋白质构成的复合体,它可以将 SSB 置换下来,并按 5′→3′方向合成约 10~60 个核苷酸的 RNA 引物。引发体的形成包含下列主要步骤。

1)在 HU 蛋白、整合宿主因子的帮助下,Dna A 蛋白四聚体在 ATP 参与下,结合于 OriC 的 9 bp 重复顺序(富含 A-T 对)。这种结合具有协同性,能使 20~40 个 Dna A 蛋白在较短的时间内结合到 OriC 附近的 DNA 上。HU 是细菌内最丰富的 DNA 结合蛋白,它与 IHF 具有相似的结构和性质。但与 IHF 不同的是,HU 与 DNA 结合是非特异性的,而 IHF 则特异性的与 OriC 位点结合。HU 能激活或者抑制 IHF 与 OriC 的结合,其调节的方向取决于 HU 和 IHF 之间的相对浓度。

2)Dna A 蛋白组装成蛋白核心,DNA 则环绕其上形成类似核小体的结构。

3)Dna A 蛋白所具有的 ATP 酶活性,水解 ATP 以驱动 13 bp 重复序列内富含 AT 碱基对的序列解链,形成长约 45 bp 的开放起始复合物。

4)在 Dna C 蛋白和 Dna T 蛋白的帮助下,2 个 Dna B 蛋白被招募到解链区,此过程也需要消耗 ATP。

5)在 Dna B 蛋白的作用下,OriC 内的解链区域不断扩大,形成复制泡和 2 个复制叉。随着单链区域的扩大,多个 SSB 结合于解开的 DNA 单链部分,稳定单链 DNA,如图 4-11 所示。Dna B 解螺旋形成的扭曲张力,在 TOPⅡ的作用下被消除。至此,DNA 复制的起始阶段基本完成,形成的复合物称预引发体。

(2)复制的延伸。

DNA 复制的延长是指在 DNA 聚合酶的催化下,底物 dNTP 通过磷酸二酯键依次加入引物或延长中的 DNA 子链上的过程。这一过程首先需要形成复制体。

在原核生物中,当 DNA pol Ⅲ全酶加入到引发体上后,就形成了复制体,即由 DNA 和多种蛋白质组装而成的进行 DNA 复制的复合体。一个复制叉上有一个复制体,所以,每个进行双向复制的复制子应该有两个复制体。当复制体中第一个 RNA 引物合成后,前导链在 DNA pol Ⅲ全酶催化下进行连续复制合成。后随链在复制合成时,DNA pol Ⅲ全酶的一部分需要暂时离开复制体,待新的引物合成出来后,DNA pol Ⅲ重新组装,然后启动下一个冈崎片段的合成。当一个冈崎片段合成结束后,DNA pol Ⅰ会及时切除其中的 RNA 引物,并填补引物切除以后留下的缺口。DNA 聚合酶固有的 3′→5′外切活性起着校对的作用,提高了空隙填补的准确性。同时,DNA 连接酶会将新的冈崎片段与前一个冈崎片段连接起来。

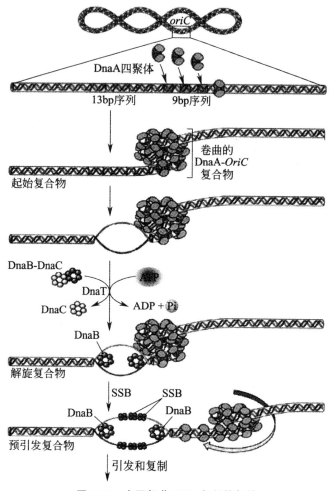

图 4-11 大肠杆菌 DNA 复制的起始

DnaA四聚体

oriC

13bp序列　9bp序列

起始复合物

卷曲的 DnaA-OriC 复合物

DnaB-DnaC　DnaT　ADP + Pi　DnaC　DnaB

解旋复合物

SSB　SSB　DnaB　DnaB

预引发复合物

引发和复制

在一个复制体上,前导链的复制先于后随链,但是两条链由同一个 DNA pol Ⅲ 全酶催化合成。这是由于后随链的模板在复制过程中形成凸环(100p)结构,这使正在被复制的后随链模板部分的方向与前导链模板的方向保持一致,如图 4-12 所示。

(3)复制的终止。

复制的终止意味着从一个亲代 DNA 分子到两个子代 DNA 分子的合成结束。复制时,领头链可连续合成,但随从链是不连续合成的。因此,在复制的终止阶段,主要 DNA 聚合酶Ⅰ切除引物,延长冈崎片段以填补引物水解留下的空隙。当上一个冈崎片段 3′末端延伸至与下一个冈崎片段的 5′末端相邻时,DNA 连接酶可催化前一片段上 3′-OH 与后一片段的 5′磷酸形成磷酸二酯键,从而缝合两片段间的缺口,得到连续的新链。

由于细菌的染色体 DNA 是环状结构,复制时经两个复制叉各自向前延伸,并互相向着一个终止点靠近。两个复制叉的延伸速度可以是不同的。如果把 E. coli 的 DNA 等分为 100 等份,其复制的起始点在 82 位点,复制终止点在 32 位点;而猿猴病毒 SV40 复制的起始点和终止点则刚好把环状 DNA 分为两个半圆,两个复制叉向前延伸,最后同时在终止点上汇合。复制终点有约 22 bp 组成的终止子,能结合专一性蛋白质 Tus。E. coli 的终止子是 ter A-ter F,其中 ter A, *ter* D,*ter* E 与 Tus 结合使顺时针方向的复制叉停顿,*ter* B,*ter* C,*ter* F 使反时针方向的复制叉停顿,帮助复制的终止,其终止方式如图 4-13 所示。

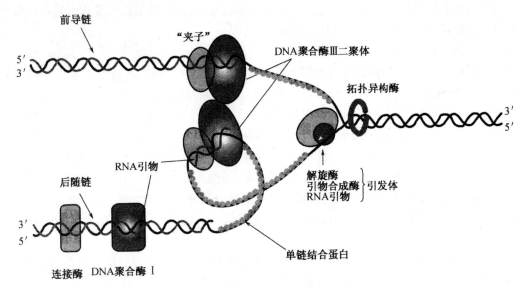

图 4-12　原核生物的 DNA 复制延长

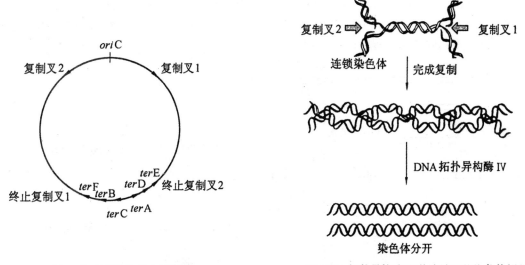

(a) *ter* 为点在染色体上的位置　　　(b) DNA 拓扑异构酶Ⅲ使连锁环状染色体解开

图 4-13　*E. coli* 染色体的复制的终止

2. 真核生物的 DNA 复制过程

真核细胞 DNA 复制在许多方面与原核生物相似,如都是以复制叉的形式进行半保留、半不连续复制。但由于真核细胞染色体中的 DNA 分子是线性的,且比原核细胞 DNA 大好几个数量级,因此它们的复制机制更为复杂。真核细胞 DNA 复制系统也包括不同的 DNA 聚合酶、拓扑异构酶、解螺旋酶、连接酶、单链结合蛋白和许多蛋白因子。

真核细胞核 DNA 是多起点双向复制的,构成了多个复制子。真核生物 DNA 复制的冈崎片段长为100~200个核苷酸,相当于一个核小体DNA的长度。真核细胞在完成全部染色体复制之前,各复制子不能再开始新一轮复制。在DNA复制的同时,还要组装新的核小体。同位素标记实验表明,在真核复制子上亲代染色质上的核小体被逐个打开,组蛋白八聚体可直接转移到子代前导链上,而随后链则由新合成的组蛋白组装。

(1)复制的起始。

真核细胞DNA复制的起始过程与原核细胞相似,但详细机制尚不清楚。首先,在结构上,真核细胞DNA有多个复制10起始点,而且复制起始点的特殊序列比大肠杆菌的 *OriC* 短,同时需要克服核小体和染色质结构对DNA复制的障碍。其次,真核细胞的DNA复制起始具有时序性。细胞分裂的时相变化称为细胞周期典型的细胞周期分为 G_1 期、S期、G_2 期和M期。真核生物在细胞周期的S期合成DNA。已发现,转录活性高的DNA在S期的早期进行复制,高度重复序列DNA则在S期的晚期进行复制。再次,细胞周期蛋白和细胞周期蛋白依赖激酶(CDK)精确地调节细胞是否进入S期以及DNA复制起始复合物的活性。最后,复制的起始需要具有引物酶活性的DNA pol α 和具有解旋酶活性的DNA pol δ 参与。PCNA在复制和延长中起关键作用。

真核生物复制的起始分两步进行,即ARS的选择和复制起始点的激活。首先,在 G_1 期,由复制越始点识别复合物(ORC)的6个蛋白质识别并结合ARS,只在 G_1 期合成的不稳定蛋白Cdc6和ORC结合,并允许MCM 2~7蛋白在DNA周围形成环状复合体,此时由ORC、Cdc6和MCM蛋白组装形成前复制复合物(per-RC)。但复制不能在 G_1 期启动,因为pre-RC只能在S期细胞周期蛋白依赖性激酶(CDK)磷酸化激活后才起始复制。复制起始时,Cdc6和MCM蛋白被替代,Cdc6蛋白的快速降解可阻止复制的重新起始,如图4-14所示。

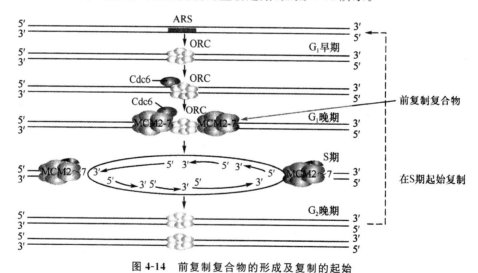

图4-14 前复制复合物的形成及复制的起始

(2)复制的延伸。

真核生物在复制叉和引物生成后,DNA pol δ 在PCNA的协同作用下,在RNA引物的 $3'$-OH上连续合成前导链。后随链的冈崎片段也由DNA pol δ 酶催化合成。已经证明,真核生物的冈崎片段的长度大致与核小体的大小(135 bp)或其倍数相当。当随链合成至核小体大小时,DNA pol δ 酶脱落,而由DNA pol α 再引发下一个引物的合成。当引物合成后,DNA pol δ 继续催化新的冈崎片段合成。与原核生物不同的是,真核生物 DNA 复制时的引物既可是 RNA 也可以是 DNA。

（3）复制的终止。

真核生物染色体 DNA 是线性结构,复制子内部冈崎片段的连接及复制子之间的连接均可在线性 DNA 内部完成。但问题是染色体两端新链的 RNA 引物被去除后留下的空隙如何填补?如果产生的 DNA 单链不填补成双链,就易被核内 DNase 水解,造成子代染色体末端缩短,如图4-15 所示,这就是所谓的"线性染色体末端问题"。

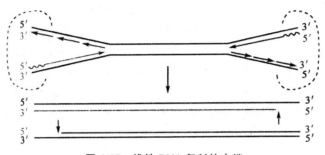

图 4-15　线性 DNA 复制的末端

事实上,大多数真核生物染色体在正常生理状况下复制,是可以保持其应有长度的,这是因为染色体的末端有一特殊结构可维持染色体的稳定性,将这种真核生物染色体线性 DNA 分子末端的特殊结构称为端粒。形态学上,染色体末端膨大成粒状,DNA 和它的结合蛋白紧密结合时,形成像两顶帽子盖在染色体两端,故有时又称之为"端粒帽",如图 4-16 所示。端粒可防止染色体间末端连接,并可补偿 DNA5′末端去除 RNA 引物后造成的空缺,可见端粒对维持染色体的稳定性及 DNA 复制的完整性起重要作用。端粒由 DNA 和蛋白质组成,DNA 测序发现端粒的共同结构是富含 T、G 的重复序列。例如,人的端粒 DNA 含有 TTAGGG 重复序列。端粒重复序列的重复次数由几十到数千不等,并能反折成二级结构。

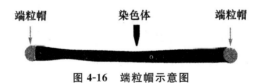

图 4-16　端粒帽示意图

3. 病毒 DNA 的复制

（1）单链 DNA 病毒 DNA 的复制。

单链 DNA 病毒根据 DNA 信息可以分成两类:有意义 DNA((＋)DNA)和反义 DNA((－)DNA)。有意义 DNA 是指它的序列与 mRNA 相同,不可以做转录的模板。有意义 DNA 必须复制反义 DNA 链,才能作为转录的模板。而反义 DNA 的序列与 mRNA 相反,可以直接被转录合成 mRNA。

细小病毒在宿主细胞内进行反义链的合成和 DNA 复制。病毒借助宿主细胞的 RNA 聚合酶和 DNA 聚合酶的帮助,同时发生转录和复制过程。细小病毒(＋)DNA 基因组的两端都有 115～300 nt 的序列,自我折叠,部分有互补,形成发夹结构。3 端的发夹结构可以作为 DNA 复制的引物,合成互补链。通过 DNA 连接酶填补缺口,形成双链的环状 DNA。发夹结构被特异性限制性内切酶除去,再经过一系复杂的链分离和复制,恢复失去的部分片段,得到线性双链分子。

(2)双链 DNA 病毒 DNA 的复制。

双链 DNA 病毒分为双链环状 DNA 或线状 DNA,前者如乙肝病毒,后者如腺病毒。一般可以分两类:在宿主细胞核内复制 DNA 者和完全在细胞质中复制 DNA 者。

即使在宿主细胞核内复制 DNA,情况还是有很大差异的。腺病毒双链 DNA 有专门的 DNA 聚合酶。乙肝病毒复制 DNA 时,要经历逆转录的 DNA 聚合酶。乳头瘤病毒编码一个蛋白质,它能启动宿主 DNA 聚合酶对病毒基因组进行复制。疱疹病毒的线性双链 DNA 能在复制过程中环化。单纯疱疹病毒有 3 个 Ori,巨细胞病毒也可能有 1 个以上的 Ori,并通过滚动环机制进行复制。线性 DNA 的末端形成的发夹结构,是 DNA 复制所必需的。

这些病毒的基因组通常在 DNA 复制之前,会有一部分基因率先进行转录,产生专门的蛋白质或者 DNA 聚合酶。这种先于 DNA 复制进行的转录被称为早期转录,它为 DNA 的复制准备了条件。也有些基因是在 DNA 复制之后完成转录的,这类转录被称为晚期转录。晚期转录是病毒合成结构蛋白和子代病毒的装配的过程中必不可少的。

4.2 DNA 的逆转录

逆转录是以 RNA 为模板,以 dNTP 为原料,在逆转录酶的催化下合成 DNA 的过程。这是一个从 RNA 向 DNA 传递遗传信息的过程,与从 DNA 向 RNA 传递遗传信息的转录过程正好相反,所以称为逆转录。

逆转录机制的阐明完善了中心法则。遗传物质不只是 DNA,也可以是 RNA。因为许多 RNA 还直接参与代谢,具有功能多样性,所以越来越多的科学家认为在进化史上 RNA 可能先于 DNA 出现。

4.2.1 逆转录酶和病毒

1. 逆转录酶

逆转录酶是重组 DNA 技术重要的工具酶,可以用于逆转录合成 cDNA,制备 cDNA 探针、构建 cDNA 文库等。常用的是来自禽成髓细胞性白血病病毒的逆转录酶和来自 Moloney 小鼠白血病病毒的逆转录酶。逆转录酶作为一种由逆转录病毒基因组编码的多功能酶,具有以下三种催化活性。

(1)逆转录活性:即 RNA 指导的 DNA 聚合酶活性,能以 RNA 为模板,以 $5'{\rightarrow}3'$ 方向合成其单链互补 DNA(sscDNA),形成 RNA-DNA 杂交体。逆转录反应需要引物提供 $3'$-羟基,逆转录病毒的常见引物为其自带的 tRNA。

(2)水解活性:即 RNase H 活性,能特异地水解 RNA-DNA 杂交体中的 RNA,获得游离的 sscDNA。

(3)复制活性:即 DNA 指导的 DNA 聚合酶活性,能催化复制 sscDNA,得到双链互补 DNA(dscDNA)o sscDNA 和 dscDNA 统称互补 DNA(cDNA,图 4-17)。

逆转录酶没有 $3'{\rightarrow}5'$ 和 $5'{\rightarrow}3'$ 外切酶活性,所以没有校对功能,在 DNA 合成过程中错配率相对较高(1/20 000)。这可能是各种逆转录病毒突变高、不断形成新病毒株的原因。

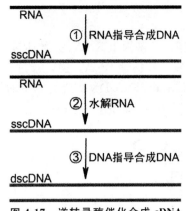

图 4-17 逆转录酶催化合成 cDNA

2. 逆转录病毒基因组

各种逆转录病毒虽然大小不同,但是结构相似,都带有两个 mRNA 拷贝,含一组基因序列和调控序列,如图 4-18 所示。

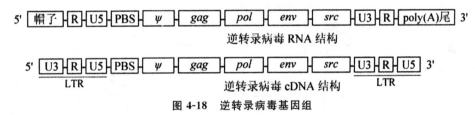

图 4-18 逆转录病毒基因组

(1)翻译区。

翻译区包括以下基因序列:①ψ——包装信号;②gap——编码四种衣壳蛋白;③pol——编码逆转录酶、蛋白酶和整合酶等;④env——编码病毒包膜蛋白,该包膜蛋白赋予病毒感染性和宿主特异性。此外,有些逆转录病毒基因组中还携带癌基因。例如:Rous 肉瘤病毒(RSV)携带癌基因 src。

(2)长末端重复序列。

长末端重复序列包括以下序列:①U3——3′非翻译区(含启动子、增强子);②R——重复序列(参与整合);③U5——5′非翻译区。仅前病毒基因组的长末端重复序列(LTR)是完整的,完整的长末端重复序列对前病毒 DNA 与宿主染色体 DNA 的整合以及整合之后的转录均起重要作用。

(3)帽子与 poly(A)尾。

帽子与 poly(A)尾是位于宿主染色体 DNA 中的前病毒基因组在转录后加工时形成的。

(4)引物结合位点 PBS。

该位点位于 5′非翻译区与翻译区之间。

逆转录病毒有以下四个特征。

①唯一的二倍体病毒。

②唯一完全利用宿主细胞的转录系统合成基因组的 RNA 病毒。

③唯一以宿主细胞特定 RNA(tRNA)为引物进行复制的病毒。

④唯一在感染之后不能立刻指导合成蛋白质的正链 RNA 病毒。

研究逆转录病毒有助于阐明肿瘤的发生机制,探索肿瘤的防治策略。已知的致癌 RNA 病毒都是逆转录病毒,通过研究其生命周期中的感染、逆转录、整合、表达、包装等环节的代谢机制,可以在关键环节发现药物靶点,有针对性地开发有效药物。

4.2.2 逆转录过程

当逆转录病毒感染宿主细胞时,其基因组 RNA、引物 tRNA 和逆转录酶进入细胞,逆转录酶以基因组 RNA 为模板逆转录合成其前病毒 DNA。逆转录过程极为复杂,它包括以病毒基因组 RNA 为模板合成单链互补 DNA、水解 RNA-DNA 杂交体中的 RNA、复制单链互补 DNA 形成双链互补 DNA(即前病毒 DNA)等内容,如图 4-19 所示。

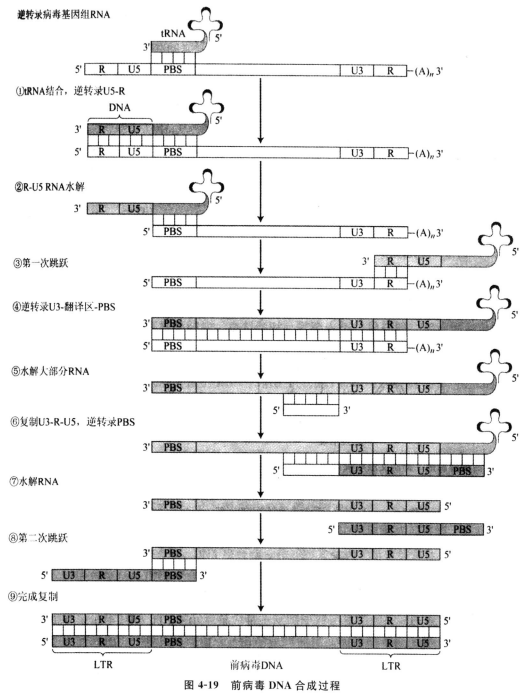

图 4-19 前病毒 DNA 合成过程

前病毒 DNA 合成之后进入细胞核,整合入染色体 DNA。前病毒 DNA 仅在整合状态下才能转录,因此整合是逆转录病毒生命周期中的必要步骤。

逆转录机制的阐明完善了中心法则。遗传物质不只是 DNA,也可以是 RNA。因为许多 RNA 还直接参与代谢,具有功能多样性,所以越来越多的科学家认为在进化史上 RNA 可能先于 DNA 出现。

研究逆转录病毒有助于阐明肿瘤的发生机制,探索肿瘤的防治策略。已知的致癌 RNA 病毒都是逆转录病毒,通过研究其生命周期中的感染、逆转录、整合、表达、包装等环节的代谢机制,可以在关键环节发现药物靶点,有针对性地开发有效药物。

逆转录酶是重组 DNA 技术重要的工具酶,可以用于逆转录合成 cDNA,制备 cDNA 探针、构建 cDNA 文库等。常用的是来自禽成髓细胞性白血病病毒的逆转录酶和来自 Moloney 小鼠白血病病毒的逆转录酶。

4.2.3　AIDS 与 HIV

艾滋病实际上是获得性免疫缺陷综合征(AIDS)的俗称,其病原体是人类免疫缺陷病毒(HIV),即艾滋病病毒。艾滋病病毒是逆转录病毒,有 HIV-1 和 HIV-2 两种,能引起艾滋病的主要是 HIV-1。艾滋病病毒的宿主细胞主要是 $CD4^+$ T 细胞(辅助性 T 细胞),细胞感染之后不是被转化,而是被杀死,造成机体免疫系统损伤。

目前治疗艾滋病药物的靶点主要是艾滋病病毒的逆转录酶和其他蛋白质。

(1)核苷类逆转录酶抑制剂。

结构类似于核苷,能与底物竞争逆转录酶,阻断艾滋病病毒 HIV-1 的 DNA 合成。例如:叠氮胸苷是一种胸苷类似物,进入体内磷酸化成三磷酸 AZT 之后,可以掺入正在合成的艾滋病病毒 HIV-1 DNA。因为 AZT 无 $3'$-羟基,所以 DNA 合成被阻断。同类药物还有双脱氧胞苷和双脱氧肌苷等,如图 4-20 所示。

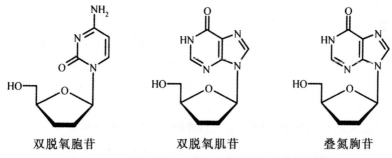

双脱氧胞苷　　　　双脱氧肌苷　　　　叠氮胸苷
图 4-20　双脱氧胞苷、双脱氧肌苷和叠氮胸苷示意图

(2)非核苷类逆转录酶抑制剂。

通过抑制逆转录酶活性来抑制艾滋病病毒 HIV-1 的 DNA 合成。例如,地拉韦啶、奈韦拉平等,如图 4-21 所示。

(3)蛋白酶抑制剂。

抑制艾滋病病毒蛋白酶活性,使病毒蛋白不能通过翻译后修饰成为病毒衣壳蛋白和酶,从而抑制艾滋病病毒的增殖。

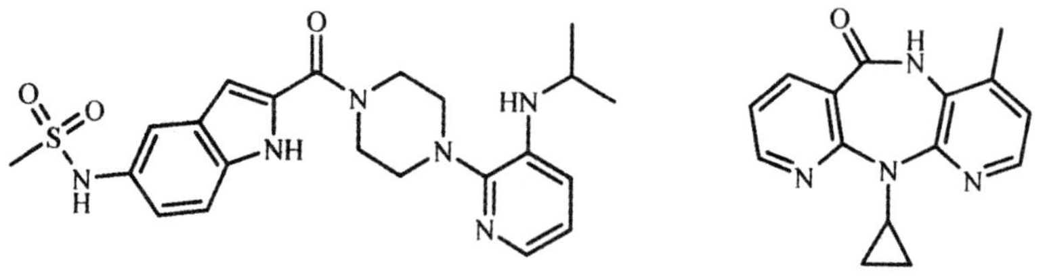

图 4-21　地拉韦啶和奈韦拉平示意图

其他还有趋化因子受体 5(CCR5)抑制剂 maraviroc,整合酶抑制剂 rahegravir 等,如图 4-22 所示。

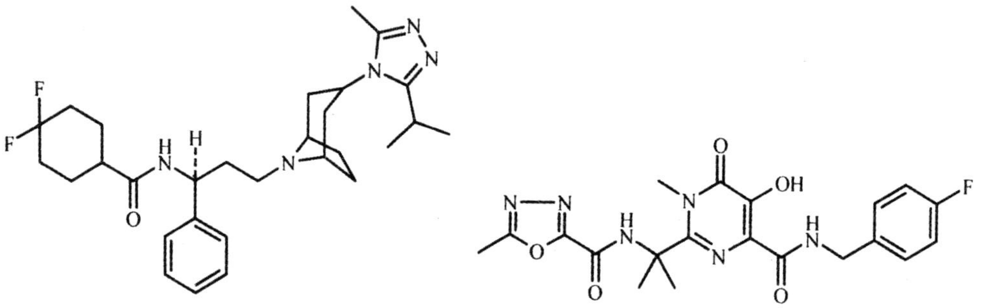

图 4-22　maraviroc 和 rahegravir 示意图

4.3　DNA 的损伤与修复

4.3.1　DNA 损伤

DNA 的损伤,是指生物体在生命过程中,DNA 双螺旋结构发生的改变。大体上我们将 DNA 的损伤分为两大类:一类是单个碱基的改变,另一类是结构扭曲。单个碱基改变只影响 DNA 的序列而不改变其整体结构,它在 DNA 双链被分开时通过改变序列作用于子代,改变子代的遗传信息,而不影响转录或复制。而结构扭曲则会对复制或转录产生物理性的损伤,如 DNA 一条链上碱基之间或相对链上碱基之间形成的共价连接能够抑制复制和转录。

1. 引起 DNA 损伤的因素

引起 DNA 损伤的因素有很多,包括来自细胞内部的各种代谢产物和外界的物理、化学因素,以及 DNA 分子本身在复制等过程中发生的自发性损伤。

引起 DNA 损伤的因素很多,既有 DNA 复制过程中的自发性损伤,也有受细胞内外的理化因素影响造成的损伤,前者主要影响 DNA 的一级结构,后者影响 DNA 的高级结构。

(1)DNA 的自发性损伤。

1)DNA 碱基错配引起的自发性损伤。

DNA 复制中的自发性损伤主要由于复制过程中碱基的错配造成,以 DNA 为模板按碱基配对进行 DNA 复制是一个严格而精确的事件,但也不是完全不发生错误的。大肠杆菌的 DNA 复制过程中,碱基配对的错误频率为 $10^{-2} \sim 10^{-1}$,在 DNA 聚合酶的校正作用下,碱基错误配对频率降到 $10^{-6} \sim 10^{-5}$,再经过 DNA 损伤的修复作用,可使错配率降到 10^{-10} 左右,即每复制 10^{10} 个核苷酸仍会有一个碱基的错误。

2)DNA 碱基改变引起的自发性损伤。

• 碱基的丢失。DNA 分子在生理条件下可自发性水解,使嘌呤和嘧啶从 DNA 链的核糖磷酸骨架上脱落下来,DNA 因此失去了相应的嘌呤或嘧啶碱基,而糖—磷酸骨架仍然是完整的,其中脱嘌呤的频率要高于脱嘧啶的频率。一个哺乳类细胞在 37℃ 条件下,20h 内 DNA 链上自发脱落约 1000 个嘌呤和 500 个嘧啶。

• 碱基的异构互变。碱基的异构互变是碱基发生烯醇式碱基与酮式碱基间的互变,通过氢原子位置的可逆变化,使一种异构体变为另一种异构体。

DNA 中的四种碱基各自的异构体间都可以自发地相互变化,这种变化就会使碱基配对间的氢键改变,可使腺嘌呤能配上胞嘧啶、胸腺嘧啶能配上鸟嘌呤等,如果这些配对发生在 DNA 复制时,就会造成子代 DNA 序列与亲代 DNA 不同的错误性损伤。

• 碱基的脱氨基作用。碱基的脱氨基作用是指 C、A 和 G 分子结构中多含有环外氨基,碱基的环外氨基有时会自发脱落,从而胞嘧啶(C)会变成尿嘧啶(U)、腺嘌呤会变成次黄嘌呤(H)、鸟嘌呤会变成黄嘌呤(X)等,遇到复制时,U 与 A 配对、H 和 X 都与 C 配对就会导致子代 DNA 序列的错误变化。胞嘧啶自发脱氨基的频率约为每个细胞每天 190 个。

• 碱基的氧化损伤。细胞呼吸的副产物 O_2^-、H_2O_2、$\cdot OH$ 等活性氧会造成 DNA 氧化损伤,这些自由基可在多个位点上攻击 DNA,产生一系列性质变化了的氧化产物,如胸腺嘧啶乙二醇、5-羟基胞嘧啶、8-氧—腺嘌呤等碱基修饰物。体内还可以发生 DNA 的甲基化,结构的其他变化等,这些损伤的积累可能导致细胞老化。

(2)物理因素引发的 DNA 损伤。

DNA 分子损伤最早是从研究紫外线的效应开始的。紫外线照射引起 DNA 的损伤主要是形成嘧啶二聚体(dipolymer)。当 DNA 受到最易被其吸收波长 260 nm 左右的紫外线照射时,同一条 DNA 链上相邻的嘧啶以共价键结合成嘧啶二聚体,相邻的两个 T,或两个 C,或 C 与 T 间都可以结合成二聚体,其中最容易形成的是 TT 二聚体。TT 二聚体导致 DNA 局部变性,造成 DNA 双螺旋扭曲变形,影响 DNA 的复制和转录。

电离辐射(如 X 射线、γ 射线等)不仅直接对 DNA 分子中原子产生电离效应,还可以通过水在电离时所形成的自由基起作用(间接效应),DNA 链可出现双链或单链断裂,甚至碱基破坏的情况。γ 射线和 X 射线能量更高,它们可以使一些分子离子化,特别是水分子。这些离子化的分子形成了自由基,具有一个不成对电子。这些自由基,特别是含有氧的自由基,非常活泼,可以直接攻击邻近的分子。

(3)化学因素引发的 DNA 损伤。

1)烷化剂对 DNA 的损伤。

烷化剂是一类亲电子的化合物,是可将烷基(如甲基)加入核酸上各种亲和位点的亲电化学试剂。也属于细胞毒类药物,在体内能形成碳正离子或其他具有活泼的亲电性基团的化合物,进而与细胞中的生物大分子(DNA、RNA、酶)中含有丰富电子的基团(如氨基、巯基、羟基、羧基、磷酸基等)发生共价结合,使其丧失活性或使 DNA 分子发生断裂,造成正常细胞 DNA 结构和功能的损害、死亡或癌化。

常见的烷化剂有甲基磺酸甲酯和乙基亚硝基脲,它们可使鸟嘌呤甲基化成 7-乙基鸟嘌呤、3-甲基鸟嘌呤和 O_6-甲基鸟嘌呤,以及腺嘌呤甲基化成 3-甲基腺嘌呤,这些损伤会干扰 DNA 解旋,影响 DNA 的复制和转录。

2)碱基类似物、修饰剂对 DNA 的损伤。

碱基类似物是一类与碱基相似的人工合成的化合物,因为它们的结构与正常的碱基相似,所以进入细胞后能与正常的碱基竞争掺入到 DNA 链中,干扰 DNA 的合成。

常见的碱基类似物有 5-溴尿嘧啶和 2-氨基嘌呤。5-溴尿嘧啶以酮式存在时,与腺嘌呤配对,但以烯醇式存在时,则与鸟嘌呤配对;2-氨基嘌呤可与酮式状态的胸腺嘧啶配对或与烯醇式状态的胞嘧啶配对。人工合成的这些碱基类似物可用作促突变剂或抗癌药物。

还有一些人工合成或环境中存在的化学物质能专一修饰 DNA 链上的碱基或通过影响 DNA 复制而改变碱基序列。

2.常见的 DNA 损伤类型

DNA 损伤类型多种多样,其中有些损伤导致表型改变,而且这种改变可以遗传,属于基因突变。图 4-23 所示为 DNA 分子上可能遇到的各类损伤。

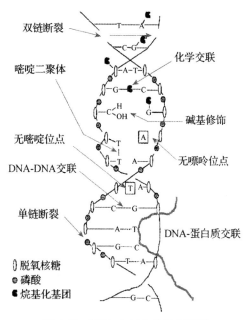

图 4-23　DNA 分子上的损伤类型

(1)DNA 水解。

由于自发水解作用或物理辐射造成碱基从 DNA 链上脱落。

(2)碱基的氧化。

细胞内的活性氧分子对 DNA 的攻击,以及环境中的辐射产生的自由基(如·OH 自由基)均会造成碱基的氧化。

(3)碱基的修饰。

通过烷化剂造成碱基的烷化修饰,碱基类似物可使子代 DNA 链中掺入非正常碱基。

(4)碱基的去氨化。

自发脱落和物理辐射及其产生的自由基都可以造成碱基的环外氨基的脱落,导致子代 DNA 序列的错误变化。

(5)DNA 断裂。

DNA 链的断裂是最为严重的损伤,其中有单链断裂和双链断裂两种。高能物理辐射(X 射线或 γ 射线)量或某些化学试剂(博莱霉素)的作用使得 DNA 出现断裂,特别是双链断裂,常常导致细胞死亡。癌症的放疗原理就在于此。

(6)DNA 扭曲。

紫外线照射后使 DNA 同一条链上相邻的嘧啶形成嘧啶二聚体,结果不能与其相对应的链进行碱基配对,导致 DNA 局部变性,破坏复制和转录,使得 DNA 双螺旋扭曲变形。

(7)碱基的错误配对。

同一碱基间的自发互变异构、脱氨基均可能造成碱基间的配错误对。

此外还有 DNA 链间的交联和 DNA 与蛋白质之间的交联,同样是由于物理或化学因素造成的 DNA 的损伤,它们使得染色体中的蛋白质与 DNA 以共价键相连,这些交联是细胞受电离辐射或化学因素影响后,在显微镜下看到的染色体畸变的分子基础,会影响细胞的功能和 DNA 复制。

4.3.2　DNA 损伤的修复

DNA 损伤的形式很多,但是细胞内存在十分完善的修复系统。基本上每一种损伤在细胞内都有相应的修复系统(有时不止一种)可及时将它们修复。

1. 直接修复

对于有的 DNA 损伤,生物体不切断 DNA 或切除碱基,而是直接实施修复,这样的损伤修复机制称为直接修复(direct repair)。直接修复是最简单的,它可以将核苷酸的损伤直接逆转例如,DNA 损伤之一的胸腺嘧啶二聚体的形成可以通过直接修复机制修复。

(1)光复活修复。

由于紫外线和离子辐射会诱导同一条链上相邻胸腺嘧啶之间形成环丁基环,即形成胸腺嘧啶二聚体。这种二聚体使得碱基配对结构扭曲,造成 DNA 损伤,影响复制和转录。

细菌在紫外线照射后立即用可见光照射,可以显著提高细菌的存活率,这由细菌中的 DNA 光解酶完成,该酶能特异性识别紫外线造成的核酸链上相邻嘧啶共价结合的二聚体,并与其结合,这步反应不需要光;结合后如受 300～600 nm 波长的光照射,则该酶就被激活,将二聚体分解为两个正常的嘧啶单体,然后酶从 DNA 链上释放,DNA 恢复正常结构,如图 4-24 所示。

光复活修复是一种高度专一的 DNA 直接修复过程,它只作用于紫外线引起的 DNA 嘧啶二聚体(主要是 TT,也有少量 CT 和 02),利用可见光所提供的能量使环丁酰环打开而完成的修复。

光复活酶已在细菌、酵母菌、原生动物、藻类、蛙、鸟类、哺乳动物中的有袋类和高等哺乳类及人类的淋巴细胞和皮肤成纤维细胞中发现。这种修复功能虽然普遍存在,但主要是低等生物的一种修复方式。

（2）烷基化碱基修复。

在烷基转移酶的参与下，将烷基化的碱基上的烷基，转移到烷基转移酶自身的半胱氨酸残基上，恢复 DNA 原来的结构。烷基转移酶得到烷基后就失活了，因此该酶是一种自杀酶，即以一个酶分子为代价修复一个受损伤的碱基，如图 4-25 所示。

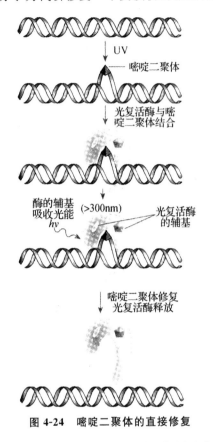

图 4-24　嘧啶二聚体的直接修复

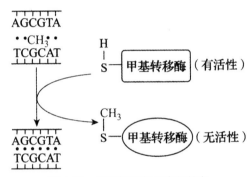

图 4-25　烷基化碱基的直接修复

在大肠杆菌中发现有一种 O^6-甲基鸟嘌呤-DNA 甲基转移酶，O^6-甲基鸟嘌呤-DNA 甲基转移酶将甲基鸟嘌呤的甲基转移到该酶上的一个半胱氨酸残基的巯基上，不需要切除核苷酸而直接恢复为鸟嘌呤。接受了甲基后转移酶失活，不能再催化其他甲基转移反应。但甲基化的转移酶作为一个转录的调节物又可刺激该转移酶基因的表达，所以根据需要可以生产更多的修复酶。类似的烷基转移酶在其他细菌和真核生物中也存在，只是特异性有些不同。

（3）碱基的直接插入修复。

DNA 链上嘌呤的脱落造成无嘌呤位点，能被 DNA 嘌呤插入酶识别结合，在 K^+ 存在的条件下，催化游离嘌呤或脱氧嘌呤核苷插入生成糖苷键，且催化插入的碱基有高度专一性，与另一条链上的碱基严格配对，使 DNA 完全恢复。

（4）单链断裂修复。

DNA 单链断裂是常见的损伤，可以通过重新连接完成修复，需要 DNA 连接酶催化 DNA 双螺旋结构中单链的缺口处的 5'-磷酸与相邻的 3'-羟基形成磷酸二酯键。DNA 连接酶在各类生物各种细胞中都普遍存在，修复反应容易进行。

2. 切除修复

切除修复(excision repair)也称复制前修复,发生在 DNA 复制之前,是在一系列酶的作用下,将损伤的核苷酸切除,并利用未损伤的链为模板,重新添加正确的核苷酸。这是一种比较普遍的修复方式,对多种损伤均能起修复作用,并且是无差错的修复。

参与切除修复的酶主要有特异的核酸内切酶、外切酶、聚合酶和连接酶。切除修复经过四步酶促反应完成。

1)内切核酸酶识别 DNA 损伤部位,并在 5′端做一切口。

2)在外切酶的作用下连同受损部位,从 5′端到 3′端方向切除。

3)然后在 DNA 聚合酶的作用下以损伤处相对应的互补链为模板合成新的 DNA 单链片段以填补切除后留下的空隙。

4)在连接酶的作用下将新合成的单链片段与原有的单链以磷酸二酯链相接而完成修复过程。

从切除的对象来看,切除修复又可以分为碱基切除修复和核苷酸切除修复两类。

(1)碱基切除修复。

碱基切除修复(base-excision repair,BER)是先由糖基化酶识别(DNA glycosylase)和去除损伤的碱基,在 DNA 单链上形成无嘌呤或无嘧啶的空位(AP 位点),在内切核酸酶的催化下在空位的 5′端切开 DNA 链,从而触发上述一系列切除修复过程。

所有细胞中都带有不同类型、能识别受损核酸位点的糖基化酶,它能够特异性切除受损核苷酸上的 N-β-糖苷键,在 DNA 链上形成去嘌呤或去嘧啶位点,统称为 AP 位点。一类 DNA 糖基化酶一般只对应于某一特定类型的损伤,如尿嘧啶糖基化酶就特异性识别 DNA 中胞嘧啶自发脱氨形成的尿嘧啶,而不会水解 RNA 分子中尿嘧啶上的 N-β-糖苷键。

DNA 分子中一旦产生了 AP 位点,AP 内切核酸酶就会把受损核苷酸的磷酸糖苷键切开,并移去包括 AP 位点核苷酸在内的小片段 DNA,由 DNA 聚合酶 I 合成新的片段,最终由 DNA 连接酶把两者连成新的被修复的 DNA 链。

(2)核苷酸切除修复。

核苷酸切除修复(nucleotide excision repair,NER)用于较为严重的区域性染色体结构改变的 DNA 损伤,如紫外线所导致的嘧啶二聚体、DNA 与 DNA 的交联等。这些损害若没有适时排除,DNA 聚合酶将无法辨识而滞留在损害的位置,这时细胞就会活化细胞周期检查点以全面停止细胞周期的进行,甚至引起细胞凋亡。

修复过程:损伤发生后,首先 DNA 内切酶(endonuclease)在损伤的核苷酸 5′和 3′位分别切开磷酸糖苷键,产生一个 12~13 个核苷酸(原核生物)或 27~29 个核苷酸(人类或其他高等真核生物)组成的小片段。该酶与一般的内切酶不同,可在链的损伤部位两侧同时切开 DNA 链,并移去小片段;最后由 DNA 聚合酶 I(原核生物)或 e(真核生物)合成新的片段,并由 DNA 连接酶完成修复中的最后一道工序。

在大肠杆菌中,该切割酶的基因是 *uvr*,其编码的蛋白质包括三个亚基:UvrA、UvrB 和 UvrC。

由 UvrA 和 UvrB 蛋白组成复合物(A_2B)寻找并结合在损伤部位,UvrA 二聚体随即解离,UvrC 取代 UvrA 与 UvrB 结合,UvrC-UvrB 复合物在损伤部位 3′侧第 5 个磷酸糖苷键处切开

DNA 链,在损伤部位 5′侧第 8 个磷酸糖苷键处切开 DNA 链,最后由解旋酶 UvrD 除去受损 DNA 片段,最后由 DNA 聚合酶Ⅰ修复受损 DNA,DNA 连接酶完成连接。

真核生物的核苷酸切除修复与原核生物的类似,在损伤部位 3′侧第 6 个磷酸糖苷键和损伤部位 5′侧第 22 个磷酸糖苷键处切开 DNA 链,切除 27～29 个核苷酸片段,然后由 DNA 聚合酶和 DNA 连接酶填补空缺,切割酶功能上与原核生物的类似,但结构上相差甚远。切割酶可以识别许多种 DNA 损伤,包括紫外线引起的嘧啶二聚体和其他光反应产物、碱基的加合物等。

3. 错配修复

DNA 复制过程中偶然的错误会导致新合成的链与模板链之间的一个错误的碱基配对。这样的错误可以通过 E. coli 中的 3 个蛋白质(MutS、MutH 和 MutL)校正,这样的修复方法称为错配修复。该修复系统只能校正新合成的 DNA,其主要依据是新合成的链中 GATC 序列中的 A(腺苷酸残基)开始未被甲基化。GATC 中 A 甲基化与否常用来区别新合成的子代链(未甲基化)和亲代模板链(甲基化)。这一区别很重要,因为修复酶需要识别两个核苷酸残基中的哪一个是错配的,否则如果将正确的核苷酸除去就会导致突变。

在含有错配碱基的 DNA 分子中,用于修复在复制中错配并漏过校正检验的任何错配碱基,使正常核苷酸序列恢复的修复方式。

错配修复(mismatch repair,MMR)系统会根据"保存母链,修正子链"的原则,找出错误碱基所在的 DNA 链。该系统对母链的识别依赖于 Dam 甲基化酶的贡献,Dam 甲基化酶在复制叉通过之前将两条母链中的 5′GATC 序列中的腺苷酸的 N^6 甲基化。同时还需要错配修复蛋白 MutS、MutL、MutH、单链结合蛋白、DNA 聚合酶、UvrD 解旋酶等蛋白质和酶的参与。

在大肠杆菌细胞中具体修复过程是错配修复蛋白 MutS 首先识别错配或未配对碱基并与之结合,然后 MutL 参与形成复合体 MutL-MutS-DNA,并增加 MutS-DNA 复合体的稳定性。

其次,MutS-MutL 在 DNA 双链上移动,发现并定位于距错配碱基最近的甲基化 DNA 位点,在 MutH 蛋白的参与下在 5′GATC 序列处切开非甲基化的子链,然后外切核酸酶在解螺旋酶及 SSB 蛋白质的协助下,将无甲基化的这一段子链从 GATC 位点至错配位点整段去除。最后利用 DNA 聚合酶和 DNA 连接酶合成正确配对的子链 DNA。在大肠杆菌细胞中,这种错配修复系统被称为 MutLHS 途径。

错配修复的过程概括为:母链甲基化标识,识别错配碱基,切除掉不正确的部分子链,合成正确配对的子链 DNA。DNA 错配修复系统广泛存在于生物体中,是 DNA 复制后的一种修复机制,起维持 DNA 复制保真度,控制基因变异的作用。

4. 双链断裂修复

DNA 双链断裂是一种极为严重的损伤。这种损伤难以彻底修复,原因在于双链断裂修复难以找到互补链来提供修复断裂的遗传信息。

细胞主要有两种机制来修复 DNA 双链断裂:一种是同源重组机制,即通过同源重组从同源染色体那里获得合适的修复断裂的信息,因此精确性较高;另一种是称为非同源末端连接(non-ho mologous end joining,NHEJ)的机制,能在无序列同源的情况下,让断裂的末端重新连接起来,这种方式虽然看起来精确性低,却是人类修复双链断裂的主要方式。

切除修复在任何时间都是一种基本的修复机制，而重组修复只有在姊妹染色体存在时才能进行，因此是一种复制后修复的机制。几乎所有的细胞都具有复杂的重组修复系统，用以修复因复制叉运动受到干扰造成的损伤。细菌细胞中，复制叉运动受干扰造成的损伤率达到每代每个细胞一次，在真核细胞中这个数字可能要高出 10 倍。重组修复可以挽救受干扰的复制叉，它的机制是同源重组。

双链断裂修复（double-strand break repair，DSBR）处理的是双链断裂的 DNA，修复所需的信息来自染色体的另一个拷贝。双链断裂修复需要断裂染色体的姊妹染色体。如果一个细胞周期中双链断裂发生较早，姊妹染色体还没有来得及完成复制，细胞将如何修复双链断裂呢？在这种情况下，细胞会启动自动防止故障系统，将非同源末端连接（NHEJ）。NHEJ 是最简单、最常用的一种方式，缺乏这种修复方式的细胞突变体对导致 DNA 断裂的离子辐射或化学试剂极为敏感。哺乳动物细胞倾向于使用非同源末端连接机制。

5. 重组修复

重组修复也是 DNA 修复机制之一，当 DNA 双链中单链损伤或同时损伤并尚未修复就开始复制时，造成对应的损伤位置的新链合成缺乏正确模板指导，需要另一种更为复杂的修复机制进行修复，即重组修复。依据修复机制的不同，重组修复可分为同源重组和非同源重组。

（1）同源重组。

同源重组即双链 DNA 中的一条链发生损伤（如嘧啶二聚体、交联或其他结构损伤），损伤还未来得及进行相应修复，当 DNA 复制到含有损伤的 DNA 部位时，复制系统在损伤部位无法通过碱基配对合成子代 DNA 链，就跳过损伤部位，在下一个冈崎片段的起始位置或前导链的相应位置上重新合成引物和 DNA 链，结果子代链在损伤相应部位留下缺口，另一条完整的母链与有缺口的子链重组，完成重组后，母链中的缺口则通过 DNA 聚合酶的作用，合成核苷酸片段，然后由连接酶使新片段与旧链连接（图 4-26）。

（2）非同源重组。

非同源重组也称为非同源末端连接，是哺乳动物 DNA 双链断裂的修复方式。非同源重组中起关键作用的是一种复合蛋白——DNA 依赖的蛋白激酶（DNA-PK），当 DNA 双链断裂时，DNA 的游离端二聚体蛋白 Ku 与 DNA-PK 结合，使两个 DNA

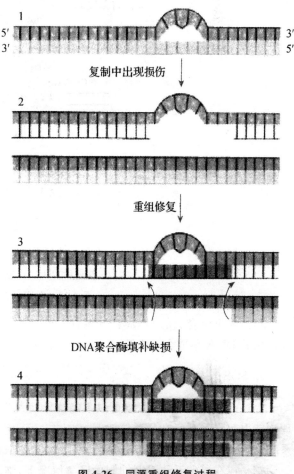

图 4-26　同源重组修复过程

断头重新靠拢在一起,Ku蛋白将两个DNA断头处的双链解开,暴露出单链,如果一个断头上的一条链与另一断头上的一条链有一些互补性,那么它们就可能结合在一起重新将两个断头连接起来,完成修复(图4-27)。

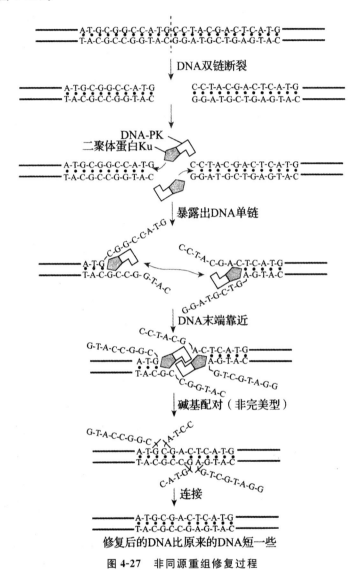

图 4-27　非同源重组修复过程

非同源重组合成的DNA链同源性不高,可能会造成不同链之间的连接,同时修复过程中未起作用的DNA单链会被降解,造成修复的DNA序列比原先的DNA序列短一些。

6. SOS修复

上述几种DNA损伤修复可以不经诱导而发生。但许多能造成DNA损伤或抑制复制的处理均能引起一系列复杂的诱导效应,称为应急反应(SOS response),即平常生物体的DNA修复系统常处于不活跃状态,处于低水平表达,多种与修复相关基因的表达也受到抑制,一旦DNA受到损伤或在复制系统受到抑制的紧急情况下,细胞为求生存迅速解除对修复基因的抑制作用,使其产物投入到活跃的修复活动中,图 4-28 所示,为在大肠杆菌中,SOS 反应由 RecA-LexA 系统调控。正常情况下系统处于不活动状态,当有诱导信号(如 DNA 损伤或复制受阻形成暴露的单链)时,RecA 蛋白的蛋白酶活力就会被激活,分解阻遏物 LexA 蛋白,使 SOS 反应有关的基因去阻遏。DNA 修复完毕后,引起 SOS 反应的信号消除,RecA 蛋白的蛋白酶活力丧失,LexA 蛋白又重新发挥阻遏作用。RecA 蛋白是大肠杆菌 *rec* 基因编码,在同源重组中起重要作用的蛋白质,同时也是 SOS 修复的启动因子。

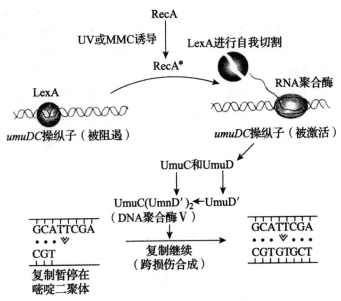

图 4-28　大肠杆菌中的 SOS 修复

SOS 修复广泛存在于各类细胞中,是生物体在不利环境中求得生存的一种基本功能。它不仅使各种损伤修复功能增强,细胞存活率增加,同时也导致大量突变,这是由于 SOS 反应可诱导产生不具有校正功能的 DNA 聚合酶Ⅳ和Ⅴ参与 DNA 的修复。

SOS 修复包括两方面的内容:DNA 的修复和细胞变异。多数诱导 SOS 反应的作用剂都有致癌作用,如紫外线辐射、电离辐射、烷化剂、黄曲霉素等,某些不致癌的作用剂大都不能引起 SOS 修复,如 5-溴尿嘧啶。推测许多癌变是由于 SOS 修复引起的,因而 SOS 修复可作为检测药物致癌性的指标,而抑制 SOS 修复的药物则可减少突变和癌变,这类物质被称之为抗变剂。

4.3.3　DNA 的修复和衰老

DNA 的修复是指细胞对 DNA 受损伤之后的一种反应,这种反应有可能使 DNA 结构恢复本来的样子,重新开始执行功能,但并不是所有的 DNA 修复都可以消除 DNA 的损伤。而如果损伤没有完全消除,那么可能会引发基因突变,最大的可能性就是导致遗传性癌症。

衰老在生物学上是指生物体随着时间的流逝,内部结构和机能衰退,抵抗力下降,是一种自发的必然过程。

研究 DNA 的修复对于未来人类抗衰老有重要的意义。未来人类的抗衰老可以通过对全身基因的置换和修复来实现。通过研究人体正常的组织结构机能,可以通过转基因等技术修复已经老化的 DNA 或细胞,改善或恢复损伤组织和器官的功能,延缓人体衰老。

<h1>4.4 DNA 的突变</h1>

当 DNA 遭遇到损伤以后,虽然细胞内的修复系统在很大程度上可以将绝大部分损伤及时修复,但是由于修复系统并不是完美的,因此会导致 DNA 的突变。突变(mutation)就是指发生在 DNA 分子上可遗传的永久性结构变化,具体来说就是在下一轮复制开始之前还没有被修复的损伤,有些会直接被固定下来传给子代细胞,有的会通过易错的跨损伤合成产生新的错误并最终也被保留下来。突变的本质是碱基序列与突变之前相比发生了改变。携带突变的生物个体、群体或是株系,被称为突变体(mutant)。由于突变体中碱基序列的改变,产生了突变体的表现型。没有发生突变的基因称为野生型基因,而含有突变位点在内的基因为突变基因。对于多细胞动物来说,只有影响到生殖细胞的突变才具有进化层次上的意义,这样才可以传给后代,然而对细菌、原生动物、真菌、植物而言,发生在体细胞上的突变同样可以传给后代。

<h3>4.4.1 DNA 突变的类型</h3>

1. 按突变发生位置划分

(1)同义突变。

同义突变又称为沉默突变,是指在某些密码子(DNA 的非编码区、非调节区或密码子)的第三位碱基上发生的突变,由于这些密码子的简并性,突变后的密码子的意义不会发生改变,依然编码相同的氨基酸,并且不改变所编码蛋白的生物学功能。

(2)错义突变。

若一个碱基的突变只改变蛋白质多肽链上的一个氨基酸,从而改变了基因产物的氨基酸序列,那么就称为错义突变。错义突变产生的效应与被影响的氨基酸有关,如果突变的基因是必需基因,那么错义突变可能会直接影响到蛋白质活性,引起生物的死亡,我们称这样的错义突变为致死突变;如果突变的基因仍有活性,介于突变型与野生型之间,那么我们称其为渗漏突变;还有一种情况是错义突变几乎不影响蛋白质的活性,不表现出明显的性状变化,我们称之为中性突变。

(3)无义突变。

若突变在基因编码区中间形成新的终止密码子 AUU、AUG、AGU 等,就会使肽链的合成提前终止,这样的突变称为无义突变。无义突变可能会导致产生截短了的蛋白质产物,一般没有活性。

2. 按 DNA 碱基序列改变多少划分

从 DNA 碱基序列改变多少来分,可以分为点突变(point mutation)和移码突变(frameshift mutation)两类。

(1)点突变。

最简单的点突变是一个碱基转变成另一个碱基。常见的形式是转换(transition),即一个嘧啶转换成另一个嘧啶,或是一个嘌呤转换成另一个嘌呤,也就是 C→T;A→G,或反过来(vice versa)。另一种不常见的形式是颠换(transversion),即一个嘌呤被一个嘧啶替代,或反过来。结果 AT 变成了 TA 或 CG，如图 4-29 所示。其他的简单突变还包括一个或几个碱基的插入或缺失。这种改变了一个核苷酸的突变作用称为点突变。

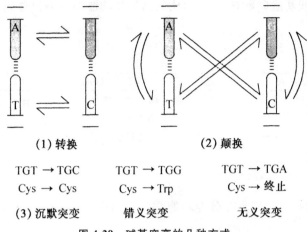

(1) 转换　　　　　　　　　　(2) 颠换

TGT → TGC　　　　TGT → TGG　　　　TGT → TGA
Cys → Cys　　　　　Cys → Trp　　　　　Cys → 终止

(3) 沉默突变　　　　错义突变　　　　　无义突变

图 4-29　碱基突变的几种方式

点突变带来的后果取决于其发生的位置和具体的突变方式。若是发生在基因组的垃圾 DNA(junk DNA)上，就可能不产生任何后果，因为其上的碱基序列缺乏编码和调节基因表达的功能；如果发生在一个基因的启动子或者其他调节基因表达的区域，则可能会影响到基因表达的效率；如果发生在一个基因的内部，就有多种可能性，这一方面取决于突变基因的终产物是蛋白质还是 RNA，即是蛋白质基因还是 RNA 基因，另一方面如果是蛋白质基因，则还取决于究竟发生在它的编码区，还是非编码区，是内含子，还是外显子。

点突变与插入/缺失的不同在于：点突变可随诱变剂的应用而变化，但插入/缺失与诱变剂的应用没有什么关系。如果恢复原来的碱基或者基因在其他位点发生补偿性的突变，点突变可能恢复；如果把插入的序列删除，基因的功能也可能恢复；如果把基因的一部分删除，基因的功能就无法恢复了。

(2) 移码突变。

移码突变指在 DNA 中插入或缺失非 3 的倍数的少数几个碱基，因而在该基因 DNA 作为蛋白质的氨基酸顺序的信息解读时，引起密码编组的移动，造成这一突变位置之后的一系列编码发生移位错误的改变，这样的突变称为移码突变，造成突变位点下游的大多数密码子变成彻底不同的密码子，它们编码完全不同的氨基酸或变成终止密码子，因而所产生的蛋白质的活力很低或消失，如图 4-30，如吖啶橙类诱变剂可以诱发这类突变。丝氨酸的密码子和甘氨酸的密码子之间插入了一个鸟苷酸(G)，因为在蛋白质合成时每三个邻接的碱基和一个氨基酸相对应，所以读码框向左面一个碱基移动了一格，其结果是在插入 G 点之后开始合成和正常氨基酸完全不同的顺序。

5′-AUG GCU UCC GGC UUA GAC AGA GGA U…
　　甲硫 丙　丝　甘　亮　天冬 精　甘
3′ 野生型

+G ↓

5′-AUG GCU UCC GGC GUU AGA CAG AGG AU…
　　甲硫 丙　丝　甘　缬　精　谷　精
3′ 突变型

图 4-30　移码突变

同样从编码区删除一个碱基也会产生移码突变。如果插入或缺失 3 的整数倍的少数几个碱基，则不会造成移码突变，但会造成编码的多肽突变位点的几个氨基酸残基的添加或缺失，不会对其他位置的氨基酸残基造成影响，对蛋白质的结构和功能的影响比移码突变的影响相对要小一些，如图 4-31 所示。

GGG GTA GAT CGT AGT	GGG G**T**T AGA TCG TAG T	GGG GAG ATC GTA GT
甘　缬　天　精　丝	甘　缬　精　丝　终止	甘　谷　异亮　缬
（a）正常	（b）插入	（c）缺失

图 4-31　缺失和插入

3. 按突变所产生的效果划分

按照所产生的效果，可以把突变分为功能丧失性突变（loss of function mutation）和功能获得性突变（gain of function mutation）。

（1）功能丧失性突变。

功能丧失性突变多为隐性突变。如果功能完全丧失，称为无效突变（null mutation）；如果功能部分丧失，称为渗漏突变（leaky mutation）。

（2）功能获得性突变。

功能获得性突变多为显性突变，即 DNA 的突变可能是显性的（dominant），也可能是隐性的（recessive）。

突变并不总是产生表现型的变化，这是因为一些突变位点没有影响到基因的功能或表达，或者高一级的基因组功能（如 DNA 复制）。这样的突变从进化的角度来看属于中性性质（neutral），因为它并没有影响到个体的生存与适应能力。

若突变仅仅导致一种蛋白质没有活性，那么，这样的突变一般产生隐性性状，属于隐性突变。因为染色体通常是成对的（同源染色体），每一个基因至少有 2 个拷贝，一条同源染色体上正常基因的产物能够抵消或中和另一条同源染色体上突变的基因对细胞功能和性状的影响。因此，只有一对同源染色体上两个等位基因都发生突变，才会影响到表现型。但这种情形也有很多例外，特别是一些结构蛋白和调节其他基因表达的调节蛋白基因突变而丧失功能时，其表现是显性的。这主要是由于这些蛋白质的量对于机体的功能十分重要，而细胞已没有能力再提高正常拷贝表达的量来弥补基因突变造成的损失。若突变产生的蛋白质对细胞有毒，这种毒性无法被另外一条染色体上正常基因表达出来的正常的蛋白质所抵消或中和，那么，这种突变则会被视为显性（图 4-32）。显性突变只需要两条同源染色体上任意一个等位基因发生突变，就可以带来突变体的表现型变化。

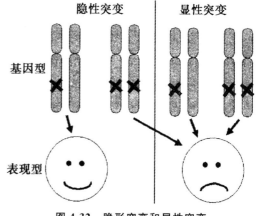

图 4-32　隐形突变和显性突变

4.4.2　DNA 突变的特征

DNA 突变根据发生的频次、范围和过程等,可以总结出以下几个特征:

1. 广泛存在

基因突变在生物界中广泛存在,无论是低等生物,还是高等生物,甚至是人,都有可能发生基因突变。在自然条件下发生的基因突变发生的频率很低,叫做自然突变;而在人工诱导下,发生基因突变的概率就大大提高,这种突变被称为人工诱变。人工诱变为育种提供了条件。

2. 随机发生

基因突变的发生在时间上、在发生这一突变的个体上、在发生突变的基因上,都是随机的。具体可以表现为:
(1)时间上的随机。
基因突变可以发生在生物体成长发育中的任何阶段,甚至是趋于衰老的个体中。一般来说,基因突变在生物体生长中发生的时间越晚,那么个体表现出来的基因突变的部分就越少。
(2)空间上的随机。
基因突变既可以发生在体细胞中,也可以发生在生殖细胞内。发生在体细胞中的基因突变被称为体细胞突变,它一般不会传给后代;而发生在生殖细胞内的基因突变会通过受精卵传给后代,使后代表现出突变型。

3. 基因可逆

发生了突变的基因又可以通过再一次的突变恢复成野生型基因。我们把这个过程称为回复突变。例如,我们把野生型基因称为 a,把突变基因称为 A,那么 a 可以通过基因突变变成 A,A 也可以通过回复突变变回 a。我们把 a→A 的过程成为正突变,把 A→a 称为回复突变。基因正突变的频率总是高于回复突变的频率。

4. 频率较低

基因突变的发生概率很低。在自然条件下,高等生物的基因突变率大约为 $10^{-10} \sim 10^{-5}$,而细菌的自发基因突变率一般为 $4 \times 10^{-10} \sim 1 \times 10^{-4}$。当然,不同的生物在不同的条件下基因突变率也会有所不同。

4.4.3　DNA 突变回复

突变是可逆的,野生型基因突变成为突变型基因,而突变型基因也可以通过突变成为原来的野生型状态。突变体重新恢复为野生型表型的过程称为回复突变或回复(reversion)。真正的原位回复突变正好发生在原来位点,使突变基因回复到与野生型完全相同的 DNA 序列。但这种情况很少,大多数都是第二点突变抑制了第一次突变造成的表现型(表型抑制),使得野生型表现型得以恢复或部分恢复。即原来的突变位点依然存在,但它的表型效应被第二位点的突变所抑制。回复突变可以自发地发生,但其频率总是显著低于正向突变率。例如大肠杆菌中野生型(his$^+$)突变为组氨酸缺陷型(his$^-$)的正向突变率是 2×10^{-6},而 his$^- \sim$ his$^+$ 的回复突变率是

4×10^{-8}。用诱变剂处理可以增加其频率。但不是所有的正向突变都可以自发回复到野生型状态,如双重突变体(含有两个决定同一性状的突变位点,这两个位点可以在一个基因上或在两个作用相关的基因上)的回复突变发生频率就非常低(两个单点回复突变频率的乘积),一般低于10^{-12},实验中很难检测出来。再如大片段的缺失突变,要在原位插入同样长度和序列的碱基或编码相同氨基酸的片段,使其产物具有野生型产物的功能,这样的概率几乎为零,即基本上不可能有回复突变。

由于大多数回复突变都不是真正的原位回复突变,所以鉴定回复突变主要依据其表现型。

由于第二点回复突变并没有真正回复正向突变的 DNA 序列,只是突变效应被抑制了,所以第二点回复突变通常都称为抑制突变。抑制突变可以发生在正向突变的基因中叫做基因内抑制突变(intragenic suppressors),也可以发生在其他基因之中叫做基因间抑制突变(intergenic suppressors)。根据野生型表型恢复作用的性质还可以分为直接抑制突变(direct suppressors)和间接抑制突变(indirect suppressors)。前者是通过恢复或部分恢复原来突变基因蛋白质产物的功能而使表现型恢复为野生型状态。后者不恢复正向突变基因的蛋白质产物的功能,而是通过改变其他蛋白质的性质或表达水平而补偿原来突变造成的缺陷,从而使野生型表型得以恢复。

4.4.4 离体定向诱变

依据诱变剂的种类和作用机制诱发基因突变,虽然可以预见将获得何种突变类型,但无法按照预先设计的核苷酸序列定向地在活细胞内制造突变,只能从表型上的变化去推知某基因发生了何种突变,然后分离基因,再运用遗传分析方法认识突变基因的性质和功能。这是经典的或传统的遗传学的方法。简单归纳起来是从表型→基因→DNA 序列→蛋白质序列。

定向诱变(site-directed mutagenesis)是在 DNA 水平上造成多肽编码顺序的特异性改变的技术。这一技术能使基因的有效表达和定向改造成为可能。随着重组 DNA 技术、DNA 序列分析技术、寡聚核苷酸合成技术以及其他分子生物学技术的不断发展和完善,人们能够在离体条件下,有目的地制造位点特异性突变,即离体定向诱发突变,如定向地制造特异性的缺失、插入、碱基替换或移码突变等各种突变,然后用一定方法导入生物体,观察和分析其表型。这样的遗传分析途径与经典遗传学的方法正好相反,因此称为反向遗传学(Reverse Genetics)。

位点特异性诱变可分为三种类型:①是通过寡核苷酸介导的基因突变;②是盒式突变或片段取代突变;③是利用 PCR,以双链 DNA 为模板所进行的基因突变。它们都可以在给定的 DNA 序列上产生包括核苷酸序列的插入、缺失、取代等特异性的定点突变。

1. 寡核苷酸介导的基因突变

利用人工合成的寡聚核苷酸在离体条件下制造任何部位的位点特异性突变的技术在蛋白质工程和基因的表达和调控机制的研究方面具有重要意义。如图 4-33 所示,若要改变某个 DNA 克隆的某一个特定碱基,首先人工合成一条包括靶碱基及其附近序列的寡核苷酸(通常长 15～20 bp,使靶碱基置于其中央),这条寡核苷酸除了要替换的靶碱基外,其余的序列与野生型 DNA 分子的相应序列完全相同。将它与单链噬菌体 M13 所携带的 DNA 克隆的互补单链混合进行分子杂交,在 DNA 聚合酶Ⅰ Klenow 片段的作用下合成完整的互补链,在用 DNA 连接酶连接后,将此双链 DNA 导入到宿主大肠杆菌中,在修复和 DNA 复制后就可得到稳定遗传的突变的 DNA 分子克隆,在产生的子代 DNA 中有 10%～15%为所需要的突变的 DNA 分子(预期应为

50%），然后通过等位基因替换（或其他）的方法将突变基因送回细胞内原来的基因组中，在生理条件下检测和研究突变效应。

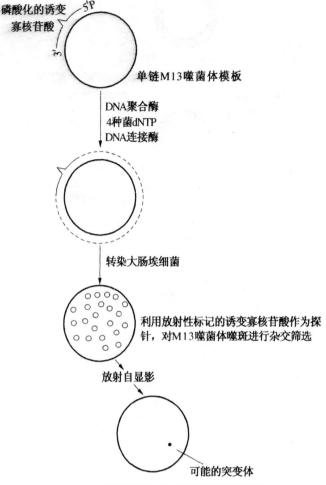

图 4-33 寡核苷酸介导的基因突变示意图

这项技术与传统的诱变程序相比有以下优点：①获得所要求的突变体的比例很高；②生物体没有别的基因是突变的，这样所有希望能保留下来的特性都可保留下来。

2. 盒式诱变

盒式诱变是利用一段人工合成的、具有突变序列的寡核苷酸片段，即所谓的寡核苷酸盒，取代野生型基因中的相应序列，将改造后的质粒导入寄主细胞，筛选得到突变体。如图 4-34 所示。这种方法不仅可以改变几个氨基酸序列，研究蛋白质的功能和结构之间的关系，还可以产生嵌合蛋白。最重要的是能产生各种特异性的突变或突变家族，在这些突变体中各种不同的序列被集中在目标基因的一个特定区域，从而为研究蛋白质特定结构区段或特定结构域的结构和功能提供了一个切实可行的方法。

这种诱变的寡核苷酸盒由两条合成的寡核苷酸组成，当它们退火时，会按设计要求产生出克隆需要的黏性末端。盒式诱变法具有简单易行、突变效率高等优点，不便之处是在靶 DNA 区段的两侧需存在一对限制酶单切点。

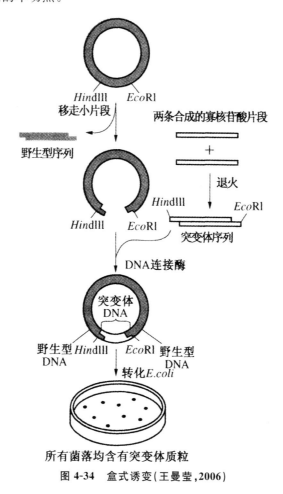

两条合成的寡核苷酸片段

野生型序列

退火

突变体序列

DNA连接酶

突变体 DNA

野生型 HindⅢ　EcoRⅠ 野生型 DNA

转化 E.coli

所有菌落均含有突变体质粒

图 4-34　盒式诱变(王曼莹,2006)

3. PCR 扩增诱变法

利用 PCR 技术不仅能在目的基因中导入一个限制性内切酶位点,还能在目的基因上预先确定的位置引入单个或多个碱基的插入、缺失、取代与重组等突变。它主要是利用寡核苷酸引物在碱基不完全互补配对的情况下也能同模板 DNA 退火结合的能力,在设计引物时人为地造成碱基取代、缺失或插入,从而通过 PCR 反应将所需的突变引入靶 DNA 区段。再将突变基因与野生型基因之间作功能比较分析,就可以确定所引入的突变的功能效应。PCR 技术的发展使定位诱变十分容易,并且在检测蛋白质与核酸的相互作用方面具有特别的价值。

在设计引物时,碱基错配要在引物的 5′端引入,因为引物的 3′端与模板需要完全正确的碱基配对。当 PCR 扩增产物中需要核苷酸的缺失或插入时,也是通过在引物的 5′端缺失或增加核苷酸来获得具有缺失或插入的 PCR 产物。如果仅需在基因的 5′端或 3′端产生突变,通过改变引物 5′端的核苷酸组成就能达到目的。然而,对于基因的中心区段,不能用简单地改变 PCR 引物的方法直接产生各种突变,而要用所谓重叠延伸的方法,将不同的基因进行剪接和组合在一起,人们通常将这一过程称为"gene SOEing",即通过重叠延伸进行剪接(splicing by overlap extension)。

重叠延伸过程的要点是：加到 PCR 引物 5′端的核苷酸序列掺入 PCR 产物的末端。通过加上适当的序列，一个 PCR 的扩增片段可与另一个 PCR 扩增片段上的序列相重叠。这样，在其后的反应中，这段重叠序列可以作为引物被 DNA 聚合酶所延伸，由此而产生一个重组分子，如图 4-35 所示。

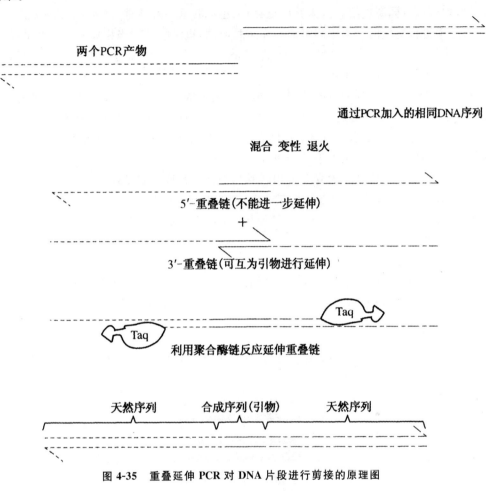

图 4-35　重叠延伸 PCR 对 DNA 片段进行剪接的原理图

与传统的定点诱变方法不同的是，PCR 介导产生突变体设计的共同点是无需单链 DNA 中间物的。这就回避了 M13 系列噬菌体载体，或其他辅助病毒来制备单链 DNA，从而缩短了实验所需时间。

4.5　DNA 的重组和转座

DNA 重组（recombination）是指发生在 DNA 分子内或 DNA 分子之间核苷酸序列的交换、重排（rearrangement）和转移现象，是已有遗传物质的重新组合过程。主要有同源重组、位点特异性重组和转座重组三种形式。生物体通过重组，既可以产生新的基因或等位基因的组合，还可能创造出新的基因，提高种群内遗传物质的多样性；重组还被用于 DNA 损伤的修复，而某些病毒利用重组将自身的 DNA 整合到宿主细胞的 DNA 上；基因工程技术中还经常使用同源重组进行遗传作图（genetic mapping）、基因敲除（gene knockout）。

4.5.1 DNA 同源重组

同源重组(homologous recombination)发生在同源 DNA 片段之间,是在两个 DNA 分子的同源序列之间直接进行交换的一种重组形式。不同来源或不同位点的 DNA,只要二者之间存在同源区段,均可进行同源重组。因为其广泛存在,也称其为一般性重组(general recombination)。在同源重组中进行交换的同源序列可能是完全相同的,也可能是相当相近的。细菌的接合(conjugation)、转化(transformation)和转导(transduction),以及真核细胞减数分裂时同源染色体之间发生的交换等都属于同源重组。

同源重组不依赖于序列的特异性,只依赖于序列的同源性。进行交换的同源序列可能是完全相同的,也可能是非常相近的。细菌的接合(conjugation)、转化(transformation)和转导(transduction)以及真核细胞在同源染色体之间发生的交换等都属于同源重组。

同源重组的发生必须满足以下几个条件:

①在进行重组的交换区域含有完全相同或几乎相同的核苷酸序列。

②两个双链 DNA 分子之间需要相互靠近,并发生互补配对。

③需要特定的重组酶(recombinase)的催化,但重组酶对碱基序列无特异性。

④形成异源双链(heteroduplex)。

⑤发生联会(synapsis)。

用来解释同源重组分子机制的主要模型有 Holliday 模型、单链断裂模型(the single-stranded break model)和双链断裂模型(the double-stranded break model)。

1. Holliday 模型

1964 年美国科学家 Holliday 提出 Holliday 模型,后几经修改,仍旧保持了其基本内容,Holliday 模型的大致步骤如图 4-36 所示。

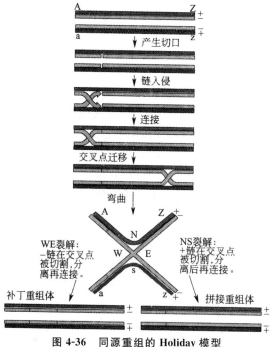

图 4-36 同源重组的 Holiday 模型

2. 单链断裂模型

1975 年,Aviemore 提出了单链断裂模型,随后 Meselson 和 Radding 对此进行了修改,修改后的模型也可被称为 Aviemore 模型或 Meselson Radding 模型,如图 4-37 所示。单链断裂模型认为,两个进行同源重组的 DNA 分子,只有供体分子在同源区产生一个单链切口,随后,可有多种机制形成 DNA 单链,供体 DNA 的单链入侵受体 DNA 分子,则可形成 Holliday 结构。其后进行的交叉点移动和 Holliday 结构的拆分,与 Holliday 模型相同。经过研究发现,单链断裂模型能有效地解释细菌的接合作用和转化等原核生物的同源重组。另外,DNA 损伤的重组修复,也可用该模型解释。

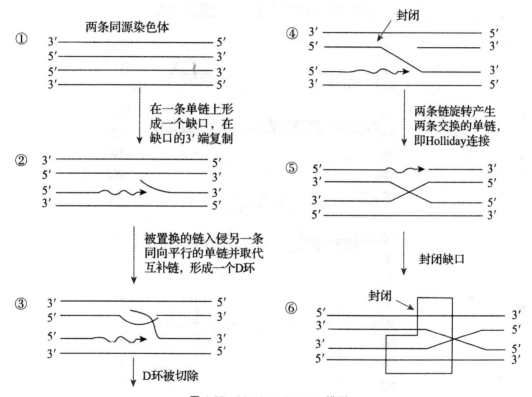

图 4-37　Meselson Radding 模型

3. 双链断裂模型

1983 年 szostak 等提出双链断裂模型(the double-stranded break model,DSB),该模型认为,受体双链(recipient duplex)两条链的断裂启动了链的交换,不产生断裂的被称为供体双链(donor duplex)。随后发生的 DNA 修复合成以及切口连接导致形成两个 Holliday 连接,主要步骤,如图 4-38 所示。

DNA 受到的双链断裂损伤,可通过同源重组来修复,在修复损伤的同时,进行基因重组。真核生物的细胞减数分裂时的同源重组,符合双链断裂模型。

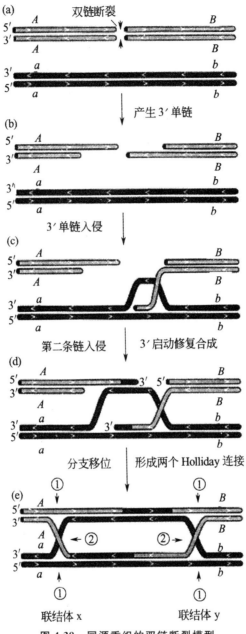

图 4-38　同源重组的双链断裂模型

4.5.2　位点特异性重组

1. 位点特异性重组的机制

位点特异性重组指发生在 DNA 特应性位点上的重组，它广泛存在于各类细胞中。位点特异性重组的主要作用有某些基因表达的调节，发育过程中 DNA 的程序性重排，以及有些病毒和质粒 DNA 复制循环过程中发生的整合与切除等。此过程往往发生在一个特定的短（20～200 bp）DNA 序列内，并且有特异的重组酶和辅助因子参与。

位点特异性重组的结果取决于重组位点的位置和方向。如果两个重组位点存在在同一个 DNA 分子上，且为反向重复序列，即以相反方向存在于同一 DNA 分子上，那么重组的结果是两个重组位点之间的 DNA 片段交换位点；如果重组位点以相同方向存在在同一 DNA 分子上，那么重组结果是两个重组位点之间的 DNA 片段被切除；如果重组位点以相同方向存在于不同的 DNA 分子上，重组的结果是发生整合。

参与位点特异性重组的酪氨酸重组酶家族有 140 多个成员，如酵母的 FLP 蛋白、整合酶、以及 E. coli 的 XerD 蛋白等。这一类重组酶通常由 300～400 个氨基酸残基组成，有两个保守的结构域。通常有 4 个酶分子作用于两个 DNA 分子的 4 个位点上。

2. λ 噬菌体 DNA 的整合和切除

位点特异性重组最早是在 λ 噬菌体的遗传学研究中被发现的，当 λ 噬菌体侵入大肠杆菌细胞后，λDNA 存在两种状态，即裂解状态和溶原状态。在裂解状态下，λDNA 以独立的环状分子存在于被感染的细胞中。在溶原状态下，λDNA 则作为细菌染色体的一部分，称为原噬菌体（prophage）。两种类型间的转换是通过位点特异性重组实现的：①为了进入溶原状态，游离的 λDNA 必须整合到宿主 DNA 中；②为了从溶原状态进入裂解周期，原噬菌体 DNA 必须从染色体上切除下来。

关于 λ 噬菌体 DNA 的整合和切除，我们要了解以下两个内容。

（1）重组反应发生在附着位点上。

整合和切除过程是在细菌和噬菌体 DNA 上被称为附着位点（attachment site）的特殊位置上，通过重组作用而实现的。我们把细菌染色体上的这个附着点称为 att$^\lambda$。该着位点是根据以下事实确定的：当发生突变时，它就会阻碍 λ 噬菌体的整合作用；在溶原菌株中，其上整合有 λ 原噬菌体。当大肠杆菌染色体缺失 att$^\lambda$ 位点时，λ 噬菌体因为有侵染能力，因此可以通过别处的整合作用建立溶原性，但是它整合效率相当低。

（2）λ 噬菌体 DNA 的整合和切除的具体过程。

我们把噬菌体的附着点称为 attP，通过删除实验的研究，确定 attP 的长度是 240 bp，细菌相应的附着位点 attB 只有 23 bp，二者共同的核心序列为 15 bp。用 POP′ 表示 attP 的序列，用 BOB′ 表示 attB 位点。整合需要的重组酶由 λ 噬菌体编码，称为 λ 整合酶（λ integrase，INT），此外还需要由宿主编码的整合宿主因子（integration host factor，IHF）参与。整合酶作用于 POP′ 和 BOB′ 序列，分别交错 7 bp 将两个 DNA 分子切开，然后再交互连接，噬菌体 DNA 被整合，其两侧形成新的重组附着位点 attL 和 attR。在形成新的重组附着位点的过程中不需要水解 ATP 提供能量，因为整合酶的作用机制类似于拓扑异构酶 I，它催化磷酸基转移反应，而不是水解反应，所以没有能量丢失。在切除反应中，需要将原噬菌体两侧附着位点联结到一起，因此除 INT 和 IHF 外，还需要噬菌体编码的切除酶 XIS 蛋白参与。

3. 免疫球蛋白基因的重组

免疫球蛋白（Ig）是 B 淋巴细胞合成和分泌的，由两条重链（H）和两条轻链（L）组成。我们把 IgH 和 IgL 的氨基端氨基酸序列称为可变区（V），它因 Ig 的抗原结合特异性不同而变化，可以结合抗原，决定 Ig 抗原结合特异性。羧基端是恒定区（C），介导 Ig 的生物学功能。它的特性包括结合补体、巨噬细胞、自然杀伤细胞等。除此之外，编码 Ig 的基因还包括多个其他领域，IgH

基因由可变区(V),多样性片段(D),连接片段(J),和恒定区(C)片段组成。其中 V、D、J 编码 V 区,IgL 由 V、J、C 片段组成。在胚系细胞中,染色体上的 V、D、J 基因片段互相分离,各自的多个基因片段可在重组时形成不同的组合,在完成重组之前,无转录活性。在 B 细胞发育过程中,V、D 以及 J 通过重组连在一起,形成 Ig 的转录单位。

免疫球蛋白进行基因重组时,首先由重组激活基因 1/2 表达的重组激活酶 1/重组激活酶 2 复合体(RAG1/RAG2)与 RSS 结合。之后,编码序列与重组信号序列之间的双链通过复合体断裂,编码序列的末端形成发夹结构。然后 RSS 形成环状结构并脱离复合体。连接位点经过切割和加工,产生两个黏性末端。最后,DNA 依赖性蛋白激酶(DNA-PK)和 DNA 连接酶负责填补缺口,连接切口,完成重组。在连接前,由于连接位点可以进行多样化的切割加工,因此免疫球蛋白的多样性被进一步加强。

4.5.3 转座重组

转座重组(transposition recombination)是指 DNA 上的核苷酸序列从一个位置转移到另外一个位置的现象。发生转位的 DNA 片段被称为转座子(transposons)或可移位的遗传元件(mobile genetic elements,MGE)。有时还被称为跳跃基因(jump gene)。

转座子最初是 Barbara McCli ntock 于 1940 年代在玉米的遗传学研究中发现的,当时称为控制元件(controlling element)。转座过程的主要特征有:①转座子能从染色体的一个位点转移到另一个位点,或者从一个染色体转移到另一个染色体。②转座子不能像噬菌体或质粒 DNA 那样独立存在。③转座子编码其自身的转座酶,每次移动时携带转座必需的基因一起在基因组内跃迁。④转座的频率很低,且插入是随机的,不依赖于转座子(供体)和靶位点(受体)之间的序列同源性。

与前两种重组不同的是,转座子的靶点与转座子之间不需要序列的同源性。接受转座子的靶位点绝大多数是随机的,但也可能具有一定的倾向性(如存在一致序列或热点),具体是哪一种和转座子本身的性质相关。

转座重组可造成突变。也可能改变基因组 DNA 的量。转座子的插入可改变附近基因的活性。若插入到一个基因的内部,很可能导致基因的失活;若插入到一个基因的上游,又可能导致基因的激活,具体可见图 4-39 所示。转座事件可导致基因组内核苷酸序列发生转移、缺失、倒位或重复。此外,转座子本身还可能充当同源重组系统的底物,因为在 1 个基因组内,双拷贝的同一种转座子提供了同源重组所必需的同源序列。

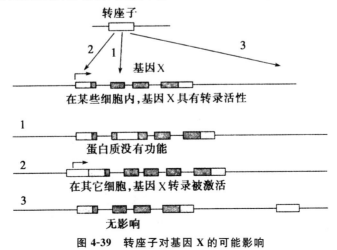

图 4-39 转座子对基因 X 的可能影响

对几种生物的基因组序列分析结果表明,人、小鼠和水稻的基因组大概有 40％的序列由转座子衍生而来,但在低等的真核生物和细菌内的比例较小,约占 1％～5％。可见转座子在从低等生物到高等生物的基因和基因组进化过程中曾扮演着重要角色。

4.5.4　逆转录转座子

我们把从 DNA→DNA 的转移过程称为转座,则 DNA→RNA→DNA 的转移过程就称为逆转录转座。逆转录作用中的关键酶是逆转录酶和整合酶。逆转录转座子可以自身编码逆转录酶和整合酶。在逆转录转座子的结构中,含有与逆转录病毒类似的长末端重复结构、gag 和 pol 基因和 3′polyA,但是不含被膜蛋白基因。在逆转录转座子的中心编码区含有 gag 和 pol 类似的序列。并且 5′端常常被截短。

由于真核生物的核结构,它的转录和翻译过程往往被分隔开,与转录有关的酶并不是由移动因子编码,而是由其他基因通过反式作用来提供。

逆转录转座子根据复制模式的不同可以分为两类:一类是带有 LTR 的逆转录转座子,它们的复制模式与逆转录病毒类似,但是它们不会在细胞间传递病毒颗粒。另一类就是不含 LTR 的逆转录转座子。

含有 LTR 的逆转录转座子以寄主基因组 DNA 开始,产生一个 RNA 的拷贝,然后再一个类病毒颗粒中进行逆转录。最后插入到寄主基因组的新位点。

而不含 LTR 的逆转录转座子,可以编码内切核酸酶,使靶 DNA 产生切口。还有利于新的 DNA3′端引发 RNA 的逆转录。在第二链合成后开始在其靶位点上复制。它们在转录时即开始新一轮的转座。

除上述所说的两种主要的逆转录转座子之外,还有非自主逆转录转座子以及Ⅱ型内含子。

逆转录转座子的发现在生物学中有着重要的意义,主要有以下几条。

(1)逆转录转座子的研究对基因表达产生重要影响。

由于逆转录转座子可以提供同源序列,因此能够促进同源重组;逆转录转座子还可以通过逆转录作用插入新的位点,除此之外,逆转录转座子编码的反式因子和顺式序列可以因为基因的重排。这些都对基因的重排方式产生了作用,最终影响基因的表达。

(2)逆转录转座子在进化中的作用。

除上述所述,逆转录转座子可以影响基因的重排之外,在进化中也发生着作用。逆转录转座子能促进基因组的流动,有利于生物遗传多样性;它们分散存在在基因组中,作为进化的种子,当碰到合适的基因组时,就通过突变反应成为新的基因、基因结构域或是与已经存在的基因匹配成为新的调节因子。

第 5 章　RNA 生物合成反应

5.1　DNA 转录

DNA 是遗传信息的贮存者,它通过转录生成信使 RNA,再以 RNA 为模板翻译生成蛋白质来控制生命现象。转录和翻译统称为基因表达(gene expression)。在整个过程当中,转录是基因表达的核心步骤,具体是指拷贝出一条与 DNA 链序列完全相同(除了 T→U 之外)的 RNA 单链的过程。我们把与 mRNA 序列相同的 DNA 链称为编码链(coding strand)或有义链(sense strand),并把另一条根据碱基互补原则指导 mRNA 合成的 DNA 链称为模板链(template strand)或反义链(antisense strand)。

转录(transcription)是由 RNA 聚合酶(RNA polymerase,RNA pol)催化的。当 RNA pol 结合到基因起始处,即启动子(promoter)上时,转录过程就开始进行。最先转录成 RNA 的一个碱基对是转录的起始点(start point)。从起始点开始,RNA pol 沿着模板链不断合成 RNA,直到遇见终止子。从启动子到终止子的一段序列称为一个转录单位。转录起始点前面的序列称为上游(upstream),后面的序列称为下游(downstream)。起始点为+1,上游的第一个核苷酸为−1,其他的我们可以依次类推得出。

5.1.1　转录的一般特征

DNA 转录过程非常复杂,不同的生物体和不同的基因在转录的具体细节上存在许多差异,但仍然有许多通用的规则适合于所有的转录系统。这些规则主要包括以下几个方面。

1)转录只发生在 DNA 分子上具有转录活性的区域。对于一个 DNA 分子来说,并不是所有的区域都能被转录,即使能转录的区域也不是每时每刻都在转录。此外,DNA 两条链也并不是都会被转录。某些基因以 DNA 的这一条链作为模板,而某些基因以另一条链作为模板,对某一特定的基因来说,DNA 分子上作为模板的那一条链被称为模板链(template strand),与模板链互补的那一条链被称为编码链(coding strand)。模板链也称作无意义链(nonsense strand)或 Watson 链,编码链也称作有意义链(sense strand)或 Crick 链(图 5-1)。

2)以四种核苷三磷酸即 ATP、GTP、CTP 和 UTP 作为底物,并需要 Mg^{2+} 的激活。

3)需要模板,需要 DNA 的解链,但不需要引物。DNA 转录是以 DNA 为模板合成 RNA 的过程。在转录过程中,被转录的 DNA 双链区域必须发生解链以暴露隐藏在双螺旋内部的碱基序列,然后才可以选择其中的一条链作为模板,按照碱基互补配对的原则进行转录反应。假如某一个基因的模板链的序列是 5′—AGGGTTCCGC— 3′,则该基因的编码链序列应为 5′—GCG-GAACCCT—3′。而转录得到的 RNA 分子的碱基序列就是 5′—GCGGAACCCU—3′。注意一个基因的编码链碱基序列与转录得到的 RNA 分子的碱基序列其实是一样的,只不过是在 RNA 分子中由 U 代替了 DNA 分子之中的 T。

DNA 转录与 DNA 复制一个显著的差别是转录不需要引物。即能够从头进行。

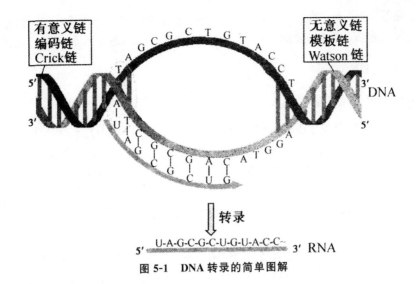

图 5-1　DNA 转录的简单图解

4）第一个被转录的核苷酸通常是嘌呤核苷酸（占 90% 左右）。

5）与 DNA 复制一样，转录的方向总是从 $5'\rightarrow 3'$。

6）转录具有高度的忠实性。转录的忠实性是指一个特定的基因转录具有固定的起点和固定的终点，而且转录过程严格遵守碱基互补配对规则。然而，转录的忠实性要低于 DNA 复制，主要是因为催化转录反应的主要酶——RNA pol 一般缺乏 $3'$ 核酸外切酶活性。然而，与 DNA 复制相比，机体在一定程度上能够容忍转录的低忠实性，一方面是因为遗传密码的简并性使得 RNA 序列的变化并不意味着它所决定的蛋白质的氨基酸序列就一定发生变化，另一方面是因为转录出的 RNA 分子是多拷贝的，转录错误的毕竟占少数，而且细胞内有专门的质量控制系统，会将其水解掉。

7）转录是受到严格调控的，调控的位点主要发生在转录的起始阶段。

5.1.2　DNA 转录酶

转录是一种很复杂的酶促反应，主要由 RNA 聚合酶催化。RNA 聚合酶全名是依赖于 DNA 的 RNA 聚合酶（DNA-dependent RNA polymerase，RNA pol）。然而，最先从 *E. coli* 得到的能够催化 RNA 生物合成的酶是多聚核苷酸磷酸化酶（polynucleotide phosphorylase，PNP），该酶在 1955 年由 Severo Ochoa 和 Marianne Grunberg-Manago 发现。PNP 所具有的一些性质表明它不可能是人们期待的那种细胞用来催化转录的酶。因为此酶不需要模板，使用 NDP 代替 NTP，合成的 RNA 序列由 NDP 的种类和相对浓度来决定，这些性质无法保证一个基因转录的忠实性。后来发现，PNP 的真正功能是降解而不是合成 RNA。真正催化转录的酶直到 1960 年才从 *E. coli* 中得到。

$$(\text{NMP})_n + \text{NDP} \xleftrightarrow{\text{PNP}} (\text{NMP})_{n+1} + \text{P}_i$$

RNA pol 是高度保守的，特别是在其三维结构上。由于细菌、古细菌和真核生物细胞核和叶绿体的 RNA pol 都是由多个亚基组成的，所以它们属于多亚基 RNA pol 家族；而噬菌体和线粒体基因组编码的 RNA pol 一般只有单个亚基组成，因而属于单亚基 RNA pol 家族。

所有的多亚基 RNA pol 都具有 5 个核心亚基,真细菌还含有一个专门识别启动子的因子,真核细胞的三种细胞核 RNA pol 除了具有 5 个核心亚基之外,还有 5 个共同的亚基。

1. RNA pol 与 DNA pol

RNA pol 所催化的反应通式为:

$$n(\text{ATP/GTP/CTP/UTP}) \xrightleftharpoons{\text{DNA/Mg}^{2+}} (\text{NMP})_n + n\text{PP}_i$$

反应产物是与 DNA 模板链的某一段序列互补的 RNA 以及 PP_i。此反应在过量 PP_i 的存在下是可逆的。但由于 PP_i 可被细胞内含量丰富的焦磷酸酶迅速水解,所以反应实际上是不可逆的。

尽管 RNA pol 与 DNA pol 都是以 DNA 为模板,从 $5' \rightarrow 3'$ 方向催化多聚核苷酸的合成,但是,这两类聚合酶的差别显而易见,概括起来包括:

1)RNA pol 只有 $5' \rightarrow 3'$ 的聚合酶活性,没有 $5' \rightarrow 3'$ 核酸外切酶和 $3' \rightarrow 5'$ 核酸外切酶的活性。RNA pol 缺乏 $3' \rightarrow 5'$ 核酸外切酶的活性导致它丧失自我校对的能力而降低转录的忠实性。

2)真细菌的 RNA pol 具有解链酶的活性,本身能够促进 DNA 双链解链。

3)RNA pol 能直接催化 RNA 的从头合成,不需要引物。

4)RNA pol 与进入的 NTP 上的 $2'$-OH 有多重接触位点,而进入 DNA pol 活性中心的 dNTP 无 $2'$-OH。

5)RNA pol 在催化转录的起始阶段,DNA 分子会形成皱褶(DNA scrunching),其编码链形成环,以使在无效转录(abortive transcription)时,RNA pol 仍然保持与启动子的结合。

6)在转录过程中,转录物不断与模板"剥离",而在复制过程中,DNA 聚合酶上开放的裂缝允许 DNA 双链从酶分子上伸展出来。

7)RNA pol 在转录的起始阶段受到多种调节蛋白的调节。

8)RNA pol 的底物是核苷三磷酸,而不是脱氧核苷三磷酸。

9)RNA pol 使用 UTP 代替 dTTP。

10)RNA pol 启动转录需要识别启动子。

11)RNA pol 反应的速度低,平均速率只有 50 nt/秒。

12)RNA pol 催化产生的 RNA 与 DNA 形成的杂交双螺旋长度有限,而且存在的时间不长,很快被 DNA 双螺旋取代。

2. 原核细胞 RNA pol

(1)真细菌的 RNA pol。

以 E. coli 为例,真细菌的 RNA pol 分为核心酶(core enzyme)和全酶(holoenzyme)两种形式,它们在体外可能是组装成有功能的全酶。核心酶由 2 个 α 亚基、1 个 β 亚基、1 个 β' 亚基和 1 个 ω 亚基组成($\alpha_2\beta\beta'\omega$),其中 β' 亚基含有 2 个 Zn^{2+},是一种碱性蛋白,多阴离子化合物——肝素(heparin)能够与它结合而抑制聚合酶的活性。全酶由核心酶和 σ 因子组装而成($\alpha_2\beta\beta'\omega\sigma$)。$\sigma$ 因子有不同的形式,E. coli 至少有 7 种,但最重要的是 σ^{70},它参与 E. coli 绝大多数基因的转录。除此以外,还有 σ^{54}、σ^{32}、σ^S、σ^E 和 σ^F 等,它们参与其他几类基因的转录(表 5-1)。

表 5-1　*E · coli* 不同 σ 因子的性质与功能比较

σ 因子	基因	用途	−35 区	间隔长度	−10 区
σ^{70}	rpoD	绝大多数基因的转录	TTGACA	16 bp−19 bp	TATAAT
σ^{32}	rpoH	热激反应	CCCTTGAA	13 bp−15 bp	CCCGATNT
σ^{28}	fliA	鞭毛	CTAAA	15 bp	GCCGATAA
σ^{54}	rpoN	N 饥饿	CTGNA	6 bp	TTGCA

真细菌的 RNA pol 都受到利福霉素(rifamycin)和利链霉素(streptolydigin)的特异性抑制，这两种抑制剂作用的对象都是 β 亚基，但是，前者抑制转录的起始，阻止第三个或第四个核苷酸的参入，后者与聚合酶结合，抑制延伸。它们并不抑制真核细胞细胞核的 RNA pol，但对线粒体或叶绿体内的 RNA pol 有明显的抑制作用。

E. coli RNA pol 的组成及其功能分工参见表 5-2。五种亚基之中，ω 亚基曾长期被忽略，甚至许多人不把它作为聚合酶的组分。然而，现在已经肯定，ω 亚基至少是体外变性的 RNA pol 成功复性所必需的，而且它能稳定 β′ 亚基的结合。此外，ω 亚基是水生嗜热菌(Thermus aquaticus，Taq)RNA pol 必不可少的组分。

表 5-2　*E · coli* 不同 σ 因子的性质与功能比较

亚基	基因	大小(kDa)	每个酶分子中的数目	功能
α	rpoA	36	2	N-端结构域参与聚合酶的组装；C-端结构域参与和调节蛋白相互作用以及和增强元件结合
β	rpoB	151	1	与 β′ 亚基仪器构成催化中心
β′	rpoC	155	1	带正电荷，与 DNA 静电结合
ω	rpoZ	11	1	与 β 亚基仪器构成催化中心，稳定 β′ 的结合；在体外为变性的 RNA pol 成功复性所必需
σ^{70}	rpoD	70	1	启动子的识别

真细菌的 RNA pol 都受到利福霉素(rifamycin)和利链霉素(streptolydigin)的特异性抑制，这两种抑制剂作用的对象都是 β 亚基，但是，前者抑制转录的起始，阻止第三个或第四个核苷酸的参入，后者与聚合酶结合，抑制延伸。它们并不抑制真核细胞细胞核的 RNA pol，但对线粒体或叶绿体内的 RNA pol 有明显的抑制作用。

(2)古细菌的 RNA pol。

在结构和组成上，古细菌的 RNA pol 更像真核生物的细胞核 RNA pol，而不是真细菌的 RNA pol。产甲烷细菌和嗜盐菌的 RNA pol 由 8 个亚基组成，极度嗜热菌的 RNA pol 由 8 个亚基组成。迄今为止，还没有发现哪一种古细菌的 RNA pol 受到利福霉素或利链霉素的抑制。

(3)真核细胞的 RNA pol。

真核细胞内的 RNA pol 不止一种，在功能上有了分工，不同性质的 RNA 合成由不同的 RNA pol 催化，其中细胞核具有三种 RNA pol，即 RNA polI(A)、Ⅱ(B)、和Ⅲ(C)。RNA polI

负责催化细胞核内的 rRNA(5S rRNA 除外)合成,RNA pol Ⅱ 负责催化 mRNA 和某些 snRNA 的合成,RNA polⅢ 负责催化小分子 RNA(包括 tRNA 和 5S rRNA)的合成。线粒体和叶绿体也有 RNA pol,它们负责这两种细胞器内所有 RNA 分子的合成。细胞核三种 RNA pol 的主要差别可见表 5-3 所示。

表 5-3　真核细胞 5 种 RNA pol 结构和功能的比较

名称	细胞中定位	组成	对 α-鹅膏蕈碱的敏感性	对放线菌素 D 的敏感性	转录因子	功能
RNA pol Ⅰ	核仁	多个亚基组成	不敏感	非常敏感	1—3 种	rRNA 的合成(除了 5S rRNA)
RNA pol Ⅱ	核质	多个亚基组成	高度敏感 $(10^{-8}$ mol/L$\sim$ 10^{-9} mol/L$)$	轻度敏感	8 种以上	mRNA,具有帽子结构的 snRNA 的
RNA pol Ⅲ	核质	多个亚基组成	中度敏感	轻度敏感	4 种以上	小分子 RNA 包括 tRNA,5S rRNA,没有帽子结构的 snRNA,7SL RNA,端粒酶 RNA,某些病毒的 RNA 等合成
线粒体 RNA pol	线粒体基质	单体酶	不敏感	敏感	2 种	所有线粒体 RNA 的合成
叶绿体 RNA pol	叶绿体基质	类似原核细胞	不敏感	敏感	3 种以上	所有叶绿体 RNA 的合成

真核细胞的核 RNA pol 的组成十分复杂,每一种都是庞大的多亚基蛋白(2 个大亚基再加 12 个~15 个小亚基),大小在 500 kDa~700 kDa 之间,其中 2 个大亚基的一级结构与 *E. coli* RNA pol 的 β、β' 亚基相似,这说明 RNA pol 活性中心的结构可能是保守的。此外,它们都还含有 *E. coli* RNA pol α 亚基的同源物,但没有任何亚基与 *E. coli* 的 σ 因子相似。

(4)由病毒编码的 RNA pol 的结构与功能。

许多病毒直接使用宿主细胞基因组编码的 RNA pol 来转录自身的基因,某些病毒则对宿主 RNA pol 进行特定的改造,使其更有效地催化自身基因的转录,而有的病毒则主要使用自身基因组编码的具有高度特异性的 RNA pol,这些 RNA pol 通常只有一条肽链组成,例如 T7、T3 和 SP6 噬菌体。

(5)RNA pol 的三维结构与功能。

真核细胞与原核细胞的 RNA pol 在三维结构上十分相似,不仅是分子的整个形状相似,而且各同源亚基在空间上的排布也非常相似。

5.1.3　转录校对

RNA pol 缺乏 3′-核酸外切酶活性,因此无法进行类似 DNA 复制的校对。不过,转录过程中有另外的两种校对机制,可以保障转录的忠实性。

(1)焦磷酸解编辑。

焦磷酸解编辑使用聚合酶的活性中心,以逆反应形式,通过重新掺入焦磷酸,去除错误插入的核苷酸。虽然聚合酶以这种方式既可以去除错配的核苷酸,也可能去除正确配对的核苷酸,但是,聚合酶停留在错配核苷酸上的时间较长,因此去除错配核苷酸的概率更高。

(2)水解编辑。

水解编辑需要聚合酶倒退若干个核苷酸,然后,通过特殊的蛋白质切除 3′-端包括错配核苷酸在内的几个核苷酸,细菌行使切除功能的是 GreA 和 GreB,真核生物则由 TFⅡS 激活 RNA polⅡ 的剪切活性。

5.2　生物 RNA 的合成

5.2.1　原核生物 RNA 的合成

1. 原核生物的 RNA 聚合酶

大肠杆菌只有一种 RNA 聚合酶,由 α_2、β 和 β' 亚基组成核心酶,其中的 α 亚基是装配核心酶所必需的,而 β 和 β' 亚基则组成酶的催化中心。核心酶再结合 σ 亚基可形成 RNA 聚合酶全酶,如表 5-4 所示。

表 5-4　RNA 聚合酶全酶亚基组成

名称	编码基因	数目	分子质量(ku)	功　能
α	$rpoA$	2	40	参与酶聚合;启动子识别;结合一些激活剂
β	$rpoB$	1	155	组成催化中心
β'	$rpoC$	1	160	组成催化中心
σ	$rpoD$	1	32~90	识别启动子

核心酶本身可无选择性地随机结合在 DNA 上,具有催化由 DNA 合成 RNA 的活性。σ 亚基具有识别控制基因转录的启动子序列,所以当核心酶结合了 σ 亚基后形成全酶,就可通过启动子与转录起始位点结合了。

启动子是原核生物操纵子中控制基因转录的调控序列。操纵子指的是在原核生物基因组中一些功能相关串联排列在一起的基因称为结构基因(structural gene),由同一转录调控区调控一起被转录在同一条 mRNA 链上的遗传单位,如图 5-2 所示。调控区由启动子 P 和操纵基因 O 组成,而结构基因包括串联排列在一起的 1、2 和 3 基因。转录生成的 mRNA 称为多顺反子 mRNA,顺反子是基因(gene)的同义词。操纵子概念不适合真核生物,因为在真核生物转录只生成单顺反子 mRNA。

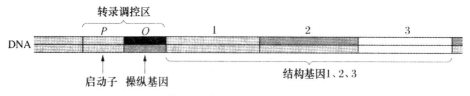

图 5-2　操纵子的一般结构

　　启动子是位于转录起始位点 5′端上游约 40 个碱基的编码链上的一段 DNA 序列,图 5-3 给出了一些大肠杆菌启动子的序列。转录起始位点处的核苷酸定为+1,位于起始位点上游的核苷酸都按负号"-"排序。

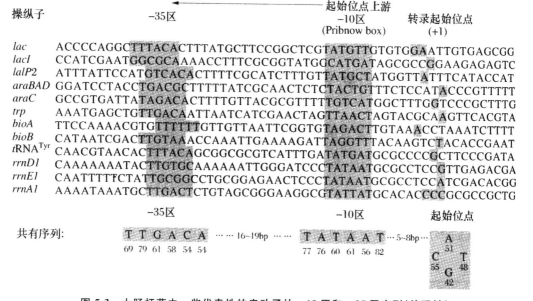

图 5-3　大肠杆菌中一些代表性的启动子的-10 区和-35 区序列(编码链)

起始位点(+)的上游-10 左右和 35 左右的 6 个碱基对序列都是保守的下面一行是大肠杆菌 298 个启动子的共有序列,核苷酸下方的数字是它们出现的百分比

　　从图 5-2 可看到转录起始位点上游分布着一个-10 区(也称为 Pribnow box)和一个 35 区,比较这些启动子的这两个区域,发现含有许多相同的核苷酸,每个短序列在不同启动子中都很相似,-10 区的共有序列是 TATAAT,而-35 区的是 TTGACA。共有序列区富含 A-T 碱基对,2 个氢键的 A-T 碱基对与 3 个氢键的 G-C 碱基对相比更易于解旋。-10 区和-35 区正是 σ 亚基识别和 RNA 聚合酶结合启动子的序列。

　　下面介绍 DNA 足迹法(图 5-4)。DNA 足迹法是一种广泛用于确定特定蛋白质结合的 DNA 中核苷酸序列,例如上述 RNA 聚合酶全酶结合的启动子-10 区和-35 区序列就是通过该技术确定的。

　　首先,将特定蛋白质与在一端做了放射性标记的确信含有蛋白结合序列的 DNA 溶液温育,然后将切割 DNA 试剂。例如,脱氧核糖核酸酶(DNase I)加到 DNA:蛋白质复合物溶液中,DNase I 酶切没有蛋白质结合的暴露出的 DNA 骨架,对照溶液样品中除了不加特定蛋白质外,其他条件与测试样品一样,即加也是有一端做了放射性标记的确信含有蛋白结合序列的 DNA

和 DNase I。DNase I 降解产物都是带有 5′-磷酸末端的片段。

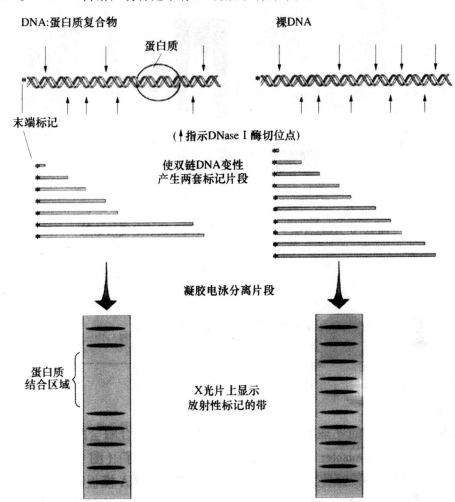

图 5-4　DNA 足迹法

　　然后,将经 DNase I 降解的两个样品的降解产物通过凝胶电泳分析,可以看出来自 DNA:蛋白质复合物的一套标记片段和来自裸 DNA 的一套片段的明显差别,DNA:蛋白质复合物的 DNase I 降解片段与裸 DNA 片段相比,缺少了某些片段。缺少片段区域正是特定蛋白质结合 DNA 的核苷酸序列区域。蛋白结合的准确位置和序列可以通过直接测定含足迹的同一凝胶上的序列带获得。

　　图 5-5 给出了利用 DNA 足迹法测定 RNA 聚合酶全酶结合 DNA 启动子上的结合序列区的实验结果。从图中可看到,RNA 聚合酶全酶不仅结合启动子的 -10 区和 -35 区序列,而且整个全酶覆盖了 60～80 个碱基对。

　　2. 转录起始

　　转录的起始是 RNA pol 识别启动子并与之结合从而启动 RNA 合成的过程。原核生物和真核生物在转录起始的过程中有相似也有不同。

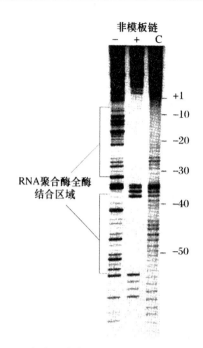

图 5-5 *Lac* 启动子结合 RNA 聚合酶全酶的足迹法结果

实验中非模板链的 5′ 末端放射性标记,"－"表示没有加全酶,"＋"表示加了全酶,缺少片段区域正是 RNA 聚合酶全酶结合和覆盖 *Lac* 启动子的核苷酸序列区域,缺少片段区域如没加全酶(－)显示的那些片段,C 为对照。右侧的＋1 表示转录起始的第一个核苷酸,－10、－20 等表示转录起始位点上游核酸位置。

(1)转录起始点的确定。

1)启动子。

启动子(promoter)是指 DNA 分子上被 RNA pol 全酶识别并结合形成起始转录复合物的特定区域,它还包括一些调节蛋白因子的结合位点,启动子本身不被转录。启动子是控制转录起始的序列,并决定着某一基因的表达强度。与 RNA pol 亲和力高的启动子,其起始频率和效率均高。启动子的 DNA 序列本身就可以提供特定的信号,而转录区域的 DNA 序列要转变成 RNA 或蛋白质后才能体现出它所贮存的信息。

细菌的启动子是待转录 DNA 分子中的一段特定的核苷酸序列,一般位于待转录基因的上游。启动子一般位于转录起始位点＋1 的上游。启动子序列的编号为负数,其数值可反映它在转录起始位点上游的距离。

原核生物基因的启动子分为两类:一类是 RNA pol 能够直接识别并结合的启动子,称为核心启动子(core promoter);另一类在与 RNA pol 结合时需要蛋白质辅助因子的协助,这类启动子除了具有 RNA pol 结合位点之外,还有辅助因子结合位点,后者位于核心启动子的上游,因此称为启动子上游部位(upstream part of promoter,UP)。核心启动子与启动子上游部位共同构成了原核生物基因的启动子。

2)启动子的确定方法。

可使用生物化学和经典的遗传学方法来确定启动子序列,前者包括电泳泳动变化分析(eletro-phoretic mobility shift assay,EMSA)和 DNA 酶 I 足印分析(DNase I footprinting assay),前者主要借助于对转录起点周围的碱基序列突变和同源性比对。

　　DNA 酶 I 足印分析是应用 RNA pol 来确定可与之结合的 DNA 序列,可用于对启动子的研究。足印分析法的基本原理是启动子序列因 RNA pol 的特异性结合受到保护而抵抗 DNA 酶 I 的消化,在此基础上结合 DNA 序列分析,可以确定受到聚合酶保护的启动子序列。

　　另外更简单的方法是用 DNA 酶完全消化与 RNA pol 结合的 dsDNA,然后将消化过的样品通过硝酸纤维素滤膜,蛋白质及与聚合酶结合的 DNA 会与滤膜结合,随后将吸附在滤膜上的与 RNA pol 结合的 DNA 复合物释放出来,最后使用化学断裂法直接进行序列分析。

　　3)原核生物启动子的特征。

　　原核生物的启动子序列位于转录起始位点 5′端,覆盖约 40 bp 长的区域,分为四个区域:转录起始点、-10 区、-35 区、-10 区与-35 区之间的序列具体可见图 5-6 所示。

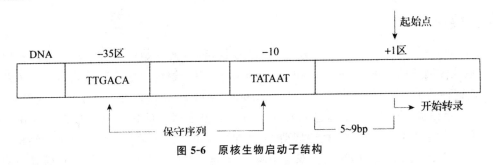

图 5-6　原核生物启动子结构

　　分析大量启动子的结构得出,典型的原核生物的启动子的结构为转录起始点、-10 区、-35 区和 16～19 bp 的间隔区。并不是所有的启动子都具有典型的结构。有些启动子缺少其中的某一结构。有时只有 RNA pol 本身并不足以与启动子结合,还需要其他的辅助因子。另外,转录起始点左右的碱基也可影响转录的起始。+1 至+30 的转录区可影响 RNA pol 对启动子的清除,从而影响启动子的强度。

　　(2)转录起始复合物的形成。

　　原核生物转录的起始过程大致分为以下四个阶段。

　　1)RNA pol 全酶搜索并结合 DNA 特异位点。

　　RNA pol 全酶在转录前先接近自然卷曲构象的 DNA 分子,并做相对的分子运动,通过接触解离再接触,酶分子在 DNA 上搜索启动子序列。当 δ 因子发现-35 区识别位点时,全酶与-35 序列紧密接触。因此,RNA pol 全酶是在 σ 因子协助下找到启动子特异序列的 σ 因子能够引起 RNA pol 对 DNA 亲和性的改变,对非特异位点地结合处于松散状态。直到接触到特异序列,才能使它们紧密结合。

　　除了酶分子本身的特性外,启动子 DNA 序列结构也决定这种结合的性质。在离体条件下,处于负超螺旋状态的 DNA 和 RNA pol 能更有效地结合并有利于起始转录。负超螺旋结构在形成复合物和 DNA 解旋时需要较少的自由能。

　　2)聚合酶与启动子形成封闭复合物。

　　在启动子 DNA 的区域,RNA pol 非对称性地结合在转录起点上游-50～+20 的一段序列上,即形成封闭复合物(closed complex)。这是酶与启动子结合的一种过渡形式。在此阶段,DNA 并没有解链,聚合酶主要以静电引力与 DNA 结合。该复合物并不十分稳定。

　　3)封闭复合物转变成开放复合物。

　　σ 因子使 DNA 部分解链。一旦 DNA 解链,DNA 产生一个小的发夹环,导致 DNA 模板链进入活性中心,封闭复合物转变成开放复合物(open complex)。开放复合物也就是起始转录泡(transcription bubble),大小为 12～17 bp。开放复合物十分稳定。

开放复合物的形成是转录起始的限速步骤。聚合酶在与启动子形成复合物过程中,经历了显著的构象变化,σ因子刺激封闭复合物异构成开放复合物。开放复合物的形成不单是 DNA 两条链的解链,而且 DNA 的模板链还必须进入全酶的内部,以便靠近酶的活性中心。

4)三元复合物的形成。

当前两个与模板链互补的 NTP 从聚合酶的次级通道进入活性中心以后,由活性中心催化第一个 NTP 的 $3'$-OH 亲核进攻第二个 NTP 的 $5'$-α-P 而形成第一个磷酸二酯键。一旦有了第一个磷酸二酯键,RNA DNA-RNA pol 的三元复合物(ternary complex)就形成了。

3. 转录的延伸

一旦 RNA pol 合成了大约 10 nt 左右的 RNA 链,延伸便开始了。这时转录物的长度足以让 RNA 取代σ因子的位置,使 RNA pol 的核心酶与口因子解离。核心酶因此而可以离开启动子,沿模板链移动了,这一过程称启动子清空(promoter clearance)。在σ因子被释放以后,延伸因子 Nus A 蛋白加入进来,转录即进入延伸阶段。失去σ因子的核心酶通过封闭的钳子握住DNA,以更快的速度沿着 DNA 模板链移动,使延伸反应可以持续进行。RNA pol 的结构变化使延伸中的 RNA 链从 RNA/DNA 杂交双链中脱离,单链 DNA 重新与互补链配对,转录泡的大小维持在 17 bp 左右。也就是说,随着 RNA 链的延伸,转录泡与核心酶一起沿着 DNA 模板链同步移动。释放出来的σ因子可以重新与核心酶结合,启动新一轮 DNA 的转录,称为 RNA pol 的循环。

转录泡的维持需要 DNA 在转录泡前面解链,同时在转录泡后面重新形成双链,拓扑异构酶能够在转录泡的前方解除因解链形成的正超螺旋,在转录泡的后方解除因解链形成的负超螺旋。

由于新掺入的核苷酸总是被添加在 RNA 链的 $3'$-OH 端,RNA 链延伸的方向是从 $5'$→$3'$。在延伸过程中,RNA pol 不断地移位,以转录新的模板链序列,有两种模型被用来解释 RNA pol 的移位机制。一种是热棘轮(the thermal ratchet)模型,此模型认为 NTP 的结合和掺入引起了 RNA pol 的空间结构变化,酶在两种移位状态之间的交替变化,使其能够沿着模板链移动,有点像受热驱动的热棘轮在拉动传送带。另外一种为能击模型(The Powerstroke),此模型认为形成磷酸二酯键时释放 PP_i 伴随的化学能,以及 PP_i 水解释放的化学能,转化成了 RNA pol 移位的机械能(图 5-7)。

在延伸阶段,RNA pol 每催化 1 个新的磷酸二酯键形成,就面临 3 种选择,其一是继续延伸合成新的磷酸二酯键,其二是倒退切除新掺入的核苷酸,其三是延伸复合物解离,完全停止转录。

(1)暂停。

若在转录过程中,转录产物形成了特定的二级结构,如发夹结构,或 NTP 暂时短缺,均有可能造成转录暂停。暂停有可能使原核生物转录和翻译同步,也有可能对转录调节蛋白发挥作用有帮助,还有可能是转录倒退或完全终止的前奏。RNA 合成的重新启动需要 GreA 和 GreB 蛋白来解除暂停状态,在 RNA pol 倒退后,GreA 和 GreB 切除 $3'$-端几个核苷酸,以便让 RNA 的 $3'$-OH 能重新回到活性中心。

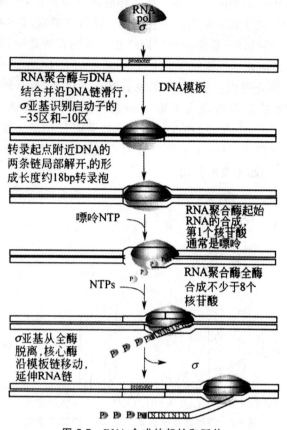

图 5-7　RNA 合成的起始和延伸

（2）倒退。

如果在转录过程中发生了错误，RNA pol 即向后滑动，新生 mRNA 的 3′端被暴露出来，错误的寡聚核苷酸被内源核酸酶 GreA 或 GreB 蛋白切除。GreA 和 GreB 很相似，它们的氨基酸序列有 35% 是相同的。然而，它们的作用机制略有不同，其中 GreA 切除 2～3 nt 长的寡聚核苷酸，GreB 切除 2～9 nt 长的寡聚核苷酸。可见，倒退可能是对新合成 mRNA 进行校对的一种手段。

（3）阻滞。

若暂停的 RNA pot 倒退，使 RNA 堵塞了有关的通道，转录就会被完全阻滞。解除 RNA pol 的阻滞状态，同样需要 GreA 或 GreB 剪切突出的 RNA，解除 RNA pol 前进的障碍。

4. 转录的终止

转录进行到终止子序列时，就进入了终止阶段，包括新生 RNA 链的释放及 RNA pol 与 DNA 解离。原核生物的终止子有两种：一种是不依赖 ρ 因子的终止子，另一种是依赖 ρ 因子的终止子，图 5-8 所示为两种终止子转录产物 RNA 的二级结构示意图。

（1）无 ρ 因子的终止机制。

不依赖 ρ 因子的终止子在结构上有两个特征：一是形成一个发夹结构（hairpin），二是发夹结构末端紧跟着 6 个连续的 U 串。不同终止子的发夹结构长度有差异，为 7～20 bp，发夹结构由一反向重复序列构成茎,中间的间隔形成环。在茎环底部有一富含 GC 对的区域。发夹结构中的突变可阻止转录的终止,说明发夹结构的重要作用。经研究确定,新生 RNA 链的发夹结构可使 RNA pol 催化的聚合反应暂停,暂停的时间因终止子不同有所差异,但典型的终止子暂停时间为 60 s 左右。转录的终止并不只依赖于发夹结构,新生的 RNA 中可有多处发夹结构。RNA pol 的暂停只是为转录的终止提供了机会,如果没有终止子序列,聚合酶可以继续转录,而不发生转录的终止。6 个连续的 U 串可能为 RNA pol 与模板的解离提供信号。RNA-DNA 间的 rU·dA 结合力较弱,有利于 RNA 和 DNA 的解离。如果将 U 串缺失或缩短,尽管 RNA pol 可以发生暂停,但不能使转录终止。DNA 上与 U 串对应的为富含 AT 对的区域,这说明 AT 富含区在转录的终止和起始中均起重要的作用。

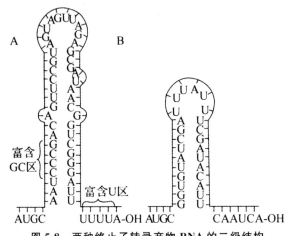

图 5-8　两种终止子转录产物 RNA 的二级结构

(2)依赖 ρ 因子的终止机制。

体外实验中研究人员发现尽管有终止子存在,RNA pol 只在终止子处暂停,但转录并不终止。向该反应系统中加入 ρ 因子,则可使转录在特定的位点终止,产生有独特 3′ 端的 RNA 分子。这种终止称为依赖 ρ 因子的转录终止。在大肠杆菌的基因组中,依赖 ρ 因子的终止子相对较少,在噬菌体基因组中较多。经缺失实验表明,ρ 因子可识别终止位点上游 50～90 bp 的区域。分析这段序列的 RNA 发现,C 的含量多,G 的含量少。C 的含量为 41%,而 G 的含量仅为 14%,终止发生在 CUU 中的某一个位置。一般而言,这种富含 C 少 G 的序列越长,依赖于 ρ 因子的终止效率越高。并且依赖 ρ 因子的终止子虽有发夹结构,但 GC 含量低,且缺少 U 串。

ρ 因子作为 RNA pol 终止转录的重要辅助因子。其作用机制是:①ρ 因子首先结合于终止子上游新生 RNA 链 5′ 端的某一个可能有序列特异性或二级结构特异性的位点;②利用其 AT-Pase 活性提供的能量,沿着 RNA 链向转录泡靠近,其运动速度比 RNA pol 在 DNA 链上的移动速度快;③当 RNA pol 移动到终止子而暂停时,ρ 因子追赶上 RNA pol;④终止子与 ρ 因子共同作用使转录终止;⑤ρ 因子的 RNA-DNA 的解螺旋酶活性,使转录产物 RNA 从 DNA 模板链释放(图 5-9)。

在原核生物中,转录与翻译是同时进行的,ρ 因子的终止作用可被核糖体的存在而阻碍。当生长旺盛时,mRNA 被多个核糖体所结合,ρ 因子没有机会与 mRNA 结合。ρ 因子的突变对转录终止的影响变化很大。体外实验证明,不同的依赖 ρ 因子的终止子对 p 因子浓度的要求高低不一。在 ρ 因子的渗漏突变时,不同终止子的反应也有所区别。ρ 因子的突变可被其他的基因突变所抑制。在 ρ 因子突变引起的转录不能终止的菌株中 RNA pol β 亚基基因(rpoB)的一种突变可以恢复转录的终止。rpoB 的另一种突变可减弱依赖 ρ 因子的转录终止,说明 β 亚基可能是 ρ 因子的作用部位。

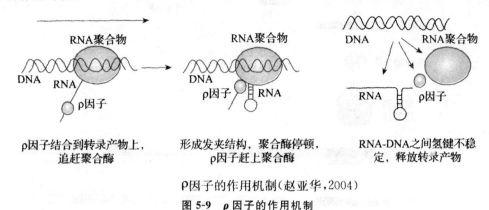

ρ因子结合到转录产物上,　　　形成发夹结构,聚合酶停顿,　　　RNA-DNA之间氢键不稳
追赶聚合酶　　　　　　　　ρ因子赶上聚合酶　　　　　　　定,释放转录产物

ρ因子的作用机制(赵亚华,2004)

图 5-9　ρ 因子的作用机制

5. 转录调控

一些原核生物基因的转录调控研究得比较透彻,首先以大肠杆菌乳糖操纵子(*lac* operon,*lac* 操纵子)为例,描述调控基因转录的阻遏作用和分解代谢物抑制作用,然后介绍发生在色氨酸操纵子转录调控中的弱化作用。

(1)阻遏作用。

图 5-10 给出了 *lac* 操纵子构成示意图。*lac* 操纵子由两个转录单元组成,其中一个单元由分别编码 β-半乳糖苷酶、通透酶、转乙酰酶的 Z、Y 和 A 结构基因以及调控它们转录的 P(启动子)和 O(操纵基因)组成;另一个转录单元由上游的 I(调控基因)和它自己的 P_I(启动子)构成。I 编码可形成四聚体(实际上是两个二聚体聚合形成的)阻遏蛋白(也称为阻遏物)的多肽,阻遏蛋白与操纵基因结合,可阻止结构基因的转录。

图 5-10　*lac* 操纵子构成示意图

像阻遏蛋白那样通过与操纵基因结合使转录系统关闭的作用称为负调节(图 5-11(a)),而阻遏蛋白也称为负调节物。但是当有合适的可与阻遏蛋白结合的诱导物存在时,由于诱导物与阻遏蛋白结合改变了阻遏蛋白的构象,使得阻遏蛋白不能再与操纵基因结合。在这种情况下,RNA 聚合酶结合在启动子上会立即转录结构基因,如图 5-11(b)所示。

诱导物可以是乳糖的代谢物 1,6-别乳糖以及人工合成的异丙基硫代半乳糖苷,其结构如图 5-12 所示。

1,6-别乳糖是乳糖经 β-半乳糖苷酶催化偶尔转糖基作用生成的,也可以说乳糖是 *lac* 操纵子转录的诱导物。1,6-别乳糖可经 β-半乳糖苷酶催化快速转换为葡萄糖和半乳糖。β-半乳糖苷酶通常直接催化乳糖生成葡萄糖和半乳糖,但 β-半乳糖苷酶不能水解 IPTG。实验室中常用 IPTG 诱导含有 *lac* 启动子的质粒载体在细菌中的重组蛋白的表达。

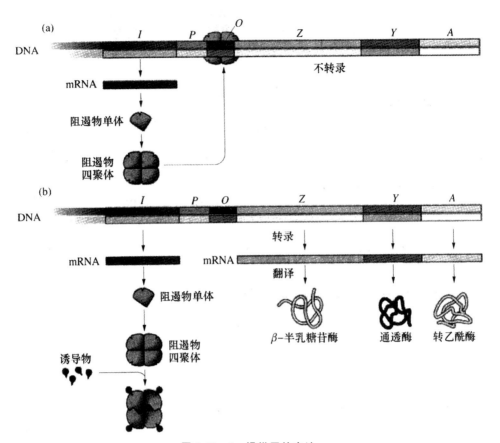

图 5-11 *lac* 操纵子的表达

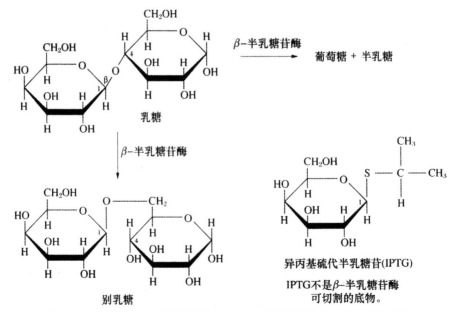

图 5-12 诱导物 1,6-别乳糖以及人工合成的异丙基硫代半乳糖苷的结构

(2)分解代谢物抑制作用。

阻遏蛋白与 *lac* 操纵子的操纵基因结合关闭转录,乳糖代谢物 1,6-别乳糖等与阻遏蛋白结合阻止阻遏蛋白与操纵基因结合,因而启动转录,阻遏蛋白、诱导物和操纵基因这种相互作用给出了一个直观的转录的开/关模型。

除了乳糖以外,还存在其他影响乳糖代谢酶系表达的因素。例如,当培养基中同时含有葡萄糖和乳糖时,由于细菌生长优先利用葡萄糖,*lac* 操纵子的表达就会被葡萄糖抑制,这种抑制现象称为分解代谢物抑制,如图 5-13 所示。

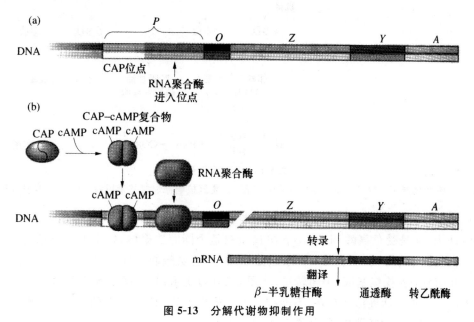

图 5-13　分解代谢物抑制作用

(a)*lac* 操纵子的调控位点,CAP-cAMP 复合物结合 CAP 位点;(b)当缺少葡萄糖时,CAP 与 cAMP 形成 CAP-cAMP 复合物,然后与 CAP 位点结合,使得 RNA 聚合酶结合到启动子上,启动转录

这种抑制作用是一种随着细胞的生理状态变化而使基因同步表达的作用,即只要存在可利用的葡萄糖,大肠杆菌就优先代谢葡萄糖。分解代谢物抑制可确保在葡萄糖耗尽之前那些可替代能源,例如乳糖代谢所必需的 *lac* 操纵子维持在被抑制的状态。分解代谢物抑制可消除可能存在的任何诱导物的影响,防止乳糖等能源酶系统的浪费。

分解代谢物抑制作用涉及启动子,启动子上存在两个结合位点。一个是结合 RNA 聚合酶的部位,另一个是结合分解代谢物基因激活蛋白(catabolite activator protein,CAP)的部位。CAP 与启动子的结合取决于是否存在 cAMP,cAMP 的结合会增强 CAP 对启动子的亲和性,所以 CAP 也称为 cAMP 受体蛋白,如图 5-13(a)所示。

当细胞缺乏葡萄糖时,导致腺苷环化酶激活,细胞的 cAMP 水平提高。CAP 与 cAMP 形成 CAP-cAMP 复合物并结合到启动子的 CAP 位点,结果使得 RNA 聚合酶能够结合到启动子上,启动 *lac* 操纵子转录。因为 CAP 增强转录,所以通过 CAP 的转录调控类型也称为正调节,如图 5-13(b)所示。

(3)弱化作用。

色氨酸操纵子(tryptophan operon,*trp* 操纵子)由一个启动子、一个操纵基因和一个编码 5 个多肽的结构基因组成,其中 *trpE* 和 *trpD* 分别编码邻氨基苯甲酸合成酶的 ε 和 δ 链;*trpC* 编码吲哚甘油磷酸合成酶;$trpB$ 和 $trpA$ 分别编码色氨酸合成酶的 β 和 α 链,这三个酶催化由分支酸合成色氨酸的反应,如图 5-14 所示。

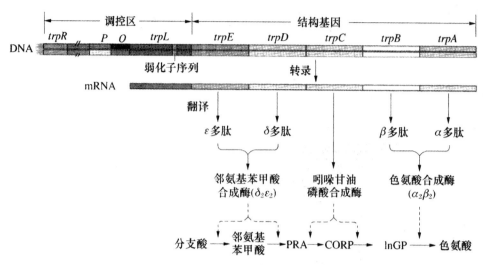

图 5-14 trp 操纵子

PRA:N-5′-磷酸核糖邻苯氨基甲酸;CORP:N-5′-磷酸-1′-脱氧核酮糖邻氨基苯甲酸;InGP:吲哚甘油磷酸酯

　　trp 操纵子的转录可以通过 trp 阻遏蛋白调控,但与 lac 操纵子不同,trp 阻遏蛋白不能直接结合操纵基因,而是受色氨酸调控。trp 阻遏蛋白是个同源二聚体,每个亚基可结合一个 Trp。在有高浓度色氨酸存在时,Trp 与 trp 阻遏蛋白结合,色氨酸起着辅阻遏物的作用,使 trp 阻遏蛋白活化并结合 trp 操纵基因,关闭转录,如图 5-15(a)所示;当色氨酸水平低时,缺少色氨酸的印阻遏蛋白以一种非活性形式存在,不能结合 trp 操纵基因,RNA 聚合酶启动 trp 操纵子转录,同时色氨酸生物合成途径被激活,如图 5-15(b)所示。

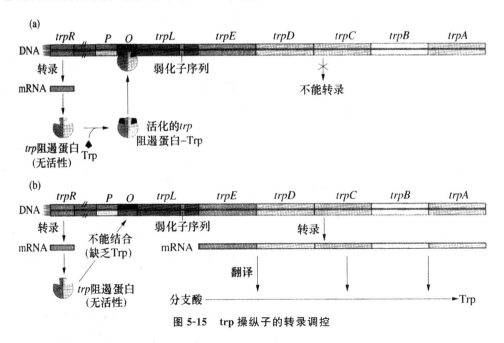

图 5-15 trp 操纵子的转录调控

除了 *trp* 阻遏蛋白的阻遏作用之外，Charles Yanofsky 等人发现 *trp* 操纵子的 *trpO* 与 *trpE* 之间一段序列缺失突变可以使 *trpE* 操纵子的表达提高 6 倍，而且这种现象与阻遏作用无关，因为无论是阻遏还是去阻遏，转录水平都增强了，表明还存在着第二种调控机制。Charles Yanofsky 等人提出了称为弱化作用的调控机制，这种弱化作用会在色氨酸丰富时使 *trp* 操纵子转录提前终止。

弱化作用利用的是 *trp* 操纵子前导序列(leader sequence, *trpL*)中的弱化子序列。由 162 个核苷酸组成的 *trpL* 转录产物 mRNA 中包含 1、2、3 和 4 共 4 个特殊序列。序列 1 含有可被翻译成带有连续两个 Trp 的 14 个残基的多肽(称为前导肽)的序列，而且序列 1 与 2 之间、3 与 4 之间以及 3 与 2 形成发卡结构的可能性(图 5-16)。但究竟 3 与 4 还是 3 与 2 形成发卡结构取决于色氨酸水平高低，由序列 1 决定。

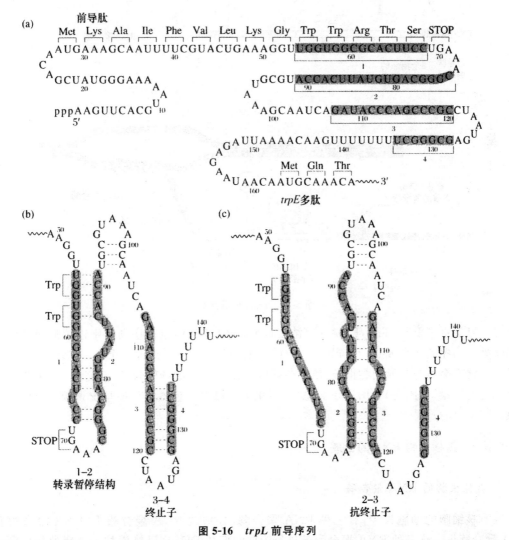

图 5-16　*trpL* 前导序列

(a) *trpL* 前导序列的 mRNA，含有两个连续 Trp 密码子(UGG UGG)以及末端连有终止翻译的终止(STOP)密码子 UGA；(b)序列 1 和 2 互补形成转录暂停结构，序列 3 与 4 碱基配对形成一个 3-4 终止子结构；(c)序列 2 与 3 互补，形成一个 2-3 抗终止子结构因为原核生物的转录与翻译是耦联在一起的,所以在 *trpL* 转录起始后,核糖体就结合到 mRNA 上进行前导肽翻译。当色氨酸水平高时,负载色氨酸的 Trp-tRNA^{TRP}(提供肽链合成的色氨酸)水平也很高时,翻译可快速通过两个 Trp 密码子进入序列 2,由于序列 2 被核糖体覆盖。当转录出序列 3 后,序列 3 不能与序列 2 配对,导致末端带有 8 个连续 U 的 3-4 终止子结构的形成,结果还为进行结构基因(*trpE*～*trpA*)转录之前转录就被提前终止,这就是一种转录弱化作用,如图 5-17(a)所示。

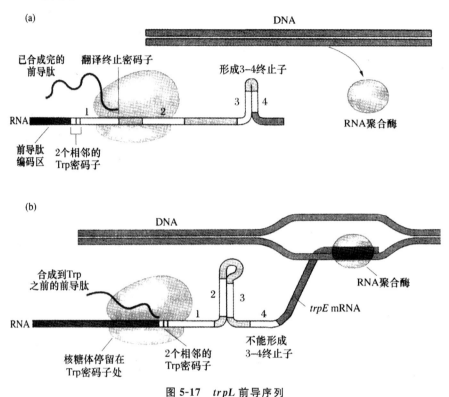

图 5-17 *trpL* 前导序列

当色氨酸水平低时,Trp-tRNAA^{TRP}浓度也低,核糖体就停留在序列 1 中连续的两个色氨酸密码子处。当序列 3 合成后,就与处于没有配对的序列 2 配对。形成一个 2-3 抗终止子,后合成的序列 4 就不会再与 3 形成终止子,使得核糖体通过序列 4,继续转录,直至完成 *trp* 操纵子结构基因部分的转录,如图 5-17(b)所示。总之,弱化子可以根据色氨酸供应情况调控 *trp* 操纵子的转录。

5.2.2 真核生物 RNA 的合成

1. 真核生物的 RNA 聚合酶

在真核细胞的细胞核中,有三种 RNA 聚合酶,分别是 RNA 聚合酶Ⅰ、RNA 聚合酶Ⅱ和 RNA 聚合酶Ⅲ。这三种 RNA 聚合酶最早是依据它们从 DEAE-纤维素柱上洗脱的先后顺序命名的。后来经研究发现,不同生物的三种 RNA 聚合酶的洗脱顺序并不相同,因而改用对 α-鹅膏蕈碱(α-amanitin)的敏感性的不同而加以区分。不同的 RNA 聚合酶负责合成不同性质的 RNA,而这些 RNA 的模板有时被称为 PolⅠ、PolⅡ和 PolⅢ基因。

RNA 聚合酶Ⅰ合成 5.7S rRNA、18S rRNA 和 28S rRNA,存在于核仁中,对 α-鹅膏蕈碱不敏感。RNA 聚合酶Ⅱ合成所有的 mRNA 以及部分 snRNA,存在于核质中,对 α-鹅膏蕈碱非常敏感。RNA 聚合酶Ⅲ合成 tRNA、5s rRNA 和某些 snRNA,也存在于核质中,对 α-鹅膏碱中度敏感。

每种真核细胞 RNA 聚合酶都含有两个大亚基和 12~15 个小亚基,其中一些亚基为两种或三种 RNA 聚合酶所共有。酵母的 RNA 聚合酶是研究得最为清楚的真核生物 RNA 聚合酶,编码酵母 RNA 聚合酶各亚基的基因已被克隆和测序,RNA 聚合酶各亚基也通过 SDS-聚丙烯酰胺凝胶电泳得到了分离。酵母的 RNA PolI、Pol Ⅱ 和 Pol Ⅲ 分别具有 14 个、12 个和 17 个亚基(图 5-18)。

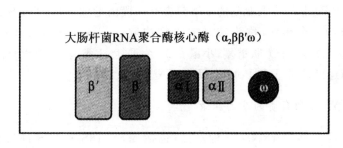

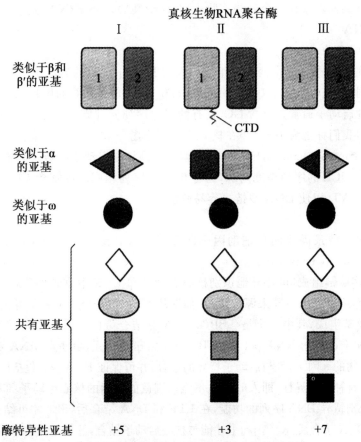

图 5-18　三种真核生物 RNA 聚合酶的组成

三种 RNA 聚合酶的核心亚基和大肠杆菌的核心聚合酶的 β、β'、α₂ 和 ω 亚基在序列上有同源性。三种 RNA 聚合酶中最大的亚基与 *E.coli* RNA 聚合酶的 β' 亚基相似,第二大亚基与 *E.coli* RNA 聚合酶的 β 亚基相似。RNA 聚合酶 I 和 RNA 聚合酶 III 的两个亚基(AC40 和 AC19)中的某些区段与大肠杆菌 RNA 聚合酶 α 亚基的某些区段有同源性。RNA 聚合酶 II 含有两个 B44 亚基,该亚基与大肠杆菌的 α 亚基也有序列上的相似性。各种来源的 RNA 聚合酶的核心亚基在氨基酸序列上的广泛同源性,说明这种酶在进化的早期就出现了,并且相当保守。三种 RNA 聚合酶还有 4 个共同的亚基,以及 3~7 个不同的酶特异性小亚基。

与原核生物的 RNA 聚合酶不同,真核生物 RNA 聚合酶本身不能直接识别启动子,必须借助于转录因子才能结合到启动子上。

所有 RNA Pol II 的最大亚基的 c 端都含有一段由七肽单位(Tyr-Ser-Pro-Thr-Ser-Pro-Ser)串联重复形成的一个尾巴,称为羧基末端结构域(carboxyl terminal domain,CTD)。酵母的 Pol II 的 CTD 有 27 个 7 肽重复,小鼠有 52 个重复,人类有 53 个重复。CTD 通过一个连接区与酶的主体相连接,Pol I 和 Pol III 均无此重复序列。

2. RNA pol I 所负责的基因转录

RNA pol I 只转录 rRNA 一种基因,包括 5.8S、18S 和 28S rRNA。三种 rRNA 的基因(rDNA)成簇存在,共同转录在一个转录产物上(45S rRNA),45S rRNA 通过转录后加工反应可分别得到三种 rRNA。

(1)转录的基因启动子。

RNA pol I 的启动子主要由两部分组成。人的 RNA pol I 的启动子。在转录起始位点的上游有两部分序列:①核心启动子(core promoter)位于 -45~+20 的区域内,这段序列就足以使转录起始。这种启动子通常是富含 GC,仅有的保守序列元件则是一个富含 A-T 的短序列元件,环绕着起始点,我们称之为 Inr。②在核心启动子上游 -180~-107 有一序列,称为上游调控元件(upstream control element,UCE),可大幅度提高核心启动子的转录起始效率。

核心启动子和 UCE 的序列高度同源,约有 85% 的序列相同。都富含 GC,但在转录起始点附近却倾向于富含 AT,以使 DNA 双链更容易解链。

(2)转录因子。

RNA pol I 起始转录需要两种辅助因子即 UBF(UCE 结合因子,UCE binding factor)和 SL1(选择因子 1,selectivity factor 1)。

UBF 由一条多肽链组成,可特异地识别核心启动子和 UCE 中富含 GC 对的区域。UBF 与 RNA pol I 相互作用可识别不同来源的模板,如鼠的 UBF1 和 RNA pol I 可识别人的基因。

SL1 由四个亚基组成,其中一个是 TBP(TATA 盒结合蛋白),另三个是 TAF(TBP 相关因子,TBP associated factor)。RNA pol I 的 TBP 种间保守性很强,负责与 RNA pol 相互作用的。SL1 类似于原核生物的 σ 因子,可与启动子特异的结合,并可保证 RNA pol(包括 I、II 和 III)定位于转录起始位点。SIA 有种属特异性,即人的 SL1 不能识别鼠的基因的核心启动子和 UCE,反之亦然。SL1 单独并没有识别特异 DNA 序列的功能,在 UBF 和 DNA 结合后,SL1 才可结合上来。只有当两种辅助因子与 DNA 结合后,RNA pol I 才能与核心启动子结合,开始起始转录。

(3)转录起始、延伸和终止。

RNA pol I 的转录起始复合物的装配分三步:①两个 UBF 分别特异性地结合到上游控制

元件(UCE)和核心启动子上。通过 UBF 蛋白质的相互作用,使 UCE 与核心启动子之间的 DNA 形成环状结构;②SL1 结合到 UBF-DNA 复合物上;③当 SIA 和 UBF 结合后,RNA pol Ⅰ 就结合到核心启动子上。原来结合于核心启动子的 UBF 直接作用于 RNA pol Ⅰ,而结合于 UCE 的 UBF 再与前一个 rRNA 基因单元中的 UBF 接触结合,并发生相互作用,两个位点间的 DNA 序列成环(图 5-19)。

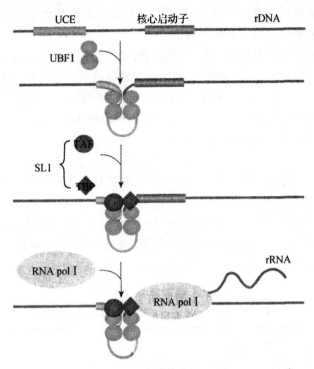

图 5-19 RNA pol Ⅰ 负责的转录(Watson et al. ,2005)

3. RNA polⅡ所负责的基因转录

RNA polⅡ负责催化 mRNA、具有帽子结构的 snRNA 和某些病毒 RNA 的转录。此类基因的转录最为复杂。

(1)转录基因的启动子结构和调控元件。

RNA polⅡ的启动子位于转录起始点的上游,由多个短序列元件组成。该类启动子属于通用型启动子,即在各种组织中均可被 RNA polⅡ所识别,没有组织特异性。

经过比较多种启动子,发现 RNA polⅡ的启动子有一些共同的特点,在转录起始点的上游有三个保守序列,又称为元件(element)。

1)TATA 框(TATA box):TATA 框位于 -25 处,又称 Hogness 框或 Goldberg-Hogness 框,一致序列为 $T_{85}A_{97}T_{93}A_{85}A_{63}A_{83}A_{50}$。是三个元件中转录起始效率最低的一个。虽然有些 TATA 框的突变不影响转录的起始,但可改变转录起始位点。这说明 TATAM 具有定位转录起始点的功能。将 TATAM 反向排列,也可降低转录的效率。TA—TA 框周围为富含 GC 对的序列,可能对启动子的功能有重要影响。它和原核生物的启动子有些相似。但有些启动子中缺少 TATAM。

2)CAAT框(CAAT box):CAAT框位于转录起始点上游的-75 bp处,一致序列为GGC(T)CAATCT,因其保守序列为CAAT而得名。CAAT框内的突变对转录起始的影响很大,说明它决定了启动子起始转录的效率及频率。对于启动子的特异性,CAAT框并无直接的作用,但它的存在可增强启动子的强度。

3)GC框(GC box):GC框位于-90 bp附近,核心序列为GGGCGG,一个启动子中可以有多个拷贝,并且可以正反两个方向排列。GC框也是启动子中相对常见的成分。

(2)增强子和沉默子对基因转录的影响。

除了启动子以外,近年来发现还有另一序列与转录的起始有关。它们不是启动子的一部分,但能增强或促进转录的起始,除去这两段序列会大大降低这些基因的转录水平,若保留其中一段或将之取出插至DNA分子的任何部位,就能保持基因的正常转录。因此,称这种能强化转录起始的序列为增强子或强化子(enhancer)。另外还有一种和增强子起相反作用的DNA序列,被称为沉默子(silenter),它可以抑制基因的转录。

(3)转录因子。

参与蛋白质基因转录的转录因子有两类:一类为基础转录因子或普通转录因子,另一类属于特异性转录因子。前者是所有的蛋白质基因表达所必需,后者为特定的基因表达所必需。

基础转录因子是广泛存在于各类细胞中的DNA结合蛋白,一般是指RNA polⅡ催化基因转录所必需的蛋白质因子。它们是在基因启动子上构成转录复合物的基本组分,属于组成型的转录因子,一般简写为TFⅡ。目前认识较多的有TFⅡA、B、D、E、F、H、S等。它们的一般特性见表5-5所示。

表5-5 RNA polⅡ所需要的部分基础转录因子

转录因子	亚基数目	功能
TFⅡD	1TBP	与TATA盒结合
	12TAFs	调节功能
TFHⅡA	3	稳定TBP与启动子的结合
TFⅡB	1	招募RNA polⅡ,确定转录起始点
TFⅡF	2	和RNA polⅡ结合,促进聚合酶与启动子的结合,确定转录起始过程中模板的位置
TFⅡH	9	具有ATP酶、解链酶、CTD激酶活性,促进启动子解链和清空
TFⅡE	2	协助招募TFⅡH,激活TFⅡH,促进启动子的解链
TFⅡS	1	刺激RNA polⅡ的剪切活性,提高转录的忠实性
TFUG	未知	作用类似于TFⅡA
TFⅡI	未知	能与起始位点相互作用

(4)介导因子。

介导因子(mediator)是在纯化RNA polⅡ时得到的与CTD结合的复合物,约由20种蛋白质组成,是转录预起始复合物的成分。它们在体外能够促进转录5~10倍,刺激CTD依赖于TFⅡH的磷酸化反应提高30~50倍。

介导因子的组分有两类：一类是 SRB 蛋白，它们直接与 CTD 结合，可校正 CTD 的突变；另一类是 SWI/SNF 蛋白，其功能是破坏核小体的结构，促进染色质的重塑。

（5）转录起始、延伸和终止。

转录的起始是各种转录因子和 RNA pol Ⅱ 按照一定的次序，通过招募的方式形成预转录起始复合物（preinitiation complex，PIC）的过程。转录因子和 RNA pol Ⅱ 与启动子结合的次序可能是：TF Ⅱ D→TF Ⅱ A→TF Ⅱ B→TF Ⅱ F＋RNA pol Ⅱ →TF Ⅱ E→TF Ⅱ H，具体可见图 5-20 所示。

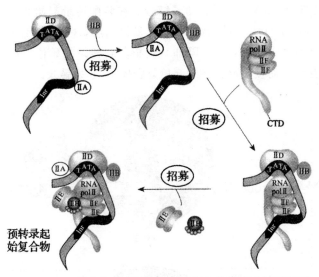

图 5-20　RNA pol Ⅱ 负责的基因预转录起始复合物的形成（杨荣武等，2007）

RNA pol Ⅱ 催化的转录终止于一段终止子区域，终止子的性质以及它如何影响终止还不清楚。但已有证据表明，与 RNA pol Ⅱ 最大亚基 CTD 结合的、参与加尾反应的 CPSF 和 CStF 可能在调节终止反应中起作用。

4. RNA pol Ⅲ 所负责的基因转录

RNA 聚合酶Ⅲ是三种 RNA 聚合酶中最大的一种，至少由 16 种不同的亚基组成，负责多种细胞核和细胞质小 RNA 的转录，包括 5s rRNA、tRNA、U6 snRNA 和 7SL RNA 等。

（1）tRNA 基因的转录。

tRNA 基因的启动子位于转录起始位点之后，属于内部启动子，由两个非常保守的序列构成，分别被称为 A 框（5′-TGGCNNAGTGG-3′）和 13 框（5′-GGTTCGANNCC-3′）。同时这两个序列还编码 tRNA 的 D 环和 TφC 环，这意味着 tRNA 基因内的两个高度保守序列同时也是启动子序列。

转录因子 TF Ⅲ C 负责与 tRNA 基因启动子的 A 框和 B 框结合，TF Ⅲ C 是一个很大的蛋白质复合体，由 6 个亚基构成，其大小相当于 RNA 聚合酶Ⅲ。TF Ⅲ B 在 TF Ⅲ C 的作用下结合到 A 框上游约 50 bp 的位置，促使 RNA 聚合酶Ⅲ与转录起始位点结合并起始转录。TF Ⅲ B 没有序列特异性，它的结合位点由 TF Ⅲ C 在 DNA 上的结合位置决定。体外研究表明，酵母 TF Ⅲ B 与模板结合后，即使在转录系统中除去 TF Ⅲ C，TF Ⅲ B 也能够单独募集 RNA 聚合酶重新起始 tRNA 基因的转录，因此，TF Ⅲ C 是一个指导 TF Ⅲ B 在 DNA 分子上定位的装配因子，TF Ⅲ B 则是指导 RNA 聚合酶Ⅲ与 DNA 结合的定位因子。TFⅢB 由三个亚基组成,其中一个是为三种 RNA 聚合酶的通用转录因子所共有的 TBP。

(2)5S rRNA 基因的转录。

与 RNA 聚合酶Ⅰ转录的 rRNA 基因一样,5S rRNA 基因也是串联排列形成基因簇。在人类基因组中有一个大约由 2000 个 5S rRNA 基因组成的基因簇。5S rRNA 基因的启动子位于转录起始位点下游、转录区的内部,也是内部启动子。启动子被分成 A 框和 C 框两个部分,A 框位于+50～+65,C 框位于+81～+99。

TFⅢc 不能直接与 5S rRNA 基因启动子结合。在装配转录起始复合体时,首先是 TFⅢA 与启动子的 C 框结合(图 5-21)。TFⅢA 由一条多肽链组成,含有锌指结构。TFⅢ A 与启动子结合后招募 TFⅢC 与启动子结合,随后 TFⅢB 被招募到转录起始位点附近。最后,RNA 聚合酶通过与 TFⅢB 相互作用而被招募到转录起始复合体中,起始转录。

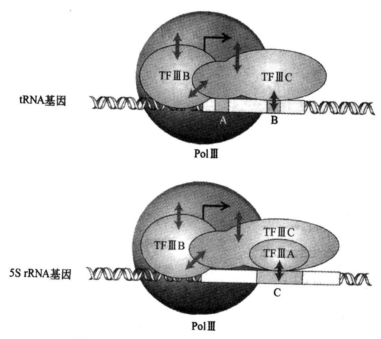

图 5-21　tRNA 和 5SrRNA 的启动子及转录因子

(3)人类 U6 snRNA 基因的转录。

U6 snRNA、7SK RNA、7SL RNA 基因的启动子位于转录起始位点的上游,属于外部启动子。这类启动子含有三种元件,分别是紧靠在起始位点上游的 TATA 框,以及 TATA 上游的近端序列元件(proximal sequence element,PSE)和远端序列元件(distal sequenceelement,DSE)。DSE 的作用是募集转录激活因子 Oct-1。与 DSE 结合的 Oct-1 促进 snRNA 激活蛋白复合体(snRNA activating protem complex,SNAP)与 PSE 结合。然后,TFⅢB 在 SNAPc 的介导下,通过其 TBP 亚基与启动子的 TATA 框结合。实际上 TBP 就是识别 TATA 框的亚基,TFⅢB 中的其他亚基称为 TBP 关联因子(TBP associated factor,TBF)。TBP 及其相关蛋白的作用是保证 RNA 聚合酶Ⅲ的准确定位。

(4)RNA PolⅢ转录的终止。

RNA 聚合酶Ⅲ负责三类 RNA 的合成。尽管这三类基因的启动子结构各不相同,但是它们的终止子序列是一致的,为一串长度不同的胸腺嘧啶核苷酸。RNA 聚合酶Ⅲ能够精确、有效地识别这段富含 T 的一致序列,并终止转录。终止反应主要由 PolⅢ两个特有的亚基 C37 和 C53 介导。C37-C53 异二聚体能够降低 PolⅢ的转录速度,延长其在终止子序列处的停顿时间,这有利于新生 RNA 链的释放。缺少 C37-C53 异二聚体的 PolⅢ不能有效终止 RNA 的合成,造成终止子的通读。

PolⅢ基因的转录效率非常高,原因是 PolⅢ基因的转录的终止与重新起始是相关联的。PolⅢ在终止第一轮转录后,并不与模板脱离,而是以更快的速度起始同一转录单位的再次转录。

5. 转录调控

由 RNA 聚合酶和通用转录因子组成的转录机器其功能是起始转录,这对于所有 mRNA 的转录都是一致的。但是单独这样的一个转录机器只是进行低水平的基础转录,而一些基因的实际转录水平要比基础水平高许多倍,原因是称为激活剂的基因特异的转录因子作用的结果。这些起激活作用的转录因子通常结合位于转录起始子上游或下游的称为增强子的 DNA 序列,该序列也称为增强子元件。有增强转录的,当然也就有削弱转录的序列,这样的序列称为沉默子。

无论是增强子还是沉默子,都是通过基因特异的转录因子蛋白质介导起作用的,图 5-22 给出了上游增强子元件通过特异转录因子使 DNA 成环增强转录的典型例子。首先转录因子 TFI-ID 与 RNA 聚合酶Ⅱ分别与 TATA 框和起始子结合,并且相互作用形成前起始复合物。特异的转录因子与位于基因上游的增强子结合,增强子序列回转使得增强子元件和与它结合的转录因子能够接触前起始复合物,两者之间的相互作用激活转录起始。

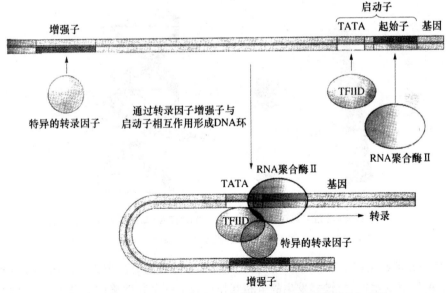

图 5-22　DNA 成环导致增强子和特异转录因子接触前起始复合物

(1)应答元件。

可以按照一般对特定代谢因素的响应将某些转录调控机制进行分类,响应这些因子的增强子被称为应答元件。例如,热激元件、糖皮质素应答元件、金属应答元件和 cAMP 应答元件。这些应答元件都与在一定细胞条件下产生的转录因子结合,并激活几个相关的基因。

例如,温度升高导致特异的热激转录因子生成,HSE 与之结合使相关基因激活。糖皮质素经扩散通过脂双层,与胞质溶胶中的糖皮质素受体结合,受体构象发生变化变成转录因子,经转运进入细胞核与 DNA 上特定的 GRE 结合激活基因转录。当细胞中 cAMP 水平升高时,使依赖于 cAMP 的蛋白激酶活化,该激酶再将细胞内 cAMP 应答元件结合蛋白磷酸化,CREB 结合 CRE 并激活相关的基因。表 5-6 给出了 3 种了解得比较清楚的应答元件。

表 5-6 3 种应答元件及其特点

应答元件	生理信号	共有序列	转录因子	分子质量(ku)
HSE	热激	CNNGAANNTCCNNG	HSTF	93
GRE	存在糖皮质素	TGGTACAAATGTTCT	糖皮质素受体	94
CRE	cAMP	TGACGTCA	CREB	43

注:N 代表任意核苷酸。

转录因子通过类似于前面蛋白质和酶结构中看到的氢键、静电引力和疏水作用与 DNA 相互作用。激活或抑制 RNA 聚合酶Ⅱ转录的大多数转录因子都含有两个功能域:一个是 DNA 结合域,也称为 DNA 结合基序;另一个是转录激活域。

(2)DNA 结合域。

DNA 结合域分为螺旋-转角-螺旋、锌指和亮氨酸拉链基序 3 种主要类型,这些结构域通常都是与 DNA 双螺旋的大沟作用。

1)螺旋-转角-螺旋。由两个 α-螺旋和一个 β-转角组成,如图 5-23 所示。

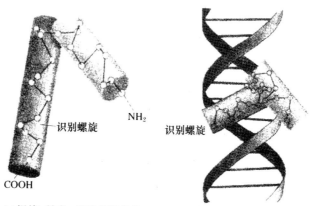

(a)螺旋-转角-螺旋基序结构　　(b)HTH与DNA双螺旋大沟作用

图 5-23　螺旋-转角-螺旋基序

羧基端的 α-螺旋是识别螺旋,与 B-型 DNA 的大沟特异结合。识别螺旋的氨基酸残基侧链可以与 DNA 形成疏水键、氢键和发生静电相互作用。另一个 α-螺旋中的氨基酸残基和 DNA 中的磷酸戊糖骨架发生非特异性结合。

2)锌指。1985 年,在进行 DNA 聚合酶Ⅲ的转录因子 TFⅢA 的氨基酸序列分析时,发现了 9 个重复的 30 个氨基酸残基序列,每个序列都含有一个由两个 Cys 和两个 His 通过配位键与 Zn^{2+} 结合形成的四面体结构,因为配位使得 Cys20 和 His33 之间的 12 个氨基酸残基突出成环,像个手指,所以这样的 DNA 结合域形象地被称为锌指,如图 5-24(a)所示。

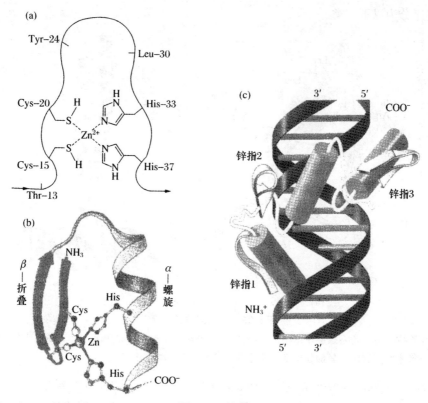

图 5-24　锌指

不同转录因子的锌指数目可从 2 个变化到 30 个以上,组成锌指串联的结构域。由两个 Cys 和两个 His 与 Zn^{2+} 配位的锌指也称为 C_2H_2 型锌指。还有一种 C_2C_2 型锌指,是 4 个 Cys 与 Zn^{2+} 配位。

单个锌指的二级结构含有一个 α-螺旋和一个 β 折叠片,如图 5-24(b)所示。含锌指结构的转录因子都是通过锌指的 α-螺旋与 DNA 双螺旋大沟作用来影响转录,如图 5-24(c)所示。

3)亮氨酸拉链。第三类 DNA 结合域是亮氨酸拉链基序,该结构基序是一个由两个 α-螺旋形成的两亲性的卷曲螺旋型 α-螺旋,CREB 等许多转录因子都含有这种基序。亮氨酸拉链基序的最大特点是在 30~40 个氨基酸残基中每隔 6 个残基就出现一个 Leu。因为 α-螺旋中每一转含有 3.6 个氨基酸残基,所以第 7 个残基基本上是处于 α-螺旋的同一侧,如图 5-25(a)所示。

位于两个 α-螺旋上的 Leu 相互靠近,通过疏水键相互作用使两个 α-螺旋缠绕在一起形成左手螺旋结构,一个 α-螺旋上的 Leu 压在另一个相邻 α-螺旋 Leu 的上面,像拉链那样交织在一起形成一个二聚体,这样的结构形象地称之为亮氨酸拉链。带有亮氨酸拉链的转录因子通常都是以二聚体存在,二聚体除了富含 Leu 形成卷曲螺旋的部分外,还含有富含 Lys、Arg 和 His 碱性氨基酸的亲水区。二聚体通过亲水区与 DNA 的糖-磷酸骨架之间的静电相互作用与 DNA 的大沟结合影响转录,如图 5-25(b)所示。

(3)转录激活域。

上述三种 DNA 结合域是直接参与转录因子对 DNA 的结合,但并不是所有转录因子都直接结合 DNA,其中有些是与其他转录因子结合,并不与 DNA 接触。例如 CBP(CREB 结合蛋白)就是起着 CREB 和 RNA 聚合酶Ⅱ起始复合物之间桥梁的作用。这些转录因子所依靠的识别其他蛋白的基序分为以下三类。

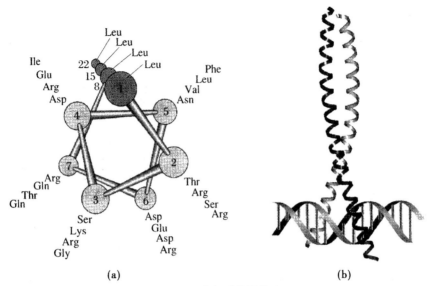

图 5-25　亮氨酸拉链基序

(a)亮氨酸拉链中一条 α-螺旋轮结构的俯视图,Leu 出现在 α-螺旋的第 1、8、15、22 位置上,排列在螺旋一侧,形成一个疏水"脊";(b)亮氨酸拉链通过亲水区与 DNA 的大沟结合

1)富含酸性氨基酸的酸性结构域。例如,Cal4 蛋白含有一个由 49 个氨基酸组成的结构域,其中 11 个是酸性氨基酸。Cal4 蛋白是酵母中一个激活参与代谢半乳糖的基因的转录因子。

2)富含谷氨酰胺的结构域。例如,SpI 含有两个富含谷氨酰胺的结构域,其中由 143 个氨基酸残基组成的结构域中就含有 39 个谷氨酰胺。该转录因子靠近 C 端有 3 个锌指,借助于锌指与共有序列为 GGGGCGG 的 GC 框的 DNA 结合位点结合,激活转录。SpI 是一种作用于高等真核生物很多基因的结合 DNA 的反式激活因子。

3)富含脯氨酸的结构域。例如,转录因子 CTF-I 有一个由 84 个氨基酸组成的结构域,其中就含有 19 个脯氨酸。CTF-I 是一类识别 CCAAT 框并与之结合的一个转录因子,它的 N 端结构域有调控某些基因转录的功能,而 C 端结构域通过脯氨酸重复区与组蛋白结合,参与组蛋白的乙酰化。

5.2.3　RNA 病毒 RNA 的合成

RNA 复制是以 RNA 为模板合成 RNA 的过程,它发生在许多 RNA 病毒的生活史之中,由依赖于 RNA 的 RNA pol(RNA-dependent RNA polymerase,RdRP)催化。RdRP 又名 RNA 复制酶(replicase),一般由病毒基因组编码,但有可能还需要宿主细胞编码的辅助蛋白。例如,Qβ 噬菌体的复制酶由 4 个亚基组成,只有 1 个亚基由自身基因组编码,其他 3 个亚基分别是宿主细胞的 S1 核糖体蛋白、翻译延伸因子 EF-Tu 和 EF-Ts。所有的 RdRP 都具有保守的结构基序,只有聚合酶活性,没有核酸酶活性。

RNA 复制的过程与转录相似,但也有一些不同于转录的特点。

1)RNA 复制绝大多数发生在宿主细胞的细胞质,少数在细胞核。由于基因组 RNA 有单链和双链之分,而单链 RNA 又有正链和负链两种,其 RdRP 和复制的机制有所不同,但复制的方

向均为 $5'→3'$。RdRP 对放线菌素 D 一般不敏感,但对核糖核酸酶敏感。

2)RNA 复制绝大多数在模板的一端从头启动合成,少数需要引物,引物为共价结合的蛋白质或 $5'$-帽子。

3)RdRP 只有聚合酶活性,没有核酸酶活性,缺乏核酸酶提供的校对能力,其错误率比 DNA 聚合酶高约 10^4 倍。如此高的错误率导致 RNA 病毒很容易发生突变,其进化速率比 DNA 病毒快 10^4 倍。RNA 病毒的基因组较小,绝大多数在 5~15 kb,少数大于 30 kb,而基因组越大,复制出错的机会越大。因为 RNA 病毒的基因组序列变化较快,治疗 RNA 病毒的药物和疫苗很容易失效。

由于基因组 RNA 有单链和双链之分,而单链 RNA 又有正链和负链两种,所以不同 RNA 病毒基因组 RNA 复制的细节有所不同。

1. 双链 RNA 病毒的 RNA 复制

双链 RNA 病毒在感染宿主细胞后,其基因组 RNA 不能用作 mRNA,因此在病毒包装的时候就将 RdRP 包装到病毒颗粒之中,以便在病毒进入宿主细胞之后能够通过转录合成 mRNA。

目前对于这一类病毒基因组复制的机理知道的并不多,研究较多的是轮状病毒(rotaviruses)。轮状病毒都有双层的衣壳结构,在进入宿主细胞以后,外层衣壳因为蛋白酶的水解而脱去,而在细胞质留下裸露的核心颗粒。在颗粒内部的 RdRP 催化下,以双链 RNA 的负链作为模板,转录出带有帽子结构、但没有 PolyA 尾巴的单顺反子 mRNA,其大小与正链相同。在转录过程中,mRNA 伸入到细胞质之中与核糖体结合进行翻译。翻译产物有结构蛋白和 RdRP。它们与 mRNA 结合形成病毒质(viroplasm),然后再组装成非成熟的病毒颗粒,在颗粒内部以 mRNA 为模板,合成负链 RNA,形成双链 RNA。

2. 单链 RNA 病毒的 RNA 复制

(1)正链 RNA 病毒的 RNA 复制。

这一类病毒的基因组 RNA 与 mRNA 同义(如脊髓灰质炎病毒),可直接用作 mRNA。一旦病毒进入宿主细胞,基因组 RNA 被作为模板,进行翻译。而基因组 RNA 的复制由 RdRP 催化,经过互补的基因组(antlgenomlc)负链 RNA 中间物,再合成出新的基因组 RNA(图 5-26)。以 SARS 病毒(severe acute resplratory syndrome virus)为代表的冠状病毒(corona virus)为例,其 RNA 复制的基本步骤包括(图 5-27):

①在病毒感染宿主细胞之后,基因组 RNA 上的 RdRP 基因立即被翻译;

②翻译好的 RdRP 催化反基因组 RNA 即负链 RNA 的合成;

③以负链 RNA 作为模板,转录一系列 $3'$-端相同、但 $5'$-端不同的亚基因组 mRNA;

④每一个亚基因组 mRNA 只有第一个基因被翻译成蛋白质;

⑤全长的 mRNA 并不与核糖体结合进行翻译,而是作为基因组 RNA 被包装到新病毒颗粒之中。

(2)负链 RNA 病毒的 RNA 复制。

这一类病毒的基因组 RNA 与 mRNA 正好反义,例如麻疹病毒(measles virus)和流感病毒(influenza virus),因此在病毒进入宿主细胞之后,必须拷贝成与其互补的正链 RNA 以后,才能制造出病毒蛋白。于是,在新病毒颗粒装配的时候,需要将 RdRP 包装到病毒颗粒中,以便在病毒进入新的宿主细胞之后能够迅速转录出 mRNA。

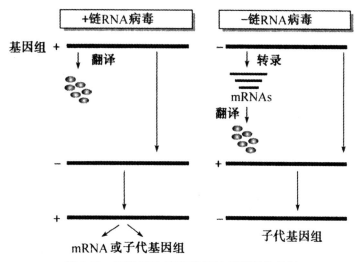

图 5-26　正链 RNA 和负链 RNA 基因组的复制

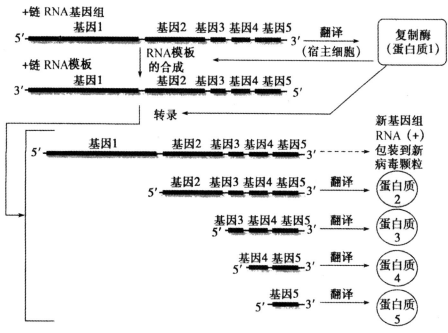

图 5-27　正链 RNA 病毒的复制

以禽流感病毒(avianinfluenza virus,AIV)为例,其基因组由 8 股 RNA 节段构成,分别编码不同的蛋白质,图 5-28 为流感病毒的生活史,共由以下 7 个阶段组成:

①病毒通过受体介导的内吞方式进入宿主细胞;

②进入宿主细胞的病毒颗粒脱去外面的衣壳,释放出 8 股基因组 RNA;

③基因组 RNA 进入细胞核,被转录成 mRNA;

④一部分 mRNA 从宿主细胞 mRNA 中"窃"得帽子结构以后进入细胞质进行翻译,得到各种蛋白质产物 NS1、NS2、PB1、PB2、PA、NP、M1、M2、HA 和 NA,其中 HA 和 NA 在粗面内质

网上翻译,经过高尔基体转运到细胞膜;

⑤一部分 mRNA 作为模板,复制出 8 股基因组 RNA;

⑥8 股基因组 RNA 先与进入细胞核的病毒蛋白 PBl、PB2、PA 和 NP 形成复合物,然后离开细胞核进入细胞质,被含有 HA 和 NA 的质膜包被,装配成新的病毒颗粒;

⑦新的病毒颗粒通过出芽的方式释放出来。

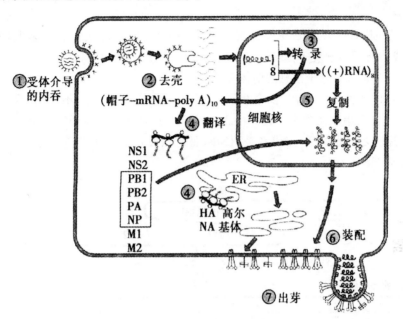

图 5-28　流感病毒的生活史

3. 无模板的 RNA 合成

多核苷酸磷酸化酶(polynucleotide phosphorylase)可以催化由核苷二磷酸随机聚合成多核苷酸链的反应,反应不需模板,产物的碱基组成取决于核苷二磷酸的种类和相对比例。迄今只在细菌中得到多核苷酸磷酸化酶,该酶在体内的功能可能是分解 RNA。1955 年 Ochoa 发现该酶在体外可随机聚合生成 RNA,科学工作者随即利用该酶以不同比例的 2 种 NDP 为原料,人工合成 mRNA 作用肽链合成的模板,对比所合成肽链的氨基酸组成和人工 mRNA 中可能的三联体组合,为遗传密码的破译提供了丰富的信息。在科学研究工作中,该酶还可用于合成 polyu 或 polyT 等寡核苷酸链。

5.3　生物 RNA 的转录后加工

5.3.1　原核生物 RNA 的转录后加工

在原核生物中,mRNA 的寿命非常短,有的或大多数半衰期只有几分钟,通常 mRNA 一经转录,就立即进行翻译,一般不进行转录后的加工。这是原核生物基因表达调控的一种手段。但原核生物 rRNA 基因与某些 tRNA 基因组成混合操纵子,其他的 tRNA 基因也成簇存在,并与编码蛋白质的基因组成操纵子,它们在形成多顺反子转录物后,断裂成为 rRNA 和 tRNA 的前体,然后进一步加工成熟。通过比较原核生物成熟的 rRNA 和 tRNA 与其转录产物,可以发现:两种 RNA 成熟分子的 5′端为单磷酸,而原始转录产物为三磷酸;成熟分子比原始转录产物小;成熟分子含有异常碱基,而原始转录产物中没有。因此,rRNA 和 tRNA 的转录产物必然存在着后加工过程。

1. tRNA 前体加工

原核生物的 tRNA(transfer RNA)都有很长的前体分子,转录产物以多顺反子(poly-cis-tron)形式合成。所谓多顺反子,就是编码多个蛋白质或 RNA 的基因组织成一个转录单元,其转录产物 RNA 是含有多个分子信息的前体分子。

tRNA 前体以几种方式存在:多个相同 tRNA 串联排列在一起;不同的 tRNA 串联排列;tRNA 与 rRNA 混合串联排列在一起。由于这几个特点,RNA 前体必须经历加工,完成 tRNA 与一些 RNA 片段之间先切断,完成者是 RNaseⅢ。然后,RNA 片段再进行 5′端、3′端加工,某些碱基进行修饰(图 5-29)。

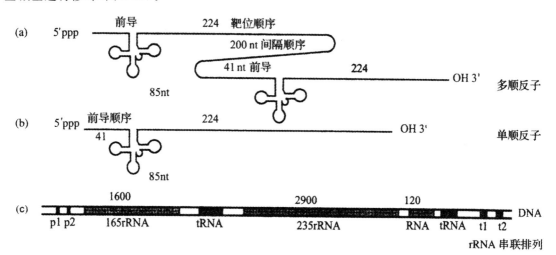

图 5-29　原核细胞三种 tRNA 前体分子

(1)5′端的成熟。

RNaseⅢ把 tRNA 前体切成片段后,tRNA 分子 5′端和 3′端仍有额外的核苷酸。5′端额外的几个核苷酸由 RNaseP 催化切除。RNaseP 来自细菌和真核细胞核。它由两个亚基组成,但与其他二聚体酶不同,它的一个亚基含有 RNA,而不是单单由蛋白质组成。事实上,该酶分子大部分是 RNA,因为酶中 RNA(M1 RNA)的分子量约 125 kD,而蛋白质只有 14 kD。它是一种核糖核蛋白(ribonucleoprotein)。分离纯化后,人们疑虑 RNaseP 酶的哪一部分具有催化活性,是 RNA 还是蛋白质?用 pre-tRNA 作底物,在 20 mmol/L Mg^{2+} 的条件下,RNaseP 的 RNA 部分即 M1 RNA,可以把约一半多的 pre-tRNA 切断,释放出单核苷酸和成熟的 tRNA 分子。现在已经肯定,真核细胞核的 RNaseP 非像原核生物的 RNaseP 酶,都含有 RNA 和蛋白质,其中 RNA 亚基具有催化活性。tRNA 前体的 5′端,大多具有约 40 nt 的核苷酸片段,称为前导序列。RNaseP 不识别特定的序列,而是识别茎环二级结构的内切核酸酶,把 tRNA 前体 5′端额外的核苷酸逐个切除。

(2)3′端的成熟。

tRNA 的 3′端成熟要比 5′端复杂,因为要有 6 种 RNase 共同参与。在离体条件下,这 6 种酶是 RNaseD,RNaseBN,RNaseT,RNasePH,RNase Ⅱ 和多核苷酸磷酸化酶(polynucleotide phosphorylase,PNPase)。每种酶对 3′端加工都是必要的。如果这些基因失活,tRNA 加工就会受阻。所有这些基因失活,将导致细胞致死。而任何一种酶的存在,又足以保证存活和 tRNA 加工成熟。因此 3′端的成熟还有很多疑点。

在细菌中有两类 tRNA 前体,Ⅰ 型分子有 3′端 CCA 尾巴,Ⅱ 型没有 CCA 尾巴。Ⅱ 型的 CCA 是 3′端加工后上去的。

真核生物中所有 tRNA 前体分子都是 Ⅱ 型的。3′端的加工,先由 RNaseⅡ 和多核苷酸磷酸化酶(PNPase)共同作用,除去前体 3′端绝大多数额外的核苷酸,但是剩下两个核苷酸的程度就停止了,结果 3′端有两个额外核苷酸(图 5-30)。

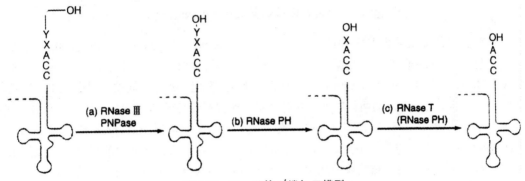

图 5-30　*E. coli* 的 3′端加工模型

遗传学证据也认为 RNase T 和 RNase PH 对 tRNA 3′端正确的成熟十分重要。RNase PH 参与从 3′端除去两个额外核苷酸的加工反应。在缺乏 RNase T 时,RNase PH 就能切除末端的两个核苷酸;但要切除更多的核苷酸,就有困难。与 RNaseH,RNase PH 相比,其他两个酶的重要性就差得多了,或许还未被认识。加 CCA 是由 tRNA 核苷酸转移酶(tRNA Mucleotidyl transferase)来完成的。加上 CCA 的 tRNA 分子才成为有活性的 tRNA。

2. rRNA 前体加工

E. coli 基因组有 7 个 rRNA 的转录单位(操纵子,operon),称为 rrnA～G。它们在染色体上并不紧密连锁。每个 rRNA 操纵子都含有 16S rRNA,23S rRNA,5s rRNA 基因,它们的排列和序列同源性十分保守。并且还含有 tRNA 基因,例如 rrnD 操纵子含有 3 个 tRNA 基因。tRNA 基因在 rrn 中的数量、种类和位置都不固定,或在 16S rRNA 和 23S rRNA 之间的间隔序列(intervening sequence)中,或在 5s rRNA 3′端之后。

如图 5-31 所示,每个转录单位的初始转录产生的是 30SrRNA 前体分子,它必须经过加工,剪切成成熟的 rRNA 分子和 tRNA。所有的转录单位,都有双重启动子(double promoter)P1 和 P2。P1 在 16S rRNA 基因的转录起始位置上游约 150～300 bp,不同 rrn 中可能有不同的距离,可能是整个操纵子的基本启动子。P2 是第二个启动子,在 P1 下游 110 bp。

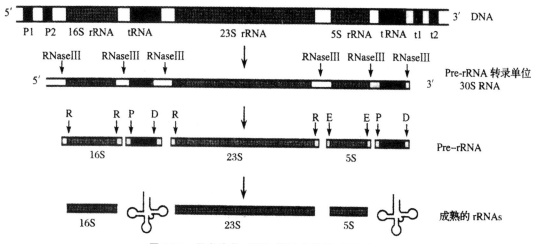

图 5-31　元和生物 rRNA 转录单位及 rRNA 加工

rRNA 前体的加工是由 RNaseⅢ负责的，至少各个大 rRNA 之间的最初切断是由它完成的。其一种证据是 RNaseⅢ基因的缺陷会导致 30S rRNA 前体分子的积累。在比较两个不同的 rRNA 前体分子（来自 rrm X 和 rrm D）的 DNA 序列时，发现 rRNA 之间的间隔序列非常相似，并且 16S rRNA 和 23S rRNA 的两侧序列有互补关系。序列互补性预期 rRNA 前体分子可以形成两个伸展的茎环结构，在 23S rRNA，16S rRNA 各自的 5′端与 3′端可以配对，形成茎环。23S rRNA，16S rRNA 分别在 2900 nt 和 1600 nt 的环内。RNaseⅢ的酶切位点在茎部内的配对区（不是非配对的小泡），呈交叉切断。另一核糖核酸酶 RNase E 与 5S rRNA 从前体分子切出有关。

从 RNaseⅢ酶切得到的 16S 或 23S rRNA 前体分子，其实在各自的 5′端及 3′端尚有额外的核苷酸序列，还需要进一步加工后才能成为成熟的 16S rRNA 或 23S rRNA。在 rrn 操纵子的 16S rRNA 与 23S rRNA 基因之间具有 400～500 bp 的间隔序列，在此有一个或几个 tRNA 基因。例如，有 4 个 rrn 操纵子的这一间隔序列内有单个 tRNA$_2^{Clu}$ 基因。其他 3 个 rrm 操纵子的间隔序列有 2 个 tRNA 基因，（tRNA$_2^{Ile}$ 和 tRN 和 tRNA$_2^{Clu}$）

3. mRNA 前体的加工

一般来说，原核生物 mRNA 很少经历加工过程，基因的初始转录产物即是成熟的 mRNA。初始转录产物边转录边翻译，不存在时空间隔，没有转录后加工的阶段。一个大的多顺反子 mRNA 被翻译成多个蛋白质分子（图 5-32）。但是有少数例外，多顺反子 mRNA 产物先被内切核酸酶切割成较小的单位，然后分别作为翻译的模板，产生各自的蛋白质分子。例如，*E. coli* 位于 89～90 位置的一个操纵子就是后一情况的例子，该操纵子含有 rpU（核糖体大亚基蛋白 L10）、rplL（核糖体大亚基蛋白 L7/L12）、rpoF（RNA 聚合酶 β 亚基）和 rpoC（RNA 聚合酶 β′亚基）4 个基因。操纵子先转录成为多顺反子 mRNA 前体，然后经 RNaseⅢ切割开，4 个基因两两分开，产生两个成熟的 mRNA，各自进行翻译。

另一个例子是 T7 噬菌体早期转录区的 6 个基因，它们共同组成一个转录单位，转录产生多顺反子的大分子 mRNA 前体。前体分子内每个 mRNA 之间分别形成茎环结构。由 RNaseⅢ对茎环结构中茎内不配对的小泡进行酶切，使前体分子酶切成为 6 个成熟的 mRNA，各自进行翻译。

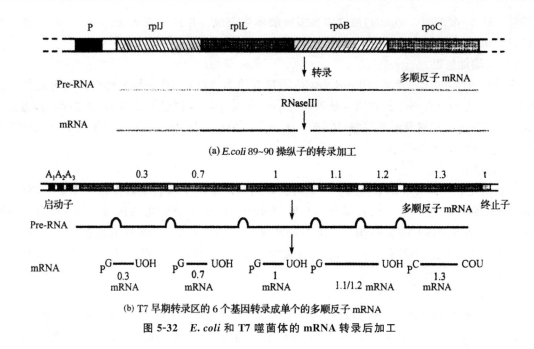

(a) *E.coli* 89~90 操纵子的转录加工

(b) T7 早期转录区的 6 个基因转录成单个的多顺反子 mRNA

图 5-32　*E. coli* 和 T7 噬菌体的 mRNA 转录后加工

5.3.2　真核生物 RNA 的转录后加工

真核生物 tRNA 和 rRNA 前体的加工包括转录初始产物中基因之间间隔序列的除去、内含子的剪接、5′ 和 3′ 端修饰、碱基的修饰等。这些过程需要酶和蛋白质的参与。与原核 tRNA、rRNA 加工相比较，要复杂得多。总体来说，它们属于第二类的剪接方式，不需要小分子 RNA 参与。最初在四膜虫 rRNA 内含子剪接的研究中发现，RNA 分子自身具有剪接的催化功能。后来的研究发现，RNA 剪接依靠其自我剪接作用方式还可以分为 I 型和 II 型。越来越多的例子证实，特定的序列和空间结构的 RNA 具有酶的催化功能。这种非蛋白质具有催化功能的 RNA 称为 ribozyme(核酶)。在本小节中我们将讨论 tRNA 和 rRNA 前体需要酶、蛋白质的加工。而 rRNA 自我剪接的问题将在本章有关小节中讨论。

真核生物 mRNA 前体(pre-mRNA，即 hnRNA)的剪接是非常复杂的反应，由众多的小分子核内 RNA(small nuclear RNA，snRNA)参与，这些 snRNA 与蛋白质因子构成核糖核蛋白体，称为 snRNP。snRNP 在内含子上装配成超分子的剪接体(splicesome)。剪接体具有催化功能，进行内含子的切割和外显子的连接。这个切割、连接的过程称为剪接(splicing)。

1. mRNA 前体加工

与原核系统的 mRNA 很少经历后加工相比，真核细胞的细胞核 mRNA 必须经历多种形式的后加工才会成为成熟的、有功能的分子。真核生物的 mRNA 初始转录物是分子质量很大的前体，在核内加工过程中形成分子大小不等的中间产物，它们被称为核内不均一 RNA(hnRNA)。约有 25% 的这种分子能转变成成熟的 mRNA。

hnRNA 转变成 mRNA 的加工过程主要包括以下几个方面。

(1)5′-端加帽。

真核生物的 mRNA 前体和绝大多数成熟的 mRNA 都具有 5′-端帽子结构(cap structure)。

这些分子的 5′-端加帽(capping)修饰需要多种酶催化完成。并且一般从 mRNA 的 5′-端开始添加帽子结构。

(2)3′-端加尾巴。

多数真核生物(酵母除外)的 mRNA 3′-端具有约为 200 bp 的 polyA 尾巴。具有此特征的 mRNA 表示为 polyA⁺,不具有该特征的写为 polyA⁻。polyA 尾巴不是由 DNA 所编码,而是在转录后由 RNA 末端腺苷酸转移酶(RNA terminal riboadenylate transferase)催化下,以 ATP 为供体,添加到 mRNA 的 3′-端。

(3)剪接。

在各级生物中都存在断裂基因。在低等真核生物的基因中断裂基因仅占很小的一部分,但是在高等真核生物基因组中绝大部分都是断裂基因。断裂基因的初始转录产物称为 pre-mRNA,具有和基因一样的断裂结构。去除初始转录产物的内含子,将外显子连接为成熟 mRNA 的过程称为 RNA 剪接(RNA splicing)。拼接发生在核内,与其他一些修饰同时进行,以产生新合成的 RNA。

(4)编辑。

RNA 编辑是通过核酶在转录后或转录中的 RNA 顺序中增加或缺失或替换一个碱基,改变 mRNA 的信息。最终导致 DNA 所编码的遗传信息的改变。RNA 编辑在哺乳动物细胞核基因组存在局部编辑现象。常常发生单个碱基的替换或转换,需要特殊的核苷酸脱氨酶的催化。

其中,真核生物的 mRNA 前体和绝大多数成熟 mRNA 的 5′-端,都含有以 7-甲基鸟苷(7-methylguanosine,m^7G)为末端的帽子结构(cap structure),帽子是 GTP 和前体 mRNA5′-端三磷酸核苷酸缩合反应的产物。新加上去的 G 与 mRNA 链上所有其他的核苷酸方向正好相反,像一顶帽子倒扣在 mRNA 连上,因此而得名。真核细胞及病毒的 RNA 有 3 种帽子结构形式。帽子 0 没有 2′-甲基—核苷酸,帽子 1 末端的第一个核苷酸为 2′-甲基—核苷酸,帽子 2 末端的第一个和第二个核苷酸为 2′-甲基—核苷酸,图 5-33 所示为 5′-端帽子结构的形成。

2. rRNA 前体转录加工

真核生物的核糖体比原核生物更大,结构也更加复杂。其 rRNA 基因在基因组内成串重复数百次,转录区(transcribed spacer)与非转录区(non-transcribed spacer,NTS)交替,在核仁(nucleolus)区成簇排列。每个 rRNA 基因由 16～18S,5.8S 和 26～28S rRNA 基因组成一个转录单位,彼此被间隔区分开,经 RNA pol Ⅰ 转录产生一个长的 rRNA 前体。不同生物的 rRNA 前体大小不同。

新生的 rRNA 前体与蛋白质结合,形成巨大的前体核糖核蛋白(pre-rRNP)颗粒。已经从哺乳动物细胞核提取了几种大小不同的 pre-rRNP,其中最大的为 80S,剪切过程是在核仁中进行的多个步骤。

大多数真核生物 rRNA 基因无内含子,有些 rRNA 基因有内含子,但转录产物中的内含子可自体催化切除,或不转录内含子序列。例如,果蝇的 285 个 rRNA 基因中有约 1/3 含有内含子,但都不转录。四膜虫(Tetrahymena)的 rRNA 基因和酵母线粒体的 rRNA 基因含有内含子,它们的转录产物可自体催化切除内含子序列。

关于在 rRNA 前体的加工过程中,确定切割位点的机制,目前的观点是 snoRNA 指导的核苷酸修饰,以及 snoRNA 与 rRNA 前体形成的特定立体结构为参与切割的 RNase 提供了识别位点。

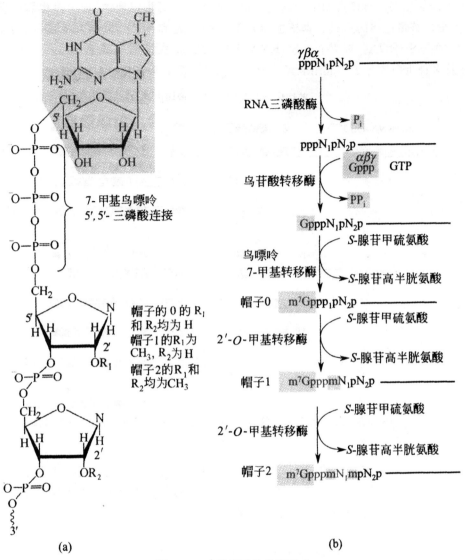

图 5-33　5′-端帽子结构的形成

rRNA 前体的加工的基本步骤如下所述。

(1)剪切。

真核生物有四种 rRNA,即 5.8s、18S、28S 和 5s rRNA。其中,前三者的基因组成一个转录单位,形成 47S 的前体,并很快转变成 45S 前体。真核生物的 rRNA 的成熟过程比较缓慢,所以其加工的中间体易于从各种细胞中分离得到,使得对其加工过程也易于了解。哺乳动物的 45S 前体包含着 18S、28S 和 5.8S rRNA,其长度是三种成熟 rRNA 长度和的 2 倍。

由 45S 前体加工成成熟的 rRNA 有两种方式,一种发现于人的 HeLa 细胞,另一种发现于小鼠的 L 细胞。两种方式中 45S 前体的剪切位点是相同的,只是对剪切位点的剪切顺序不同(图 5-34)。剪切位点一个位于 18S rRNA 的 5′-端,两个位于 18S rRNA 和 5.8S rRNA 间的间隔区,另两个位于 5.8S rRNA 和 28S rRNA 间的间隔区。也可能存在另外的方式。有时在一种细胞中可以发现两种以上的成熟方式。目前还不清楚在剪切位点断裂后是否就产生成熟的末端,还是要经进一步的加工。对负责加工的酶类也知之不多。但可肯定地说,加工过程需要蛋白质的参与,可能形成核蛋白体的形式。真核生物的 5S rRNA 是和 tRNA 转录在一起的,经加工处理后成为成熟的 5S rRNA。成熟的 5S rRNA 无需加工就从核质转移到核仁,与 28S 和 5.8S rRNA 以及多种蛋白质分子一起组装成为核糖体大亚基后,再转移到胞质。

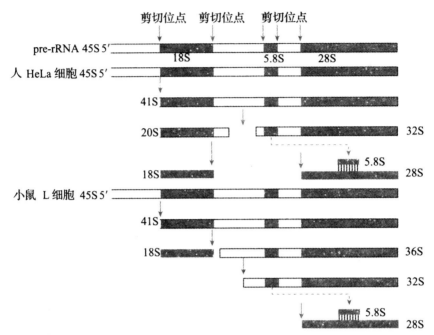

图 5-34　人 HeLa 细胞核小鼠 L 细胞的 rRNA 前体转录后的不同加工方式 (赵亚华,2004)

(2)拼接。

四膜虫 35S rRNA 前体,经加工可以生成 5.8S、17S 和 26S rRNA。某些品系的四膜虫在其 26S rRNA 基因中有一个内含子,35S rRNA 前体需要拼接除去内含子。该拼接过程只需一价和二价阳离子和鸟苷酸(提供 3′-OH),无需能量和酶。

(3)化学修饰。

真核生物 rRNA 的甲基化程度比原核甲基化程度高。哺乳动物 rRNA 的 45S 前体共有 110 多个甲基化位点,在转录过程中或以后被甲基化。甲基基团主要是加在核糖的 2′-OH 处。这些甲基化位点在加工后仍保留在成熟的 rRNA 中,其中,18S rRNA 上有 39 个;74 个在 28S rRNA 上。这表明甲基化是 45S 前体上最终成为成熟 rRNA 区域的标志。甲基化的位置在脊椎动物中是高度保守的。此外,rRNA 前体中的一些尿嘧啶核苷酸通过异构作用可转变为假尿嘧啶核苷酸。

3. tRNA 前体加工

tRNA 前体除了在 5′-端和 3′-端含有多余的核苷酸序列以外,有些还具有小的内含子。成熟的 tRNA 被高度修饰,并且它们的 3′端的 CCA 序列是 tRNA 前体所没有的。因此,真核生物 tRNA 前体的后加工方式包括剪切、修剪、碱基修饰、添加 CCA 和拼接(图 5-35),其中 tRNA 拼接则是真核系统所特有的后加工方式。

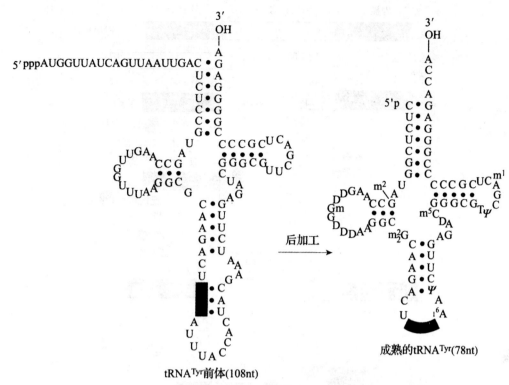

图 5-35　含有内含子的 tRNA^{Tyr} 前体的转录后加工 (杨荣武, 2007)

酵母 tRNA 约有 400 个基因, 有内含子的基因约占 1/10, 内含子长度 14～46 bp, 没有保守性。切除内含子的酶识别的是 tRNA 的二级结构, 而不是识别保守序列。图 5-36 所示为酵母 tRNA 拼接过程: ①切除内含子; ②RNA 连接酶将两个 tRNA 半分子连接; ③2′-磷酸的去除。

(1)内含子的切除。

这一步不需要 ATP, 由特定的内切酶催化, 产物是分别具有 2′, 3′-环磷酸和 5′-OH 的两个半 tRNA 分子以及具有 5′-OH 和 3′-P 的线状内含子序列。由于 tRNA 前体已形成了三叶草二级结构, 所以失去内含子的两个半分子 tRNA 通过受体茎的碱基配对仍然结合在一起。

(2)两个半分子 tRNA 的连接。

这一步需要 ATP, 主要由 RNA 连接酶催化。第一步反应产生的两个半分子 tRNA 不是连接酶的正常底物, 因此需要对它们进行加工。加工需要两种酶: 一种是环磷酸二酯酶, 负责打开 5′-tRNA 半分子 3′-端的 2′, 3′-环磷酸, 以游离出 3′-OH; 另一种是 GTP-激酶, 负责将另一个半分子 tRNA 的 5′-OH 转变成 5′-磷酸。一旦两个半分子 tRNA 被加工好, tRNA 连接酶就将其连接起来, 使其成为一个完整的 tRNA 分子。

(3)2′-磷酸的去除。

拼接好的 tRNA 分子还含有一个多余的 2′-磷酸, 这需要磷酸酶将其水解下来。一种依赖于 NAD$^+$ 的 2′-磷酸转移酶可将 2′-磷酸转移给 NAD$^+$, 产生成熟的 tRNA、ADP-核糖-1′, 2′-磷酸和尼克酰胺。

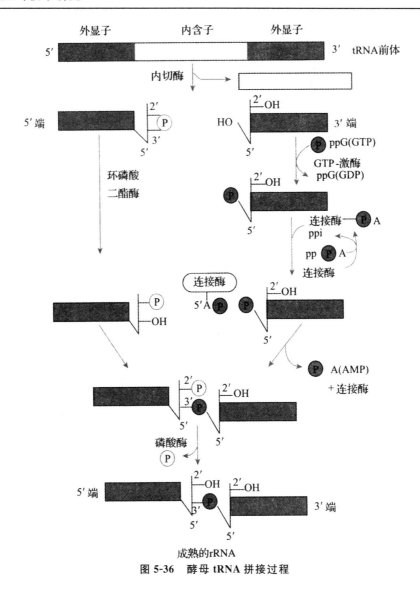

图 5-36　酵母 tRNA 拼接过程

5.4　RNA 生物合成的选择性抑制

5.4.1　碱基类似物

有些人工合成的碱基类似物能干扰和抑制核酸的合成。其中重要的有：6 巯基嘌呤、硫鸟嘌呤、2,6-氨基嘌呤、8-氮鸟嘌呤、5-氟尿嘧啶及 6-氮尿嘧啶。其结构式如下：

6-巯基嘌呤　　　硫鸟嘌呤　　　2,6-二氨基嘌呤　　　8-氮鸟嘌呤　　　5-氟尿嘧啶　　　6-氮尿嘧啶这些碱基类似物在生物体内的作用方式有以下两类。

1)作为代谢拮抗物,直接抑制核苷酸生物合成有关酶类,如 6-巯基嘌呤进人体内后,在酶催化下与 5-磷酸核糖焦磷酸反应,或经其他途径,可变为巯基嘌呤核苷酸,在核苷酸水平上抑制嘌呤核苷酸的合成。具体有两种作用:一是抑制次黄嘌呤核苷酸转变为腺嘌呤核苷酸和鸟嘌呤核苷酸;另一是通过反馈抑制 5-磷酸核糖焦磷酸与谷氨酰胺反应生成 5-磷酸核糖胺。6-巯基嘌呤可作为重要的抗癌药物,临床上用于治疗急性白血病和绒毛膜上皮癌等。此类物质一般需转变为相应的核苷酸才能表现出抑制作用。

2)通过掺入到核酸分子中去,形成异常 RNA 或 DNA,从而影响核酸的功能并导致突变。5-氟尿嘧啶类似尿嘧啶,可进入 RNA,与腺嘌呤配对或异构成烯醇式与鸟嘌呤配对,使 A-T 对转变为 G-C 对。因为正常细胞可将其分解,而癌细胞不能,所以可选择性抑制癌细胞生长。

5.4.2　DNA 模板功能的抑制剂

1. 烷化剂

烷化剂抑制物有氮芥、磺酸酯、氮丙啶等。这些物质中带有活性烷基,能使 DNA 烷基化。鸟嘌呤烷化后易脱落,双功能烷化剂可造成双链交联,磷酸基烷化可导致 DNA 链断裂。烷化剂通常有较大毒性,引起突变或致癌。有些能较有选择地杀伤肿瘤细胞,在临床上用于治疗恶性肿瘤。例如,环磷酰胺在体外几乎无毒性,但进入肿瘤细胞后受磷酰胺酶的作用水解成活性氮芥,用于治疗多种癌症。苯丁酸氮芥含有较多的酸性基团,不易进入正常细胞,而癌细胞因酵解作用旺盛,积累大量乳酸使 pH 降低,故容易进入癌细胞。环磷酰胺和苯丁酸氮芥的结构式如下:

环磷酰胺　　　　　　　　　　　　　　苯丁酸氮芥

2. 放线菌素类

放线菌素类抑制物具有抗菌和抗癌作用。放线菌素可与 DNA 形成非共价复合物,抑制其模板功能。低浓度时,阻止 RNA 链的延长,高浓度时可抑制 RNA 的起始,也抑制 DNA 复制。与放线菌素类似的色霉素 A_3、橄榄霉素、光神霉素等抗癌抗生素都能与 DNA 形成非共价复合物而抑制模板功能。

3. 嵌入染料

含有扁平芳香族发色团的嵌入染料,可插入双链 DNA 相邻碱基对之间。嵌入染料与碱基大小类似,插入后使 DNA 在复制时缺失或增加一个核苷酸,导致移码突变。它们抑制质粒复制以及转录过程。澳化乙锭是高灵敏的荧光试剂,与核酸结合后抑制其复制和转录,常用于检测 DNA 和 RNA。这类化合物的结构式如下:

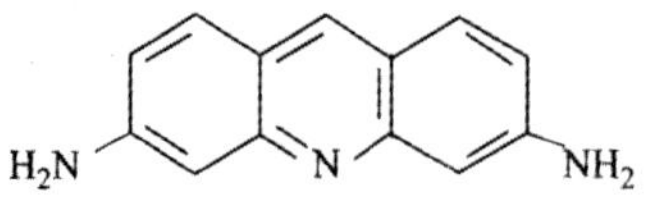

原黄素

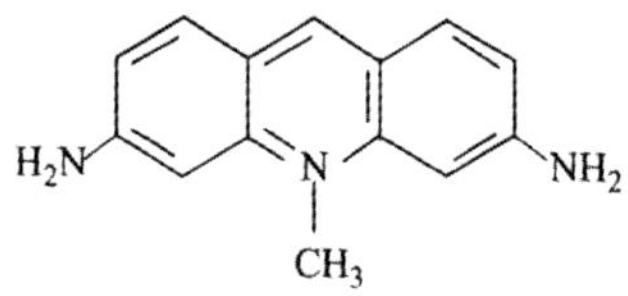

吖啶黄

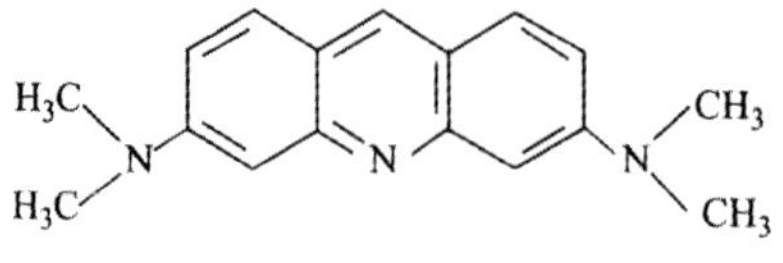

吖啶橙

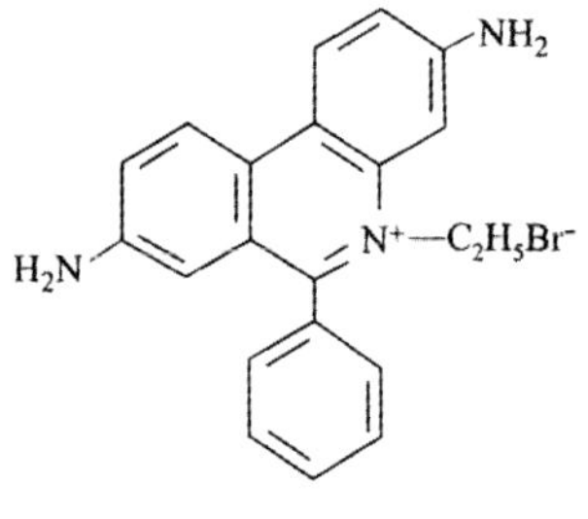

溴化乙锭

5.4.3　RNA 聚合酶的抑制物

RNA pol 抑制剂作用于 RNA pol,使 RNA pol 的活性改变或丧失,从而抑制转录的进行。这类抑制剂只抑制转录,不影响复制,是研究转录机制和 RNA pol 性质的重要工具。

1. 利福霉素

能强烈抑制革兰氏阳性菌和结核杆菌,利福霉素 D 衍生物利福平具有广谱抗菌作用,对结核杆菌有高效,并能杀死麻风杆菌,在体外有抗病毒作用。其作用机制是与原核细胞 RNA pol 的 β 亚基非共价结合,阻止 RNA 转录的起始,对真核生物 RNA pol 无作用。

2. 利链菌素

与细菌 RNA pol 的 B 亚基结合,抑制转录过程中链的延长。其结构式如下所示。

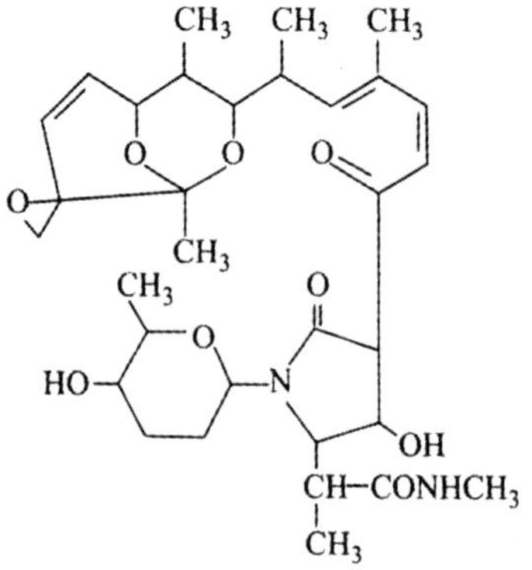

利链菌素

3. α-鹅膏蕈碱

来自于一种称为鬼笔鹅蕈的毒蕈(蘑菇)含有包括鹅膏毒素在内的多种有毒物质,其中作为鹅膏毒素成员之一的 α-鹅膏蕈碱是 RNA 聚合酶Ⅱ和 RNA 聚合酶Ⅲ的抑制剂,特异抑制转录的延伸过程,从而破坏动物细胞中 mRNA 的形成。但 RNA 聚合酶Ⅰ以及线粒体、叶绿体和原核生物 RNA 聚合酶对 α-鹅膏蕈碱不敏感。要注意的是虽然鹅膏毒素毒性很强,但作用缓慢,吃毒蘑中毒的人几天后才会死亡。α-鹅膏蕈碱的结构式如下所示。

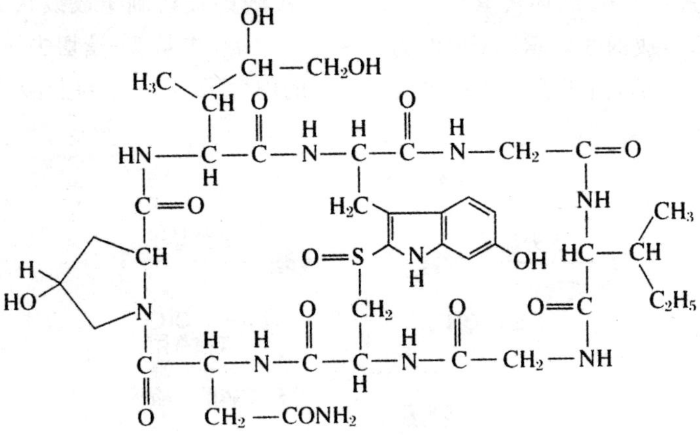

α-鹅膏蕈碱

5.5　内含子与外显子

5.5.1　内含子

1. 内含子的类型

(1)Ⅰ型内含子。

1980 年代初,在研究原生动物四膜虫(Tetruhymenu)RNA 前体的内含子时,发现它的 rRNA 内含子能够自我剪接(self splicing),这一类内含子随后被称作Ⅰ型内含子。

为了研究 rRNA 前体的自我剪接,科学工作者将四膜虫 rRNA 基因克隆到质粒中,并与 E. coil 的 RNA 聚合酶一起保温,发现转录产物除了有约 400 nt 的 rRNA 内含子外,还有一些小片段。从凝胶中回收 rRNA 前体,在无蛋白质的条件下保温培养,并电泳观察。单一的 rRNA 前体依然可形成片段更小的电泳条带,其中移动最快的是 39 nt 的条带,测序后发现,它相当于 413 nt 的 rRNA 内含子中的一个 39 nt 的片段。进一步实验把四膜虫 26SrRNA 基因的一部分(第 1 个外显子 303 bp+完整的内含子 413 bp+第 2 个外显子 624 bp)克隆到含噬菌体 SP6 启动子的载体内,再用 SP6 RNA 聚合酶转录该重组质粒,将获得的产物与 GTP 一起保温,发现可以得到剪接产物,但缺乏 GTP 时无剪接反应,证明了 rRNA 前体的确可以进行有 GTP 参与的自我剪接。

Ⅰ型内含子的剪接过程如图 5-37 所示,Ⅰ型内含子剪接的第一次转酯反应,是由一个游离的鸟苷或鸟苷酸(GMP,GDP 或 GRIP)启动的。鸟苷酸或鸟苷的 $3'$-OH 亲核攻击内含子 $5'$-端剪接点的磷酸二酯键,将 G 转移到内含子的 $5'$-端,同时切割内含子与上游外显子之间的磷酸二酯键,在上游外显子末端产生新的 $3'$-OH。在第二次转酯反应中,上游外显子 $3'$-OH 攻击内含子 3′-端剪接点的磷酸二酯键,将上游外显子和下游外显子连接起来,并释放线性的内含子。两次转酯反应是连续的,即外显子连接和线性内含子的释放同时进行。因此,实验不能得到游离的上游外显子和下游外显子。第三次转酯反应是线性内含子的环化,发生在已切除的内含子片段中,内含子的 3′-OH 攻击其 5L 端附近的第 15 和第 16 核苷酸之间的磷酸二酯键,从 5′-端切除 15 nt 的片段,并形成 399 nt 的环状 RNA。环状 RNA 随即被切割生成线状 RNA,由于切割位置与环化位置相同,生成的线状 RNA 依然为 399 nt。接着,再从 5′-端切去 4 个核苷酸,最终产物是 395 m 的线性 RNA,由于这一产物比最初释放的内含子少 19 个核苷酸,因而被称作 L19。

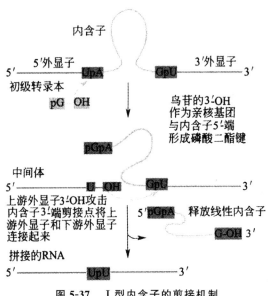

图 5-37　Ⅰ型内含子的剪接机制

Ⅰ型内含子的结构。Ⅰ型内含子剪接的最重要特点是自我催化(self-catalysis),即 RNA 本身具有酶的活性,又称为核酶。Ⅰ型内含子的自我剪接活性依赖于 RNA 分子中的碱基配对。通过比较不同的Ⅰ型内含子序列,发现其中有 9 个主要的碱基配对区域,命名为 P1～P9。内含子中高度保守的双链结构有 3 个,即 P1 的内部引导序列(internal guide sequence,IGS),P4 的保守短序列元件 P/Q,和 P7 的保守短序列元件 S/R,其他配对区的序列因内含子不同而异。Ⅰ型内含子自我剪接所需的最小催化活性中心由 P3、P4、P6 和 P7 组成。该结构包括由两个结构域构成的催化核心,每个结构域由两个碱基配对区域构成。包含上游外显子末端序列和内含子端 IGS 的 P1,构成底物结合位点,IGS 是内含子中能与外显子进行碱基配对的序列,这种配对使剪接位点暴露而易受攻击,同时使剪接反应具有专一性(图 5-38)。

Ⅰ型内含子剪接与核 Pre—mRNA 剪接体切除内含子的主要区别是,剪接体内含子使用内含子自身的一个核苷酸,而Ⅰ型内含子的剪接反应使用外源核苷酸,即鸟苷酸或鸟苷,因此,在其剪接过程中不能形成套索结构。

(2)Ⅱ型内含子。

Ⅱ型内含子主要存在于某些真核生物的线粒体和叶绿体 rRNA 基因中,也具有催化功能,能够完成自我剪接。此外,大约 25％的细菌基因组中有Ⅱ型内含子。几乎所有的细菌Ⅱ型内含子能够编码逆转录酶,并可作为逆转录转座子,或逆转录转座子的衍生物高频率插入特定区域,或低频率插入其他区域。Ⅱ型内含子与Ⅰ型内含子自我剪接的区别在于,转酯反应无需游离鸟苷酸或鸟苷的启动,而是由内含子靠近 3-′端的腺苷酸 2-′羟基攻击 5′-磷酸基启动剪接过程,经过两次转酯反应连接两个外显子,并切除形成套索结构的内含子(图 5-39)。

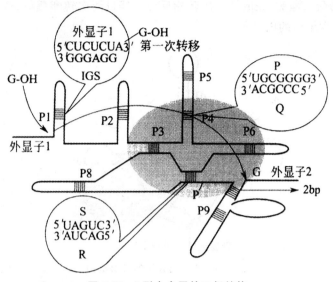

图 5-38　I 型内含子的二级结构

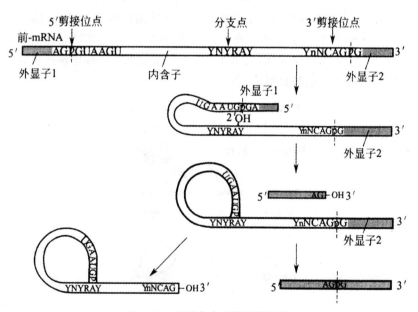

图 5-39　II 型内含子的剪接机制

　　II 型内含子的 5′-端和 3′-端剪接位点序列为 5′↓ GUGCG…YnAG↓ 3′,符合 GU…AG 规则。II 型内含子的空间结构保守而复杂,其自我剪接的活性有赖于其二级结构和进一步折叠的构象,因此其在细胞内的存在受到限制。在 II 型内含子特有的二级结构中,有 6 个茎环结构形成的结构域(d1～d6),在空间上靠近的 d5 和 d6,构成催化作用的活性中心(图 5-40)。

　　在 II 型内含子剪接过程中,首先由内含子靠近 3′-端 d6 结构中的分支点保守序列上 A 的 2′-OH 向 5′-剪接位点的磷酸二酯键发动亲核攻击,形成外显子 1 的 3′-OH,内含子 5′-端的磷酸基与分支点 A 的 2′-OH 形成 2′,5′-磷酸二酯键,产生套索结构,完成第一次转酯反应。接着,外显子 1 的 3′-OH 亲核攻击 3′-剪接位点,切断 3′剪接位点的磷酸二酯键,并形成外显子 1 与外显子 2 之间的 3′,5′-磷酸二酯键,完成第二次转酯反应。经过两次转酯反应,两个外显子被连接在一起,并释放含有套索结构的内含子。

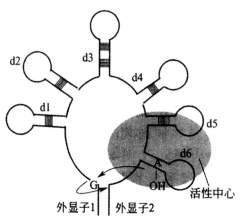

图 5-40　Ⅱ型内含子的二级结构

　　尽管某些Ⅱ型内含子在体外就能够完成自我拼接,不需要任何蛋白质的帮助。但在体内,有一种拼接因子即成熟酶参与了Ⅱ型内含子的剪接。成熟酶是由内含子编码的逆转录酶(RT),与其中内含子 d6 结构中的分支点保守序列有很高的亲和力,二者相互结合后,由于蛋白质 RNA 的相互作用,导致内含子构象发生变化,促进了 RNA 的拼接反应。在拼接结束以后,RT 仍然与释放的内含子结合,参与随后的转座反应(图 5-41)。

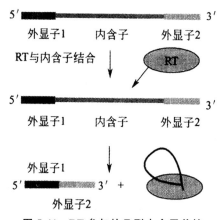

图 5-41　RT 参与的Ⅱ型内含子剪接

　　Ⅱ型内含子主要的转座事件是归巢(homing),归巢的实质是以内含子 RNA 作为模板,将逆转录合成的 DNA 插入靶位点。逆转录反应由与 RNA 内含子结合的 RT 催化,属于靶位点为引物的逆转录(target primed reverse transcription)。归巢反应开始于双链 DNA 外显子连接点上 RNA 内含子在靶位点的反拼接(reverse splicing)插入,这一步由 RNA 催化,RT 协助,相当于由成熟酶协助的拼接反应的逆反应。随后,RT 的 En 结构域在下游 9～10 bp 的位置切开 DNA 的另一条链,再由 RT 催化,以被切开的 DNA 链作为引物进行逆转录反应。最后,通过 DNA 的修复合成和连接完成内含子的插入。

2. 内含子剪接机制的比较

从内含子的剪接机制来看,Ⅰ型内含子、Ⅱ型内含子和核 pre-mRNA 剪接的Ⅲ型内含子是相似的,只有 tRNA 的Ⅳ型内含子剪接机制完全不同。

对比研究发现,Ⅲ型内含子的剪接体内 snRNA 的整体形态和Ⅱ型内含子自我剪接时的形态类似,特别是剪接体的 snRNA 和Ⅱ型内含子的催化部位之间的结构和功能十分相似。可以认为,这些 snRNA 可能来自早期自我剪接系统的Ⅱ型内含子。例如,U1 snRNP 和 5′-端剪接点配对,U6-U2 和分支点序列配对形成的空间结构,与Ⅱ型内含子本身 d5 和 d6 配对形成的空间结构很相似。看来,在生物进化过程中,snRNA 和 mRNA 前体之间的相互作用,取代了Ⅱ型内含子剪接过程中有关片段之间的相互作用。与Ⅱ型内含子自身的结构相比,snRNP 具有更加复杂和完善的结构,因而具有更加高级而复杂的调控功能,和更加高效的催化功能。

Ⅰ型内含子与Ⅱ型内含子都能够完成自我剪接,不像Ⅲ型内含子那样需要结构复杂的剪接体。正因为如此,Ⅰ型内含子与Ⅱ型内含子剪接的效率和调控远远比不上Ⅲ型内含子。Ⅰ型内含子的剪接反应使用外源鸟苷酸或鸟苷,Ⅱ型内含子的转酯反应无需游离鸟苷酸或鸟苷的启动,由内含子内部的腺苷酸引起,也许Ⅱ型内含子剪接的效率和精确度比Ⅰ型内含子更好一些。

5.5.2　外显子

外显子(Exon)是真核生物基因的一部分,它在剪接后仍会被保存下来,并可在蛋白质生物合成过程中被表达为蛋白质所有的外显子一同组成了遗传信息,该信息会体现在蛋白质上。剪接方式并不是唯一的(参看替代剪接),所以外显子只能在成体 mRNA 中被看出。即使是使用生物信息学方法,要精确预测外显子的位置也是非常困难的。在反式剪接中,不同 mRNA 的外显子可以被接合在一起。

第6章　蛋白质生物合成反应

6.1　蛋白质构象

6.1.1　构型和构象的概念与蛋白质功能的联系

氨基酸是蛋白质的构件分子,所有的蛋白质均是由 20 种氨基酸或其修饰产物通过肽键相连而成的生物大分子。构成蛋白质的 α-氨基酸分子可以分为 D-α-氨基酸和 L-α-氨基酸,它们分属不同的分子构型。分子构型,是指具有一定构造的分子中原子或基团的固有空间排列。我们在强化构型概念的基础上,指出在不同的时期,依据不同的实验技术和针对不同类别的化合物建立了不同的构型异构体的标示方法,常用于标示氨基酸的 D/L 型是以甘油醛作为参照物建立的构型标示方法,此外尚有以偏光测定确定的(＋)/(－)构型,在甾体化合物中广泛应用的 α/β 构型和依手性碳原子所连原子或基团大小顺/逆时针方向确定的 R/S 绝对构型等。蛋白质的构件分子氨基酸构型具有如下几个特点:

首先,分子的构型无论使用何种标示方法仅有两种。

其次,分子构型的改变必须依靠原共价键的断裂和新共价键的生成。

第三,使用不同标示方法确定的构型彼此不存在任何的必然联系。

第四,组成人类和动物天然蛋白质的 20 种氨基酸全属于 L-α-氨基酸,而生物界中已发现的 D-α-氨基酸则仅存在于某些细菌产生的抗生素及个别植物的生物碱中心。

蛋白质是生命活动的物质基础,蛋白质分子的复杂多样是机体功能纷纭万象的物质基础。蛋白质分子结构的复杂多样主要表现在两个方面:一是蛋白质一级结构的多样性:一个仅仅由 10 个氨基酸组成的多肽就可以有 2010 种不同一级结构的分子;二是蛋白质分子空间结构的复杂性。蛋白质的一级结构是其空间结构的基础,而蛋白质空间结构则是其完成生物学功能的必备条件。蛋白质的一级结构是指蛋白质的氨基酸组成及其线性排列顺序,基于对蛋白质一级结构重要性的认识,科学家不仅可以合理地说明蛋白质功能的千差万别,而且提出了"分子病"的概念,科学地解释一些例如镰刀状红细胞贫血等遗传性疾病的分子基础。蛋白质的空间结构是指分子中原子或基团在三维空间的取向和定位,为了描述功能广泛的生物大分子特别是蛋白质的空间结构,科学家引入了"构象"的概念。构象是描述分子空间结构特征最为丰富的概念,广义的构象是指分子中各个原子或基团在三维空间的取向和位置,它涵盖了分子构型的内容,不同构型的分子必然具有不同的构象,而不同构象的分子完全可以有相同的构型。构型和构象是彼此相关,而又容易混淆的两个完全不同的基本概念。构型与构象概念具有下述几点不同。

首先,一个分子的构象是无数的,不存在非此即彼的问题。

其次,分子构象的改变无须原共价键的断裂和新共价键的形成。

第三,分子功能的发挥完全依赖于分子特定构象的形成,分子的构象改变了,即使分子的一级结构和构型完全没有改变,其功能也可能发生十分巨大的改变。

如果把蛋白质的一级结构认定为 X 轴,则蛋白质的构象就是 Y 轴,再加上基因表达的 Z 轴,它们共同协调才演绎出机体三维空间的立体调节,绘制出世间万象生命的绚丽画面。

在介绍了蛋白质构象的概念和其在蛋白质功能的重要性之后,下面介绍别构酶的调节从而再一次强调蛋白质构象的重要性。机体中的别构酶多是代谢的关键酶,它们调节代谢的速度和方向。应对不同别构调节剂的组合和水平,别构酶可以表现为催化活性的高低变化甚至是催化活性的有无。此时改变的不是蛋白质的一级结构,也不是蛋白质的构型,唯一改变的仅仅是蛋白质的构象。别构调节剂的组合是多样的,与之相对应别构酶的构象同样是复杂的。联系生理学中血红蛋白氧解离曲线:血红蛋白随着血液循环完成氧气的运输功能,在机体不同部位氧的结合或解离完全确定于因环境改变而引起的血红蛋白构象的改变。尽管人们设定血红蛋白未结合氧时为 T 态,在与氧结合后为 R 态,但这只是人为的将血红蛋白的构象定为两种极端状态,并不意味着血红蛋白仅以这两种构象形式存在,实际上在 T 态与 R 态之间存在无数的移行构象形式,如此才构成一个完整的氧解离曲线。经过这一系列的联系,必然加深学生对"构象"这个概念的认识,同时也强化了"构型"和"构象"这两个重要概念的区别。

6.1.2　蛋白质构象病的概念与医学临床

蛋白质生物合成时是依遗传密码完成相应氨基酸的线性连接,在功能中至关重要的蛋白质的构象是如何形成的? 蛋白质构象形成的错误会引发机体的疾病吗?

在细胞中翻译合成的蛋白质由线性结构折叠为具有三维空间构象的蛋白质过程是一个相当复杂的过程。目前,已知的在细胞内帮助新生肽折叠成正常构象的蛋白质有两类:一类称为分子伴侣蛋白(molecular chaperone),另一类是催化与折叠直接相关的化学反应的酶,又称折叠酶(foldase)。"分子伴侣"可解释为是一类能与翻译合成的靶蛋白结合,防止其形成不正常的空间结构并帮助其形成正常稳定空间构象的辅蛋白质。它们通过控制结合和释放来帮助被结合多肽在体内的折叠、组装、转运和降解等。折叠酶则是催化蛋白质折叠过程共价键的异构化,主要有蛋白质二硫键异构酶(PDI)和肽基脯氨酰顺反异构酶(PPI)等。在蛋白质折叠过程中,当出现错误折叠时,则有细胞自身的"蛋白质质量控制系统"将错误折叠的蛋白质清除掉,以保证细胞合成蛋白质的正常构象。蛋白质构象的形成并不总是对机体有利的,错误的蛋白质构象的形成还可能引起疾病。目前社会广为关注的疯牛病和可能是由于食用患疯牛病的病变组织所引起的人群变异型克雅氏病(vCJD)等均是由于蛋白质构象发生改变而引起的疾病,科学家们称之为蛋白质构象病。蛋白质构象病不是传统的"分子病":该病的形成与蛋白质的一级结构错误无关,仅仅是由于蛋白质构象的改变和异常。作为蛋白质构象病一种的朊病毒病的病原体既不是病毒也不是类病毒,而是宿主自身编码的蛋白,Bolton 将其命名为朊病毒蛋白(Prion protem 简称 PrP)或称之为蛋白质感染粒子。宿主细胞翻译合成的朊病毒(PrP)蛋白一般主要有两种不同构象,一种为细胞合成的无致病能力的所谓正常构象,命名为 PrP^C;另一种是具有致病感染能力的病理构象称之为 PrP^{Sc}。它们的氨基酸序列完全一致,彼此并无翻译后共价修饰的差别,二者的差别仅在蛋白质构象上的变化:即 PrP^C 的 α 螺旋为 42%,β 折叠仅为 3%;而 PrP^{Sc} 的 α 螺旋为 30%,β 折叠反而高达 43%。这种构象的改变正是 PrP^{Sc} 可以致病的原因。在蛋白质构象病中,错误折

叠的蛋白质均富于 β-片层结构,虽然 β-片层普遍存在于蛋白质的空间结构之中,但富含 β-片层构象的蛋白质具有通过蛋白质的寡聚或聚集达到结构稳定的倾向。相互聚集的蛋白质在形态上有可能形成类似淀粉样变性的聚集物,沉积于神经等组织,表现为特征性的病理改变,在机能上表现为相关蛋白质的功能丧失和特定的临床症状。

除朊病毒病外,阿尔兹海默氏病、帕金森氏病、肺纤维化病以及亨廷顿病等均可归纳入蛋白质构象病的范畴。朊病毒病和蛋白质构象病的深入研究不仅大大地开阔了人类探讨疾病发生机理的视野,而且随着发病机理的阐明,又为朊病毒病和其他蛋白质构象病的治疗开辟了新的途径。例如 Soto 等一直致力于 β-片层形成阻断肽对构象病效应的研究,并且在考虑到绝大多数蛋白质构象病中错误折叠的蛋白质富含 β-片层结构,他们将重点放在抑制和逆转 β-片层结构的多肽(β-片层形成阻断肽)的设计上,并在体外试验以及动物模型中取得了可喜的进展。人们完全可以预期随着研究的深入,必然会对朊病毒病和阿尔兹海默氏病等蛋白质构象病的预防和治疗取得进展和突破。

6.2　参与蛋白质合成的物质

6.2.1　蛋白质的组成单位——氨基酸

蛋白质的种类据估计在 $10^{10} \sim 10^{12}$ 数量级,尽管如此,从细菌到人类所有蛋白质主要有 20 种常见的氨基酸组成。在这 20 种氨基酸之中,有 19 种具有以下结构:

$$H_2H\text{---}CH\text{---}COOH$$
$$|$$
$$R$$

不同氨基酸之间的差别仅在侧链 R 上。除甘氨酸外,组成蛋白质的 20 种氨基酸的 α-碳原子均为不对称碳原子,有 L-型和 D-型两种异构体;但组成蛋白质的氨基酸一般为 L-构型。为什么生物体选择了 L-氨基酸参与蛋白质的组成,是自然界留给人类的难解之谜。

除常见的 20 种氨基酸外,蛋白质中也含有一些修饰氨基酸,如羟脯氨酸(Hyp)、羟赖氨酸(5-羟赖氨酸,Hyl)等;这些氨基酸大多是在肽链合成后经修饰而产生的。此外,自然界中还有许多氨基酸,它们并不是蛋白质的组成成分,它们多以游离的或结合的形式存在于生物界,且具有重要的生物学功能,表 6-1 列出了常见的一些非蛋白质氨基酸。

除了上述氨基酸外,D-氨基酸在生物界也普遍存在,尤其在植物和微生物中;微生物体内存在的 D-氨基酸,多以结合态存在。如短杆菌肽 S 中存在 D-苯丙氨酸,多粘菌肽中含 D-丝氨酸和 D-亮氨酸。动物体内的 D-氨基酸多以自由态形式或小肽形式存在,如家蚕血液和蚯蚓体内含有 D-丝氨酸。人牙齿蛋白中含有 D-精氨酸,它的含量变化与人的年龄及衰老有关。D-氨基酸的存在与某些蛋白质的功能密切相关。如萤火虫尾部的发光物质——荧光素,含有 D-半胱氨酸;如果换以 L-半胱氨酸,则不能发光。同样,青霉素分子中的 D-半胱氨酸若换成 L-型的,则失去抗菌效能。

表 6-1　常见的非蛋白质氨基酸

名　　称	结　构　式	存在与功能
β-丙氨酸	$H_2N—CH_2—CH_2—COOH$	泛酸和辅酶 A 的组成成分
γ-羧基谷氨酸	$COOH—CH—CH_2—CH—COOH$ 　　　　$\|$　　　　　　$\|$ 　　　$COOH$　　　　NH_2	存在于脑组织中,是重要的神经递质
同型半胱氨酸 (homocysteine)	$HS—CH_2—CH_2—CH—COOH$ 　　　　　　　　$\|$ 　　　　　　　NH_2	蛋氨酸代谢的中间产物
同型丝氨酸 (homoserine)	$HO—CH_2—CH_2—CH—COOH$ 　　　　　　　　$\|$ 　　　　　　　NH_2	苏氨酸、天冬氨酸等代谢的中间产物
γ-氨基丁酸	$NH_2—CH_2—CH_2—CH_2—COOH$	与脑组织营养及神经传递有关
牛磺酸 (taurine)	$HO_3S—CH_2—CH_2—NH_2$	广泛存在于动物组织,是儿童不可缺少的营养素
瓜氨酸(cit)	$NH_2—C—NH—(CH_2)_3—CH—COOH$ 　　　　$\|$　　　　　　　　　$\|$ 　　　　O　　　　　　　　NH_2	尿素合成的中间化合物
鸟氨酸 (ornithine,orn)	$NH_2—(CH_2)_3—CH—COOH$ 　　　　　　　　$\|$ 　　　　　　　NH_2	尿素合成的中间化合物

6.2.2　mRNA 是蛋白质合成的模板

生物的遗传信息主要贮存于 DNA 的碱基序列中,但 DNA 并不直接决定蛋白质的合成。这是因为 DNA 在细胞核内,而蛋白质是在细胞质中合成的。很显然这就需要有一种中介物质,传递 DNA 上控制蛋白质合成的遗传信息。

在 1956~1961 年期间,由 Jacob 等人领导的四个不同的实验室,通过用 T4 噬菌体感染大肠杆菌,发现了指导蛋白质合成的直接模板是 mRNA。T4 噬菌体感染大肠杆菌以后,发现所有在宿主细胞内合成的蛋白质都不再是细胞本身的蛋白质,而是噬菌体感染的蛋白质。同时同位素标记实验证明,宿主细胞大肠杆菌的 RNA 合成在噬菌体感染后几乎停止了,细胞中出现了少量半衰期很短的 RNA,这种 RNA 仅来源于 T4 噬菌体的 DNA,RNA 的碱基组成不仅与 T4 噬菌体 DNA 非常相似,而且能与 tRNA 和大肠杆菌的核糖体结合指导蛋白质的合成。因为 T4 RNA 携带了 T4 DNA 的遗传信息,并在核糖体上指导合成蛋白质,所以称为信使 RNA。

蛋白质体外合成实验,进一步证明了 mRNA 是蛋白质合成的模板。在生物体内,蛋白质合成过程中需要 200 多种生物大分子参加,包括核糖体、mRNA、tRNA 及多种蛋白质因子。蛋白质体外合成实验用正在活跃进行蛋白质合成的大肠杆菌来制备细胞提取液,同时加入 DNase 破坏 DNA。在含有核糖体、mRNA、tRNA 及酶的细胞液中加入 ATP,GTP 和放射性氨基酸,于 37℃保温不同时间,沉淀蛋白质,从沉淀的放射活性测出氨基酸掺入蛋白质的量。由于在提取液中存在 RNase,这就使得 mRNA 非常容易降解,所以合成一般只进行几分钟便逐渐减慢以至停止。但是,如果将新的 mRNA 加入到已停止合成蛋白质的提取液中,就会发现蛋白质的合成会重新开始。这个实验首先证明大肠杆菌的无细胞体系 (cell-free system)也可以进行蛋白质的合成,同时蛋白质合成需要 mRNA 作为模板。而且用已停止合成蛋白质的提取液,加入不同的mRNA,都可进行蛋白质的合成。后来的实验又进一步证明,在体外条件下可准确地按 mRNA的遗传信息合成相应的蛋白质。

由此不难看出,mRNA 是作为中间物质传递 DNA 分子上遗传信息的。它具有以下特点:①其碱基组成与相应的 DNA 的碱基组成一致;②mRNA 链的长度不一,这样它所编码的多肽链长度是不同的;③在肽链合成时 mRNA 能够与核糖体结合;④mRNA 的半衰期很短,代谢速度快。

虽然 mRNA 在所有细胞中都执行相同的功能,即通过遗传密码翻译生成蛋白质,但是它们生物合成的具体过程在原核和真核细胞内是不同的。原核生物中,mRNA 的转录和翻译不仅发生在同一细胞空间内,而且这两个过程几乎同时进行,蛋白质的生物合成一般在 mRNA 刚开始转录时就开始了。细菌基因的转录一旦开始,核糖体就会结合到新生的 mRNA 链的 5′端,启动蛋白质合成,而此时 mRNA 的 3′端还远远没有转录完成。因此,在电子显微镜下,往往会看到一连串的核糖体紧跟在 RNA 聚合酶的后面。另外,原核细胞的 mRNA 半衰期非常短,mRNA的降解紧跟着蛋白质翻译过程发生了,一般认为是 2 min 左右。现在认为,转录开始后 1 min,降解就开始了,其速度大概是转录或翻译速度的一半。真核生物就很不一样了,其 mRNA 通常会有一个前体 RNA 出现在核内,只有成熟的、经过化学修饰的 mRNA 才能进入细胞质,参与蛋白质的合成。所以,真核生物 mRNA 的合成和蛋白质合成发生在细胞不同的时空中,mRNA 半衰期也相对较长,大约是 1~24 h 之间。

不管原核生物还是真核生物,mRNA 作为翻译的模板,都需要具备至少含有一个由起始密码子开始、以终止密码子结束的一段由连续的核苷酸序列构成的开放阅读框(open reading frame,ORF)。对于起始密码子来说,原核生物常以 AUG,有时也会是 GUG,甚至是 UUG 作为起始密码子。而真核生物几乎永远以 AUG 作为起始密码子。一般 mRNA 的 5′端和 3′端通常含有一段并不决定氨基酸序列的非编码序列(non-coding sequence,NCS)或者叫非翻译区(untranslated region,UTR)。mRNA 一般包括 3 个部分:编码区、位于 AUG 之前的 5′端上游非编码区、位于终止密码子之后的不翻译的 3′端下游非编码区。

在 mRNA 的第一个基因的 5′端有核糖体的结合位点(ribosome binding site,RBS)。RBS含有富含嘌呤的 SD(Shine-Dalgarno)序列,能被核糖体结合并开始翻译。每一个 ORF 的上游一般都有 SD 序列,每一个 ORF 编码一个多肽或蛋白质。原核生物的 mRNA(包括病毒)有时可以编码几个多肽,而一个真核细胞的 mRNA 最多只能编码一个多肽。我们把只编码一个蛋白质的 mRNA 称为单顺反子 mRNA(monocistronic mRNA),把编码多个蛋白质的 mRNA 称为多顺反子 mRNA(polycistronic mRNA)。对于第一个顺反子来说,一旦 mRNA 的 5′-端被合成,翻译起始位点即可与核糖体相结合,而后面几个顺反子翻译的起始就会受到上游顺反子结构的调控(图 6-1)。多顺反子 mRNA 是一组相邻或相互重叠基因的转录产物,这样的一组基因称为一个操纵子。

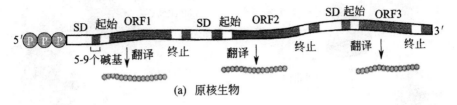

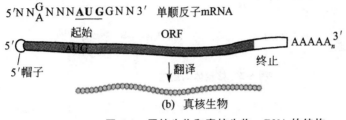

图 6-1　原核生物和真核生物 mRNA 的结构

6.2.3　核糖是蛋白质的合成场所

在蛋白质生物合成的过程中,核糖体(ribosome)就像是一个沿着 mRNA 模板移动的生产车间。核糖体是由几种核糖体 rRNA 和核糖体蛋白组成的亚细胞颗粒,位于细胞质内。一类核糖体附着于粗面内质网,参与分泌性蛋白质合成,另一类游离于胞浆,参与细胞固有蛋白质合成。在一个生长旺盛的细菌中大约有 2000 个核糖体,在真核细胞中更高达 10^6 个,看得出来,真核细胞的核糖体比原核细胞的多得多。线粒体、叶绿体及细胞核内也有其自身的核糖体。在核糖体中的蛋白质占到了细胞总蛋白质的 10%,其中的 RNA 占到了细胞总 RNA 的 80%。

核糖体有大、小两个亚基,大亚基约为小亚基相对分子质量的一倍。每个亚基包含一个主要的 rRNA 成分和许多不同功能的蛋白质分子。大亚基中除了主要的 rRNA 以外,还有一些含量较小的 RNA。虽然核糖体亚基中的主要 rRNA 基因的拷贝数很多,但是序列却相当保守,这说明 rRNA 在组成功能核糖体时起着重要的作用。

核糖体上不止有一个活性中心,每一个中心由一组特殊的蛋白质构成。这些蛋白质具有催化功能,但如将它们从核糖体上分离出来,催化功能也会消失。所以说,核糖体是一个许多酶的集合体,从而共同承担蛋白质生物合成的任务。核糖体蛋白不仅作为核糖体的组分参与翻译,而且还涉及 DNA 复制、修复、转录、转录后加工、基因表达的自体调控和发育调节等。已知原核生物 70S 的核糖体中,50S 大亚基由 23S,5S rRNA 各一分子和约 30 种蛋白质构成。30S 小亚基由 16S rRNA 和约 20 种蛋白质构成。核糖体 RNA 暴露在亚基表面。真核生物 80S 的核糖体中 60S 大亚基由 28S,5.8S 和 5S rRNA 以及大约 40 种蛋白质组成,其中 5.8S 相当于原核生物 23S rRNA 5′端约 160 个核苷酸,40S 小亚基由 18S rRNA 和约 30 种蛋白构成(图 6-2)。

原核生物核糖体 50S 大亚基上的 23S rRNA 一级结构有 2904 个核苷酸。以大肠杆菌为例,研究表明有一段核苷酸序列能与 tRNA^{Met} 序列互补,表明 23S rRNA 可能与 tRNA^{Met} 的结合有关。同时,在 23S rRNA 的 5′端有一段 12 个核苷酸的序列与 5S rRNA 的一部分序列互补,说明在 50S 大亚基上这两种 RNA 之间可能存在相互作用。

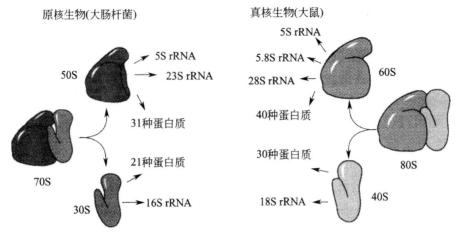

图 6-2　核糖体的组成

16S rRNA 含有 1475～1544 个核苷酸。其结构十分保守,其 3′端一段 ACCUCCUUA 的保守序列,与 mRNA 5′端翻译起始区富含嘌呤的 SD 序列互补,同时还有一段与 23S rRNA 互补的序列,在 30S 和 50S 亚基的结合之间起作用。

5.8S rRNA 是真核生物核糖体大亚基特有的 rRNA,长度为 160 个核苷酸,它含有的一段 CGAAC 序列与原核生物 5S rRNA 中的序列一样,表明它们可能具有相同的功能。此外,真核生物 40S 小亚基中的 18S rRNA 可能与原核生物的 16S rRNA 同源。

5S rRNA 含有 120 个核苷酸,其中有两个高度保守区域:一个含有保守序列 CGAAC,是与 tRNA 分子 TψC 环上的 GTψCG 序列相互作用的部位,即 5S rRNA 与 tRNA 相互识别的序列。另一个含有保守序列 GCGCCGAAUGGUAGU,与 23S rRNA 中的一段序列互补,是 5S rRNA 与 50S 核糖体大亚基相互作用的位点。

核糖体的空间结构是结构学家经过 30 多年的努力才发现的。利用电子显微镜术、免疫学方法、中子衍射技术、双功能试剂交联法、不同染料间单态—单态能量转移测定、活性核糖体颗粒重建等方法完成了对 E.coli 核糖体 52 种蛋白质氨基酸序列及三种 rRNA 一级和二级结构的测定。大肠杆菌核糖体的 30S 小亚基为扁平不对称颗粒,大小为 5.5 nm×22 nm×22 nm,分为头、颈、体,并有 1～2 个突起称为平台。50S 大亚基呈三叶半球形,大小为 11.5 nm×23 nm×23 nm,rRNA 主要定位于核糖体中央,蛋白质在颗粒外围。大亚基由半球形主体和三个突起组成。中间突起是 5S rRNA 结合之处,两侧突起分别称为柄(stalk)和脊(ridge)。30S 和 50S 形成的 70S 核糖体直径约 22 nm,小亚基斜着以 45°角在 50S 亚基的肩和中心突之间。在核糖体中,rRNA 有着与其结构相对应的重要功能。

不同生物体内的核糖体大小有别,但是其组织结构和执行的功能是完全相同的。也就是说,在多肽合成过程中,不同的 tRNA。将相应的氨基酸带到蛋白质合成部位,并与 mRNA 进行专一性的相互作用,以选择与遗传信息专一的 AA-tRNA。核糖体还必须能同时容纳另一种携带肽链的 tRNA,并使其能处于肽键易于生成的位置上。rRNA 与蛋白质共同构成的核糖体功能区是核糖体表现功能的重要部位,主要包括:①mRNA 结合部位,位于大小亚基的结合面上。②氨酰 tRNA 结合位点(aminoacyl-tRNA site),即 A 位点,其大部分位于大亚基而小部分位于小亚基,是结合或接受氨基 tRNA 的部位,也称为受体位点(acceptor site,A site)。③肽酰 tRNA 结合部位(peptidyl-tRNA site),即 P 位点,又称给位(donor site)。它大部分位于小亚基,小部分位于大亚基。④出位(exit site),即 E 位点,即空载 tRNA 在离开核糖体之前与核糖体临时结合的部位。⑤肽酰转移酶(peptidyl transferase)活性位点,即形成肽键的部位(转肽酶中心)。⑥多肽链离开的通道。此外,还有负责肽链延伸的各种延伸因子的结合部位(图 6-3)。

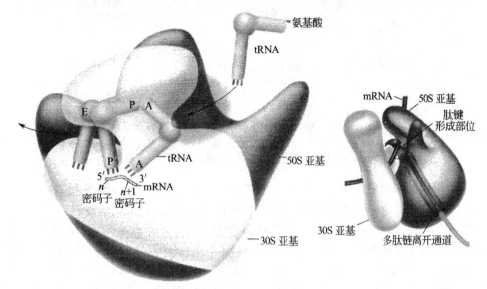

图 6-3　核糖体的功能部位

核糖体的三维结构在各种生物体内是高度保守的,以原核生物为例,1 个 tRNA 因为反密码子和 mRNA 上的密码子的配对而与 30S 亚基结合在一起,同时 tRNA 运载的氨基酸又与 50S 亚基相互作用,也就是说一般核糖体的小亚基负责对 mRNA 进行特异性识别,如起始部位的识别、密码子和反密码子的相互作用等,mRNA 的结合位点也在小亚基上。大亚基负责 AA-tR-NA、肽基-tRNA 的结合和肽键的形成等。A 位、P 位、转肽酶中心等主要在大亚基上。新生的肽链必须通过离开通道离开核糖体。一般来说,通过核糖体移动,一个 tRNA 分子可从 A 部位到 P 部位,再到 E 部位。

核糖体是一个由几种 rRNA 和多种蛋白质组成的超分子复合物,rRNA 和蛋白质先自组装成大小两个亚基,再由两个亚基结合成一个完整的核糖体。这种组合是可逆的,核糖体在体内及体外都可离为亚基或结合成 70S/80S 的颗粒。在翻译的起始阶段,亚基是需要解离的,随后再结合成 70S/80S 颗粒,开始翻译过程。

6.2.4　tRNA 是蛋白质合成的搬运工

tRNA 是蛋白质合成的搬运工,tRNA 在翻译中的功能有两项:一是将氨基酸运载到核糖体,二是通过其反密码子与 mRNA 上的密码子之间的相互作用对遗传密码进行解码,将其最终转化成多肽链上的氨基酸序列。一个细胞中通常具有 70 多种 tRNA,负责运载 20 余种氨基酸,这就意味着多数氨基酸不止一种 tRNA。携带同一种氨基酸的几种不同 tRNA 分子被称为同工受体 tRNA(isoaccepting tRNA)。

tRNA 所具有的上述功能是与其结构特别是三维结构分不开的,具体可见图 6-4 所示。

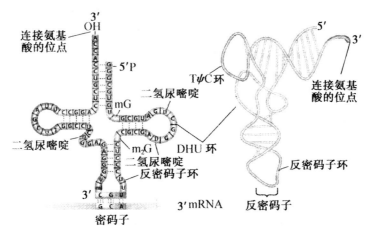

图 6-4　tRNA^Ala 的一级结构、二级结构和三级结构

tRNA 的一级结构主要具有以下特征:

①是一类小分子 RNA,长度通常在 73 nt～93 nt。

②所有的 tRNA 在 3′端具有 CCA 序列,氨基酸通过酯键连接在末端腺苷酸的羟基上。

③tRNA 含有大量的修饰碱基,已发现有上百种不同的共价修饰形式,例如二氢尿嘧啶(di-hydrouridine,D)和假尿苷(pseudouridine,ψ)。这些修饰的碱基在二级结构中的环里面特别多。

tRNA 的二级结构,也就是称为三叶草(clover leaf)结构,由 4 个茎和 3 个环(100 p)组成。氨基酸的受体茎(acceptor stem)由 tRNA 5′端起始的几个核苷酸和紧靠 3′端的一小段核苷酸序列互补配对而成;D 茎止于 D 环,D 环中含有几个二氢尿嘧啶;反密码子臂(the anticodon arm)止于反密码子环(anticodon loop),其中反密码子位于环的中央;可变环(the variable loop)因大小可变而得名,它在不同的 tRNA 分子上大小可能是不一样的;TψC 茎止于 TψC 环,而 TψC 环因含有高度保守的 TψC 序列而得名。

tRNA 的三级结构呈胖的倒 L 型。在这种结构之中,D 环中的一些核苷酸与 TψC 环中的一些核苷酸形成氢键,正是这些相互作用以及其他相互作用将三叶草二级结构进一步折叠成倒 L 型。在该型结构之中,两段 RNA 双螺旋之间呈垂直关系,其中的一段双螺旋由 TψC 茎和氨基酸受体茎并列而成,另外一段双螺旋由 D 茎和反密码子茎并列而成。如此结构排布导致 tRNA 有功能的两头在空间上分开,即接受氨基酸的位点尽可能与反密码子隔离。

在每一种翻译系统中,都有一种特别的 tRNA,它就是起始 tRNA(initiator tRNA)。起始 tRNA 的功能是识别起始密码子,参与翻译的起始。在原核细胞和多数线粒体内它携带甲酰甲硫氨酸(formylmethonine),因此被简写成 tRNA_f^{Met},而在真核细胞和哺乳动物线粒体内则携带 Met,通常简写为 tRNA_i^{Met}(i 为 initial 的首字母)。tRNA_f^{Met} 与 tRNA_i^{Met} 在结构和功能上都存在差异。

6.2.5　氨酰-tRNA 合成酶

氨基酸在参与多肽链之前必须被活化,而氨酰-tRNA 是它的活化形式。通过活化,游离氨基酸分子上的 α-羧基通过高能酯键与其同源的 tRNA 分子的 3′端腺苷酸的羟基相连。高能酯键在翻译的延伸阶段被用来驱动肽键的形成。

活化反应由特定的氨酰 tRNA 合成酶（aminoacyl-tRNA synthetase, aaRS）催化，其催化一的反应（图 6-5）可分为两步，每活化 1 分子氨基酸，需要消耗 2 个 ATP：

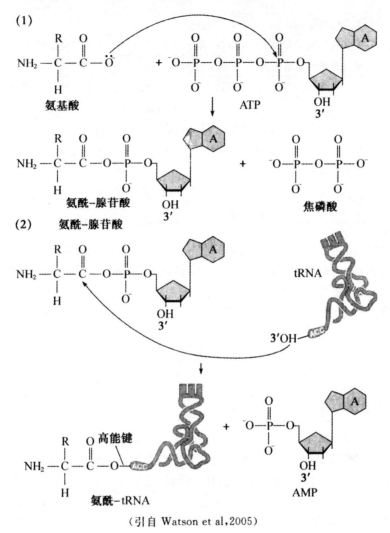

（引自 Watson et al, 2005）

图 6-5　氨酰-tRNA 合成酶的催化机理（引自 Watson et al, 2005）

6.2.6　参与蛋白质合成的各种辅因子

蛋白质合成的起始、延伸和终止过程各自都要有蛋白因子的协助。

在原核生物中参与翻译的蛋白因子，主要有起始因子（initiation factors, IF）如 IF-1、IF-2 和 IF-3，延伸因子（elongation factor, EF）如 EF-Tu、EF-Ts 和 EF-G，参与多肽链释放的释放因子（release factor, RF）如 RF-1、RF-2 和 RF-3，还有促进核糖体循环的核糖体循环因子（ribosome recycling factor, RRF）。其中的某些蛋白质因子属于能够与鸟苷酸结合的小分子 G 蛋白（表 6-2）。

表 6-2　原核生物参与翻译的起使因子、延伸因子和终止因子

辅助因子	功　　能
IF-1	无专门功能,辅助 IF-2 和 IF-3 的作用
IF-2(GTP)	是一种小分子 G 蛋白,与 GTP 结合,促进 fMet-tRNA^fMet 烈与核糖体 30S 小亚基结合
IF-3	促进核糖体亚基解离和 mRNA 的结合
EF-Tu(GTP)	是一种小分子 G 蛋白,与 GTP 结合的形式促进氨酰-tRNA 进入 A 部位
EF-Ts	是鸟苷酸交换因子,使 EF-Tu、GTP 再生,参与肽链延伸
EF-G(GTP)	是一种小分子 G 蛋白,使肽链-tRNA 从 A 位点转移到 P 位点
RF-1	识别终止密码子 UAA 或 UAG
RF-2	识别终止密码子 UAA 或 UGA
RF-3(GTP)	是一种小分子 G 蛋白,与 GTP 结合,刺激 RE-1 和 RF-2 的活性
RRF	翻译终止后促进核糖体解体的作用

真核生物的起始因子(eukaryote initiation factor,eIF)为数较多,有些有亚基结构,目前已发现的真核起始因子有 12 种左右,各有其功能。延伸因子为 eEF-1、eEF-2 和 eEF-3,释放因子有 eRF-1 和 eRF-3。这些蛋白因子在蛋白质合成的过程中各自的作用,将在介绍翻译过程时进行更加详细的解读。

6.3　遗传密码

6.3.1　遗传密码的解读

遗传信息的传递者,蛋白质生物合成过程中直接指令氨基酸掺入的模板为 mRNA。遗传密码(genetic code)是 DNA 或者 mRNA 中碱基的排列顺序决定多肽链中氨基酸顺序的对应关系。

物理学家 G. Gamo,于 1954 年,首先对遗传密码进行探讨。核酸分子中只存在 4 种碱基,需要编码组成蛋白质分子的 20 种氨基酸。如果由一个碱基编码一种氨基酸,则 4 种碱基只能决定 4 种氨基酸;如果由两个碱基编码一种氨基酸,那么也只能编码 $4^2 = 16$ 种氨基酸。如果由 3 个碱基作为一组,那么此时可有 $4^3 = 64$ 种排列,此方式则能满足编码 20 种氨基酸的需要,所以,推测密码子(codon)应为三联体(triplet)。F. H. C. Crick 及其同事,于 1961 年提供了确切证据,从而说明了三联体密码子学说是正确的。

J. H. Matthaei 与 M. W. Nirenberg 着手采用人工合成的 mRNA 在大肠杆菌无细胞蛋白质合成系统中寻找氨基酸与三联体密码子的对应关系。采用人工合成 polyU 作为模板,外加 20 种标记的氨基酸混合物,在试管中保温后,意外发现反应产物为多聚苯丙氨酸,继而推出编码苯丙氨酸的密码子为 UUU。以此为突破口,采用相同的方法证明编码脯氨酸的密码子为 CCC,编码赖氨酸的密码子为 AAA。

S. Ochoa 与 M. W. Nirenberg 等进一步采用两种核苷酸的共聚物,例如 poly UG、poly AC 等作为模板重复上述实验,其实验结果表明标记氨基酸掺入新合成多肽的频率与按统计学方法推算出的三联体密码的出现频率相符合。为了进一步解决密码子中三个碱基的排列顺序问题,1964 年 Nirenberg 等建立了核糖体结合技术。他们将大肠杆菌核糖体与人工合成的 Mg^{2+}、三

核苷酸以及^{14}C-氨酰-tRNA 一起保温,无需酶催化则特定的氨酰-tRNA 即可与带有特定三核苷酸的核糖体结合,与此同时也证明了密码子的解读有方向性,例如 pG-pUpU 对 Val 专一,然而 pUpUpG 却对 Leu 专一。在 GTP 不存在时,三核苷酸可促进与其对应的氨酰-tRNA 结合到核糖体上而不形成肽键,从而利用"氨酰-tRNA-三核苷酸—核糖体"复合物可被硝酸纤维滤膜吸附,而没有被核糖体结合的 tRNA 则不被吸附的性质,特定 tRNA 能够被分离。因为三核苷酸模板只能与特定 tRNA 对应,然而一定的 tRNA 又仅能与特定的氨基酸结合,因此只要带标记的氨基酸被滤膜吸附,通过确定氨基酸的种类就可确定所加三联体是什么氨基酸的密码子。

但是某些密码子不能促进氨酰-tRNA 的结合,而某些密码子的存在会促进核糖体与氨酰-tRNA 的非特异性结合。所以,需要另外的方式进一步完善和确定全部遗传密码。H. G. Khorana 及其同事合成了由 2～4 个核苷酸重复序列的多核苷酸,以此特定顺序的共聚物作为模板,在体外无细胞翻译体系中进行翻译,再对翻译产物加以分析,所得结果与 Nirenberg 等用随机多核苷酸为模板所得到的信息相互印证,破译了其他密码子。其中有 3 个密码子是终止密码子,不对应任何一个氨酰-tRNA;AUG 为 Met 的密码子,又为起始密码子。

经过 5 年的不懈努力,在 1966 年科学家们终于在完全确定了编码 20 种氨基酸的密码子,编排出遗传密码字典,如表 6-3 所示,且通过体内实验得以证实。

表 6-3　遗传密码字典

第一个碱基 （5′端）	U	C	A	G	第三个碱基 （3′端）
U	Phe	Ser	Tyr	Cys	U
	Phe	Ser	Tyr	Cys	C
	Leu	Ser	终止密码	终止密码	A
	Leu	Ser	终止密码	Trp	G
C	Leu	Pro	**His**	Arg	U
	Leu	Pro	**His**	Arg	C
	Leu	Pro	Gln	Arg	A
	Leu	Pro	Gln	Arg	G
A	Ile	Thr	Asn	Ser	U
	Ile	Thr	Asn	Ser	C
	Ile	Thr	Lys	Arg	A
	Met**	Thr	Lys	Arg	G
G	Val	Ala	Asp	Gly	U
	Val	Ala	Asp	Gly	C
	Val	Ala	Glu	Gly	A
	Val	Ala	Glu	Gly	G

＊密码子的阅读方向 5′→3′；＊＊AUG 兼作起始密码子。

DNA 双螺旋模型提出以后生命科学史上又一重大突破为遗传密码的破译,它不仅成为阐明蛋白质生物合成过程的基础,并且为确立分子遗传的中心法则提供了坚实而有力的证据。

在 64 个密码子中,61 个编码氨基酸,3 个(UAA、UAG 和 UGA)用作翻译的终止信号,称为终止密码子(termination codon);AUG 除了编码甲硫氨酸外,还作为起始密码子(initiation codon),是肽链合成的起始信号。在有些生物细胞中,起始密码子不是 AUG 而是编码缬氨酸的 GUG,不过使用最为普遍的起始密码子还是 AUG。

6.3.2 密码子的基本性质

1. 通用性

所有生物可共用同一套密码称为密码子的通用性。密码子的通用性为进化论提供了强有力支持,充分说明所有生物都有共同的起源。但是,存在个别密码子在不同物种也具有不同的含义,即密码子通用性存在例外。

2. 连续性

在 mRNA 链上,从起始信号到终止信号,密码子的排列均连续,密码子之间既不存在重叠也不存在间隔,即无标点。翻译时必须正确选择阅读起点,依次译读,这样由起始密码子至终止密码子组成的一个区域称为阅读框架(reading frame),简称阅读框。若阅读框中缺失 1 个或 2 个核苷酸,或者跳越 1 个核苷酸,所有密码子将发生连续改变即移码(frameshift),则产生错义的蛋白质。基因发生移码突变(frame-shift mutation)此时会产生严重后果,即此原因。

通常情况下,一个阅读框编码一种蛋白质,基因是不重叠的,然而在一些病毒中,同一 DNA 碱基顺序可编码出两条不同的多肽链,其原因为有些基因可完全埋藏在另一个基因之内或呈现部分重叠。例如,Barrel 等于 1976 年发现噬菌体 Φ×174 环型单链 DNA 为 5386 nt,编码 9 种蛋白质,其中 E 基因的 237 nt 序列完全包含在长度为 456 nt 的 D 基因之内,然而它们的阅读框不同。Sanger 于 1977 年又发现 B 基因的 260 nt 完全位于含 1546 nt 的 A 基因之内。另外,又发现另一个 K 基因跨越在 A 基因和 C 基因之间,基因 E 与基因 D 共用一段相同的碱基顺序,但阅读框不同,如图 6-6 所示。

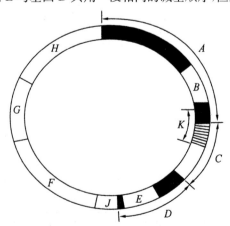

图 6-6 噬菌体 Φ×174 环型 DNA 的基因

B 基因在 A 基因序列内;E 基因在 D 基因序列内;K 基因跨越 A 和 C 基因序列

到目前为止,只在噬菌体和病毒中发现基因重叠现象,这可能是由于在进化过程中,它们的基因组十分小,而又必须有多种基因产物,这种压力从而导致了基因重叠现象的发生。

3. 变偶性

tRNA 和 mRNA 的识别是通过反密码子与密码子的反向碱基配对来实现的,也就是说密码子的第 1 位碱基(5′端)端与反密码子的第 3 位碱基(3′端)配对。

tRNA 的反密码子在与 mRNA 上的密码子进行碱基配对时,前两对严格遵循 A—U、G—C 间的配对原则,然而最后一对可有一定变动,Crick 称这种现象为变偶性(wobble),或称"摆动"性。从表 6-4 可知,tRNA 反密码子第 1 个核苷酸碱基为 I(次黄嘌呤)时,可与密码子第 3 个碱基 U、C 或 A 配对。反密码子 5′端碱基和密码子 3′端碱基被定义为变偶碱基(wobble base)。tRNA 反密码子的变偶碱基常为修饰碱基,次黄嘌呤出现的频率比较高。

表 6-4　密码子与反密码子第 3 对碱基配对的"摆动规则"

反密码子 5′碱基	C	A	U	G	I
密码子 3′碱基	G	U	A 或 G	C 或 U	U、C 或 A

一种 tRNA 分子通常能够识别一种以上的同义密码子,其原因为 tRNA 分子上的反密码子与密码子配对具有变偶性。因为变偶性的存在,细胞中只需要 32 种 tRNA 就能识别 61 个编码氨基酸的密码子。配对的变偶性源于 tRNA 反密码子环的空间结构特点。反密码子 5′端碱基处于"L"形 tRNA 的顶端,受到的碱基堆积力束缚较小,有较大的自由度,因此配对应性强。

4. 简并性(degeneracy)

由几种密码子编码同一种氨基酸的现象称为密码子简并性。编码同一种氨基酸的一组密码子互称同义密码子(synonymous codon)。20 种氨基酸中除色氨酸与甲硫氨酸只有 1 个密码子外,其余均有 2 个或 2 个以上同义密码子。与之相反,没有哪个密码子能编码一个以上氨基酸。

密码子的简并性通常表现在第三位碱基上。如编码缬氨酸的 4 个密码子(UGU、UGC、UGA 和 UGG)中,前两个碱基完全相同,仅第三位碱基不同,从而说明密码子的专一性主要取决于前两位碱基,第三位碱基作用有限。密码子的简并性的重要意义在于,其增加了密码子中碱基改变仍然编码原来氨基酸的可能性,减少了因碱基变化造成的可能危害,有利于生物遗传与进化的统一。

既然一些氨基酸有多个密码子编码,那么同义密码子的使用频率是否相同呢? 研究者发现,不同物种都有自己优先使用的密码子。表 6-5 显示了大肠杆菌和人类 1000 个基因中三组同义密码子的使用频率。可知亮氨酸密码子 CUU 和 UUG 以及丙氨酸密码子 GCA 在两种生物中出现频率基本相同,然而亮氨酸密码子 CUC、脯氨酸密码子 CCA、CCC、CCG、CCU 以及丙氨酸密码子 GCG 在两个物种中的使用频率相差很大,表明不同物种在使用通用密码时存在偏好性。

表 6-5　三组同义密码子在大肠杆菌和人类基因中的使用频率比较

氨基酸	密码子	大肠杆菌基因频率（$\times 10^3$）	人类基因频率（$\times 10^3$）
Leu	CUA	3.2	6.1
	CUC	9.9	20.1
	CUG	54.6	42.1
	CUU	10.2	10.8
	UUA	10.9	5.4
	UUG	11.5	11.1
Pro	CCA	8.2	15.4
	CCC	4.3	20.6
	CCG	23.8	6.8
	CCU	6.6	16.1
Ala	GCA	15.6	14.4
	GCC	34.4	29.6
	GCG	32.9	7.2
	GCU	13.4	18.9

6.4　生物的蛋白质合成

6.4.1　原核生物蛋白质的合成

1. 翻译起始

核糖体与 mRNA、fMet- tRNA$_f^{Met}$ 装配成 70S 起始复合体的过程称为原核生物翻译的起始阶段,其中 fMet-tRNA$_f^{Met}$ 的反密码子将与 mRNA 的起始密码子正确配对。所以,从起始密码子启动蛋白质合成,从而确定正确的阅读框为翻译起始的核心内容。

原核生物蛋白质合成的起始阶段包括:

核糖体解离→30S 小亚基与 mRNA 结合→30S 起始复合体形成→70S 起始复合体形成,如图 6-7 所示。

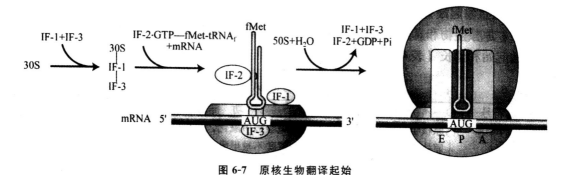

图 6-7　原核生物翻译起始

(1)核糖体。

解离核糖体复合体的装配是从游离的 30S 小亚基开始的。所以,70S 核糖体必须解离。IF-1 和 IF-3 为核糖体解离所需要的翻译起始因子。

IF-1 功能如下:

①协助 IF-2 的结合;

②促进核糖体解离,并与 30S 小亚基 A 位点结合,阻止 fMet-tRNA$_f^{Met}$ 提前结合;

③阻止 30S 小亚基与 50S 大亚基提前结合形成 70S 核糖体。

IF-3 功能如下:

①阻止 30S 小亚基与 50S 大亚基提前结合形成 70S 核糖体;

②协助 30S 小亚基与 mRNA 结合;

③协助起始密码子—反密码子结合,从而使 fMet-tRNA$_f^{Met}$ 正确结合。

IF-1 和 IF-3 在 50S 大亚基结合前必须释放。

(2)30S 小亚基与 mRNA 结合。

即 30S 小亚基与 mRNA 的 5′端结合。开放阅读框的 5′端和内部都存在 AUG。核糖体通过寻找核糖体结合位点鉴别编码起始甲酰蛋氨酸的 AUG。

原核生物 mRNA 的核糖体结合位点位于 5′非翻译区,包括 SD 序列,即起始密码子上游 8~13 nt 处的一段保守序列。该序列含 4~9 个嘌呤核苷酸,共有序列为 AGGAGGU,与 16SrRNA3′端的 3′—UCCUCCA—5′序列互补。SD 序列与 16S rRNA 的 3′端至少要形 3 个 Watson-Crick 碱基对,才能促进 30S 小亚基与 mRNA 的有效结合,如图 6-8 所示。

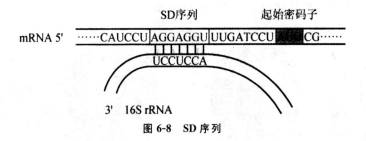

图 6-8　SD 序列

(3)30S 起始复合体形成。

IF-2 先与 GTP 形成 IF-2·GTP,然后与 fMet-tRNA$_f^{Met}$ 结合并协助其与 mRNA、30S 小亚基 P 位点结合。30S 小亚基、mRNA、fMet-tRNA$_f^{Met}$、GTP、IF-1、IF-2、IF-3 各一分子构成 30S 起始复合体。fMet-tRNA$_f^{Met}$ 的反密码子与 mRNA 的起始密码子正确配对。

(4)70S 起始复合体形成。

70S 起始复合体是由 30S 起始复合体与 50S 大亚基结合形成,IF-2 脱离。IF-2 是一种 G 蛋白,具有核糖体依赖性 GTP 酶(GTPase)活性,可以被 70S 起始复合体激活,水解 GTP,脱离 70S 起始复合体。

2. 翻译延长

依托核糖体的 A 位点、P 位点和 E 位点,把氨基酸接到肽链上的过程称为延长阶段。每次连接一个氨基酸,分如下三步进行:

即氨酰 tRNA 进位→肽键形成→核糖体沿着 mRNA 移位。

每秒钟可以连接 15～20 个氨基酸。核糖体读码的方向即在 mRNA 上移动的方向是 $5'\rightarrow 3'$。肽链合成的方向是 N 端→C 端,因此起始甲酰蛋氨酸位于肽链的 N 端。

(1)进位。

在蛋白质合成起始阶段完成时,70S 核糖体复合体三个位点的状态不同:

①E 位点是空的;

②P 位点对应 mRNA 的第一个密码子 AUG,结合了 fMet-tRNA$_f^{Met}$;

③A 位点对应 mRNA 的第二个密码子,是空的。

一个氨酰 tRNA 进入 A 位点即为进位。何种氨酰 tRNA 进位由 A 位点对应的 mRNA 密码子决定,并且需要翻译延长因子 EF-Tu 和 EF-Ts 通过进位循环完成。

进位循环:

①EF-Tu 与 GTP 结合,形成 EF-Tu·GTP 复合物;

②EF-Tu·GTP 复合物与氨酰 tRNA 结合,形成氨酰 tRNA-EF-Tu·GTP 三元复合物;

③三元复合物进入 A 位点;

④EF-Tu·GTP 水解所结合的 GTP,转化成 EF-Tu·GDP,脱离核糖体;

⑤EF-Ts 使 GTP 取代 GDP 与 EF-Tu 结合,形成新的 EF-Tu·GTP 复合物,开始下一进位循环,如图 6-9①所示。

(2)成肽。

成肽反应,是指当 fMet-tRNA$_f^{Met}$ 结合于 P 位点、第二个氨酰 tRNA 结合于 A 位点时,第二个氨酰基的 α 氨基与 fMet-tRNA$_f^{Met}$ 的 fMet 反应,形成肽键。成肽反应由肽基转移酶催化,既不消耗高能化合物,也不需要其他因子,如图 6-9②所示。

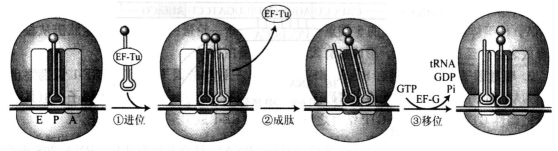

图 6-9 原核生物翻译延长

肽基转移酶实际上是 23S rRNA 的一个活性中心,其所含的一个腺嘌呤直接催化肽键形成。

(3)移位。

肽键形成之后,P 位点结合的是脱酰 tRNA,A 位点结合的是肽酰 tRNA。接下来是移位,即核糖体向 mRNA 的 3′ 端移动一个密码子,而脱酰 tRNA 及肽酰 tRNA 与 mRNA 之间没有相对移动。移位之后:

①脱酰 tRNA 从核糖体 P 位点移到 E 位点再脱离核糖体;

②肽酰 tRNA 从核糖体 A 位点移到 P 位点;

③A 位点成为空位,并对应 mRNA 的下一个密码子;

④核糖体恢复 A 位点为空位时的构象,等待下一个氨酰 tRNA-EF-Tu·GTP 三元复合物进位,开始下一循环 6-9③。

移位需要翻译延长因子 EF-G(也称为移位酶)与一分子 GTP 形成的 EF-G·GTP 复合物。EF-G·GTP 水解所结合的 GTP,转化成 EF-G·GDP,同时推动核糖体沿着 mRNA 移位。

综上所述,蛋白质合成的延长阶段是一个包括三个步骤的循环过程,每一循环在肽链的 C 端连接二个氨基酸。结果,新生肽链不断延伸,并穿过核糖体大亚基的一个肽链通道甩出核糖体。

3. 翻译终止

核糖体移位遇到终止密码子,蛋白质合成进入终止阶段,由释放因子协助终止翻译。

(1)终止过程。

终止阶段需要释放因子决定 mRNA-核糖体-肽酰 tRNA 的命运。当核糖体移位遇到终止密码子时,一种释放因子与终止密码子及核糖体 A 位点结合,另一种释放因子随之结合,改变核糖体肽基转移酶的特异性,催化 P 位点肽酰 tRNA 水解,使肽链从核糖体上释放,如图 6-10 所示。

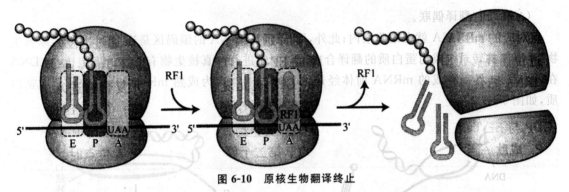

图 6-10 原核生物翻译终止

然后,释放因子进一步促使脱酰 tRNA 脱离核糖体,促使核糖体解离成亚基而脱离 mRNA。核糖体可在 mRNA 的 5′端重新装配,从而开始新一轮蛋白质合成。新生肽链从核糖体上释放之后,经过加工修饰,形成具有天然构象的蛋白质。

(2)释放因子。

RF-1、RF-2 和 RF-3 为大肠杆菌的三种释放因子(RF)其功能如下:

RF-1 识别终止密码子 UAA 和 UAG;RF-2 识别终止密码子 UAA 和 UGA;RF-3 不识别终止密码子,但具有核糖体依赖性 GTP 酶活性,与 GTP 结合之后可以协助 RF-1 或 RF-2 使翻译终止。

RF-1、RF-2 的作用机制已阐明。它们有着相似的空间结构,由七个结构域构成,其中 D 结构域含一个三肽决定子(determinant)。Pro-Ala-Thr 为 RF-1 的决定子,Ser-Pro-Phe 为 RF-2 的决定子。决定子可以直接识别并结合终止密码子。决定子的第一氨基酸与终止密码子的第二碱基结合,第三氨基酸与终止密码子的第三碱基结合。结合具有特异性,即 Thr/Ser 可以与 A/G 结合,Pro/Phe 只与 A 结合,所以 RF-1 识别 UAA、UAG。RF-2 识别 UAA、UGA,如图 6-11 所示。

(3)多核糖体循环。

细胞可以通过以下两种方式提高翻译效率:

1)核糖体在一轮翻译完成之后,解离成亚基,回到 mRNA 的 5′端,重新装配,开始新一轮翻译合成,形成核糖体循环。

2)多个核糖体同时翻译一个 mRNA 分子:在绝大多数情况下,当原核生物合成蛋白质时,会有多个核糖体结合在同一个 mRNA 分子上,形成多核糖体结构,同时进行翻译。

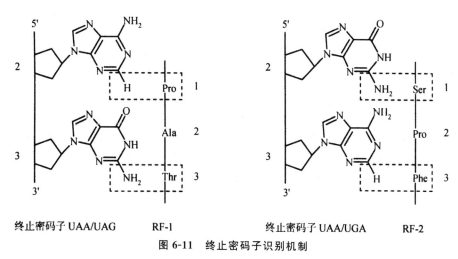

终止密码子 UAA/UAG   RF-1   终止密码子 UAA/UGA   RF-2

图 6-11　终止密码子识别机制

（4）转录与翻译偶联。

原核生物的 DNA 就在细胞浆内；此外，原核生物 mRNA 的编码区是连续的。所以，原核生物 mRNA 的转录合成与蛋白质的翻译合成可以同时进行。真核生物有完整的细胞核，其 DNA 在细胞核内，转录合成的 mRNA 前体经过加工之后才能成为成熟 mRNA，用于指导合成蛋白质，如图 6-12 所示。

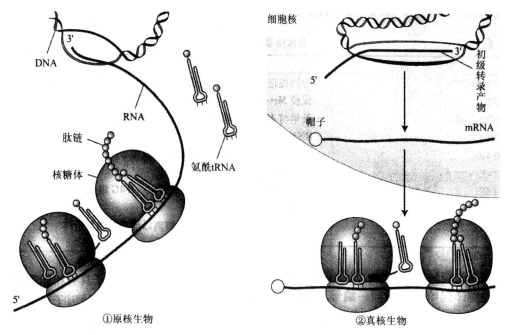

图 6-12　转录和翻译

6.4.2　真核生物蛋白质的合成

1. 翻译起始

真核生物与原核生物在翻译起始阶段区别在于：

①真核生物起始 Met-tRNA$_i$ 不需要甲酰化；

②真核生物 mRNA 含 Kozak 序列，其包含的起始密码子是翻译起始位点；

③真核生物 mRNA 没有 SD 序列，核糖体结合位点是其 5′ 端帽子结构。

(1)起始扫描模型。

由 Kozak 提出，认为真核生物核糖体通过扫描 mRNA 寻找开放阅读框的起始密码子，如图 6-13 所示。

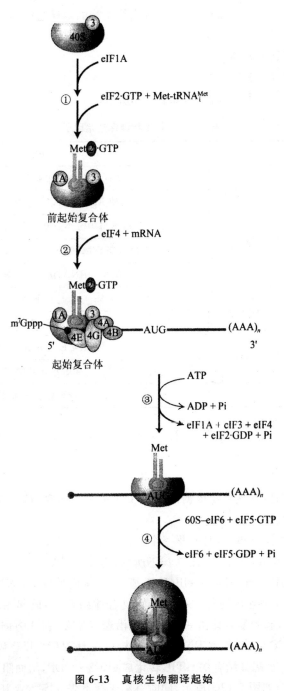

图 6-13　真核生物翻译起始

扫描机制:核糖体与 mRNA5′端帽子结合,向 3′端移动,通过 fMet-tRNA$_i^{Met}$ 识别起始密码子,开始翻译。研究人员通过研究发现:有 $5\%\sim10\%$ 的 mRNA 并不是以其第一个 AUG 作为起始密码子,而是要越过一个或几个 AUG。真核生物 mRNA 真正的起始密码子位于称为 Kozak 序列的保守序列中,CCRCCA—U—GG 为其共有序列,其中 R 为嘌呤核苷酸。若将起始密码子的 A 编为 +1 号,则 -3 位 R 和 +4 位 G 最影响核糖体与 mRNA 的识别和结合。

(2)翻译起始因子。

真核生物翻译起始也需要翻译起始因子,且真核生物的翻译起始因子与原核相比更为复杂,其具有如下功能:

①参与形成 80S 起始复合体;

②参与识别 mRNA 的帽子;

③某些翻译起始因子是翻译调控点,如表 6-6 所示。

表 6-6 真核生物翻译起始因子

翻译起始因子	功能
eIFl,eIFl A	协同促进 40S 小亚基复合体的形成
eIF2	促使 Met-tRNA$_i^{Met}$ 与 40S 小亚基结合
eIF2B,eIF3	最早与 40S 小亚基结合,促进后续反应
eIF4 A	RNA 解旋酶,使 mRNA 与 40S 小亚基结合
eIF4 B	结合 mRNA,协助寻找起始密码子
eIF4 E	与帽子结合
eIF4 F	帽子结合蛋白,由 eIF4 A、eIF4 E、eIF4 G 组成
eIF4 G	与 eIF4 E 及 poly(A)尾结合
eIF5	促使其他因子与 40S 小亚基解离以形成起始复合体
eIF6	促使核糖体解离

真核生物翻译起始因子的符号都以 eIF 表示,与原核生物翻译起始因子具有相同功能的真核生物翻译起始因子用同一编号。

(3)起始过程。

在启动蛋白质合成时,真核生物核糖体的两个亚基必须解离,解离需要翻译起始因子 eIF3 和 eIF6,如图 6-14 所示。

40S 小亚基-eIF3 复合体与 eIFl A 及一个三元复合物(Met-tRNA$_i^{Met}$-eIF2. GTP)装配 43S 前起始复合体(preinitiation complex,图 6-13①所示)为起始的第一步。

同时,mRNA 通过帽子与 eIF4 的 eIF4E 亚基结合,从而形成 mRNA-eIF4 复合物。然后该复合物通过 eIF4 G-eIF3 相互作用与 43S 前起始复合体结合,形成起始复合体(initiation complex,图 6-13②)。之后,起始复合体由 eIF4A 推动沿着 mRNA 向 3′方向移动扫描。eIF4A 具有解旋酶活性,它利用 ATP 供能,松解 RNA 二级结构。在 tRNA$_i^{Met}$ 反密码子读到起始密码子时,扫描停止。eIF2·GTP 水解其结合的 GTP,转化成 eIF′2·GDP,从而阻止已经读到起始密码子的起始复合体继续扫描,如图 6-13③所示,同时有利于接下来 60S 大亚基与 40S 小亚基的结合。

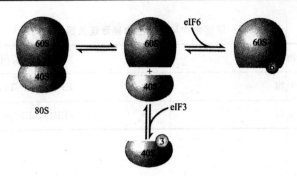

图 6-14　真核生物核糖体解离

　　eIF5 协助 60S 大亚基的结合,并且 eIF5 结合的一个 GTP 被水解,如图 6-13④所示。GTP 的水解使 60S 大亚基的结合过程不可逆。

　　2. 翻译延长

　　蛋白质合成的延长阶段真核生物和原核生物非常相似,所需翻译延长因子也一致,只是命名不同(图 6-15,表 6-7)。

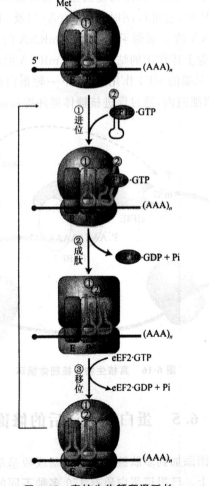

图 6-15　真核生物额翻译延长

表 6-7　原核生物与真核生物翻译延长因子对比

生物	翻译延长因子
原核生物	EF-Tu,EF-Ts,EF-G
真核生物	eEF1α,eEF1$\beta\gamma$,cEF2

3. 翻译终止

蛋白质合成的终止阶段真核生物和原核生物基本一致,只不过释放因子有区别。真核生物有两种释放因子:eRF1 和 eRF3。eRF1 可以识别全部三种终止密码子。eRF3 具有 GTP 酶活性,作用与原核生物的 RF-3 一致。eRF3·GTP 与 eRF1 协同作用,促使肽酰 tRNA 水解释放新生肽链。

4. 多核糖体循环

真核生物可以形成环状多核糖体,该结构使核糖体循环效率更高。真核生物细胞浆内有一种 poly(A)结合蛋白 I(PABP I),它可以同时与 poly(A)尾及 eIF4 的 eIF4G 亚基结合。此外,eIF4 的 eIF4E 亚基又与 mRNA 的 5′端帽子结合。使 mRNA 的两端通过这些蛋白因子搭接在一起,形成环状 mRNA 结构为上述作用的结果。由于 mRNA 的两端靠得很近,核糖体亚基从 3′端解离之后很容易与结合在 5′端的 eIF4 作用,启动下一轮蛋白质合成。图 6-16 描述了该循环过程,它存在于许多真核生物细胞内,通过促进核糖体循环提高翻译效率。

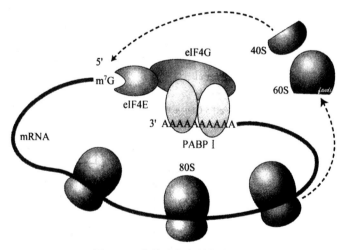

图 6-16　真核生物多核糖体循环

6.5　蛋白质翻译后的修饰

化学修饰涉及将化学基团添加到多肽链的末端氨基或羧基基团上,或者内部的氨基酸残基侧链上具有反应活性的基团上。已报道蛋白质有 150 多种不同的修饰方式,每种修饰都是高度特异的,表现为同一种蛋白质的每个拷贝的同一氨基酸都是以同一种方式修饰的。蛋白质的化学修饰具有许多重要的生理功能,在某些情况下,多肽链的化学修饰是可逆的。表 6-8 列举了蛋白质翻译后修饰的几种方式。

表 6-8　翻译后化学修饰举例

修饰		被修饰的氨基酸	蛋白质举例
添加小化学基团	乙酰化	赖氨酸、N 端氨基酸	组蛋白
	甲基化	赖氨酸	组蛋白
	磷酸化	丝氨酸、苏氨酸、酪氨酸	参与信号转导的一些蛋白质
	羟基化	脯氨酸、赖氨酸	胶原
	N-甲酰化	N 端甘氨酸	蜂毒肽
添加糖侧链	O-连接糖基化	丝氨酸、苏氨酸	多种膜蛋白和分泌蛋白
	N-连接糖基化	天冬氨酸	多种膜蛋白和分泌蛋白
添加脂类侧链	脂酰化	丝氨酸、苏氨酸、半胱氨酸	多种膜蛋白
	N-肉豆蔻酰化	N 端甘氨酸	参与信号转导的一些蛋白质
添加生物素	生物素化	赖氨酸	多种羧化酶

6.5.1　氨基端和羧基端的修饰

在原核生物中几乎所有蛋白质都是从 N-甲酰甲硫氨酰开始,真核生物从甲硫氨酸开始。当合成达 15～30 个氨基酸残基时,脱甲酰基酶水解除去 N 端的甲酰基,再氨肽酶再切除一个或 N 端氨基酸。所以原核生物肽链合成后,70％的肽链 N 端不存在 fMet,而 N 端为 fMet 的仅占 30％真核生物成熟的蛋白质分子,其 N 端也多数不存在甲硫氨酸。如下为去除 N 端甲酰甲硫氨酰的基本步骤:

$$\text{N-甲酰甲硫氨酰—肽} \xrightarrow{\text{脱甲酰基酶}} \text{甲酸＋甲硫氨酰—肽}$$

$$\text{甲硫氨酰—肽} \xrightarrow{\text{氨肽酶}} \text{甲硫氨酸＋肽}$$

另外,在真核细胞中约有 50％的蛋白质在翻译后会发生 N 端乙酰化。还有些蛋白质分子的端也需要进行修饰。

6.5.2　氨基酸侧链的化学修饰

在特异性酶的催化下,蛋白质多肽链中的某些氨基酸侧链进行化学修饰,类型包括羟基化、糖基化、磷酸化等,如图 6-17 所示。

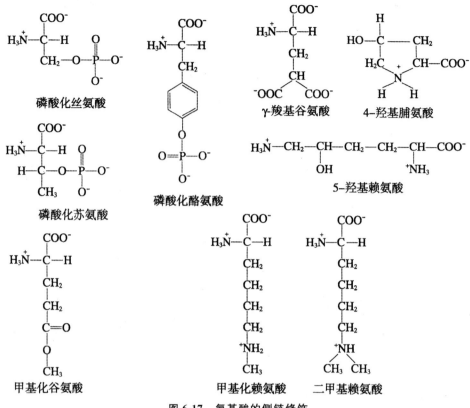

图 6-17　氨基酸的侧链修饰

（1）Ser、Thr 和 Tyr 的磷酸化。

某些蛋白质分子中的丝氨酸、苏氨酸、酪氨酸残基的羟基，在酶催化下被 ATP 磷酸化。

（2）脯氨酸和赖氨酸的羟基化。

脯氨酸和赖氨酸经羟化反应形成胶原中羟脯氨酸和羟赖氨酸。

（3）谷氨酸的羧化。

某些蛋白质，如凝血酶等凝血因子，含有多个 γ-羧基 Glu，该羧基是在需 Vit K 的酶催化下进行的。

（4）甲基化修饰。

某些蛋白质中的赖氨酸残基需要甲基化，某些谷氨酸残基的羧基也要甲基化，从而达到除去负电荷的目的。

（5）蛋白质的糖基化。

游离的核糖体合成的多肽链通常不带糖链，膜结合的核糖体所合成的多肽链一般带有糖链。糖蛋白（glycoprotein）为一类含糖的结合蛋白质，由共价键相连的蛋白质和糖两部分组成。糖蛋白中的糖链与多肽链之间的连接方式可分为 N-连接与 O-连接两种类型。N-连接糖蛋白的寡糖链通过 N-乙酰葡糖胺与多肽链中天冬酰胺残基的酰胺氮以 N-糖苷键连接。O-连接糖蛋白的寡糖链通过 N-乙酰半乳糖胺与多肽链中丝氨酸或苏氨酸残基的羟基以 O-糖苷键连接。寡糖链在内质网和高尔基复合体中合成及加工，从内质网开始，至高尔基复合体内完成。

胶原蛋白的前体在细胞内合成后，需经羟化、三股肽链彼此聚合，并带上糖链，转入细胞外并去掉部分肽段,才能用以构成结缔组织中的胶原纤维。有些蛋白质前体还需加以脂类(如脂蛋白)或经乙酰化、甲基化等。

6.5.3　二硫键的形成

某些蛋白质分子内的半胱氨酸巯基之间形成共价键,称为二硫键。二硫键在稳定蛋白质空间构型中起着十分重要的作用。

6.5.4　蛋白质前体的剪切

分泌性蛋白质(secretory protein)如免疫球蛋白、清蛋白等,合成时带有一段称为"信号肽"的肽段。信号肽段约由 $15 \sim 30$ 个氨基酸残基构成,其氨基端为亲水区段,常为 $1 \sim 7$ 个氨基酸;中心区以疏水氨基酸为主,约由 $15 \sim 19$ 个氨基酸残基构成,在分泌时起决定作用:分泌蛋白合成后进入内质网腔,由内质网腔面的信号肽酶催化,切除信号肽段,并进一步在内质网和高尔基体加工。多数蛋白质由没有生物学功能的前体构象转变为有生物学功能的成蛋白质,如胰岛素原是由 84 个氨基酸组成的肽链,其 N 端为 23 个氨基酸残基的信号肽,在转运至高尔基体的过程中被切除。最后形成由 A 链、B 链组成的活性胰岛素,如图 6-18 所示。也有一些蛋白质以酶原或蛋白质前体的形式分泌,在细胞外进一步加工剪切。

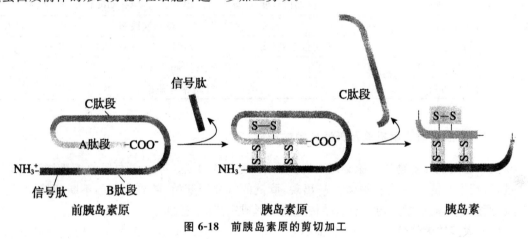

图 6-18　前胰岛素原的剪切加工

6.5.5　多蛋白的加工

有些多肽链合成后经加工可产生多种不同活性的蛋白质,如垂体产生的几种小肽激素来源于同一个大的蛋白质前体,如图 6-19 所示。

6.5.6　蛋白质的靶向运输

结合在粗面内质网的核糖体除合成分泌蛋白外,还合成一定比率的细胞固有蛋白质,其中主要是膜蛋白。它们进入内质网腔后,需要经过复杂机制,定向输送到最终发挥生物学功能的亚细胞间隔。该过程称为蛋白质的靶向输送。所有靶向输送的蛋白质在其一级结构中均存在分选信号,其中大多数为 N 端特异氨基酸序列,它们可引导蛋白质运送到细胞的特定部位,称为信号序列。信号序列通常位于被转运多肽链的 N 端,由 $10 \sim 40$ 个氨基酸残基组成,富含高度疏水性的氨基酸,如表 6-9 所示。

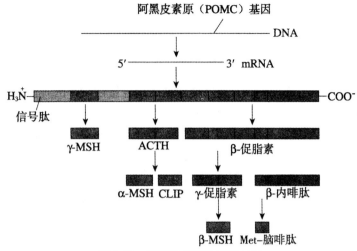

图 6-19　阿黑皮素原的剪切加工

表 6-9　靶向输送蛋白的信号序列

细胞器蛋白	信号序列
内质网腔蛋白	N 端信号肽,C 端 KDEL 序列(-Lys-Asp-Glu-Leu-COO)
线粒体蛋白	N 端 20～35 氨基酸残基
核蛋白	核定位序列(-Pro-Pro-Lys-Lys-Lys-Arg-Lys-Val,SV40T 抗原)
过氧化酶体蛋白	PST 序列(-Ser-Lys-Leu-)
溶酶体蛋白	甘露糖-6-磷酸

6.5.7　多肽链的正确折叠及天然构象的形成

新生肽链实现其生物学功能必须正确折叠、形成三维构象。体内蛋白质的折叠与肽链合成同步进行,新生肽链 N 端在核糖体上一出现,肽链的折叠即开始;随着序列的不断延伸,肽链逐步折叠,产生正确的二级结构、模体、结构域直至形成完整的空间构象。

细胞中大多数天然蛋白质的折叠都不能自动完成,多肽链准确折叠和组装需要折叠酶和分子伴侣两类蛋白质。折叠酶包括蛋白质二硫键异构酶(protein disulfide isomerase,PDI)和肽－脯氨酰顺反异构酶。二硫键异构酶在内质网腔活性十分高,可识别和水解错配的二硫键,重新形成正确的二硫键,辅助蛋白质形成热力学最稳定的天然构象。

多肽链中肽酰－脯氨酸间的肽键存在顺、反两种异构体,两者在空间构象上存在明显差别。肽－脯氨酰顺反异构酶可促进这两种顺、反异构体之间的转换。在肽链合成需形成顺式构型时,此酶可在各脯氨酸弯折处形成准确折叠。肽酰－脯氨酰顺反异构酶是蛋白质三维构象形成的限速酶。

分子伴侣,也称分子伴娘,广泛存在于从细菌到人的细胞中,是蛋白质合成过程中形成空间结构的控制因子,在新生肽链的折叠和穿膜进入细胞器的转位过程中起关键作用。有些分子伴侣可与未折叠的肽段进行可逆的结合,防止肽链降解或侧链非特异聚集,辅助二硫键的正确形成;有些则可引导某些肽链正确折叠并集合多条肽链成为较大的结构。包括热激蛋白(heat shock protein)和伴侣蛋白(chaperonin)为常见的分子伴侣。热激蛋白因在加热时可被诱导表达而得名。分子伴侣的作用机制,如图 6-20 所示。

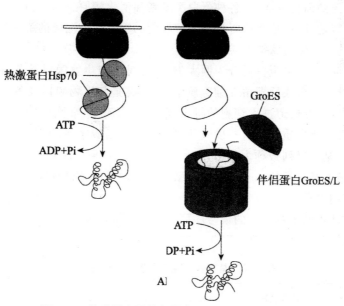

图 6-20　热激蛋白及伴侣蛋白 GroES/L 的作用机制

6.5.8　辅基结合及亚基的聚合

结合蛋白质除多肽链外,还含有各种辅基组成。故其蛋白质多肽链合成后,还需要经过一定的方式与特定的辅基结合。寡聚蛋白质则由多个亚基组成,各个亚基相互聚合时所需要的信息,蕴藏在每条肽链的氨基酸序列之中,而且这种聚合过程通常具有一定的先后顺序,前一步聚合常可促进后一聚合步骤的进行。如成人血红蛋白 HbA 由两条 α 链、两条 β 链及 4 个血红素辅基组成。从多核糖体合成释放的游离仅链可与尚未从多核糖体释放的 β 链相连,然后一起从多核糖体上脱落,再与线粒体内生成的两分子血红素结合,形成 αβ 二聚体。然后,两个 αβ 二聚体聚合形成完整的血红蛋白分子,如图 6-21 所示。

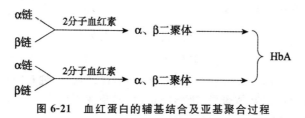

图 6-21　血红蛋白的辅基结合及亚基聚合过程

6.6　蛋白质翻译后的输送

绝大多数蛋白质的合成部位只有一个,即细胞质中的核糖体。但是成熟的蛋白质在细胞内均有不同的定位,即在细胞内或细胞外的不同部位执行生理功能,有的蛋白质在细胞质中起作用,如催化糖酵解反应的各种酶;有的蛋白质在细胞膜上起作用,如各种细胞外的信号受体;有的蛋白质在特殊的细胞器内起作用,如参与光合作用的蛋白质在叶绿体中起作用,参与细胞有氧呼吸的蛋白质在线粒体中起作用;有的蛋白质在细胞核中起作用,如各种组蛋白和转录因子;还有的蛋白质需要被分泌到细胞外面,如各种蛋白类激素和消化酶原。那么,在细胞质中合成的蛋白质如何到达细胞的特定部位,从而执行正常生理功能的呢? 这个问题的解决过程被称为肽链(或蛋白质)合成后的输送或称为肽链的转运。

根据定位的不同,可以将蛋白质分为两大类:一类是不与生物膜以及各种通道联系的,称胞质蛋白,它们在核糖体上合成后即留在细胞质中;另一类是与生物膜以及各种通道联系的,在合成后需要穿过生物膜上的通道进入细胞的特定部位,如内质网、细胞核、各种细胞器等。与第一类蛋白质相比,第二类蛋白质均含有一段或几段特殊的氨基酸序列,可用于引导蛋白质进入细胞的特定部位,这些氨基酸序列被称为信号序列,或信号肽。由 G. Blobel 和 D. Sabatini 提出的信号学说认为,多肽链本身具有的信号序列决定新合成蛋白质离开核糖体后的去向,本节主要介绍第二类蛋白质的定向输送。

引导蛋白质到达不同细胞部位的信号序列有不同的氨基酸组成与分布规律,表 6-10 列举了一些较为典型的蛋白质的信号序列。

表 6-10 某些代表性蛋白质上的信号序列

蛋白质名称	蛋白质定位	信号序列	信号序列的位置
人胰岛素原	细胞外	MALWM RLL PLL A LLALW GPDPAAA	N 端
蛋白质二硫键异构酶	内质网腔	KDEL	C 端
细胞色素 c	线粒体	M L SLRQS IRFFKP AT RT L CSSRY LL	N 端
细胞色素 c₁	线粒体	M FSNL SKRWAQ RT LSKSFYSTATGAAS KSG KLTE KLVTAG V AAAG I TAST LLYA DSLTAEA	N 端
SV40 VP1	细胞核	APT KRKGS	中间
过氧化氢酶	过氧化物酶体	SKL	C 端

注:K̄、R̄ 碱性氨基酸;L̄、V̄ 疏水氨基酸。

肽链的定向输送除了需要信号序列之外,还需要一系列识别和利用信号序列的生物分子,根据这些生物分子与信号序列相互作用机制的不同,可以将肽链/输送的途径分为两条,一条为共翻译途径,即定向输送在蛋白质翻译没有结束的时候就已经启动,通过这条途径输送的蛋白质包括定位于内质网的蛋白、高尔基体蛋白、细胞膜蛋白、溶酶体蛋白和分泌蛋白;另一条为翻译后途径,即定向输送在翻译结束后进行,通过这条途径输送的蛋白质包括定位于细胞核的蛋白、线粒体蛋白、叶绿体蛋白和过氧化物酶体蛋白等,如图 6-22 所示。

6.6.1 共翻译途径

参与共翻译途径的蛋白质都是在结合于内质网上的核糖体中合成的,这种内质网又被称为粗面内质网。在粗面内质网上合成的蛋白质穿过内质网膜上的通道进入内质网腔(注意:多数进入内质网的蛋白质在翻译尚未完全结束前就开始穿越内质网,膜蛋白没有完全通过内质网膜,而是停留在膜中),此后非定位于内质网的蛋白质从内质网进入高尔基体,然后被引导入溶酶体、分泌小泡或细胞膜等最终目的地。

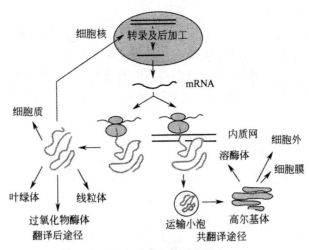

图 6-22　蛋白质定向输送的两条途径

在粗面内质网上合成的蛋白质的 N 末端通常包含由 15～30 个氨基酸组成的信号肽,其氨基酸组成与分布特征为:多数氨基酸为疏水性氨基酸,且主要位于信号肽中部,组成疏水核心。疏水核心前端常有一个或数个带正电荷的碱性氨基酸,后端常有数个带有小侧链基团的氨基酸残基(如 Ala、Gly 等)。信号肽后有蛋白水解酶切割位点,使信号肽能够在进入内质网后被切除,不存在于成熟的蛋白质中。

相关实验证明信号肽的存在足以导致细胞质中的多肽链进入内质网,例如将信号肽连在珠蛋白的 N 端可使该蛋白进入内质网,而不是留在细胞质里。信号肽使核糖体在翻译 mRNA 的同时能结合在内质网膜上,与膜的最初结合即由信号肽引发。

蛋白质通过内质网膜的转运可被分为两个步骤:首先,带有新生肽链的核糖体与膜结合;随后,新生肽链进入并穿过膜上的通道。这两个步骤均需要特定生物分子的帮助,其中最重要的是信号肽识别颗粒(signal recognition particle,SRP)和 SRP 受体(SRP receptor)。在 SRP 和 SRP 受体的作用下,带有新生肽链的游离核糖体结合到内质网膜上,其具体机制是,SRP 首先识别并结合新生肽链 N 末端的信号肽,然后 SRP 与内质网膜上的 SRP 受体结合,使核糖体通过与膜上特定受体的相互作用结合到膜上。

需要注意的是,SRP 与信号肽的结合将使蛋白质的翻译停止,这一过程通常发生于大约 70 个氨基酸残基长度的肽链产生后。当 SRP 与其受体结合后,SRP 释放信号肽,此时翻译可以继续进行。当核糖体被转运到膜上之后,SRP 和 SRP 受体就完成了其功能,这时它们离开核糖体上正在合成的多肽,去介导另一个新生多肽及核糖体与膜的结合。SRP 在核糖体转运到膜上的过程中阻止翻译的功能对防止蛋白质释放到拥有水溶性环境的细胞质中有重要意义。

SRP 是一种核糖核蛋白复合体,含有 6 个大小不等的蛋白(SRP54,SRP19,SRP68,SRP72,SRP14,SRP9)和 1 个小的 7S RNA,7S RNA 是形成复合体的结构骨架,缺少它蛋白质不能组装成 SRP。组成 SRP 的不同蛋白质具有不同的功能,SRP54 能与新生蛋白质的信号肽结合,它决定底物蛋白质的识别,SRP54 还是一种 GTP 水解酶,GTP 的水解可为将信号肽插入膜通道的过程提供能量,SRP68-SRP72 二聚体与 RNA 的中心区域结合,参与对 SRP 受体的识别,SRP9-SRP14 二聚体结合在分子的另一端,负责使翻译停止,SRP19 参与 SRP 的组装,对 SRP54 与 7S

RNA 的结合是不可少的。

  SRP 受体是一个异二聚体,由 SR-α 与 SR-β 两个亚基组成。SR-β 是一个膜内在蛋白质,用于将 SR-α 的氨基端锚定在内质网上,SR-α 的其余部分伸入到细胞质中。SRP 受体胞质区域的大部分序列与核酸结合蛋白质相似,含有许多带正电的残基,说明 SRP 受体有可能识别 SRP 中的 7S RNA。SRP 受体的两个亚基均可结合并水解 GTP,SRP 从 SRP 受体上的释放需要 GTP 水解提供能量。

  内质网膜上的蛋白质通道被称为易位子,由多种跨膜蛋白质组成,包括 Sec61 复合体(由 α、β、γ 三种蛋白质组成)和 TRAM,如图 6-23 所示。Sec61 复合体是构成水相通道的主体部分,TRAM 为部分蛋白质的转运所必需,并可以促进所有蛋白质跨内质网膜的转运。

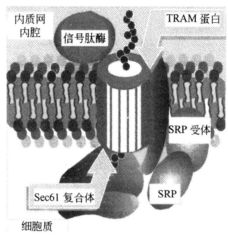

图 6-23 内质网膜上的蛋白质通道

  信号肽进入内质网后,即被称为信号肽酶的蛋白水解酶切除,信号肽酶存在于内质网膜的内腔侧,表明信号肽必须在穿过膜后才能被切除。另外,新生肽链以去折叠的状态通过易位子进入内质网,在进入内质网后,肽链在内质网腔内进行初步加工(如糖基化、羟基化、脂酰基化以及二硫键的形成等),还要进行正确的折叠与装配,错误折叠的蛋白质可被识别并转运回细胞质被降解,参与共翻译途径的蛋白质输送入内质网的流程如图 6-24 所示。

  以上过程主要适用于分泌蛋白和停留在内质网、高尔基体及溶酶体内腔的蛋白,对于定位于各种生物膜的膜蛋白来说,其转运过程的起始阶段与分泌蛋白相同,依靠信号肽进入膜通道,但在转运的后期,膜蛋白并没有完全通过内质网膜,而是停留在膜中,原因在于膜蛋白还具有停止转运序列。这个序列的特征是在一些带电的残基附近具有一系列的疏水氨基酸残基,这些疏水氨基酸残基可以使蛋白质锚定在膜上,并且阻止蛋白质完全穿过膜。前述引导肽链穿过内质网膜的信号肽可以视为开始转运序列,含有多个开始转运序列和多个停止转运序列的多肽将成为多次跨膜的膜蛋白。

  进入内质网的蛋白除了需滞留内质网的蛋白外,均被运输到高尔基体,这种运输是通过内质网出芽形成的运输小泡进行的,运输小泡与高尔基体的形成面,即顺面(靠近细胞核的一侧)的扁囊膜融合,小泡中的蛋白质即转入高尔基体。滞留内质网中的蛋白含有滞留信号,在许多脊椎动物中它是 C 端的四肽:Lys-Asp-Glu-Leu(简称 KDEL),酵母中是 HDEL 或 DDEL。假如删除这些序列或者在其后加入其他氨基酸,则蛋白质可能会被分泌到细胞外,相反如果该四肽序列被加到溶菌酶的 C 末端,则溶菌酶不再被分泌而是留在内质网腔内,这表明存在着识别 C 末端四肽并使其定位在内质网腔内的机制。另一个位于 C 端的信号序列是 KKXX(X 指任一种氨基酸)序列,负责将蛋白质定位于内质网膜,其特征为带有两个赖氨酸残基。

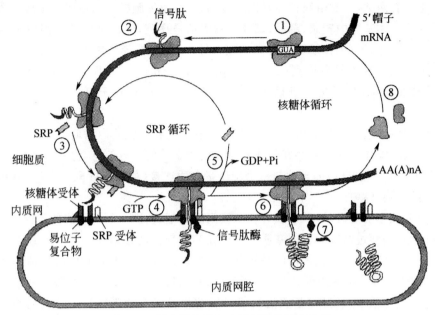

图 6-24　蛋白质输送入内质网的共翻译途径

　　蛋白质运输到高尔基体后,在高尔基体中进行一系列的修饰与加工(糖基化、脂酰基化或磷酸化等),并经浓缩、分类包装后,以分泌小泡的形式运走。其中质膜蛋白嵌在分泌小泡的膜上,当分泌小泡与质膜融合后,该分泌小泡膜与其上的质膜蛋白就成了质膜的一部分。携带有分泌蛋白的分泌小泡经胞吐作用,可将分泌蛋白排出细胞。近期的研究结果表明,滞留高尔基体的蛋白质也具有特定的信号序列,如 C 端的 YQRL 序列。

　　需要进入溶酶体的蛋白质(主要是各种水解酶)一般是高甘露糖型糖基化的对象,它们在内质网内开始进行 N 型连接的糖基化修饰。在进入高尔基体顺面的扁囊后,在扁囊中的 N-乙酰葡萄糖胺磷酸转移酶和葡萄糖胺酶的作用下,蛋白质糖基上的甘露糖残基被磷酸化,同时 N-乙酰葡萄糖胺被水解去除,形成甘露糖-6-磷酸(M6P)末端。这种特异的反应只发生在溶酶体的酶上,不发生在其他的糖蛋白上,估计溶酶体酶本身含有某种磷酸化的信号,可被高尔基体中负责修饰的酶识别。

　　在高尔基体成熟面(反面)扁囊上存在 M6P 的受体,可以专一地与 M6P 结合,这种亲和作用使溶酶体酶与其他蛋白质分离并起到局部浓缩的作用。在高尔基体反面,M6P-M6P 受体复合物包入由衣被蛋白包被的转运小泡(早期内吞体),其再转化为后期的内吞体,内吞体内的 pH 为酸性,在该低 pH 条件下,磷酸化的溶酶体酶与其上结合的 M6P 受体分离,受体可被转运回高尔基体膜,从而可以反复使用。后期的内吞体又分裂为小的转运体,将溶酶体酶输送入溶酶体中,溶酶体酶脱去甘露糖上的磷酸根,成为溶酶体内的成熟蛋白。

6.6.2　翻译后途径

　　参与翻译后途径的蛋白质都是在细胞质内游离的核糖体中合成的,通过此条途径进行定向、分拣的蛋白质由细胞核基因编码、定位于线粒体、质体、细胞核和过氧化物酶体等细胞器。

1. 进入线粒体蛋白质的输送

线粒体蛋白有两类,一类由线粒体基因组编码,一类由细胞核基因编码。由线粒体基因组编码的蛋白质在线粒体基质中转录、翻译,翻译产物无信号序列,而由细胞核基因编码的蛋白质在细胞核转录、转录后加工,再在细胞质游离的核糖体中翻译,翻译产物在 N-端都含有信号序列,这种信号序列一般被称为导肽序列(1eader peptide sequence)。它不会被 SRP 识别,在水溶液中,一般不形成二级结构,但是一旦插到线粒体膜则会形成有利于蛋白质跨膜转运的两性 α 螺旋。

大多数的线粒体蛋白质都是由核基因编码的,它们先在细胞质内以前体形式合成,再通过特定的方式输送入线粒体。导肽中存在使线粒体蛋白质定位的所有信息,将一个线粒体蛋白质(如细胞色素 C 氧化酶Ⅳ亚单位)的导肽与一个胞质蛋白质连接(如二氢叶酸还原酶)就可使该胞质蛋白质被输送到线粒体中。

线粒体具有四个功能区域,即外膜、内膜、膜间隙和基质,进入不同部位的蛋白具有不同的转运途径,默认途径是穿过两层膜进入基质。定位在其他部位的蛋白质除导肽外还需要额外的信号序列,使其能够被输送到线粒体内的特定部位。以结合在内膜上并面向膜间隙的细胞色素 c_1 为例,其 N 末端的 61 个氨基酸可分为具有不同功能的片段,前 32 个氨基酸序列含有基质定位信号,负责引导蛋白质进入基质,基质定位信号后的片段提供使蛋白质定位在内膜的另一个信号,称为膜定位信号。关于膜定位信号的作用机制存在一定争议,一种模型认为整个蛋白质在基质定位信号的引导下进入基质,然后在膜定位信号的作用下蛋白质再重新进入内膜或通过内膜进入膜间隙。另一种模型认为膜定位信号阻止蛋白质的其余部分与基质定位信号一起通过内膜进入基质。两种模型的共同之处在于都认为基质定位信号由基质内的水解酶切除,从而使膜定位信号暴露于 N 端并发挥作用,膜定位信号最终由位于膜间隙的水解酶切除。

线粒体蛋白质的转运涉及多种蛋白复合体,称为转运蛋白(translocator)的蛋白复合体由识别蛋白质的受体和使蛋白质通过的通道两部分构成,主要包括:①TOM(translocase of the outer membrane)复合体,负责使蛋白质通过外膜进入膜间隙;②TIM(translocase of the inner membrane)复合体,负责使蛋白质通过内膜进入基质。当蛋白质通过 TOM 复合体时,通常并不被释放到膜间隙中,而是直接转运到 TIM 复合体上,这表明蛋白质在转运过程中可直接跨过两层膜,TOM 与 TIM 复合体之间没有直接的相互作用,它们通过被转运的蛋白质结合,然后协同作用完成蛋白质向基质的运输。需要进入线粒体基质的蛋白质的输送如图 6-25 所示。

2. 进入叶绿体蛋白质的输送

蛋白质进入叶绿体的过于蛋白质进入线粒体不完全相同,主要差别:

1)比线粒体多一层膜——类囊体膜和一种可溶性腔——类囊体腔,故分拣和定位过程更为复杂。

2)参与跨膜转运的 Toc(transport across the outer chloroplast membrane)或 Tic(transport across the inner chloroplast membrane)与参与线粒体膜运输的 Tom 或 Tim 无同源性。

3)进入线粒体基质的蛋白质需要消化跨线粒体内膜的质子梯度。

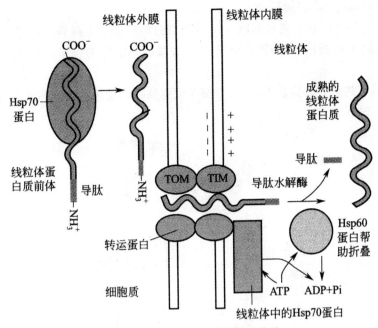

图 6-25　线粒体蛋白质的靶向输送

　　进入叶绿体的蛋白质在 N-端有一段通常被称为输送肽(transit peptide)的信号序列。含有输送肽序列的蛋白质通过受体介导的转运方式,进入叶绿体的基质。同样在细胞液,Hsp70 与前体蛋白结合维持其伸展状态,在基质内有 Hsp60 促进其折叠。在跨膜转移中,需要消耗 ATP 和 GTP。运输受体和移位子复合物在内外膜接触点组装,位于外膜的复合物名为 Toc,由 Toc159、Toc75 和 Toc34 组成,其中 Toc159 和 Toc34 结合 GTP,位于内膜的移位复合物名为 Tic。Toc 和 Tic 之间还有 Hsp70 运输中间物关联蛋白(import intermediate associated protein, IAP)。输送肽序列在进入基质以后,被依赖于 ATP 的特殊蛋白酶——Clp 切掉,余下的次级信号序列可继续指导蛋白质进入类囊体膜或类囊体腔,具体可见图 6-26 所示。

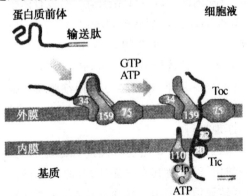

图 6-26　细胞核编码的叶绿体蛋白的定向转移

3. 进入细胞核蛋白质的输送

　　指导蛋白质进入细胞。核的信号序列被称为细胞核定位序列(nuclear localization sequence,NLS)。与其他细胞器蛋白质不同的是,核蛋白不是直接通过膜而是通过核孔复合物

(nuclear pore complex,NPC)转运的。

核蛋白以完全折叠的状态通过 NPC,一旦它们翻译好,即发生折叠。核蛋白通过 NPC 需要 Ran 蛋白。Ran 属于 G 蛋白,其功能是调节货物(主要是被运输的核蛋白)受体复合体的组装和解体。

NLS 经常以环的形式暴露在表面,以方便与细胞核输入受体结合。核蛋白进入细胞核的详细步骤(图 6-27)如下。

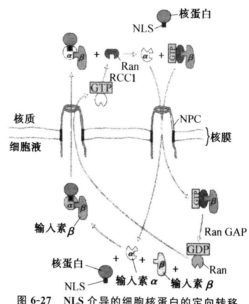

图 6-27　NLS 介导的细胞核蛋白的定向转移

1)核蛋白与由输入素 α(importin)和 β 组成的细胞核输入受体结合。

2)核蛋白与受体的复合物与 NPC 胞质环上的纤维结合。

3)纤维向核内弯曲,移位子构象发生改变,形成亲水通道,货物通过。

4)核蛋白·受体复合体与核质内的 Ran-GTP 结合,随后,复合体解体,核蛋白释放到细胞核。

5)与 Ran-GTP 结合的输入素 β 进入细胞质,Ran-GTP 在 GTP 酶激活蛋白(GAP)的作用下,其潜在的 GTP 酶活性被激活,将与它结合的 GTP 水解成 GDP 后,Ran-GDP 返回细胞核,在核苷酸交换因子 RCCl 的催化下,重新转换为 Ran-GTP。

6)在核内输出素(exportin)的帮助下,输入素 α 返回细胞质与输入素 β 重新组装成细胞核输入受体,参与下一轮的转运。由于 RCCl 在细胞核、Ran GAP 在细胞质的不对称分布,核蛋白质进入细胞核的过程可持续不断地进行。

某些调节基因表达的转录因子在需要之前被隔离在细胞核之外。隔离它们的手段是控制 NLS:有的是对 NLS 进行磷酸化修饰,使其丧失活性;有的是与特殊的抑制蛋白结合,将 NLS 隐藏起来。一旦受到刺激,这些转录因子经历去磷酸化反应,或者抑制蛋白释放,于是,转录因子可以进入细胞核,调节特定基因的表达。

4. 进入过氧化物酶体的蛋白质的输送

过氧化物酶体是具有单层膜包被的小细胞器,每一个过氧化物酶体大概含有 50 种左右的酶。这些蛋白质完全由细胞核基因编码,在细胞质游离的核糖体上翻译。

指导蛋白质进入过氧化物酶体的信号序列是过氧化物酶体定向序列(peroxisome targeting sequences,PTS)。PTS 通常位于多肽链的 C-端(PTS1),其一致序列为 SKI 或 SKF,也有少数蛋白的 PTS 位于 N-端,是一段多肽序列(PTS2)。PTS1 在蛋白质进入过氧化物酶体以后并不被切除,而是成为成熟蛋白的一部分,但 PTS2 则被切除。

与核蛋白一样,过氧化物酶体蛋白在细胞液已完全折叠成有功能的形式。

5. 细菌蛋白的分泌

如图 6-28 所示,细菌蛋白质的分泌一般属于翻译后的分拣,没有 SRP 的参与。首先是分子伴侣 SecB 与新生的肽链结合,阻止其提前折叠,以方便随后的跨膜转运。质膜上两种跨膜蛋白——SecE 和 SecY 组成移位子通道,以让分泌蛋白通过。移位过程依赖于 ATP,受 SecA 驱动。一旦蛋白质通过通道,信号序列就被细胞外的与膜结合的蛋白酶切除。

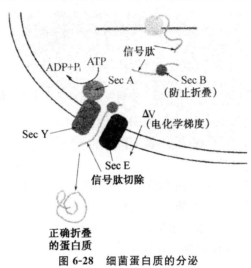

图 6-28　细菌蛋白质的分泌

6.7　蛋白质合成的抑制剂

蛋白质合成为细胞的一项中心功能,若蛋白质合成受到抑制,那么此时细胞将失去正常活动而死亡。

常用抗生素中有许多是蛋白质合成的抑制剂,它们不仅可用来研究蛋白质合成的生物化学机制,作为抗菌剂用于实验室研究,还可以临床应用。抗生素种类不同,作用特点不同。氯霉素(chloramphenicol)抑制原核生物核糖体大亚基肽基转移酶的活性;链霉素(streptomycin)导致原核生物 mRNA 的错读,抑制肽链合成起始过程。嘌呤霉素(puromycin)为氨酰-tRNA 类似物,准确地说为酪氨酰-tRNA 的类似物,它可造成原核生物和真核生物肽链合成提前终止。如图 6-29 所示,当它与核糖体 A 位结合后,经转肽作用,生成肽酰嘌呤霉素,因为嘌呤霉素的结构比氨酰-tRNA 小,它尽管能够与核糖体大亚基 A 位点结合,但肽酰嘌呤霉素不能结合 P 位,于是从核糖体上解离下来,导致肽链合成终止。

有些毒素也是蛋白质合成抑制剂。例如蓖麻蛋白(ricin)是两条多肽链组成的一种植物毒蛋白,它通过使 60S 亚基失活而抑制真核生物的蛋白质合成,因其对癌细胞的毒性比正常细胞更大些而被用于癌症治疗。

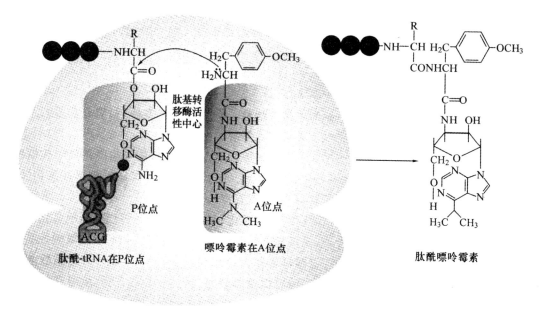

图 6-29　嘌呤霉素进入核糖体 A 位点终止肽链合成

6.8　蛋白质的降解

细胞中大多数蛋白质的功能都受到严格的时空限制,真核细胞中蛋白质的半衰期由 30 s 到几天不等。许多处于代谢关键位置的调节蛋白和酶均是短寿命的。为了防止异常的或不需要的蛋白质在细胞中积累,蛋白质总是不断地被降解。降解是一个选择性的过程,除了蛋白质的非特异性降解,还存在着特异性的降解机制。任何蛋白质的寿命都是由专门执行这项任务的蛋白水解酶系统调节的。

6.8.1　蛋白质的非特异性降解

在溶酶体途径中,蛋白质的降解大多是非特异性的。主要是降解经内吞进入细胞的蛋白质。还有一些寿命较短的蛋白质,其 N 端氨基酸残基上有一定的标记,这些标记通常为一段短的序列元件。如一个称为 PEST 的序列富含 Pro(P)、Glu(E)、Ser(S) 和 Thr(T)。该肽段可作为蛋白质水解的信号。在大多数情况下,促进蛋白质变性的条件也会激活蛋白质水解途径。识别受损和不正确折叠的蛋白质可能与蛋白质表面暴露出的疏水基团或疏水链有关。这些疏水区域的结构可能是不同蛋白水解酶识别并结合的位点。

6.8.2　蛋白质的特异性降解

蛋白酶体来完成细胞中蛋白质的选择性降解。最重要也是研究最清楚的是泛素－蛋白酶体途径。在该途径中,蛋白质和一个或多个泛素分子结合后在一个 26S 的蛋白酶体中被降解。泛素－蛋白酶体系统是蛋白质选择性降解的工具,所以在细胞中发挥着重要的调节作用。

(1)泛素化将靶蛋白定位到降解途径。

泛素是广泛存在于真核细胞中的含有 76 个氨基酸残基的蛋白质。泛素首先要水解识别的靶蛋白并与之结合,此过程称为蛋白质的泛素化。泛素化系统包括泛素活化酶 E_1、泛素结合酶 E_2,泛素—蛋白连接酶 E_3 这 3 种组分。泛素化需要 ATP 并经此 3 个酶的作用完成,如图 6-30 所示。

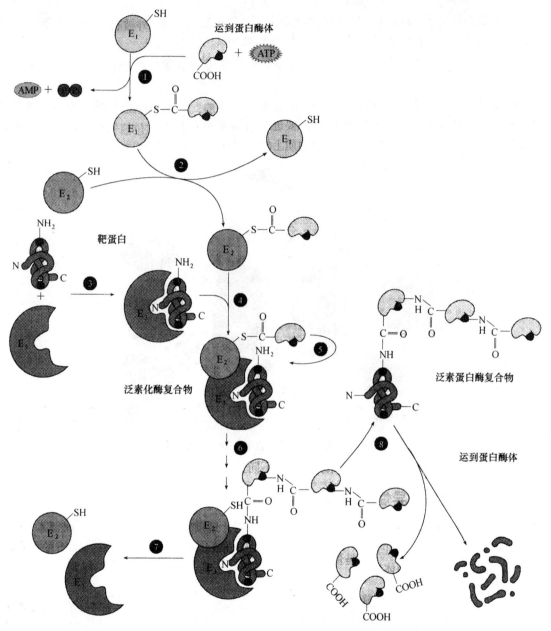

图 6-30　泛素化标记蛋白质的降解过程

首先泛素通过其 C 末端甘氨酸羟基与泛素活化酶 E_1 中的—SH 基团连接而被酰基化——活化,活化过程需要 ATP 提供能量。而后泛素酰基从 E_1 转移到泛素结合酶 E_2 活性位点内的半胱氨酸—SH 基团上。泛素化的第三步是泛素—蛋白连接酶 E_3 催化泛素转移到靶蛋白。E_3 具有对底物靶蛋白选择的功能。在此反应中,泛素通过其 C 末端甘氨酸羟基以异肽键的形式与 E_3

携带的底物靶蛋白上 Lys 残基的 ε-NH2 连接。随后结合在靶蛋白上的泛素本身可再与其他泛素分子结合,结果在靶蛋白上形成多泛素链。靶蛋白上这种多泛素链是蛋白酶体识别并对其进行降解的标记。

(2)蛋白酶体是一个能降解泛素化蛋白质的机器。

将要进行降解的蛋白质一旦被泛素化以后,就会被递送到蛋白酶体被降解。蛋白酶体有 20S 的核心蛋白酶体、26S 的蛋白酶体复合物两种形式。核心蛋白酶体由 4 个堆积环组成,每个堆积环由 7 个亚基构成。穿过堆积环中心的通道含有蛋白酶的活性位点,如图 6-31 所示。

通道的入口由另外一个蛋白复合体控制,此蛋白复合体与核心蛋白酶体结合形成 26S 的结构。该蛋白复合体担当核心蛋白酶体的"嘴巴",一旦将靶蛋白吞入,就帮助靶蛋白去折叠,并注入堆积环结构的通道里,然后在那里降解。

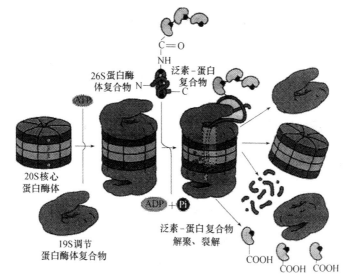

图 6-31　蛋白酶体催化泛素化的蛋白质降解

第7章　转座子

7.1　转座子概述

7.1.1　转座子定义及特征

转座重组(transposition recombination)的机制依赖 DNA 的交错剪切和复制,但不依赖于同源序列。转座重组含有两种类型:转座和非同源末端连接。

转座涉及转座酶,解离酶识别重组分子中的短特异序列。转座的过程中会形成共合体。两个转座因子之间的重组会引起缺失和倒位。

转座是重组中的一种特殊类型,它是由转座因子产生的特殊行为。转座和其他类型的重组不同,转座因子是不依赖于供体和受体位点序列间的同源性。转座因子的共同特点是:①两端有反向重复序列;②转座后靶位点形成同向重复;③都编码与转座有关的蛋白质;④可以在基因组中移动。

转座子可以作为基因组中的一种"便携式同源区"(portable region of homology)发挥重组的功能。转座子在基因组中的移动可导致基因的沉默,DNA 的缺失、插入、倒位和易位。

可移动的遗传因子可分为 3 类:①转座因子;②附加体(episome),如噬菌体 λ;③盒式元件,如锥虫的可变表面糖蛋白盒,酵母的交配型盒及整合子。转座因子是其中最为复杂的一类。

转座(transposition)是一种特殊类型的重组,通常指特定的遗传冈子从宿主 DNA 的一个位点移动到另一个新位点。这些可移动的遗传因子称为转座因子(transposable element)、转座子(transposon)或跳跃基因(jumping gene)。它们可直接以 DNA 的形式或以 RNA 为介导进行转座。转座时能给基因组带来新的遗传信息,也能诱发突变。在某些情况中又能像一个开关那样启动或关闭某些基因。现在一些转座因子已被改建为转基因的载体。

转座子是 DNA 分子的一条片段,有些相当短,有些相当长。转座子以相当高的频率从基因组的一个位点转移到另一位点上,当插入到某个基因座位以后,会影响该基因及其邻近基因的表达。由于转座子在 DNA 分子中的位置不稳定,因此转座后对插入位点基因的影响也可能随之消除。通常,转座子转座时所需的酶类由转座子本身所编码。

转座子的主要特征如下。

1)当转座子插入到某个基因之中或附近时,往往会降低或完全抑制这一基因表达,造成所谓的隐性突变(recessive mutation)。转座子转座后会使该基因恢复正常功能,但因转座子序列的结构特征不同,基因功能的恢复程度也有所不同。

2)转座子转座后,在转座子两端产生两段短的重复序列,其中左端的一段重复序列是受体DNA 位点上原有的一段序列,而右端的重复只是左端重复的一个拷贝,其长度和序列同源性因转座子不同而有别。

3)大多数转座子在右端都有 AATAAA 结构,这段序列与 mRNA 的多聚 A 化有关。

4)在许多情况下,转座子的一部分序列可以转录 mRNA,其编码产物有些与转座有关。

5)在同一生物的基因组中可能存在数种不同的转座子。

6)有些转座子为一种复合结构,由 2 个或 2 个以上不同转座子组成,每个成员都可能影响邻近其插入位点的基因的活性。

7.1.2 转座子的发现过程

B. McClintock 于 1950 年首先在玉米中发现并描述了转座因子。打破了传统遗传学上关于基因在染色体上固定排列及同源染色体交换的观念,揭示了基因的可移动性。1938 年 M. Rhoades 分析了来自于一种籽粒呈紫色的纯种白花授粉的玉米,但它在后代的籽粒表现出一种修饰性孟德尔分离比,即紫色:斑点:无色=12:3:1 的比例。在经典遗传学中这种比例是属于基因互作中的显性上位,当时的 Rhoades 很自然地从基因互作这个角度来分析这个奇特的现象。他假设色素和斑点是两个不连锁的基因控制的,即 A_1 基因(位于玉米的 3 号染色体上)控制玉米籽粒产生色素,突变呈隐性基因况时则不产生色素。$Dt(Dotted)$ 基因位于玉米 9 号染色体上,控制产生色素斑点,突变成隐性基因 dt 时不产生斑点。$A_1/A_1;dt/dt$ 品系的表型是纯紫色无斑点,其基因型为 $A_1/A_1;dt/dt$,只有发生双突变后才会产生了 $A_1/a_1,Dt/dt$ 的植物(其表型仍然是纯紫色无斑点),自交后才能产生了 12:3:1 的比例的后代(图 7-1)。但按理说 $a_1a_1Dt\_$ 基因型中 a_1 为隐性,并不能合成色素,即产生的斑点不应有色,但根据分离比(3/16)只有这种基因型才符合,那是什么因素导致产生紫色斑点? Rhoades 认为可能是在体细胞中产生了 $a_1 \to A_1$ 的回复突变,而且具有极高的回复突变频率。他将这种回复突变率很高的等位基因称为不稳定突变等位基因(unstable mutantallele)。接着 Rhoades 设计了一个很巧妙的实验来证实他的推断(图 7-2)。因为花药是单倍体,基因型和表型是一致的。Rhoades 根据这个原理在基因型为 $a_1/a_1/Dt/\_$ 的无性系花斑植株的花中找到相应的有色花药。他推测,这些花药所含的花粉粒可能是回复突变型,携带产生色素的基因(A_1)。而他用这些花粉与 a_1a_1 的植株测交,结果有的后代完全是有颜色的。表明在亲本中每个斑点实际是回复突变的结果。因此 a_1 基因就是第一个称为不稳定突变等位基因的例子。然而这种等位基因的不稳定性是依赖于不连锁的 Dt 基因的存在。一旦发生了回复突变,它们就变得稳定了。除掉 Dt 基因的品系仍然保持 A_1 性状。可见,也许 a_1 表型是一个缺陷型的转座因子插入所引起的,转座因子本身是不能移动的,而是受到 Dt 基因的诱导而转移,Dt 基因是可以移动的,使 a_1,回复成 A_1。在缺乏 Dt 时 A_1 等位基因是不能移动的。

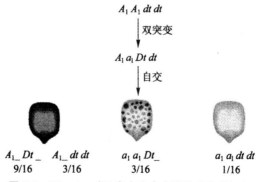

图 7-1　Rhoades 对玉米中斑点表型的遗传学解释

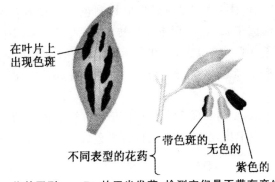

图 7-2　Rhoades 将基因型 $a_1a_1Dt\_$ 的玉米发芽,检测它们是否带有产生色素斑的基因

Mc Clintock 在 1940~1950 年第一个观察到了玉米中转座因子。根据她的大量遗传学实验和观察,她描述了大量的调控元件(controlling elements),这些调控元件在玉米中具有修饰和抑制的活性。她研究的性状之一是玉米胚乳上的色素。当时已知很多基因共同控制红色花青素的合成,使玉米胚乳呈紫色。这些基因中任何一对基因发生突变都会影响色素的合成,使胚乳呈白色。Mc Clintock 研究了玉米胚乳的紫色、白色及白色背景上带有紫色斑点这些表型的相互关系。她根据自己的遗传学和细胞学研究推断"花斑"这种表型并不是由常规的突变产生的,而是由于一种控制因子的存在所导致的,即是转座因子。

具体的对胚乳的花斑的解释:若玉米带有野生型 C 基因,则胚乳呈紫色,C 基因的突变阻断了紫色素的合成,那么胚乳呈白色。在胚乳发育的过程中,突变发生回复导致斑点的产生。回复突变发生在早期发育阶段,紫斑就比较大。Mc Clintock 推测原来的 C 突变(无色素)是由一个"可移动的控制因子"引起的,称解离因子(dissociator,Ds)。它可以插入到 C 基因中,如图 7-3 所示,发生了转座。另一个可移动的控制因子是激活因子(activator,Ac),它的存在可激活 Ds 转座,进入 C 基因或其他基因,也能使 Ds 从基因中转出,使突变基因产生"回复突变",这就是 Ac-Ds 系统。

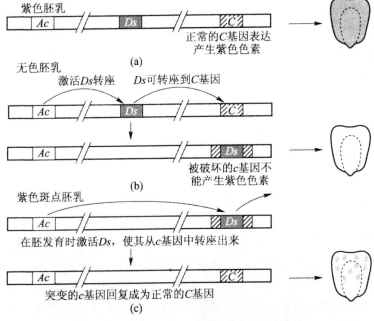

图 7-3　Ds 的转座与 C 基因的突变和回复突变

图 7-3(a)当玉米 9 号染色体上的 *Ds* 未转座时控制色素的基因 C 基因正常表达,胚乳呈紫色;图 7-3(b)当 *Ds* 在激活因子 *Ac* 的作用下发生转座,插入到 *C* 基因中,使 *C* 基因失活,不能产生紫色色素,胚乳呈淡黄色;图 7-3(c)当 *Ds* 在激活因子 *Ac* 的作用下发生转座,离开 *c* 基因,使 *c* 基因恢复了原有的功能,产生紫色色素,就会形成紫色的斑点。*Ds* 离开 *C* 基因越早色斑也就越大。

如图 7-4 所示,Mc Clintock 还发现 *Ds* 存在于玉米 9 号染色体的一条臂上(带有结节),*Ds* 可导致染色体断裂,而在表型上出现拟显性,使同源染色体上的隐性基因得到表达。

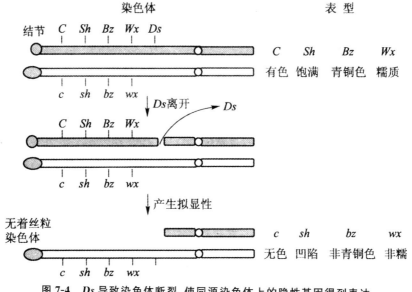

图 7-4 *Ds* 导致染色体断裂,使同源染色体上的隐性基因得到表达

1969 年 J. A. Sharo 发现原核生物中也存在转座因子。后发现细菌转座因子除了在转座中起作用的基因以外还携带能对抗生素产生抗性的基因。Shapiro 在半乳糖操纵子中发现了一种极性突变。*gal* 操纵子有 3 个基因:*galK*、*T*、*E*,它们编码 3 种酶催化半乳糖的分解代谢。其中间产物 Gal-1-p 是有害的,因此 *galT* 在含半乳糖的培养基上因使 Gal-1-p 积累而难以成活。那么在此培养基上能生长的各种突变型,应是 *galT* 的回复突变及突变体 *galK*、*galT*(不会产生 Gal-1-p),但意外的发现 *galE*、*galT* 也能生存,按理说这种突变型可使 Gal-1-p 积累是不可能存活的,但却居然生长良好,其原因何在。经进一步研究发现 *galE* 是极性突变,由于它的突变使远离操纵位点的 *galK* 活性大大下降,因而细胞中不会积累 Gal-1-p。

以上的这种极性突变又和一般的极性突变不同,它有以下的特点:①能回复突变,表明不可能属于缺失或移码突变;②用诱变剂对其处理并不能提高回复突变率,因此推测可能不是点突变。既排除了点突变、缺失和移码突变,那么还有什么样的作用能引起极性突变呢?此时人们已知道了 F 因子和 λ 噬菌体的整合功能,因此他们推测 *galE* 的突变可能也是部分 DNA 的插入(突变)和切离(回复突变)所致。接着他们设计了一系列实验来证实这一推测。

如图 7-5 所示,Shapiro 等分别进行了密度梯度离心实验,结果表明 *dgal^m* 有可能具有小片断 DNA 的插入。将 *dgal^m* λ 噬菌体和 *dgal^+* λ 噬菌体进行分子杂交,若 *dgal^m* λ 噬菌体有额外片段那么在电镜下可以观察到它们的存在和所处的位置。实验结果在杂交链上出现了一个额外的茎环结构,长 800 nt,如图 7-6 和 7-7 所示,这就是插入序列 1,或称为 IS1(insertion sequence 1)。

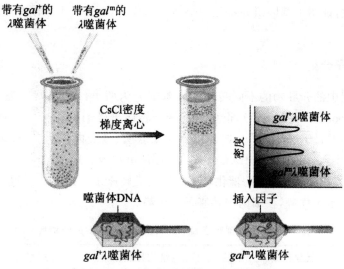

图 7-5　CsCl 密度梯度离心实验

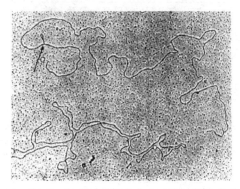

图 7-6　$dgal^{m}\lambda$ 和 $dgal^{+}\lambda$ 噬菌体杂交，双链 DNA 的电镜照片

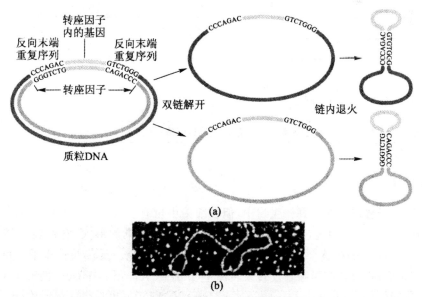

图 7-7　转座子中含有反向重复序列

转座子的发现,证明了基因组并不是一个静态的集合,而是一个不断在改变自身构成的动态有机体。

7.1.3 转座子分类

根据转座过程中的介导物的不同转座因子基本分为两类(表 7-1):一类称为Ⅰ型转座因子(Ⅰ class of transposable eleme nt),也称为反转录转座子(retrotransposon)或逆转座子(retro-poson)。它们是用通过 RNA 分子介导,用 RNA 聚合酶、核酸内切酶、反转录酶催化转座;另一类称为Ⅱ型转座因子(Ⅱ class of transposable element),或转座子(transposon)。它们是通过 DNA 介导用转座酶和 DNA 聚合酶催化转座。这两类转座子广泛存在于很多物种中,但在真核生物中反转录转座子占优势,在细菌中转座子占优势。

表 7-1 不同类型转座因子的转座机制和主要的结构特点

类别	转座机制	结构特点	转座因子(例)	生物
Ⅰ型转座因子	由 RNA 介导转座			真核生物
1. 病毒超家族	整合转座	有 LTR,编码反转录酶和整合酶	*Ty*	酵母
			copia,*gypsy*	果蝇
2. 多聚腺苷酸反转录转座子		无 LTR,3′端带有聚腺苷酸序列		
(1)LINE	靶序列引发反转录	编码反转录酶/核酸内切酶	L1	人类
			E,*G*,*J*,*HeTA*,*TART*	果蝇
(2)非病毒超家族	靶序列引发反转录	不编码转座酶	SINES,Alu 家族	人类
			B1,B2,ID,B4	小鼠
Ⅱ型转座因子	由 DNA 介导转座			
1. 简单转座子	切割—粘贴(非复制型)	两端为 IR,编码转座酶	IS 和类插入序列	细菌
			Ac/Ds	玉米
			P,*mariner*,*hobo*,*minos*	果蝇
			Tcl eleme nts	线虫
			睡美人	鲑鱼
2. 复杂转座子	复制—重组(复制型)	两端为 IR,编码转座酶、解离酶和抗性标记	TnA 等	细菌
3. 复合转座子	切割—粘贴(非复制型)	两端为 IS 编码转座酶和抗性标记	*Tn5*,*Tn9*,*Tn10* 等	细菌

1.Ⅰ型转座因子

反转录转座子普遍存在于真核生物中,但在细菌中也有发现。它们在结构和复制上与反转录病毒(retrovirus)类似,只是没有衣壳基因(env)和独立感染的形式,它们通过转录合成 mR-NA,再反转录合成 cDNA 整合到基因组的靶序列中完成转座。反转录转座子又可分为病毒超家族(vira superfamily)和多聚腺苷反转录转座子(poly-A retrotransposon)两种类型。后者又可分为长散在核元件(long interspersed nuclear eleme nt,LINE)和非病毒超家族(nonviral suber-family)两种类型。

（1）病毒超家族。

病毒超家族这类反转录转座子两端具有调节表达作用的长末端重复序列（long terminal repeats，LTR），这些 LTR 最初是在反转录病毒中发现的。在 LTR 中有很强的启动子、增强子及 mRNA3′端的加尾信号（图 7-8）。LTR 的存在是这个家族成员的特点。这类反转录转座子编码反转录酶或整合酶，能自主地进行转录，其转座的机制同反转录病毒相似，但不能像反转录病毒那样以独立感染的方式进行传播，如酵母中的 *Ty* 因子和果蝇中的 *copia* 。

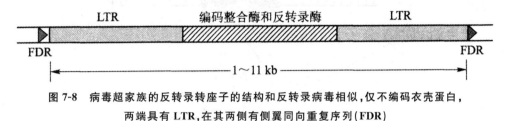

图 7-8　病毒超家族的反转录转座子的结构和反转录病毒相似，仅不编码衣壳蛋白，
两端具有 LTR，在其两侧有侧翼同向重复序列（FDR）

（2）多聚腺苷反转录转座子。

多聚腺苷反转录转座子的特点是两端没有 LTR，而 3′端都有 poly（A）尾。根据是否编码转座酶又分为 LINE 和非病毒超家族两类。

LINE 两端没有 LTR 结构，但含有 5′UTR 和 3′UTR（非翻译区），3′端带有多聚腺苷酸序列的 A-T 碱基对。中央区含有不同的可读框（图 7-9）。它们最初是在哺乳动物中发现的，但现在知道它们分布的范围广泛，包括真菌中也有发现。在哺乳动物中一般是 LINE1 家族，也称为 L1。LINE2 家族发现较晚。L1 与反转录病毒相似，编码反转录酶和核酸内切酶及其他一些蛋白质。但其启动子不是 LRT。LINE 全长约 6.5 kb，含有 ORF1 和 ORF2 两个可读框，ORF1 编码一种 RNA 结合蛋白；ORF2 编码具有反转录酶和核酸内切酶活性的蛋白质。在人类中约有 10 000 个拷贝的 LINE，但其中有绝大多数拷贝的 5′UTR 有缺失，因而失去了转座能力，不能自主地进行转座，而依赖细胞内已有的酶系统进行转座。

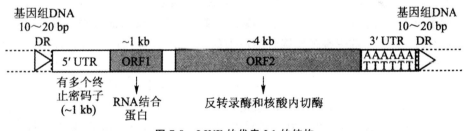

图 7-9　LINE 的代表 L1 的结构

LINE 这类反转录转座子家族的转座机制是用靶序列引发反转录（target primed reverse transcription，TPRT）转座的模式。LINE 元件两端没有 LTR，但其 ORF2 编码反转录酶和核酸内切酶。靶序列的剪切不依赖转酯反应，而由核酸内切酶来完成。转座的过程如图 7-10 所示。

1）靶序列的第一次剪切。由核酸内切酶在靶位点（富含 AT，常为保守序列 TTAAAA）的 A 和 T 之间切开一个切口。

2）转录产物 RNA 和靶序列的结合。被剪切的链解离，其 3′端游离的单链 TTTT 与 RNA 分子其 3′端的 poly（A）序列互补结合，使 IdNE 元件成为合成 cDNA 的模板。而 TTTT 的 3′-OH 为反转录提供了引物。

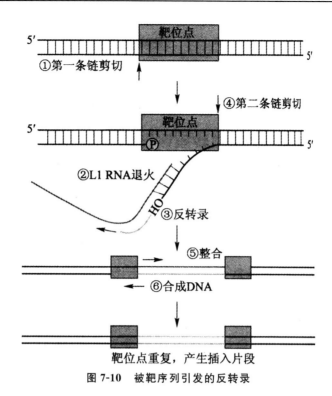

图 7-10　被靶序列引发的反转录

3)靶序列的第二次剪切。第二条链的剪切发生在第一个切口下游 7～20 nt 处,产生的 3′-OH 作为引物,引发 L1cDNA 第二条链的合成。

4)两条 cDNA 链的延伸填补了 L1 两端的缺口,形成了靶位点重复序列(TSD)。有些内含子归巢(intron horning)也称移动内含子(mobile intron)及已加工假基因(processed pseudogene)都是通过相同的机制产生的,所不同的是这种假基因来源的 RNA 分子是由 RNA 聚合酶 Ⅱ 转录合成的,其启动子是位于基因 5′端的上游启动子,转录的产物中不含启动子,因此反转录产生的 cDNA 分子上游没有启动子,由此形成的假基因也不能转录而失去活性。非病毒超家族的成员没有 LTR 结构,3′端带有多聚腺苷酸序列的 A-T 碱基对,但不编码转座酶或整合酶,所以不能自主地进行转座,而在细胞内已有的酶系统作用下进行转座。这一家族的最典型的例子是短散在重复元件(short interspersed repetitive elements,SINES)。人类中的 *Alu* 家族(*Alu* family)是基因组中最常见的短散在 DNA 重复序列。因具有限制性酶 *Alu* Ⅰ 识别位点而得名。它广泛分布在非重复 DNA 序列中。在二倍体基因组中约有 30 万个拷贝(相当于每 6 kb 就有一个)。单个 *Alu* 序列分散分布,几乎每个基因的附近都有 *Alu* 序列的存在,因此 *Alu* 序列也可作为人类 DNA 的特异标志。每个 *Alu* 序列约含 300 bp,由两个 130 bp 序列串联重复组成(*Alu* 左序列和 *Alu* 右序列),在二聚体的右半个中部有 31 bp 无关的序列插入在里面(图 7-11)。这个插入序列来自 7SLRNA(是信号识别蛋白 SRP 的一个成分)。7SL RNA 长 300 nt,其 5′端的 90 bp 和 *Alu* 序列左端同源,其中央的 160 bp 和 *Alu* 并不同源,而 3′端的 40 bp 和 *Alu* 右端同源。编码 7SLRNA 的基因由 RNA 聚合酶 Ⅲ 转录,因此非活性的 *Alu* 序列可能是这些基因(或者相关基因)产生的。

每个 Alu 家族的成员间同源性为 87%。在小鼠中 Alu 相关序列称为 B1 家族(约 5 万个),也存在于大鼠和其他哺乳动物中。但在啮类动物中 *Alu* 相关序列为一个 130 bp 左右的单体。

Alu 家族成员的结构和反转录转座子类似,两端都是短的同向重复,3′端具有 poly(A)尾,内部没有内含子,家族中不同成员间的序列长度不相同。此外,由于它们来源于 RNA 聚合酶Ⅲ的转录产物,所以某些成员可能携带下游启动子。正是由于 *Alu* 序列具有反转录转座子的特征,可由 RNA 聚合酶转录成 RNA 分子,再经反转录酶的作用形成 cDNA,然后重新插入基因组,使其广泛散布于整个基因组。这个过程和 LINE 中 L_1 的转座机制相似。

图 7-11　人类 *Alu* 序列的结构

2. Ⅱ型转座因子

转座子是直接以 DNA 形式在基因组中移动的遗传因子。广泛分布于原核生物、真核生物及质粒的 DNA 中。转座子可编码转座酶,其两端具有供转座酶识别和剪切的反向重复序列(inverted repeat,IR)。转座子按照结构可分为简单转座子(simpie transposon)(即插入序列和类插入序列)、复杂转座子(complext ransposon)(即 TnA 家族)和复合转座子(cornpositet ransposon)3 类。按照转座的机制可分为复制型和非复制型两类。

(1)简单转座子。

插入序列(insertion sequence,IS)是基因组中可移动遗传因子家族中较短的成员,它可以整合到宿主非同源位点上,若 IS 插入到某基因内,通常这个基因就会失活。人们正是通过它们的插入而引起的基因突变来发现的。正常的细菌基因组和质粒都含有 IS。不同的 IS 其序列为800~2 000 bp,其两端有序列相同的反向重复序列(10~40 bp),如图 7-12 所示,因此如果质粒上有 IS,那么经变性和复性后,在电镜下可以观察到茎环结构的存在。

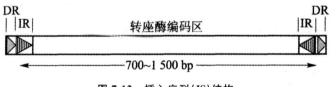

图 7-12　插入序列(IS)结构

IR 不同于侧翼同向重复序列(flanking direct repeat,FDR),FDR 是宿主靶序列重复而产生,故又称为靶位点重复序列(target site duplication,TSD)。IR 是 IS 本身的成分。在一个物种中 IS 的每个家族是以数字来表示。IS 编码一种转座酶催化转座。转座酶的量可以调节并初步决定转座率。

类插入序列的结构和 IS 完全相同,但是作为复合转座子侧翼的组件,而不独立存在。

(2)复杂转座子。

转座子(Tn)是较长的转座因子,也称为复杂转座子,大小为 2 500~21 000 bp。它和 IS 的区别就在于其中心区不仅编码转座所需的转座酶,通常还编码一个抗药性基因(drug resistance gene)或其他的标记基因,图 7-13 所示为 TnA 的机构和转录。

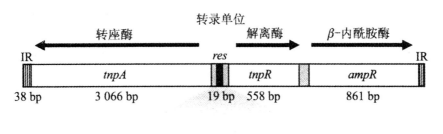

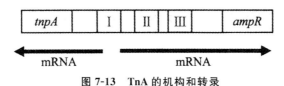

图 7-13　TnA 的机构和转录

（3）复合转座子。

复合转座子是在其两端由 IS 元件构成其两"臂"。其中的一个 IS 有功能或两个都有功能，IS 编码转座酶，而复合转座子中心区编码抗药性基因或其他的选择标记具体可见表 7-2 所示。

表 7-2　复合转座子的结构和功能

转座因子	长度/ bp	遗传标记	末端组件	方向	两组件的关系	组件的功能
Tn903	3100	kan^R	IS903	反向	相同	两者皆有功能
Tn9	2500	cam^R	IS1	正向	推测相同	预计有功能
Tn10	9300	tet^R	IS10R IS10L	反向	有 2.5% 的差异	有功能 无功能
Tn5	5700	kan^R	IS50R IS50L	反向	1 bp 的改变	有功能 无功能

复合转座子有可能是由两个 IS 插在一个基因的两侧而产生的。一个 IS 组件可转座其本身，也能转移整个的转座子。一个复合转座子两端的 IS 组件如相同时，每个都能产生转座，如 Tn 9。若不同时，它们之间的功能可能有差异。

复合转座子可能由两个独立的 IS 和一个中心区连接演化而来。当一个 IS 识别并转座到其附近的受体位点时，可能会产生这种情况。如果这两个 IS 比较起来有一个具有选择优势，那么这种优势可被固定下来，使得其在复合转座子中承担转座的功能。

7.1.4　几种常见转座子

1. 细菌转座子

在细菌中，转座子主要有两种类型，即 IS(insertional sequence) 和 Tn(transposon) 家族，每一类型又包括许多种不同成员。

（1）Tn 因子。

在利用细菌的抗药性质粒（R 质粒）构建载有卡拉霉素（kanamycin）抗性基因的 λ 噬菌体的

过程中,发现抗药性基因的传播非常快,它可以从一种 R 质粒跳跃到另一质粒上,也可以跳跃到另一些 DNA 序列如噬菌体或细菌染色体上。根据 DNA 分子杂交知道,与卡拉霉素抗性有关的 DNA 序列长 5.2 kb,两端接有长 1.5 kb 的颠倒重复序列,当抗药性基因跳跃时,颠倒重复序列也随之转移。具有这种结构和特性的 DNA 序列就叫做转座子或 Tn 因子。上述这种 Tn 因子叫 Tn5,它由 Tn 本身和两段叫做 IS50 的插入序列即 1.5 kb 的颠倒重复序列组成。有关 Tn 因子的特征现以 Tn5 和 Tn3 为例加以说明。

Tn5 属于一类复合转座子,结构比较特殊,其主序列长 2.7 kb,位于中央,两个 IS 序列以相反的极性位于主序列两侧(图 7-14)。

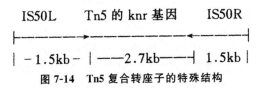

图 7-14　Tn5 复合转座子的特殊结构

主序列含有几个抗生素抗性基因,包括卡拉霉素、链霉素(streptomycin)和博莱霉素(bleomycin)一类的抗性基因。Tn5 主序列两则的 IS 因子既是 Tn5 的重要组成部分,同时也是一种自主性的转座子(图 7-15)。位于 Tn5 右侧的 IS50R 编码两种与转座有关的酶,其中一种(蛋白1)为转座酶,另一种(蛋白2)为转座抑制蛋白,这两种蛋白质都由同一段 DNA 序列编码。Tn5 左侧的 IS50L 与 IS50R 只有一对碱基的差别,但这一微小差别会产生两种重要影响。

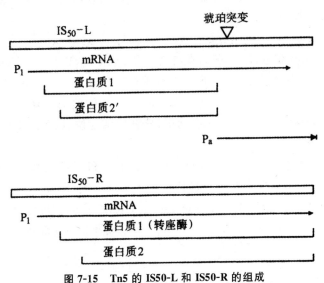

图 7-15　Tn5 的 IS50-L 和 IS50-R 的组成

1)在转座酶编码区内造成琥珀突变(ochre mutation),产生翻译的终止信号,所以这种突变蛋白不具有转座功能。

2)形成一个 Tn5 主区中卡拉霉素抗性基因的启动子(P2),所以 IS50L 对主 Tn 因子的转录具有重要影响。Tn5 的这种结构特征表明,两个 IS 夹住一个 Tn5 主序列并促使其转座到新的位点上。Tn5 转座时,首先从染色体上切割下来,形成环状结构,然后再插入到新的座位上。因此,Tn5 只是从一个位点转移到另一位点,在原位并不留下一个拷贝。Tn5 转座到新的位点上后,两端都形成一段顺式重复序列。

图 7-16 所示为 Tn3 转座子不含 IS 序列，只是在两端接有短的颠倒重复。Tn3 长 4 957 bp，其中有 3 个编码区，最大的一个叫做 tnpA，编码转座酶（1015 个核苷酸），另外两个顺反子叫做 tnpR 和 bla，分别编码一种叫做溶解酶（resolvase，长 185 个氨基酸）和一种叫做 β-酰胺酶（1actamase，长 286 个氨基酸）的蛋白质。后两个顺反子的转录方向与 tnpA 基因相反。

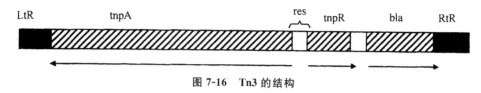

图 7-16　Tn3 的结构

Tn3 有三个转录启始位点，第一个位于 tnpA 的 5′方向，第二个位于转录方向相反的 tnpA 和 tnpR 基因之间，第三个位于 tnpR 的 3′端和 bla 编码区的前导序列之间，可能它们分别为 tnpA、tnpR 和 bla 三个基因的转录启始信号。在这三个位点之中，转录酶的识别序列分别为 TATAATA、CATAATA 和 GACAATA，其相应辅助位点的结构可能分别为 AACGAAG、GTCCATT 和 ATTCAAA。

Tn3 转座需要两种以上的酶和一对末端重复序列，同时也需要转座子中部一个叫做 res 的位点，若缺少这一位点，转座子就不能完成转座过程，而是将其一个拷贝转移到新的位点上，并使新、老位点相连，其结果就使供体和受体复制子融合。融合体可以由溶解酶分割成两个复制子，因为溶解酶具有抑制转座酶合成和催化融合体解体的功能；融合体也可通过两个 res 位点之间重组而分开成供体和受体两个复制子。

（2）IS 因子。

根据前述 Tn5 的结构知道，IS 因子通常与其他 Tn 因子结合，但是在 Tn 家族中，IS 则是一种完全不同的转座子，其主要差别在于 IS 不具有编码抗生素抗性的基因。细菌中绝大多数 IS 序列都具有两种特殊结构。①IS 两端都有一段 10～40 bp 的颠倒重复序列。②IS 序列具有一至二个蛋白质编码区，在编码区上游存在启动子、核糖体结合位点、ATG（AUG）起点密码；编码区下游接有肽链终止密码。

大肠杆菌中另一种转座因子 IS1，长 768 bp，位于 Tn9 和 Tn7 的两侧，如图 7-17 所示。IS1 共有 6 个可读框，其中至少有两个基因是转座过程不可缺少的，即 insA 和 insB 基因，二者结构相似、极性相同。IS1 两端的颠倒重复序列也是转座不可缺少的，它可能是转座的识别信号。另外，每一颠倒重复序列都含有一个启动子，控制从 IS1 末端开始向内部转录的过程。

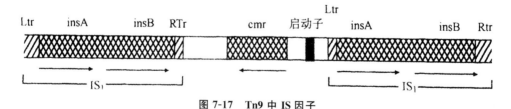

图 7-17　Tn9 中 IS 因子

IS1 转座后，在其末端形成两段染色体顺式重复，在不同插入位点中，其长度不等。现在知道，顺式重复的长度变化是 IS1 自身的一种特征，野生型和突变型 IS1 都能产生 8 bp 或 9 bp 的顺式重复，典型的顺式重复长 9 bp。通常顺式重复富含 A-T 碱基对，但某些情况下也富含 G-C 碱基对。

　　IS1 两端的颠倒重复在结构上能够互补,但其中也存在一些不能配对的碱基。在 IS1 的一种突变体 IS1-16 中,其左端的颠倒重复含有启始 insA 和 insB 基因转录的启动子,而右端的重复可能与一种所谓的拮抗信使(antimessenger)合成有关,这种拮抗信使对左端启动子具有负控制功能,还有待证实。

　　(3)Mu 噬菌体为一种巨型转座子。

　　噬菌体是一类细菌病毒,而 Mu 噬菌体(Mu phage)则是一种巨型转座子。①Mu 噬菌体整合到细菌染色体上后造成插入位点上染色体 DNA 发生 5 对碱基重复。②Mu 噬菌体并不从染色体上切割下来,也不在细胞质中复制。虽然受感染的细胞在裂解后可产生数百个 Mu 噬菌体,但在裂解周期中,从未发现游离的 Mu DNA 分子,Mu DNA 只有通过转座才能复制,并且直接在寄主 DNA 的整合位点上进行包裹。

　　如图 7-18 所示,Mu 噬菌体在宿主染色体上对其 DNA 进行包裹的过程中,其头部结构首先识别噬菌体左端的、从第 50 至 100 bp 之间的一段 DNA,然后再开始包裹。包裹进来的 DNA 包括 Mu DNA 两端的染色体 DNA,当其中一部分染色体 DNA 被切除掉以后,才将尾部接上。被包裹的 DNA 比噬菌体基因组稍大,包括约 3 kb 的细菌 DNA,其中主要为 Mu DNA 右端的染色体 DNA。

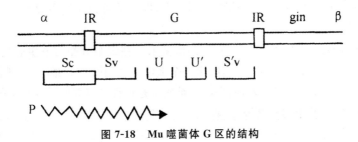

图 7-18　Mu 噬菌体 G 区的结构

　　α 区中的启动子 P 启始 S 和 U 或 S′ 和 U′ 基因的转录,gin 基因的产物作用于颠倒重复,使 G 区颠倒。

　　根据对 Mu DNA 变性/复性过程的研究,其中 Mu 基因组 DNA 的单链能够互补和形成双链结构,而其中来自不同插入位点的染色体 DNA 则不能互补,仍保留单链状态,因此使这种 Mu DNA 形成分叉末端。电镜下通常只观察到分叉的右端,分叉的左端因太小而难以观察到。复性后的 Mu DNA 不仅含有一个分叉的末端,而且还含有一个约 3.0 kb 的内部单链区,叫 G 区。G 区呈环状,由噬菌体的一部分颠倒重复所形成。如果 G 区的末端发生缺失或与 G 区相邻的一段叫做 gin 的区域中发生点突变,从裂解的细胞中分离的 Mu DNA 则不能形成 G 环。

　　G 区含有两套基因,即 Sv 和 U 或 Sv′ 和 U′,后两个基因的转录方向与前两个基因的转录方向相反,如图 7-19 所示。这 4 个基因都编码组成尾丝的部件。G 区可以进行位点特异性颠倒,颠倒后 U′ 和 Sv′ 基因转录,因为颠倒过程使这两个基因与其相邻的启动子位于同一条 DNA 单链上,另外两个基因则不能转录,因为它们的转录方向与启动子的作用方向相反。发生颠倒的区域位于两个长 34 bp 的颠倒重复之间,颠倒过程主要由噬菌体基因 Gin 基因的编码产物即颠倒酶(invertase)催化,但还需要一种寄主细胞基因的产物。

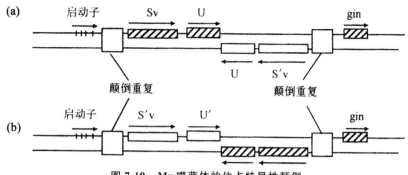

图 7-19 Mu 噬菌体的位点特异性颠倒

DNA 片段颠倒后, S′v 和 U′基因转录;(a)顺方向;(b)颠倒方向

2. 植物转座子

在高等植物中,研究最早和最为深入的转座子为玉米的控制因子(controlling element)。控制因子可以转座,影响基因表达,也能够引起染色体重组,包括缺失、重复、倒位和易位等结构变异。控制因子插入到某个基因座位上以后,在该座位上产生一种不稳定的等位基因。插入了控制因子的等位基因在体细胞和种质细胞中都不稳定,即隐性等位基因可以发生显性回复突变。

(1)玉米的控制元件。

1)控制元件的发现。植物生长过程中,体细胞基因组在细胞分裂时发生变化会产生可见的后果,这是由控制元件所引起的,它们能从基因组一个部位移动到另一个部位。控制元件最先是由美国科学家通过遗传学方法在玉米中发现,现在已被确定是一种与细菌的转座子类似的转座元件。

玉米的两个特征有助于追踪转座过程。控制元件(control element)常在表型明显可见但又无致死作用的基因附近插入。并且因玉米可以无性繁殖,转座过程的发生和时序也可以被观察到,如图 7-20 所示。

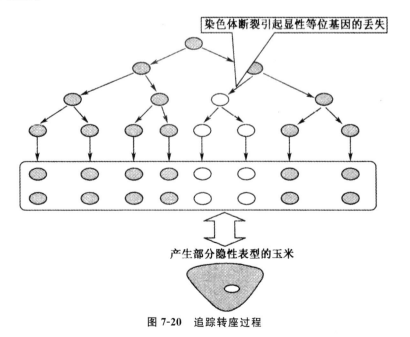

图 7-20 追踪转座过程

在玉米籽粒成熟过程中,特定细胞有丝分裂产生的后代仍驻留在原位置,形成一个扇形组织,这种在体细胞发育中表型的改变称为"斑驳"(variegation)现象,可在原始表型的组织中显现部分新表型。扇形组织的大小依赖于其谱系的分裂次数,因此新表型区域的大小取决于基因型改变的时间。在细胞谱系中发生的时间越早,其后代的数量就越多,成熟组织中成斑体积也就越大,这两种现象可在玉米籽粒颜色变化中生动表现出来,此时一种颜色在另一种颜色中有花斑现象。

可通过分析其克隆系来鉴别由转座引起的表型改变的玉米子代细胞。图中用细胞数目表示发育过程中的时序,用细胞所处的位置表示组织特异性的事件。

制控制元件的插入会影响相邻基因的活性。在控制元件存在的位置,缺失、插入、复制、倒位都可能发生。通常染色体断裂是某些元件导致的结果。玉米系统的一个独有特征是在整个生长过程中,控制元件的活性受到调控。在植物生长发育过程中,这些元件在特定的时间以特定的频率启动转座及基因重排。

2)控制元件的特性。玉米中控制元件的特性可用断裂(dissociation, Ds)元件来代表,Ds 元件最初是因为它提供一个染色体断裂位点而被鉴定的,图 7-21 所示。假设在一个杂合子中,Ds 位于着丝粒及一系列显性标记(Cl, Bz, Wx)之间的同源染色体上,另一染色体缺乏 Ds 且含隐性标记(C, bz, Wx)。在 Ds 处的断裂会产生一个携带显性标记的无着丝粒片段。由于缺乏着丝粒,该片段会在有丝分裂中丢失掉,因此子代细胞只含有完整染色体携带的隐性标记,其过程。

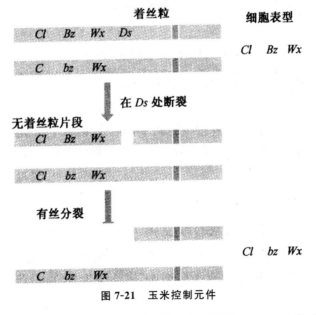

图 7-21 玉米控制元件

控制元件的断裂导致无着丝粒片段的丢失,若丢失的片段上带有杂合子的显性标记,结果将改变表型。显性标记可以是细胞的颜色或可见斑点等。

如图 7-22 所示,在 Ds 处的断裂会形成两个异常染色体它们是由复制产物断裂末端的连接而形成的。姐妹染色单体与 DS 区域末端连接能形成 U 形无着丝粒片段(见图的左侧)和 U 形双着丝粒染色体,双着丝粒染色体含有最接近 Ds 的姐妹染色单体。后者的结构能导致典型的断裂一融合一桥(breakage-fusion-bridge)循环。

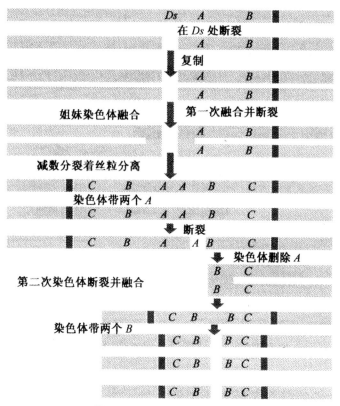

图 7-22　断裂—融合—桥循环

双着丝粒染色体在有丝分裂纺锤体上随机发生分离,每一个着丝粒都向相反极移动。染色体在纺锤体牵拉下在两着丝粒之间随机断裂。在图 7-22 中所示例子中,断裂发生在基因座 A 和 B 之间,结果使一个子代染色体含有 2 个 A 拷贝,而另一个染色体缺失 A。如果 A 是显性标记,有两个 A 的细胞将保持 A 表型,但缺失 A 的细胞将出现隐性表型。这种断裂—融合—桥循环随着细胞的分裂继续发生,使后代细胞继续发生遗传上的变化。

(2)玉米转座家族。

1)玉米基因组中含有几个控制元件家族。控制元件的数量、类型及特征是每个独立的玉米品系的特征。每个家族的成员皆可分为以下两类。

·自主元件:自身具有切除和转座的能力。由于自主元件具有持续活性,其插入可产生一组不稳定的或"可变的"等位基因。自主元件本身或其转座能力的丧失,则可将一个稳定的等位基因变为稳定的等位基因。

·非自主元件(nonautonomous element):它们是稳定的,一般不会转座或自发改变。只有在基因组内其他位点存在同一家族的另一个自主元件时,它才会变得不稳定。当通过一个自主元件反式补充时,非自主元件才能展现其通常的活性,例如转座到新位点。非自主元件通常由自主元件丧失了转座所必需的赋作用功能而衍变而来。

如图 7-23 所示,控制元件家族是通过自主元件和非自主元件间的相互作用来定义的。每一家族由单一类型的自主元件和许多不同类型的非自主元件组成。可将由相同的自主元件反式激活的所有非自主元件都归入一个家族。

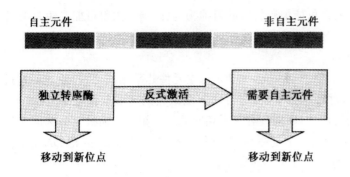

ac（激活）	ds（断裂）
mp（调节）	
Spm（增变抑制）	dSpm/阻抑
En（增强）	
Dotted	未命名
Mu（增变）	未知

图 7-23　自主和非自主这样的配对组合元件可以分成 4 个以上的家族

2)玉米控制元件的结构与转座子类似。分子水平的鉴定表明,玉米控制元件采取转座子通常的组织方式,其末端位反向重复序列,并在靶 DNA 中产生短的正向重复序列,但在大小和编码能力上却不同。Ac(activator element)元件和 Ds6 Ds 元件是了解得最清楚的家族。在一个植物基因组的每个家族中都有几个代表性成员(约 10 个)。

自主 Ac 元件大部分长度都被一个含 5 个外显子的基因占据,其产物是转座酶。元件末端为一个 11 bp 的反向重复序列,在靶序列插入位点形成 8 bp 重复。

Ds 元件各成员间的长度和序列各不相同,但皆与 Ac 元件相关。它们有相同的 11 bp 的反向重复序列。Ds 元件比 Ac 元件短,其缺失长度各不相同。Ds9 元件的一端只有 194 bp 的缺失,而 Ds6 则大部分缺失使其长度仅为 2 kb,对应于 Ac 每一端的 1 kb 区域。有些复合式双眈元件,则是由一个 Ds6 序列反向插入到另一个 Ds6 序列之中而形成。

非自主元件缺乏内部序列,但具有末端反向重复序列(或其他特征序列)。非自主元件通常由自主元件发生缺失使转座酶反式作用活性丧失而产生的,但却保留了转座酶作用的完整位点。其结构中包括从 Ac 上的少量突变(但导致失活)、大段缺失或序列重排。

另一极端例子是,Ds1 家族成员内部仅包含一些短的序列,它们与 Ac 的唯一关联是其末端存在反向重复序列。这类元件不一定由 Ac 直接衍生而来,而可能是来自其他产生反向重复序列的任何过程。这些元件的存在表明,转座酶仅识别末端反向重复序列或与一些内部短序列相连的末端重复序列。

3)Ac/Ds 采用非复制型方式转座。转座通过非复制型机制发生,以其从供体位点上消失为结果。克隆分析表明,Ac/Ds 转座几乎总是在供体元件复制之后发生,这种特征与细菌 Tn10 元件的转座类似。受体位点经常与供体位点位于同一染色体上,并且通常相距很近。

自主和非自主元件在不同环境下可能发生多种变化,其中一些是遗传性变化,另一些则是非遗传性的变化。最主要的变化当然是自主元件转变为非自主元件,但在非自主元件中也可能发生进一步的变化。顺式作用缺陷会产生一个不受自主元件影响的非自主元件,这种情况下,非自主元件不能再被转座酶激活,这种非自主元件可能保持永久稳定状态。

4)甲基化引发自主元件相变。自主元件受"相变"的影响,其特性可遗传但不稳定。在植物生长发育过程中,转座元件可以一种可逆方式处在活性和非活性状态转换的循环中。自主元件 Ac 和 Mu 的相变可能是由 DNA 甲基化所引发的。通过活性与非活性元件对限制酶敏感性的比较表明,无活性元件在靶序列 CAG/GTC 上被甲基化。

转座可能具有自我调控机制,这与细菌转座表现出的免疫作用类似。在基因组中 Ac 元件数量的增加会降低其转座频率。*Ac* 元件可能编码转座的阻抑物,其阻遏能力很可能是由具有转座酶活性的同一种蛋白质提供。

(3)*spm* 元件影响基因表达。

1)CACTA 类转座子家族。如图 7-24 所示 *Spm* 和 *En* 自主元件几乎相同,二者差异不超过 10 个位点。其反向重复序列(13 bp)对转座很重要,这可从末端缺失的转座缺陷表型看出。在其他植物中也发现了与 Spin 相关的转座子,即因具有基本相同的组。织方式而被划分为同一家族的成员。这些成员都还有基本相同的反向重复序列,并在插入位点产生 3 bp 的靶 DNA 重复序列。由于末端的相似性,它们被称为 CACTA 类转座子。

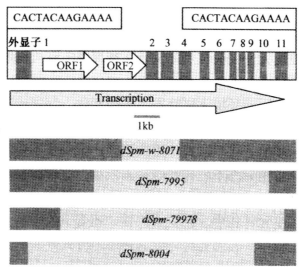

图 7-24　CACTA 类转座子家族

从位于元件左侧末端的启动子转录,可产生一个 8 300 bp 的转录物。转录产物中有 11 个外显子被剪接成一个 2 500 碱基的 mRNA,编码一个 621 氨基酸的蛋白质。该基因被称为 TnpA,其产物蛋白与元件末端以多拷贝存在的一个 12 bp 共有序列结合。TnpA 对切割功能是必需的,但其单独不能完成切割过程,需要其他蛋白协助。

2)*tnpA* 和 *tnpB* 负责转座。该家族的所有非自主元件(*dSpm* 代表缺陷型 *Spm*)与 *Spm* 元件本身的结构非常相似。它们能影响 *tnpA* 外显子的缺失。

两个附加的可读框(ORF1 和 ORF2)坐落于 *tnpA* 的第一个长内含子内。其转录物被包含在一个可被选择性剪接的 6 000 碱基 tnpA mRNA 中,约占 *tnpA* mRNA 的 1%。包含 ORF1 和 ORF2 功能的基因称为 *tnpB*,其编码的蛋白在转座过程中可结合 13 bp 的末端反向重复并切割末端。

3)*Spm* 可控制插入位点基因的表达。受体基因座可被置于正或负调控之下。*Spm* 抑制性基因座的表达受其抑制;*Spm* 依赖性基因座只有在 *Spm* 的协助下才能表达。当插入元件是 *dSpm* 时,这种抑制或依赖作用即由自主 *Spm* 以反式作用提供。

在 *dSpm* 抑制性等位基因中包含一个插入基因外显子内的 *dSpm*,研究表明,*dSpm* 序列可通过其末端序列而从转录物中被切除。剪接过程可能造成 mRNA 中部分序列改变,这就解释了其编码蛋白质性质上的变化。另一些 *Ds* 插入也具有能从转录物中被切除的相似功能。

dSpm 依赖性等位基因含有一个在基因附近而非在基因内部的 *dSpm* 插入序列。该插入序

列似乎提供能活化受体位点基因座启动子的增强子功能。

对 $dSpm$ 元件的抑制和依赖作用可能都与自主 Spm 优元件上 $tnpA$ 基因编码的反式作用产物和元件末端顺式作用位点之间的相互作用有关。

4)隐匿元件。Spm 元件存在从具有完整活性到完全丧失活性之间的一系列形式。隐匿元件是沉默的,它既不能转座自身也不能活化 $dSpm$ 元件。隐匿元件可被瞬间激活或与 Spm 活性元件相互作用而转化为活性状态。其失活是由位于转录起始位点附近序列的甲基化所引起的,但有关甲基化使元件失活或去甲基化(或者阻止甲基化)使其激活这些反应的机制目前尚不明确。

3. 无脊椎动物转座子

(1)杂种不育具有亲本性别依赖性。

当两个果蝇品系进行杂交时,其子代可表现出"不育"特性,产生一系列的缺陷包括突变、染色体畸变、减数分裂异常分离以及不育。这些相关的缺陷被称为"杂种不育"(hybrid dysgenesis)。

果蝇中有两个与杂种不育有关的系统已被鉴定。第一个系统为:果蝇被分为诱导型(inducer,I)和反应型(reactive,R)。生育能力降低的现象只见于雄性 I 型与雌性 R 型交配产生的后代,但反交后代生育正常。第二个系统为:果蝇分为父系贡献型(patemal contributing,P)和母系贡献型(maternal contributing,M)。该系统亦具有不对称性,P 型父本与 M 型母本交配产生杂种不育,但反交后代可育,如图 7-25 所示。

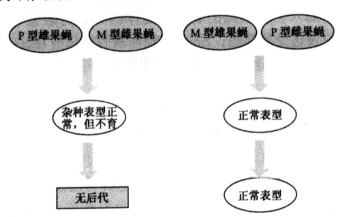

图 7-25　果蝇杂交情况

不育主要是指与生殖细胞有关的一种现象,P-M 系统的杂交 F1 代杂合子果蝇具有正常的体细胞组织,但其性腺不发育。在 P 型父本与 M 型母本杂交过程中,P 型父本的任何一条染色体都会导致杂种不育重组染色体的结构分析表明,每个 P 染色体皆有几个区域能引起不育,这些区域称为 P 元件(P factor),大量 P 元件占据了同一染色体上许多不同部位,其占据位点因不同 P 品系座而异;M 型果蝇染色体不存在 P 元件。

(2)杂种不育与 P 元件转座有关。

1)P 元件的结构和特性。在不育的个体中,诱导突变的有关因素是通过 ω 突变体 DNA 序列分析而鉴定的。所有突变皆由 DNA 插入 ω 基因引起。该插入序列被称为 P 元件(P element),它们形成一个典型的转座系统。每个元件长度不同但具有序列上的同源性,所有 P 元件皆具有 31 bp 的反向末端重复序列,其转座使靶 DNA 产生 8 bp 的正向重复。最长的 P 元件约有 2.9 kb 并含 4 个可读框。较短的 P 元件显然更容易由于完整的 P 元件缺失而产生。部分短的 P 元件已失去了产生转座酶的能力,但可被完整 P 元件编码的转座酶反式激活。

在 P-M 杂种不育的果蝇染色体中,P 元件在许多新的位点插入,杂种不育的典型特征是染色体断裂,断裂的热点正是 P 元件存在的位点。P 元件转座到 M 染色体上的平均频率是大约每代一次。M 品系不存在 P 元件。一个 P 品系含 30~50 个拷贝的 P 元件,其中约 1/3 是全长的,这些 P 元件可作为基因组的惰性元件。然而,当 P 父本与 M 母本杂交时,P 元件被激活并表达转座酶。

P 元件的活化具有组织特异性:它仅在生殖细胞中被活化,但在生殖细胞和体细胞组织中均被转录。组织特异性由剪接类型改变而产生。

图 7-26 为 P 元件的组织结构和转录过程。主要转录物长 2.5 kb 或 3.0 kb,这种差别很可能仅反映了末端终止位点的漏洞。转录能够产生两种蛋白:

· 体细胞中,仅前两个内含子被切除,产生一个 ORF0-ORF1-ORF2 编码区。此 RNA 经翻译产生一个 66 kDa 的蛋白质,该蛋白质是转座沿 I 生的阻遏蛋白(repressor)。

· 生殖细胞中,附加的剪接过程将内含子 3 除掉,将 mRNA 的 4 个可读框连接起来,此 mRNA 经翻译产生一个 87 kDa 的蛋白质,该蛋白质为转座酶。

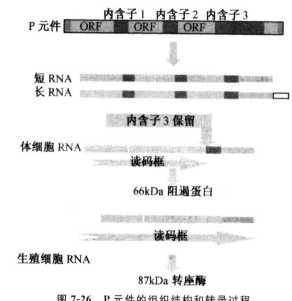

图 7-26 P 元件的组织结构和转录过程

若在体外使剪接连接部分发生突变,然后再将 P 元件引入果蝇中,则其转座会被抑制。其次,如果第三个内含子缺失,使所有组织的 mRNA 都含 ORF3,转座则在体细胞和生殖细胞中都发生。因此,无论 ORF3 何时与前面的可读框结合,P 元件都会被活化。这是关键的调控过程,通常仅在生殖细胞中发生。

2)P 元件的转座机制。体细胞含有一种与外显子 3 中序列结合的蛋白质,可阻止最后一个内含子的剪接,但生殖细胞中这种阻遏蛋白缺失,从而允许剪接产生编码转座酶的 mRNA。P 元件的转座需要大约 150 bp 的末端 DNA。转座酶与两个 10 bp 序列结合,此序列和靠近 31 bp 的反向末端重复序列。转座通过非复制型机制发生,其"剪切和粘贴"机制类似 Tn10。非复制型转座以两种形式引起杂种不育,转座元件在新位点插入会引起突变;而在供体位点遗留的断裂则会产生缺失效应。

杂种不育的性别依赖性表明,细胞质与 P 元件本身同样重要。细胞质的作用一般称为细胞型(cytotype),含有 P 元件的果蝇品系为 P 细胞型,而缺乏 P 元件的果蝇品系为 M 细胞型。只有含 P 元件的染色体在 M 细胞型中配对时,杂种不育才会发生(即当父本含 P 元件而母本不含时发生)。

(3)果蝇杂种不育的分子机制。

图 7-27 阐明了细胞型的分子机制。它依赖一个 66kDa 的蛋白质阻遏转座的能力,该蛋白质作为卵中母系因子存在。在 P 品系母本中即使存在 P 元件,也一定有足够的蛋白阻止转座发生。在任何涉及 P 母本的杂交中,阻遏蛋白的存在都将抑制转座酶的合成或活性。但如果此母本是 M 型,在卵中没有阻遏蛋白,那么父本中的 P 元件会诱导生殖细胞中转座酶活化。通过对 P 细胞型在多个世代产生影响的能力的研究表明,在卵中必然存在足够的阻遏蛋白,这些蛋白必须足够稳定,并通过成年个体传入下一代的卵子中。

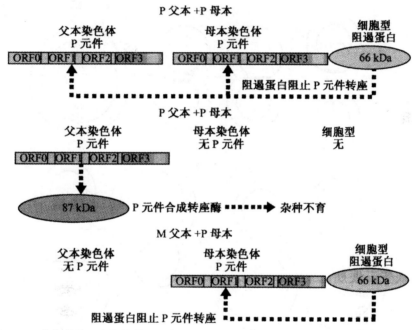

图 7-27 决定杂种不育的是基因组中 P 元件与一个 66kDa 的阻遏蛋白之间的相互作用

细胞型表现出一种胞质遗传效应。当杂交通过 P 细胞型发生时(母本含 P 元件),杂种不育可在连续几代被 M 母本抑制。因此 P 细胞型中存在的对杂种不育元件的抑制,可能经传代过程而被稀释减弱。

7.2 转座子模型与基因表达

7.2.1 转座子模型

1. 细菌转座子的复制转座模型

细菌转座子的复制转座过程目前主要有两种模型,即首先复制模型(replication-first model)和首先重组模型(re-combination-first model)。这两种模型主要是依据转座子如下几个共同特征提出的:①各种细菌转座子的末端都存在颠倒重复;②转座之后,都在插入位点上产生染色体顺式重复;③转座期间都形成一个拷贝的转座子;④都能形成共整合体(cointegrate),并造成缺失(deletion)和倒位(inversion)。一般认为,转座子的颠倒重复是转座酶的识别、切割和使转座子连接到插入位点上的功能结构;插入位点上的顺式重复则是转座酶交错切割后,DNA 修复合成所形成的;而缺失和倒位则是分子内重组的结果。

复制模型认为,转座子在切割和连接到目标位点上之前进行复制,这种模型起初是根据 Mu 噬菌体的切割和整合过程提出的,但是目前还没有足够证据支持这种假说。而重组模型认为,插入位点上的交错切口与转座子两端连接时,造成整个转座子序列发生重复。首先重组模型又分为对称模型和非对称模型,前者认为转座子两端同时分别切割两条单链并连接到目标位点的 DNA 分子上,而非对称模型则认为转座过程只由转座子的一端与目标位点连接而引起。因此,在对称模型中,共整合体形成是一个必需的中间步骤;而在非对称模型中,共整合体则是一种附产品(图 7-28)。

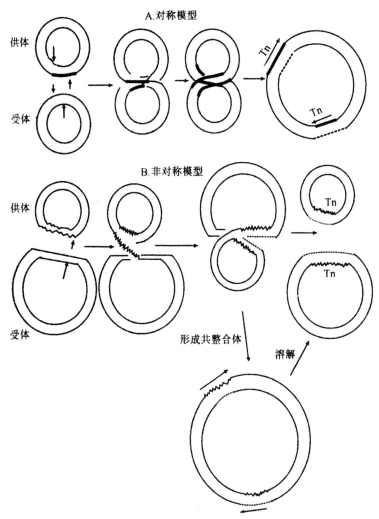

图 7-28　细菌转座子转座的对称和非对称模型

上述两类复制转座模型中,转座子只将其一个拷贝转座到新位点上。在原核生物中还同时存在另一种不同的转座机制,即转座子从原来位置上切割下来,然后再插入到新的位点上,因此这种转座机制不可能提高基因组中转座子的拷贝数。

2. 植物转座子的非复制型转座模型

植物中当转座子插入到某个基因座位以后,一般造成不稳定的隐性突变,隐性突变等位基可以恢复到显性状态,表明植物转座子首先从基因组中某个位置切割下来,然后再插入到另一位点上。

如图 7-29 所示,以玉米 Spm 为例,这种转座子编码两种功能,即抑制子和转座酶。通常认为在转座过程中,转座酶识别转座子的两个末端颠倒重复并将其结合在一起,使二者互作;然后转座酶启始转座子两侧的染色体顺式重复的切割过程,使之形成交错末端。

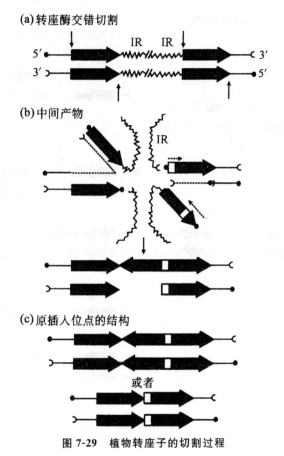

图 7-29 植物转座子的切割过程

图中波浪线示转座子,其末端由颠倒重复序列(IR)组成;直线和黑箭头分别示转座子插入位点的染色体 DNA 和顺式重复,重箭头中未涂黑的区域为缺失序列;细垂直箭头示转座酶的切割位点;(b)中细虚线箭头示外切核酸酶降解区,粗虚线示 DNA 聚合酶的修复区。

在这种模型中,若一条顺式重复一端的单链区完全降解,而另一重复雕一端则不降解,其结果就使染色体恢复到原来的结构。若一条顺式重复的一条单链末端完全降解,另一重复的单锚末端也完全降解或部分降解,这样就会造成染色体缺失。根据切割过程中修复酶作用的准磷性和修复程度以及外切核酸酶降解单链末端的程度,切割后就产生各种结构变异。

通常认为,转座子的插入过程也由转座酶所催化,与转座子末端具有亲和性的转座酶也同样交错切割目标插入位点;如果转座子不含有原来插入位点的额外核苷酸,那么转座子的 3′ 端盲接与插入位点序列的 5′ 端连接,转座子 5′ 端与插入位点序列 3′ 端之间的缺口则由 DNA 聚合酶通过修复合成来填补。因此,转座子转座后只是在新的插入位点产生顺式染色体重复。在这个过程中,5′ 外切核酸酶也可能降解插入位点的一部分单链序列,使转座子两侧的染色体顺式重复不完全相同(图 7-30)。

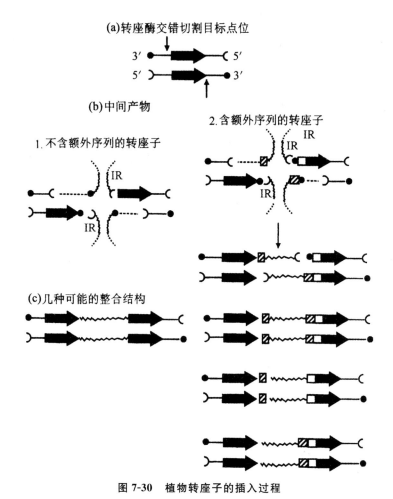

图 7-30　植物转座子的插入过程

图中:(a)粗水平箭头示染色体目标位点的序列,转座酶在这一位点交错切割(细垂直箭头);(b)整合过程中两种可能的中间产物,粗虚线示从 5′ 端开始的修复合成,转座子两侧粗箭头中未涂黑部分示由外切核酸酶降解的缺失部分;(c)修复合成或 DNA 复制之后,可能形成的各种产物。

　　上述这种转座机制并不能代表植物中所有转座子都按这种模式转座。在这个模型中,转座子只是从基因组的一个位置转移到另一位置,转座过程并不进行 DNA 复制,可能不同植物的不同转座子的转座方式各不相同,有些可能只是在 DNA 复制过程中进行转座,也只是将其一个拷贝转移到新的座位上如 Ac 因子,从而使基因组中转座子的拷贝数增加。

7.2.2　基因表达

　　可转座的因子约占高等植真核生物基因组的 10%,并已证实果蝇所发生的自发突变种有一半以上是由于转座因子插入基因之中或邻近某一基因所造成的,某些基因转录活性的增高或抑制也会由于转座子的靠近而造成,一般主要有以下几种。

1. 切离效应

如图 7-31 所示,当转座子插入后,由于插入的机制而引起受体 DNA 一段短的"靶位加倍"(3~12 bp)。当转座子在位置特异重组酶作用下切离后,就给受体 DNA 留下一小段多余的靶位序列,而且往往引起靶位序列的种种变异,如倒位、缺失或增加。序列上的改蛮会导致编码的突变。

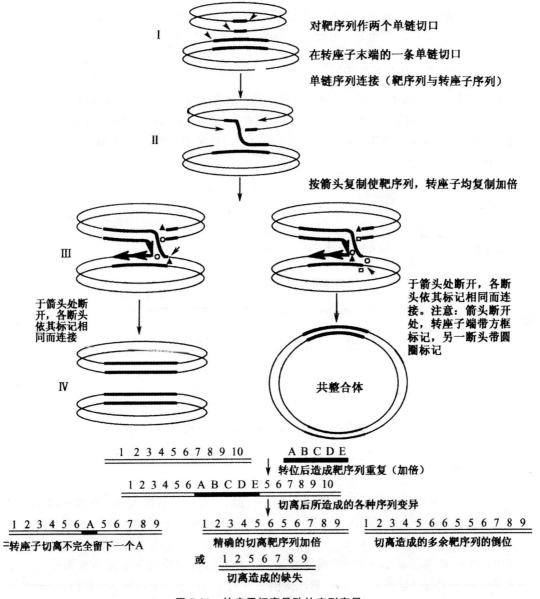

图 7-31　转座子切离导致的序列变异

2．转位爆炸

转位子在染色体中经过一段长期沉寂之后，使几种转座类型的转座子几乎同时地进入一个活跃转位的时期，它们的转位、诱变效应将在种群的少数个体中不时地被激活。这种突发的变化称之为转位爆炸（transposition burst）。转位爆炸首先发现于发育中的玉米，使其染色体反复地断裂而引发许多突变。另外，在果蝇某些品系的杂交中也发生转位爆炸。如果这种转位爆炸发生于生殖系的细胞中，则引发"杂交性生殖障碍"。这种现象与通常的"杂交优势"现象形成鲜明的对比。

若干植物类型证明，转位爆炸可以因严酷的生存条件引发而产生众多的变异子代。这对于增强物种的生存能力，产生有用的变异是大有好处的。因此，转座因子不能仅仅看成是生物基因组中一种调控元件，有时它们也是一种增强生物生存能力的机构。

3．双转座效应——外显子改组

如图 7-32 所示，当两个转座子被同一转座酶识别而整合到染色体的邻近位置时，则它们之间的 DNA 将变得易于被转座酶作用而转座。如果它们之间的 DNA 中含有外显子，则该外显子将被切离，并可能插入另一基因之中。这种效应被称为"外显子改组"（exon shuffling）。这是生物体产生新基因的途径之一。

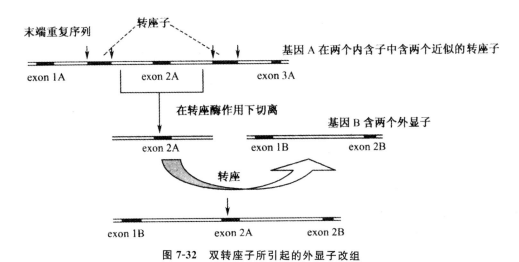

图 7-32　双转座子所引起的外显子改组

4．位置效应

所谓位置效应是指转座子中的增强子插入部位附近的基因的活性大增。这种作用并不改变基因的序列或引起突变。转座子除了含有增强子外，有的转座子还含有启动子，也能促进基因的转录活性，如图 7-33 所示的 IS10-R。

图中，ISI10-R 两端具 22 bp 的反向重复序列。在它的右侧反向重复序列内侧有两个方向相反的启动子，其中 p^{out} 是外向启动子，它能激活邻近的下游的宿主 DNA 中的基因。

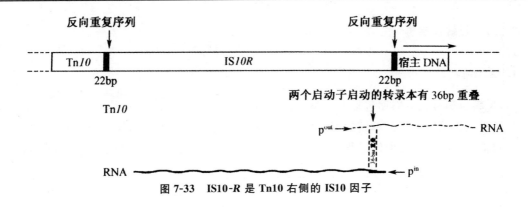

图 7-33　IS10-R 是 Tn10 右侧的 IS10 因子

7.3　反转录转座子

通过 RNA 中间体的转座是真核生物特有的，这种转座作用是由反转录病毒(retrovirus)将 RNA 基因组反转录成 DNA，再插入到宿主染色体中完成。一些真核生物的转座子和寄生在这些生物中的反转录病毒原病毒的一般结构相关，并且通过 RNA 中间体进行转座。作为一种特殊转座类型，这些元件被称为反座子(retroposon)或反转座子(retrotransposon)。反转座子包括反转录病毒，它们能自由地侵染宿主细胞，具有转座子的典型特征，在插入位点产生短的正向重复序列。

即使在检测不到活性转座子的基因组中，古老的转座事件遗留的痕迹仍可被发现它们形成散在分布的正向靶重复序列。这些序列表明 RNA 序列可能是其基因组 DNA 序列的祖先。我们认为这一 RNA 序列一定是先被反转录成双螺旋 DNA，再通过类似转座的过程插入到基因组中。

反转录病毒或反转座子的循环周期是连续的，因此我们可以任意选择某一点作为起始点，具体可见图 7-34 所示的形式定义循环周期。反转录病毒首先是作为一种感染病毒颗粒被发现的，它能在细胞之间传播，因此细胞内的循环被认为是 RNA 病毒复制的一种方式。反转座子是作为基因组的一部分被发现的，其 RNA 形式和 mRNA 具有相似的特征和作用，因此我们认为反转座子是一种可在细胞内移动的基因组序列，但不能在细胞间转移。

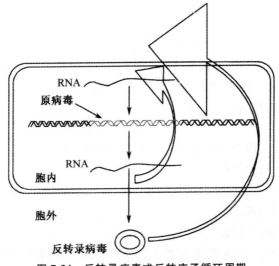

图 7-34　反转录病毒或反转座子循环周期

7.3.1 反转录病毒

1. 生活周期

(1)反转录病毒生活周期包括一个类似转座的过程。

反转录病毒的基因组是单链的 RNA，它可通过一个双链 DNA 中间体复制。病毒的生活周期必须包括一个与转座类似的过程，使双链 DNA 插入到宿主基因组中，并使靶位点产生正向重复序列(direct repeat)。

该过程的重要性超出了仅仅使病毒繁衍的范围，其结果表现为：①被整合到细胞基因组中的反转录病毒序列称为原病毒(provirus)，原病毒就像细胞基因组的一部分一样遗传。②细胞的序列偶然能与反转录病毒的序列重组并随之转座，以双螺旋形式插入到基因组新位点。③被反转录病毒所转座的细胞序列可能改变被感染细胞的特性。

具体的反转录病毒的生活周期如图 7-35 所示，其关键的步骤是病毒的 RNA 被反转录成 DNA，此 DNA 被整合到宿主基因组中，然后 DNA 原病毒被转录成 RNA。

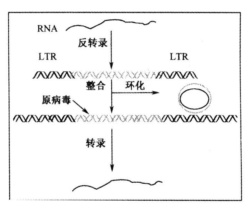

图 7-35　反转录病毒生活周期中，病毒的 RNA 基因组经反转录成为双链 DNA，
双链 DNA 插入宿主的基因组中；已整合的 DNA 再转录出病毒 RNA

所谓反转录酶(reverse transcriptase)是指负责将 RNA 反转录成 DNA 的酶，反转录酶在宿主细胞中将 RNA 反转录成线形双链 DNA 分子(也能反转录成环形分子，但不能进行复制)。

形成的线形 DNA 进入到细胞核，一个或多个 DNA 拷贝被整合到宿主基因组中，该过程由整合酶(integrase)催化，整合的原病毒被宿主的转录系统转录为病毒 RNA，此 RNA 既能充当 mRNA，也能作为基因组而被包装成为病毒颗粒。整合(integration)作为病毒生活周期的正常组成部分，也是转录所必需的。

每个病毒颗粒中包装入两个拷贝的 RNA 基因组拷贝，因此每一个病毒颗粒实际上是二倍体。若细胞同时被 2 个不同但却相关的病毒感染，则有可能会产生一个携带配蚕类 RNA 基因组的杂合病毒，二倍体可能对病毒获取宿主的基因组序列很重要。病毒在包装时也将部分反转录酶和整合酶一起包装到病毒颗粒。

(2)反转录病毒基因组的结构。

一个典型的反转录病毒基因组序列包含 3 或 4 个基因，这些基因产物通过不同方式加工能产生多种蛋白质。典型的反转录病毒包含 3 个基因，其排列为 gag-pol-env，如图 7-36 所示。

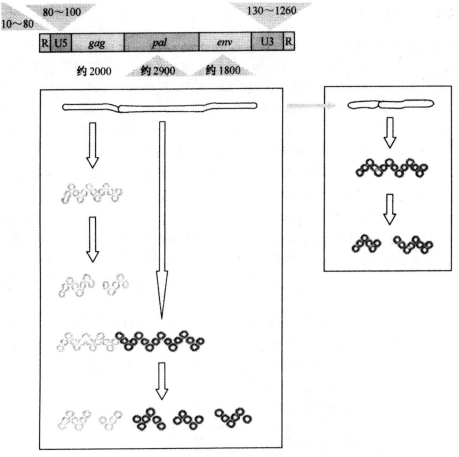

图 7-36　反转录病毒的表达产物为多聚蛋白,经过加工后才成为单个蛋白

不同病毒采用不同的机制来通读 *gag* 的终止密码子,这取决于 *gag* 和 *pol* 可读框之间的关系。当 *gag* 和 *pol* 相连时,识别终止密码子的谷氨酰-tRNA 就会抑制终止过程,因而只产生一种蛋白质;当 *gag* 和 *pol* 在不同可读框时,核糖体移码(frameshift)可产生两种单一的蛋白质。通常,通读的频率只有 5%,因此产生的 Gag 蛋白大约是 Gag-Pol 蛋白数量的 20 倍。

Env 多聚蛋白质是通过另一种方式表达的:剪切产生亚基因组(subgenomic)mRNA 然后翻译成 Env 蛋白。*gag* 基因编码病毒的核心蛋白质(nucleoprotein core),*pol* 基因编码与核酸合成以及重组相关的酶类,*enw* 基因编码病毒外壳蛋白质(envelope),病毒外壳蛋白质同时也。能从细胞膜上获得部分组分。

Gaz、*Gag-pol* 和 *Env* 基因的多聚蛋白质产物都能被酶切割,从而产生单个蛋白质,这些蛋白质都能在成熟的病毒中找到。编码蛋白酶活性在病毒中有不同的形式:可能是 *gag* 或者 *pol* 基因的一部分,也可能采用一个附加的独立可读框形式。

(3)反转录病毒颗粒的形成。

反转录病毒颗粒的形成包括一个将 RNA 包装到衣壳(capcid)中的过程,用蛋白质外壳包装 RNA,然后从细胞膜上获取部分膜与病毒糖蛋白构成病毒的外膜(envelope)形成病毒颗粒,并与宿主细胞膜脱离,释放感染性病毒颗粒,而感染过程恰恰相反,病毒感染一个新宿主细胞时,先与细胞的质膜融合,然后再释放病毒颗粒的内部组分。

2. 反转录病毒的复制

(1)反转录病毒的 RNA 和 DNA 形式。

反转录病毒被称为正链病毒(plus strand virus),因为病毒 RNA 能编码自身蛋白质产物。正如其名字所示,反转录酶负责将其基因组(单链 RNA)反转录为互补的 DNA 链,称为负链 DNA(minus strand DNA)。反转录酶也催化随后合成双链 DNA 的反应,它具有 DNA 聚合酶活性,能以反转录成的单链 DNA 为模板来合成双链 DNA,此双螺旋 DNA 的第二条链称为正链 DNA(plus strand DNA)。反转录酶还有必需的 RNase H 活性,具有降解 RNA 和 DNA 杂交分子中 RNA 链的功能。所有反转录病毒的反转录酶都具有很高的氨基酸序列相似性,并在其他反转座子反转录酶中也能发现序列同源性。

(2)负链 DNA 合成需要反转录酶进行一次跳跃。

像其他 DNA 聚合酶一样,反转录酶也需要一个引物,其天然的引物是 tRNA。在病毒颗粒中存在一个由宿主提供的空载 tRNA,其 3′端的一个 18 bp 的序列可与病毒 RNA 分子距 5′端 100~200 碱基的序列配对。此 tRNA 也可能与病毒 RNA 5′端的其他位点配对,协助病毒 RNA 形成二聚体。

如图 7-37 所示,在体外合成进行到末端时,能产生一个短的 DNA 片段称为负链强终止(minus strong-stop)DNA。在体内没有发现这种分子,是因为合成反应按图中所示的过程持续进行。可以看到,在合成过程中反转录酶转换了模板,携带新生的 DNA 跳跃到另一新的模板上,这是在模板上二次跳跃(jump)的第一次跳跃。

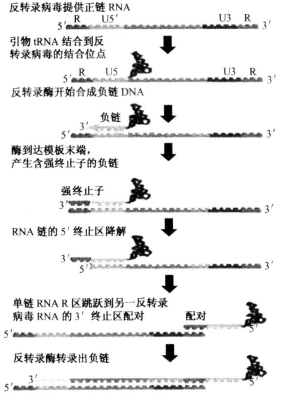

图 7-37　在负链 DNA 合成过程中,需要经过一次跳跃来转换模板

(3)正链 DNA 合成还需要一次跳跃。

如图 7-38 所示,需要产生正链 DNA 和在另一个末端产生 LTR。合成正链的反转录酶的引物是原来 RNA 分子降解过程中剩下的 RNA 片段。当酶到达模板末端时,就合成了一个含强终止子的正链 DNA。这一 DNA 片段随后被转移到负链 DNA 分子的另一端。当第二个 DNA 复制循环从上游的引物开始时,此 DNA 分子就被释放,它利用 R 区与负链 DNA 的 3′ 末端配对。此双螺旋 DNA 通过互补在彼此末端产生一个双螺旋的 LTR。

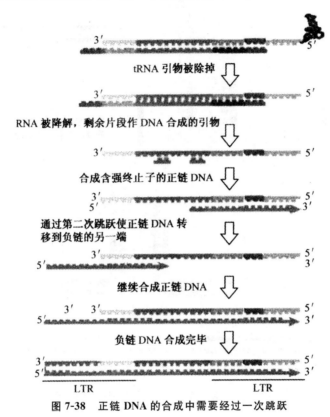

tRNA 引物被除掉

RNA 被降解,剩余片段作 DNA 合成的引物

合成含强终止子的正链 DNA

通过第二次跳跃使正链 DNA 转移到负链的另一端

继续合成正链 DNA

负链 DNA 合成完毕

LTR　　　　　　　LTR

图 7-38　正链 DNA 的合成中需要经过一次跳跃

(4)拷贝选择重组。

由于在每个病毒颗粒中都有两个 RNA 基因组,在病毒生活周期中可能发生重组,重组可能在负链合成或正链合成过程中发生:①分子间的配对能使 2 个连续的 RNA 模板之间发生重组。②正链 DNA 的合成可能是不连续的,可能涉及几个内部起始过程,此过程中可能发生链转移。

其共同特征是重组都由 DNA 合成过程中模板变更引起,这种机制称为拷贝选择(copy choice)重组,多年以来一直被认为是普通重组的一种可能机制。虽然拷贝选择重组不可能被真核细胞系统所采用,但它却是 RNA 病毒感染期间发生重组的共同基础。包括完全以 RNA 形式进行复制的病毒。

3. 反转录病毒的整合机制

原病毒是直接由将其线形 DNA 序列插入靶位点而产生的。除线形 DNA 外,也存在环状形式的病毒序列,一种是由相邻的线形 DNA 上 LTR 末端连接产生,另一种仅含一个 LTR,大多数环形分子是通过重组产生的。虽然很长时间一直认为环形 DNA 是介导整合的中间体,但现在已经清楚,整合是以线形 DNA 形式进行的(图 7-39)。

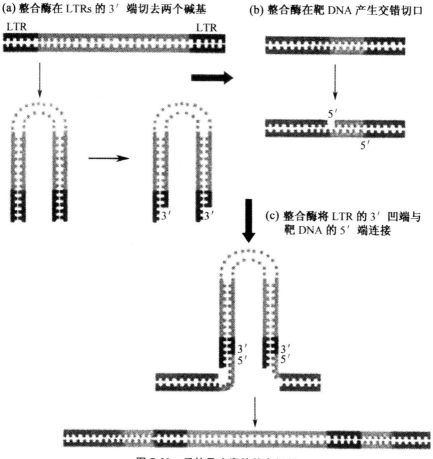

(a) 整合酶在 LTRs 的 3′ 端切去两个碱基

(b) 整合酶在靶 DNA 产生交错切口

(c) 整合酶将 LTR 的 3′ 凹端与靶 DNA 的 5′ 端连接

图 7-39 反转录病毒的整合机制

整合酶是整合反应中唯一需要的酶,整合过程中每个 LTR 丢失 2 个碱基后被整合到靶 DNA 的 4 bp 重复之间。

4. 反转录病毒与癌基因

(1)转化病毒可携带癌基因。

在病毒的生活周期中有趣的是存在转化病毒,它能获得细胞的部分序列。病毒的部分序列,能被癌基因所代替,通过蛋白质合成产生一个 Gag-v-Onc 蛋白质而不是通常的 Gag、Pol 和 Env 蛋白质,结果产生复制缺陷型(replication-defective)病毒,其本身不能保持感染能力,但能在辅助(helper)病毒的帮助下复制,辅助病毒能为其提供丢失的病毒功能。

(2)转化病毒形成的机制。

图 7-40 为转化病毒形成的可能机制。反转录病毒整合到一个 c-onc 基因附近,缺失导致原病毒与 c-onc 基因融合,然后经转录产生一个融合的 RNA 分子,此 RNA 分子的一端是病毒的序列,而另一端是细胞的 onc 序列,剪接除去此 RNA 中病毒部分和来自细胞部分的内含子。此 RNA 具有被包装进病毒颗粒的特定信息,如果细胞内还有另一个完整的原病毒拷贝,就可能形成包含一个融合的 RNA 和一个病毒 RNA 拷贝的病毒颗粒。

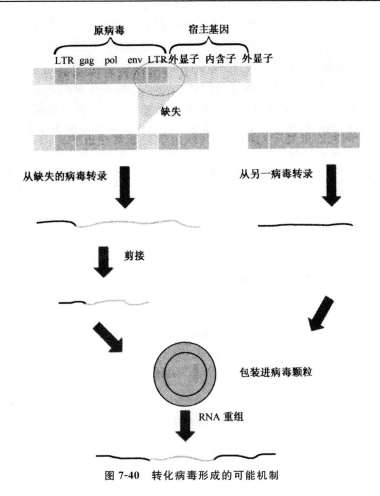

图 7-40　转化病毒形成的可能机制

反转录病毒家族共同的特征说明它们可能起源于一个共同祖先(ancestor)。原始的插入序列 IS 元件可能包围一个宿主中的负责编码核酸聚合酶的基因,结果形成 LTR-ml-LTR 单位。然后通过获得更多的精细功能来扩增 DNA 和 RNA(包括能产生能包装 RNA 的产物)底物而进化为感染性病毒。

7.3.2　反转座子

McClintock 发现的玉米转座子类似于细菌转座子,是剪贴式或复制粘贴式转座子中的一种。若 DNA 复制也包括在内,那么它是直接复制的。人类也带有这类转座子,它占人类基因组的 1.6%。真核生物还携带有另外一种转座子——反转录转座子(retrotransposon),它通过 RNA 中间体进行复制。因此,反转录转座子类似于反转录病毒,有些反转录病毒引发脊椎动物产生肿瘤,有些反转录病毒(人类免疫缺乏病毒或 HIV)引发 AIDS。

反转录转座子也称为反转录子或反转录,由 RNA 介导转座的转座子,仅发生在真核生物中,又称逆转座子(retroposon),它是由反转录病毒以其 RNA 基因组的 DNA 拷贝插入到宿主细胞的染色体中而产生的。有些生物的转座子和它们组织中的反转录病毒的前病毒有关。例如,酵母中的 Ty 和果蝇的 copia。它们的范围从可以自由感染宿主细胞的反转录病毒本身到利用 RNA 转录的序列,但有些序列本身并不能转座。它们和其他类型的转座子相同,具有转座子的重要特征:在插入位点的靶DNA上产生同向重复。但在基因组中难以检测到有活性的转座子,转座事件的足迹是在其侧翼分布的重复序列中发现了同向的靶重复。这些序列的特点有时可以表明一个RNA序列作为DNA基因组序列的祖先。

反转座子可大致分为两类,其基本特征归纳(表7-3)为:反转录病毒是典型的反转座子,它们能编码反转录酶和/或整合酶,因此能进行转座。反转座子与反转录病毒的区别在于反转座子不能独立地感染其他细胞,但转座机制基本相似。这类反转座子被称为病毒超家族(viral super family)。另一类反转座子是有独特的外部和内部特征,它们都来源于RNA序列,虽然我们只能推测其DNA拷贝的产生机制,但它们可能成为其他系统产生的转座酶催化的靶序列,它们可能起源于细胞内的转录物。这类反转座子并不编码有转座功能的蛋白质,称为非病毒超家族(non-viral super family)。

表 7-3　反转座子分类

种类 性质	类病毒超家族	非类病毒超家族
普通类型	Ty(酵母) Copia(果蝇) LINESL1(哺乳动物)	SINESB1/Alu(哺乳动物) 聚合酶ⅠⅡ转录成的假基因
末端特性	长末端重复	无重复
靶位重复	4～6 bp	16～621 bp
可读框	反转录酶和/或整合酶	无
组织	可能含内含子	无内含子

哺乳动物基因组中含有大量相对较短但彼此相关的序列,反转座子是其中重要组成部分。大部分可归纳为两个家族,即长散布重复序列(long interspersed repeated element,LINES)反转座子家族和短散布重复序列(short interspersed repeated elements,SINES)反转座子家族。这些成分当初曾被认为是一些分散重复序列,每个家族都包含许多成员分散在基因组中。LINES和SINES的一个重要区别,是LINES来源于RNA聚合酶ⅠⅠ的转录物,而SINES则来源于RNA聚合酶ⅠⅡ的转录物。

1. 长散布重复序列

(1)LINES可能含有可读框。

哺乳动物基因组包含20 000～50 000拷贝的LINES,称为L1。其典型结构大约有6 500 bp长,末端富含A,并且内部可能存在可读框。就像DNA重复序列一样,LINES家族的每个成员都存在一定差异,但同一物种中存在的家族成员比种间具有更高的同源性。

如图7-41所示为病毒超家族反转座子和反转录病毒的有关特性的比较。如前所述,一个活性Ty元件具有转座活性。我们认为果蝇基因组中的copia序列可能也同样具有转座活性。

LINES的序列分析显示L1的可读框与反转录酶编码序列具有同源性,表明L1可能来源于一个编码转座功能的病毒基因,因此可将L1划属为病毒类超家族。但目前还不清楚LINES是否编码功能性蛋白质。

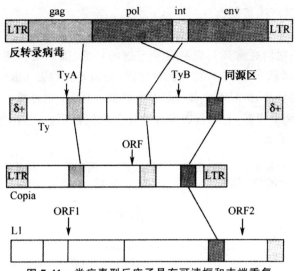

图 7-41 类病毒型反座子具有可读框和末端重复

（2）反转座子的转座机制。

LINES 元件和其他一些成员并不像典型的反转录病毒那样具有 LTR 末端结构。这些元件的可读框中缺乏反转录病毒的许多功能，如编码蛋白酶或整合酶的区域，但却含有类似反转录酶的编码序列，其产物可能有内切核酸酶活性。

图 7-42 为相关活性物质帮助转座的过程。反转座子编码的内切核酸酶活性将靶基因位点切口，其相关 RNA 产物结合到切口上。切口可提供一个 $3'$-OH 末端用来引发以 RNA 为模板来合成 cDNA。为了打开 DNA，另一条链需要进行第二次切割过程，随后 RNA/DNA 杂交链转变成双链 DNA 后即与切口的另一端结合。有些可移动内含子（mobile intron）也采用类似的机制。

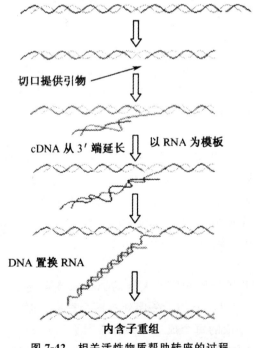

图 7-42 相关活性物质帮助转座的过程

（3）加工假基因及其产生机制。

LINES 来源 RNA 聚合酶Ⅱ转录物,因此其相应基因组序列无活性:它们缺少转录需要的起始位点上游的启动子。它们通常具有成熟转录产物的特征,因此被称为加工假基因（processed pseudogene）。如图 7-43 所示,对这些假基因的特性、来源基因以及 mRNA 的特征进行了比较。图中给出了所有的相关特征,但只有一部分是共有特征。RNA 聚合酶Ⅱ的任何转录产物都能产生此种假基因,这种例子很多,包括首次发现的珠蛋白假基因。此外,加工假基因的位置和原来基因的位置没有任何关系。

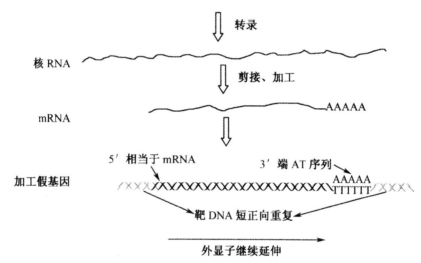

图 7-43　RNA 反转录产生双链 DNA,双链整合进入宿主基因组

2. 短散布重复序列 *Alu* 反座子家族

最典型的短散布重复序列（SINES）由单一家族成员组成,它们很短并且有很高的重复性,除其成员在整个基因组中散在分布而非成簇分布外,其余特征均与简单重复序列 DNA 非常相似。同时种内成员的相似性要大于种间的相似性。

（1）*Alu* 家族。

在人类基因组中,大部分中度重复序列长约 300 bp,并且分散在非重复序列之间。至少大部分复性的双螺旋 DNA 能被限制酶 *Alu* I 消化,产生 170 bp 的产物。实际上,所有这些能被酶切的序列都是同一家族的成员,通过这种方式被鉴定的称为 *Alu* 家族（*Alu* family）。在单倍体基因组中,大约有 300 000 个成员（相当于每 6 kb 就有一个）,单个 *Alu* 序列非常分散。相关序列也存在于小鼠（被称为 B1 家族,有 50 000 个成员）、中国大鼠（hamaster,称为 *Alu* 等价家族）和其他一些哺乳动物中。

每个 *Alu* 家族的成员相关但不相同。人类的 *Alu* 家族可能由一个 130 bp 的序列随机加倍重复产生,其右端插入一个 31 bp 的无关序列。两个重复有时被称为 *Alu* 左半部（1eft half）和右半部（right half）,*Alu* 家族的每个成员与共有序列平均有 87％的相似性。小鼠 B1 家族的重复单位长 130 bp,很像人类重复单位的一个单体,与人类 *Alu* 家族的序列有 70％～80％的同源性。

　　Alu 序列和 7SL RNA 相关。7SL RNA 是信号识别颗粒的一个组分,其序列和 *Alu* 序列的左半部类似,只是在中部有一个插入序列。所以 7SL RNA 5′端的 90 个碱基与 *Alu* 的左侧同源。7SL RNA 的中部 160 个碱基与 *Alu* 并不同源,但其 3′端的 40 个碱基与 *Alu* 的右侧同源。编码 7SL RNA 的基因由 RNA 聚合酶Ⅲ转录,因此,非活性的 *Alu* 序列可能是这些基因(或者相关基因)的衍生物。

　　(2)*Alu* 家族的结构与转座子类似。

　　Alu 家族的成员和转座子类似,其两端都是短的正向重复序列。但它们表现出非同寻常的特征,家族中不同成员间的这种序列长度参差不一。此外,由于它们来源于 RNA 聚合酶ⅠⅡ的转录产物,所以某些成员可能携带内部活性启动子。虽然其多变性和广泛分布特性为研究其功能提供了一些线索,但现在对其具体作用还知之甚少。

　　Alu 家族含有一个 14 bp 的区域,它与 SV40 和乙型肝炎病毒复制起点的一段序列几乎完全一致。这表明一种可能性,即 *Alu* 家族可能与真核生物基因组的复制原点有关,但 *Alu* 家族的数量大约是预料的复制原点的 10 倍。

　　至少,*Alu* 家族的部分成员能被转录为独立的 RNA。中国大鼠 *Alu* 类家族的一些成员(不是全部)似乎能在体内被转录,这类转录单位常位于其他转录单位附近。

7.4　转座的分子机制

　　不同的转座因子其转座机制也不同,大致可分成为两类,一类是由 DNA 介导的,无须通过反转录;另一类是由 RNA 介导的,必须通过反转录。前者又可分为两类:剪切－粘贴转座(cut-and-paste transposition)和复制型转座(replicative transposition);前者属非复制型转座又称为简单转座(simple transposition)或直接转座(direct transposition)或保守转座(conservarive transposition)。

7.4.1　RNA 介导的转座

反转录转座子的转座都是由 RNA 介导的,主要包含整合转座和靶序列引发反转录转座。

1. 整合转座

整合转座是一类 LTR 反转录转座子即病毒超家族的转座方式,如图 7-44 所示。
整合转座的聚体步骤是:
①基因组中的反转录转座子的病毒超家族(或反转录病毒)转录起始于左侧 LTR 中的启动子,在 RNA 聚合酶的作用下,越过整个的整合转座子,合成全长的 RNA。
②然后在依赖反转录酶合成游离于宿主基因组之外的 cDNA 分子。
③由反转录转座子编码的整合酶交错剪切两端的 LTR。
④整合酶交错剪切靶 DNA 序列。
⑤整合酶催化 3′端短缺的反转录转座子与切开的靶序列 5′端连接,进行单链转移。
⑥由 DNA 聚合酶Ⅰ修补缺口,连接酶封闭最后留下的切口,产生 DR。

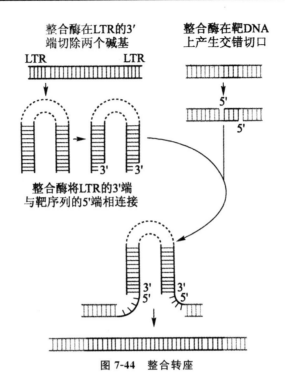

整合酶在LTR的3′
端切除两个碱基

整合酶在靶DNA
上产生交错切口

整合酶将LTR的3′端
与靶序列的5′端相连接

图 7-44　整合转座

2. 靶序列引发反转录的转座

靶序列引发反转录的转座是多聚腺苷酸反转录转座子即 LINE1 和非病毒超家族的转座方式。首先是细胞内 RNA 聚合酶对整合因子的转录。尽管启动子在 5′UTR 内,仍能指导 RNA 合成起始于转座因子序列的第一个核苷酸。新合成的 RNA 被转运到细胞质中,ORFI 负责合成 RNA 结合蛋白,ORF2 负责合成具有反转录酶和核酸内切酶活性的蛋白质,这些蛋白质与编码它们的 RNA 相结合。转座因子以这种方式促进了自身的转座,而不为其他竞争因子提供蛋白质。

7.4.2　DNA 介导的转座

1. 剪切—粘贴转座/非复制型转座

如图 7-45 所示,剪切—粘贴转座即为非复制型转座,其重组过程包括转座子从 DNA 上原来位置的切除及将这个切下的转座子整合到新的 DNA 位点。

①转座子合成转座酶。

②转座酶的亚基识别并结合于转座子两端特定的反向重复序列(IR)上,使转座子的两端聚集在一起形成转座体或联合复合体。其功能是确保转座子移动所需的 DNA 断裂和重接能在转座子的两端同步发生,并能保护转座子的游离端,使其免受细胞中酶的作用。

③切离转座子。转座酶在 IR 上交错剪切,然后再由其他蛋白质第二次剪切,切下转座子。关于第二次剪切的机制尚未阐明。

④靶 DNA 序列的剪切。由切下的转座子的 3′-OH 亲核进攻靶序列,通过转酯作用交错切

开受体位点的靶序列,已切下的转座子插入到切开的靶序列中,以其游离的 3′-OH 和靶序列切口的 5′-P 相连接。

⑤靶位点重复序列(target site duplication,TSD)的形成。转座子和靶序列连接后两端各留下了一个缺口由 DNA 聚合酶 I 修补,最后留下的切 El(nick)由连接酶封闭。结果形成了同向重复,或称侧翼同向重复序列(FDR),即靶位点重复序列,其长度是由靶序列的两个切点之间的距离决定的,一般为 2~20 bp。

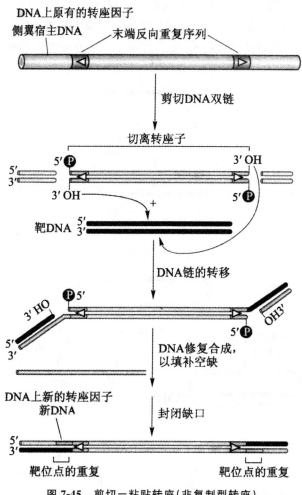

图 7-45　剪切－粘贴转座(非复制型转座)

反转录转座子整合过程和剪切－粘贴转座形似,二者不同的地方在于:①在转座前通过转录和反转录形成 cDNA,这样转座因子成为游离状态而无须从 DNA 上切下;②其整合过程,前者只需要整合酶,而剪切－粘贴转座的过程需要转座酶和切离酶。

2. 复制型转座

如图 7-46 所示,转座子的 DNA 经复制产生一份新拷贝,并插入到另一受体位点,原来的位置上仍保留着二份转座子拷贝。这种转座方式称为复制型转座。

复制转座有转座酶(transposase)和解离酶(resolvase)的参与。然后由解离酶催化两个转座子拷贝间进行拆分,从而产生两个分离的 DNA 分子,每个均带有一个拷贝转座子。复制型转座模型提出转座开始是形成单链转移复合体(strand transfer complex)也称为交换复合体(crossover cornplex)或夏皮罗复合体(Shapiro complex),即供体和靶的单链连接,这样转座子的两个末端分别与靶及供体单链相连接。连接转移复合体产生了一个交换形成的结构在双链转座子处结合在一起,这个交换结构(即共同中间体)决定了转座方式的命运。交换结构的每个交错末端含有一个单链区。这个区域是个假的复制叉,它提供了 DNA 合成的模板。若复制继续,那么它的延伸将经过转座子,将它的链开,在其末端终止复制,然后由连接酶封闭缺口,这个结构变成了共合体(cointegrant)。在转座子与复制子之间的连接处有 DR,复制可能由宿主编码的酶来完成。这类转座包括原核生物的简单转座子、复杂转座子和复合转座子的转座机制。

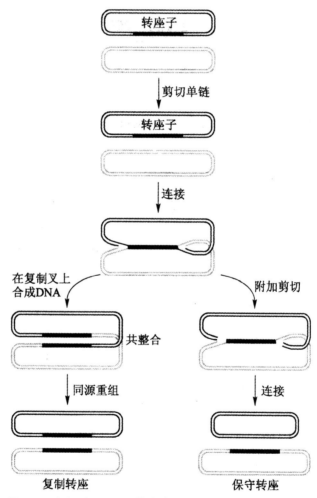

图 7-46　复制型和保守型转座的模型(引自 T. A. Brown,2002)

第8章　生物基因表达的调控

8.1　生物基因表达调控概述

基因表达(gene expression)是由基因指导合成功能产物 RNA 和蛋白质的过程,是 DNA 与蛋白质、基因型与表型、遗传与代谢关系的体现。同一个体的不同细胞具有相同的基因组,而其基因表达谱各不相同,这就是基因表达调控的结果。基因表达调控(gene regulation)决定细胞的结构和功能,决定细胞分化和形态发生,赋予生物多样性和适应性。

8.1.1　基因表达调控的基本方式

生物多样性意味着各种生命的形态多样性和代谢多样性,这源于其基因组结构和基因表达的多样性。基因表达的方式是基因表达调控的基础。基因可以根据表达及表达调控特点分为两类。

(1)管家基因(housekeeping gene)。

管家基因的表达产物在整个生命过程中都是必需的,它在一个生物体的各种细胞内持续表达,例如醛缩酶 A 基因、3-磷酸甘油醛脱氢酶基因。管家基因表达水平受环境因素影响较小,其表达方式属于组成性表达(constitutive expression)。

(2)奢侈基因(luxury gene)。

奢侈基因仅在特定组织中有高表达,表达产物具有特殊功能,如参与细胞分化。奢侈基因表达水平很容易受环境因素影响,即受到调控,其表达方式属于条件性表达(regulated expression)。

由于对环境信号的应答方式不同,我们可以将奢侈基因进一步分为两类:

1)可诱导基因。受环境信号刺激时启动表达或表达增强,属于诱导表达(induce expression),相应的环境信号称为诱导物(inducer)。

2)可阻遏基因。受环境信号刺激时终止表达或表达减弱,属于阻遏表达(repress expression),相应的环境信号称为阻遏物(repressor)。

8.1.2　基因表达调控的性质

1. 基因表达调控的特异性

基因表达的特异性表现为时间特异性、空间特异性和条件特异性。

(1)时间特异性。

在生命的同一生长发育阶段,不同基因的表达水平不同;而同一基因在生命的不同生长发育阶段的表达水平也不同。因此,噬菌体、病毒和细菌的感染呈现一定的感染阶段,随着感染阶段的发展和生长环境的变化,有些基因启动表达,有些基因终止表达;在多细胞生物从受精卵到组织、器官形成的各个发育阶段,相应基因的表达也严格按照一定的时间顺序启动或终止。基因表达的时间特异性与分化阶段、发育阶段一致,所以也称为阶段特异性。

(2)空间特异性。

在同一生长发育阶段,不同基因在同一组织器官的表达水平不同;而同一基因在不同组织器官的表达水平也不同。基因表达的空间特异性是在细胞分化所形成的组织器官中体现的,所以也称为细胞特异性或组织特异性。

(3)条件特异性。

许多基因(特别是奢侈基因)的表达水平受代谢条件和环境因素影响。例如:大肠杆菌乳糖操纵子在有乳糖而缺乏葡萄糖时高水平表达;大肠杆菌 DNA 聚合酶Ⅳ和Ⅴ的编码基因只在 SOS 应答后期表达;长期饥饿时人体表达糖异生途径关键酶;受到病原体感染时人体表达细胞因子、免疫球蛋白。

2. 基因表达调控的多环节性

无论是原核生物还是真核生物都有系统、复杂、精巧的基因表达调控机制。基因表达调控系统以信号转导网络系统为基础,从 RNA 的转录合成到蛋白质的翻译后修饰,其各个环节都会受到调控。迄今为止的研究集中在以下环节:基因激活、转录起始和转录后加工、RNA 转运和降解、翻译起始和翻译后修饰、蛋白质靶向转运和降解。其中转录是最重要的调控环节。

8.1.3 基因表达调控的生理意义

基因表达调控的根本目的在于适应环境,使细胞能够生长、分裂、分化、凋亡,个体能够生存、生长、发育、繁殖、衰老。

(1)适应性调控。

单细胞生物调控基因表达就是为了适应环境,维持细胞生长和细胞分裂。高等生物也普遍存在适应性表达调控,通过调控基因表达可以改变酶与调节蛋白的水平,从而调节代谢,适应环境变化。

(2)程序性调控。

细胞增殖、细胞分化和细胞凋亡等决定着个体的生长、发育和衰老。在多细胞生物生长发育的不同阶段,细胞内蛋白质的种类和水平差异很大;即使在同一生长发育阶段,蛋白质在不同组织器官内的水平也存在很大差异,这些差异是基因表达调控的结果。高等哺乳动物细胞的分化和各种组织器官的发育都是由相应的基因控制的,一旦某种基因发生突变或表达异常,就会导致相应组织器官的发育异常。

8.2 原核生物的基因表达调控

原核生物是单细胞生物,没有能量储备系统,在长期进化过程中形成了对环境的高度适应性。原核生物必须不断的调控其各种基因表达,以此来适应生存环境和营养环境的变化,从而使其生长繁殖达到最优化。

8.2.1 DNA 水平的基因表达调控

1. 细菌 DNA 重排对基因表达的影响

在某些细菌中,特定基因的表达与基因组内 DNA 重排有关。DNA 重组可以改变调控基因特异核苷酸序列的方向,成为调控原核生物基因表达的一种方式。例如,鼠的伤寒沙门菌是由许多相同的鞭毛蛋白亚基装配而成,构成沙门菌鞭毛的蛋白质有 $fljB$ 和 $fljC$ 两种。沙门氏菌含有两个不同的结构基因 $fljB$ 和 $fljC$,$fljC$ 基因表达则产生 $fljC$ 型鞭毛蛋白,这时细菌就处于 I 相;若是 $fljB$ 基因表达就产生 $fljB$ 鞭毛蛋白,细菌处于 II 相。处于 I 相的细菌生长时,其中少数细菌以 1/1000 次分裂的频率而自发转变为 II 相细菌;处于 II 相的细菌也以同样的频率转变为 I 相细菌,这一过程称为相变。相变的机制是什么呢?

研究表明,$fljB$ 和 $fljC$ 表达的相变与 DNA 重组有关,改变了调节 $fljB$ 基因表达的核苷酸序列的方向(图 8-1)。$fljB$ 基因与 $fljA$ 基因紧密连锁紧密连锁,同属于一个操纵子,并协同表达。相变的控制取决于含 $fljB$ 和 $fljA$ 基因操纵子的启动基因所处的状态。$fljA$ 编码 $fljC$ 基因的阻遏蛋白,当 $fljB$ 基因与 $fljA$ 基因表达时,由于 $FljA$ 阻遏物阻止了 $fljC$ 基因的表达,就只合成 $FljB$ 鞭毛蛋白。若 $fljB$ 基因与 $fljA$ 基因被关闭不表达,这时 $fljC$ 基因便表达,合成 $FljC$ 鞭毛蛋白。含有启动基因在内的上游 DNA 长 995 核苷酸对,两边各有一段长 14 核苷酸对的不完全反向重复,即 IRL 和 IRR。$fljB$ 基因的转录起始位点开始于 hin 右边的第 17 核苷酸对处,hin 和 $fljB$ 启动子之间的序列含有基因 hin,它的产物是 Hin 重组酶,可催化这段 995 核苷酸对序列发生倒位。在倒位前,$fljB$ 转录的启动子可使 $fljB$ 基因与 $fljA$ 基因表达,于是细胞处于 II 相。当发生倒位以后,这个启动子便被移到序列的另一方,且方向改为朝左,$fljB$ 基因与 $fljA$ 基因表达失去启动子而失活,这时细胞内没有 $FljA$ 阻遏蛋白,因而 $fljC$ 基因表达,细胞转变成 I 相。一旦这段 DNA 倒位恢复原状,细胞又将转变为 II 相。

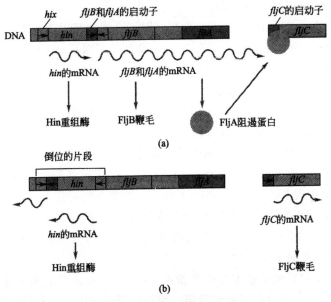

图 8-1 鼠伤寒门始菌相变的分子机制

因此,这一过程中没有任何信息的丢失,只是特异的 DNA 序列发生了重组,引起相变的原因是 $fljB$ 和 $fljC$ 基因选择性的表达。

2. σ 因子控制的转录时序

在所有的调控方式中,基因表达关闭的越早,就越不会浪费在合成不必要的 mRNA 和蛋白质上,因此调控其表达开关的关键机制主要发生在转录的起始。

(1)$E.coli$ 的热休克基因。

真核生物或原核生物当经历温度升高或其他环境变化时,就进行一次称为热休克反应的抵御以减小损伤。它们开始产生一类分子伴侣的蛋白质,结合到因加热而局部折叠的蛋白质上,帮助这些蛋白质再正确地折叠。它们还产生一些蛋白酶,降解那些折叠得不好的以致不能重新折叠的蛋白质。

$E.coli$ 细胞从正常生长温度(37℃)被加热到 42℃ 之后,立即停止或降低正常的转录,开始合成约 17 种新的热休克转录产物。这些转录产物可以编码帮助细胞逃过难关的分子伴侣和蛋白酶类。转录从正常基因移到热休克基因,需要基因 htpR 的产物,后者编码了一种分子量为 32 kD 的 σ 因子。因此称它为 σ^{32},也称为 σ^H,其 H 表示热休克。σ^H 实际上是一种 σ 因子。把 σ^H 同原核的 RNA 聚合酶核心酶重新组合,可以证明这种混合的 RNA 聚合酶能离体转录各种热休克基因。

σ 因子直接参与 RNA 聚合酶对 DNA 的识别。$E.coli$ 大多数启动子由 σ^{70} 参与识别。如果基因的启动子序列与共同序列不是非常吻合,除了 σ^{70} 之外,RNA 聚合酶还需要结合 DNA 的活化因子来帮助转录有效地起始,这些活化因子使 RNA 聚合酶有效地结合于启动子,形成开放复合物,从而启动转录。在转录开始后,σ^{70} 自发地从 RNA 聚合酶上解离 RNA 聚合酶结合另一个蛋白 NusA。σ^{70} 对游离的 RNA 聚合酶有较高的亲和性,NusA 更倾向于结合到正在延伸的 RNA 聚合酶上,所以出现因子 σ 和 NusA 蛋白两者之间周期性偶联和解联,最后它们构成了细菌转录的循环,成为转录调节的一个部分。

当热休克时,新的 σ^{32} 替代正常的 σ^{70}。变更 σ 因子对细菌基因表达有很大影响。σ^{32} 的量尽管很少,还是引起 RNA 聚合酶转录特性改变,在一套新的基因启动子上开始转录。热休克时期被转录的基因依赖于 σ^{32} 和 σ^{70} 之间的平衡。σ^{32} 增加的信号是部分变性的去折叠蛋白质的积累。在真核细胞中也发现热休克产生的去折叠蛋白激活了一种膜蛋白。后者是一种核酸内切酶,能切断 RNA,最终在一种转录因子的剪接中改变剪接方式,造成调控蛋白的变化。

(2)$B.subtilis$ 及其噬菌体转录的转换。

σ 在噬菌体生命周期的裂解期和溶源期的转换中表现最为明显。$B.subtilis$(枯草杆菌)的正常 σ 因子(相当于 $E.coli$ 中的 σ^{70})称为 σ^{43},它能识别 σ^{70} 所识别的共同顺序。在噬菌体 SP0 1 感染枯草杆菌时即会出现新的 σ 因子。SP0 1 的感染周期一般可分为三期:感染初期,早期基因被转录;4~5 min 后早期基因转录停止,中期基因开始转录;8~12 min 后中期基因的转录又被晚期基因所取代。早期基因由宿主菌的全酶转录,故仍用 σ^{43},而中期及晚期基因转录则需要新 σ^{28} 和 σ^{34} 因子来取代原来的 σ^{43}。

$B.subtilis$ 在其芽孢形成细胞中也产生新的 σ 因子,在芽孢形成期开始时 σ^{43} 即被 σ^{37} 所取代,在 σ^{37} 的指导下,RNA 聚合酶即能转录第一组芽孢形成基因。这种替代并不完全,而且被替代下的 σ^{43} 也未完全被灭活。大约还有 10% 的核心酶仍和 σ^{43} 相结合,所以可能还有某些营养型酶在芽孢形成时仍存在于细胞中。在营养型细胞中至少还存在另一种 σ 因子——σ^{32}。它在芽孢形成早期出现活性,指导某些启动子起始转录,然而含量极少,不到 1%。在芽孢形成开始后 4 h,σ^{29} 即开始出现,它指导另一组新基因的转录。σ^{29} 在营养型细胞中不存在,故可能是芽孢形成基因在 σ^{29} 转录下的表达产物。在营养型细胞中还有一种 σ^{28},它的量不多,仅代表 RNA 聚合酶总活性的一小部分,而在芽孢形成开始时即失活。然而奇怪的是,在某些芽孢形成缺陷的突变株中,σ^{28} 不具有活性。所以有人认为,σ^{28} 的活化表示营养耗竭,并起始芽孢形成反应信号系统的一个部分。在中 *B. subtilis*,至少发现有 7 种不同的 σ 因子,它们可以识别不同的启动子顺序。

8.2.2　转录水平的基因表达调控

1. 转录的起始调控

操纵子是原核生物基因表达和调控的单元。一个典型的操纵子由一组结构基因和调节结构基因转录所需的顺式元件组成。操纵子的结构基因编码在某一特定代谢途径中起作用的酶,它们被转录成一条多顺反子 mRNA;调控元件由启动子、操纵基因及其他与转录调控有关的序列组成。一个操纵子的所有结构基因均由同一启动子起始转录并受到相同调控元件的调节,所以从结构上可以看作是一个整体。

(1)乳糖操纵子。

1)乳糖操纵子的结构。

乳糖操纵子是一个负调控诱导型操纵子,包括启动基因(P)、操纵基因(O)、β-半乳糖苷酶基因(*lac* Z)、β-半乳糖通透酶基因(*lac* Y)和硫代半乳糖苷转乙酰基酶基因(*lac* A),及一个调节基因 I,是可诱导的调控系统(图 8-2)。*lac* Z、*lac* Y、*lac* A 三个结构基因只有当存在乳糖的时候才会表达。乳糖代谢调节基因 LacI 编码一个大小为 360 个氨基酸的阻遏物蛋白。然而,LacI 阻遏物蛋白的活性形式是四聚体。当缺少诱导剂的时候,阻遏物结合在操纵元件上,阻止 RNA 聚合酶转录 *lac* Z、*lac* Y、*lac* A,三个基因只表达低背景水平的酶活性。这种低水平表达的酶活性,对于乳糖操纵子的诱导是非常必要的。调节基因(I)位于启动子附近,有自身的启动子和终止子,阻遏蛋白结合到操纵基因上,阻止 RNA 多聚酶与启动基因的结合,使转录不能进行,是负调控因子。操纵基因(o)是阻遏蛋白的结合部位,与调节基因共同决定产酶的方式。启动基因处于操纵基因的上游,与操纵基因部分重叠,含有 RNA 多聚酶识别序列、结合序列和激活序列。乳糖操纵子的调控既有负调控系统,又有正调控系统。乳糖操纵子的正调控因素是降解物活化蛋白(CAP)。在启动子 P 上游还有一个 40 bp 的分解(代谢)物基因激活蛋白(CAP)结合位点。CAP 是二聚体,它可以和 cAMP 结合形成 CAP-cAMP 复合物,然后再结合到启动基因的 CAP 结合部位,以提高相邻操纵子的转录速度。乳糖操纵子转录时,RNA 聚合酶首先与启动子结合,通过操纵基因 O 向右,按照 Z→Y→A 的方向进行转录,每次转录出的都是一个含有这三个基因的多顺反子 mRNA。

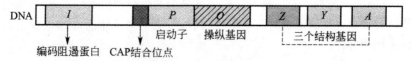

图 8-2　乳糖操纵的结构

2)乳糖操纵子的阻遏与诱导。

$E.coli$ 的乳糖操纵子在缺乏底物时就阻断相应酶类的合成途径,但同时做好了准备,一旦有底物出现,又立即合成相应的酶类。由于特殊底物的出现导致了酶的合成,提供了这种调控机制的典型范例。当 $E.coli$ 在缺乏 β-半乳糖苷的条件下生长时,不需要 β-半乳糖苷酶,因此,该酶在每个细胞的含量不高于 5 个分子。当加入底物后,细菌中十分迅速地合成了这种酶,仅在 $2\sim3$ min 之内酶就可以产生,并很快增长到 5 000 个分子/每个细胞。如在培养基中除去底物,那么酶的合成也就迅速停止,恢复到原来的状态。

当环境中没有乳糖时,$E.coli$ 的 lac 操纵子处于阻遏状态。此时的调控机理是:$lacI$ 基因在自身的启动子控制下,合成阻遏蛋白,阻遏蛋白以四聚体的形式和 $lacO$ 特异性的紧密结合,阻碍 RNA 聚合酶Ⅱ与 P 序列结合,抑制 $lacZ$、$lacY$、$lacA$ 三个结构基因的转录[图 8-3(a)]。

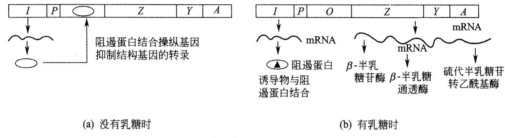

(a) 没有乳糖时   (b) 有乳糖时

图 8-3 大肠杆菌乳糖操纵的负调控

当培养基中只有乳糖时,由于乳糖是 lac 操纵子的诱导物,它可以结合在阻遏蛋白的变构位点上,使构象发生改变,破坏了阻遏蛋白与操纵基因的亲和力,阻遏蛋白不能与操纵基因结合,于是 RNA 聚合酶结合于启动子,并顺利地通过操纵基因,进行结构基因的转录,产生大量分解乳糖的酶,这就是当大肠杆菌的培养基中只有乳糖时利用乳糖的原因[图 8-3(b)]。这种诱导也是一种协同诱导。当诱导剂加入后,微生物能同时或几乎同时诱导几种酶的合成。β-半乳糖苷酶、β-半乳糖通透酶和硫代半乳糖苷转乙酰基酶共用一个 mRNA 模板,从 $5'$-端依次开始翻译,这三种结构基因作为一个整体受协同调控而表达。

3)阻遏蛋白与操控基因的相互作用。

乳糖操纵子实际上含有三个阻遏蛋白结合位点——O_1、O_2 和 O_3(图 8-4)。O_1 与启动子部分重叠,以 $+11$ 为序列中心;O_2 位于 $lacZ$ 的内部,以 $+412$ 为序列中心;O_3 位于 $lacI$ 基因内部,以 -82 为序列中心。这三个位点都具有双重对称的结构,其中 O_1 要比 O_2 和 O_3 的对称性更好,因此阻遏蛋白与之结合得最为牢固,称为主操纵基因。

Lac 阻遏蛋白是以四聚体的形式与操纵基因结合的,每个阻遏蛋白单体形态上又分成 N 端的 DNA 结合域、蛋白质的核心结构域和 C 端螺旋三个部分,DNA 结合域和核心结构域之间为铰链区(图 8-5)。Lac 阻遏蛋白的 DNA 结合域形成一种特定的三维结构,包含一个保守的螺旋-转角-螺旋结构域,其中的一个螺旋为识别螺旋,可以伸入到 DNA 的大沟之中,通过其表面的氨基酸残基与碱基对边缘的化学基团相互作用,参与对 DNA 序列的识别,另一个螺旋横跨 DNA 大沟与 DNA 主链相联系。核心结构域又分为两个相似的亚结构域,在两个亚结构域之间是诱导物的结合位点。C 端螺旋负责四聚体的形成,当 4 个单体的 C 端 α-螺旋以相反的方向靠拢时就形成了四聚体。

(a) 乳糖操纵子的三个阻遏蛋白结合位点

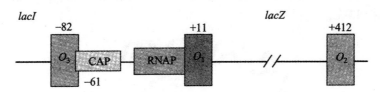

(b) O_1 的序列特征

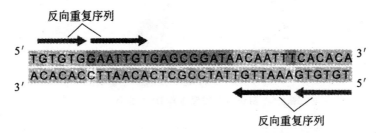

图 8-4　乳糖操纵子的阻遏蛋白结合位点

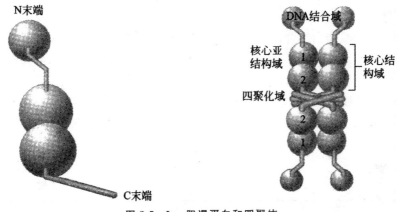

图 8-5　Lac 阻遏蛋白和四聚体

　　阻遏蛋白以二聚体的形式结合到一个由反向重复序列构成的结合位点上,每一单体与一个重复单位(半结合位点)结合。每一个阻遏蛋白二聚体结合一个操纵基因,所以四聚体阻遏蛋白结合两个操纵基因。阻遏蛋白四聚体可以同时与 O_1 和 O_3 结合,也可以同时与 O_1 和 O_2 结合,无论是哪一种情况,两个结合位点之间的 DNA 都弯曲成环(图 8-6)。如果缺乏 O_2 或 O_3,便不会达到最大的阻遏效应。

　　(2)阿拉伯糖操纵子。

　　1)阿拉伯糖操纵子的结构。

　　与乳糖操纵子一样,阿拉伯糖操纵子也属于可诱导型操纵子,通常情况下是关闭的,只有当环境中存在阿拉伯糖时,操纵子才开放,合成相应的酶参与阿拉伯糖分解代谢。阿拉伯糖操纵子含有三个结构基因:AraB、AraA 和 AraD,其中 AraB 编码核酮糖激酶,催化核酮糖的磷酸化;AraA 编码阿拉伯糖异构酶,将阿拉伯糖转化为核酮糖;AraD 编码核酮糖-5-磷酸异构酶,将核酮糖-5-磷酸转化为木糖-5-磷酸。这 3 个基因构成一个转录单元,由共同的启动子 P_{BAD} 起始转录,形成一条多顺反子 mRNA。AraC 是操纵子的调节基因(其启动子为 Pc),其编码产物既可以是阻遏蛋白,发挥负调控作用,但又可以是激活蛋白,起正调控作用。另外,阿拉伯糖操纵子还受到 cAMP-CRP 的正调节。

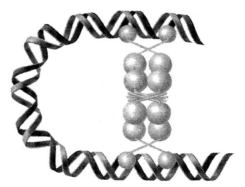

图 8-6　阻遏蛋白四聚体与 DNA 结合位点结合

2)阿拉伯糖操纵子的表达调节。

AraC 蛋白作为 P_{BAD} 活性正、负调节因子的双重功能是通过该蛋白的两种异构体来实现的。Pr 是起阻遏作用的形式,可以与现在尚未鉴定的类操纵区位点相结合,而 Pi 是起诱导作用的形式,它通过与 P_{BAD} 启动子结合进行调节。在没有阿拉伯糖时,Pr 形式占优势;一旦有阿拉伯糖存在,它就能够与 AraC 蛋白结合,使平衡趋向于 Pi 形式。这样,阿拉伯糖的诱导作用就可以解释为阿拉伯糖与 Pr 的结合,使 Pr 离开它的结合位点,然后产生大量的 Pi,并与启动子结合。它的调节作用可以归纳为:

· 葡萄糖很丰富且没有阿拉伯糖的情况下,AraC 蛋白以二聚体形式同时与 O_2 和 I 结合,导致 DNA 环化,形成一个约 210 bp 的环,在这种结构下启动子 P_{BAD} 的转录被抑制,阻遏结构基因 *araBAD* 的表达,见图 8-7A。

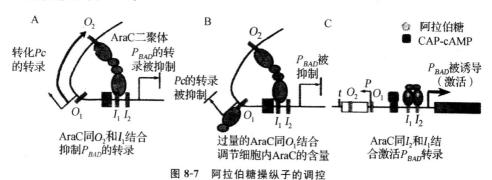

图 8-7　阿拉伯糖操纵子的调控

· 阿拉伯糖和葡萄糖的浓度都很低时,虽然细胞内有 CAP-cAMP 复合物存在,由于单有 CAP-cAMP 与 CAP 结合位点的结合并不能直接促进 P_{BAD} 的转录,因此 AraC 蛋白仍以 Pr 形式为主,*araBAD* 的表达被抑制。此时 AraC 以二聚体形式与 O_2 和 I 同时结合,作为阻遏蛋白起作用,见图 8-7B。

· 当不存在葡萄糖只存在阿拉伯糖时,CAP-cAMP 很丰富,它们结合于 I 附近,而阿拉伯糖与 AraC 蛋白的 Pr 构象形式结合,使 Pr 构象形式改变,离开操纵基因位点,之后转变为 Pi 构象形式,此时 DNA 环被打开,结合于 I 位点的 AraC 蛋白被激活后与 CAP-cAMP 协同诱导

araBAD 基因的转录,操纵子充分激活,见图 8-7C。

·阿拉伯糖和葡萄糖都很丰富时,*araBAD* 的表达也被抑制。此时 AraC 与阿拉伯糖结合而发生构象的变化,以 P_i 形式存在,不再与 O_2 结合,但因为没有 CAP-cAMP 与 CAP 结合位点结合,故不能启动 P_{BAD} 的转录。虽然其机制尚未完全阐明,但至少可以明确,*araBAD* 基因的转录同时依赖于 AraC 和 CAP-cAMP 复合物。

研究结果也显示,当 AraC 基因内发生点突变或缺失突变时,将产生不能合成 *araBAD* mRNA 的 AraC 突变株。当反应体系只含有 *ara* 操纵子 DNA 和 RNA 聚合酶,并加上 AraC 蛋白和 CAP-cAMP 复合物中的一种时,*araBAD* 的转录不能起始。这说明只有 AraC 蛋白和 CAP-cAMP 协同作用才能起始 *araBAD* 的转录。除非 AraC 蛋白和 CAP-cAMP 同时存在,否则 RNA 聚合酶不能与 *ara* 操纵子 DNA 相结合。

(3)半乳糖操纵子。

大肠杆菌中,*gal* 操纵子的基本结构包括 3 个结构基因 *gal E*、*gal T* 和 *gal K*。其中 *gal E* 编码 UDP-半乳糖-4-差向异构酶,负责将 UDP-半乳糖转换成 UDP-葡萄糖。*gal T* 编码半乳糖-1-磷酸尿嘧啶核苷酸转移酶,将半乳糖-1-磷酸转移至尿苷二磷酸—葡萄糖(UDP-葡萄糖),产生尿苷二磷酸—半乳糖(UDP-半乳糖),将原来结合的葡萄糖释放;*gal K* 编码半乳糖激酶,将半乳糖磷酸化成半乳糖-1-磷酸。在上述这 3 个酶共同作用下,半乳糖被转化为葡萄糖-1-磷酸和 UDPG(图 8-8)。

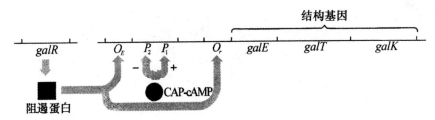

图 8-8　半乳糖操控子的结构及其调控机制

半乳糖代谢的反应:

$$半乳糖 + ATP \xrightarrow{\text{半乳糖激酶(GalK)}} 半乳糖\text{-}1\text{-}磷酸 + ADP$$

$$半乳糖\text{-}1\text{-}磷酸 + UDPG \xrightarrow{\text{半乳糖-1-磷酸尿嘧啶核苷酸转移酶(GalT)}} UDPG\text{-}Gal + 葡糖糖\text{-}1\text{-}磷酸$$

$$UDP\text{-}Gal \xrightarrow{\text{UDPGal-4-异构酶}} UDPG$$

gal 操纵子中的操纵序列为 *gal O*,调节基因为 *gal R*。与乳糖操纵子有所不同,编码阻遏蛋白的 *gal R* 距离 *gal ETK* 基因簇及 *gal O* 基因很远。*gal R* 基因产生的阻遏蛋白对 *gal O* 的作用类似于 *lacI* 基因产物对 *lacO* 的作用,尽管 *gal R* 与 *gal O* 基因相距甚远,但其作用却丝毫没有减弱。

半乳糖操纵子含有两个启动子 P_1 和 P_2,二者相距 5 bp。cAMP-CRP 与操纵子的调控区结合,激活从 P_1 开始的转录,抑制从 P_2 起始的转录。当细胞内的 cAMP 水平升高时,操纵子的转录从 P_1 开始;cAMP 的水平降低时,转录从 P_2 启动子开始。这种双重调控机制保证了无论培养基中是否含有葡萄糖,大肠杆菌都会合成代谢半乳糖的酶。为什么 *gal* 操纵子需要两个启动子? 这是因为 *gal* 操纵子不仅负责半乳糖的利用,而且参与多糖的合成。UDPGal 是大肠杆菌细胞壁合成的前体,在没有半乳糖存在的情况下,通过半乳糖差向异构酶的作用由 UDPGlu 合成,该酶是 *galE* 的产物。在有半乳糖没有葡萄糖存在的情况下,操纵子由 P_1 起始高水平转录,合成代谢半乳糖的酶,为细胞的生长提供碳源和能源。当存在葡萄糖时,操纵子由 P_2 进行本底转录,合成所需之酶。因此,有了双启动子,既能满足经常的低水平需要,又能满足特殊情况下的大量需求。

Gal 阻遏蛋白抑制从两个启动子开始的转录。O_E 和 O_I 是 *gal* 操纵子两个阻遏蛋白的结合位点,它们位于启动子的两侧。当环境中有半乳糖时,半乳糖作为诱导物与阻遏蛋白结合,使阻遏蛋白不再与 O_E 和 O_I 结合,从而解除对操纵子的抑制作用。*galR* 或者两个操纵基因的突变都会导致操纵子的组成型表达。Gal 阻遏蛋白的作用方式不同于乳糖操纵子的阻遏蛋白。乳糖操纵子的阻遏蛋白与操纵基因结合后,从空间位置上阻止 RNA 聚合酶与启动子结合。如图 8-9 所示,两个阻遏蛋白分子分别结合于 O_E 和 O_I,它们之间的相互作用导致 DNA 弯曲成环,启动子就位于该 DNA 环上。DNA 的环化阻止了 RNA 聚合酶起始转录。如果阻遏蛋白只与 O_E 结合,则会促进由 P_2 起始的转录。

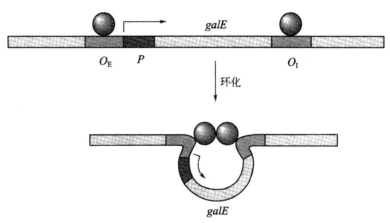

图 8-9　Gal 遏制蛋白调控机制

(4)组氨酸操控子。

许多氨基酸除了能被用来合成蛋白质以外,还可以在碳源或氮源不足时作为能源维持细胞的生长。由于这种双重作用,氨基酸的降解受到严格的调控。在产气克氏菌和沙门氏杆菌中,组氨酸能被降解成氨、谷氨酸和甲酰胺,参与基础能量的代谢,与 His 降解代谢有关的两组酶类被称为 Hut 酶,控制这些酶合成的是组氨酸利用操纵子。

组氨酸利用操纵子共编码四种酶和一个阻遏物。四种酶分别由 hutG、hutH、hutI 及 hutU 基因编码,阻遏物则由 hutC 基因编码。在产气克氏菌中,以上基因构成两个转录单位,hutU、hutH 和 hutI、hutG、hutC 分别被转录合成两条 mRNA 链,这两个转录单位各自都有一个启动子(分别是 P_u 和 P_i)和一个操纵区,转录过程都是从左向右进行,见图 8-10。hutC 阻遏物能与每个操纵区相结合。组氨酸利用操纵子的诱导物是组氨酸,在 hutH 基因产物作用下生成尿氨酸,但是诱导过程的完成要加入组氨酸。尿苷酸与阻遏物结合并使其失去活性,以保证每个转录单位上游的启动子区处于自由状态。组氨酸利用操纵子的全面激活需要一个正调节因子。组氨酸利用操纵子有两个不同的正调节因子,其中任何一个都可促进 RNA 聚合酶与启动子区的结合从而启动转录。

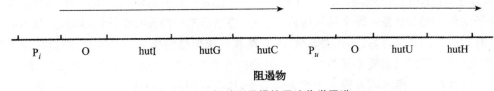

Pᵢ　　O　　hutI　　hutG　　hutC　　Pᵤ　　O　　hutU　　hutH

阻遏物

图 8-10　组氨酸利用操控子遗传学图谱

注:箭头表示两个不同的 RNA 分子

当细胞生长环境中碳、氮来源受到限制时,组氨酸利用操纵子负责提供给细胞碳和氮。无论组氨酸作为的是唯一的碳源还是唯一的氮源,组氨酸利用操纵子都会处于活性状态。组氨酸利用操纵子的每一个启动子上都有 cAMP-CRP 结合位点,当氮源不足时,氮源缺乏信号诱导活化的谷氨酰胺合成酶大量积累,进而作为正控制调节因子启动组氨酸利用操纵子的开启与基因的转录。当碳供应匮乏时,ATP 转化为 cAMP,形成 cAMP-CRP 复合物,并与操纵区上的相应位点结合,诱发基因转录。

(5)色氨酸操控子。

trp 操纵子是一个典型的可阻遏操纵子模型。色氨酸操纵子负责色氨酸的生物合成。当培养基中有足够的色氨酸时,这个操纵子自动关闭,缺乏色氨酸时操纵子被打开,trp 基因表达,色氨酸或者与其代谢有关的某种物质在阻遏过程中起作用。由于 trp 体系参与生物合成而不是降解,它不受葡萄糖或 cAMP-CAP 的调控。

trp 操纵子包括 5 个结构基因,分别是 $trpE$、$trpD$、$trpC$、$trpB$ 和 $trpA$。这 5 个基因由共同的启动子起始转录,形成一条多顺反子 mRNA,编码的 5 种酶能够将分支酸转化为色氨酸。当细胞中缺少生物合成途径的最终产物色氨酸时,这些基因协调表达。

trp 操纵子负调控系统中的调控蛋白是由 $trpR$ 基因编码的阻遏蛋白。阻遏蛋白必须与色氨酸相结合才能与操纵基因结合关闭 trp mRNA 的转录(图 8-11)。因此,在这个系统中,起辅阻遏物作用的是 trp 操纵子所编码酶的终产物。当培养基中色氨酸供应不足时,阻遏蛋白失去色氨酸并从操纵区上解离,trp 操纵子去阻遏;当培养基中色氨酸含量较高时,它与色氨酸阻遏蛋白结合,并使之与操纵区 DNA,紧密结合。

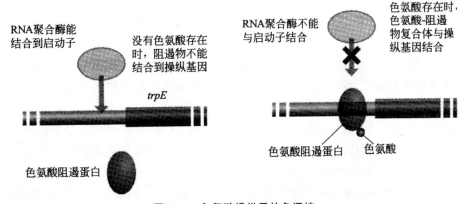

RNA聚合酶能结合到启动子　　没有色氨酸存在时,阻遏物不能结合到操纵基因

$trpE$

色氨酸阻遏蛋白

RNA聚合酶不能与启动子结合　　色氨酸存在时,色氨酸-阻遏物复合体与操纵基因结合

色氨酸阻遏蛋白　　色氨酸

图 8-11　色氨酸操纵子的负调控

(6)全局调节。

CRP 是一种全局性的调节子,可以激活乳糖操纵子、半乳糖操纵子和阿拉伯糖操纵子的表

达。CRP 与 cAMP 结合形成的 cAMP-CRP 结合至启动子的上游识别位点,协作 RNA 聚合酶与启动子结合。cAMP 是一种全局性的调节信号,当培养基中的葡萄糖被耗尽时,细胞内 cAMP 的水平升高,与 CRP 结合,激活代谢乳糖、半乳糖和阿拉伯糖的操纵子。因此,激活代谢某种糖分(比如乳糖)的基因既需要特异性的信号(乳糖的存在),也需要全局性的信号(cAMP)。受一种调节蛋白调控的一组基因或操纵子称为调节子,这些基因或操纵子可以位于一条染色体的不同位上。也有一些阻遏蛋白可以抑制几个不同操纵子的转录。Trp 阻遏蛋白除了可以抑制色氨酸操纵子外,还可以抑制一个单基因操纵子 aroH 的转录(图 8-12)。aroH 编码的蛋白质参与所有芳香族氨基酸的生物合成。不但如此,Trp 阻遏蛋白还能抑制自体合成。尽管上面的三个操纵子均受到 Trp 阻遏蛋白的抑制,但是它们受到抑制的程度区别很大,aroH 操纵子的表达大约被抑制 2 倍,trp 操纵子大约被抑制 70 倍。这种抑制程度上的差异是由 Trp 阻遏蛋白对每一操纵子的操纵基因的亲和力不同,操纵基因和每一启动子保守序列之间的相对位置不同,以及三个启动子的强度不同造成的。因此,存一个调节子中,启动子和操纵基因序列的特异性使同一个阻遏蛋白能够区别调节每一个操纵子。

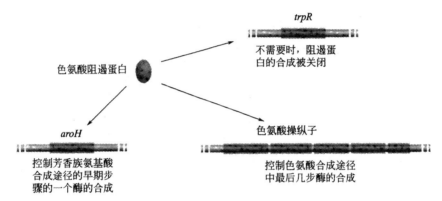

图 8-12　色氨酸阻遏蛋白的全局调控

2. 转录的终止调控

(1)衰退子与前导序列。

衰减子是指 DNA 中可导致转录过早终止的一段核甘酸序列,是在研究大肠杆菌的色氨酸操纵子表达衰减现象中发现的。研究发现,当 mRNA 开始合成后,除非培养基中完全不含色氨酸,否则转录总是在这个区域终止,产生一个仅有 140 个核苷酸的 RNA 分子,终止 trp 基因转录。这个区域被称为衰减子或弱化子。衰减子转录物中具有 4 段特殊的序列,能配对形成发夹结构,并含有两个相邻的色氨酸密码子,这是衰退调控机制的基础。

trp mRNA 分子一旦开始合成,在 trpE 开始转录前,大部分的 mRNA 分子就停止生长,这是因为导序列对操纵子调控发挥了重要作用。细菌中很多氨基酸合成的操纵子常常由一种称为衰减作用的转录终止过程来调控的,是独立于启动子—操纵基因的调控系统。衰减作用的出现是对细胞各种因素,特别是氨基酸产物可获得情况作出的反应,是基因转录与翻译之间的一种联系。

衰减调控作用涉及到翻译过程、核糖体的运转以及 RNA 二级结构的转换;通过 mRNA 二级结构的转换形成转录的终止信号,使操纵子的活性处于关闭。在 E. coli 和其他细菌中,与色氨酸、苯丙氨酸、亮氨酸、异亮氨酸、组氨酸、苏氨酸、缬氨酸等生物合成有关的操纵子都受到衰减作用的调控。衰减作用是 RNA 聚合酶从启动子出发的转录受到衰减子的调控,也称为弱化作用。衰减作用的信号是载荷色氨酸的 tRNA 作为负调控的辅阻遏物,作用于 RNA 前导序列。

　　了解衰减作用的关键是对 mRNA5′端的序列分析,它揭示在结构基因 E 上游具有启动子－操纵基因－前导序列－衰减子区域的结构关系。mRNA5′端有 162 个核苷酸,称为前导序列,如图 8-13 所示:其中 139 个核苷酸序列又由 14 个氨基酸的前导肽、4 个互补区段和 1 个衰减子终点等组分构成。这个前导序列具有 5 个特点:①前导序列某些区段富含 GC,GC 区段之间容易形成茎环二级结构,接着旨 8 个 U 的寡聚区段构成一个不依赖于 ρ 因子的终止信号。在一定条件下 mRNA 合成提前终止,产生 162 个核苷酸长度的前导 RNA。②由 1 区和 2 区序列构成第二个发夹结构。其中 1 区处于 14 个氨基酸的前导肽序列中。③3 区也可以与 2 区互补,形成另一个由 2 区与 3 区组成的发夹结构。一旦 2 区与 3 区形成二级结构,就会阻遏 3 区与 4 区之间形成发夹结构,即不形成成终止信号。④前导序列 RNA 中编码了一段 14 个氨基酸的前导肽,在前导肽的前面有 5 个核糖体的强右合位点,在编码序列之后有一终止密码子 UGA。⑤前导序列中并列两个色氨酸密码子。

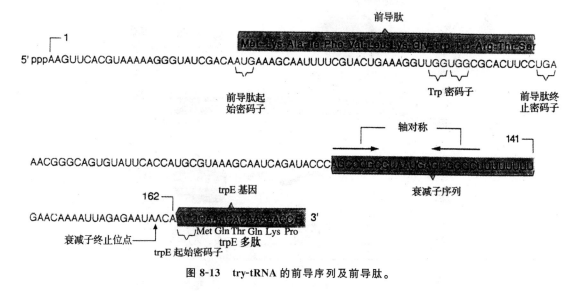

图 8-13　try-tRNA 的前导序列及前导肽。

（2）弱化作用。

　　弱化作用是对 *trp* 操纵子的精细调节。当环境中的色氨酸浓度逐渐下降时,最初的反应是解除阻遏蛋白对操纵子的抑制作用,但是 *trp* 操纵子仍受到弱化作用的调节。当色氨酸的浓度进一步降低时,弱化作用被解除。阻遏蛋白与操纵基因结合使色氨酸操纵子的转录水平降低约 70 倍,弱化作用又使其下降了 8~10 倍,两种机制的联合作用使操纵子的转录水平下降了 560~700 倍。

　　很多氨基酸合成操纵子的表达都可以通过弱化作用调控。在这些操纵子的前导区,都存在着编码前导肽的读码框,也具有不依赖 Rho 因子的终止子序列。弱化作用是 *his* 操纵子唯一的调控机制。在 *his* 操纵子中,编码前导肽的序列含有 7 个连续的组氨酸密码子,这大大地提高了弱化作用的效率。在 *phe* 操纵子的前导序列中含有 7 个苯丙氨酸密码子,并被分成了 3 组(图 8-14)。

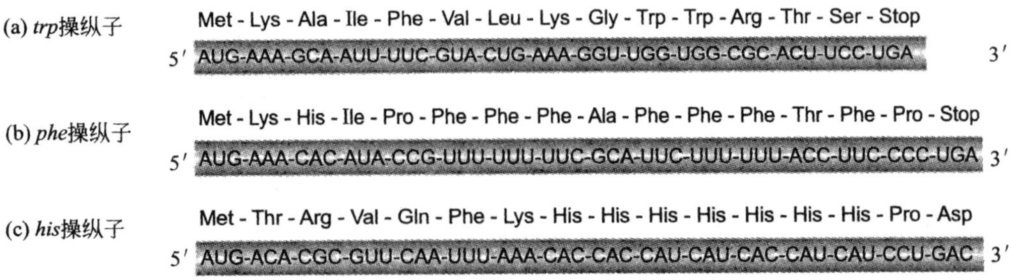

(a) *trp*操纵子
Met - Lys - Ala - Ile - Phe - Val - Leu - Lys - Gly - Trp - Trp - Arg - Thr - Ser - Stop
5′ AUG-AAA-GCA-AUU-UUC-GUA-CUG-AAA-GGU-UGG-UGG-CGC-ACU-UCC-UGA 3′
(b) *phe*操纵子
Met - Lys - His - Ile - Pro - Phe - Phe - Phe - Ala - Phe - Phe - Phe - Thr - Phe - Pro - Stop
5′ AUG-AAA-CAC-AUA-CCG-UUU-UUU-UUC-GCA-UUC-UUU-UUU-ACC-UUC-CCC-UGA 3′
(c) *his*操纵子
Met - Thr - Arg - Val - Gln - Phe - Lys - His - His - His - His - His - His - His - Pro - Asp
5′ AUG-ACA-CGC-GUU-CAA-UUU-AAA-CAC-CAC-CAU-CAU-CAC-CAU-CAU-CCU-GAC 3′

图 8-14 大肠杆菌 *trp*、*Phe* 和 *His* 操纵子的前导肽序列

(3)抗终止作用。

抗终止作用的抗终止蛋白阻止转录的终止作用,因此 RNA 聚合酶能够越过终止子继续转录 DNA(图 8-15)。这种调控方式在噬菌体中比较常见,但是在细菌中,也有几个基因的表达受到抗终止作用的调控。在受控基因的转录起始点和终止子间存在抗终止蛋白的识别序列,当 RNA 聚合酶抵达该识别序列时,抗终止蛋白与 RNA 聚合酶的相互作用改变了转录延伸复合体的性质,使其能够通读转录终止子。

(a) 转录起始
DNA
启动子
识别位点
终止位点
(b) 缺少抗终止蛋白
DNA
启动子
识别位点
终止位点
mRNA
(c) 存在抗终止蛋白
启动子
识别位点
终止位点
抗终止蛋白
mRNA

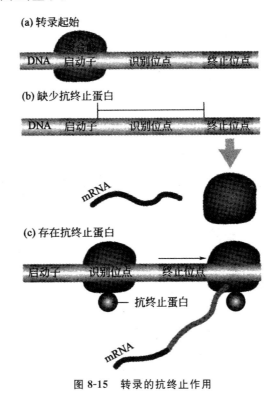

图 8-15 转录的抗终止作用

8.2.3 翻译水平的基因表达调控

1. 翻译的自我调控

(1)mRNA 的调控受自我蛋白质产物的调控。

翻译产物蛋白质直接控制自己 mRNA 的可翻译性。这类自我调控的特点是 mRNA 翻译产

物作为一种阻遏蛋白来起调控作用的。这类例子如表 8-1 所示，RNA 噬菌体 T4 噬菌体的 RegA 蛋白、T4 DNA 聚合酶和 T4 P32、R17 的外壳蛋白等。还有，细菌核糖体蛋白质操纵子内各个基因表达特异性的调控就是靠自我调控机制来实现的。

表 8-1　结合 mRNA 的自体蛋白可阻遏翻译

阻遏蛋白	靶基因	作用位点
R17 的外壳蛋白	R17 复制酶	包含核糖体结合位点的茎环结构
T4 RegA 蛋白	早期 T4mRNA	包含起始密码子的各种序列
T4 DNA 聚合酶	T4 DNA 聚合酶	SD 序列
T4 P32	基因 32	单链 5′端前导序列

1）核糖体的自我调控。

在 *E.coli* 中，约 70 种基因构成各种自我调控系统，其中核糖体蛋白质基因是它们的主要组分。在这些系统中，各种核糖体蛋白质往往是它们的调控蛋白。这些编码核糖体蛋白的基因、RNA 聚合酶亚基的基因以及蛋白质合成因子基因等单拷贝的基因构成一系列多顺反子的操纵子（图 8-16）。

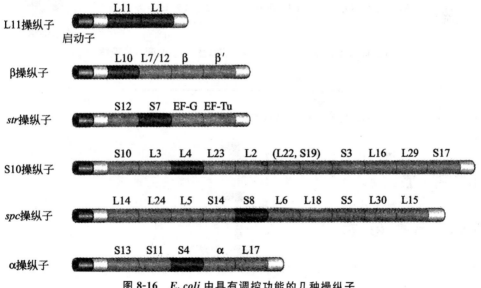

图 8-16　*E.coli* 中具有调控功能的几种操纵子

在图 8-16 中所列举的操纵子中，很多基因是核糖体蛋白质基因。在每个操纵子中又具有功能上差异很大的基因。*str* 操纵子有核糖体小亚基的基因、EF-G 和 EF-Tu 的基因。*spc* 和 S10 操纵子含有核糖体大亚基、小亚基的基因，它们相间排列（图 8-17）。α 操纵子含有核糖体小亚基基因，又含有 RNA 聚合酶 α 亚基的基因。β 操纵子含有核糖体大亚基、RNA 聚合酶 β 和 β′亚基的基因。

核糖体蛋白质作为调控因子，除了调控自己所在操纵子的 mRNA 之外，还可以直接与核糖体 RNA 结合，使得核糖体蛋白质的合成与 rRNA 的合成连接成一个体系。假设这样一种模型：核糖体蛋白质在 rRNA 上结合位点的结合能力、亲和性比对它本身 mRNA 的结合能力强，因此只要有任何游离的核糖体蛋白质存在,优先结合于 rRNA。新合成的核糖体蛋白质与 rRNA 结合装配成核糖体。若无游离的蛋白质结合于它们的 mRNA,mRNA 的翻译将持续地进行。一旦 rRNA 的合成水平降低或停止,游离的核糖体蛋白质开始积累。它们就作为调控蛋白,有效地结合于它们自己的 mRNA,阻遏它的进一步翻译。这个调控方式保证了细胞内各种核糖体蛋白质都对 rRNA 的水平迅速作出反应。尽管它们分散在各种不同的操纵子内,它们仍可以敏感地作出反应,一旦核糖体的装配已完成,有剩余的游离蛋白质亚基,该蛋白质的翻译即告暂停。按照这种调控模式,通过 rRNA 水平的控制,细胞可以控制核糖体各组分的合成需求。

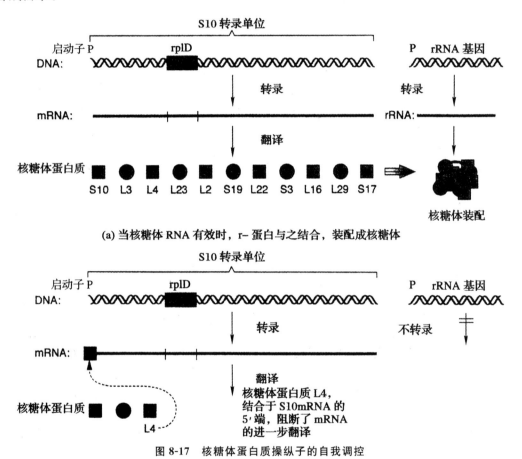

图 8-17 核糖体蛋白质操纵子的自我调控

自我调控是大分子复合体中各蛋白质组分合成的一种共同的调控模式。复合体本身是一种巨大的分子,不适宜作为调控因子,而是以游离的前体亚基作为调控因子,随着大分子复合体的装配完成,游离亚基积累,对 mRNA 的 5′端调控区结合,关闭掉多余的进一步合成。在真核细胞中,也存在装配大分子的亚基进行自我调控的类型。微管蛋白是形成微管的单体,是真核细胞中主要的丝状系统。微管蛋白 mRNA 的翻译受到游离微管蛋白库的调控。当库内浓度达到一定水平时,微管蛋白 mRNA 进一步翻译受到阻碍。游离微管蛋白的浓度决定了单体是否还需要合成。游离的微管蛋白可以直接结合于 mRNA 上,或者结合于新生肽相应的区段。无论哪一种模型或假说都表明,过量的游离微管蛋白还可以导致其 mRNA 降解(图 8-18)。

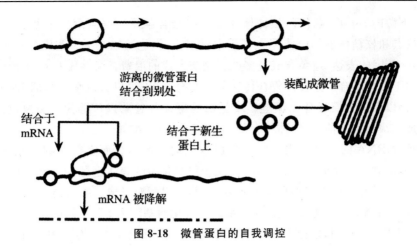

图 8-18　微管蛋白的自我调控

2)释放因子 RF2 的自我调节。

释放因子 RF2 可以识别终止密码子 UAA 和 UGA。RF2 的结构基因编码 340 个氨基酸残基。RF2 本身的密码并不连续排列,在第 25 和 26 位密码子之间插入一个 U,这个 U 与第 26 位密码子(GAC)的头两个核苷酸重新组成三联体,成为终止密码子 UGA。在 RF2 不足的条件下,核糖体在此"迟疑"、停顿片刻、作出 +1 移格的决定,略去 U,将第 26 位密码子 GAC 读成 Asp,并且完成整个 RF2 的翻译工作。RF2 本身成为一个调控蛋白,根据自己的丰度,决定翻译提前终止、半途而废,或是 +1 移格而坚持到自身翻译的完成。在 RF2 数量充足时,RF2 识别这个终止密码子,使核糖体在此终止 RF2 的合成,释放出只有 25 个氨基酸残基的短肽,不具有 RF2 作为终止因子的活性。

RF2 的 +1 移格是基于滑动 tRNA 和移格位点前后密码子之间特异性相互作用。第 22、23 位密码子相当于 SD 序列,可以和 16S rRNA 的 3′端配对,此配对力量似乎可以拖曳 mRNA,使核糖体产生 +1 移格。

(2)mRNA 二级结构对翻译的控制。

通常 mRNA(单链)分子自身回折产生许多双链结构,经计算,原核生物有约 66% 的核苷酸以双链结构的形式存在。遗传信息翻译成多肽链起始于 mRNA 上的核糖体结合位点。mRNA 的翻译能力主要受控于 5′-端的 SD 序列,SD 序列与 16S rRNA3′-端的相应序列配对对于翻译的起始是很重要的。强的控制部位的翻译起始频率高,反之则翻译频率低。此外,mRNA 采用的密码系统也会影响其翻译速度。大多数氨基酸由于密码子的简并性而具有不止一种密码子,它们对应的 tRNA 的丰度也差别很大,因此采用常用密码子的 mRNA 翻译速度快,而稀有密码子比例高的 mRNA 翻译速度慢。mRNA 的二级结构是翻译起始调控的重要因素。因为核糖体的 30S 亚基必须与 mRNA 结合,才能开始翻译,所以要求 mRNA5′-端要有一定的空间结构。核苷酸的变化改变了形成 mRNA5′-端二级结构的自由能,mRNA 二级结构隐蔽 SD 序列,影响了核糖体 30S 基与 mRNA 的结合,因而,SD 序列的微小变化导致表达效率上百倍甚至上千倍的差异,会造成蛋白质合成效率上的差异。

E. coli 的 RNA 噬菌体 MS2、R17、f2 和 $Q_β$ 都非常小,只编码四个基因:A 基因(附着蛋白)、*rep*(复制酶)、*CP*(衣壳蛋白)和 *Lys*(裂解蛋白)。当它们进入宿主细胞后,由于 A 基因或者 *rep* 基因的核糖体结合位点被封闭在二级结构中保护起来,核糖体附着在 *CP* 基因上的核糖体结合位点上,而不是附着在 A 蛋白质基因或者 *rep* 基因。当核糖体阅读到 *CP* 位点时,使二级结构的

氢键断裂,将下游的 *rep* 位点冲开,核糖体才能与之结合翻译出复制酶。可见,*rep* 基因的表达依赖于 *CP* 位点和核糖体的结合。当衣壳蛋白量很多时,它可以与 *rep* 基因的核糖体结合位点结合,封闭 *rep* 基因的表达,避免合成过多的复制酶造成的浪费。新合成的复制酶和宿主细胞合成的 Tu、Ts、S1 蛋白结合组成复制复合体。复制复合体组成以后,以噬菌体的 RNA 为模板,合成新的负链,再以负链为模板合成正链。A 蛋白的翻译是趁着以负链为模板复制时,新合成的正链尚未形成二级结构之前,核糖体结合到 A 位点上,开始翻译。

由此可见,mRNA 的二级结构可以通过影响核糖体的结合而实行在翻译水平的调控。另外,抗红霉素基因利用 mRNA 的二级结构来改变甲基化酶的表达也是一个典型的例子。抗红霉素基因的 mRNA 前导序列中有四段反向重复序列,可以配对形成二级结构。当环境中没有红霉素时,1—2 和 3—4 配对,形成二级结构,而编码甲基化酶基因的 SD 序列正好处于 3—4 之间,被隐蔽起来,核糖体无法识别,翻译了前导肽后便脱离下来,因此不能产生甲基化酶(图 8-19)。

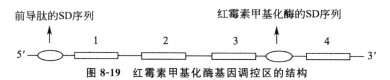

图 8-19 红霉素甲基化酶基因调控区的结构

2. 反义 RNA 对翻译的调控

反义 RNA 是与 mRNA 互补的 RNA 分子,可被用于基因表达调控。反义 RNA 通常由独立的基因编码,合成后与 mRNA 的互补区退火,阻止 mRNA 与核糖体结合,因而阻断了 mRNA 的翻译(图 8-20)。

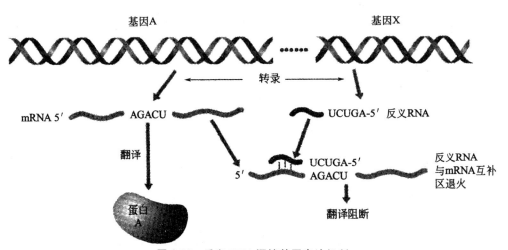

图 8-20 反义 RNA 调控基因表达机制

细菌铁蛋白被细菌用来储存细胞中多余的铁元素,所以只有当细胞内的铁离子浓度升高时,细菌才需要合成铁蛋白。细菌铁蛋白由 *bfr* 基因编码,其表达受 *anti-bfr* 基因编码的反义 RNA 的调控。*bfr* 基因的转录将受细胞内铁浓度的影响,但是 *anti-bfr* 基因的转录受到调节蛋白 Fur 的控制。Fur 能够感应细胞内铁的水平。当细胞内有充足的铁时,Fur 作为抑制蛋白关闭一组使细胞能够适应缺铁环境的操纵子。另外,Fur 也关闭反义 *bfr* 基因,解除反义 *bfr* 对 *bfr* mR-NA 的封阻,细胞产生细菌铁蛋白。在低铁条件下,反义 *bfr* 基因被转录,产生反义 RNA,阻止细菌铁蛋白的合成。

3. 稀有密码子的调控

E. coli DNA 复制时,冈崎片段引物 RNA 的合成是由引物酶催化,引物酶由基因 dnaG 编码,它的操纵子组成是 rpsU-dnaG-rpoD。其中 rpsU 编码核糖体小亚基 S21 蛋白,细胞内浓度为 40000 个分子/细胞。rpoD 编码 RNA 聚合酶的 α-亚基,2800 个分子/细胞。dnaG 编码合成冈崎片段引物 RNA 的引物酶,50 个分子/细胞。如何在翻译过程中使它们的产物保持一定的比例? 机理是利用稀有密码子,使 dnaG 的翻译十分缓慢,分子浓度大大下降。

若以 Ile 的密码子 AUU,AUC,AUA 作统计,比较密码子的利用频率。

25 种非调节蛋白的密码子	AUU 37%	AUG 62%	AUA 1%(405 个 Ile)
dnaG 中的密码子	AUU 36%	AUG 32%	AUA 32%(22 个 Ile)
ropD 中的密码子	AUU 26%	AUG 74%	AUA 0%

由此可见,在 25 种非调节性蛋白和 ropD 蛋白的密码子中,AUA 的使用频率较低,是稀有密码子,而 dnaG 中出现的频率很高,明显不同。结果稀有密码子的出现延长了核糖体在 mRNA 上移动的时间,降低了 RNA 引物酶的翻译速度,以此来调节不同蛋白质的细胞浓度。

4. 重叠基因与翻译调控

重叠基因最早是在 *E. coli* 噬菌体 ΦX174 中发现,例如 B 基因包含在 A 基因内,E 基因因包含在 D 基因内,用不同的阅读方式得到不同的蛋白质,当时认为重叠基因的生物学意义是它可以包含更多的遗传信息。后来发现丝状的 RNA 噬菌体、线粒体 DNA、插入序列,甚至在细菌染色体上也找到有重叠基因存在,说明重叠基因可能对基因表达的调节起着重要作用。下面以色氨酸操纵子中的 trpE 基因和 trpD 基因之间的翻译偶联现象来说明这个问题。

色氨酸操纵子由 trpEDCBA 五个基因组成,在正常情况下操纵子中五个基因产物是等克分子的,但发现 trpE 突变后,其邻近的 trpD 的产量比下游的 trpBA 的产量要低,遗传学实验证明这种极性效应是在翻译水平上的,当 trpE 能翻译时,trpD 也能翻译,这种依赖性便称为翻译偶联。

考察 trpE 和 trpD 以及 trpC 和 trpB 两对基因中核苷酸顺序对翻译偶联现象提供了线索,trpE 基因的终止密码和 trpD 的起始密码之间只相隔一个核苷酸,是重叠的。

trpE—Tht—phe—终止

ACU—UUC—UGA—UGGCU

            Met—Ala—trpD

而在 trpC 和 trpB 之间相隔 11 个核苷酸,由于 trpE 与 trpD 的终止密码与起始密码重叠,trpE 翻译终止时的核糖体立即处在起始环境中,这种重叠的密码便是保证同一核糖体对两个连续基因进行翻译的机制。但对相隔几个核苷酸的 trpC 和 trpB 则不存在这种翻译偶联。

在细菌细胞内 trpE 和 trpD 的产物分别以等克分子结合成具有功能的四聚体,而 trpC 和 trpB 则不形成复合物。trpB 和 trpA 的产物也是以等克分子结合,虽然现在还没有发现翻译偶联现象,但这两个基因的核苷酸顺序却也是重叠的。

trpB—Glu—Ile—终止

GAA   AUCUGAUG GAA

            Met-GIU- trpA

5. 一些 mRNA 分子必须经过切割才能被翻译

通常,原核生物的转录产物无需加工即可以成为翻译的模板。但是,在少数情况下原核生物的 mRNA 需要经过加工才能成为成熟的 mRNA。在大肠杆菌中,鸟氨酸脱羧酶基因 *speF* 的转录产物在被 RNaseⅢ切割后,翻译效率要提高 4 倍左右。而 *adhE* 基因(编码乙醇脱氢酶)的转录产物必须经过加工才能被翻译。*adhE* 基因初始转录产物的前导序列折叠成复杂的二级结构,核糖体结合位点和起始密码子都被隐蔽起来,不能被核糖体识别(图 8-21)。RNaseⅢ把核糖体结合位点上游的序列切割下来,使核糖体结合位点暴露出来。在缺失 RNaseⅢ的 *rnc* 突变体中,adhE mRNA 不能被翻译,细胞不能依靠乙醇脱氢酶进行厌氧生长。成熟的 *adhE* mRNA 由 RNase G 专一性地降解。RNase G 的主要作用是加工 rRNA 前体。在缺乏 RNase G 的 *rng* 突变体中,*adhE* 的半衰期从 4 min 提高到 10 min,于是 mRNA 的水平升高,AdhE 蛋白过量生成。

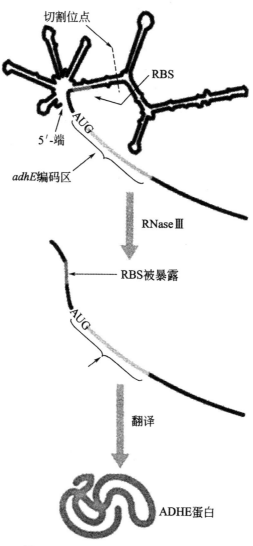

图 8-21　RnaseⅢ对 *adhE* mRNA 的切割

8.3　真核生物的基因表达调控

多细胞真核生物细胞在个体发育过程中分化,形成各种组织和器官,它的基因表达调控要比原核生物复杂得多。真核生物的基因组庞大,基因的结构和功能更为复杂,其基因表达调控的显著特征是在特定时间、特定条件下激活特定细胞内的特定基因,即具有时间特异性、空间特异性和条件特异性,从而实现预定的有序分化发育过程。真核生物的基因表达调控达到了原核生物不可能达到的广度和深度,涉及 DNA 和染色体水平、转录水平、转录后加工水平、翻译水平和翻译后修饰水平等环节,其中转录水平依然是最主要的调控环节。

8.3.1　DNA 及染色体水平的调控

1. DNA 水平的调控

(1)基因丢失。

早在 100 多年前,波弗里(Boveri)就发现线虫在发育过程中存在染色体的数量减少或除去了一定的染色体有基因丢失的现象,即基因丢失现象。在马蛔虫卵、昆虫及甲壳纲动物等的细胞分化过程中也发现有部分染色体丢失的现象。

有人曾经认为,细胞中某些基因丢失或永久性地失去活性以致不能表达,而没有丢失或仍保持其活性的基因能表达,细胞之间因丢失和表达基因不同而形成不同类型的分化细胞。即不同类型的分化细胞是由于含有不同的基因所造成的。然而该看法已被否定。如将未分裂的马蛔虫卵先用离心方法处理,使卵质的分布发生改变,结果影响了染色体的丢失,此时染色体物质并不减少。该实验说明马蛔虫细胞质区域性分布调控引起了染色体物质的减少。所以,并不能说明染色体物质的减少是细胞分化的原因,因为这种现象发生在所有的体细胞上,即使它可能成为产生体细胞和生殖细胞差别的原因,然而却不能说明体细胞间的差别。和马蛔虫相似的是小麦瘿蚊的个体发育过程中,由于瘿蚊卵的后端含有一种特殊细胞质即极细胞质,在极细胞质中的核保留了全部 40 条染色体,但位于其他细胞质区域的核丢失了 32 条染色体,只保留了 8 条,将此现象称为染色体消减。有 40 条染色体的细胞就分化为生殖细胞,而只有 8 条染色体的细胞继续增殖为体细胞。若用尼龙线把卵结扎,使核不能向极细胞质移动,或用紫外线照射极细胞质,则所有的核都丢失 32 条染色体,其结果发育成不育蚊。

实际上,在高等生物正常细胞中目前还没有发现基因丢失的现象,也就是说,在个体发育中基因丢失并不是普遍现象。如细胞核经过孚尔根染色后测定其 DNA 含量,证明不管何种组织的二倍体细胞,其 DNA 含量都是恒定的。用小鼠胚胎细胞 DNA 与成体分化细胞 DNA 进行杂交实验,也证明分化细胞基因组的恒定性。高等植物的很多器官和组织也具有进行脱分化和再分化成为完整个体的潜在能力。这都证明了细胞分化的全能性。当然也不能肯定高等生物就不发生 DNA 丢失。在对癌症的研究中发现有抗癌基因,将癌细胞与同种正常成纤维细胞融合所获杂种细胞的后代只要保留某些正常亲本染色体时就可表现为正常表型,但是随着正常亲本染色体的丢失此时又可重新出现恶变细胞。该现象表明,正常染色体内存在某些抑制肿瘤发生的基因,它们的丢失使激活的癌基因发挥作用而致癌。

（2）基因扩增。

基因组中某些基因的拷贝数专一性地大量增加的现象，称为基因扩增。使细胞在短期内产生大量的基因产物以满足生长发育的需要。在原生动物、某些昆虫以及两栖动物中都有发现，因为发育需要而产生的基因扩增现象。基因扩增是基因活性调控的一种机制。如某些脊椎动物和昆虫的卵母细胞 rRNA 基因的扩增，由于卵母细胞成长过程中需要合成大量的蛋白质从而满足它在受精后发育的需要，所以需要储备大量的核糖体，因此必须先大量合成 rRNA。

原生动物纤毛虫的大核在发育过程中也要扩增 rDNA，这些 rDNA 以微染色体的形式大量存在于大核内。例如，果蝇在需要大量合成和分泌卵壳蛋白时，其基因也先行专一的扩增。果蝇中的卵原细胞经 4 次分裂产生 16 个细胞，其中一个是卵母细胞，将发育成为卵细胞。其他 15 个发育成营养细胞。营养细胞通过胞浆桥与卵细胞相连，从而为它提供大量的营养物质。它们的形成过程发生了多次特殊的 DNA 复制，为营养细胞能够产生大量营养物质的原因。这种 DNA 复制没有伴随有丝分裂，即没有子代 DNA 分子的分离，结果每条染色体中含有许多相同的 DNA 分子，形成多线染色体，如图 8-22 所示。营养细胞便是在染色体上通过这些扩增合成大量卵壳蛋白，把卵母细胞包裹在卵壳内。同时，在双翅目昆虫幼虫的唾腺细胞、肠细胞、气管细胞和马尔比基小管细胞中也存在多线染色体。

图 8-22　果蝇唾腺中的多线染色体

除了在发育中存在基因扩增之外，还可以通过外界环境的改变造成基因扩增。比如在某些离体培养的哺乳动物细胞系加入甲氨蝶呤（methotrexate，MTX），该试剂是二氢叶酸还原酶（dihydrofolate reductase，DHFR）的抑制剂，阻断叶酸的代谢。细胞可以通过扩增 $dfhr$ 结构基因的数目，增加合成二氢叶酸还原酶的总量来获得对它的抗性。通常 $dfhr$ 基因可扩增达到 40～400 个拷贝，从而细胞产生更多数量的二氢叶酸还原酶来增加对 MTX 的抗性。这些细胞系是通过对细胞逐渐增加毒剂适应而产生的。因此，基因的扩增可能分为了几个阶段，同时扩增只发生在两个 $dfhr$ 等位基因中的一个。

Mtxr（MTX 抗性）细胞株在不含此药物的培养基中培养，研究发现一些细胞株仍就保持抗药性并没有丢失，将其称为稳定系，而另一些在 MTX 选择压力消除时抗性逐渐消失，将其称为不稳定系。用原位分子杂交实验证明，稳定性无论是否去除 MTX，扩增的 $dfhr$ 基因仍然存在于染色体上，在染色体上产生可见的影响，在光学显微镜下观察 $dfhr$ 基因座以均匀染色区（homogeneously staining region，HSR）的形式出现。在该区域内缺乏任何染色带，那么此时说明染色体在这些区域的带间部分发生了扩增，然而一般一对同源染色体上只有一条进行扩增。相反，非稳定系中携带 $dfhr$ 的染色体没有发生变化。扩增的 $dfhr$ 基因是在染色体外，无着丝粒，它们出现的形式往往以双小染色体或双小体。每个双小染色体携带 2～4 个基因，似乎是自主复制的，由于它不存在着丝粒，所以不会被吸附到有丝分裂的染色体上而有规律的分离平均分配到子细胞中去。在没有选择的情况下，含有 DM 的细胞增殖率低，细胞生长慢，逐渐退化；然而不含 DM 的细胞生长快，逐渐占主导地位，并很快占据了整个细胞群体。所以，只有细胞生长在 MTX 培养基中,非稳定系细胞株才能够被保留。

(3)基因重排。

某些基因片段改变原来存在的顺序,通过调整有关基因片段的衔接顺序,再重排成为一个完整的转录单位,即基因重排。基因的重排可分成如下两种不同的类型:

一类型的染色体 DNA 重排是无序的,由重复元件之间的重组事件所产生的许多染色体;

另一类 DNA 重排发生在特殊的细胞类型中,是在特殊的刺激下产生的一种高度特异的有序的重排,该种情况下染色体 DNA 重排是获得某种特异性调节的一种手段。

基因重排是调节基因表达的一种机制。

研究人员通过对血清 IgG 抗体的研究证明,Ig 分子的基本结构是由四肽链组成的。即两条分子质量较大的重链(H 链)与两条相同的分子质量较小的轻链(L 链)组成的,重链与轻链是由二硫键连接形成一个四肽链的 Ig 分子单体,是构成免疫球蛋白分子的基本结构,如图 8-23 所示。Ig 的重链免疫球蛋白每一条肽链的 C 区和 V 区,分别由 C 基因和 V 基因编码。三组 Ig 基因库存在于任何一个 B 细胞内部,即 Ig 的基因是由一组重链基因库和两组轻链基因库(k 和 λ)构成。它们以独立的连锁基因群分别位于相应的染色体上。在每个基因库中,有许多分别控制 Ig 多肽链 V 区和 C 区合成的基因,控制 V 区的基因有 2 种(在 L 链)或 3 种(在 H 链),这些基因统称为种系基因。在 B 细胞分化成熟过程中,这些种系基因被随机选择和 DNA 重排,成为具有单一特异性的不同类型的 B 细胞。

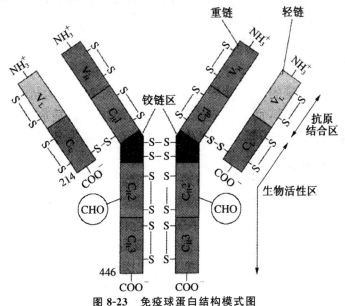

图 8-23　免疫球蛋白结构模式图

免疫球蛋白重链(H 链)主要是由恒定区(C 区)、可变区(V 区)、多变区(D 区)以及连接 V 区与 C 区的连接区(J 区)组成。在胚胎细胞中,D 基因、V 基因、C 基因和 J 基因相隔较远。当免疫球蛋白形成细胞发育分化时,形成有功能的 H 链基因需要经过如下两次在 DNA 水平上的重排:

第一次是 D 和 J 重排形成 D-J 连接。

第二次是 V 与 D-J 的重排形成 V-D-J 连接。

编码 Ig 分子 V 区基因重排为 H 链基因的重排的实质。在重排过程中,D、J 和 V 基因各选其一任意组合,从而产生免疫球蛋白 H 链,如图 8-24 所示。

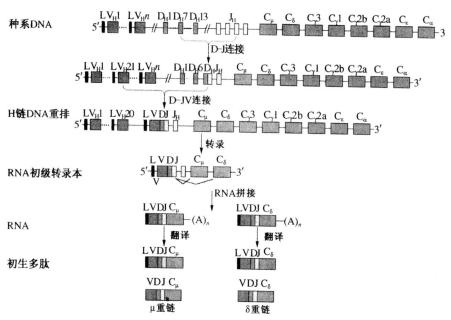

图 8-24　人 Ig 分子 H 链基因重排示意图

在 IgH 链基因重排后,L 链可变区基因片段随之进行重排,然而与 H 链的区别在于只要在 DNA 水平上进行一次重排。在 L 链重排中,k 链基因先发生重排,若 k 链基因重排无效,那么此时立即发生 λ 基因重排。V 与 J 基因片段首先连接形成 V-J,然后通过转录与拼接将 V-J 与 C 基因相连形成 L 链的 mRNA,从而产生免疫球蛋白轻链 L 链,如图 8-25 所示。

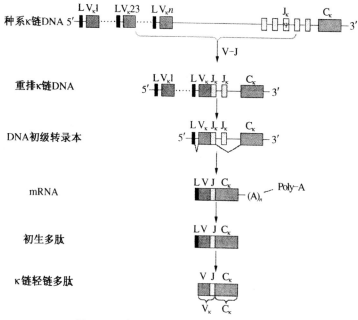

图 8-25　人 Ig 分子 L_k 链基因重排示意图

2. 染色体水平的调控

真核生物基因组 DNA 的存在形式为致密的染色质,基因表达在 DNA 和染色质水平上造成的改变包括:染色质上某些序列的缺失,基因重排,基因扩增,异染色质化和染色体 DNA 的修饰等。

DNA 序列和染色质结构上的这些变化通常可随细胞分裂传递给子代细胞,从而使该类细胞表达特定的基因谱,具有特定的表型,成为某种特定的分化细胞。

转录前水平的调控,即发生在染色质水平上的基因表达调控。

(1)染色质结构。

组蛋白与 DNA、非组蛋白和少量 RNA 及其他物质结合形成真核生物的染色体,基本结构单位为核小体。核小体在核内组装形成致密度不同的染色质。在细胞间期中,常染色质,是指结构松弛的染色质,而异染色质则为结构高度致密处于凝聚状态的染色质。活性染色质,是指在常染色质中大约 20% 处于更为疏松状态的染色质。

庞大的 DNA 分子组装成色质后,可以对 DNA 上遗传信息的传递产生影响。若 DNA 上的核小体解离或者只失去组蛋白 H1,染色质就会伸展开来,呈现活性状态,导致基因表达。这种结构改变引起的功能改变称为染色质的活化。决定 RNA 聚合酶能否行使功能的关键为染色质是否处于活化状态。因此,染色质结构的变化产生了真核细胞基因转录前在染色质水平上独特的调控机制,从而在细胞生命进程中具有非常重要的作用。

在体外试验中,用 DNA 与组蛋白 H2A、H2B、H3 和 H4 按一定的配比一起保温,那么则形成核小体的核心颗粒,使转录活性下降约 4 倍。加入 H1 后,此时转录活性下降 25~100 倍。随着 H1 量的不断增加,DNA 逐渐失去转录模板的活性,直到不能检测到转录产物。

上述研究说明组蛋白 H1 比核心组蛋白对基因表达有更强的抑制作用。紧密包装核小体,阻碍 DNA 序列进一步暴露,从而抑制基因活性为组蛋白 H1 的直接功能。染色质活化的重要事件为除去 H1。

染色质结构的改变使基因处于可以转录的状态,使转录因子和 RNA 聚合酶能够结合在 DNA 上并起始转录。在转录起始区及某些特殊区域,染色体构象的变化更为明显:转录最活跃的染色质区域结构疏松,形成蓬松区。绝大多数细胞的在特定阶段只有不到 10% 的基因具有转录活性。染色质的活化过程涉及很多蛋白质和酶。一些调节蛋白持续地存在于看家基因的启动子位点上,可阻止核小体的抑制作用。

在结构高度致密的异染色质中,因为结合了组蛋白,真核细胞的染色质从整体上被包装起来,此时基因处于阻遏状态。由于核小体在 DNA 上的组装妨碍了有关的蛋白因子和酶接近并结合 DNA,因此能够阻碍 DNA 的复制,同时也可阻碍细胞周期的进展与基因表达。然而通过改变染色质结构,就可消除上述阻碍基因表达的因素。

异染色质化能在很大范围内调节真核基因的表达,致使连锁在一起的大量基因同时丧失转录活性。

(2)染色质的缺失。

DNA 水平的基因表达调控还可改变基因组中有关基因的数量。仅从表面上看,真核生物的体细胞均是由受精卵通过有丝分裂而来的,应该都保留有全套染色体的基因组,但是实际上并不都是这样。某些真核生物中,随着细胞分化,一些细胞中染色体上的某些 DNA 片段会缺失,这也是基因表达调控的方式之一。

真核生物的生殖细胞保持了全部的基因组,然而早期的一些体细胞要丢失部分 DNA 片段。一些低等生物的体细胞发育过程中常常丢失掉整条或部分的染色体,只有将来分化成生殖细胞的那些细胞一直保留着整套染色体。高等动物的红细胞在发育成熟过程中也会丢失染色质。

许多低等动物的细胞核有大核体和小核体这两种类型。在胚胎细胞分化时,这些小核体DNA 被切断成 0.2~20 kbp 大小的片段,再完全降解。蛙卵中,把分离得到的大核体 DNA、小核体 DNA 分别注入到预先去除细胞核的卵细胞中,蛙卵细胞的功能是全能的,能够生长、分裂和发育被注入的为大核体。而蛙卵细胞却不能发育注入的为小核体。小麦瘿蚊在卵裂时,一端的细胞保持全部 40 条染色体,这些细胞将来形成生殖细胞,其他部位的细胞只保留 8 条染色体,当然也丢掉了很多基因,这种调控是不可逆的。

基因丢失的结果,使得这些基因所控制的性状消失,生物体表型发生改变,甚至会引发病变。

(3)基因扩增。

基因组内特定基因的拷贝数在某些情况下专一性地大量增加,称其为基因扩增。发育分化或环境条件的改变,对某种基因产物的需要量可能剧增,此时单纯靠节基因的表达活性不足以满足需要,那么只有增加这种基因的拷贝数才能满足需要。这是基因表达调节的一种有效方式。

采用特定试剂就可造成真核细胞特定基因的扩增。例如:氨甲喋呤(methotrexate,MTX)的结构类似于二氢叶酸,然而它与二氢叶酸还原酶(DHFR)的结合是不可逆的,如图 8-26 所示。氨甲喋呤的结合抑制了酶的正常功能,使酶不能把二氢叶酸还原成四氢叶酸。四氢叶酸是合成 dTMP 所必需的辅因子,dTMP 又是合成 DNA 的前体。抑制了四氢叶酸的合成也就抑制了 DNA 的合成。

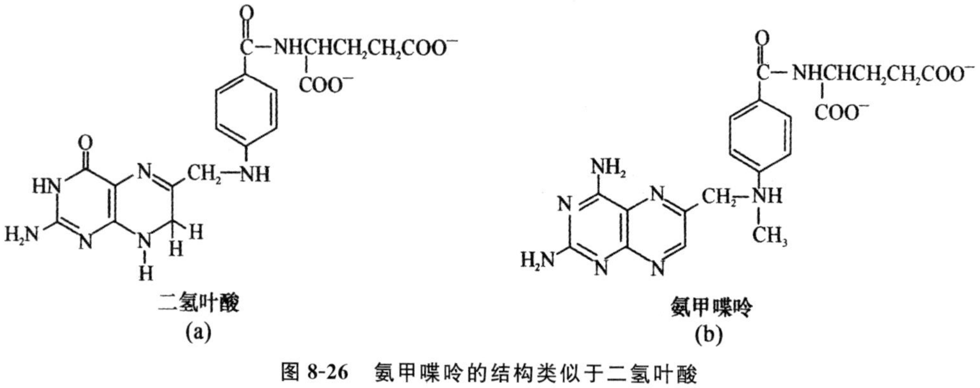

图 8-26　氨甲喋呤的结构类似于二氢叶酸

当缓慢提高氨甲喋呤的浓度时,此时一些哺乳类细胞会把含有二氢叶酸还原酶基因的 DNA区段扩增 40~400 倍,从而显著增加二氢叶酸还原酶的表达量,达到提高对氨甲喋呤的抗性的目的。在绝大多数细胞死亡的背景下,只有产生大量二氢叶酸还原酶的极少数细胞能存活。这些幸存的抗性细胞中,二氢叶酸还原酶基因达上千个拷贝。扩增的频率要比自发突变频率高得多。

然而,这些抗性细胞并不稳定。在去除氨甲喋呤的情况下,额外的二氢叶酸还原酶基因还会逐渐丧失。镉、汞等重金属离子也可诱导体细胞中金属硫蛋白 I 基因的扩增。这种药物处理技术称为基因组序列的选择性扩增。但是,不适当的基因扩增可导致某些疾病的发生,目前已经发现 20 多种基因可被药物处理发生选择的扩增。

这类基因扩增的现象只在癌细胞中观察到,然而其机制尚不清楚。到目前为止,多数人认为是基因反复复制而导致的结果;也有人认为是姐妹染色单体不均等交换,从而使某种基因在一些细胞中增多,而在另一些细胞中减少。

(4)基因重排。

某些基因片段改变原来的顺序,重新排列组合,成为一个新的转录单位,称之为基因重排。例如,哺乳动物产生免疫球蛋白的有关基因有如下三种:

第一种编码恒定区的蛋白质。

第二种编码可变区的蛋白质。

第三种是编码将它们连接起来的部分。

上述三种基因处于同一条染色体上,然而相距较远。在产生抗体的浆细胞中,这三个 DNA 序列通过重排而成为一个完整的转录单位,进而产生抗体分子,从而奠定了免疫球蛋白分子的多样性的基础。DNA 水平调控的重要方式之一就是基因重排,是原核和真核生物中广泛存在的现象,但真核生物中更为复杂,涉及到众多的蛋白质因子。

(5)染色质具有不同的 DNase 敏感性。

在染色质研究中,一般处理 DNA 的敏感程度来反映出染色质的转录活性状况采用 DNaseI、DNaseⅡ和微球菌核酸酶这三种核酸内切酶。

基因组 DNA 对酶的敏感性,是指基因组不同区域的染色质被不同浓度的酶水解的特性。处理脊椎动物细胞核的 DNA 采用 DNaseI,约 10% 的基因组 DNA 被选择性地水解,产生酸溶性的小片段。这些区域就是对 DNaseI 敏感的位点。实际上,很多 DNaseI 敏感位点就是调节蛋白与 DNA 结合位点,这些区域处于转录活化状态。然而,大多数染色质对 DNaseI 有相对抗性,这些染色质是基因组中的静态区域。

DNaseI 降解 DNA 的能力与 DNA-组蛋白的相互作用有关,如图 8-27 所示。当 DNA 与组蛋白紧密结合时,DNaseI 无法接近 DNA,染色质就表现出对 DNaseI 的抗性。相反,当 DNA 与组蛋白结合比较松弛时,则表现为对 DNaseI 敏感。对 DNaseI 不同的敏感性,可代表染色质在结构上和功能上的差异。

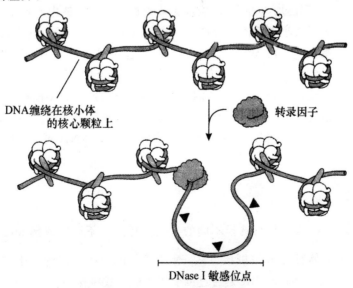

图 8-27 DNaseI 的敏感位点

需要注意的是：一个基因对 DNaseI 显示敏感性只是说明了该基因具有被转录的潜在能力，并不能说明该基因正在转录。

染色质上的这些敏感区域具有细胞特异性和组织特异性。无论这些区域内的基因转录程度如何，产生的 mRNA 多少，该基因在某个特定的组织或细胞中总是显示或者不显示出这种敏感性。

用代表细胞全部 mRNA 的 cDNA 作为杂交的探针进行实验，结果表明，无论表达 mRNA 的基因量如何，所有的活性基因都对 DNaseI 敏感，但其敏感程度有所不同。这种敏感性不是转录的结果，而是基因能够被转录的特征。

DNaseI 敏感区可从整个转录区向外扩展，使敏感区两侧几个 kb 的范围还具有中等程度的敏感性。因此，DNaseI 敏感区的延伸在更大的范围内的起到调控作用，这是真核与原核生物的区别之一。

在染色质 DNA 的某些特异位点，使用极低浓度的 DNaseI 处理就可断裂，这些位点称为高敏感位点(hypersensitive site, HS)。典型的高敏感位点对 DNaseI 的敏感性比大部分染色质区域一般高出近百倍左右。这些高敏感位点对于别的核酸酶或化学试剂也会表现出高度敏感性。位点高敏感性说明在染色质的这一区域 DNA 没有核小体结构，包装比较松弛，甚至可能特别暴露，但可能还有其他蛋白质的结合。

当转录被激活时，启动子附近的 DNA 与组蛋白的结合松弛，暴露出的区域使转录因子得以接近转录起始位点，这些位点也是 DNaseI 的敏感区。

通常高敏感位点有组织和细胞特异性，基因表达的组织和细胞特异性有关。这些位点均在具有转录活性的基因启动子上游。高敏感位点的出现与转录开始时间有一定关系。

8.3.2　转录后水平的基因表达调控

真核生物基因的转录在细胞核中进行，而翻译在细胞质中进行，在细胞核内转录产生的 mRNA 前体也称原初转录物，是相对分子量极大的前体，必须在核内经过 5'-加帽、3'-加尾、拼接、内部碱基修饰等一系列的加工过程，才能成为成熟的 mRNA，核内不均 RNA (hnRNA)，即在上述过程中产生的分子大小不等的中间产物。成熟 mRNA 必须通过转运离开细胞核进入细胞质中才能被翻译成蛋白质。在 mRNA 加工、成熟、转运过程中对基因表达的调控属于转录后水平的基因表达调控。

有些基因还可进行组织特异性的选择性拼接，产生不同的 mRNA 模板，表达具有不同生物活性的蛋白质。特殊情况下 mRNA 还可进行重新编辑，改变编码序列。最后，只有完成转录和后加工的 mRNA 才能转运到细胞质中进行翻译，特殊情况下 mRNA 可在不同细胞间转运，在特定位置翻译。

1. 可变拼接

可变拼接，是指 mRNA 前体可选择不同的拼接途径产生不同的成熟 mRNA。大约有 $\frac{1}{20}$ 的真核生物的 mRNA 前体存在多种拼接方式，通过可变拼接产生两种以上编码不同蛋白质的 mRNA 在人类至少有 40% 的 mRNA 是通过可变拼接的方式拼接的。

1980 年，研究人员发现了第一个可变拼接的例子：大鼠的免疫球蛋白 μ 重链基因。分泌型

(Us)和膜结合型(Urn)为大鼠的免疫球蛋白 μ 重链存在的两种形式。两种蛋白的区别在于羧基末端,膜结合型的羧基末端为疏水区,可以锚定在膜上;而分泌型羧基端为亲水区,不能锚定在膜上而成为分泌型蛋白。通过杂交,研究人员还发现这两种蛋白由两个独立的 mRNA 编码,5'-端相同,3'-端不同。通过进一步的分析发现这两种 mRNA 是由同一个 mRNA 前体通过可变拼接产生的:大鼠免疫球蛋白 μ 重链基因有两个转录终止信号和两个翻译终止密码子,如图 8-28 所示,转录终止信号 I 和翻译终止密码子 I 在内含子中,翻译终止密码子 I 前是一段亲水性肽段的编码区,翻译终止密码子 II 前面是一段疏水性肽段的编码区,因此若在翻译终止密码子 I 处翻译终止,产生亲水性羧基末端的分泌型抗体蛋白,若在翻译终止密码子 II 处终止翻译,产生疏水性羧基末端的膜结合型抗体蛋白。

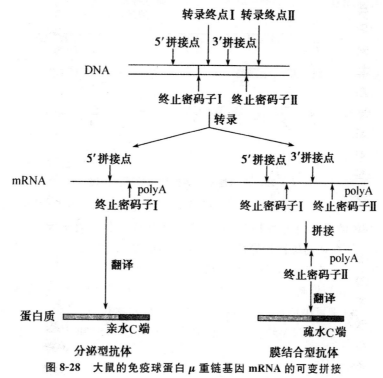

图 8-28　大鼠的免疫球蛋白 μ 重链基因 mRNA 的可变拼接

当转录在转录终止信号 I 处停止时,产生的 mRNA 前体只有内含子的 5'拼接点,所以不发生拼接,产生的 mRNA 只有翻译终止密码子 I,翻译在终止密码子 I 处终止,产生分泌型抗体蛋白;当转录在转录终止信号 II 处停止时,产生的 mRNA 前体既有内含子的 5'拼接点,又有 3'拼接点,所以可通过拼接去除内含子,产生含有翻译终止密码子 II 的 mRNA,翻译在终止密码子 II 处终止,产生膜结合型抗体蛋白。

随意一种前体 mRNA 通过两种不同的拼接模式,产生两种成熟的 mRNA,分别编码 Us 和 Um。通过该方式,可变拼接决定一个基因的蛋白产物,实现基因表达的调控。可变拼接还可以产生更复杂的生物影响,如果蝇的性别决定系统。果蝇的性别决定涉及三种基因:sex lethal (*sxl*)、transformer(*tra*)和 doublesex(*dsx*)。这三种基因的 mRNA 前体的可变拼接决定果蝇最终发育成雄性还是雌性。

sxl 基因 mRNA 前体有 8 个外显子,雌性特异性拼接产物包含外显子 1—2,4—8,可产生有活性的 Sxl 蛋白;雄性特异性拼接产生包含所有 8 个外显子的 mRNA,外显子 3 中有一个终止密

码子;因此翻译产生截短的、没有活性的蛋白产物。

类似的,*tra* 基因 mRNA 前体有 4 个外显子,雌性特异性拼接产物包含外显子 1、3、4,翻译产生有活性的 Tra 蛋白;雄性特异性拼接产生包含 4 个外显子的 mRNA,外显子 2 中也有一个终止密码子,翻译产生截短的、没有活性的蛋白产物。

活性的 Sxl 蛋白不仅可加强 sxlmRNA 前体的雌性特异性拼接,还可导致 tramRNA 前体的雌性特异性拼接,产生活性的 Tra 蛋白。活性的 Tra 蛋白和另一个蛋白 Tra2 一起,导致 *dsx* 基因 mRNA 前体的雌性特异性拼接,产生包含外显子 1—4 的雌性特异性产物,导致雌性发育,如图 8-29 所示。

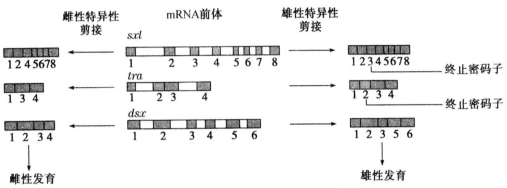

图 8-29　果蝇性别决定过程中的可变拼接

若 *sxl* 基因 mRNA 前体按照默认方式进行雄性特异性拼接,产生非活性产物,那么可导致 *tra* 基因 mRNA 前体的雄性特异性拼接,同样产生非活性产物。由于不存在有活性的 Tra 蛋白,发育中的细胞按照默认的雄性特异性模式拼接 dsxmRNA 前体,那么可产生包含外显子 1—3,5—6 的雄性特异性拼接产物,果蝇发育成雄性。

这种可变拼接的调控机制尚不十分清楚,其中可能涉及可以与 RNA 结合的拼接因子。因为 *sxl* 和 *tra* 的产物分别可决定 *tra* 和 dsxmRNA 前体的拼接位点,因此这些蛋白是能决定雌性拼接模式的拼接因子,属于 RNA 结合蛋白,因其含有富含 Ser(S) 和 Arg(R) 的结构域而被称为 SR 蛋白。

2. mRNA 的转运

真核生物 mRNA 在细胞核内合成,然而翻译在细胞质中进行,所以合成好的 mRNA 必须从细胞核转运到细胞质中。

完成转录和转录后加工过程的 mRNA 转运形式为核蛋白复合物,转运过程依赖于外显子连接复合物(EJC)。在转录完成之前,mRNA 的加工过程已开始,在内含子处形成的拼接体也是转运复合物形成的起点,拼接完成后其复合物留在外显子—外显子连接处,参与 mRNA 转运的蛋白质可识别拼接复合物并与之结合,当拼接体离开后,这些蛋白质仍然留在外显子—外显子连接处,帮助 EJC 复合物的组装。

内含子的存在可阻止 mRNA 的转运,由于内含子与拼接复合物相互作用阻止了参与转运的蛋白质与拼接复合物的结合,只有拼接完成去除内含子后,参与转运的蛋白才能与拼接复合物结合,组装 EJC 复合物,实现 mRNA 的转运,所以只有完成转录和后加工的 mRNA 才能转运。该模型称为拼接体滞留模型。

在多数情况下 mRNA 从细胞核内转运到细胞质中进行翻译,然而也存在一些情况下 mRNA 可在细胞之间进行转运。在果蝇卵母细胞发育过程中,一些 mRNA 可从滋养细胞转运到卵母细胞中,它们之间有特殊连接,让早期发育所需物质,包括 mRNA 通过。这些 mRNA 在卵母细胞中有特定的位置,有些从进入卵母细胞的前端扩散,有些在微管的帮助下从前端经过整个卵母细胞到达后端,需要消耗 ATP,这种转运过程属于主动运输。正确定位后的 mRNA 就在特定位置进行翻译,并留在此位置行使功能。mRNA 的正确定位与其 $3'$-UTR 序列有关,可能为参与 mRNA 定位的特定蛋白质提供了结合位点。

8.3.3　翻译水平的调控

1. 真核 mRNA 的稳定性

真核 mRNA 的稳定性差异很大,半衰期从 20 min 到 24 h 不等,也有不足 1 min,或长达数周。真核 mRNA 的 polyA 尾是增加 mRNA 稳定性的重要因素,polyA 尾逐步消减到完全消失,常常是 mRNA 开始降解的先兆。失去或无 polyA 尾的 mRNA,加尾后可大大提高半衰期。mRNA 的降解首先从 $3'$ 端开始。

2. mRNA $3'$ 端非翻译区链内剪切引起降解

在 mRNA $3'$ 端非翻译区常含有富 AU 序列的元件。富含 AU 的元件构成 mRNA 不稳定性的核心。

它由相向排列的数个 UUAUUUAU 8 核苷酸核心序列组成,称为 AUUUA 序列。一些短寿命的 mRNA,在 $3'$-UTR 存在 AUUUA 序列是它们的共性。这些元件称为不稳定子(ARE)。AUUUA 序列属于对翻译效率有抑制作用的顺式元件。其抑制作用的强弱取决于 AUUUA 序列拷贝数的多少,而与距离终止密码子的远近无关。

3. 去 polyA 引发 mRNA 降解

酵母细胞的 polyA 核酸酶可以降解 polyA,但此过程需要 polyA 结合蛋白(PABP)。因此该核酸酶称为依赖于 PABP 的 polyA 核酸酶(PANl)。此酶可以降解 mRNA 的 polyA 尾。polyA 尾被完全去除后,继而导致 mRNA $5'$ 端去帽。而无尾又无帽的 mRNA 则可被 $5' \rightarrow 3'$ 端核酸外切酶(XRNl)逐步降解。

4. mRNA 结合蛋白对翻译的调控

铁是细胞必需的营养元素,是很多蛋白质的辅因子,然而铁过量会产生有害的自由基。因此,细胞内铁离子的浓度必须受到严格的控制。哺乳动物通过两种方式来调节细胞内铁离子的浓度。一是调节细胞内铁蛋白的含量。我们知道,铁蛋白的作用是储存细胞内多余的铁离子。在真核细胞中,铁蛋白是一种由 20 个亚基组成的、中空的球形蛋白质。多达 5000 个铁原子以羟磷酸复合体的形式储存在球形的铁蛋白中。二是调节细胞表面转铁蛋白受体(Tfr)的含量。携带铁离子的转铁蛋白通过细胞表面的转铁蛋白受体进入细胞。当细胞需要更多的铁离子时,就会增加转铁蛋白受体的数量,使更多的铁离子进入细胞,同时降低铁蛋白的含量,减少被储存的铁离子,增加游离的铁离子的数量。当细胞内铁离子浓度过高时,则会降低转铁蛋白受体的数量,提高铁蛋白的含量。

在动物细胞内铁蛋白的水平依赖于翻译调节,动物的铁蛋白 mRNA 的 5′-非翻译区具有一个呈茎环结构的铁应答元件(IRE)(图 8-30)。当铁稀少时,铁调节蛋白(IRP)结合至铁应答元件,阻止核糖体小亚基与 mRNA 的帽子结构结合,抑制 mRNA 的翻译。多余的铁原子会导致 IRP 离开 mRNA,解除其对翻译的抑制作用。在植物中,铁蛋白的表达调控发生在转录水平;细菌则是通过反义 RNA 来调节 *bfr* mRNA 的翻译。

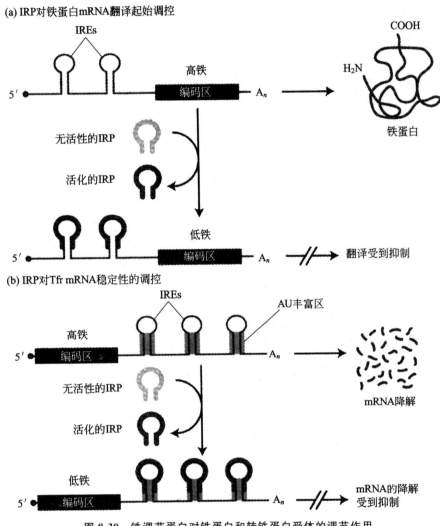

图 8-30 铁调节蛋白对铁蛋白和转铁蛋白受体的调节作用

铁离子是通过调控转铁蛋白受体 mRNA 的稳定性来调节 *Tfr* 基因的表达。*Tfr* mRNA 的 3′-UTR 会形成 5 个茎环结构,这些茎环结构,包括环上的碱基序列,与铁蛋白 mRNA5′-UTR 中的铁应答元件非常相似,同样介导铁离子对 *Tfr* 表达的调控。如果细胞缺乏铁离子,IRP 与 IRE 结合,保护 *Tfr* mRNA 不被降解,增加 *Tfr* mRNA 的稳定性。

细胞质中游离的铁离子浓度由铁调节蛋白直接监控。IRPl 是一种主要的铁调节蛋白,含有一个 Fe_4S_4 簇(图 8-31)。当细胞内铁稀少时,有一个铁原子从 Fe_4S_4 簇中脱落下来;当细胞中的铁离子充足时,IRPl 是三羧酸循环中的顺乌头酸酶,催化柠檬酸转化为异柠檬酸。顺乌头酸酶失去其酶活性,并且改变其构象暴露出 RNA 结合位点,能够和 IRE 结合。

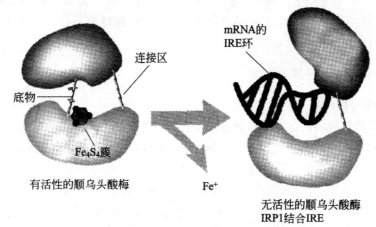

图 8-31　**IRP 的顺乌头酶活性与 IRE 结合活性**

5. 5′非翻译区对翻译的调控

(1)5′端 m⁷G 帽子结构。

帽子结构是起始因子 elF-4F 识别并结合于 mRNA 以及最终形成翻译起始复合体所必需的。5′端帽子结构可以保持 mRNA 不受 5′外切酶的降解,增加 mRNA 的半衰期;有利于 mRNA 从细胞核向胞质转运。通过调控因子,帽子结构还与 polyA 协同作用,提高翻译效率。因此,大多数真核生物 mRNA 的翻译起始活性依赖于 5′端帽子结构的存在。

(2)起始密码 AUG 和上游 AUG。

绝大多数真核 mRNA 的翻译从 mRNA5′端的第一个 AUG 密码子开始,符合 AUG 规律。但也有一些 mRNA 的翻译不符合 AUG 规律。在这些 mRNA 的 5′UTR 中具有多个 AUG。在真正开始翻译起始的密码子 AUG 之上游非翻译区内,还存在其他的 AUG,称为上游 AUG。上游 AUG 组成的阅读框架,一般对于翻译起始具有负调控作用。

(3)mRNA 的前导序列。

真核 mRNA 的前导序列从 5′帽子结构到起始密码子 AUG 之间的前导序列必须有一个适当的长度范围。当前导序列长度小于 12 个核苷酸时,40S 亚基翻译起始复合物一般不能识别第一个 AUG,从下游的 AUG 起始翻译。当前导序列的长度为 20 个核苷酸时,可防止发生滑过现象。前导序列长度在 17~80 个核苷酸的范围内,体外的翻译效率与前导序列的长度成正比。因此,除了 AUG 邻近序列之外,有效的翻译还要求前导序列要有一定的长度。这一点类似于原核 mRNA 需要在翻译起始位点前有一定长度的 SD 序列。说明无论是真核细胞还是原核细胞,mRNA 的翻译起始点上游都需具备稳定翻译起始复合物的前导序列。

另外,mRNA5′端前导序列内的二级结构总是对翻译有严重影响,是 mRNA 翻译水平的调控机制之一。许多 mRNA 具有较长的 5′非翻译区,其中的反向重复序列可以形成茎环结构。茎环结构的存在会影响 40S 亚基起始复合物对模板 mRNA 的结合、移动和搜索,对翻译有抑制作用。其影响的强弱取决于二级结构的稳定性及其与转录起始密码子 AUG 之间的距离。二级结构的稳定性取决于发卡结构内碱基配对区的长度和 GC 含量。发卡结构越稳定,则一般对翻译的负调控作用越大。当相同的发卡结构置于距 5′帽子 52 个核苷酸时,不影响 mRNA 的翻译;

当发卡结构距 5′帽子 12 个核苷酸时,40S 亚基起始复合物不能与 mRNA 模板结合,不能起始翻译。说明当发卡结构离 5′帽子较远时,它不影响 40S 亚基翻译起始复合物与 mRNA 模板的识别与结合。但茎环结构中茎区太稳定、太牢固时,又会影响翻译效率,40S 亚基复合物不能解开茎环结构,停留在它的上游区域,不能起始正常的翻译。

6. 3′非翻译区对翻译的调控

(1)CPE 元件对翻译的调控。

mRNA 的 3′非翻译区内存在细胞质多聚腺苷酸元件(CPE)。在动物早期胚胎发育过程中,有些 mRNA 脱掉 polyA 之后并不立刻被降解,而在细胞需要它表达其产物时,再由 CPE 元件和加尾信号 AAUAAA 协同作用下,重新在胞质中加上 polyA 尾,然后启动翻译。该加尾过程在细胞质中进行的,需有 CPE 元件的参与。因此,在这种翻译调控机制中,CPE 元件具有十分重要的作用。有实验证明,一些已经脱掉了 polyA 而导致失去翻译活性的 mRNA,在 3′端的合适部位加入 CPE 元件之后,可以重新加上 polyA,并恢复翻译活性。

(2)终止密码子的选择性。

终止密码子在不同生物中都有偏爱选择性。不同的真核生物中,终止密码子 UGA,UAA 和 UAG 使用频率不同。脊椎动物和单子叶植物中 UGA 终止密码子的使用频率最高,而其他真核生物多使用 UAA。UAG 的使用频率最低。

mRNA 中 GC 含量可能影响对终止密码子的选用,编码天冬氨酸的 AAC 和编码赖氨酸的 AAG 密码子经常出现在紧邻终止码的 5′端。因此,真核生物 mRNA 所翻译的多肽的 C 末端氨基酸残基中,赖氨酸、天冬氨酸较为常见。迄今为止,在终止密码子的旁侧序列中,发现终止密码子上游紧邻的第 1 个核苷酸常为 C 或 U,下游紧邻的第 1 个核苷酸常为 A 或 G,但尚未发现像起始密码子旁侧序列中那种有规律的特征性序列。因此,对终止密码子的了解仍局限于其终止翻译的功能上,而对调控功能了解不多。

7. 翻译激活因子对翻译的激活作用

在叶绿体内,核基因编码的翻译激活子能够与叶绿体编码的 mRNA 结合,促进 mRNA 的翻译。PsbA 是叶绿体光系统 II 的一个组分。光照能够使翻译激活子——叶绿体多聚腺苷酸结合蛋白(cPABP)结合至 PsbA mRNA 5′-UTR 中一段富含腺嘌呤的序列上,并激活翻译。在黑暗中,cPABP 不与 mRNA 结合,mRNA 形成一种不利于翻译的二级结构。cPABP 以两种构象形式存在,但是只有其中的一种构象能够结合 RNA。cPABP 在两种形式之间的相互转变受到光的控制。来自光系统 I 的高能电子通过一个短的电子传递链传递给 cPABP,使 cPABP 的二硫键还原,导致其构象发生改变。还原型的 cPABP 结合至 mRNA,激活转录。

8.4　基因表达调控异常与疾病

基因表达是一个由众多因素共同决定的复杂过程,必须精确调控,即在特定的发育阶段、特定的组织器官表达特定的基因,以满足机体生长发育的需要。一旦表达出现异常,就会导致疾病发生。

8.4.1　调控序列变异

奢侈基因通常具有复杂的表达调控模式,其调控离不开相关调控序列。调控序列变异会引起基因表达异常,导致遗传病。已经发现调控序列突变、染色质结构改变、结构基因与调控序列分离三种形式的调控序列变异。

(1)调控序列突变。

调控序列突变位于人类 Shh 基因上游 1 Mb 的增强子元件 ZRS 的功能是促进 Sbb 基因在肢体前端表达,限制在肢体后部表达。通过对部分肢体内侧多趾症(PPD)患者的 ZRS 进行序列分析,已经发现多个点突变。

(2)染色质结构改变。

调控序列所在染色质区域的空间结构改变,会引起相关基因表达异常,导致遗传病的发生。例如,人类染色体中存在一种串联重复序列,重复单元称为 D4Z4,正常人有 11～150 个 D4Z4 拷贝。面肩肱肌营养不良(FSHD,一种常染色体显性遗传的神经肌肉性疾病)患者的 D4Z4 拷贝数少于 10 个,并且拷贝数越少,病情越严重,发病年龄也越早。

(3)结构基因与调控序列分离。

由结构基因之外的染色体结构畸变引起的遗传病称为位置效应遗传病。染色体结构畸变(例如缺失、易位、倒位)导致调控序列破坏或与结构基因分离,是这类遗传病发生的根本原因。例如,无虹膜(aniridia)是由 PAX6 基因表达不足引起的常染色体显性遗传病。PAX6 编码一种转录因子。然而,在一些患者基因组中检测不到 PAX6 突变,却发现其 PAX6 下游存在染色体重排,重排位点全部位于组成型基因 ELP4(编码组蛋白乙酰转移酶的一个亚基,与 Rolandic 癫痫连锁)的最后三个内含子中,其中含 PAX6 增强子,重排导致这些增强子丢失或易位,引起 PAX6 表达不足,从而导致与 PAX6 编码区突变相同的临床表型。

8.4.2　翻译后修饰与靶向转运障碍

突变或翻译后修饰异常等会造成蛋白质构象异常,这种蛋白质不仅没有活性,反而会被降解,导致大量降解片段积累,引发某些退行性疾病,特征是在肝脏、大脑等形成不溶性斑块。

一些神经退行性疾病的标志是脑组织形成纤维缠结斑块,如阿尔茨海默病、帕金森病、牛海绵状脑病。形成这些结构的淀粉样蛋白纤维来自大量天然蛋白质,例如,嵌膜的淀粉样前体蛋白(APP)、微管结合蛋白(Tau)、朊病毒蛋白(PrP)。受未知因素影响,这些含 α 螺旋的蛋白或其降解片段变构成含 β 折叠的构象,然后形成聚集稳定的纤维。一些疾病与蛋白质靶向转运异常有关。CFTR 基因编码的囊性纤维化跨膜转导调节因子(CFTR,一种膜蛋白)存在 Phe508 缺失,不能转运到细胞膜,导致囊性纤维化(cystic fibrosis)。

一些疾病与蛋白质降解异常相关:①人类 PARK2 基因编码 Parkin 蛋白,它的一个功能是参与构成泛素连接酶 E3,介导泛素—蛋白酶体系统降解底物蛋白。PARK2 基因突变导致常染色体隐性青少年型帕金森病(juvenile Parkinson disease)。②抑癌蛋白 p53 通过抑制细胞周期促进细胞衰老和细胞凋亡,在抑制肿瘤发生方面起着至关重要的作用。p53 在细胞内的水平受泛素—蛋白酶体系统控制。③人类 BIRC6 基因编码一种抗凋亡蛋白 Birc6,它的 C 端具有泛素结合酶 E2 活性,介导泛素—蛋白酶体系统降解促凋亡蛋白,抑制凋亡。

泛素—蛋白酶体系统为药物设计提供了一条新思路:①硼替佐米(bortezomib,商标名称

Velcade)是第一种被批准上市的蛋白酶体抑制剂,用于治疗复发性多发性骨髓瘤(relapsed multiple myeloma)和套细胞淋巴瘤(mantle cell lymphoma)。如图 8-32(a)所示。②中药雷公藤的抗肿瘤成分雷公藤红素(celastrol)[图 8-32(b)]也是一种蛋白酶体抑制剂,它能通过抑制蛋白酶体活性诱导肿瘤细胞凋亡。

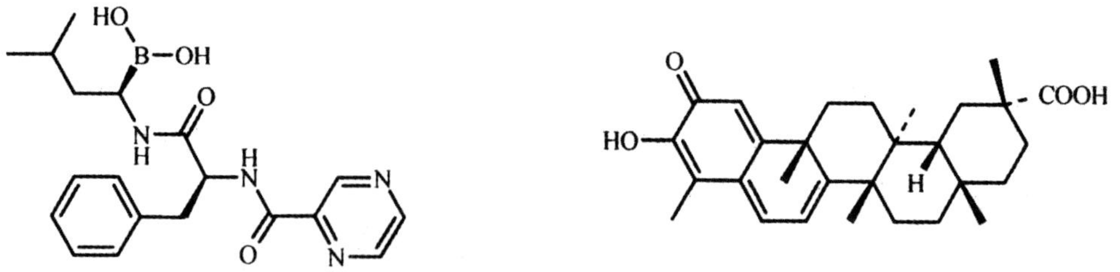

(a)硼替佐米　　　　　　　　　　　　　　(b)雷公藤红素

图 8-32　硼替佐米和雷公藤红素

第9章 生物发育的分子调控

9.1 概述

9.1.1 生物发育的定义

发育是物种遗传特性的表达,是遗传信息按照特定的时间和空间表达的结果,是生物体基因型与内外环境因子相互作用,并逐步转化为表型的过程,它产生了生命机体内的细胞多样性和时序性,同时又保证了生命延续的连续性。

生物发育是由多种基因和蛋白的相互协调作用的结果,具有特别复杂的变化,尤其是控制发育的调节基因的产物,不仅是真核生物个体发育的调控因子,而且对多种转录因子的编码基因、生长因子编码基因产生作用。它们在结构上的相似性和功能上的差异,赋予它们有更广泛的生物学特异性。

9.1.2 发育调控基因

了解发育遗传控制的关键,是认识调控基因。调控基因的功能是调节一组目的基因的表达来控制性状的表现。所发现的控制发育的基因往往以基因家族的形式出现,例如同源框基因家族 *HOX* 和基因家族 *SOX*,*SOX* 基因家族是继 *HOX* 之后,又发现的一个基因家族 *Pax*。*Pax* 基因家族广泛地参与脊椎和无脊椎动物胚胎发育过程中众多器官的形成。

发育基因多为调控基因,产生调控蛋白。含 HMG 盒和同源盒(框)的蛋白都具有与 DNA 结合的能力。同源框是螺旋—转折—螺旋结构,HMG 盒具有两个 α 螺旋接一个 β 折叠结构。两者都通过其与 DNA 的结合,参与基因转录调控,从而可以调节下游基因的表达。发育是高度程序化的,在发育的不同时空,存在着不同组合的特定基因的表达,正是这种发育基因程序化的启动与关闭,控制着特定器官形成与个体发育。

1. HOX 基因

人们对于原核生物的发育控制过程的认识较早、较清楚,例如大肠杆菌操纵子系统。第一个被发现的即是由调控基因所编码的阻抑物,后来又发现了激活物的阻抑物,由此认识了正调控和负调控机制。对阻抑物的进一步研究发现它不是 RNA 分子而是序列特异的 DNA 结合蛋白,它通过与操纵基因 DNA 的结合而发挥其基因调控功能。高等生物没有像原核生物那样的操纵子,认识其调控基因则相当困难。然而,在果蝇中发现了一类突变,即同源异形突变。人们从这些突变中发现了调控基因及其作用,控制这类突变的基因都含有一个 180 bp 的保守区段。

随后在鸟类、鱼类、哺乳类和人类都发现了含这个保守区段的基因,统称这个保守 DNA 区段为同源框(或称同源盒),含同源框的这类基因即称为同源框(*HOX*)基因。*HOX* 基因的发现和研究将有望揭开胚胎发生过程中的分子控制机制。

HOX 基因特点是首先基因呈簇存在,形成连锁群。人和哺乳类具有 4 个这类连锁群,分别位于 4 条染色体上,每个连锁群具有约 13 个 *HOX* 基因。其次,DNA 序列上具相似性 *HOX* 基因都含有同源框,各基因之间有 70%～80% 的同源性,其表达产物具有与 DNA 结合的能力,由此参与基因表达的调控。进化上高度保守,从果蝇、鱼类、哺乳动物到人类都存在该家族基因,而且各连锁群都是保守的。基因表达的程序化,同源框基因表达模式的建立和维持,有着复杂的调控机制。

2. *Pax* 基因

Pax 为一个编码含成对结构域(paired domain,PD)转录因子的发育调控基因家族,广泛存在于脊椎与无脊椎动物中,在胚胎发育过程中对组织和器官的特化起关键调控作用。*Pax* 基因家族的特征为基因内具有的 *Pax* 区,此区最早在果蝇的分节基因中被发现,随后在脊椎动物人、小鼠、大鼠、鸡、蛙、斑马鱼和非脊椎动物头索动物、尾索动物、棘皮类动物、软体动物、线虫、腔肠动物中也被检测到。*Pax* 区可编码具有 DNA 结合能力的成对结构域(PD),从果蝇到人呈进化上的高度保守性。迄今为止,在哺乳动物小鼠、人中已发现 *Pax* 家族 9 个成员(*Pax*1～*Pax*9),家族内任一成员的编码基因的突变、缺陷皆可导致个体发育异常,体积缩小,畸形,特定器官的缺失。*Pax*9 基因定位于小鼠第 12 染色体 D12N ds1 位点和人染色体 14q11.2～q13,主要由两部分构成。一部分为 384 bp,DNA 序列高度保守的 *Pax* 区,编码 128 个氨基酸的 PD,PD 由结构独立的氨基端和羧基端组成。另一部分高度保守的 DNA 序列编码 8 肽区(octapeplide),具体可见图 9-1 所示。转录因子 *Pax*9 通过氨基端的 β-转角和螺旋—转角—螺旋(helix-turn-helix)结构与 DNA 结合,从而调控目的基因的表达。有关临床报道说明可知,即使是 *Pax*9 基因的部分缺失亦可导致个体发育异常。总之,*Pax*9 基因广泛地参与了胚胎发育过程中众多器官的形成,基因的部分丧失或完全缺陷可导致个体众多器官的发育缺陷甚至个体死亡。研究运用多种手段从多个角度揭示了 *Pax*9 是多种组织的标记物质,其在间充质组织中呈高度特异性表达,表明 *Pax*9 是间充质而非上皮组织的重要调控基因。

图 9-1 转录因子 *Pax*9 基因结构

3. *SOX* 基因

基因组中可能有 100 个以上的 *SOX* 基因成员。可大致分为两类,第一类不含内含子,多数 *SOX* 基因属于这类,另一类是含有内含子的 *SOX* 基因。*SOX* 基因具有以下特点。

(1)表达产物都含有 HMG 盒。

它具有 DNA 结合能力,由此参与目的基因的表达调控。

(2)分散存在于基因组中。

与 *HOX* 基因不同,*SOX* 是分散存在于不同的染色体上的,不呈簇存在。在进化不同地位的物种中,*SOX* 基因都是分散存在于基因组中,这点不同于 *HOX* 基因。

（3）进化上高度保守。

已在人类、哺乳类、鱼类、鸟类以及果蝇等各种进化地位物种中发现了 *SOX* 基因。

参与早期胚胎发生的 *SOX* 基因主要有 *SOX*1、*SOX*2、*SOX*3、*SOX*7、*SOX*8、*SOX*10、*SOX*12、*SOX* 13、*SOX* 14、*SOX* 15、*SOX* 17 和 *SOX*21 等。*SOX*2 基因参与胚胎发生的模式类同于同源框基因。*SOX*2 先是在小鼠早期胚胎内细胞团和外胚层中表达，然后表达部位移行到形成中的神经上皮。*SOX* 基因的另一重要功能是参与神经系统的发育，*SOX*1、*SOX*2、*SOX*3、*SOX*10、*SOX*11、*SOX*19、*SOX*21 和 *SOX*22 等在发育的神经系统都有表达。

4. 印迹基因

所谓印迹基因是指某个基因位点呈单等位基因表达，且通过某种基因修饰作用来特异地抑制另一等位基因的表达，它是等位基因排斥作用的一种特殊形式。多数印迹基因与胚胎发育有关，可以调节胚胎的生长、发育及新生儿的生长。印迹功能的紊乱，可以导致多种发育异常及死胎。

妊娠期胎儿的大小和重量因动物的种属而异，出生重量主要由胎盘的大小所影响以及来源于双亲等位基因之一的一套印迹基因的表达与特性所决定。印迹基因在调节哺乳类动物胚胎的妊娠重量中起重要作用。

人们在小鼠试验中首先观察到了印迹基因对胚胎生长的重要作用。将该移植技术用于小鼠胚胎试验，使得小鼠受精卵单独从母源或父源获得两套染色体，仍形成二倍体受精卵，并使其在子宫内继续发育，分别称之为雌核发育和雄核发育。这种雌核发育和雄核发育的胚胎均不能完成发育的全过程。进一步观察发现雄核发育者胚胎生长不良，而胎盘发育相对良好；雌核发育则呈现相反的状态，胚胎生长良好，胎盘发育较差。认为父源性基因组的印迹基因表达促进胎盘生长，而母源性基因组的印迹基因表达则有利于胚胎生长，两者均为正常胚胎发育所必需。对染色体易位株小鼠的试验研究结果也支持印迹基因调节胚胎生长的观点。易位株小鼠子代的特异的染色体可呈现单亲源性二倍体（uniparental disomy，UPD），即它们是二倍体核型，但某一染色体的两个拷贝均来自于一个亲源染色体。

通过选择性繁育，使得人们可以对小鼠的基因组进行分析，结果发现 6 对染色体（2、6、7、11、12 和 17）上具有印迹基因。对 UPD 小鼠的研究结果表明，只有少数的染色体携带有印迹基因，通过表型或基因打靶分析的 1 000 个小鼠基因中只有 3 个是印迹基因，估计印迹基因大约有 2～300 个；印迹基因对于胚胎正常发育是必需的，因为多数 UPD 导致胚胎死亡。对少数 UPD 存活者研究发现：父源性的 UPD。如小鼠 11 号染色体的 UPD，可以促进胚胎的生长；而母源性 UPD 则抑制胚胎生长，似乎表明父源性表达的印迹基因的作用可能是通过增加胎盘的营养转送而实现的；而母源表达的印迹基因作用恰好相反，可能是因胎盘发育不良造成胎盘功能异常，进而影响胚胎生长所致。

近年来有关 UPD 的研究已发展到了人类自身，发生在 15 q 异常所导致的 Prader Willi/Angel mans 综合征和在 11 p 发生异常所导致的 Beckwith Weicleman 综合征均为印迹综合征，对其表型的研究，证明了父源性表达的印迹基因具有生长促进作用，而且在出生后印迹基因对生长仍具有调节作用。

9.1.3 花发育的调控基因

从花的解剖结构来看,通常的花都具有 4 轮花器官,由外到内依次为花萼、花瓣、雄蕊和心皮。从花发育进程上看,花发育过程大体上可分为两个阶段,即在花序分生组织周围形成花分生组织;然后由花分生组织分化产生不同的花器官。通过对模式植物拟南芥和金鱼草突变体的遗传分析和同源异形化现象(在一个正常器官位置产生另一种器官替代的突变体)的细致观察,发现编码转录因子的一组同源异形基因调控着花发育。这些不同的同源异形基因在成花过程中发挥不同的作用。在花发育的前期,一些基因专门决定花分生组织的产生;而在花发育后期,另外一些同源异形基因直接控制花器官的发育。

通过对拟南芥大量突变体的研究,已鉴定出一些与调控花分生组织形成有关的基因。这些基因可分为两大类,一类是调控花分生组织分化的有关基因;另一类是与控制成花时间早晚有关的基因即成花计时基因(flowering time genes),包括 *CO*(constains)和 *LD*(luminidependens)等基因。目前在拟南芥中发现至少 7 个位点的基因参与调控花分生组织的形成过程:*LFY*、*AP₁*、*AP₂*、*CAL*、*UFO*、*WUS* 和 *TFL*。在金鱼草中发现 *FLO* 和 *SQUA* 参与花分生组织的调控作用。这些位点中任一基因发生突变都可导致花分生组织形成受阻或畸变,产生花序分生组织或异常的花结构。在拟南芥花分生组织形成中,基因 *LFY* 和 *AP₁* 可能起着关键性的调控作用。最近在转基因植物烟草和欧洲山杨(aspern)中发现,构建的 *CMV35S-LFY* 和 *35S-AP₁* 的组成性表达,加速了烟草和山杨花发育进程,明显地缩短了成花所需的时间。其他一些基因如 *CAL*、*AP₂*、*UFO*、*WUS*,可能通过调节 *LFY*、*AP₁* 而产生间接作用。最近发现基因 *CO* 转录的 mRNA 呈渐进方式积累,当达到一定域值时,显著地促进基因 *TFL*、*LFY* 表达,加速花发育。*CO* 在植物成花过程中可能起计时基因的作用;另外 *CO* 也可能具有直接促进花发育的作用。*TFL* 在顶端花序分生组织中央表达,可能抑制 *AP₁*、*LFY* 的表达,而 *CO* 促进 *TFL* 的表达。因此花发育前期基因间的相互作用关系,具体可见图 9-2 所示。*AG*(agamous)是由花分生组织决定基因的产物激活的一种“同源域”基因,编码转录因子,是 MADS 盒家族的一个成员。

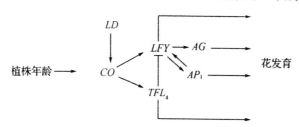

图 9-2 花发育前期基因间相互作用

短箭头表示促进作用,T 形表示抑制关系,长箭头表示控制花发育

成花计时基因主要有 *CO*、*EMF* 和 *GI*。基因 *EMF* 突变产生明显早花。拟南芥 *EMF* 突变体,在种子萌发后,不经过营养生长阶段,而直接产生胚性花。基因 *CO* 产物积累具有剂量效应。金鱼草 *FLO* 突变体,不能形成花分生组织,而只能在产生苞片的顶端产生不定芽;而 *SQUA* 突变体,只形成花序组织而不能形成花结构。当花分生组织分化完成后,就开始花器官原基的分化。在拟南芥和金鱼草中,控制器官分化的同源异形基因都已克隆出来。通过分析,发现调控花器官形成的基因按功能可划分为 ABC 三组,如图 9-3 所示。每一组基因均在相邻的两轮器官中起作用,即 A 组基因控制第 1 轮花萼和第 2 轮花瓣的发育;B 组基因决定第 2 轮花瓣和第 3 轮

雄蕊的发育；C 组基因调节第 3 轮雄蕊和第 4 轮心皮的发育。因而花的每一轮器官受 1 组或相邻两组基因的控制。A 组基因单独作用于萼片；A 和 B 组基因决定花瓣的形成；B 和 C 组共同决定雄蕊发育；C 组基因单独决定心皮的形成。该模型还指出：①A 和 C 组基因表达是互相抑制的，A 组基因不能在 C 组基因控制区域内表达，即 A 组基因只能在花萼和花瓣中表达，反之亦然。②这些基因在花器官中有各自的位置效廊。

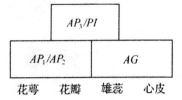

图 9-3　拟南芥花器官特征基因作用的 ABC 模型

在拟南芥中三组 5 种不同的同源异形基因共同控制着花器官的发育，它们分别是 AP、AP_2（A 组）；AP_3、PI（B 组）和 AG（C 组）。这些基因任何一个功能缺失或突变都会导致花器官性状的改变。

9.2　各物质对生物发育的分子调控

9.2.1　RNA 水平的发育调控

研究发现，生物体内存在着丰富的非编码小分子 RNA，它们可以通过与互补序列的结合，反作用于 DNA，关闭或调节目标基因的表达，从而操纵着许多细胞功能。miRNA 等就是近来受重视的一组小的 RNA 分子。它们是一些 5′端带磷酸基团、3′端带羟基的 19～25 个核苷酸组成的单链 RNA 分子。miRNA 来源于具有发夹结构的转录本前体（90～100 nt），可结合于具有互补序列的 mRNA 分子上，这样它们就可以通过调节转录本的稳定性或目的 mRNA 的翻译来调节靶基因的表达，具体可见图 9-4 所示。

近来发现和鉴定的许多植物 miRNA 在植物生长发育中起着关键的调节作用。与动物相比，植物 miRNA 与其靶基因序列具有更高的互补性。受 miRNA 作用的靶 mRNA 一般含有单一的靶位点，且常位于开放阅读框内。植物多数 miRNA 都和一些已知基因序列几乎完全互补，因此就可以推测出它们所作用的一系列可能的靶标。研究发现，至少有 1 个 mRNA 是所检测的 16 个 miRNA 中的 14 个 miRNA 的作用靶标，而且大多数得到鉴定的 miRNA 作用靶标是转录因子的编码核苷酸链。不同的 miRNA 可与一个基因家族的多个成员互补，显示出多个转录本的表达可被协同调节。

真核细胞中存在的数目庞大的 miRNA 可能是基因调控途径中丰富而重要的组分，在生物中发挥着调节作用。miRNA 的发现是生命科学的一大突破，它拓展和丰富了以往人们对小分子 RNA 的认识，促使生物学家重新反思对细胞进化的理解和认知。miRNA 途径中基因突变产生的植株表现型有一些共同的特征，涉及茎、花、腋芽的分生组织的形成，叶的极性，植株营养生长转向生殖生长的时序性等。研究 miRNA 的靶基因，指出 49 个靶基因中有 34 个是参与编码植物茎尖和花分生组织发育的转录因子。这些都暗示 miRNA 在植物发育过程中所起的作用，尤其是在影响茎细胞功能和叶子的极性方面。根据 miRNA 和 siRNA 均可长距离传递的现象，认为 miRNA 是诱导植物花分生组织分化的"成花素"。

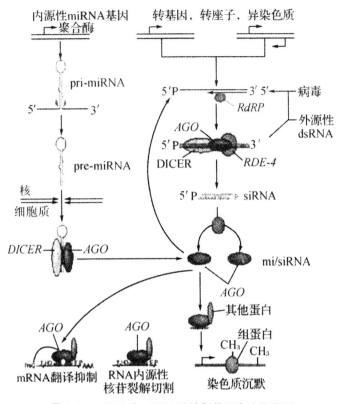

图 9-4 miRNA 和 siRNA 调控靶基因表达的模型

9.2.2 生物发育分子调控的未来发展

在下面的内容中,我们将要对近年来发育分子生物学发展的部分内容进行叙述,但是这并不只是动物发育调节中有同源转换基因,也不只是植物有光控制发育调节过程,还有许多其他调节因子参与了发育的调控。虽然已经有了很显著的研究结果,但是也应当意识到发育的整个过程并非那么简单,还有许多调节的环节以及相关的基因尚未被完全发现。不管是植物还是动物,乃至在生物界中很小的微生物,其发育过程都是一个多因素控制的过程。不仅要发现它们发育的整个过程,更重要的是要通过对这方面的研究来人为地控制这个过程,从而可以人为地把握相关发展方向,更好地指导实践。通过研究发育与疾病之间的关系,找出与疾病相关的基因,从基因水平上来根治疾病。

当前分子生物学中的研究热点,即发育分子生物学和神经分子生物学。在发育分子生物学中,哪个分支领域发展最快?答案是动物发育分子生物学。因为植物细胞的全能性使植物每一个细胞中的产物都比动物复杂,从而限制了对它研究的发展速度。对于发育中人们关心的细节已逐步在明朗,人们不只局限于研究发育的细节,而更想把控变化方向。

9.2.3 蛋白质对生物发育的调控

蛋白质在发育调控中的作用同样非常重要,一般是由发育调控基因表达而来。这些蛋白包括热激蛋白,还有一些转录因子蛋白,它们对于发育所起的作用都是不可忽视的。近年来的研究发现的端粒酶对于发育的调控作用也是很重要。

1. 热激蛋白在胚胎发育中的作用

有机体不仅在刺激条件(应激条件)下大量合成热激蛋白(heat shock protein,HSP),而且在正常生长和发育过程中,HSP 也有水平不等的表达。根据 HSP 的作用和调控方式,可以把 HSP 分为两大类,一类称之为构成性热激蛋白(constitutive heat shock protein,HSC),它们在细胞的正常代谢和生理条件下表达和发挥作用;另一类称之为诱导性热激蛋白(induced heat shock proteins,HSI),它们在机体和细胞受到刺激时表达,并使细胞产生抗逆性。虽然 HSI 和 HSC 基因的调控方式有一定差异,但同一家族的 HSI 和 HSC 本身的结构和功能及它们的结构基因并没有很大差别,因此,在没有必要特别强调或没法将两者严格区分时(如胚胎发育过程中的 HSP 表达),往往把 HSI 和 HSC 通称为热激蛋白。

在胚胎发育,特别是早期胚胎发育时期,基因转录活跃,蛋白质大量合成,细胞的增殖和分化都非常剧烈,细胞的环境在不断变化,细胞对外界刺激十分敏感。这个时期的 HSP 变化和作用表现得非常突出。HSP 是一个大家族,现在已知的 HSP 多达近百种。在两栖动物胚胎发育中,HSC90 的特异性分布特征是:原肠胚期的所有细胞中均有 HSC90,特异性分布于神经胚期的前神经管中;胚胎发育到尾芽期时,胚胎的头部、神经管、眼囊、鳃、颌弓和体节细胞大量表达HSC90。由此推测,HSC90 与中枢神经系统(CNS)和体节发生有关。虽然热激蛋白在胚胎发育中的确切作用尚不清楚,但从胚胎发育对 HSP 的依赖性、HSP 基因表达的发育阶段特异性和组织特异性、(刺激)干扰胚胎发育中 HSP 表达程序后导致胚胎异常发育等现象推测:①热激蛋白通过参与和/或调控体形形成、肌肉及神经分化,而在胚胎发育中具有管家基因的功能。②热激蛋白作为伴侣分子,通过介导新合成的和/或可逆变性的蛋白质正确折叠、装配、转运,以及促进不需要的和/或不可逆变性的蛋白质降解,参与胚胎的正常发育和保护胚胎免受不良刺激的影响。

2. 植物转录因子与发育调控

研究表明,植物中大量的控制主要发育性状和代谢性状的基因,其编码产物多是转录因子,它们在发育调控中起到重要的作用。植物的发育是一种非常复杂的过程。在这个过程中,DNA 与蛋白质起着主要的作用,通过它们之间的互相作用,实现了对基因表达的调控。生物体的多样性是由蛋白质来实现的,因此发育调控过程的复杂性,也必定是与蛋白质的结构和功能的多样性密切相关。现已知道,基因表达的调控主要发生在转录水平上,而在转录水平上与 DNA 发生相互作用的蛋白质分子中,最具多样性的便是转录因子。转录因子是一类蛋白质分子,它们通常是通过与靶基因座位中的调节 DNA 基序的结合,而发挥反式作用来修饰靶基因的表达活性,并通过与基本的转录装置之间发生直接的或间接的作用来调节靶基因转录速率。基因表达的程序、时间和位置是受不同层次的调控元件控制的。这种控制不仅决定了基因表达的数量,而且决定了基因表达的时、空秩序性。因此,认为定时和定位,即时间和空间,是转录过程中至关重要的因素。基因表达的此种时空特异性,主要是由于转录因子与其识别的 DNA 顺式元件之间的相互作用,以及与 RNA 聚合酶的相互作用,而对内外环境的影响做出反应的结果。

3. 端粒酶的作用

端粒酶是一种包含反转录活性的核糖核蛋白,不仅可以维持已经存在的端粒 DNA,同时端粒酶的反转录酶功能能够识别断裂染色体的末端,重新将端粒重复序列加到染色体的断裂末端或非端粒 DNA 上。端粒酶作用的发挥离不开该酶中的蛋白质亚基和 RNA,RNA 一般含有 8～30 个碱基为单位的,与端粒重复序列互补的约 2 个拷贝的重复,可以作为合成端粒富含 G 链的模板。目前端粒酶的反转录酶亚基因已经从拟南芥中得到克隆。

在种子发育的早期阶段端粒酶的活性在胚和胚乳中都很高,但在晚期阶段,其在胚乳中的活性已经大大降低甚至消失,而在胚的整个发育阶段中都保持较高的活性。以上结果表明端粒酶的活性在植物可能主要集中于具有分生能力的细胞群体中。对烟草的研究结果显示,愈伤组织中端粒酶的活性比其外植体叶片有明显的升高。而再生植株的叶片端粒酶活性又降到原始植株的水平,大约只有愈伤组织水平的 0.04％;并且在第 2 轮的脱分化和再分化过程中,端粒酶活性又具有同样的变化模式。端粒长度在多次脱分化和再分化的过程中仍然基本保持不变,这种保守性可能正反映出端粒酶活动的影响,端粒酶正好补偿了细胞增生中端粒 DNA 的损失。在愈伤组织中,端粒酶的反转录酶亚基因转录的 mRNA 含量比成熟叶片中的要高 10～20 倍。这说明端粒酶活性的变化发生在转录水平上。在大麦愈伤组织的培养中发现,虽然端粒的长度增加到了 300 kb,端粒酶的活性被重新激活,但并没有检测到端粒结合蛋白以及其他与端粒长度调节相关因子的表达加强。这说明在植物端粒长度的维持中,端粒酶可能只是一个下游的环节。综上所述,在植物的整个发育过程中端粒酶与发育时期、细胞的增生能力显著相关。

9.2.4　NO 对植物生长发育的调控

NO 作为一种温室效应气体,对植物的生长发育具有广泛的影响,与其他活性氧一样,曾被看作是生物体内的毒性分子。自从发现 NO 可以作为植物抗病反应的信号分子后,人们对 NO 的生理学效应有了新的认识。植物内源性 NO 主要通过 NO 合酶、硝酸还原酶(NRG)催化,其他酶促反应包括亚硝酸盐 NO 还原酶和黄嘌呤氧化酶,还可以通过非酶促反应完成。植物体内 NO 以 NO'、NO^+ 和 NO^- 等三种形式存在,除了 NO 具有生物活性外,NO^+ 和 NO^- 也具有生物学效应。NO 在植物光形态建成、叶片生长、根系生长、衰老等过程和对环境胁迫等的响应中有重要作用。NO 主要通过引起植物过敏反应、逆境生理、生长生理、调节气孔运动和与激素的协同作用等五个方面对植物生理活动进行调节,与其他活性物质如 H_2O_2 一样,NO 参与对植物生理活动调控的过程,也是其对植物实现伤害的过程,但是这种作用表现明确的剂量效应,即低浓度保护,高浓度伤害。NO 是近年来生命科学研究的热点之一,它广泛存在于生物体中不仅影响着生物的生长、发育等一系列生理过程,而且在信号传导过程中担任关键角色。目前对动物 NO 的产生机制及其生理功能已经有比较明确的认识。植物 NO 研究方面也取得了重要进展。烟草 NOS 的成功分离鉴定,证实了植物体内 NOS 催化产生 NO 机制的假设,并且为植物 NO 生理功能和信号传导方面的研究提供了可靠的依据。在 NO 对植物生理调控研究领域,人们普遍认为 NO 直接参与了调节种子萌发、根系发育、叶片生长、细胞的程序性死亡等生理进程和植物对逆境胁迫的应答,其功能很可能是与植物激素协同实现的,存在确切的剂量效应和部位差异。NO 和其他过氧化物可能协同作用完成植物过敏性反应。对于 NO 在植物体内的信号传导机制,一般认为是通过依赖于 cGMP 和不依赖于 cGMP 的蛋白质磷酸化两条途径来完成其信号传导作用的,并且 NO 的信号传导作用是通过与其他过氧化物和植物激素协同完成的。

9.2.5　多胺对植物发育的调控

多胺作为具有调控作用的生理活性物质,与高等植物生长发育关系密切。大多数研究表明,多胺在一定的浓度范围内对种子萌发、植物生长与分化有促进作用。在植物花芽分化过程中,多胺水平会发生显著的变化,单独或混合外施精胺(Spm)、亚精胺(Spd)与腐胺(Put)能够促进花芽形成,增加花芽的数目。多胺对植物雌雄蕊、果实的发育与坐果具有重要调节作用,雌花与雄花所包含的多胺在种类及数量上均有差异。多胺延缓衰老的作用在植物中普遍存在。因此,多胺参与了高等植物个体发育的各个环节。多胺是一类广泛存在于原核生物和真核生物中的具有较高生物活性的物质,是一类低分子脂肪族含氮碱。高等植物中常见的多胺有 Put、尸胺(Cad)、Spd 和 Spm 等。多胺的一些功能与植物激素类似,并与之相互作用,曾认为多胺可能是一类新的植物激素或类似于 cAMP 那样的"第二信使",调节植物的生长和发育。近年来的研究发现自然界生理 pH 条件中的多胺阳离子的一个主要功能是成为促进其他生物分子实现生物活性的媒介,它们能结合几种生物分子如 DNA、蛋白质、膜磷脂和果胶多糖,参与蛋白质磷酸化、转录后修饰。随着对多胺研究的不断深入,认识到多胺能影响植物体内 DNA、RNA 和蛋白质生物合成,参与植物体的生长发育与胁迫反应,甚至与植物的生存密切相关。

种子萌发是植物个体发育的重要阶段,多胺的水平、其合成酶和降解酶的活性在这一时期会发生明显的变化,但在不同植物种类中存在着较大差异。大多数研究表明,在种子萌发的早期多胺含量增加,但由于不同种类的多胺诱导不同的反应,因此不同部位增加的多胺种类不同。组织中的多胺含量与 DNA 的合成有关,不仅 DNA 的代谢能影响多胺的合成,而且外源多胺也能影响 DNA 的代谢和植物生长。大量研究表明,在植物花芽分化过程中,多胺及其前体物精氨酸水平会发生显著的变化。多胺对性别分化有一定的影响。高等植物的性别分化一般是指雌花和雄花的分化,它是在特殊信号诱导下分化程序表达的结果,在这个过程中激素和多胺起着重要的调节作用。研究发现,雌花与雄花所包含的多胺在种类及数量上均有差异。多胺对植物雌雄蕊的发育具有调节作用。在苹果开花过程中,蕾期花药中多胺含量很高,但随着花的开放而降低;在花粉贮藏过程中,Spm、Spd 与 Put 都随贮藏时间的延长与花粉萌发率同步降低,表明两者之间关系密切。大量研究表明,多胺在植物果实发育中具有积极的调控作用,但其调节机理因不同的植物而异。多胺可能是通过促进核酸合成与蛋白质的翻译而加速细胞分裂速度,从而提高植物果实初期阶段的生长发育。

衰老是植物生长发育的最后阶段,受到内外环境因素和基因的调控。目前在基因水平上阐明植物衰老的分子机制,进而通过调控衰老相关基因的表达,来延缓衰老进程或推迟衰老起始仍是有待解决的问题。因此内外环境因素调控成为研究的重点,多胺在这方面的运用正日益受到关注。有人提出多胺水平的降低实际上是衰老信号引起的明显前奏,或衰老信号本身就是多胺含量的降低。多胺延缓衰老的作用在植物中普遍存在,已经发现多胺能延缓许多双子叶和单子叶植物如豌豆、菜豆、芜菁、烟草、大麦、小麦、玉米、水稻等离体叶片衰老。这些离体叶片衰老时,水解酶如核糖核酸酶和蛋白酶活性快速增加,叶绿素含量逐渐下降,外源多胺可抑制上述过程。

就整株植物而言,在分生组织和生长细胞中,多胺的含量与多胺合成酶的活性最高,而在衰老组织中则最低。在不同植物叶片衰老过程中,多胺的绝对含量与衰老程度的关系还需进一步研究。连体叶片衰老过程中内源多胺变化的研究资料较少。对大田条件下花生的研究结果表明,不同生育阶段多胺代谢酶活性和多胺含量发生规律性变化,精氨酸脱羧酶(ADC)和鸟氨酸脱羧酶(ODC)活性随叶片衰老而降低,二胺氧化酶(DAO)和多胺氧化酶(PAO)活性则升高,同时多胺含量下降。对大田花生喷施外源多胺及其合成前体与抑制剂,表明喷施外源多胺及其合成前体可以提高叶片内源多胺含量,延缓叶绿素、蛋白质的降解,提高了活性氧清除酶类活性,降低膜脂过氧化程度。叶片衰老过程中多胺含量的变化还与不同衰老型品种有关。在大麦、水稻叶片上的研究结果显示,随叶龄增加多胺含量下降,且急剧下降期较叶绿素、蛋白质速降期要早,因此认为植物体内多胺含量与叶片衰老密切相关。

多胺作为广泛分布于植物体内具有调控作用的生理活性物质,其代谢变化与高等植物的生长、发育密切相关,它在高等植物个体发育中的作用已引起人们的广泛重视。但有关多胺在植物发育的各个阶段中的确切调节机制仍不清楚,对外源多胺调控的研究也不够成熟。因此,今后有必要进一步研究多胺作用的分子机理,探索外源多胺调控的具体水平、浓度与调控的最佳时期,以便更好地理解多胺的生理功能,更好地在实际生产中利用多胺达到调节植物生长发育与增产的目的。

9.2.6 光对植物发育的调控

动物在胚胎发育早期其生殖器官就分化出来了,而植物则是在生长到一定阶段后才出现的。且植物生殖器官的出现又与环境因素中的光有密切关系。光对植物的正常生活是至关重要的,光对植物的作用之一是提供能源,经过植物的光合作用,把光能转变成化学能,把 CO_2 和水转变成有机物为植物提供"食物"。而光对植物的作用之二是它也可作为一个信号,光信号对植物可控制种子萌发、叶片形成、叶绿体的发育、植物的高矮、开花和衰老等,统称为光形态建成,即光可使细胞器、细胞、组织或植物体发育成熟。光作为能源,则要求一定的光强度;光作为信号,只有弱光就可以。韭黄、蒜黄,不见光可以长得很高,而且不绿,只有见光才能使它们变矮变绿,这就是光影响植物生长和叶绿体发育的结果;一般的菊花要到秋天才开花,这是由于花芽的分化需要短日长夜,光影响开花;到了秋天,行道树——杨树的叶子变黄,但可看到在路灯下的部分叶片还是绿的,这是短日长夜使叶片衰老,而在路灯下并没感受到短日长夜,因而没有衰老。

第 10 章　细胞的信息传导

10.1　细胞信息传导概述

10.1.1　细胞间的联系方式

动物细胞之间的联系有 3 种方式：①细胞之间存在的联络孔道，通过裂隙连接的细胞通道（cell to cell channel），借胞浆相互连通，传递信息。②细胞膜上的信号分子通过直接传递进入另一细胞。③细胞分泌的化学信号分子，通过血液循环或体液循环，传递给远处或相邻的靶细胞。后者，即通过化学符号与细胞表面受体识别、相互作用，把外界信号传递到胞内，使细胞产生一定的生理应答过程，是我们所述的细胞信号传导的主要方式和内容。

信号分子传递的距离有长程的和短程的，可以分为 4 类：①普遍的一种方式是通过血液和体液，信号分子被传输到机体各部位。通过这种远程方式发挥作用的一般称为激素。激素属于远程信号分子。②旁分泌信号传导，这类过程不大普遍。信号分子通过胞外介质作局域性扩散，信号分子只传导给相邻的靶细胞。③神经元的信号传导，通过神经元这类专用通道把信号传递到很远的靶细胞。但它是通过突触（synapse）结构，从前一神经元传递到突触后神经元。④细胞与细胞之间的直接接触，它不需要释放信号分子，产生信号的细胞与接受信号的细胞表面受体分子结合而进行信号传导。这些传导类型的主要差别表现为速度和选择性，或特异性。

10.1.2　信号分子和信号受体

细胞信号至少包括两方面因素：细胞外的信号分子和信号受体。

1. 信号分子

信号分子有好几百种，包括蛋白质、小肽、氨基酸、核酸、固醇类、脂肪酸类似物质、retinoids，甚至小分子可溶性气体如 CO 和 NO。绝大多数信号分子由发出信号的细胞通过外排作用或扩散作用穿过质膜（小分子信号）而分泌到胞外。另有一些信号分子并不分泌到胞外，而是紧紧地结合在发出信号的细胞外表面，这些信号只能影响与发信号细胞接触的细胞。信号分子的作用浓度很低（小于等于 10^{-8} mol/L），而且浓度可在短时间内变化。

根据信号来源、作用范围和送达的形式，可以将信号分子分为以下几种形式。

（1）近分泌信号。

这种信号由细胞分泌后扩散到它周围的细胞，因此它的作用只是局部的，不能远距离输送，也不允许扩散太远。当这种信号分泌后会立即被附近的细胞接受，或很快被细胞外的酶降解或很快被氧化（如 NO、CO），或被胞外的基质固定不能再扩散。

（2）内分泌信号。

由各种腺体或特殊组织产生，如各种激素，这种形式的信号由血液循环系统（植物则通过体液,如液汁)输送到全身,受血液稀释,浓度很低。

（3）神经信号。

由神经细胞或神经元受外界环境信号或别的神经细胞发出的信号激活而发出电脉冲,电脉冲沿着神经轴突高速传递(每秒可达 100 m)直至轴突的末端,刺激末端分泌一种称为"神经传感器"的化学信号,这些化学信号被快速(距离不到 100 nm,时间少于千分之一秒)而特异地传递到与神经轴突接触的靶细胞。关于神经信号的传递过程,这里不作具体介绍。

还有一种叫"自家分泌信号"。上面介绍的信号是影响远距离或近距离的别的细胞的,而自家分泌信号则是影响周围与自己同类型的细胞,包括分泌信号的细胞本身在内,自分泌信号在发育分化过程中决定一组细胞的分化是很有意义的。

2. 信号受体

受体是细胞中负责识别与结合化学信号分子的特殊蛋白质分子,它大多存在于细胞膜,一部分存在于细胞内。当受体与它相应的信号分子结合时被激活。正如酶分子对底物具有专一性和识别能力一样,受体能以很高的特异性识别、结合配体。受体结合配体时,结合部位的氨基酸残基所形成的高级结构发生变化,受体被激活,并通过细胞的各种信号传递系统,将外源信号转换成细胞内一系列生物化学的变化。由于这种识别—激活的双重作用,受体本身也参与了信号的产生或放大,最终产生细胞的生理效应。

一般来说,受体与相应配体间的反应特征如下:①配体与受体的结合具有高度特异性。②结合具有高度亲和性。在体内,信号分子的浓度非常低($10^{-9} \sim 10^{-12}$ mol/L),与它相应的受体结合。③结合具有饱和性。每个受体蛋白分子只能与一定数量的配体结合。饱和是最大的结合量,即以化学比形成配体—受体复合物。此时得到最大的生物学效应。效应的大小与配体浓度、细胞的受体数目以及结合的亲和性直接相关。④配体与受体间的结合具有可置换性。与配体结构相似的化合物可以对受体进行竞争性结合,从而抑制受体的生物学活性。⑤结合具有可逆性。配体与受体之间的结合都为非共价键,可以是氢键、疏水作用或离子键等次级键的相互作用,因而结合不牢固,是可逆的。

受体又分细胞表面受体和细胞内受体。受体是靶细胞接收信号或对信号做出初步反应的一类特殊的蛋白质。大多数情况下受体是细胞表面受体,它们是一类跨膜蛋白质:受体识别信号分子能以很高的亲和力与信号分子结合(亲和常数 Ka≥10^8 mol/L)成为激活状态,引起靶细胞内一连串反应而改变细胞的行为。另一些细胞内受体,是催化反应的酶(如鸟苷酸环化酶)或基因转录的调控蛋白,是与分子量足够小的疏水性信号分子结合的:因为疏水(亲脂)的很小的信号分子,如 NO、CO 和一些激素可以直接扩散穿过质膜和核膜进入靶细胞内激活细胞内受体蛋白,由被激活的受体蛋白直接催化反应或控制基因转录。

由于细胞表面受体含量极低,还不到整个细胞蛋白的万分之一,因此提纯获得细胞表面受体以研究它们的性质是极困难的。重组 DNA 技术、克隆和表达受体蛋白基因,给细胞受体的研究带来了革命性的转变,大大加速了受体研究的进程。在细胞表面,存在着各种各样的大量受体,目前根据结构和作用方式不同被分成三大类。

（1）离子通道关联受体(ion-channel-linked receptors)。

大多数的受体属于这一类。该类受体的蛋白质位于通道的周围,当与信号结合后受体蛋白变构而控制通道的形状,从而改变质膜的离子通透性(有关这类受体及其作用,这里不再详细介绍）。

(2)G-蛋白关联受体(G-protein-linked receptors)。

它的作用是间接地调节另一种结合在质膜上的靶蛋白的活性。靶蛋白可以是离子通道蛋白或者是一种酶,受体蛋白与靶蛋白之间的相互作用是通过第三种蛋白介导的,这介导的第三者称为"三聚体 GTP 结合调控蛋白",简称 G-蛋白(trimeric GTP-binding regulatory protein, G-protein),这类受体因此而得名。这类受体与信号结合后通过 G-蛋白的介导激活靶蛋白(关于激活的方式途径下面将介绍)。如果靶蛋白是一种离子通道,就改变质膜的通透性;如果靶蛋白是一种酶,就改变一种或几种介导物的浓度,通过这些介导物改变细胞行为或这些产物再作用于细胞内别的蛋白质。G-蛋白关联受体是很重要的一类受体,是一个由同源的七次跨膜的蛋白质组成的大的超级家族。

(3)酶联受体(enzyme-linked receptors)。

这类受体中每个受体含一种跨膜蛋白,它本身就是一种酶或是与酶相联系的,通常是蛋白质激酶。当信号与受体蛋白的膜外部分结合后,它的膜内部分变构而表现出蛋白质激酶活性,或者使其膜内部分相结合的另一种蛋白质成为具蛋白激酶活性,结果使细胞内的一些蛋白质被磷酸化。

10.1.3　细胞对信号的反应

每个细胞周围有许多各种各样的信号分子,可以说是处在信号分子的包围之中。细胞可以通过自己的表面受体和胞内受体获得信号,也有的可以通过连接相邻细胞之间通道而共享一种信号。几百种信号分子,除可单独作用外,又可以进行组合可能产生出几百万种组合方式,以组合方式起作用,就像由 4 种核苷酸可以组合成为 60 多种氨基酸密码那样。那么细胞接收哪些信号,做出何种反应,显然也是千差万别的。

(1)每个细胞对某种特别的组合信号的反应是由程序决定的。

在发育生长和分化的过程中,每个细胞内都形成一套独特的程序,就像我们在计算机中储存程序,当我们用指头按动某一个键,计算机就按程序进行工作,当信号与受体结合时,细胞就按预定程序规定做出各种反应。

(2)细胞对不同的信号反应不同。

细胞在发育过程中获得了自己的特性,对信号的接收和反应是有选择性的,比如对一组信号按程序作出的反应是增生,对另一组信号的反应是行使某种特别的功能等。在培养的一瓶细胞中,有的细胞可以对一组信号做出按程序自杀的反应(即 programmed of cell death,也叫 apoptosis)。

(3)不同细胞对同一信号的反应可以不同。

在不同类型的细胞中接收同一种信号的受体可以不相同,对信号意义的解释也不相同,因而做出的反应不同。在许多情况下,即使在不同类型细胞中接收同一种信号的受体完全相同,也可以对信号做出不同的反应,这是因为在不同类型细胞中与受体偶联的细胞内的机制不同所致。

10.2　G-蛋白关联受体的信息调控

G-蛋白关联受体是细胞表面受体中最大的一个家族,在哺乳动物细胞中已发现 1000 多种,细胞对大量的多种多样的信号分子作出反应是由这一类受体介导的,这些信号分子包括蛋白质、小肽、氨基酸和脂肪酸的衍生物、多种激素以及神经信号传送器,带有相同配体的信号分子可以激活这一家族中的不同成员,例如乙酰胆碱可激活 5 种以上的 G-蛋白关联受体成员,5-羟色胺最少能激活 15 种。

10.2.1　G-蛋白

G-蛋白是一类鸟苷酸结合蛋白家族。G-蛋白有两类,一类是三聚体分子,由 αβ 和 γ 亚基组成。它的激活通常是激素或其他信号分子结合的 7 螺旋受体所致。此外,还有一类是单体的鸟苷酸结合蛋白(monomeric GTP-binding proteins)。后者在真核细胞中介导胞内信号的传导,如 Ras 蛋白等。我们这里所述的 G-蛋白是由 αβ 和 γ 亚基组成的三聚体。

在 3 个亚基中,α 亚基(Gα)是与鸟苷酸结合的部位。无活性的 G-蛋白是 GDP 结合的形式,即 Gαβγ-GDP。当配体结合于 G-蛋白偶联的受体,导致 G-蛋白释放它原来结合的 GDP,代之以 GTP,从而使 G-蛋白激活。活化的 G-蛋白不是以三聚体形式存在,而是解体成 Gα-GTP 和 βγ(或写为 Gβγ)两部分,两部分分别具有不同的生物活性。β 和 γ 亚基通过 γ 亚基表面的脂肪链(异戊烯)共价连接成稳定的 βγ 结构。这两部分亚基不再与受体结合。Gα-GTP 实际上是 G-蛋白的活性形式。Gα-GTP 结合并激活(或抑制)质膜中某些效应酶,有的效应酶可以产生第二信使。过去认为 βγ 二聚体似乎没有活性。近年来发现 βγ 也积极参与信号的传导,βγ 和 Gα 一样,均可引起效应蛋白的激活,在信号传导中共同介导一系列生物学效应。

各种 α 亚基的分子量在 39~48 kD,彼此在结构上虽有差异,但都含有 GTP 或 GDP 结合位点和受体结合位点,并且都具有 GTPase 酶活性,可使 GTP 水解为 GDP。当 α 亚基与 GTP 结合时,α 亚基与 βγ 亚基解离,α 亚基即具有 GTPase 酶活性,如图 10-1 所示。

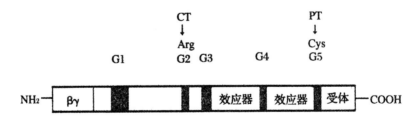

图 10-1　G-蛋白 α 亚基的结构和功能示意图

CT 为霍乱毒素,PT 为百日咳毒素

此外,G-蛋白的 α 亚基都可以被霍乱毒素(cholera toxin,CT)或百日咳毒素(pertusis toxin,PT)进行 ADP-核糖基化(ADP-ribosylation)修饰(图 10-2)。这种化学修饰可以改变 G-蛋白的功能。百日咳毒素(PT)由 A,B 两条肽链构成,A 链具有 ADP-核糖基转移酶活性,在辅酶工(NAD$^+$)存在时,可催化 ADP-核糖基转移到某些 G-蛋白 α 亚基(如 Giα)的 C 端 Cys 残基上,与之共价连接。ADP-核糖基模拟 GDP 的作用,使 α 亚基失去结合 GTP 的能力,这样 α 与 βγ 亚基不能解离,结果使 G-蛋白失去活性。霍乱毒素 CT 也有类似的 ADP-核糖基转移酶的活性,但它的底物是 Gsα,α 亚基被修饰的部位是 Arg 残基。因而霍乱毒素的 ADP-核糖基修饰抑制了 α 亚基的 GTPase 酶的作用,导致 G-蛋白持续激活。霍乱毒素的修饰使 G-蛋白稳定为 GTP 型,而百日咳毒素则使 G-蛋白稳定成 GDP 型。

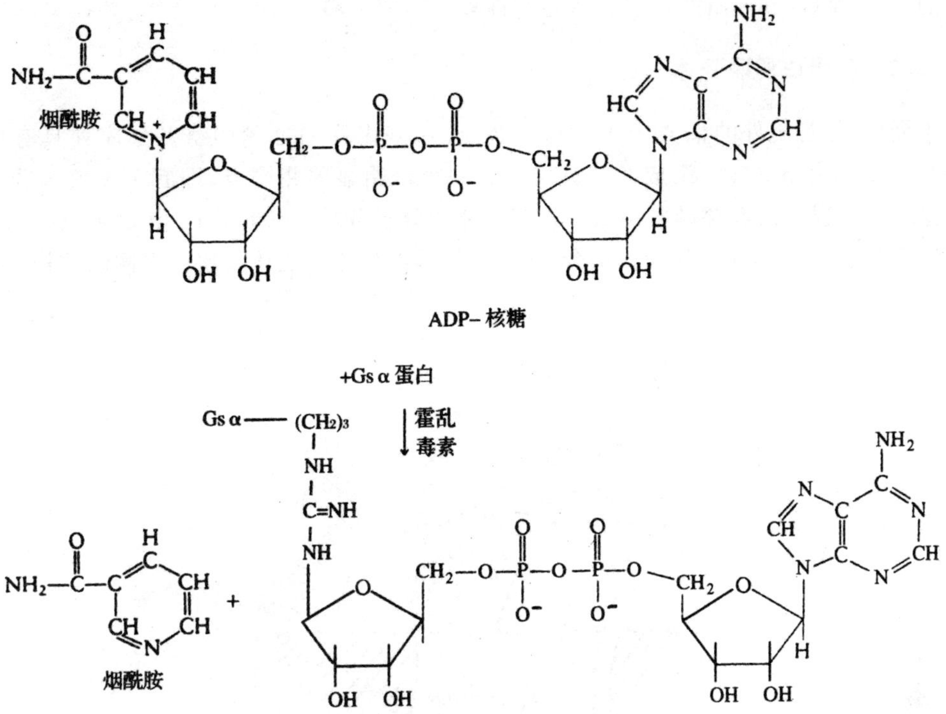

ADP- 核糖

+Gsα 蛋白

图 10-2　Gsα 蛋白质的 ADP-核糖基化反应

G-蛋白有许多类型。根据 α 亚基的氨基酸序列,将 G-蛋白分为 3 类、3 个主要家族。α 亚基约有 21 种,β 亚基为 5 种,γ 亚基为 9 种(表 10-1)。

表 10-1　蛋白家族的主要类型

家族	成员	靶蛋白	效应	第二信使	细菌毒素修饰
I	Gs	腺苷酸环化酶	↑	cAMP	霍乱毒素激活
		Ca^{2+} 通道	↑	Ca^{2+}	
		腺苷酸环化酶	↑	cAMP	霍乱毒素激活
II	Gi	腺苷酸环化酶	↓	cAMP	百日咳毒素抑制
		Na^+	↑	(改变膜电位)	
		K^+	↑	(改变膜电位)	百日咳毒素抑制
		Ca^{2+} 通道	↓	Ca^{2+}	
		PLC-β	↑	+IP3,DAG	
		GMP 磷酸二脂酶	↑	cGMP	霍乱毒素激活与百日咳毒素抑制
III	Gg	PLC-β	↑	+IP3,DAG	(无影响)

不同的 G-蛋白,结构上的差异主要表现在 α 亚基。α 亚基的多样性才能实现 G-蛋白多种功能的调控。例如,受体对腺苷酸环化酶(ACase)的调节有两种结果,即激活(如 β 肾上腺素受体)和抑制(如阿片受体),介导两种相反结果的 G-蛋白也不相同,前者为促进、兴奋型的 Gs,后者为

抑制型的 Gi。就 Gs 和 Gi 而言,它们也各有许多不同的类型。

10.2.2 G-蛋白偶联受体

这类受体,尽管胞外的信号分子形形色色,但从基因序列推测的氨基酸序列具有相似性。G-蛋白偶联受体由单一肽链组成。二级结构有一个最明显的相同点,即有 7 个疏水区域,在细胞膜上这 7 个区段都跨膜穿越双脂层。这些受体的分子量在 40~80 kD,由 350~500 个氨基酸组成(图 10-3)。胞外的配体与受体结合,改变了受体的构象。受体在质膜内侧的结构是与 G-蛋白偶联的位点。

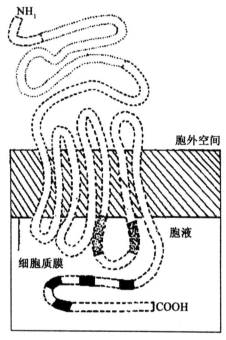

图 10-3 G-蛋白关联受体结构示意图

受体可以分为膜外部分、跨膜部分和质膜内部分 3 个区域。其中跨膜部分含有 7 个疏水区,各有 22~24 个氨基酸残基,以疏水性残基为主,构成 α 螺旋。蛋白的 N 端位于膜外,是配体分子的结合结构域,多由亲水性氨基酸残基组成,这部分常常被多糖修饰。膜内部分包括蛋白的 C 端和跨膜区域之间在膜内的环形结构。C 端有若干个磷酸化位点(Ser/Thr),磷酸化可以阻止受体与 G-蛋白之间的相互作用。膜内的第 5~6 跨膜仅螺旋之间的环形结构肽段 C3 是与 G-蛋白结合的位点,参与 G-蛋白的激活。膜外信号分子结合受体后产生的构象变化,主要通过 C3 环传导给 G-蛋白。

G-蛋白偶联受体的三维结构相似,都具有与 G-蛋白结合的结构域以及结合信号分子的结构域,但它们之间的氨基酸序列差异很大。例如,关系密切的 β1 和 β2 肾上腺素受体只有 50% 的氨基酸序列相似,而 α 和 β 肾上腺素受体的同源性更小。每个受体的特异性氨基酸序列决定它结合什么配体以及它和哪一类、哪一种 G-蛋白相互作用。C3 环决定受体与哪一种 G-蛋白结合。这个环中的一个特定区域可以形成独特的空间结合,以保证这种特异性。

10.2.3　G-蛋白的信号传递

动物细胞中,绝大多数 G-蛋白偶联受体通过两条途径介导信号传导:①一条是 cAMP 途径,即 G-蛋白作用于腺苷酸环化酶,调节 cAMP 的生成和浓度。②另一条是 Ca^{2+} 途径,需要通过中介信号分子 IP3,从 ER 中释放 Ca^{2+}。cAMP,Ca^{2+} 是广泛分布的别构效应物,可以结合于特异的蛋白质,并改变其构象和活性。cAMP,Ca^{2+},IP3 等都是重要的第二信使。

1. G-蛋白对腺苷酸环化酶活性的调节

在所有原核细胞和动物细胞中都证实了 cAMP 是细胞内的信号分子。作为信号分子的第二信使,cAMP 的浓度必须能够改变。在正常情况下,细胞内 cAMP 的浓度小于 10^{-7} mol/L;在激素作用下,cAMP 的浓度在几秒钟内就改变 5 倍。一种快速的应答在合成与降解之间达到平衡。cAMP 是由 ACase 催化从 ATP 合成的,又被 cAMP 磷酸二酯酶(cAMP phosphodiesterase)迅速水解,生成 $5'$-AMP。

参与受体与 ACase 偶联的有两类 G-蛋白,即介导激活 ACase 的 Gs 和介导抑制 ACase 的 Gi。

(1)Gs 蛋白。

Gs 的激活作用,关键是生成活性状态的 Gα-GTP。抑制作用的 Gi 具有和 Gs 几乎相同的 β 亚基和 γ 亚基,主要的差别在于 Gsα 亚基和 Giα 亚基。β 肾上腺素受体激活后,能使 Gs 激活,后者激活 ACase,使 cAMP 增加。而 α 肾上腺素受体激活后,则 Gi 介导抑制 ACase 酶活性,使 cAMP 减少。

每个细胞通常有几千个 β 肾上腺素受体,而细胞应该需要几万甚至上百万个 cAMP 分子。因此,激素信号需要放大,才能产生足够的 cAMP。1 个激素—受体复合物可以激活上百个非活性的 Gs,而每个 Gs-GTP 都能激活 1 个 ACase 分子。在 Gscα-GTP 和 ACase 结合期间,可以产生很多的 cAMP 分子。因此,1 个激素分子结合于 1 个受体分子,可以诱导胞内产生至少几百个 cAMP 分子。

一旦信号分子(配体)从其受体上解离,ACase 也应该迅速逆转。细胞内 cAMP 的浓度变化能迅速作出应答。活化的 Gsα-GTP 的寿命很短。当 Gsα 结合于 ACase 时,Gsα 的 GTPase 酶活性就被激活,将它结合的 GTP 水解成 GDP,以致 Gsα 和 ACase 两者都失活。然后 Gsα 与 βγ 亚基重新结合成无活性的 Gs 分子。

ACase 能够迅速失活的原因,除了 Gsα 固有的 GTPase 活性有关之外,还有肾上腺素受体激酶可以使激素二受体复合物中受体的 C 端 Ser/Thr 残基磷酸化,并丧失活性。但是,这种激酶对没有结合配体的受体不起作用。β 肾上腺素受体被磷酸化后,和 β 抑制蛋白(β-arrestin)结合,使受体应答能力下降(即脱敏作用,desensitigation)。

(2)Gi 蛋白。

同一种胞外信号分子,可以增加胞内 cAMP 水平,也可以使之减少,这取决于受体的类型。肾上腺素结合于 β 肾上腺素受体,导致 ACase 激活,产生更多的 cAMP 分子。如果肾上腺素结合于 α2 肾上腺素受体,就会抑制 ACase,使 cAMP 水平下降。这些不同效应是和受体、ACase 偶联的 G-蛋白的类型不同有关。和 α2-肾上腺素受体偶联的是抑制性 G-蛋白(inhibitory G protein,Gi)。

前面已经提到过,Gs 和 Gi 之间 βγ 的复合物相似,但 Gα 不同。当激活的 α2-肾上腺素受体结合于 Gi 时,Giα 亚基也与 GTP 结合,解离 βγ 复合物。但是 Giα 亚基和 βγ 复合物都与抑制 ACase 有关。其中,Giα 亚基的作用是间接的,而 βγ 复合物则通过两个途径抑制产生 cAMP:①直接结合于 ACase;②βγ 复合物结合于细胞中游离状态的 Gsα 亚基,使它不再激活 ACase,从而间接地抑制 cAMP 合成。特别是在细胞内 Gi 的含量高于 Gs 达 5～10 倍,此时 Gi 被激活后释放出的 βγ 复合物会远远高于 Gsa,并与之结合成非活性的 Gsαβγ,使之被灭活,结果,在细胞内主要显示出 Giα 的活性(图 10-4)。

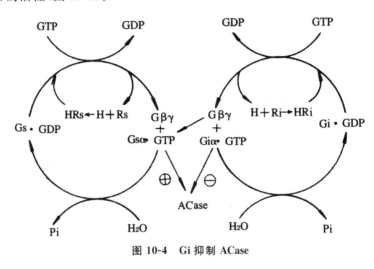

图 10-4 Gi 抑制 ACase

2. G-蛋白对 Ca²⁺ 途径的介导

G-蛋白对 Ca^{2+} 信号系统的介导是通过 G-蛋白对磷脂酶 C(PLC)的调节来实现的。近年来已证实,细胞内 PLC 的活性受到两个系统的控制,一是 G-蛋白偶联的 PLCβ,二是由受体酪氨酸蛋白激酶(receptor-associated tyrosine protein kinase,RTK)活化 PLC7。多种神经递质和激素的受体通过 G-蛋白与 PLCβ 酶偶联。参与偶联的 G-蛋白有 Gg 和 G11。

PLCβ 催化膜上的磷脂酰肌醇(PIP2)水解,产生两个信息分子 IP3 和 DAG(图 10-5)。其中 IP3 构成 Ca^{2+} 信息系统中最重要的信号分子。

3. G-蛋白调节 cAMP 磷酸二酯酶活性

视网膜主要有视杆细胞和视锥细胞两种感光细胞。存在于这两种感光细胞的感光物质视紫红质是一种分子量为 40 kD 的具有 7 次跨膜的蛋白质,是感光细胞内的光受体,称为转导素。光受体转导素与一种 G-蛋白 Gt 偶联,通过 Gt 进行信号传导。转导素的 C 端附近有可被视紫红质激酶磷酸化的部位,该部位也是 Gt 蛋白的结合位点。

Gt 蛋白与各种 G-蛋白一样,也由 3 个亚基组成,α 亚基的分子量 39 kD,并具有 GTP 或 GDP 的结合位点以及 GTPase 酶活性。βγ 是 α 亚基的调节因子。在黑暗的条件下,几乎所有的 Gt 都与 GDP 结合,这时不具有产生 cGMP 的活性。如图 10-6 所示,光照使视紫红质(R)被激活成为 R*,R* 与 Gt 结合后,促使 Gt 释放 GDP,而与 GTP 结合。形成 R*·Gt·GTP 复合物时,R* 以及 Gt 中 βγ 复合物分别从 R*·Gt·GTP 中释放。R* 重新用来激活其他的 Gt,而此时的

Gt 中只有 Gtα 亚基与 GTP 结合,即 Gtα-GTP。Gtα-GTP 进一步与 cGMP 磷酸二酯酶(cGMP phosphodiesterase,PDE)结合,使后者从非活性状态转变为活性状态,水解 cGMP,从而降低了细胞内 cGMP 浓度。在这过程中,视紫红质分子可被反复使用,Gt 蛋白也可循环往复,不断产生光感的传入脉冲。

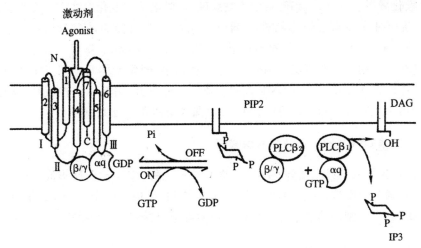

图 10-5　G-蛋白激活 PLCβ1,PLCβ2,生成 DAG 和 IP3

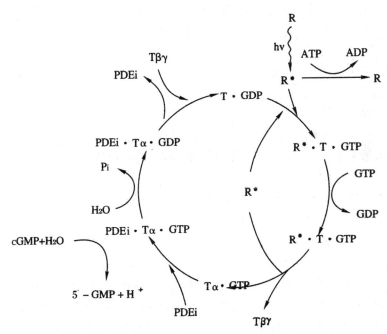

图 10-6　Gt 对 cGMP 磷酸二酯酶的调节

注:图中 T 为 Gt,Tα 为 Gtα,R* 为被光激活的受体

4. G-蛋白参与调节一些受体门控的离子通道

前面所述的 G-蛋白系统都是通过细胞内信息分子(第二信使)cAMP,cGMP,Ca^{2+},IP3 和 DAG 的变化,从而进入各种调控机制。在细胞内还广泛存在着另一种调控方式,即各种神经递

质或激素激活相应的受体后,由 G-蛋白介导,调节有关离子通道的激活或失活,改变其离子通透性,从而影响膜的兴奋性。例如,乙酰胆碱结合、激活毒蕈碱性乙酰胆碱受体(muscarinic acetyl-choline receptor,M-AchB,M 受体),M-受体激活抑制性 G-蛋白(Gi),它的 α 亚基(Giα)一旦被激活,不仅抑制 ACase,还直接打开细胞质膜中的 K^+ 通道,形成细胞膜超极化状态,从而使细胞的节律性去极化减慢。因此,肌细胞给予乙酰胆碱后,膜电流的变化并非即刻发生。

其他 G-蛋白对许多离子通道活性的调节作用往往是间接的,它们可以借助于蛋白激酶 PKA,PKC 或 Ca^{2+}/(2aM —激酶的磷酸化作用,或者影响对于离子通道具有调节作用的 cAMP,cGMP,Ca^{2+} 的增加或减弱。例如,嗅觉神经元中,嗅觉受体和 G-蛋白的偶联,然后嗅觉特异性 G-蛋白激活 ACase,导致 cAMP 控制阳离子通道打开,引起 Na^+ 内流和神经细胞质膜去极化,从而产生神经脉冲。味觉也可能和 G-蛋白偶联受体介导有关。

10.2.4 依赖 cAMP 的蛋白激酶和磷酸酶

cAMP 信息传导系统是由受体、G-蛋白、腺苷酸环化酶(ACase)偶联构成。通过这个偶联系统,胞外的信息通过膜受体,G-蛋白和 ACase,催化 ATP 生成 cAMP。cAMP 作为第二信使,激活一系列的酶,其中与细胞信息传导关系最密切的有蛋白激酶和蛋白磷酸酶。

1. 依赖 cAMP 的蛋白激酶

依赖 cAMP 的蛋白激酶称为蛋白激酶 A(PKA)。激活 PKA 是 cAMP 主要的生物学功能之一。cAMP 各种不同的效应几乎都是由 PKA 介导的。

(1)PKA。

PKA 全酶由两个调节亚基(R)和两个催化亚基(C)构成,即 R_2C_2。在 cAMP 不存在时,酶无活性。当 cAMP 结合到 R 亚基上,引起变构,无活性的全酶 R_2C_2 解离为一个二聚体 R_2 和 2 个有活性的 C 单体。

$$R_2C_2(无活性)+2cAMP \rightarrow R_2(cAMP)_2+2C(有活性)$$

在哺乳动物细胞中存在 3 种 C 亚基和 4 种 R 亚基。所有 PKA 的催化核心表现出高度的保守性。

PKA 的两种亚型 PKA Ⅰ 和 PKA Ⅱ,具有相同的催化亚基,分子量为 40 kD。但它们的调节亚基 R 不同,分别为 49 kD 和 55 kD。两者的催化亚基相同,故能催化底物蛋白质有相同的磷酸化。由于调节亚基不同,在酶的性质、作用以及分布、含量等方面都有差异。

(2)底物。

作为 PKA 的底物蛋白的种类很多,有多种酶蛋白、组蛋白 H1、H2A、H2B、核内非组蛋白、核糖体蛋白质、膜蛋白、微管蛋白、微丝蛋白、肌钙蛋白等。尽管在不同细胞内 PKA 的底物有很大差异,但磷酸化的 Ser 或 Thr 残基总是处于这样的序列中:X-Arg-(Arg/Lys)-X-(Ser/Thr)-φ,其中 X 为任意氨基酸,φ 为疏水性残基。

极大多数哺乳动物细胞都表达有与 Gs 蛋白偶联的受体。这些受体被各种激素促进,导致 PKA 激活,所产生的反应依赖于特定的 PKA 种类,也依赖于靶细胞所表达的底物。不同多肽、蛋白质激素,激活不同靶细胞的 cAMP-蛋白激酶系统,催化不同底物蛋白质的磷酸化,引起不同的生物学效应。PAK 可致 Glu 受体/离子通道磷酸化而使其激活。从肌肉分离纯化的 Ca^{2+} 离子通道是 PKA 的底物蛋白。当膜去极化时,在 cAMP,Mg^{2+}-ATP,PKA 的 R 亚基存在下,C 亚

基催化 Ca^{2+} 离子通道的磷酸化,使通道开放,Ca^{2+} 进入细胞内。

2. 蛋白磷酸酶

已发现至少 4 种蛋白磷酸酶能催化磷酸化蛋白质中 Ser/Thr 残基的去磷酸化。很多蛋白磷酸酶可被 cAMP 抑制。当 ACase 被胞外信号分子、G-蛋白活化,cAMP 水平升高,PKA 使细胞内某些蛋白质磷酸化。由于此时 cAMP 含量较高,对蛋白磷酸酶发生抑制,磷蛋白不能立即去磷酸。这种调节作用可持续一段时间。一旦激素的刺激作用停止,cAMP 就被磷酸二酯酶(PDE)分解,cAMP 浓度下降,对蛋白磷酸酶的抑制解除,磷酸化的蛋白质重新开始去磷酸化,激素的作用也就停止,细胞内与 cAMP 有关的代谢恢复它的基础水平(图 9-9)。

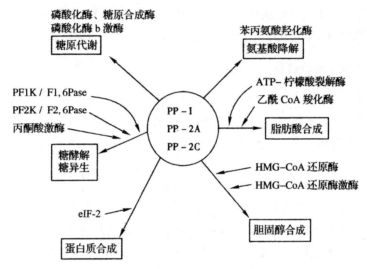

图 10-7 蛋白磷酸酶 I、II A 和 II C 在代谢中的作用

注:PP—蛋白磷酸酶;PF1K—6-磷酸-果糖-1-激酶;F1,6Pase—果糖 1,6-二磷酸酶;

PF2K—6-磷酸果糖-2-激酶;F2,6Pase—果糖-2,6-二磷酸酶;

eIF-2—蛋白质合成起始因子 2;HMG-CoA—甲羟二酰辅酶 A

10.2.5 细胞内 cAMP 的信息效应

G-蛋白偶联受体的信息传导系统主要的生物学功能是通过 cAMP 来实现的,因此讨论 G-蛋白偶联受体的信息传导必须讨论 cAMP 的生物学效应。其中目前所认识的 cAMP 大多数生物学效应又是通过蛋白激酶 A 来调节的。

1. cAMP 对细胞代谢过程的调节

此类调节研究得最好的是 cAMP 对糖原合成和糖原分解酶系的调节。cAMP 通过激活 PKA,在 ATP 存在下,可以催化许多代谢关键酶类,包括磷酸化酶 b、脂肪酶等的激活;或某些酶类的抑制,如有活性的糖原合成酶 I,以致调控糖原的合成或降解,以及甘油脂的水解等。

2. 对膜蛋白活性的调节

cAMP 可促进膜上的蛋白质磷酸化而发生构象变化,从而抑制糖类的转运,降低糖的利用。cAMP 促进心肌细胞膜上 Ca^{2+} 离子通道发生磷酸化,增加对 Ca^{2+} 的通透性。

3. 对激素合成和分泌的调节

大量的研究表明,激素的合成和分泌与 cAMP 有关。例如,促黄体素(luteinizing hormone,LH)与靶细胞上的受体结合,使细胞 cAMP 水平升高,促进乙酸合成胆固醇,增加从胆固醇转变为孕烯醇酮。促甲状腺激素(thyroid stimulating hormone,TSH)也通过 cAMP 促进甲状腺素分泌。在胰岛细胞中,β 细胞分泌胰岛素与 Ca^{2+} 密切相关,而 cAMP 促进胞内钙库 Ca^{2+} 释放到胞质内,使 β 颗粒移向细胞膜,最终将 β 颗粒中的胰岛素排入到细胞间隙中。

4. cAMP 对基因表达的调控

在培养细胞中加入外源 cAMP,将发生下列现象:①细胞核中 PKA 的催化亚基(C)含量升高。有些实验中还伴随着细胞质中 PKA 水平下降;②细胞核中,cAMP 结合蛋白含量上升;③核蛋白的磷酸化程度增高。④有基因表达的变化。这些现象提示了 cAMP 与基因表达有密切关系。

核蛋白磷酸化增高被认为与 PKA 及其催化亚基进入细胞核内有关。一旦 PKA 进入核内,调节亚基(R)就紧密地和染色质结合,使得催化亚基可以催化核蛋白磷酸化。PKA 可以使组蛋白 H1,H2A 和 H3 磷酸化。磷酸化后的组蛋白由于带电状态及构象变化,与 DNA 结合变得松弛而分离,从而解除了组蛋白对局部基因的阻遏状态。此外,PKA 还可以被非组蛋白 HMG-14 磷酸化,这都有利于解除阻遏而进行转录。

在哺乳动物细胞中,cAMP 水平升高,将促进许多基因的表达。cAMP 通过激活 PKA,进一步激活第三信使,引起基因转录的变化。第三信使是一些调节基因转录的特异性蛋白因子,如 Fos/Jun(Ap-1),CREB 等(图 10-8)。通过第三信使的作用,使第二信使的峰状信号转变为长时程反应。例如 cAMP 激活的转录因子 CREB,被 PKA 磷酸化后,在体外作用于基因的顺式调控元件 CRE,结果使基因的转录活性提高 10～20 倍。

5. cAMP 对细胞增强与分化的调节

cAMP 对离体细胞有抑制分裂的作用。在培养细胞中加入 cAMP,细胞的分裂明显地受抑制。同样,使细胞内 cAMP 水平增高的因素,均能降低细胞生长速度,抑制细胞增殖。相反,凡使 cAMP 水平下降的因素,如胰岛素、血清、胰蛋白酶等,均能促进 DNA 的合成和细胞分裂增殖。细胞分化要求细胞内 DNA 通过转录生成 mRNA,再进一步合成特定的酶和蛋白质,导致细胞在形态结构、生理功能和生物化学特性方面发生变化。因此 cAMP 能明显促进分化。凡能使细胞内 cAMP 水平升高的因素,均能促进细胞分化;反则抑制分化。

上述的 G-蛋白都是与膜受体偶联的三聚体跨膜蛋白 Gαβγ。除了这一大类跨膜信息传导的 G-蛋白之外,还有众多的鸟苷酸结合蛋白,它们也都能与 GTP 或 GDP 结合,受到 GTP-GDP 转换(GTP-GDP switch)的调节,因此,它们也称为 G-蛋白。

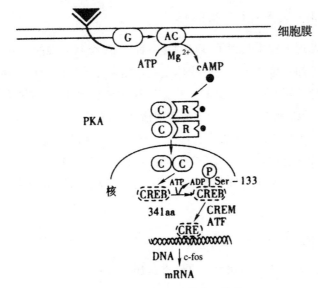

图 10-8　cAMP 介导的基因转录

注:R—受体;G—G-蛋白;AC—腺苷酸环化酶;PKA R—调节亚基;C—催化亚基;

CRE—cAMP 反应元件;CREB—CRE 的结合蛋白;

CREM—CRE 调节蛋白;ATF——种转录因子

　　有一类小分子 G-蛋白,Ras 蛋白,只有一个亚基,分子量为 21 kD,通常表示为 p21。此类蛋白的活性取决于与 GTP 结合还是与 GDP 结合。与 GTP 结合的 Ras 是激活的形式,而与 GDP 结合为非活性形式。Ras 蛋白也有 GTPase 酶,但活性低,需要特殊的调节因子 GAP 使之激活,才能将 GTP 水解成 GDP,使 Ras 失活。另一方面,Ras 与 GDP 的结合也很紧密,需要特殊的因子促其解离。在哺乳动物中,起这种作用的因子称为 SOS。SOS 与 Ras-GDP 结合,使 Ras 与 GDP 之间的亲和性降低,并解离。在生理条件下,若有 GTP 存在,则重新生成有活性的 Ras-GTP。

　　各种小分子的 G-蛋白与信息传导、细胞的生长与分化、蛋白质生物合成、合成后加工以及转运等都有密切关系。Ras 蛋白广泛存在于动物细胞内,在细胞分化过程中起重要作用。在 30% 的人体肿瘤细胞中都可以检测出突变型的 ras 基因。相对于 $G\alpha\beta\gamma$ 蛋白而言,其他各种 G-蛋白称为广义的 G-蛋白。

10.3　通过酶关联细胞表面受体进行信号调控

　　酶关联受体也是跨膜蛋白,质膜外部分接收信号,细胞质内的部分本身可有酶活性或直接与酶分子结合。已知有五类:①受体 GMP 环化酶;②受体酪氨酸激酶;③酪氨酸激酶结合受体,这种受体与有酪氨酸激酶活性蛋白质直接耦合;④受体酪氨酸磷酸酯酶;⑤受体丝氨酸/苏氨酸激酶。受体 GMP 环化酶被信号激活后直接产生环式 GMP(cGMP)。cGMP 激活依赖于 cGMP 的蛋白质激酶(G-kinase)。它使蛋白质的丝氨酸或苏氨酸磷酸化,以后的级联式反应与 cAMP 相似,许多已知受体属于酪氨酸激酶家族。

1. 受体酪氨酸激酶是大多数生长因子的受体

在 1982 年,人们发现上皮生长因子(EGF)是一种含 53 个氨基酸的小分子多肽,它能刺激上皮细胞和另外一些类型的细胞增生。它的受体是一种酪氨酸特异的蛋白质激酶。这种受体是一条跨膜的多肽(一次跨膜),约含 1200 个氨基酸。其 N 端伸出胞外,占肽链大部分。在 N 端糖基化富含半胱氨酸,肽链的细胞内部分具酪氨酸激酶活性。EGF 结合于受体,激活酪氨酸激酶,它就有选择地把 ATP 上的磷酸基团转移到它自己以及别的一些蛋白质的酪氨酸侧链上。许多生长因子与细胞增生和分化有关,如 FCFS(成纤维细胞生长因子)、HGF(肝细胞生长因子)、NGF(神经生长因子)、M-CSF(巨细胞克隆刺激因子)等。这些因子都是通过受体酪氨酸激酶的作用使信号转移到靶蛋白。

2. 形成二聚体是酶关联受体被信号激活的普遍机制

很难想象出一条跨膜多肽的一端与信号结合后如何引起在膜的另一侧的肽链构象改变。后来研究证实当 EGF 与受体结合后,可引起受体的另一端形成二聚体。二聚体的形成是由于受体在细胞质中的多个酪氨酸之间交叉磷酸化。PDGF 本身是二聚体,它能把两个相邻的受体连接在一起(每个亚基结合一个受体)。因此,使受体形成二聚体是信号激活酶关联受体的普遍机制。受体自身磷酸化的酪氨酸结构区域,是下一步被磷酸化的靶蛋白的高亲和力结合区,一旦与受体的这一区域结合,靶蛋白也在酪氨酸残基上被磷酸化而被激活。

对胰岛素和 IGF-I(类胰岛素因子)的信号受体学说则稍有区别,首先表面受体是四聚体,四个亚基通过三个二硫键相连;第二,当受体与胰岛素结合,引起两个亚基在细胞质中的一半变构而不是形成二聚体,使受体的催化功能区域磷酸化,这个功能区域再激活另一种称为胰岛素受体底物-I(IRS)的蛋白质(在 IRS-I 的多个酪氨酸上磷酸化),由 IRS-I 再激活细胞内的信号蛋白。

3. 磷酸化的酪氨酸被具有 SH2 结构的蛋白质识别和结合

已知的和激活的受体酪氨酸激酶结合的蛋白质多种多样,例如:GTP 酶激活蛋白(GAP)、磷脂酶(C-γPLC-7γ)、Src 类非受体蛋白质酪氨酸激酶、磷脂酰肌醇 3′激酶(P13-kinase)等等。对于这些蛋白质的功能了解得不多,但它们中许多与细胞增生和癌变有关。尽管它们具有不同的结构与功能,它们都在结构上有两个高度保守的非催化区域,称为 SH2 和 SH3,这样称呼是因为它们最先在 Src 蛋白的同源性区域 2 和 3 发现(src homology region 2 and 3),SH2 区域的功能是与磷酸化的酪氨酸结合,SH3 的功能不太清楚,人们认为 SH3 区域与别的级联反应下游的蛋白质(没有 SH2 结构)结合有关,即 SH3 起蛋白质"接头"作用,使自身没有 SH2 结构的蛋白质通过"接头"作用而间接与受体酪氨酸激酶联系而激活。例如 Sem-5 蛋白,在绝大多数的动物细胞中都有与它同源的蛋白,它们具有 SH2 和 SH3 结构,R 蛋白就是通过 Sem-5 蛋白的作用激活,R 是把信号控制从受体酪蛋白激酶向核内传递的重要蛋白,它与基因表达、细胞增生和分化有重要关系。在 30% 的癌中发现 R 基因变异。在受体酪氨酸激酶信号途径中,许多参与级联式反应的蛋白与恶性肿瘤有关,除上述的 R 外,还有 SC R、RAF、FOS、JUN 等细胞及病毒的癌基因。因此,研究致癌基因有助于鉴定受体酪氨酸酶信号途径中牵涉的各种成分。

10.4　小分子信号调控

1. NO 和 CO 能直接与细胞内的酶结合

虽然大多数为细胞外亲水的信号分子,它们通过细胞表面受体的介导而起作用。然而尚有些疏水的小得足以穿过质膜的分子如 NO 和 CO、维生素 D 及固醇类激素(甾类化合物,如肾上腺皮质激素,性激素等)、甲状腺激素等。NO 和 CO 是近年才认识的气体信号分子。

NO 由精氨酸脱氨产生,由于它是小分子,很易穿过膜在附近细胞中扩散,所以 NO 可在产生它的细胞及附近细胞中起作用,它的半衰期只有 5 至 10 秒钟,只能在局部起作用。NO 能直接与它的靶蛋白(酶)结合而激活酶。人们用硝酸甘油治疗心脏绞痛已有百年历史,然而到现在才认识硝酸甘油的作用机理是由于它转变过程中产生 NO。NO 使血管的平滑肌细胞松弛,增加血液流入心脏而使病情缓解。巨噬细胞和嗜中性白细胞也产生 NO 以帮助它们消灭入侵的微生物。许多类型的神经细胞使用 NO 对邻近细胞发出信号。

NO 与鸟苷酸环化酶的活性位点的离子反应,刺激它产生 cGMP,我们知道,cGMP 是很重要的细胞内介导物。NO 影响很快,在几秒钟内即能发生。因为 GMP 磷酸二酯酶降解 cGMP 的速度很快。鸟苷酸环化酶必须也很快从 GTP 产生 cGMP。

CO 是近年发现的小气体信号分子,CO 刺激鸟苷酸环化酶的方式与 NO 相同。

2. 维生素 D 和甾类激素等直接和基因转录的调控蛋白结合

NO 和 CO 是直接与酶结合而刺激酶的活性。与上述小分子气体不同,性激素、甲状腺激素、维生素 D 等疏水的小信号分子,尽管它们的结构、功能各不相同,但它们起作用的机制是类似的。它们都穿过质膜而直接与调控某种基因转录的蛋白质结合而使这些蛋白质激活。这些调控基因转录的蛋白的结构通常具有激活转录区域、DNA 结合区域、信号(如激素)结合区域。在无活性的情况下,它们与一抑制蛋白结合形成复合物,这些抑制蛋白封闭了它们的 DNA 结合部位,当激素与它结合后变构与抑制蛋白分离,暴露出 DNA 结合区域,于是成为激活状态,能与特定的 DNA 序列结合而激活转录(图 10-9)。

这些激活基因转录(偶尔有抑制基因转录的)的蛋白质有的存在于核中,有的存在于细胞质中,当被激活后才进入核中与 DNA 结合。它们结合的 DNA 序列紧挨着被其所激活的基因。这些小分子信号引起的反应在许多情况下可分为一级反应和二级反应。一级反应就是由信号结合而激活的基因转录调控蛋白直接激活的某一基因产物所产生,二级反应是这一基因产物又激活别的基因转录。

这些水不溶性的小信号分子比水溶性信号分子的寿命要长得多,可以介导更长时间的反应。例如大多数水溶性激素在数分钟内即被分解去除,有的信号只能维持几秒钟。但甾类激素可在血液中维持几小时,甲状腺素可维持几天。

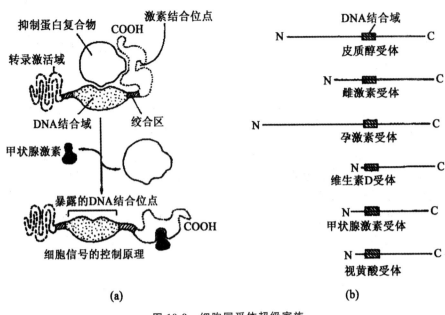

图 10-9　细胞同受体超级家族

10.5　细胞对信号的反应

1. 细胞信号逻辑——信号网络

在多细胞动物中,每个细胞要接触各种信号和信号组合,信号调节它们的代谢;信号决定它们改变或继续维持分化状态;信号决定它们是否分裂;信号命令它们生存还是死亡。不同的信号和不同的途径,可互相作用、互相联系。信号在级联式反应中可以同时涉及一种细胞内的中介分子或靶分子。细胞如何能处理这样十分复杂的情况而做到十分协调、准确地做出最佳的反应?显然应该有像计算机网络那样的逻辑系统,以协调处理各种复杂的情况,这就是细胞综合处理各种信号的逻辑。细胞信号网络,以保证多细胞动物成为一个协调的整体。对于这个信号网络如何工作,人们还不了解,可能将来借助生物计算机模拟系统的研究,逐步揭示其中的一些奥秘。

2. 细胞对信号的适应性

当各种信号刺激强度变化(即信号浓度变化)范围比较宽时,细胞和机体对待这些信号浓度改变的反应引起的变化是相同的。这就要求细胞对信号适应或降低敏感性。因此,当细胞长期接触一种信号时,它对这种信号刺激的反应就会降低,这种适应性使细胞能够针对信号浓度在很宽范围内的改变而调整它对信号的敏感性。适应性的一般原理很简单:通过负反馈抑制完成。由于负反馈有一段时间推迟,所以如果一种信号刺激突然增加,在起初的短时间能引起较强的反应。适应性可以逐渐减少表面受体数量,这需要好几小时(慢速适应);也可以快速灭活受体,只要几分钟(快速适应)。另外也可以改变信号途径中级联式反应涉及的一些蛋白(中速适应),所以细胞对信号的适应有快慢之分。

(1)慢适应是细胞表面受体逐渐减少。

当一种蛋白质激素或生长因子与细胞表面受体结合后,通常是被受体介导的细胞通过内吞作用进入细胞并被送进内体,大多数受体在酸性的内体环境中卸下结合的信号蛋白;受体本身再回到质膜上重新使用。信号蛋白质或生长因子由溶酶体进行降解。一部分受体在内体中不能释放出信号蛋白而随着信号蛋白一起被溶酶体降解,所以当细胞连续接触高浓度的信号,表面受体就会逐渐降低。这种机制称为"受体下降调节"。

(2)快速适应:受体磷酸化或甲基化。

细胞对信号的快速适应常常是与信号诱导的受体磷酸化或甲基化有关。研究得比较清楚的是肾上腺素受体。受体与肾上腺素结合,通过 G-蛋白 Gs 激活 AMP 环化酶。当细胞接触高浓度的肾上腺素时,通过两条途径在几分钟内就降低敏感性而适应高浓度的肾上腺素。第一条途径是 cAMP 浓度升高,激活 A-激酶使 β2 受体的丝氨酸磷酸化而干扰受体激活 Gs 的能力;第二条使受体磷酸化的途径是被肾上腺素结合而激活的 β2 受体成为另外一些蛋白质激酶的底物,在受体的 C 端尾巴多个丝氨酸和苏氨酸磷酸化,这磷酸化的受体尾巴可被一种称为 β 抑制物的抑制蛋白结合,封闭了受体激活 Gs 的能力。

在研究细菌运动的趋化性中,发现化学引诱物受体的一些酸性氨基酸侧链甲基化,—COOH上的-H 被-CH$_3$ 代替,这是由甲基转移酶催化的,有的多至 8 个氨基酸甲基化。如引诱物去除,受体甲基化也会解除。受体甲基化也是一种负反馈控制的细胞快速适应性。

上述介绍的细胞对信号适应过程是通过负反馈影响受体的数量和活性。另外的一些适应是通过由信号途径中下游的级联式反应的反应介导物的改变而达到的,例如改变三聚体 G-蛋白就是这种适应途径之一,典型例子是毒瘾。

第 11 章　分子遗传技术

11.1　分子遗传基本技术

11.1.1　限制性内切酶的发现

限制性内切酶(restriction endonucleases)源于希腊语 endom,意为"within",可以在 DNA 分子内部切出缺口。许多内切酶随机地在 DNA 切出缺口,但是限制性内切酶是有位点特异性的,Ⅱ型限制性内切酶只在特定的核苷酸序列处切开 DNA 分子,这个特定的序列叫做限制性酶切位点(restriction site)。Ⅱ型限制性内切酶只在特定的位点切开 DNA,而不关心 DNA 的来源。不同的限制性内切酶由不同的微生物产生,而且识别不同的核苷酸序列。限制性内切酶的名称是由产生此种酶的微生物所在属的第一个字母和所在种的前两个字母组成。如果一种酶只由某一特定的物种产生,那么还要再加上此物种拉丁名的第一个字母。从某一微生物中分离鉴定出来的第一种限制性内切酶命名为Ⅰ,第二个为Ⅱ,以此类推。已经有大约 400 种不同的限制性内切酶被分离和纯化出来了,因此,在不同的 DNA 序列上有不同的限制性内切酶供选择。

限制性内切酶是由 Hamilton Smith 和 Daniel Nathans 于 1970 年发现的,由于此贡献 Smith 和 Nathans 与 Werner Arber 分享了 1986 年的诺贝尔生理或医学奖,Werner Arber 是限制性内切酶研究的先驱者,他的研究最终导致了限制性内切酶的发现。限制性内切酶的生物学功能是保护细菌的遗传物质免受外源 DNA 的"侵略",例如其他物种或者病毒 DNA 的侵略。因此,限制性内切酶可以形象的看成是原核生物的免疫系统。

一个微生物细胞内全部的 DNA 限制性酶切位点必须被保护起来免受自己的限制性内切酶作用,否则的话,这个微生物将会通过降解自己的 DNA 来"自杀"。很多情况下,微生物保护限制性内切酶酶切位点是通过对限制性酶切识别位点上一个或者多个核苷酸的甲基化实现的。甲基化发生在复制后很短的时间内,由机体产生的位点特异性的甲基化酶催化。每个限制性内切酶都会将外源 DNA 分子切成一定数量的片段,片段的数量决定于 DNA 分子上的酶切位点数量。

限制性内切酶的一个很有意思的特征是,它们一般识别的位点都是回文序列,也就是倒置重复序列,双链 DNA 从两条方向阅读两条单链时其序列一致。另外,限制性内切酶是错位酶切的,即它们分别在两条链的不同位置进行酶切。当然,部分限制性内切酶在双链的相同位置进行酶切,产生平整末端。由于内切酶位点的特性,错位酶切将会产生可互补的单链末端。

由于所有同一种酶酶切产生的 DNA 片段都有互补的单链末端,它们将会在相互之间产生氢键,在合适的复性条件下使用 DNA 连接酶处理后可以把它们连接起来,在每条单链之间产生新的磷酸二酯键。也就是说,DNA 分子可以被切成很多个片段,这叫限制性片段,而使用 DNA 连接酶可以将这些片段连接在一起。

11.1.2　体外重组 DNA 分子的产生

不论 DNA 分子来源于何物种,限制性内切酶都可以催化特定序列处的酶切。它可以酶切噬菌体 DNA、大肠杆菌 DNA、玉米 DNA、人类 DNA 或者任何其他 DNA,只要这些 DNA 含有限制性内切酶识别的位点。也就是说,不论 DNA 源自何处,限制性内切酶 EcoRI 产生的片段都有着相同的单链互补末端,5′-AATT-3′,而不论片段来自那个物种,两个片段都可以以共价键形式结合在一起:一个 EcoRI 酶切人类 DNA 产生的片段可以很容易地和酶切大肠杆菌产生的片段连接在一起,就像两个 EcoRI 酶切大肠杆菌 DNA 产生片段连接在一起或者酶切两个人类 DNA 产生的片段连接在一起。图 11-1 所示的两种 DNA 分子,来自于两个不同物种,可以结合成一个重组 DNA 分子。根据自己的意愿构建这样的重组 DNA 分子是重组 DNA 技术的基础,这项技术在过去 30 年中使分子生物学产生了革命性改变。

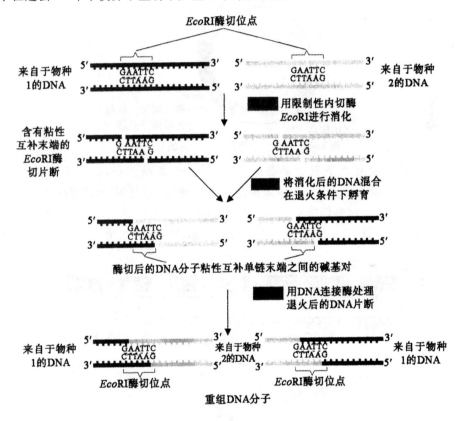

图 11-1　体外重组 DNA 分子的构建

世界上第一个重组 DNA 分子于 1972 年在美国斯坦福大学的 Paul Berg 实验室产生。Berg 的研究团队构建的重组 DNA 分子是将噬菌体 λ 基因插入 SV40 的小环状 DNA 分子。在 1980 年,Berg 因此项研究荣获诺贝尔化学奖。不久之后,同样是斯坦福大学的 Stanley Cohen 和他的同事,将 EcoRI 酶切 DNA 分子产生的片段插入到 EcoRI 酶切过的自主复制质粒中。当这个重组质粒被转化进入大肠杆菌细胞后,它可以像原始质粒一样自动复制。

11.1.3 克隆载体中重组 DNA 分子的扩增

重组 DNA 技术的各项应用不仅要求构建重组 DNA 分子,如图 11-2 所示,而且要求扩增这些重组分子,也就是说,产生这些分子的很多拷贝。这就要求整合进入重组 DNA 分子的目标 DNA 具有自主复制的能力。事实上,目标基因或者 DNA 序列是被插入到特殊的克隆载体中的,一般使用的克隆载体大多是来源于病毒染色体或者质粒。

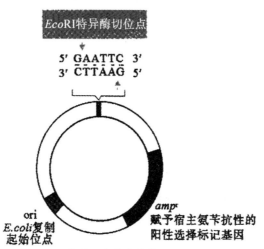

图 11-2 作为一个克隆载体必需的几个特征

一个克隆载体需要有以下三个必要的条件:①一个复制起点;②一个选择性标记基因 (dominant selectable marker gene),一般来说是与宿主细胞不同的抗性基因;③至少一个单一限制性内切酶酶切位点,即酶切位点在载体的某一区域只出现一次,而且不影响复制起始点或者选择性标记基因(图 11-2)。现在使用的克隆载体常包含一组单一酶切位点,叫做多克隆位点(图 11-3)。

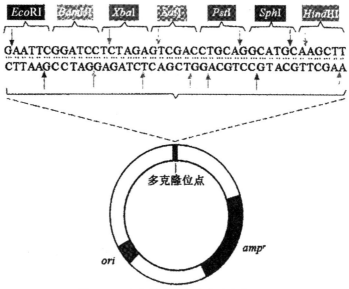

图 11-3 克隆载体中多克隆位点的结构

1. 质粒载体

质粒是存在于微生物中除染色体之外的双链环状 DNA 分子,细菌中的种类含量尤为丰富。质粒大小从 1 kb 到 200 kb 不等,而且大多数都可以自主复制。许多质粒携带抗生素抗性基因,这是理想的选择性标记。质粒 pBR322 是最先使用的克隆载体之一,它同时包含氨苄和四环素抗性基因以及一些单一限制性内切酶酶切位点。现在使用的很多克隆载体都源自于 pBR322 质粒。

2. 黏粒载体

一些真核生物基因长度大于 15 kb,不能完整的克隆进质粒或者 λ 克隆载体。为此,科学家发展出来了能容纳更大插入 DNA 片段的载体。其中一个就是黏粒,它介于质粒和噬菌体 λ 染色体之间。Cos 表示黏合位点,指的是成熟 λ 染色体中 12 个碱基的互补单链末端。噬菌体 λDNA 包装装置能够识别 cos 位点,当包装产生成熟 λ 染色体互补黏性末端时,这个包装装置能够在此位点产生错位切口。

黏粒集合了质粒和 λ 噬菌体载体的主要优点:①质粒在大肠杆菌中自动复制的能力;②在体外包装 λ 染色体的能力,这可以促进转化进入大肠杆菌的效率。黏粒载体(图 11-4)包含复制起始位点和一个质粒的生物素抗性基因,再加上 λcos 位点,这是将 DNA 包装进入 λ 头部所必需的。由于没有 λ 噬菌体基因,黏粒载体可以容纳 35～45 kb 的外源 DNA,而且仍然可以包装在 λ 头部。

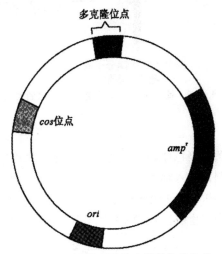

图 11-4　一个典型黏粒克隆载体的结构
黏粒综合了 λ 噬菌体和质粒克隆载体的主要特征

3. 噬菌体载体

大多数噬菌体克隆载体都是以 λ 噬菌体染色体构建的。早在 1982 年,野生型 λ 噬菌体基因组的全部 48 502 个核苷酸序列就被测定出来了。λ 染色体内部约三分之一长的片段,包含溶源所需的基因而不是生长所需基因。也就是说,λ 染色体的中心部分(长约 15 kb)可以被限制性内切酶切开,然后被外源 DNA 替代(图 11-5)。产生的重组 DNA 分子可以在体外包装进噬菌体头部。噬菌体可以使重组 DNA 分子侵染进入大肠杆菌细胞,并在其中复制产生大量克隆。DNA 分子太大或者太小都不能包装进 λ 噬菌体头部;只有 45～50 kb 大小的 DNA 分子才能包装进去。因此,λ克隆载体只能插入 10~15 kb 的 DNA 片段。

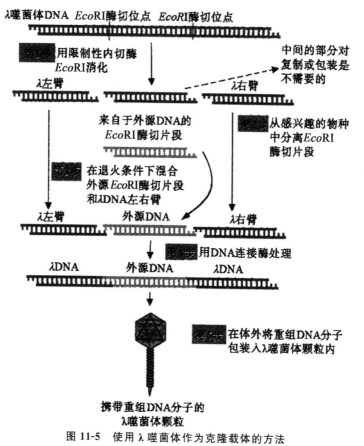

图 11-5　使用 λ 噬菌体作为克隆载体的方法

4. 噬菌粒载体

噬菌粒载体同时含有噬菌体染色体和质粒的组件。如果提供给辅助噬菌体,它们可以在大肠杆菌中像双链质粒一样复制。加入辅助噬菌体后,噬菌粒载体能够转变成噬菌模式进行复制,将单链 DNA 包装进入噬菌粒中。辅助噬菌体是一种突变体,它无法复制它自己的 DNA,但是能够提供病毒复制所需的酶和产生噬菌粒 DNA 分子所需的结构蛋白,噬菌粒 DNA 产生后将被包装进噬菌体外壳中。

在进一步讨论噬菌粒载体之前,我们应首先了解单链 DNA 丝状噬菌体的生长周期。这类噬菌体中最有名的是 M13、f1 和 fd 噬菌体,它们在形态学上都呈针状,而且可以侵染大肠杆菌。它们的单链 DNA 基因组通过滚环复制。丝状单链 DNA 噬菌体通过 F 纤毛进入细胞;它们只侵染 F⁺ 或者 Hfr 细胞,而不侵染 F⁻ 细胞。这些噬菌体不像 T4 噬菌体那样裂解宿主细胞,相反的,在不杀死宿主细胞的情况下,后代噬菌体可以通过细胞膜和细胞壁输出细胞。被侵染的细胞可以继续生长,不断地输出数以千计的噬菌体,每个都包含一个单链 DNA 基因组。由于病毒颗粒比宿主细胞小很多,可以通过低速离心去除细菌。高速离心后,从上清中可以收集到病毒颗粒,再通过简单的提取可分离出它们的单链 DNA 分子。包装进噬菌体的往往是与亲代相同的 DNA 分子,叫做＋链,它的互补链叫做－链。包装进去的＋链与转录的 mRNA 相同,它的三联密码子与 mRNA 密码子相同,只是在 mRNA 中用 U 代替了 T。

　　噬菌粒载体 pUC118 和 pUC119 实际上是相同的,只不过相对于载体上其它基因,它们的多克隆位点有相反的方向(图 11-6)。也就是说,如果将一个外源 DNA 同时插入这两个载体同样的限制性内切酶位点,那么一个载体将包装外源 DNA 的一条链,而另一个载体将包装它的互补链。这两个载体是加利福利亚大学的研究者通过改造质粒 pUC 得到的。载体 pUC118 和 pUC119 包含来自 M13 噬菌体的复制起始位点。噬菌粒 pUC118 和 pUC119 可以在没有辅助噬菌体情况下像双链质粒那样自我复制(图 11-7(a)),或者在辅助噬菌体存在的情况下,像包装在 M13 噬菌体中的单链 DNA 那样复制(图 11-7(b))。当不存在辅助噬菌体时,噬菌粒的复制由质粒复制起始区域控制。当有辅助噬菌体存在时,复制由 M13 噬菌体复制起始位点控制。

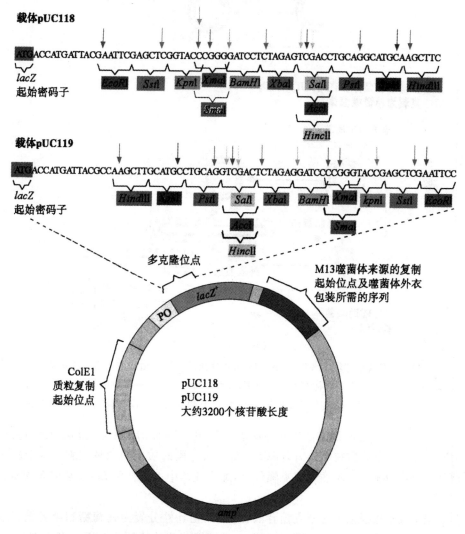

图 11-6　噬菌粒载体 pUC118 和 pUC119 的主要组成部分

P 和 O 分别表示启动子(Promoter,RNA 聚合酶结合位点)和操纵元件(Operator,阻抑物结合位点),启动子和操纵基因区域负责调节乳糖合成酶基因的转录。基因片段 *LacZ'* 编码 β-半乳糖苷酶氨基端的 147 个氨基酸。插在 *LacZ'* 中间的是多克隆位点,含有一组限制性内切酶的酶切位点(图中顶部)。在没有辅助噬菌粒存在的情况下,ColE 1 质粒复制起始位点控制噬菌粒的复制,当有辅助噬菌粒存在时,M13 复制起始位点控制噬菌粒的复制。箭头所示的是各个内切酶的酶切位置

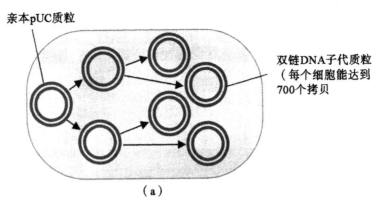

在辅助噬菌体缺失时 pUC118 和 pUC119
复制为双链质粒

亲本 pUC 质粒

双链 DNA 子代质粒
（每个细胞能达到
700 个拷贝

（a）

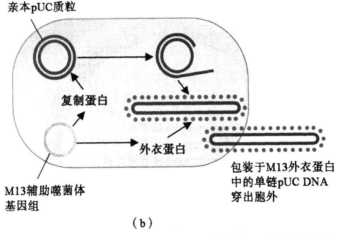

在辅助噬菌体存在时 pUC118 和 pUC119
复制为单链噬菌体

亲本 pUC 质粒

复制蛋白

外衣蛋白

包装于 M13 外衣蛋白
中的单链 pUC DNA
穿出胞外

M13 辅助噬菌体
基因组

（b）

图 11-7　噬菌粒载体 pUC118 和 pUC119 分别作为质粒模式和噬菌体模式的复制方式
（a）在没有 M13 辅助噬菌体存在的情况下，来源于质粒 ColE1 的复制起始位点控制复制；
（b）在被 M13 辅助噬菌体侵染的细菌中，M13 复制起始位点控制噬菌粒的滚环复制

随后一个简单的颜色测试方法极大地促进了对 pUC 载体的利用，通过这个测试可以区分带有外源 DNA 插入片段的质粒和没有外源 DNA 插入片段的质粒的两种细胞。这个颜色指示测试的原理是一旦有外源 DNA 插入多克隆位点，那么载体中大肠杆菌 *LacZ* 基因 5′端就会功能性失活。

大肠杆菌 *LacZ* 基因编码 β 半乳糖苷酶，此酶催化乳糖分裂为葡萄糖和半乳糖。这是大肠杆菌中对乳糖代谢的第一步。对细胞中有无 β 半乳糖苷酶的检测是基于它有无催化分解 5-溴-4-氯-3-吲哚-β-D-半乳糖苷（通常称为 X-gal）的能力，分解产生半乳糖和 5-溴-4-氯吲哚。X-gal 是无色的，而 5-溴-4-氯吲哚是蓝色的。因此，如果细胞有具有活性的 β 半乳糖苷酶，那么就会在含有 X-gal 的琼脂平板上产生蓝色菌落。缺少 β 半乳糖苷酶活性的细胞就会在含有 X-gal 的平板上产生白色菌落。

β 半乳糖苷酶的活性指示 pUC 载体显色反应的分子基础更加复杂。大肠杆菌的 *LacZ* 基因

长度超过 3000 个核苷酸对,因此如果将整个基因插入质粒中将会导致载体比期望的长度大很多。pUC 载体只包含上 LacZ 基因中的很小一部分。这个 LacZ′ 基因片段只编码 β 半乳糖苷酶的氨基端部分。因为基因内的互补还是能够检测到 LacZ′ 基因片段功能的存在。当细胞中有包含 LacZ′ 基因功能片段的 pUC 质粒时,且此细胞在染色体或者 F′ 质粒中还有 LacZ 的特殊突变等位基因,这两个有缺陷的 LacZ 序列产生的多肽合在一起就是具有 β 半乳糖苷酶活性完整的酶。这个突变的等位基因,被命名为 LacZ△M15,能够合成缺少氨基端氨基酸 11 到氨基酸 14 的 Lac 蛋白。正是这几个氨基酸的丢失阻止了突变的多肽成为具有活性的酶的四聚体形式。

当 pUC 质粒中有 LacZ′ 编码的 LacZ 多肽的氨基端片段(前 147 个氨基酸)存在时,能够使 △M15 编码的多肽变成四聚体形式,这是具有活性的 β 半乳糖苷酶,这样就实现了将 X-gal 变色反应作为检测插入片段的手段,而不需要把整个 LacZ 基因插入 pUC 载体中。

能够进行定向克隆(directional cloning),就是把一段外源 DNA 以一定的方向插入多克隆位点区域,是 pUC118～119 载体系统的另一优点。考虑一段 DNA 序列,它的一端有 SstI 酶切位点,而在另一端有 PstI 酶切位点。如果这段 DNA 使用这两种酶进行双酶切,产生的 SstI-PstI 片段可以插入已用 SstI 和 PstI 双酶切过的 pUC118DNA 或者 pUC119DNA。这个 SstI-PstI 片段在 pUC118 和 pUC119 中将会是不同的方向。也就是说,在辅助噬菌体的帮助下侵染进入宿主细胞后,一个载体将包装 DNA 的一条链,而另一个载体将包装 DNA 的另一条互补链。使用这两个载体,被克隆的 DNA 片段的两条互补单链能够分别获得大量的扩增。

5. 真核载体和穿梭载体

质粒、λ 噬菌体以及黏粒克隆载体都可在大肠杆菌中复制。因为各类细胞使用截然不同的复制起始点和调节信号,所以针对不同的细胞要使用不同的克隆载体。也就是说,必须发明一种能够在其他原核细胞和真核生物中复制的特殊克隆载体。很多不同克隆载体分别适用于啤酒酵母、果蝇、哺乳动物、植物和其他物种。

大肠杆菌是克隆 DNA 操作时主要选择的宿主细胞。这样,一些很常用的克隆载体都是穿梭载体,就是能同时在大肠杆菌和其他细胞中复制的载体,比如在真核细胞中,用于啤酒酵母细胞中的穿梭载体同时含有大肠杆菌和啤酒酵母的复制起始位点和选择性标记基因,以及多克隆位点(图 11-8)。这些穿梭载体在遗传学研究中非常有用。酵母基因可以被克隆进穿梭载体中,然后在大肠杆菌中进行定点诱变(在特定的核苷酸序列处突变),然后再转到酵母细胞中检测所诱导的突变产生的影响。类似的穿梭载体还适用于大肠杆菌和各种动物细胞之间。

6. 人工染色体

一些真核基因非常大,例如,人类的抗肌萎缩蛋白基因(一种连接纤维丝和肌肉细胞的蛋白)长度超过 2 000 kb。为了克隆染色体的长片段,科学家们致力于开发出能容纳 35～45 kb 插入片段的载体。这项研究最终发展出来了酵母人工染色体,它可以容纳长度为 200～500 kb 的外源插入 DNA。YAC 载体是经过基因改造的酵母迷你染色体(minichromosomes)。它们包括:① 一个酵母复制起始点;② 一个酵母着丝粒;③ 两端各有一个酵母端粒;④ 一个选择性标记基因;⑤ 一个多克隆位点(图 11-9)。酵母中的复制起始点叫做 ARS(autonomously replicating seqHence,自主复制序列)元件。选择性标记通常是一个控制宿主细胞原养型的野生型基因。例如,URA3⁺ 基因可以用作转化 URA3⁻ 酵母的选择性标记,然后在无尿嘧啶的培养基上筛选。

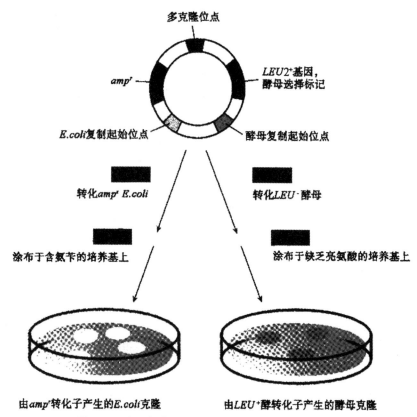

图 11-8 大肠杆菌-酵母穿梭载体的基本结构和功能图

穿梭载体同时可在大肠杆菌和啤酒酵母中复制。利用穿梭载体使研究者们可以在两个生物中来回转移基因,研究这些基因在两个宿主中的功能

YAC克隆载体

图 11-9 YAC 克隆载体的结构

组成部分有:①ARS,自主复制序列(酵母复制起始位点);②CEN,酵母着丝粒;③TEL,酵母端粒;④URA3⁺,合成尿嘧啶的野生型基因;⑤多克隆位点

YAC 克隆载体在人类基因组计划中显得尤为重要,人类基因组计划旨在绘制、克隆、测序大型真核细胞基因组。如果能把长 DNA 片段插入载体中,将使鉴定全基因组克隆变得非常容易。黏粒载体的平均插入长度是 40 kb,YAC 载体的平均插入长度是 200 kb,五个黏粒克隆才抵得上一个 YAC 载体覆盖的长度。因为基因组图谱绘制要求分离出重叠克隆,因此两个载体在插入长度的五倍差别将会导致最终物理图谱的效果超过 5 倍。

细菌人工染色体(bacteria artificial chromosomes,BACs)和噬菌体 P1 人工染色体(bacteriophage P1 Artificial Chromosomes,PACs),它们有许多 YACs 的优点,是从细菌 F 因子和噬菌体 P1 染色体构建而来。BACs 和 PACs 可以容纳长度达到 150~300 kb 的插入片段。然而,相比 YACs、BACs 和 PACs 结构要更简单一些,因此也就相对比较容易构建。另外,BACs 和 PACs

在大肠杆菌中可以像质粒、λ 载体和黏粒载体那样复制。由于它们的这些优点,BAC 和 PAC 已经在人类和其他一些哺乳动物基因组文库构建中基本上已取代了 YAC。

PAC 载体构建好以后,还能用于反向筛选没有外源 DNA 插入的载体。这些 PAC 载体含有枯草芽孢杆菌的 *sac*B 基因。*sac*B 基因编码的蔗糖-6-果糖基转移酶,此酶催化果糖基转移到各种糖类上。当大肠杆菌在含有 5‰ 蔗糖的培养基上生长时,含有此酶是致命的。当外源 DNA 插入在 *sac*B 基因的 *Bam*HI 酶切位点中,将会导致基因的失活,这样就能用来选择有片段插入的载体。有插入片段的载体能够在含有 5‰ 蔗糖的培养基上生长;而没有插入片段的载体就不能生长。在含有 5‰ 蔗糖的培养基上,如果载体没有片段插入,大肠杆菌将会在生长的第一个小时内裂解。因此,所有存活下来的细胞都含有插入片段,而插入的位置正好是 *sac*B 基因中间,使蔗糖-6-果糖基转移酶失活。

在过去的几年中,PAC 和 BAC 载体经过一些修饰已经能同时在大肠杆菌和哺乳动物细胞中复制。这些载体的结构如图 11-10 所示。穿梭载体,pJCPAC-Man1,含有 *sac*B 基因,这样就能用于筛选带有插入片段载体的细胞,再加上复制起始点(oriP)和编码 Epstein-Barr 病毒细胞核抗原 1 基因,就能使此载体能在哺乳动物细胞中复制。另外,还加入了 *pur*^{r}(嘌呤霉素抗性)基因,这样就能在含有嘌呤霉素抗生素的培养基上筛选出携带有此载体的哺乳动物细胞。类似的 BAC 穿梭载体也已经被构建出来了。

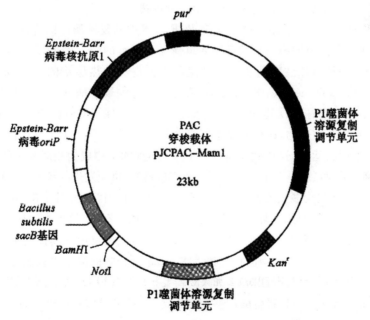

图 11-10　PAC 哺乳动物穿梭载体 pJCPAC-Manl 的结构

此载体可以在大肠杆菌或者哺乳动物细胞中复制。它在大肠杆菌中以低拷贝数复制,并且由噬菌体 P1 质粒复制单元控制,或者通过诱导噬菌体 P1 溶源复制单元(由 lac 可诱导启动子控制)来扩增。在哺乳动物细胞中,它通过使用复制起始位点(oriP)以及 Epstein-Barr 病毒的核抗原 1 来自我复制。载体上携带的 *kan*^{r} 和 *pur*^{r} 基因分别为在大肠杆菌和哺乳动物细胞中提供了选择性标记。*sac*B 基因(来源于 *Bacillus subtilis*)被用于反向筛选未携带插入 DNA 片段的载体。*Bam*HI 和 *Not*I 是两个限制性内切酶的酶切位点

11.1.4 利用 PCR 技术扩增 DNA 序列

目前,我们已经得到了包括人类基因组在内的多种基因组的核苷酸序列。研究者们不需要再使用克隆载体或宿主细胞,可以直接从 Genebank 或其他数据库中得到这些目标基因或者 DNA 的序列。DNA 序列的扩增完全可以在体外实现,并且在几小时内就可以扩增百万倍甚至更多。这一过程的实现需要知道目标序列两端一段短的核苷酸序列。基因或其他 DNA 序列的体外扩增是通过 PCR 完成的。PCR 技术需要两段合成的核苷酸序列,这两段核苷酸序列和目的片段的两端互补,用于在反应管中启动目标片段扩增的酶促反应。用于 DNA 序列体外扩增的 PCR 技术是 Kary Mullis 发明的,他因为这项技术获得了 1993 年的诺贝尔化学奖。

PCR 技术包括三个步骤,每个步骤循环多次(图 11-11)。第一步,92~95℃加热约 30 秒,使含有目标序列的基因组 DNA 变性。第二步,将变性的 DNA 和合成的引物在 50~60℃下孵育 30 秒,使它们退火。最适退火温度是由引物的碱基组成决定的。第三步,DNA 聚合酶复制两个引物结合位点之间的 DNA 片段。引物提供了游离的 $3'$-OH 用于共价延伸,变性的基因组 DNA 作为模板,通常在 70~72℃延伸 1.5 min。复制的第一个循环的产物再经过变性、引物退火和 DNA 聚合酶扩增延伸,这样多次循环直到所需的扩增水平。注意,DNA 扩增是成指数增长的:一个循环后 1 个 DNA 双链变成了 2 个双链,2 个循环后变成了 4 个,3 个循环后变成了 8 个,以此类推。扩增循环 30 次后就会得到 10 亿多个序列的拷贝。

最初,大肠杆菌中的 DNA 聚合酶Ⅰ作为 PCR 技术中的复制酶。因为这个酶在变性步骤中加热失活,所以在每个循环的第三步中都需要重新加入新鲜的酶。用 PCR 技术扩增 DNA 的一个重要的改进是在一种嗜热性细菌和水栖高温菌中发现一种热稳定的 PCR 聚合酶,叫做 Taq 聚合酶(*T. aquaticus* polymerase,水栖高温菌聚合酶),这种聚合酶在高温变性的步骤中仍可以保持活性。所以,就不用在每次退火后再加入聚合酶,只要在 PCR 操作的最开始加入足量的 Taq 聚合酶和寡聚核苷酸引物,改变温度进行多个循环就可以了。PCR 仪可以自动改变温度并可以使大量的样本同时运行,这样就使特异性 DNA 序列的扩增成为相对简单的工作。

PCR 技术的一个缺点就是在扩增的过程中会产生错配,错配发生的频率虽然很低,但是影响很大。Taq 聚合酶不像其他大多数聚合酶一样具有 $3'->5'$ 的校对活性,因此它会产生高于正常频率的复制错误。如果在 PCR 早期循环中就产生错误的核苷酸配对,在接下来的循环中它还会像其他核苷酸一样复制。如果要求很高的复制精确性,做 PCR 时就需要用到其他的热稳定聚合酶,例如 Pfu 或者 Tli 聚合酶,它们具有 $3'->5'$ 的校对活性。Taq 聚合酶的第二个缺点是,它不能有效的扩增长片段 DNA(长于 1000 个核苷酸对)。如果要需要扩增长片段 DNA,就要使用持续性更好的 Tfl 聚合酶来代替 Taq 聚合酶。Tfl 聚合酶能够扩增长达 35 kb 的 DNA 片段。而长于 35 kb 的 DNA 片段就不能用 PCR 方法来扩增了。

PCR 技术为一些需要大量特异性 DNA 序列的操作提供了捷径。通过 PCR 方法,科学家能够从很少量的 DNA 样品中获取基因或者 DNA 序列的结构数据。一个重要的应用就是对人类遗传病的诊断,尤其是进行产前诊断,因为只能取到很少量的胎儿 DNA 样品。第二个重要的应用是在法医鉴定中,从很小的组织样品中提取的少量 DNA 就可以鉴定出样品的所属人,目前几乎没有其他的标准能提供比 DNA 序列更精确的证据。从现场的血液、精液,甚至人类头发中提取出极少量的 DNA,通过 PCR 扩增,就能获得 DNA 序列。因此,基于 PCR 的 DNA 指纹鉴定技术在司法案件鉴定中有着重要的作用。

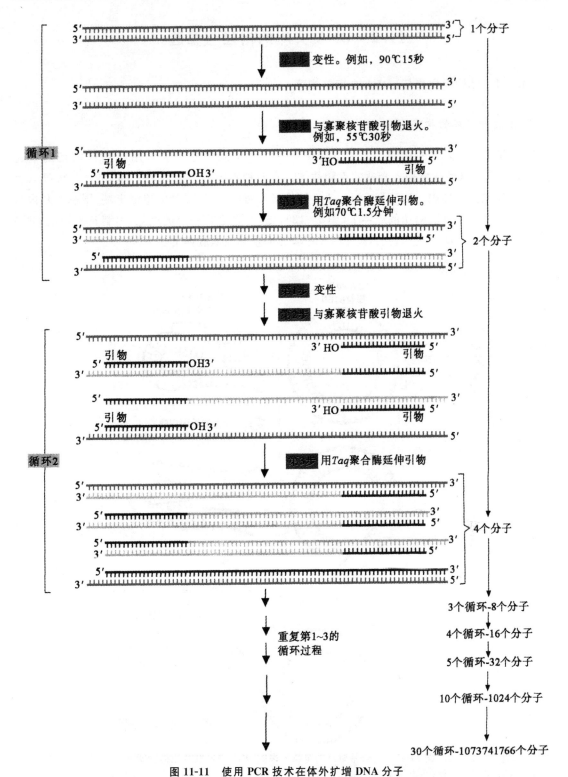

图 11-11 使用 PCR 技术在体外扩增 DNA 分子

每个扩增循环包括三个步骤：①模板 DNA 的变性；②变性 DNA 分子与化学合成的寡聚核苷酸引物的复性结合，一对引物的序列与目标 DNA 两端序列互补；③使用 Taq 聚合酶复制目标片段

11.2 DNA 文库的构建与筛选

11.2.1 基因组文库与 cDNA 文库的构建

1. 基因组文库的构建

基因组 DNA 文库的构建方法是：提取某一物种细胞的总 DNA，用限制性内切酶消化 DNA，以及将限制性片段插入合适的克隆载体。有两种不同的方法可用来将 DNA 片段插入克隆载体。如果限制性内切酶酶切 DNA 产生的是错位切口，产生互补的单链末端，限制性片段可以直接连在用同一种酶酶切的载体上（图 11-12）。这种方法的一个优点是，用制备基因组 DNA 片段的限制性内切酶处理后，插入的 DNA 片段能够精确地从载体上切下来。

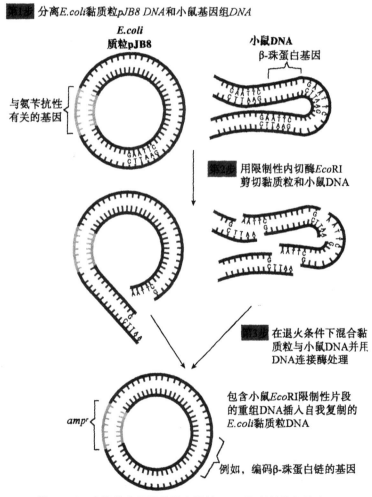

图 11-12 克隆带有互补单链末端的 DNA 限制性片段的步骤

如果限制性内切酶产生的切口是在 DNA 双链的同一位置，产生平整末端，那么必须在体外加上互补的单链尾巴到 DNA 片段上。使用 λ 噬菌体核酸外切酶切掉 DNA 的 5′ 端后，由末端转移酶在 5′ 端加上核苷酸来实现互补单链末端的增加。一般来说，会在酶切后的载体 DNA 上加入 poly(A)尾巴,而在基因组 DNA 片段加上 poly(T)的尾巴,反之亦可。然后,在连接酶的作用下,带有 poly(T)尾巴的基因组 DNA 片段就能插入带有 poly(A)尾巴的载体 DNA 分子中。由于 poly(T)尾巴和 poly(A)尾巴必须是同样的长度,大肠杆菌核酸外切酶Ⅲ和 DNA 聚合酶Ⅰ分别用来切除突出的尾巴和填补空缺。DNA 连接酶只负责连接起相邻的核苷酸,而不能在缺口处添加核苷酸。

基因组 DNA 片段连接上载体 DNA 后,重组 DNA 分子要在体外导入宿主细胞用来扩增。这一步要求转入的宿主细胞能够接受载体,而且对抗生素敏感,同时一个细胞只能接受一个重组 DNA 分子(对于大多数细胞)。如果使用大肠杆菌,必须事先用化学物质或者电击处理使其能够透过 DNA。然后让细胞在选择性环境中生长,筛选出带有选择性标记的转化细胞。

一个成功的基因组 DNA 文库必须要包括目标基因组的全部 DNA 序列。对于一些大的基因组,完整的文库由成数十万个重组克隆组成。

2. cDNA 文库的构建

高等动物和植物基因组中的大多数 DNA 序列是不编码蛋白质的,如果只针对 cDNA 文库,将使研究表达的 DNA 序列变得更简单。因为大多数 mRNA 分子都有 poly(A)的尾巴,寡聚 poly(T)可以用作引物,由反转录酶合成互补 DNA 单链(图 11-13)。然后,在核糖核酸酶 H,DNA 聚合酶Ⅰ和 DNA 连接酶的联合作用下,将 RNA-DNA 复合体转变成双链 DNA 分子。核糖核酸酶 H 降解 RNA 模板链,而且降解过程中产生的短 RNA 片段能够用作 DNA 合成的引物。DNA 聚合酶Ⅰ催化合成第二条 DNA 链,并用 DNA 链代替 RNA 引物,DNA 连接酶则将双链 DNA 分子中单链上的断口连接起来。产生的双链 cDNAs 在加上互补单链尾巴后,可以插入也带有互补单链尾巴的质粒或者 λ 噬菌体克隆载体,正如前文所述的平整末端限制性片段的克隆方法。

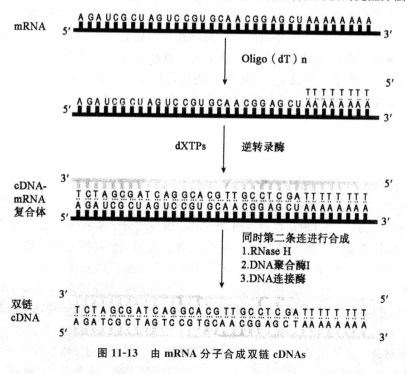

图 11-13　由 mRNA 分子合成双链 cDNAs

11.2.2　目标基因 DNA 文库的筛选

高等动物和植物的基因组非常的大,例如,人类基因组有 3×10^9 个核苷酸对。所以,在多细胞的真核生物基因组 DNA 文库或者 cDNA 文库中寻找某一特定的基因或者 DNA 序列,也就是在包含几百万或者更多序列的文库中找出某一 DNA 序列。最为强大的筛选方法是遗传选择:寻找一种文库中的 DNA 序列,能使突变体恢复成野生型表型。当遗传选择不能使用时,就必须要用其他一些更加困难的分子筛选方法。分子筛选一般要涉及到使用 DNA 或者 RNA 序列作为杂交探针,或者使用抗体来检测 cDNA 编码的基因产物。

1. 遗传选择

鉴定目标克隆最简单的方法是遗传选择(genetic selection)。例如 *Salmonella typhimurium* 中控制青霉素抗性的基因就很容易克隆。从有青霉素抗性的一株 *S. typhimurium* 菌 DNA 构建基因组文库。而对青霉素敏感的大肠杆菌通过转化重组 DNA 后,让其在含有青霉素的培养基上生长。只有转化成功的细胞携带有青霉素抗性基因,才能在含有青霉素的培养基上生长。

当目标基因有合适的突变体时,可以利用野生型等位基因将突变体恢复成正常表型进行遗传选择。这种选择方法也被称为互补筛选,它的原理是野生型等位基因相对于突变的另一等位基因具有显性,突变基因编码的是无活性的产物。例如,使用酵母的 cDNA,将啤酒酵母中编码组氨酸生物合成酶的基因克隆并转化组氨酸缺陷型的大肠杆菌,然后可以通过在无组氨酸的培养基上筛选出转化成功的大肠杆菌细胞。许多植物和动物基因就是利用它们互补突变的能力克隆到大肠杆菌和酵母中的。

互补筛选的使用也是受限制的,真核基因含有内含子,在翻译之前必须从转录子中将其剪切出去。因为大肠杆菌中没有剪接真核基因内含子的机制,所以大肠杆菌中互补筛选真核克隆只能使用 cDNAs,在 cDNAs 中内含子序列已经被剪切去除了。另外,互补筛选方法是建立在新宿主细胞对克隆的基因的正确转录之上的。真核生物中有调节基因表达各种信号,这点与原核生物是不一样的。因此,互补筛选方法更适用于在原核生物宿主中克隆原核基因,在真核生物宿主中克隆真核基因。正是因为这样,研究者一般常用啤酒酵母来互补筛选真核 DNA 文库。

2. 分子杂交

第一批克隆的真核 DNA 序列是在特定细胞中高表达的一些基因。这些基因包括哺乳动物的 α 和 β 珠蛋白基因以及鸡的卵清蛋白基因。血红细胞高度异化成专门合成和储存血红蛋白的细胞,血红细胞在它们生物合成活性最大时期合成的蛋白质分子中有 90% 以上是珠蛋白链。血清蛋白是鸡输卵管细胞的主要产物。因此,可以很容易从网织血红细胞和输卵管细胞中分离出珠蛋白和卵清蛋白基因的 RNA 转录本。这些 RNA 转录本可以用来合成带有放射性的 cDNAs,利用 cDNA 的放射性可以用原位菌落杂交或者斑点杂交筛选基因组 DNA 文库(图 11-14)。菌落杂交可以用于筛选质粒和黏粒载体构建的文库;斑点杂交用于筛选 λ 噬菌体载体构建的文库。这里我们主要关注原位菌落杂交,但事实上这两种方法应用都很多。

菌落杂交筛选法需要将转化后细菌形成的菌落转移到尼龙膜上,然后和标记过的 DNA 或者 RNA 探针杂交,最后放射自显影(图 11-14)。标记过的 DNA 或者 RNA 链用作探针来和尼龙膜上菌落中变性后的 DNA 杂交。在杂交之前,细菌裂解后释放出来的 DNA 已经结合在膜上,这样在后续的操作中 DNA 就不会发生移动。互补 DNA 链之间杂交完成以后,用盐缓冲溶液清洗尼龙膜,洗去没有杂交的探针,然后用 X 线胶片曝光来寻找膜上的放射性。只有和放射性探针杂交的 DNA 序列所在的菌落才能在放射性自显影中产生放射性斑点(图 11-14)。放射性斑点对应的原本平板上的位置就是带有目标序列的菌落位置。从这些菌落中,可以获得含有目标基因或者 DNA 序列的克隆。

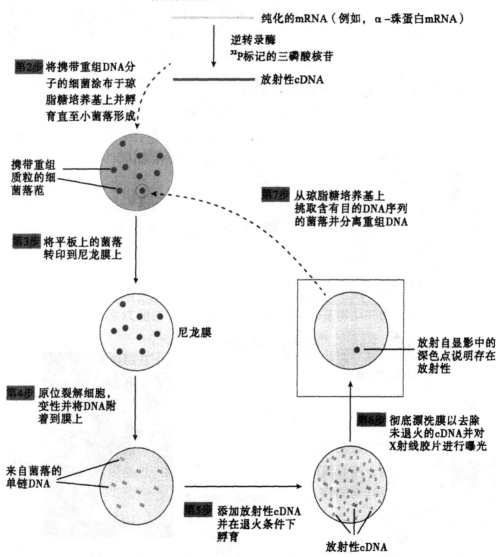

图 11-14 通过菌落杂交来筛选 DNA 文库

使用带有放射性的 cDNA 作为杂交探针

11.3 遗传物质的分子水平分析

11.3.1 利用 Southern blot 技术分析 DNA

凝胶电泳是一个用于分离带有不同电荷以及不同大小的大分子的重要工具。DNA 分子的每个单元带有恒定的电荷,因此,它们在琼脂糖和聚丙烯酰胺凝胶中的迁移只和它们的大小以及构象有关。琼脂糖凝胶以及聚丙烯酰胺凝胶的作用是分子筛,延缓大分子的通过,小分子率先通过凝胶。琼脂糖凝胶更适合分离大分子(超过几百个核苷酸);聚丙烯酰胺凝胶更适合分离小分子 DNA。图 11-15 展示的是通过琼脂糖凝胶电泳分离限制性 DNA 片段。用于分离 DNA 和蛋白质分子的方法在原理上基本上是一致的,但是技术方面有些许不同,因为每一种大分子都有自己的特性。

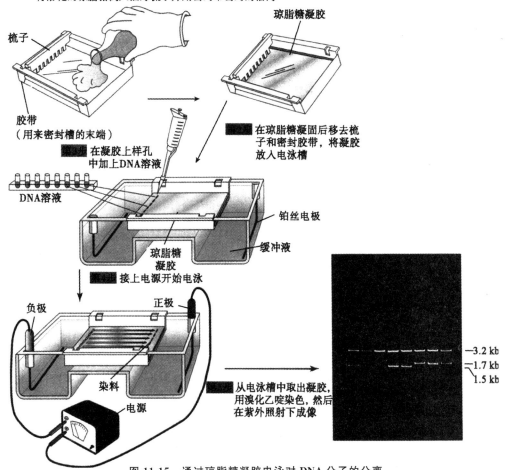

图 11-15 通过琼脂糖凝胶电泳对 DNA 分子的分离

DNA 样品溶于上样缓冲液中,而上样缓冲液的密度大于电泳缓冲液的密度,因此 DNA 样品会沉到上样孔的底部,而不是弥散在电泳缓冲液中。上样缓冲液中同时还含有一种染料用于显示 DNA 分子在凝胶中的迁移。溴化乙锭(EB)能够与 DNA 结合,而且在紫外光的照射下会发出荧光。在图中所示的照片中,三号泳道中是 *Eco*RI 酶切过的 pUC19 DNA;其他泳道中是 *Eco*RI 酶切过的含有谷氨酰胺合成酶 cDNA 插入片段的 pUC19 DNA

在 1975 年,E. M. Southern 发表了一种重要的新方法,使研究者们可以鉴定出凝胶电泳分离后基因或者其他 DNA 序列限制性片段的位置。这个技术的特点是把分离开的 DNA 分子从凝胶转移到尼龙膜或者硝酸纤维素膜上(图 11-16)。这种将 DNA 分子转移到膜上的技术以发明这项技术的科学家姓名命名,叫做 Southern blot。DNA 在转移前已经被变性,或者转移过程中将凝胶置于碱性溶液中使 DNA 变性。转膜后,通过干燥或者紫外照射使 DNA 固定在膜上。使用含有目的片段、且带有放射性标记的 DNA 探针与已经固定在膜上的 DNA 进行杂交。探针只能和膜上含有它的互补片段的 DNA 杂交,没有被杂交的探针将被从膜上洗掉,洗过的膜放在 X 射线胶片下曝光来检测放射性条带的位置。胶片曝光后,深色条带显示的位置就是已经和探针杂交的 DNA 片段的位置(图 11-17)。

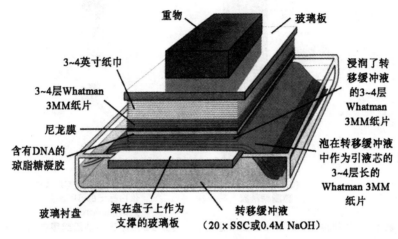

图 11-16　将已经通过电泳分离过的 DNAs 转移到尼龙膜上

转移缓冲液将 DNA 从凝胶中带到膜上,而干纸巾能够从水槽中将盐溶液吸出来,穿过凝胶到达上层的纸巾。DNA 将结合到相邻的膜上。有 DNA 结合上去的尼龙膜在真空中干燥,DNA 就会紧紧地结合在膜上用于杂交。SSC 是一种含有氯化钠和柠檬酸钠的溶液

把通过凝胶电泳分离开的 DNA 转移到尼龙膜上用于杂交以及其他的研究,这种方法已经被广泛应用在各类研究中。

11.3.2　RNA 的分子水平分析

1. 利用 Northern blot 技术分析 RNA

与 Southern blot 方法类似,经过琼脂糖凝胶电泳分离的 RNA 分子也可以类似地进行转移和分析。RNA 斑点杂交被称为 Northern blot,技术路线类似于 So nthern blot 方法,不同之处仅是被分离和转移到膜上的是 RNA 分子。

Northern blot 的步骤与 Southern blot 基本上相同,但 RNA 很容易被 RNA 聚降解,因此,必须小心防止样品被一些极其稳定的酶污染。同时,大部分的 RNA 分子含有相当多的二级结构,所以必须在电泳的时候进行变性,使 RNA 分子保持一级结构。在电泳的过程中,在缓冲液中添加甲酰胺和其他化学变性剂可以使 RNA 分子变性。将 RNA 分子转移到合适的膜上之后,可以用 RNA 或者 DNA 探针与 RNA 斑点进行杂交,过程如 Southern blot。

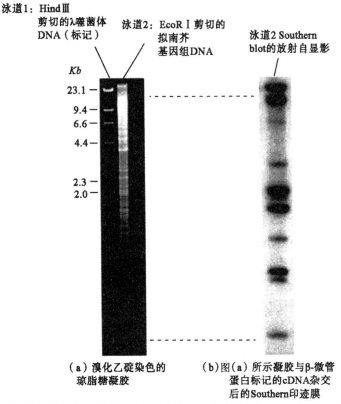

图 11-17　使用 Southern blot 技术鉴定含有特定 DNA 序列的基因组限制性片段

Nothern blot 对于研究基因的表达非常重要（图 11-18）。通过这个方法可以确定何时何地一个特定的基因被表达。然而，我们必须清楚 Nothern blot 仅仅可以测定 RNA 转录本的累积量。实验结果不会提供任何信息来解释观察的累积量的发生。转录本水平的变化可能是与转录速率的变化，或者转录本降解速率的变化相关，必须应用其它更精确的方法来区分这些可能性。

2. 通过反转录 PCR（RT-PCR）进行 RNA 分析

反转录酶可以利用 RNA 模板催化合成 DNA 链，这个过程可以在体外进行。合成的 DNA 链可以通过几个步骤（图 11-19），包括应用引物和热稳定的 Taq DNA 聚合酶等转变成 DNA 双链。产生的 DNA 分子再以标准的 PCR 过程进行扩增。

第一条 DNA 链，通常被称为 cDNA（Complementary DNA），因为它与要研究的 mRNA 互补。这条 DNA 链可以通过寡聚引物（dT）或者基因特异的引物合成。其中寡聚引物会退火到所有 mRNA 的 3′-ploy(A)尾巴，而特异性引物只与感兴趣的 RNA 分子互补的序列结合。基因特异的寡核苷酸引物一般退火到 mRNA 的 3′端非编码区的序列上。图 11-19 说明这些引物是如何应用到 RT-PCR 来扩增一段特异性的基因转录本。扩增之后的产物通过凝胶电泳进行分析。产物无论出现在凝胶中的何种位置，观察者都可以确定研究的研究人员可以确定样本中是否存在感兴趣的 mRNA 录。这是确定一个特定的基因是否被转录的一个快速简便的方法。

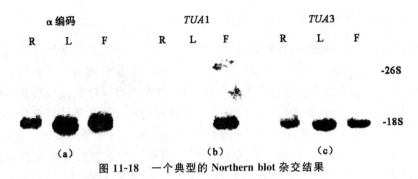

图 11-18　一个典型的 Northern blot 杂交结果

RT-PCR 程序已经得到很大完善,现在更多关注基因的定量。例如,已知的 RNA 可以进行分析从而确定 RNA 和 DNA 数量间的关系。了解它们间的关系后,就可以通过实验样本中的 DNA 的数量推算出原始样本中的 RNA 的数量。

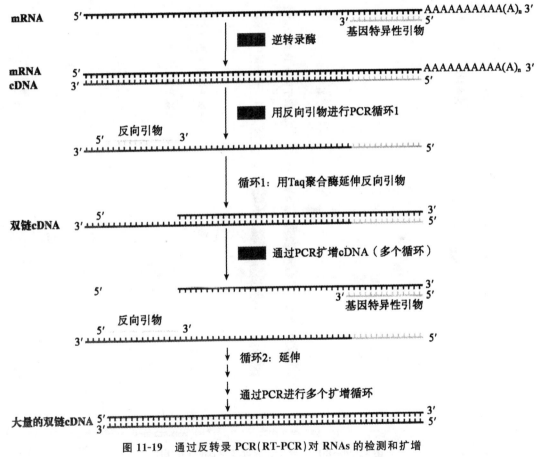

图 11-19　通过反转录 PCR(RT-PCR)对 RNAs 的检测和扩增

首先使用反转录酶合成一条与目标 mRNA 互补的单链 DNA 来扩增特异性的基因转录本。单链 DNA 合成起始于基因特异性的寡聚核苷酸引物(只与目标 mRNA 结合的引物)与 mRNA 的结合。然后使用反向引物和 Taq 聚合酶合成双链 cDNA。最后使用基因特异性的引物和反向 PCR 引物进行标准的 PCR 反应,得到大量的双链 cDNA

3. 利用 Western blot 技术进行蛋白分析

聚丙烯酰胺凝胶电泳是分离、分析蛋白质的重要工具。由于很多功能蛋白质是由二个甚至更多的亚基组成,所以在电泳过程中通过添加 SDS 变性剂使它们分解为单一的多肽。电泳之后通过考马斯亮蓝或者银染的方法进行染色。同时,分开的多肽也可以从凝胶转移到硝酸纤维膜素上,通过抗体可以检测到特定蛋白。蛋白从聚丙烯酰胺凝胶转移到硝酸纤维素膜上的过程被称为 Western blot。这个方法通过恒定的电流将蛋白从凝胶上转移到膜表面。转移之后,将已经固定蛋白的膜放在含有特异抗体的溶液中,这样感兴趣的特定蛋白就会被检测出来。没有结合的抗体被洗掉后,将膜放在含有抗第一抗体的第二抗体的溶液中,这样第一抗体可以被检测出来。第二抗体拮抗一般的免疫球蛋白(所有的抗体都含有这种蛋白基团)。二抗与一个放射性同位素(进行放射自显影)耦联或者与某种酶耦联,这种酶与合适的底物发生反应,可以产生可见的产物。图 11-20 表明利用 Western blot 检测玉米根叶的全部细胞蛋白中有无某一特定蛋白。

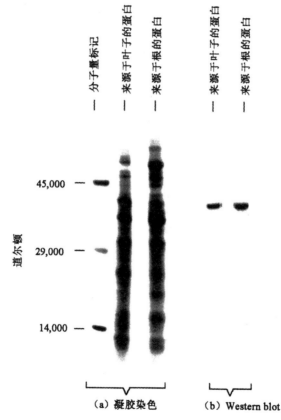

图 11-20　SDS 凝胶电泳图以及 Western blot 图

通过聚丙烯酰胺凝胶电泳分离蛋白之后,再使用 western blot 来鉴定某一特定的蛋白质。(a)从玉米的根部以及叶子中提取的蛋白质通过聚丙烯酰胺凝胶电泳分离,然后用考马斯亮蓝染色。(b)从(a)中所示的凝胶中通过 western blot 鉴定出谷氨酰胺合成酶

11.3.3　基因和染色体在分子水平的分析

重组 DNA 技术使得遗传学家能够探究基因、染色体以及整个基因组的结构。事实上,分子遗传学家正在构建许多物种基因组详细的遗传图谱和物理图谱。

一个遗传单位的终极物理图谱是它的核苷酸序列,许多病毒、细菌、线粒体、叶绿体以及一些真核生物的基因组全部核苷酸序列已经被测定出来了。另外,2004 年 10 月,国际人类基因组测序联盟发表了人类基因组的“准全部”序列。这个序列只有 341 个缺口,覆盖了人类基因组中99％的染色体序列。在接下来的内容中,我们将讨论基因和染色体限制性内切酶酶切位点图谱的构建,以及 DNA 序列的筛选。

1. 基于限制酶酶切位点的 DNA 分子的物理图谱

大多数限制性内切酶只在特定的位点酶切 DNA 分子。因此,这可以用来绘制染色体的物理图谱(physical maps),物理图谱对帮助研究者们分离带有目标基因或者 DNA 序列的 DNA 片段很有应用价值。限制性片段的大小可以通过聚丙烯酰胺或者琼脂糖凝胶电泳确定。考虑到DNA 的核苷酸亚结构,每个核苷酸分子有一个磷酸基因,DNA 每个核苷酸单元有特定的电荷数。那么,电泳时 DNA 片段的迁移率可以由它们的长度精确地估计出来,迁移率与 DNA 长度成反比例关系。

绘制限制酶酶切位点图谱的方法详见图 11-21。使用一系列已知长度的 DNA marker 可以估计出 DNA 限制性片段的长度。在图 11-21 中,长度 1000 核苷酸对以内的一系列 DNA 分子可以用作长度 marker。一个长度约为 6000 核苷酸对(6 kb)的 DNA 分子,使用 EcoRI 酶切后,可以产生两个片段,一个为 4000 核苷酸对,一个 2000 核苷酸对。而同样的 DNA 分子用 Hind Ⅲ处理后,会产生两个大小分别为 5000 bp 和 1000 bp 的片段。

唯一的那个 Hind Ⅲ 酶切位点在 DNA 上的可能位置如图 11-21(c)所示。应注意到,仅仅停留在分析阶段,无法推断出 EcoRI 和 Hind Ⅲ 的酶切位点。Hind Ⅲ 酶切位点在两个 EcoRI 限制性片段上都有可能存在。将此 DNA 分子同时用 EcoRI 和 Hind Ⅲ 消化,会产生三个片段,大小分别为 3000、2000 和 1000 个核苷酸对。这个结果就能推断出两个酶切位点在分子上的位置。既然 EcoRI 酶切产生的 2000 个核苷酸对的片段仍然存在(不是 Hind Ⅲ 酶切产生的),那么 Hind Ⅲ 酶切位点肯定是在 EcoRI 酶切产生的另一个片段上的[图 11-22(d)]。使用多种不同的限制性内切酶来继续这种分析方法,可以构建出更大的限制性内切酶位点图谱。使用大量的限制性内切酶后,整个染色体的详细图谱就能绘制出来了。限制性酶切图谱(restriction maps)的一个重要的特点,不同于遗传图谱,限制性酶切图谱反映了 DNA 分子上的真实距离。

综合使用计算机辅助的限制性酶切图谱绘制方法和其他分子技术,就有可能构建出整个基因组的物理图谱。第一个完成物理图谱绘制的多细胞真核生物是线虫,一种在遗传控制和发育研究中很重要的蠕虫。另外,线虫基因组的物理图谱还经过了它的遗传图谱矫正。这样,当线虫中有一种感兴趣的突变体被鉴定出来时,可以使用突变体在遗传图谱上的位置,从线虫的克隆文库中获得野生型基因的克隆。

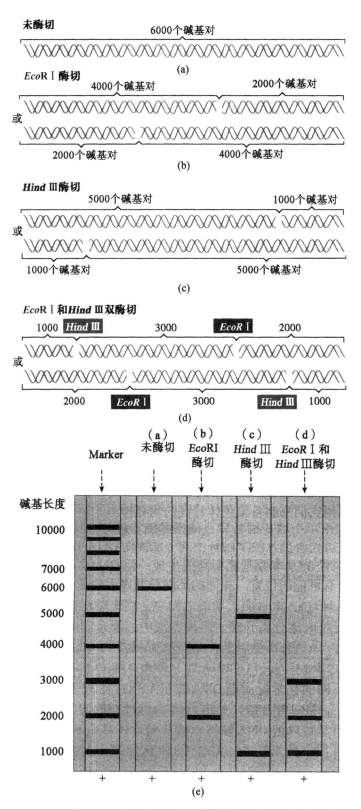

图 11-21　绘制 DNA 分子中限制性内切酶酶切位点图谱的方法步骤

2. 基因和染色体的核苷酸序列

某一基因或者染色体的终极结构图谱是它的核苷酸对序列,核苷酸对序列的变化会引起基因或者染色体功能的变化。早在 1975 年,就有了测定整条染色体序列的想法,但只是停留在想法上,因为在最理想的情况下,在实验室中需要几年的工作才能完成。到了 1976 年末,噬菌体 ΦX174 染色体的全部 5 386 个核苷酸对被完全测定出来了。而到了今天,测序已经是实验室一个很常规的流程了。超过 2 000 种病毒、1 000 种质粒、大约 1 500 种叶绿体和线粒体、超过 700 种细菌和古生菌,以及大约 30 种真核生物基因组的核苷酸序列已经被测定出来了。同时,另外 200 中真核生物基因组的测序工作正在进行中,人类基因组中常染色体 99% 的序列已经被测定出来了。

我们能够测定任何 DNA 分子序列是基于四个大的发现。最重要的突破是限制性内切酶的发现,以及利用它们来制备染色体片段的均相样本。另一个重要的进展是凝胶电泳发展到了能够鉴别出一个核苷酸差异。使用基因克隆技术来制备大量的特定 DNA 分子也很重要。最后,研究者们发明了两种不同方法测定 DNA 分子的序列。

两种 DNA 测序方法的基本原理相似,先生成一组 DNA 片段,它们一端是相同的,但在另一端终止于所有可能的位置。相同的那端是测序引物的 5′ 端。引物的 3′ 端有一个自由的-OH 基团,这是 DNA 聚合酶扩增的起始点。产生的这些片段因为长度不同,可以通过聚丙烯酰胺凝胶电泳分离开来。两种方法中,都是同时进行四个独立的生化反应,每个反应都产生一系列在不同碱基(A、G、C 或者 T)处终止的片段。

第一种方法,叫做 Maxam 和 Gilbert 法,是由 Allan Maxam 和 Walter Gilbert 发明的,他们利用四个不同的化学反应把 DNA 链在 A、G、C 或者 C+T 处切开。这种方法现在已经不再使用了。第二种方法,是由 Fred Sanger 和他的同事发明的,他们使用带有放射性的核苷酸以及特殊的 DNA 链终止核苷酸在体外合成 DNA,然后会产生四组带有放射性标记的片段,分别在 As、Gs、Cs 和 Ts 处终止。接下来我们将讨论 Sanger 测序法。

2′,3′-双脱氧三磷酸核糖核苷酸(2′,3′-Dideoxyribonucleoside triphosphates)(图 11-22)是 Sanger 测序法中最常使用的 DNA 链终止物。因为 DNA 聚合酶扩增需要 DNA 引物端的 3′-OH 自由基。如果 DNA 链的末端加上了 2′,3′-双脱氧三磷酸核糖核苷酸,因为 2′,3′-双脱氧三磷酸核糖核苷酸没有 3′-OH,这将会阻断后续的 DNA 链延伸。使用 2′,3′-双脱氧三磷酸胸腺嘧啶核糖核苷酸(ddTTP)、2′,3′-双脱氧三磷酸胞嘧啶核糖核苷酸(ddCTP)、2′,3′-双脱氧三磷酸腺嘌呤核糖核苷酸(ddATP)和 2′,3′-双脱氧三磷酸鸟嘌呤核糖核苷(ddGTP),在四个独立的反应中终止 DNA 链的延伸,会产生四组片段,每组片段包含的 DNA 链都是在相同的碱基处终止(T、C、A 或者 G)(图 11-23)。

在一个给定的反应中,dXTP 与 ddXTP(X 代表四种碱基)的比例大约保持为 100∶1,这样新产生的 DNA 链在某一碱基 X 处终止的概率就大约是 1/100。这会产生一组在某一碱基处终止的所有可能片段,片段长度距离起始的引物端大约为 100 个核苷酸。

然后,通过变性将四个平行反应中产生的 DNA 片段从模板链上分离出来,再用聚丙烯酰胺凝胶电泳把它们分离开,放射性自显影会显示它们的位置。放射自显影照片中的条带位置反应的就是不同长度的链;它们会产生一个"梯子",从中可以读出合成最长链的核苷酸序列(图 11-24)。

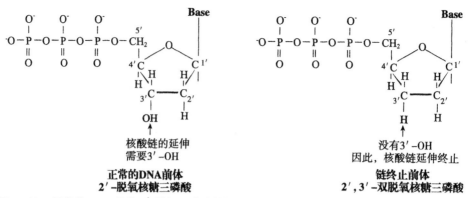

图 11-22　正常的 DNA 前体 2′-脱氧三磷酸核糖核苷酸与 DNA 测序中用于终止链式反应的 2′,
3′-双脱氧三磷酸核糖核苷酸之间结构的对比

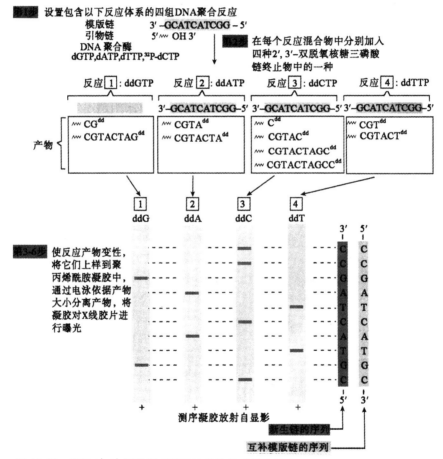

图 11-23　使用 2′,3′-双脱氧三磷酸核糖核苷酸终止链式反应的方法测定 DNA 序列

　　同时平行的进行四个反应,每个反应中含有四个终止链式反应的双脱氧核糖核苷酸之一:ddGTP、
ddATP、ddCTP 以及 ddTTP。所有四个反应混合物中含有体外 DNA 合成所需的全部成分,包括与模板链复
性的引物链。引物链决定了全部产物共有的 5′端;它有一个自由的 3′-OH,并且在 DNA 聚合酶的作用下能够
沿着 5′到 3′方向延伸。每个反应中还含有一种放射性 DNA 前体(这里所用的是 32P-dCTP),这样就可以通
过放射性自显影检测反应产物。四个反应的产物分别通过聚丙烯酰胺凝胶电泳分离,然后由放射性自显影检
测出凝胶中反应新产生的 DNA 链位置。因为最短链迁移最长的距离,所以通过由下(阳极所在位置)而上
(阴极所在位置)阅读凝胶,就可以获得新生链(放射性自显影照片右边,标记为红色)的核苷酸序列

最短的片段电泳时会迁移最大的距离,最靠近阳极端。每两个靠在一起的条带中所包含的 DNA 链都只有一个碱基的差异,迁移较慢的比迁移快的多一个碱基。在每个反应混合物中,每个条带中 DNA 链的 3′ 端都是反应混合物中终止反应的双脱氧核苷酸(图 11-23)。用聚丙烯酰胺凝胶电泳分离在四个平行的反应中产生的片段后,再通过读出放射性自显影现实的条带,就能获得一条 DNA 链的完整核苷酸序列。图 11-23 展示的是核苷酸序列测序的每一个步骤。图 11-24 展示的是终止链反应的双脱氧核苷酸的自显影照片。在优化的条件下,一个测序反应可以测出数百个核苷酸对。

现在,可以使用自动化 DNA 测序机器来对大片段 DNA 序列进行测序,其原理还是使用上述的链终止双脱氧核苷酸,但是有些许调整。不同的 DNA 测序机器有略微不同的步骤。图 11-23 所示的平板凝胶测序和自动化 DNA 测序之间最大的区别是:①自动化测序监测 DNA 链使用的是荧光染料,而不是放射性同位素;②使用单一凝胶电泳或者毛细管电泳来检测四个反应得到的产物;③当 DNA 片段电泳经过凝胶或者毛细管,使用光电管检测染料的荧光;④直接将光电管得到的信号传输进入电脑中,然后自动分析,记录和打印出测序结果。

分别使用不同的荧光染料来标记四个双脱氧核苷酸终止链测序反应的产物。因此,可以根据它们通过凝胶或者毛细管时的荧光不同来区别四个反应的产物。荧光染料可以和测序用的引物结合或者直接和终止反应的双脱氧核苷酸结合。图 11-25 对比了自动 DNA 测序法和图 11-23 描述的平板凝胶测序法,还展示了电脑输出的对一个小 DNA 片段的自动测序结果。

自动 DNA 测序机器可以同时进行 96 个毛细管电泳,而且上样、电泳、数据收集和数据分析都是完全自动的。如果连续地工作,一台 96 个毛细管的机器一天可以测定超过 100 000 个核苷酸序列。虽然这看上去很多,但是要知道,人类基因组含有 30 亿个核苷酸对。

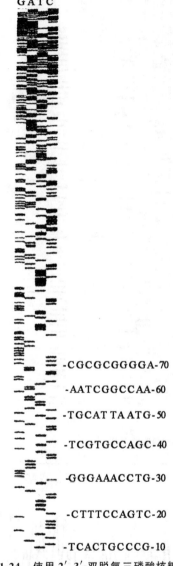

图 11-24　使用 2′,3′-双脱氧三磷酸核糖核苷酸链终止测序法得到的放射性自显影图

图中右边所示的是阅读凝胶底部条带得到的序列

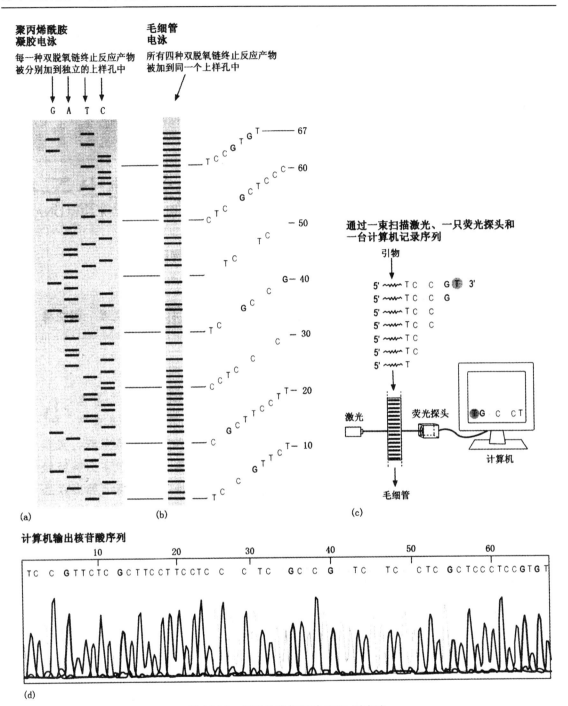

图 11-25　标准的平板凝胶 DNA 测序法

第 12 章　分子基本操作技术

12.1　核酸的分离、纯化、检测和杂交

12.1.1　DNA 的分离和纯化

从细胞中提取 DNA,那么首先应裂解细胞,使细胞内含物释放到溶液中。由于材料不同,因此裂解细胞所采用的方法也不相同。裂解细菌细胞可使用溶菌酶,或者用 NaOH 和 SDSS 一同处理细胞。除化学方法外,还可使用物理方法,如煮沸、冷冻及超声波等方法使细菌细胞裂解。对于动、植物材料,通常使用物理的方法,如加入液氮研磨,首先将其粉碎,然后利用去垢剂裂解细胞。制备细胞提取物的最后一步是通过离心的方法去除像部分消化的细胞壁碎片等不溶性成分。在离心的过程中,这些不溶性细胞残余物沉降到离心管的底部,与细胞内含物分离。

在细胞提取物中,除 DNA 外,还存在大量的 RNA 和蛋白质。标准的除去细胞提取物中蛋白质的方法为苯酚抽提。苯酚能够使提取物中的蛋白质变性沉淀,离心后沉淀出的蛋白质会聚集在水相和有机相的分界面上,形成白色的凝集物,而 DNA 和 RNA 保留在水相。对于蛋白质含量高的材料来说,可先用蛋白酶处理细胞提取物,将蛋白质降解成小的肽段,从而有利于进行苯酚抽提。

DNA 样品中的 RNA 可利用核糖核酸酶去除,这种酶能够迅速地将 RNA 降解为短的寡核苷酸,然而不会作用于 DNA 分子。接下来,可加入等体积的乙醇沉淀 DNA。因为乙醇还能从溶液中沉淀 RNA、蛋白质及多糖等其他大分子,所以乙醇沉淀一定是在除去这些成分后进行。经过离心,DNA 沉降在离心管的底部,而 RNA 片段则保留在上清液中。除去上清液后,DNA 沉淀可以用水或者缓冲液溶解。

除苯酚抽提法外,DNA 还可通过树脂柱进行纯化,这些树脂可特异性地结合 DNA 和 RNA。离子交换树脂与 silica 树脂为两种重要的树脂。silica 树脂在低 pH 和高盐条件下快速结合核酸,在高 pH 和低盐条件下核酸被洗脱出来。离子交换树脂,如二乙基氨基乙基纤维素,带有正电荷,在低盐状态下可与带负电的 DNA 结合;在高盐状态下,离子键被破坏,DNA 被洗脱出来。

12.1.2　用紫外线检测 DNA 和 RNA 的浓度

DNA 与 RNA 分子中碱基的芳香环在 260 nm 处具有最大紫外光吸收。若把一束紫外光穿过核酸溶液,DNA 或 RNA 的浓度决定了溶液的紫外吸收值。所以,DNA 或者 RNA 样品的浓度可用 UV 光谱学进行检测。核酸的消光系数与其碱基所处的环境有关。因为碱基充分暴露,单一的核苷酸光吸收值最大,其次是单链 DNA 和 RNA。然而双螺旋 DNA,因为碱基的堆积,具有最小的吸收值。浓度为 mg/mL 的核酸溶液,光程为 1 cm 时,双链 DNA 的 A_{260} 为 20,RNA 和单链 DNA 的 A_{260} 为 25。溶液的 DNA 或 RNA 浓度的计算公式如下:

$$\text{DNA 浓度}(\mu g/mL) = OD_{260} \times \text{稀释倍数} \times 50\mu g \text{ DNA}/mL$$

$$\text{RNA 浓度}(\mu g/mL) = OD_{260} \times \text{稀释倍数} \times 40\mu g \text{ DNA}/mL$$

紫外分光光度法不仅可确定核酸的浓度,还可通过测定 260 nm 和 280 nm 处的紫外吸收值估计核酸的纯度。纯 DNA 的 A_{260}/A_{280} 为 1.8。蛋白质在 280 nm 处具有光吸收,这主要是由色氨酸的芳香环引起的。如果 DNA 样品中存在蛋白质,那么此时 A_{260}/A_{280} 小于 1.8。纯 RNA 的 A_{260}/A_{280} 的值大约为 2.0。若 DNA 样品中有 RNA 存在,那么此时 A_{260}/A_{280} 大于 1.8。

12.1.3 放射性标记 DNA 的检测

检测凝胶中放射性标记的 DNA 或 RNA 可采用放射自显影可,如图 12-1 所示,也可用它检测在杂交实验中,与结合在膜上的靶序列互补配对的放射性探针。不管放射性 DNA 是在膜上,还是在凝胶里面,放射性同位素都会释放出 β 射线,使感光材料中的卤化银等感光。进行放射自显影实验时,将胶片放置在干燥后的凝胶或者滤膜上面,并在黑暗中放置几小时或者几天时间。显影后,凝胶中放射性 DNA 条带所在的位置与胶片上出现的黑色条带相对应。

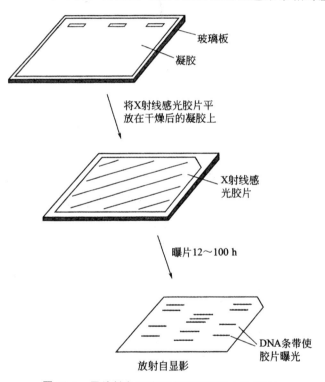

图 12-1 用放射自显法观察琼脂凝胶中的 DNA

12.1.4 DNA 和 RNA 的荧光检测

分子吸收某种波长的射线而后发出一种波长更长的射线时便产生了荧光。荧光的检测需要一束入射光激发荧光染料和一个检测器检测荧光染料受到激发后发出的荧光。荧光染料可用来标记 DNA 分子。自动化测序需要对 DNA 进行荧光标记,荧光染料一般连接到双脱氧核苷酸上,采用不同的荧光染料来标记四种不同的双脱氧核糖核苷酸。在电泳过程中,当被标记的 DNA 分子通过荧光探测器时,探测器记录每一条电泳带在受到激光照射后发出的荧光的波长,并将数据传递给计算机,然后,由计算机将这些信息转换成 DNA 序列。

　　流式细胞仪最初的功能是将荧光标记的细胞与未被标记的细胞分离开来。更加灵敏的流式细胞仪能够分离染色体。操作时,将细胞破裂获得染色体的混合物,在采用荧光染料对染色体染色。由于结合于染色体的染料量依赖于染色体的长度,因此较大的染色体将结合更多的染料,产生的荧光与较小的染色体相比强。稀释染色体样品后,将其通过小孔从而形成液滴流,每个液滴仅含有单个染色体。当液滴通过可检测荧光量的检测器时,从而可确定含有待分离染色体的液滴,并将该液滴加上电荷,使其移动产生偏离,从而实现与其他液滴分开的目的,如图 12-2 所示。对个体小的生物体进行分选为流式细胞仪的另一项应用。

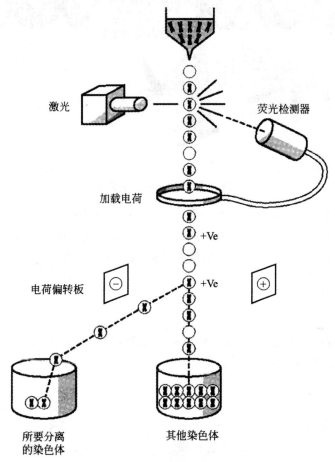

图 12-2　使用流式细胞仪分离染色体

12.1.5　荧光原位杂交

　　荧光原位杂交(fluorescent insitu hybridization,FISH)是以荧光标记的 DNA 分子为探针,与完整染色体杂交的一种方法,染色体上的杂交信号直接给出了探针序列在染色体上的位置。进行原位杂交时,此时需要打开染色体 DNA 的双螺旋结构使其成为单链分子,只有满足上述要求染色体 DNA 才能与探针互补配对,如图 12-3 所示。将染色体干燥在玻璃片上,再用甲酰胺处理是使染色体 DNA 变性而又不破坏其形态特征的标准方法。FISH 最初用于中期染色体。中期染色体高度凝缩,每条染色体都具有可识别的形态特征,所以可十分容易地确定探针在染色体上的大概位置。使用中期染色体也存在缺点,因为其高度凝缩的性质,只能进行低分辨率作图,两个标记至少相距 1 Mb 以上才能形成独立的杂交信号而被分辨出来。

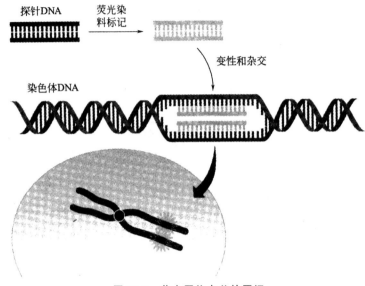

图 12-3　荧光原位杂父的原埋

最新发展起来的纤维荧光原位杂交(fiber fluorescent insitu hybridization,Fiber-FISH)将探针直接与拉直的 DNA 纤维杂交。Fiber-FISH 技术需要用碱或其他的化学手段破坏染色体结构,从而达到将 DNA 分子与蛋白质分离的目的,再将游离的 DNA 纤维拉直并固定在载玻片上用作 FISH 的模板。

12.1.6　分子信标

分子信标为一特殊的荧光探针,该探针只有与靶 DNA 结合后才能发出荧光。分子信标包括环状区、茎干区、荧光基团和猝灭基团三个部分。加入靶序列后分子信标可与完全互补的靶序列形成更加稳定的异源双链杂交体,从而使得猝灭基团与荧光基团之间的空间距离增大,荧光恢复,如图 12-4 所示。分子信标操作简单,特异性和敏感性高,甚至可用于单个碱基突变的检测。

12.1.7　固—液相杂交法

DNA 变性是一个由于加热、酸碱、有机溶剂及高盐浓度等导致 DNA 双螺旋二级结构破坏,形成单链 DNA 分子的过程。变性 DNA 的两条互补单链在适当条件下重新缔合形成双链称为复性或退火。复性的过程极其复杂,完

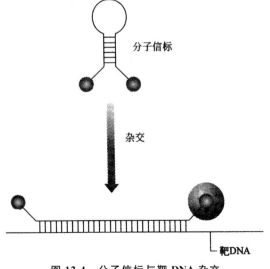

图 12-4　分子信标与靶 DNA 杂交

成时间相对较长,速度与 DNA 的浓度和分子量、DNA 分子的复杂性、温度及溶液的离子强度有密切关系。

分子杂交过程实质上可以看作是 DNA 的复性过程,最大的区别在于 DNA/RNA 的来源不同。只要待测样品中存在与所加探针互补的顺序,在一定条件下即可退火而形成异源 DNA-DNA,RNA-DNA、RNA-RNA 双链。印迹在膜上的核酸样品通过封闭和预杂交封闭膜上的非特异结合位点后即可加入标记好的探针进行杂交。探针与 DNA 样品的印迹杂交因其发明者 Ed Southern 而命名为 Southern Blotting,而随后建立的探针与 RNA 样品的印迹杂交则被称做 Northern Blotting。

区别与探针应用种类的不同,杂交信号的检测方法有两种:①放射自显影,用于同位素标记核酸探针的检测;②化学显色,用于化学标记探针的检测。这两种方法各有缺点,同位素灵敏度高但操作不安全,常用于标记核酸探针的放射性核素有^{32}P,^{3}H,^{35}S,另外也可以使用^{14}C,^{125}I以及^{131}I等。

化学法无放射性污染,操作安全,稳定性好,可以较长时间存放,便于临床诊断等方面的应用,但灵敏度较低,现常用的非放射性标记物有:①半抗原,如生物素和地高辛,可以利用其抗体进行免疫检测;②配体,可以利用亲和法进行检测;③荧光素,如 FITC、罗丹明类等,可被紫外线激发出荧光进行观察;④光密度或电子密度标记物,如金、银等,可以在光镜或电镜下进行观察。

最近推出的化学发光检测方法克服了上述方法的不足,不仅具有同位素的高灵敏度,而且安全性好,其利用某些标记物可与另一物质反应产生化学发光现象,从而可以像放射性核素一样直接对 X 光胶片进行曝光,如 Amersham 公司的 ECL 等。

12.2　聚合酶链式反应

12.2.1　PCR 技术的基本原理

在 1985 年美国 Cetus 公司人类遗传研究室的科学家 K. B. Mulis 发明了 PCR 技术,其为一种在体外快速扩增特定基因或 DNA 序列的方法,又称为基因的体外扩增法。它是根据生物体内 DNA 复制的某些特点而设计的在体外对特定 DNA 序列进行快速扩增的一项新技术。随着热稳定 DNA 聚合酶和自动化热循环仪的研制成功,PCR 技术的操作程序在很大程度上得到了简化,并迅速被世界各国科技工作者广泛地应用于基因研究的各个领域。

通常 PCR 反应体系包括模板、DNA 聚合酶、引物、dNTP 等几项,反应的具体原理如图 12-5 所示。

通过高温 94℃～96℃将待扩增微量 DNA 模板解链成单链 DNA,引物序列在低温条件下与待扩增的单链 DNA 退火,DNA 聚合酶在 72℃以单链 DNA 为模板,从引物 3′末端进行延伸反应,如此经过多次循环反应,则可把极微量的目的基因或某一特定的 DNA 片段扩增数十万倍乃至千百万倍,从而获得足够数量的目的 DNA 拷贝。

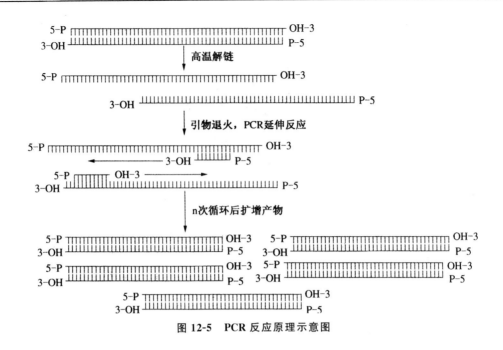

图 12-5　PCR 反应原理示意图

12.2.2　PCR 技术的应用

1. 基因的克隆

PCR 技术能快速在体外获得目的基因,所以此手段广泛用于从基因组 DNA 中直接扩增出大量的目的基因产物,通过克隆技术装载在合适的载体上并转入宿主菌用于核苷酸序列的测定。PCR 扩增的引物应遵循引物的设计一般原则,引物除避免自身配对外,还应具有合适的 G,C 含量,同时引物长度一般在 16～25 bp 之间。在克隆目的基因的同时,为了方便扩增产物的进一步研究,通常在引物的 5′端设计适宜的限制性酶切位点,并在酶切位点前加 3～5 个碱基,从而保证限制性内切酶能识别其特异性酶切位点。

2. 反向 PCR 与染色体步移

在获知一段 DNA 序列的基础上,进一步得到其两侧未知的 DNA 序列的一种有效手段为反向 PCR。其基本操作程序如下:

先用一种在已知序列上没有切点的限制性核酸内切酶消化大分子量的 DNA,最好使带有已知 DNA 区段的消化片段大小在 2～3 kb 范围内。再将这些片段通过连接酶形成分子内连接的环状 DNA 分子。根据已知 DNA 序列设计一对向外延伸的引物,PCR 扩增的产物即是位于已知 DNA 区段两侧的未知的 DNA 序列,其长度取决于切割位点与已知 DNA 区段的距离。重复进行反向 PCR 便可实现染色体步移。

3. 不对称 PCR 和 DNA 序列的测定

不对称 PCR 即在反应循环中引入不同引物浓度,当限制性引物因量少而消耗完后,非限制性引物继续扩增而产生大量的单链 DNA 产物。产生的单链 DNA 可用于制备特定基因的核酸探针及直接进行该基因片段的核苷酸序列测定。

核酸杂交技术是分子生物学检测特异互补序列不可缺少的工具,而探针的制备和标记将直接影响检测的敏感性和特异性。单链 DNA 探针其杂交效率比双链 DNA 探针更高。其原因是双链 DNA 探针在杂交时,除与目的基因序列杂交外,双链 DNA 探针两条链之间还会形成自身的无效杂交,而单链 DNA 探针则不存在此缺点。不对称 PCR 制备的单链探针的敏感性至少是随机引物法标记的双链探针的 8 倍左右。

4. 逆转录 PCR 与 RNA 分析

RT-PCR 技术是一种从 RNA 扩增 cDNA 拷贝的方法。该方法是获得 mRNA5′和 3′末端序列(RACE 技术)以及 cDNA 文库构建的常用手段。RACE 技术(rapid amplification of cDNA end)也被称为锚定 PCR 或单边 PCR 技术,由于 RACE 技术操作方便、快捷、高效且对模板需求量低等特点而广泛应用于 cDNA 全长序列的克隆。其基本原理是利用 Oligo d(T)$_n$ 对 mRNA 进行逆转录的同时,在 cDNA 序列两端加上通用引物,则可利用基因特异性引物(gene specific primer,GSP)通过 PCR 方法快速获得目的序列的 5′端或 3′端序列。

5. 基因的体外诱变

PCR 应用的一个重要领域为基因的体外诱变。依赖于 PCR 技术的体外诱变主要有重组 PCR 定点诱变技术和近年发展迅速的 DNA 重排技术。

(1)重 PCR 定点诱变技术。

最初应用 PCR 定点诱变技术时,只是在引物的 5′端引入突变。在 1988 年,R Higuchi 等提出了“重组 PCR 定点诱变技术”。该方法可在 DNA 区段的任何部位产生定点突变,其原理和程序如下:

依据 DNA 序列设计两对引物,两对引物之中分别有一内侧引物在一端可互补的并在相同部位具有相同碱基突变,分别扩增后形成两条有一端可彼此重叠的双链 DNA 片段,除去未参加反应的多余引物后,混合这两条 DNA 片段,经变性和退火处理可形成两种不同形式的异源双链分子,其中一种具 5′凹末端的双链分子不可能作为 Taq DNA 聚合酶的底物,从而有效地从反应混合物中消除,另一种具 3′凹末端的双链分子可通过 Taq DNA 聚合酶的延伸作用,产生出具有重叠区的双链 DNA 分子。这种双链 DNA 分子用两条外侧引物进行第三轮 PCR 反应,便产生出一种突变点远离片段末端的突变体 DNA。

(2)DNA 重排技术。

DNA 重排技术主要包括两个 PCR 过程。

1)无引物 PCR,让 DNAase Ⅰ酶切目的基因 DNA 得到的 10～50 bp 或 100～300 bp 的片段互为引物进行扩增。

2)有引物 PCR,以无引物 PCR 扩增的产物为模板,用特异性引物进行 PCR 扩增出目的基因,如图 12-6 所示。DNA 重排技术的关键在于要优化 DNAase Ⅰ消化条件。

DNA 重排技术能模拟生物的基因在数百年间发生的分子进化过程,并能在短期的实验中定向筛选出特定基因编码的酶蛋白活性提高成千上万倍的功能性突变基因。Stemmer 等采用单个基因的 DNA 重排和回交技术,在大肠杆菌中使编码 β-内酰胺酶的 TEM-1 基因的抗生素抑制活性(MIC)从 0.02 μg/mL 提高到 640 μg/mL,也就是说,提高了 32 000 倍。此后,他们又相继

选取了 β-半乳糖苷酶基因(lac)和绿荧光蛋白基因(GFP)用 DNA 重排技术模拟并加速分子进化过程,通过筛选从而获得了酶活性大幅度提高的突变株。通过研究发现采用来源于不同基因组的编码同一功能酶的基因,组成基因池进行 DNA 重排实验,突变酶的活性大为提高。Crameri 等采用 4 个来源不同的先锋霉素基因混合进行异源基因组的 DNA 重排,使单一循环的先锋霉素活性提高了 270~540 倍,而只用单一基因进行的实验仅提高了 8 倍。

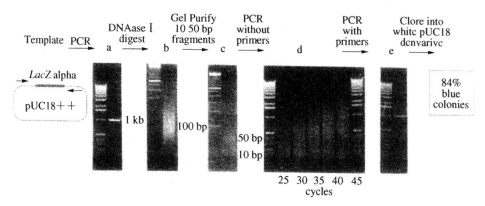

图 12-6　DNA 重排流程图

a. PCR 扩增获得 1 kb 的 lacZα 基因电泳图;b. DNAaseⅠ消化 PCR 产物后电泳图;
c. 回收纯化 10~50 bp 电泳图;d. 无引物 PCR 结果电泳图;e. 有特异性引物 PCR 结果电泳图

6. 突变的检测

PCR 技术不仅可十分有效地在体外诱发基因突变,并且也是检测基因突变的灵敏手段。基因突变分析中的一项重要手段为 PCR-单链构象多态性(single strand conformation polymorphism,SSCP)技术,是现代遗传学研究中用于未知基因突变筛查和已知基因突变检测的一种非常有用的工具。PCR-SSCP 的基本原理和分析程序如下:根据要分析的基因核苷酸序列设计合成合适的引物,用 PCR 扩增特定的靶序列,再把扩增片断变性为单链进行聚丙烯酰胺凝胶电泳。在不含变性剂的中性聚丙烯酰胺凝胶中电泳时,DNA 单链的迁移率主要取决于 DNA 单链所形成的构象,另外还与 DNA 链的长短有关。在非变性条件下,DNA 单链可自身折叠形成具有一定空间结构的构象,这种构象由 DNA 单链碱基决定,其稳定性靠分子内局部顺序的相互作用来维持。相同长度的 DNA 单链其顺序不同,甚至单个碱基不同,那么此时所形成的构象不同,电泳迁移率也不同,所以按照变性 PCR 产物在中性聚丙烯酰胺凝胶电泳中的泳动位置差异,就可将小至单个碱基改变的 DNA 与正常 DNA 序列区别开来。

PCR-SSCP 分析技术可研究基因的外显子和 cDNA 中小至单个碱基的变异。研究人员采用 PCR-SSCP 方法对癌组织和癌旁正常组织进行 p53 蛋白以及 p53 基因第 5、第 8 外显子突变的检测,比较各组蛋白表达和基因突变的不同。另外,对环境因子诱导的 DNA 损伤的检测,PCR-SSCP 分析技术显示了其独特的优越性。

随着研究的深入,通过改进单链的生成率、荧光标记引物、变换多种电泳条件及与其他方法结合使用等,PCR-SSCP 技术更可有效地提高对突变的分析效率。

12.3　凝胶电泳技术

自 1973 年冷泉港实验室里 Sambrook 和 Sharp 两人发明利用琼脂糖凝胶分离 DNA 和 EB 染料观测 DNA 相结合的技术以来,迄今为止,琼脂糖和聚丙烯酰胺凝胶电泳技术依然是分离、鉴定和纯化核酸及蛋白质片段的标准方法。通过研究人员的努力已经在二者的基础上已发展出脉冲场凝胶电泳、等电点凝胶电泳、双向凝胶电泳等诸多电泳技术。

12.3.1　琼脂糖凝胶电泳

琼脂糖凝胶电泳指的是在以琼脂糖为支持物的时候,在适当的条件下对带电生物大分子进行电泳的技术,主要用于 DNA 分子的分离、纯化和鉴定。琼脂糖是从琼脂中提纯出来的,是由 D 半乳糖和脱水 3,6-L-半乳糖连接而成的一种线性多糖,具有亲水性,没有带电基团,不引起 DNA 变性,不吸附被分离的物质,是一种理想的电泳支持物。

通常情况下,在实验室里使用的琼脂糖可以分为常熔点和低熔点(LMP)两个类型。其中,LMP 熔点为 62℃~65℃,一旦溶解,便可在 37℃下持续保持液体状态达数小时之久,但是如果温度在 25℃下的时候通常只可以持续保持液体状态约 10 min 的时间。LMP 一般可用于 DNA 片段的回收。由于 LMP 凝胶中没有抑制酶的存在,通常可以在胶中进行酶切、连接,这种技术在现代分子生物学和基因克隆实验中用途广泛。

通过对于琼脂糖凝胶电泳的初步介绍,我们可以对琼脂糖凝胶电泳有了比较清楚的了解,值得一提的是琼脂糖凝胶电泳技术已经成为目前最成熟的检测 DNA 的技术之一。琼脂糖是从红色海藻中提取出的一种线状多糖高聚物,其基本结构如图 12-7 所示。在高温水溶液(将水煮沸的情况)下琼脂糖会溶解,但是当温度冷却至 70℃以下它就会凝固并形成一定大小孔径的惰性介质(凝胶),其孔径大小是由琼脂糖的浓度决定的。

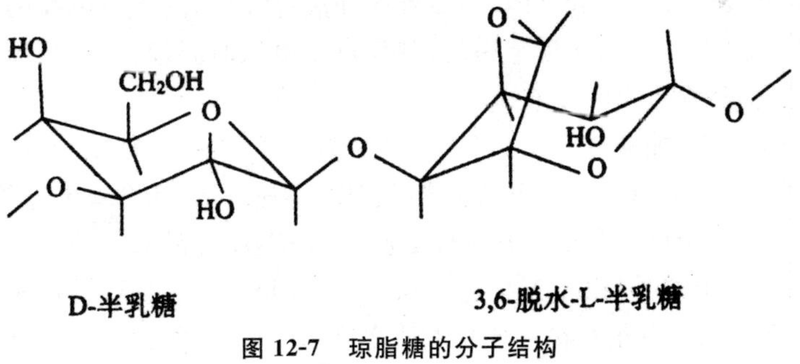

HO　CH₂OH　　　　　　　　　　O

D-半乳糖　　　　　　　3,6-脱水-L-半乳糖

图 12-7　琼脂糖的分子结构

凝胶电泳中影响 DNA 分子泳动的因素有很多。而在电场的作用下,DNA 可在孔洞中迁移,影响琼脂糖凝胶电泳迁移速率的因素主要是 DNA 自身具有的特性以及电泳的条件两大方面因素。

(1)DNA 分子的大小。

线性双链 DNA 分子在电场下以其一端指向电场一极,在凝胶基质中其迁移速率与其碱基对数目以 10 为底的对数值成反比。通俗的说就是通常情况下都是分子质量越大,摩擦阻力就越大,在凝胶空隙中蠕行就越艰难,因此其迁移率就越慢。

（2）琼脂糖的浓度。

关于琼脂糖浓度对于 DNA 分子泳动的影响不难理解，由于琼脂糖浓度越高，其凝胶孔径就会越小，因而 DNA 片段的迁移率就越小。

（3）DNA 分子的构象。

在同一电泳条件下，相同分子质量的 3 种构象的 DNA 具有不同的迁移率：超螺旋环状（Ⅰ型）迁移得最快，其次是线性（Ⅲ型）和迁移速度最慢的带切口环状（Ⅱ型）。

（4）电压的影响。

在低电压的环境下，线性 DNA 分子的迁移率与所加电压是成正比的；随着电场强度的不断增加，高分子质量 DNA 的迁移率将以不同的幅度增长。如此一来，就会出现随着电压的不断升高，琼脂糖凝胶的有效分离范围与之相应逐渐缩小的情况。在 5 V/cm 电场中，大于 2 kb 的 DNA 片段的分辨率达到最大，所以为了达到最理想的效果，通常情况下都会规定琼脂糖凝胶电泳的电压应为 5 V/cm。

（5）溴化乙锭（EB）。

EB 具有扁平结构（图 12-8），能嵌入到 DNA 碱基对中间，可用作 DNA 染色剂。EB 对线状分子与开环分子影响较小，对超螺旋态的分子影响较大。当 DNA 分子中嵌入的 EB 分子逐渐增多时，原来为负超螺旋状态的分子开始向共价闭合环状转变，电泳迁移速度由快变慢；当嵌入的 EB 分子进一步增加时，DNA 分子由共价闭合环状向正超螺旋状态转变，这时电泳迁移速率又由慢变快。一般电泳可以忽略此因素，可采用电泳后染色以消除 EB 对电泳迁移速率的影响。

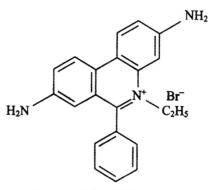

图 12-8　溴化乙锭的分子结构

（6）电泳缓冲液。

目前存在的只有 TAE、TBE 和 TPE 等 3 种缓冲液符合天然双链 DNA 的电泳的要求，其中选用 TAE 的较多，这是从综合的角度考虑的，其优点是电泳时间较短，而且成本比较低，其缺点是其缓冲容量较低，需经常更换电泳液。

在进行电泳的过程中，加样时需先将 DNA 样品与上样缓冲液混匀。其中，上样缓冲液含有 40% 的甘油或蔗糖，可使 DNA 样品沉积在点样孔内而不易扩散；还含溴酚蓝等用做电泳指示染料。另外，电泳时常用一个已知含量和相对分子质量的 DNA 样品做对照，以比对待测样品的相对分子质量和含量。除此之外，由于溴化乙锭（ethidium bromide，EB）是一种扁平的分子，而且其也可以嵌合入 DNA 双链分子并在紫外光下使之显示红色或橘红色荧光，从而能够显示 DNA 片段在凝胶中的位置及相对含量。如此一来，EB 就成为了核酸凝胶电泳中最常用的染料。EB 用作琼脂糖凝胶电泳中的染料，其操作是十分方便的，只要将 EB 按一定的比例直接加到凝胶中，EB 便会在一切可能的部位同 DNA 分子结合，使其在紫外光下通过 EB 的放射荧光而变成可见的电泳谱带。并且，该方法具有十分灵敏的优势，可检测出凝胶中微量的 DNA，其分辨率最高可达到 0.05 μg。除此之外，EB 嵌入量的多少，也就是荧光的强度与 DNA 分子的长度有关，二者成正比。利用此特性可以估计样品 DNA 的含量。但是需要注意的是，EB 是强烈的致癌剂，使用时一定要注意安全防范严格按照相关规定谨慎操作。另外，用于观察的紫外光共有 3 种波长。一般使用中波长（302 nm），而短波紫外光（254 nm）观察效果最好，但对 DNA 的破坏很大。如此一来,若待测 DNA 要回收时,最好在长波紫外光(366 nm)下观察,以防 DNA 被破坏。一般而言,在 0.7% 的琼脂糖凝胶中,对 0.8～10 kb 的 DNA 有最佳的分离效果。而在实际操作中,琼脂糖凝胶对 DNA 分子有效的分离范围也在 0.8～10 kb,但对小分子质量的核酸分子(100 bp～1 kb)的分辨率较低。而聚丙烯酰胺凝胶电泳则可以很好地分辨 100 bp～1 kb 大小的核酸分子;对单链核酸,其分辨率可达 1 bp,这种分辨能力在 DNA 序列测定中发挥了重要的作用。

12.3.2　琼脂糖变性胶电泳

由于 RNA 为单链分子,其链内碱基容易配对形成二级结构。不同的 RNA 分子空间结构不同,所以 RNA 在未变性条件下,其相对分子质量与电泳移动距离之间是不存在严格的相关性。这就是说,通常情况下必须首先在变性条件下破坏了 RNA 的空间结构后才可以进行相关的电泳操作,才能使 RNA 移动距离与其相对分子质量对数成正比。一般常用的 RNA 变性胶有两种:另一种为含乙二醛-二甲基亚砜(DMSO)的凝胶;第一种则是含有甲醛的凝胶。前者比后者更难电泳,由于电泳缓慢而且是需要在电泳液的情况才下可以循环,以避免形成高 H^+ 梯度。虽然二者的分辨率极为相近,但后者的杂交性能更锐利,甲醛变性胶电泳操作更方便。

12.3.3　聚丙烯酰胺凝胶电泳

聚丙烯酰胺胶凝胶电泳是以聚丙烯酰胺凝胶作为支持介质的垂直板凝胶电泳,可根据电泳样品的电荷、分子大小及形状的差别分离物质。聚丙烯酰胺凝胶,是一种既具有分子筛效应,又具有静电效应的,而且其分辨力要高于琼脂糖凝胶电泳,通常情况下适用于小分子 DNA(1～1 000 bp)、寡聚核苷酸和蛋白质的分离,可分离只相差一个核苷酸的不同 DNA 片段,也是 DNA 序列分析中的关键技术之一。

聚丙烯酰胺凝胶是由丙烯酰胺($CH_2=CHCONH_2$, Acrylamide)单体(图 12-9)和甲叉双丙烯酰胺 [$CH_2(NHCOHC=CH_2)_2$, N, N′-methylenebisacrylamide]在一定条件下,聚合而成的高分子聚合物,其聚合度由浓度和二者的比例决定,该过程需要有自由基的催化。提供的自由基[凝胶溶液中另一物质 TEMED($N, N, N′, N′$-四甲基乙二胺)起稳定自由基的作用]的引发作用下,可聚合成长链。其中,每 29 个丙烯酰胺单体可形成 1 分子的交联体(交联度),当双功能基团的 $N, N′$-亚甲基双丙烯酰胺参与聚合反应时,链与链之间交联就形成凝胶。由此可知,丙烯酰胺和 $N, N′$-亚甲基双丙烯酰胺的浓度及比例决定着聚丙烯酰胺凝胶的孔径大小,从而决定着该凝胶的分辨率。

凝胶一般制备都是在玻璃管中或玻璃板上完成的,电泳槽有上槽和下槽两个相互分离的部分组成,分别装有电极,通过凝胶的作用使得它们连成具有导电性的整体结构组织(图 12-10)。电泳中带有电荷的分子在电场作用下就会发生相应的移动,其移动速度依赖于电场的强度、分子净电荷以及分子的大小和形状,同时去运动速度也与介质的离子强度、黏度和温度有着很大的关系:由于聚丙烯酰胺凝胶具有三维网状结构,能起分子筛效应,用它作为电泳支持物,可把分子筛效应和电荷效应结合起来,有分辨率高、载样量大、回收的 DNA 样品纯度极高、抗腐蚀性强、机械强度高、韧性好等优点。

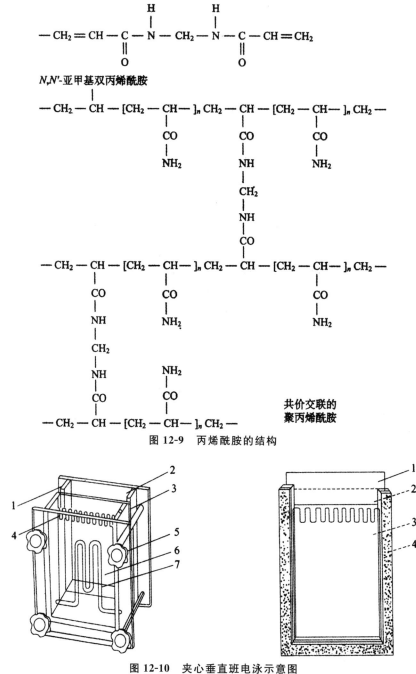

图 12-9　丙烯酰胺的结构

图 12-10　夹心垂直班电泳示意图

1—导线接头;2—下贮槽;3—凹形橡胶框;4—样品槽模板;

5—固定螺丝;6—上贮槽;7冷凝系统

1. 非变性聚丙烯酰胺凝胶

非变性聚丙烯酰胺凝胶电泳主要用于分离和纯化双链 DNA 片段及粗略确定 DNA 片段的大小。大多数双链 DNA 在非变性凝胶中的迁移率大略与其大小的对数值成反比。但是迁移率易受碱基组成和序列空间结构的影响,就会造成其迁移率存在一定程度上的误差,以致大小完全相同的 DNA,其迁移率可相差达 10%。如此一来,非变性聚丙烯酰胺凝胶电泳不能精确地测定 dsDNA 的大小,只能粗略地确定 DNA 片段的大小。除此之外,这类凝胶宜用 1XTBE 灌制并以低电压(1~8 V/cm)电泳。电压过高时,会产生大量的热而引起 DNA 变性。

2. 变性聚丙烯酰胺凝胶

变性聚丙烯酰胺凝胶电泳,主要用于分离纯化单链 DNA 或 RNA,以及用于 DNA 序列测定和需精确确定 DNA 分子大小的试验。与非变性聚丙烯酰胺凝胶电泳相比,变性聚丙烯酰胺凝胶电泳所进行的改进主要是在凝胶中加入了尿素、甲醛等抑制核酸分子中碱基配对的试剂。那么变性的核酸在凝胶中的迁移率就主要与其大小有关,而与其空间结构并没有什么关系了。由于变性聚丙烯酰胺凝胶电泳可精确地确定目的片段的大小,因而常被用来分离纯化单链 DNA 或 RNA,以及用于 DNA 序列测定和需精确确定 DNA 分子大小的试验。举例说明,放射性 DNA 探针的分离、S1 核酸酶消化产物分析及 DNA 测序反应产物的分析等常采用之。聚丙烯酰胺凝胶的制备和电泳过程比琼脂糖凝胶复杂得多,且聚丙烯酰胺凝胶一律是进行垂直板电泳。根据实验的需要,其长度可以为 10~100 cm。与琼脂糖凝胶相比,聚丙烯酰胺凝胶有 3 个优点:第一,分辨率很高,可达 1 bp;第二,上样量远大于琼脂糖凝胶,多达 10 g 的 DNA 可以加样于其单个标准样品槽而不影响其分辨率;第三,回收的 DNA 纯度很高,可适用于任何级别的实验。

12.3.4　变性梯度凝胶电泳

变性梯度凝胶电泳(denaturing gradient gelelectrophoresis,DGGE)为一将凝胶电泳与 DNA 变性结合起来的技术,可将片段大小相同但序列组成上存在差异的 DNA 片段分开。DGGE 利用甲酰胺与尿素两种变性剂,制成一种由低到高的线性浓度梯度。电泳开始时,DNA 尚未发生变性,DNA 片段在凝胶中的迁移速率仅与其大小有关。然而只要泳动到变性剂浓度梯度的某一位置,DNA 双链在特定的区域开始解链,部分解链的 DNA 分子在凝胶中的泳动速率会明显降低。变性区中单碱基的替代足以导致两个不同的 DNA 片段在不同的变性剂浓度下变性,从而在凝胶上形成不同的条带,如图 12-11 所示。

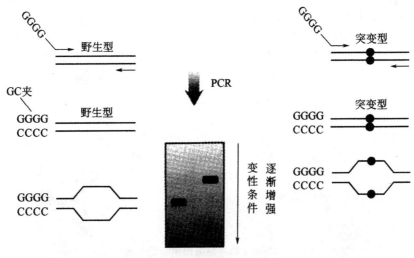

图 12-11　变性梯度凝胶电泳

DGGE 用于分析碱基替换造成的突变。例如,DGGE 技术被用于筛选与肿瘤形成有关的基因的突变。另外,DGGE 被广泛运用于微生物群落的遗传多样性研究,而没必要对其进行分离培养。

12.3.5　脉冲电场凝胶电泳

通过前面的阐述我们可以了解到,常规的琼脂糖凝胶电泳在一定的分子质量范围内,其 DNA 片段泳动速率与分子质量大小呈线性关系。不过需要注意的是当 DNA 分子大小超过凝胶孔径,DNA 分子将由无规则卷曲的构象沿电场方向伸直,变成与电场平行以通过凝胶孔隙。此时,大分子通过凝胶的速率几乎是不存在差别的,所以不能通过此方法进行分离。由此可见,琼脂糖电泳难以区分大片段的 DNA 分子。但是,在 1984 年的时候,生物学家 Schwartz 和 Cantor 发明了脉冲场凝胶电泳(pulsed-field gel electro phoresis,PFGE)技术,可以成功地用来分离整条染色体这样的超大分子质量的 DNA 分子,广泛地用于染色体分析与作图。

通过之前的阐述,我们知道在常规的琼脂糖凝胶电泳中,超过一定大小范围的所有的双链 DNA 分子,都是按相同的速度移动的。这是因为它们在单向恒定电场的作用下,仅以“一端向前”的方式游动穿过整个胶板。而后来研发出来的脉冲场凝胶电泳实际上是一种具有交替变化性能的电场方向的电泳,以一定的角度并以一定的时间变化电场方向,使 DNA 大分子在微观上以“Z”字形向前移动,从而达到分离相对大分子质量的 DNA 片段的目的。已有报道称,应用脉冲场凝脉电泳技术可成功地分离到分子质量最高可达 107 bp 的 DNA 大分子。

图 12-12 为使用最为普遍的箝位均匀电场电泳(contour-clamped homogeneous-electricfield,CHEF),共有 6 个电极带,呈六边形排列,每个电极带上带有 4 个电极。在电泳过程中,主电场方向与泳动方向在 +60°的(a)和 -60°的(b)角度互换,保证样品方向朝着向下的方向泳动。由于加压在琼脂糖凝胶上的电场方向、电流大小及作用时间都在交替地变换着,使 DNA 分子能够随时调整其游动方向,以适应凝胶孔隙的无规则变化。DNA 在交替变换方向的电场中,作出响应所需的时间显著地依赖于分子质量的大小。如此看来,当 DNA 越大时,这种构象改变所需要的时间就越长,重新定向的时间也就随之越长,于是每个脉冲内可用于新方向移动的时间就越少,移动的也就慢;反之,则移动快,从而达到了分离超大分子质量 DNA 分子的目的。应用脉冲电场凝胶电泳技术,可成功地分离到分子质量 50 kb 或 100 kb 以上,甚至 Mb 级的大片段 DNA。

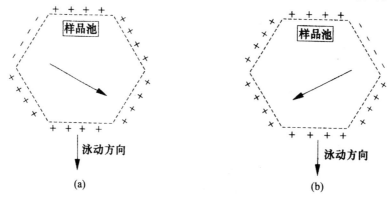

图 12-12　脉冲场凝胶电泳的原理

(a)+60°电场的电极电势大小分布情况;(b)-60°电场的电极电势大小分布情况

12.3.6 双向电泳技术

在 1975 年的时候,生物学家 Farrall 等人就已经根据不同蛋白质混合物之间的等电点差异和分子质量之间存在的差异建立了等电点聚焦及 SDS-聚丙烯酰胺凝胶(IEF/SDS-PAGE)双向电泳技术。迄今为止,虽然一些科学家们早已经发明了多种不同的蛋白质分离技术,但双向电泳技术仍然是分离大量混合蛋白质组分的最为有效的方法。该技术是基于蛋白质的两大方面重要特性——等电点(pI)和相对分子质量而对蛋白质进行分离的一种创新的电泳技术(图 12-13)。其中 IEF 电泳(管柱状)为第一向,SDS~PAGE 为第二向(平板)。在进行第一向 IEF 电泳过程的时候,因为蛋白质是两性分子,在不同 pH 值条件下的缓冲液中可以表现出不同的带电性。由此可见,在电流作用下,在以两性电解质为介质的电泳体系中,不同等电点的蛋白质会聚集在介质上不同的区域(等电点)从而达到被分离的目的。当 IEF 电泳过程结束后,将圆柱形凝胶在 SDS~PAGE 所应用的样品处理液(内含 SDS、β-巯基乙醇)中振荡平衡,然后包埋在 SDS~PAGE 的凝胶板上端,如此一来就可以进行第二向电泳——SDS-聚丙烯酰胺凝胶。在进行第二向 SDS~PAGE 电泳时,由于 PAGE 中的去垢剂 SDS 带有大量的负电荷,与之相比,蛋白质,所带的微弱电荷量完全可以忽略不计。如此一来,蛋白质相对分子质量就决定了 SDS-蛋白质复合物的电泳迁移率,从而达到不同相对分子质量的蛋白质将居于凝胶的不同区段而得到分离的目的。通过以上二维分离过程,不同属性的复杂蛋白质混合物得以分离,经染色得到的电泳图是个二维分布的蛋白质图。由此可见,IEF/SDS~PAGE 双向电泳对蛋白质(包括核糖体蛋白、组蛋白等)的分离是极为精细的,特别适合于分离细菌或细胞中复杂的蛋白质组分。

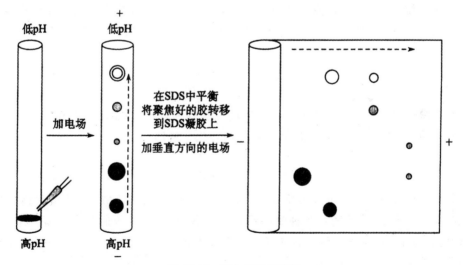

图 12-13 双向电泳示意图

迄今为止,随着稳定的可精确设计的 pH 梯度的建立,以及各种试剂自身质量的不断提高和新试剂的开发与应用,IEF/SDS~PAGE 双向电泳结果的可重复性和分辨率均得到空前的提高。因用于研究蛋白质的理化性质(如等电点和分子质量)、蛋白质的分离纯化,尤其是用于蛋白质表达差异的查找,结合质谱可以对特定蛋白质进行鉴定。因此,在疾病诊断、新的药物靶标分子的发现,以及分析潜在的环境毒性等方面具有巨大的应用前景。但是,至今该技术的使用都只能依赖与价格非常昂贵的专业仪器才能完成,其对于技术的要求也是非常之高的,所以直接导致操作这种技术的人员必须具有很高的专业素养,以上种种条件的制约,都对该技术的推广以及应用造成了极大的局限性。

12.3.7　凝胶电泳中的 DNA 的检测

应用于凝胶中 DNA 的常规检测方法通过之前的阐述我们知道主要有染色结合紫外灯检测法、银染显色法以及同位素标记 X 放射自显影法等。因为 EB 具有很好的性能可以非常容易的地掺入到双链 DNA 之中去,然后通过在紫外光激发下就会发出橙红色的荧光,如此一来就可以用于对 DNA 的染色观察。紫外光在 366 nm 的波长下通常效果都是比较好的,可以大大减少对 DNA 的破坏。但 EB 作为一种诱变剂,其安全性方面非常差,用 GelRed 和 GelGreen 等新近开发的核酸染料的安全性较高,其灵敏度可基本满足实验需要。聚丙烯凝胶电泳一般采用银染显色或放射性同位素标记,显示目标条带在胶上的位置。

12.3.8　凝胶电泳片段的回收和纯化

1. 透析带电洗脱法

首先将含有目的 DNA 片段的琼脂糖凝胶块通过操作切下后,放在充满 Tris-乙酸的透析带中再电泳一段时间,从而使得 DNA“走”出凝胶,贴在透析袋内壁上,然后取出凝胶块,更换新鲜电解缓冲液,再反向电泳一会,使附在透析袋上的 DNA 重新游离于缓冲液中。取出含有 DNA 的缓冲液,再用传统方法苯酚/氯仿抽提和乙醇沉淀而获得纯化的 DNA 片段。透析带电洗脱法也是传统回收 DNA 片段的经典方法,尽管效果很好,但是这样其操作程序就变得非常复杂了,只有在回收非常大的片段时才会考虑,也是丙烯酰胺电泳凝胶产物回收的方法之一。

2. 低熔点琼脂糖凝胶法

琼脂糖总体上通常可以分为两大类——普通琼脂糖和低熔点(low melting point,LMP)琼脂糖。其中,普通琼脂糖是常熔点的,但经糖基化等化学修饰后,其凝固点和熔点较低,一般在 65℃ 以下熔化,在低于 30℃ 才会凝固,所以被人们称之为低熔点琼脂糖。这种低熔点琼脂糖在 37℃ 下仍可以保持液体状态,因而可以直接加入各种酶进行下一步实验,十分适用于 DNA 片段电泳后回收和纯化或直接用于各种酶反应。其具有以下特点:一是 LMP 琼脂糖价格非常昂贵,是普通琼脂糖的数十倍;二是随着各种凝胶回收试剂盒的研发,从普通琼脂糖凝胶中回收一般 DNA 片段已成为非常容易的事情。目前,LMP 琼脂糖凝胶主要用于回收大片段 DNA 和 DNA 的限制酶原位消化等一些特殊实验。

3. DEAE-纤维素膜的电泳回收法

DEAE-纤维素膜的电泳回收法也是早期科学实验室中最常用方法之一。该技术的原理是:双链 DNA 能够与 DEAE-纤维素膜结合,且在一定条件下可重新被洗脱下来。将 DEAE-纤维素膜裁成比凝胶条带略宽的小条,然后通过活化处理,当琼脂糖凝胶电泳分开各个 DNA 片段后,在紧靠每个目的 DNA 片段的前方切一裂隙,插入条状 DEAE-纤维素膜并继续电泳,直到出现条带中的 DNA 均收集到膜上的情况。从裂隙中取出膜,使用低离子强度的缓冲液洗涤,然后用高离子强度的缓冲液将 DNA 洗脱下来。这种方面的最大优势就是简单易操作,可以同时分离纯化多个 DNA 片段,且所得 DNA 纯度非常高,可以满足最精密实验(如转基因生物培育等)的要求。但是,该方法也存在一些缺陷:那就是 DNA 片段越大,回收效率就越低,当 DNA 片段大于 15 kb 时,它们就很难结合到 DEAE 纤维素膜上,因而该方法不适合用于大于 15 kb 大片段 DNA 的回收,其有效分离范围是小于 5 kb 的 DNA 片段。同时,该方法也不能用于单链 DNA 片段的回收,因为单链 DNA 难以从膜上洗脱下来。

4. 柱回收试剂盒

柱回收试剂盒法是迄今为止所采用的最简单快速的凝胶回收技术,也是目前最常用的纯化 DNA 的方法。该方法是玻璃奶结合法的基础之上改进而来的一种方法,即将玻璃奶结合法中的硅粒制成滤膜。因此,其核心技术就是采用了一种带硅胶膜的纯化柱。这样,DNA 的吸附更充分,洗涤更彻底,洗脱更简洁,操作更简便,回收效率更高,同时也就为推广和使用提供了大大的便利条件。其操作过程与玻璃奶结合法很相似。切下凝胶目的 DNA 条带后,首先用 3 倍体积的溶胶液(一种高盐溶液)于 55℃ 附近彻底溶解凝胶,将 DNA 释放到水溶液中。然后将溶后的溶胶液移入纯化柱中离心,DNA 片段被吸附于柱中央。在离心洗涤两次以去除吸附在 DNA 及硅胶膜上的杂质。最后用洗脱缓冲液或去离子灭菌双蒸水离心后洗脱,直接得到纯化的目的 DNA 溶液。依照试剂盒说明书进行,全程所用时间总共不到 10 min,得到的产物溶液可以直接用于后继实验。该方法几乎不需要什么技巧就能得到稳定的结果,且简便高效,其适用范围也日趋广泛。但是,其不足之处也是在于不适合用于大片段的回收,只对小于 10 kb 的 DNA 片段回收有很好的效果

5. 玻璃奶结合法

玻璃奶(glass milk/bead)结合法是超越了先前的简单物理学方法的一种具有重大变革的 DNA 纯化技术。这种操作方法的核心技术就是:琼脂糖凝胶在 3 倍体积的高盐溶液作用下于 55℃ 附近溶化,使 DNA 得以释放到水溶液中;并且,在高盐溶液中有一种细微的硅粒颗粒,其水溶液呈牛奶状,故又称玻璃奶,可特异地吸附 DNA。如此一来,当凝胶块完全溶化后,其溶液被转移至填充有硅粒的纯化柱中离心,DNA 分子被特异地吸附到硅粒上。然后简单地离心洗涤 DNA,最后用水或低盐缓冲液再从硅粒上将 DNA 洗脱出来,就获得了纯化的 DNA 样品。该方法操作较前几种技术简便,回收效率高,易于推广。但是,其对小于 10 kb 的 DNA 片段回收有效,对大片段回收效率很低。

迄今为止,根据纯化柱中滤膜吸附和洗脱 DNA 的原理,以 Qiagen 公司为代表的众多生物公司已开发出了一系列分离纯化 DNA 和 RNA 的试剂盒,都显示出了非常好的操作效果。

12.4　DNA 序列分析

1. Maxam-Gibert 化学讲解法

化学讲解法,即通过将待测 DNA 片段的 5′端磷酸基团作放射性标记,然后用特异的化学试剂分别对 4 种碱基进行化学修饰并在修饰位置打断核酸链,产生出一系列的 5′端被标记的长度

分子生物反应与技术研究

不一且以特定碱基为 3′ 端的 4 组片段。这些片段群通过并列点样(line-by-line)的方式用 PAGE 凝胶电泳进行分离,再经过放射自显影,即可直接读出目的 DNA 序列。其机理在于特定化学试剂可对不同碱基进行特异性修饰并在被修饰的碱基处(5′或 3′)打断磷酸二酯键,从而达到识别不同碱基种类的目的。

硫酸二甲酯处理 DNA 链时,G 的 7 位和 A 的 3 位氮原子被甲基化,甲基化后的嘌呤环可被哌啶取代,从而导致链断裂。由于 G 比 A 更易甲基化(5 倍),且 mG 比 mA 更不稳定,因此更易发生链断裂。控制好反应温度与时间,只使 G 反应而 A 不反应,从而可测出 G 序列;肼处理 DNA 时,可使嘧啶开环并被哌啶取代,导致磷酸二酯键断裂。若反应在高盐浓度下进行,T 与肼的反应受抑制,因而可测得 G 的序列,比较加盐与不加盐反应的结果,就可测定 T 的序列(图 12-14)。在高温强碱条件下(90℃,1.2 mol/L NaOH)腺嘌呤(A)位点发生剧烈的断裂反应,但胞嘧啶(C)位点的反应较微弱。热哌啶溶液(90℃,1 mol/L)可在修饰位点两端使 DNA 的糖－膦酸链断裂。

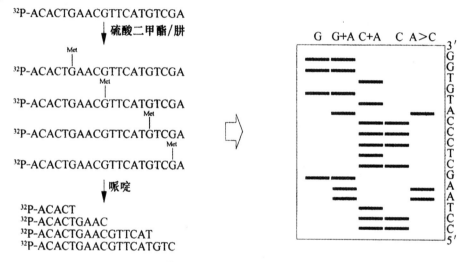

图 12-14　DNA 化学试剂修饰反应链断裂及电泳去带放射自显影

2. Sanger 双脱氧链终止法

双脱氧链终止法,即以待测 DNA(dsDNA 或 ssDNA)为模板在体外合成时,其合成体系中按一定比例添加可终止链合成反应的 4 种 ddNTP。ddNTP 可与正常的 dNTP 竞争性地参与 DNA 合成反应,但是需要注意的是,这个过程一旦 ddNTP 掺入正在合成的新链 DNA 后,由于其在脱氧核糖 3′ 位置上没有羟基,因而不能与后续 dNTP 的 5′ 磷酸基团之间形成磷酸二酯键,合成中的新 DNA 链在这个位置上就终止了合成。

3. DNA 的自动测序

DNA 自动测序是基于双脱氧链终止法测序原理,也是通过 4 个酶学反应利用 ddNTPs 产生一系列一端固定、另一端终止于不同 A、T、G、C 碱基位点的 DNA 片段。能够进行自动测序的关键是采用荧光素标记代替了放射性同位素标记显示高压电泳分离结果。当带有某种荧光素标记的单链 DNA 片段电泳到激光探头的检测范围时,激光所激发的荧光信号被探测器接收,经计算机分析数据,于记录纸上以红、黑、蓝和绿四种颜色打印出带有不同荧光标记终止物的 ddNTPs 所标示的 DNA 片段峰谱,继而自动排出 DNA 序列(图 12-15)。

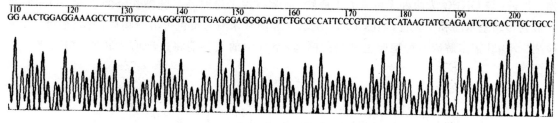

图 12-15　荧光标记的 DNA 自动测序结果

4. DNA 测序策略

DNA 测序策略通常情况下,包含四个方面:第一,定向测序策略,指的就是从 DNA 大片段的一端开始顺序进行测定;第二,随机测序策略,指的就是将基因组 DNA 用机械的方法随机切割成 2 kb 大小的小片段,并分别克隆到适当载体,建立其相应的文库;第三,多路测序策略指的就是通过多个随机克隆同时进行电泳以及阅读,从而快读分析 DNA 序列的一种技术方法;第四,印务步移策略,指的就是在知道部分核苷酸序列的时候,就可以根据该已知序列设计引物来测定其相邻部位的序列。

12.5　基因表达分析

12.5.1　基因表达分析

将一个或多个基因转录成结构 RNA(rRNA、tRNA)或者 mRNA,并将 mRNA 翻译成蛋白质的过程称为基因表达。与之相对应,检测基因的表达可以通过检测基因的 RNA 产物或蛋白质产物的水平来实现。基因的蛋白质产物可以通过对细胞抽提物进行聚丙烯酰胺凝胶电泳或者免疫印迹进行检测;若蛋白质为一种酶,还可以对其活性进行检测。蛋白质的检测和分析方法将在下一节论述,在这里,先介绍在转录水平上研究基因表达调控的方法。

表达产物易于检测的基因可以作为报告基因用于遗传分析。在研究目的基因表达调控时,可以把报告基因的编码序列和目的基因的调控序列融合形成嵌合基因。导入受体生物体后,报告基因在调控序列控制下,精确模仿目的基因的表达模式,因此能够通过对报告基因产物的检测来分析调控区的功能。

报告基因具有如下两个特点:

1)报告基因应能在宿主细胞中表达,其产物对细胞没有毒性,检测方法灵敏、准确、稳定、简便。

2)宿主细胞无相似的内源表达产物。目前,分子生物学中使用的报告基因通常为编码酶的基因,主要有碱性磷酸酶基因、β-半乳糖苷酶基因、荧光素酶基因和 β-葡萄糖苷酸酶基因等。另外,绿色荧光蛋白基因作为一种新型的报告基因在基因表达调控研究中得到广泛应用。

（1）β-半乳糖苷酶基因。

最常用、最成熟的一种报告基因为 $LacZ$ 基因，它编码的 β-半乳糖苷酶催化乳糖分解成一分子的半乳糖和一分子的葡萄糖。β-半乳糖苷酶也能水解多种天然或人工合成的半乳糖苷化合物。X-gal 与 ONPG 为两种无色的人工底物，通常被用于检测 β-半乳糖苷酶的活性。ONPG 被分解成邻硝基苯酚和半乳肾，如图 12-16 所示。邻硝基苯酚为黄色可溶性物质，所以很容易定量检测。X-gal 被水解成一种靛蓝色染料的前体，空气中的氧气能将这种前体转变成不溶性的蓝色沉淀。

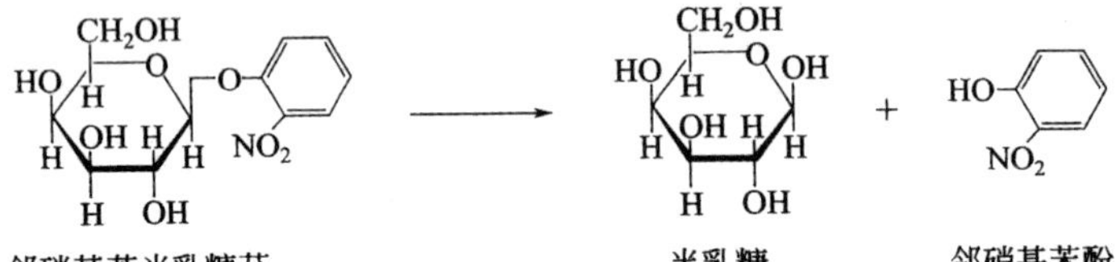

图 12-16　β-半乳糖苷酶水解邻硝基苯半乳糖苷生成半乳糖和黄色的令瞄硝基苯酚

（2）碱性磷酸酶基因。

另外一种广泛使用的报告基因是 $phoA$，它编码的碱性磷酸酶能够从多种底物中切下磷酸基团。与 β-半乳糖苷酶一样，碱性磷酸酶也作用于一系列人工底物。

1）邻硝基苯磷酸酯被裂解后释放出黄色的邻硝基酚。

2）X-phos(5-bromo-4-chloro-3-indolyl phosphate，5-溴-4-氯-3-吲哚磷酸)能被碱性磷酸酶分解并释放出一种靛蓝色染料前体。暴露在空气中，染料前体能被转化成蓝色染料。

3）4-甲基伞形酮酰磷酸酯(4-methylumbelliferyl phosphate)可被碱性磷酸酶分解释放出 4-甲基伞形酮(4-methylumbelliferone，4-MU)。4-MU 分子中的羟基解离后被 365 nm 的光激发，产生 455 nm 的荧光，可用荧光分光光度计定量，如图 12-17 所示。

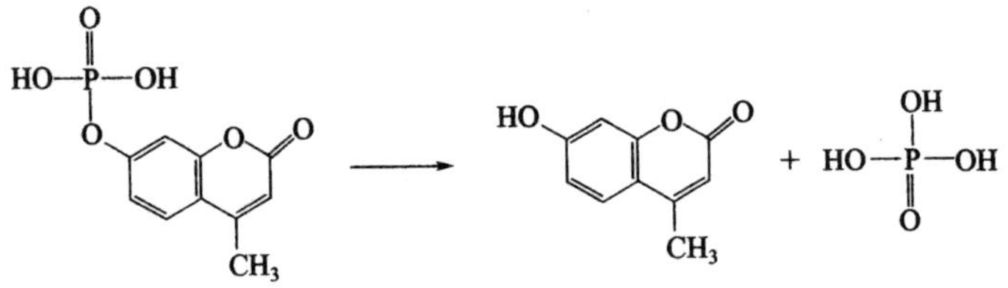

图 12-17　碱性磷酸酶催化 4-甲基伞形酮酰磷酸酯脱去磷酸基团，产生荧光分子 4-甲基伞形酮

（3）荧光素酶基因。

荧光素酶能够催化生物体自身发光，存在于从细菌到深海乌贼等多种发光生物体中。细菌荧光素酶基因与萤火虫荧光素酶都可作为报告基因。细菌荧光素酶以脂肪醛（RCHO）为底物，在还原型黄素单核苷酸（FMNH₂）及氧的参与下，催化脂肪醛氧化为脂肪酸，同时放出光子，产生 490 nm 的荧光，其化学反应式如下：

$$RCHO + O_2 + FMNH_2 \rightarrow RCOOH + H_2O + FMN + 光$$

萤火虫荧光素酶，在 Mg^{2+}、ATP 和 O_2 的参与下，催化萤火虫荧光素氧化，并放出光子，产生 $550\sim580$ nm 的荧光，其化学反应式如下：

$$荧光素 + O_2 + ATP \rightarrow 氧化荧光素 + CO_2 + AMP + Pi + 光$$

若携带荧光素酶基因的 DNA 分子被导入靶细胞，当有荧光素存在时，细胞就会发出荧光。

利用闪烁计数器可以对荧光素酶的活性作出定量检测：在标准反应条件下，加入超量底物，在一定时间内，荧光闪烁总数与样品中存在的荧光素酶的活性成正比。

（4）β-葡萄糖苷酸酶基因。

Gus 基因存在于某些细菌体内，编码 β-葡萄糖苷酸酶（pglucuronidase，Gus）为一水解酶，能催化许多 β-葡萄糖苷酯类物质的水解。该酶的专一性很低，可作用于多种人工底物。在使用组织化学法检测 Gus 基因的表达时，将被检材料浸泡在含有底物的缓冲液中保温，如果组织、细胞发生了 Gus 转化，表达出 Gus，在适宜条件下该酶可将 X-Gluc 水解生成蓝色物质。另外，以 4-甲基伞形酮-pD-葡萄糖醛酸苷（4-methylumbelliferyl-β-D-glucuronide，4-MUG）为底物，Gus 能将其水解为 4-MU。

（5）绿色荧光蛋白基因。

绿色荧光蛋白（green fluorescent protein，GFP）来自于维多利亚水母外皮层，它在接受 Ca^{2+} 激活的水母发光蛋白发出的蓝光后可在体内产生绿色荧光。该过程不需要辅助因子或底物，而是通过两个蛋白质之间的能量转移完成的。另外，在紫外光或者蓝光的照射下，GFP 在活细胞中可自主产生绿色荧光，这非常有利于活体内基因表达调控研究。

野生型的绿色荧光蛋白在 395 nm 处有最大吸收，发射 509 nm 绿色荧光。现在有很多经过基因工程改造的 GFP 可供选择。这些经过改造的 GFP 能够发出更强的荧光，或者荧光的波长发生了改变，形成红色荧光蛋白和黄色荧光蛋白。其他的修饰包括根据不同的生物体有着不同的密码子偏倚，改变 GFP 基因的密码子组成使其能够在不同的生物体中高水平表达。

12.5.2　上游序列的缺失分析

基因的上游调控区含有 RNA 聚合酶的结合位点以及若干个调控蛋白的结合位点。这些调控位点决定着基因在不同条件下的转录水平，或者决定着基因组织表达的特异性。为了确定这些调控位点的位置和作用，可构建一系列缺失突变体，然后确定缺失了不同调控位点的上游调控区对基因转录的影响。若表达程度降低则表示缺失的是一个激活子序列；而基因的表达水平升高，暗示缺失的是一个抑制序列；基因表达组织特异性方面的改变可被用于确定启动子的组织相关性调控元件。

从 5′-端连续删除调控区序列，再把不同长度的调控区插入到报告基因的上游，构建表达载体为构建缺失突变体最简单的做法。把重组体导入宿主生物体后，确定报告基因的表达模式，可推断出缺失的 DNA 片段在基因表达调控中的作用。

在图 12-18 中，结构基因的上游调控区包括启动子序列和大肠杆菌的 cAMP 受体蛋白 CRP 的结合序列。分别将 5′-端删除了不同长度的调控序列与报告基因 *lacZ* 融合，转化细胞后分析 β-半乳糖苷酶的活性。完整的上游序列驱动报告基因高水平表达。除去最外侧的一段序列对调控区的活性影响很小，从而说明在此区域不存在重要的调控元件。当除去了 CRP 结合位点，β-半乳糖苷酶的活性降低了一半，从而表明 CRP 增强基因的表达。当启动子区被删除一半时，酶的活性几乎降为零，证明上述两个位点控制着报告基因的活性，因此也控制着被取代的结构基因的表达。

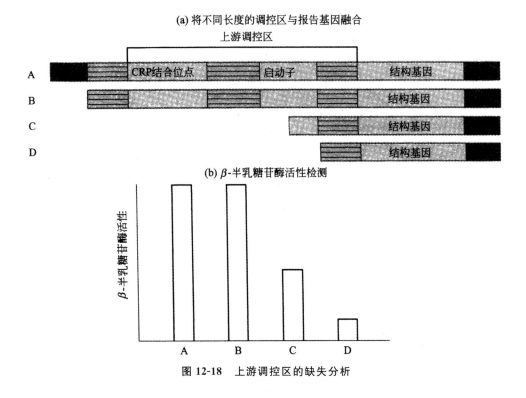

(a) 将不同长度的调控区与报告基因融合

图 12-18　上游调控区的缺失分析

12.5.3　确定上游调控区中的蛋白质结合位点

1. 凝胶阻滞实验

基因的上游调控区通常含有调控蛋白的结合位点，凝胶阻滞实验可用来检测调控蛋白与DNA 间特异性的相互作用，如图 12-19 所示。

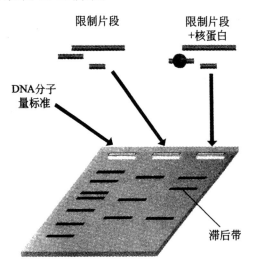

图 12-19　凝胶阻滞实验

细胞核蛋白与调控区的一个限制性片段结合，导致此限制性片段泳动速度减慢

　　结合了蛋白质的核酸探针在非变性聚丙烯酰胺凝胶中的泳动速度变慢,迁移率降低为其原理。在检测调控区是否与调控蛋白结合时,首先用一种限制性内切酶消化基因的上游区,并将酶切片段分成两份。其中一份作为对照进行低离子强度聚丙烯酰胺凝胶电泳和放射自显影检测,另一份与纯化的调控蛋白共同温育。若调控蛋白与某一个限制片段结合,复合体泳动速度变慢,在放射自显影胶片上形成比对照样品中游离 DNA 片段滞后的带型。

　　2. 足迹分析

　　凝胶阻滞实验只能确定调控区中哪一个限制性片段与调控蛋白结合,然而并不能用来定位蛋白质在 DNA 分子上的结合位点。要在凝胶阻滞实验识别的限制性片段中精确定位蛋白质的结合位点通常需要进行足迹分析,调控蛋白和 DNA 调控序列结合,能够保护这段 DNA 区域不被内切核酸酶降解为其原理,如图 12-20 所示。

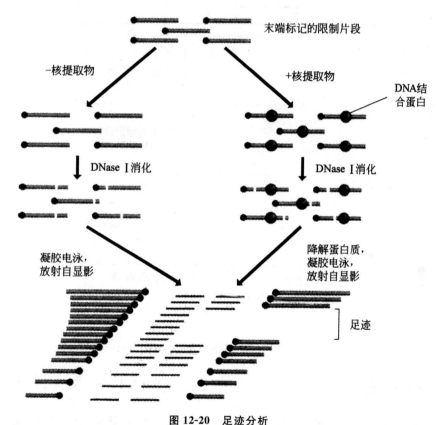

图 12-20　足迹分析
结合在 DNA 分子上的蛋白质保护 DNA 分子免受 Dnase I 的切割

　　足迹法的实验步骤与 DNA 化学测序法有些相似。具体步骤如下:对待测的双链 DNA 片段中的一条单链进行末端标记,然后将样品分成两份,其中一份与蛋白质混合。向每份样品中加入一定量的 DNase I,使之在 DNA 链上随机形成切口。水解未被保护的 DNA 产生的是一系列长度仅相差一个核苷酸的 DNA 片段。然而,若有一种蛋白质已结合到 DNA 分子的某一特定区段上,则它将保护该区段免受 DNase I 的降解,因而也就不能产生出相应长度的切割条带。将两种DNA 样品并排加样在变性的 DNA 测序胶中进行电泳分离,经放射自显影,在电泳凝胶的放射自显影图片上,相应于蛋白质结合部位是没有放射性条带的,出现一个空白的区域称之为足迹。

12.5.4 转录起始位点的确定

要研究基因的转录调控需要知道转录起始的精确位点。利用引物延伸和 S1 核酸酶作图可对 mRNA 的 5′-端进行精确作图。

1. 引物延伸

引物延伸需要合成一段与 mRNA 互补的寡核苷酸作为引物。5′-端标记的引物与转录产物退火后,反转录酶延伸引物至 mRNA 的 5′-末端,合成一段与 mRNA 互补的 DNA 序列。通过聚丙烯酰胺凝胶电泳和放射自显影确定单链 DNA 分子的长度,从而可在 DNA 序列上定位转录产物的 5′-端位置,如图 12-21 所示。

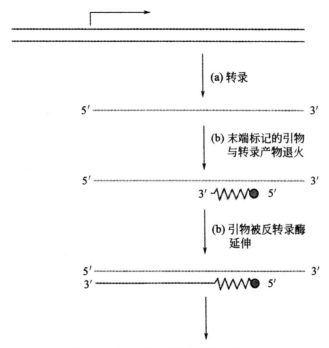

图 12-21　引物延伸确定转录的起始位点

2. S1 核酸酶作图

S1 核酸酶作图为另外一种确定转录起始位点的方法。S1 核酸酶为一种从米曲霉中提取出的内切核酸酶,只能切割单链 RNA 或 DNA。进行 S1 核酸酶作图时,需要将含有转录起始位点的 DNA 片段克隆至合适的载体,产生单链 DNA 探针。图 12-22 中 400 bp 的 *Sau*3A 限制片段被插入到 M13 载体中,转化大肠杆菌细胞,在有放射性脱氧核苷酸前体存在的条件下,制备含有 *Sau*3A 限制片段的单链 M13 DNA 分子作为探针。

加入 mRNA 样品后,经退火,mRNA 与 DNA 结合。DNA 分子仍以单链为主,然而其上与 mRNA 互补的区域,包括转录的起始位点,形成异源双链区。加入 S1 核酸酶消化所有的单链 RNA 和 DNA,只有 RNA-DNA 杂交体被保留下来。沉淀杂交体后,用碱消化 RNA,释放出单链 DNA。通过聚丙烯酰胺凝胶电泳和放射自显影确定被保护的单链 DNA 的长度后,便可绘出转录起始位点的图谱。同样的策略也可以被用来定位转录终止位点、内含子和外显子之间的连接点。

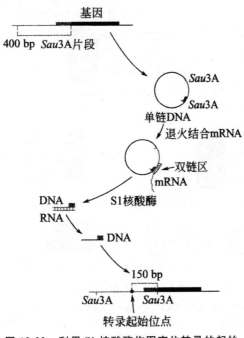

图 12-22　利用 S1 核酸酶作图定位转录的起始

12.5.5　转录组分析

转录组即在任一特定条件下,细胞内所有 RNA 转录本的集合。所以,描述转录组需要鉴定出在特定条件下细胞所含的 mRNA 的种类和相对丰度。有几项技术可对转录组进行检测。

1. 基因表达系列分析

将 mRNA 反转录成 cDNA,然后对构建好的 cDNA 文库中每个克隆进行测序为研究转录组最直接的办法。然而该方法的缺点是费时费力,若对比两个或多个转录组,花费的时间会更多。基因表达系列分析(serial analysis of gene expression,SAGE)为一种快速、高效分析组织或细胞转录组的方法。其理论依据是来自转录物内特定位置的一小段核苷酸序列可以代表转录组中的一种 mRNA。通过一种简单的方法将这些标签串联在一起,形成大量的多联体,并对多联体进行克隆和测序,然后应用 SAGE 软件对测序结果进行分析,确定表达基因的种类,标签出现的频率还可以反映基因的表达水平,如图 12-23 所示。

从目标细胞或组织中分离出 mRNA,然后以生物素标记的寡聚(dT)为引物反转录合成第一链 cDNA,并在此基础上合成双链 cDNA。用识别 4 个碱基的限制性内切酶切割 cDNA,该酶称为锚定酶(anchoring enzyme,AE)。切割后用带有链霉抗生物素蛋白的磁珠分离 cDNA 的 3′-末端,并将回收到的 cDNA 分成两部分,分别连接接头 A 和 B。接头 A 和 B 长 40 bp,均含有一种标签酶(tagging enzyme,TE)的识别位点。

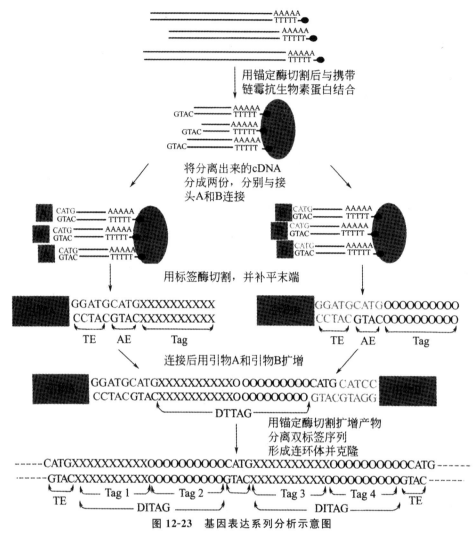

图 12-23 基因表达系列分析示意图

分别采用 *Bsm* FⅠ消化带有接头的 cDNA。*Bsm* FⅠ结合到接头中的识别位点,并在其下游 14 bp 处切断 cDNA。被切下来的标签片段长 54 bp。将连接有接头 A 和接头 B 的 cDNA 片段补平,混合连接,然后以接头序列设计引物进行 PCR 扩增,产生大量尾尾连接的双标签序列。再次用锚定酶切割双标签序列,通过凝胶电泳将双标签序列纯化出来,然后连接形成有 AE 位点隔开、由不同双标签序列构成的多联体。经电泳分离后,收集大小适中的片段克隆至质粒载体,形成 SAGE 库。随机挑选 SAGE 文库中的克隆进行测序,并用专门的 SAGE 软件对标签进行分类和计数,生成相应的报告和丰度指标。

标签多聚体为 SAGE 技术的最后测序对象,可在一次测序结果中同时得到 20～80 个标签序列,这样通过 3 000～5 000 个测序反应,就可得到约 100 000 个标签序列,通过分析平均可得到 5 000～10 000 种转录本的表达信息,与大规模 cDNA 随机测序相比测序量大大降低。

2. 用基因芯片和微阵列技术研究转录组

利用基因芯片进行转录组分析时,要求固体支持物上必须携带有与某种细胞或组织中的所有 mRNA 互补的 DNA 序列。这些 DNA 序列可点样在尼龙膜或玻璃片上。现在的技术可达到每平方厘米印制大约 100 000 个特征点,每一个特征点与一种 mRNA 互补配对。玻璃载片与尼龙膜相比,在玻璃载片上可以印制更高的密度。也可直接在玻璃片或硅片的表面原位合成寡核苷酸,制备更高密度的阵列。这种原位合成的阵列称为基因芯片。这些芯片的密度高达每平方厘米 1 000 000 个特征点,每个特征点由多达 109 个长度为 25 nt 的单链寡核苷酸组成。

在芯片上原位合成寡核苷酸利用了固相化学、光敏保护基团及光敏蚀刻技术。首先在玻璃片上涂布一层连接分子,连接分子的羟基结合有可被光去除的光敏保护基团。在每一次合成循环中,一些特定的位点被光掩蔽膜覆盖,而另一些位点经过曝光处理,除去保护基团。在玻璃基片上添加 5′-OH 结合有光敏基团的核苷酸与暴露出的活性羟基进行偶联反应,然后洗去未有效结合的单体。应用常规 DNA 合成步骤,将未偶联的活性羟基封闭,对新形成的亚磷酸三酯进行氧化,使之成为磷酸三酯键,从而完成一次循环,如图 12-24 所示。每一循环只添加一种核苷酸与所有被暴露的位点发生偶联反应。更换不同的光掩蔽膜,重复上述步骤,直至所需的 DNA 微阵列合成完毕。

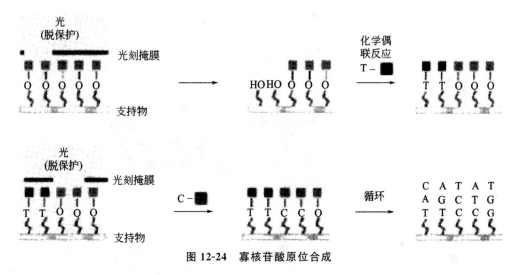

图 12-24　寡核苷酸原位合成

在利用微阵列和基因芯片进行转录组分析时,需要将样品中的 mRNA 反转录成 cDNA。cDNA 被标记后加到芯片上,与微阵列杂交。在每一个杂交位点上,代表一个基因的寡核苷酸与该基因的 cDNA 序列形成了双链体,这样就可确定样品中哪些基因被转录。若进行非饱和杂交,那么微阵列上每个特征位点的信号强度表示基因的转录水平。

若微阵列是固定在尼龙膜上的,那么该阵列要求与放射性标记的核酸样本杂交,杂交信号用磷屏成像设备检查和定量。因为放射性信号的分辨率较低,从而导致阵列上的特征点不能排列得非常紧密。所以,尼龙阵列的尺寸较大,有时也称为宏阵列。玻璃基质的自发荧光很小,以玻璃片为基质制作的微阵列,可以与荧光标记的核酸样本杂交。若两种 RNA 样品分别用不同的荧光染料标记,等量混合后可以与一张芯片进行杂交。一般人们用发绿色荧光的 Cy3 标定一个样本,而用发红色荧光的 Cy5 标定另一个样本。杂交被终止后,用激光激发的手段来测量每个特征点的荧光特性,并且把结果转化成两个样本中基因的表达水平。若特定 RNA 仅出现在 Cy3 标记的样本中,阵列中相应的特征点就呈绿色;若另一种 RNA 仅出现在 Cy5 标定的样本中,该点样就呈红色。若该 RNA 在两种样本中等量出现,特征点将呈黄色,如图 12-25 所示。

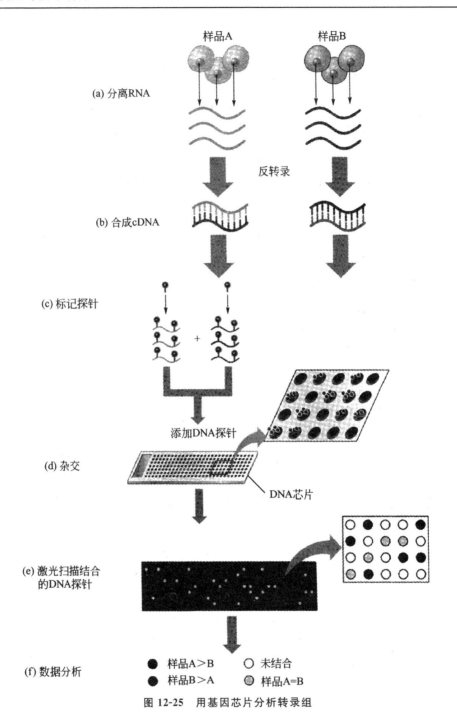

(a) 分离RNA

反转录

(b) 合成cDNA

(c) 标记探针

添加DNA探针

(d) 杂交

DNA芯片

(e) 激光扫描结合
的DNA探针

(f) 数据分析

● 样品A>B　　○ 未结合

● 样品B>A　　● 样品A=B

图 12-25　用基因芯片分析转录组

第13章 分子生物技术的应用

13.1 分子标记

DNA 分子标记(DNA molecular marker)是指能反映生物个体或种群间基因组差异特征的 DNA 序列,用以检测 DNA 分子中由于碱基的缺失、插入、易位、倒位、重排或由于长短与排列不一的重复序列等而产生的多态性,是生物遗传变异在 DNA 水平上的直接反映。近年来,DNA 分子标记的研究与应用发展极为迅速,开创了在 DNA 水平上研究遗传变异的新阶段。现代 DNA 分子标记技术具有广阔的应用前景。

DNA 分子标记的检测不受组织特异性、发育阶段等影响,并具有数量大、多态性高、遗传稳定等优势,这使其在遗传育种、种质资源鉴定、基因定位与克隆等方面具有广泛应用;又由于不受环境因素、个体发育阶段及组织部位影响、多态性高、可靠性强,而成为生物分类学、遗传育种学等研究的重要工具;另外,还用于物种亲缘关系鉴定、种质资源保存以及生物多样性研究。DNA 分子标记的发展经历了 3 代历程,即基于分子杂交技术的分子标记、基于 PCR 技术的分子标记和新一代分子标记。

13.1.1 基于分子杂交技术的分子标记

限制性片段长度多态(restriction fragment length polymorphism,RFLP),即 DNA 限制性片段长度多态性,是指应用特定的核酸限制内切酶切割有关的 DNA 分子,所产生出来的 DNA 片段在长度上的变化。RFLP 的概念于 1980 年首次提出,是基于分子杂交技术的分子标记的代表性技术。

RFLP 是在研究人类基因组中发展起来的,开始时仅应用于某些疾病的诊断和法医鉴定,现已应用于植物遗传学研究。国内开始应用 RFLP 技术是在 20 世纪 80 年代中后期。

RFLP 的特点:共显性标记,具有基因型特异性;在数量上不受限制,可随机选取足够数量代表整个基因组的分子标记;每个标记变异大,检测方便。一方面,由于用于探测 RFLP 的克隆可随机选择,可以是核糖体 DNA、叶绿体 DNA、基因组总 DNA,因此,RFLP 产生的大量多态性可以为研究高等生物类群特别是属间、种间甚至是品种间的亲缘关系、系统发育和演化、基因定位、遗传图谱构建、数量性状位点定位、异源染色体鉴定以及遗传多样性分析等,提供有力的依据。另一方面,由于实验方法上的一些改进(如使用荧光素标记或化学标记代替同位素标记),使得这一方法更易于被研究者接受和掌握,因此,RFLP 技术被广泛地应用于基因组学各个方面的研究。

RFLP 是在分子生物学的研究中发展起来的,在检测个体间、品种间、种间 DNA 水平上的变异方面是较灵敏的方法。如果能够很好地解决 RFLP 所固有的费用昂贵、费时费力、所需 DNA 样品量较大等缺点,能够在一定程度上更加拓展其应用的范围。

13.1.2　基于 PCR 技术的分子标记

PCR 体外扩增技术是近年来分子生物学领域的一项重大技术突破,给整个分子生物学研究方法带来了一次重大的革命,它的广泛应用极大地促进了生命科学的发展。PCR 的出现使得原先难以检测到的单拷贝 DNA 产生的差异扩增数百万倍乃至上亿倍而得以检测。

它是绝大多数 DNA 分子标记技术的基础,如随机扩增多态性 DNA(RAPD)、序列特异扩增区域(SCAR)、扩增片段长度多态性(AFLP)、简单重复序列(SSR)、酶切扩增多态性序列(CAPS)、序列标签位点 STS 等,在分子标记研究上具有至关重要的作用。

1. 随机扩增多态性 DNA 技术

随机扩增多态性 DNA(random amplified polymorphic DNA,RAPD)是以基因组总 DNA 为模板,以一个 10 碱基的任意序列的寡核苷酸片段为引物通过 PCR 扩增反应,产生不同的 PCR 扩增产物,用以检测 DNA 序列多态性的技术。

RAPD 在检测多态性时是一种相当快速的方法,具有成本较低、技术简单、分析时只需少量 DNA 样品、设计引物时不需预先知道模板的序列信息等优势。目前 RAPD 技术已广泛用于种质资源鉴定与分类、目标基因的标记等研究上,也有人利用 RAPD 标记来绘制遗传连锁图。

但是 RAPD 技术也存在许多不足,如 RAPD 分析中存在的最大问题是重复性不高;RAPD 为显性标记,不能鉴别杂合子与纯合子;存在共迁移问题,等等。这些存在的问题大大限制了使其在实际中的应用。

2. 序列特异扩增区域技术

序列特异扩增区域(sequence characterized amplified regions,SCAR)分子标记是从 RAPD 技术衍生而来的,代表一个在基因组遗传上确定的位点。这些标记通过感兴趣的 RAPD 片段(如与某一目的基因连锁的 RAPD 片段)的克隆与测序产生,通过序列分析设计出一对互补到原来 RAPD 片段两端的 24 碱基的引物,用这对引物与原来的模板 DNA 进行 PCR 扩增,这样就可把与原 RAPD 片段相对应的单一位点鉴定出来。这样的位点就称为 SCAR。

SCAR 技术的相关应用:对于构建遗传图谱而言,共显性标记的 SCAR 比显性的 RAPD 的信息要多得多;普通的 RAPD 片段通常含有分散的重复序列,因此不能作为探针来鉴定感兴趣的克隆,而 SCAR 引物通过 PCR,可用于扫描基因组文库;SCAR 也可作为物理图谱与遗传图谱之间的锚点;SCAR 是限定的基因组区域的可重复性扩增,因而能进行比较图谱研究(与 RFLP 图谱比较)或进行有关种之间的同源性研究。

SCAR 技术应用的实例:Paran 等(1993)利用 SCAR 技术在莴苣中找到了连锁到抗双霉病基因的可靠标记;Adamblondond 等(1994)在菜豆中鉴定了连锁到抗炭疽病基因 *Are* 的 SCAR 标记;Garcia 等(1996)用 SCAR 技术在番茄中鉴定了连锁到抗线虫基因的 RAPD 与 RFLP 标记;Lelotto 等在菜豆中发展了连锁到 I 基因的 SCAR 标记。BSA(分离群体分组分析法)结合 SCAR 技术将使 RAPD 在遗传育种工作中得到更广泛应用。

3. 扩增片段长度多态性技术

扩增片段长度多态性(amplified fragment random polymorphism,AFLP)标记实质上是 P,

FLP 与 RAPD 两项技术的结合。其原理是选择性地扩增基因组 DNA 限制性酶切片段。

AFLP 技术具有多态性高、提供的信息量大、稳定性及重复性好等优点,主要应用于高密度遗传图谱构建,以及种质资源鉴定等方面。同时该技术也存在假阳性条带出现频繁、技术复杂、成本高等方面的缺点,限制了其应用。

4. 简单重复序列技术

简单重复序列(simple sequence repeat,SSR)也称为微卫星标记,广泛存在于真核生物的基因组,由于串联重复序列重复次数的不同就产生了等位基因之间的多态性。同时 SSR 两端多为相对保守的单拷贝序列,通过设计引物可以进行 PCR 扩增,从而能够对单个微卫星位点作共显性的等位基因分析。SSR 标记具有共显性、多态性和易于检测等优点,是一种理想的分子标记。近几年来微卫星序列作为比较理想的分子标记,被广泛用于资源鉴定、遗传图谱构建、目标基因定位、居群遗传学以及系统发育的研究。

5. 酶切扩增多态性序列技术

酶切扩增多态性序列(cleaved amplified polymorphic sequence,CAPS)技术又可称为 PCR-RFLP。所用的 PCR 引物是针对特定的位点设计的。与 RFLP 技术一样,CAPS 技术检测的多态性其实是酶切片段大小的差异。dCAPS(derived CAPS)技术是在 CAPS 技术基础上发展而来的用于检测单核苷酸多态性的一种良好方法。

目前,CAPS 和 dCAPS 主要用于基因定位及遗传鉴定等方面。例如,王赟等(2003)利用 CAPS 标记对水稻稀穗突变体进行遗传分析及基因的精细定位;王孝宣等将 CAPS 技术应用于番茄的遗传鉴定中。

6. 序列标签位点技术

序列标签位点(sequence tagged site,STS)是由特定引物序列所界定的一类标记。STS 标记可通过 EST 获得,也可通过转换 RFLP 标记而来。

STS 标记主要用于构建染色体遗传图谱和物理图谱。例如,Rong 等(2004)构建了一张含3347 个位点的棉花遗传重组图,揭示了棉花基因组组织、传递和进化的特征。

13.1.3　新一代分子标记技术

新一代分子标记技术,即单核苷酸多态性(single nucleotide polymorphism,SNP),SNP 是指基因组序列中由于单个核苷酸(A、T、C、G)的替换而引起的多态性。SNP 作为一种新型的分子标记在理论研究和实际应用上都具有极大的潜力。

SNP 在基因组广泛而稳定地存在,提供了一批很好的分子标记,在高密度遗传图谱构建、性状作图和基因的精细定位、群体遗传结构分析以及系统发育分析等方面均具有广泛地应用。近几年 SNP 在生物医学和人类起源与进化研究中的研究成果极大地促进了 SNP 在动植物基因组研究中的应用。一系列发现和检测 SNP 的方法、构建图谱的策略以及连锁不平衡和关联分析等技术正在动植物研究领域中受到广泛地关注,毫无疑问将在分子和群体遗传、动植物育种和生物进化等研究领域中发挥越来越大的作用。

13.2　生物芯片

生物芯片技术是近年出现的一种分子生物学与微电子技术相结合的最新 DNA 分析检测技术。生物芯片也称为生物微阵列，是指通过微电子、微加工技术，用生物大分子(例如核酸、蛋白质)或细胞等在数平方厘米大小的固相介质表面构建的微型分析系统，用以对生物组分进行快速、高效、灵敏的分析与处理。该项技术是随着"人类基因组计划"的进展而发展起来的，具有深远的影响。

生物芯片包括基因芯片、蛋白质芯片、组织芯片等，用以对基因、抗原或活细胞、组织等生物组分进行快速、高效、灵敏的分析与处理，具有高通量、微型化和集成化的特点。使用生物芯片可以同时检测样品中的多种成分，检测原理是利用分子之间相互作用的特异性(例如核酸分子杂交、抗原—抗体相互作用、蛋白质—蛋白质相互作用等)，将待测样品标记之后与生物芯片作用，样品中的标记分子就会与芯片上的相应探针结合。通过荧光扫描等并结合计算机分析处理，最终获得结合在探针上的特定大分子的信息。制备生物芯片常用硅芯片、玻璃片、聚丙烯膜和尼龙膜等固相支持物。

生物芯片技术是一项重要的生物技术，在农业、医学、环境科学、生物、食品、军事等领域有着广泛的应用前景。

13.2.1　基因芯片

基因芯片(gene chip)又称为 DNA 芯片，它是最早开发的生物芯片。基因芯片还可称为 DNA 微阵列、寡核苷酸微阵列等，是专门用于检测核酸的生物芯片，也是目前运用最为广泛的微阵列芯片。

基因芯片技术是近年发展和普及起来的一种以斑点杂交为基础建立的高通量基因检测技术。其基本原理是：先将数以万计的已知序列的 DNA 片段作为探针按照一定的阵列高密度集中在基片表面，这样阵列中的每个位点实际上代表了一种特定基因，然后与用荧光素标记的待测核酸进行杂交。用专门仪器检测芯片上的杂交信号，经过计算机对数据进行分析处理，获得待测核酸的各种信息，从而得到疾病诊断、药物筛选和基因功能研究等目的。

1. 基因芯片技术的操作环节

基因芯片技术的基本操作主要分为四个基本环节：芯片制作、样品制备和标记、分子杂交、信号检测和数据分析。

1)芯片制作是该项技术的关键，它是一个复杂而精密的过程，需要专门的仪器。根据制作原理和工艺的不同，制作芯片目前主要有两类方法。第一种为原位合成法，它是指直接在基片上合成寡核苷酸。这类方法中最常用的一种是光引导原位合成法，所用基片上带有由光敏保护基团保护的活性基团。原位合成法适用于寡核苷酸，但是产率不高。第二种为微量点样法，一般为先制备探针，再用专门的全自动点样仪按一定顺序点印到基片表面，使探针通过共价交联或静电吸附作用固定于基片上，形成微阵列。微量点样法点样量很少，适合于大规模制备 eDNA 芯片。使用这种方法制备的芯片，其探针分子的大小和种类不受限制，并且成本较低。

2)样品制备和标记是指从组织细胞内分离纯化 RNA 和基因组 DNA 等样品，对样品进行扩增和标记。样品的标记方法有放射性核素标记法及荧光色素法,其中以荧光素最为常用。扩增和标记可以采用逆转录反应和聚合酶链反应等。

3)分子杂交是指将标记样品液滴到芯片上,或将芯片浸入标记样品液中,在一定条件下使待测 DNA 与芯片探针阵列进行杂交。杂交条件包括杂交液的离子强度、杂交温度和杂交时间等,会因为不同实验而有所不同,它决定着杂交结果的准确性。在实际应用中,应考虑探针的长度、类型、G/C 含量、芯片类型和研究目的等因素,对杂交条件进行优化。

4)对完成杂交和漂洗之后的芯片进行信号检测和数据分析是基因芯片技术的最后一步,也是生物芯片应用时的一个重要环节。分子杂交之后,用漂洗液去除未杂交的分子。此时,芯片上分布有待测 DNA 与相应探针结合形成的杂交体。基因芯片杂交的一个特点是杂交体系内探针的含量远多于待测 DNA 的含量,所以杂交信号的强弱与待测 DNA 的含量成正比。用芯片检测仪对芯片进行扫描,根据芯片上每个位点的探针序列即可获得有关的生物信息。

2. 基因芯片的应用

基因芯片技术自诞生以来,在生物学和医学领域的应用日益广泛,已经成为一项现代化检测技术。该技术已在 DNA 测序、基因表达分析、基因组研究(包括杂交测序、基因组文库作图、基因表达谱测定、突变体与多态性的检测等)和基因诊断、药物筛选、卫生监督、法医学鉴定、食品与环境检测等方面得到广泛应用。

人类基因组计划的实施推动着测序方法向更高效率、能够自动化操作的方向不断发展。芯片技术中杂交测序(SBH)和邻堆杂交(CSH)技术都是新的高效快速测序方法。使用含有 65536 个 8 聚寡核苷酸的微阵列,采用 SBH 技术,可以测定 200 bp 长 DNA 序列。CSH 技术在应用中增加了微阵列中寡核苷酸的有效长度,加强了序列性,可以进行更长的 DNA 测序。

人类基因组编码大约 35 000 个不同的功能基因,如果想要了解每个基因的功能,仅仅知道基因序列信息资料是远远不够的,这样,具有检测大量 mRNA 的实验工具就显得尤为重要。基因芯片能够依靠其高度密集的核苷酸探针将一种生物所有基因对应的 mRNA 或 cDNA 或者该生物的全部 ORF(Open Reading Frame)都编排在一张芯片上,从而简便地检测每个基因在不同环境下的转录水平。整体分析多个基因的表达则能够全面、准确地揭示基因产物和其转录模式之间的关系。同时,细胞的基因表达产物决定着细胞的生化组成、细胞的构造、调控系统及功能范围,基因芯片可以根据已知的基因表达产物的特性,全面、动态地了解活细胞在分子水平的活动。

基因芯片技术可以成规模地检测和分析 DNA 的变异及多态性。通过利用结合在玻璃支持物上的等位基因特异性寡核苷酸(ASO)微阵列能够建立简单快速的基因多态性分析方法。随着遗传病与癌症等相关基因发现数量的增加,变异与多态性的测定也更显重要了。DNA 芯片技术可以快速、准确地对大量患者样品中特定基因所有可能的杂合变异进行研究。

基因芯片使用范围不断增加,在疾病的早期诊断、分类、指导预后和寻找致病基因上都有着广泛的应用价值。如,它可以用于产前遗传病的检查、癌症的诊断、病原微生物感染的诊断等,可以用于有高血压、糖尿病等疾病家族史的高危人群的普查、接触毒化物质者的恶性肿瘤普查等,而且还可以应用于新的病原菌的鉴定、流行病学调查、微生物的衍化进程研究等方面。

药物筛选一般包括新化合物的筛选和药理机理的分析。利用传统的新药研发方式,需要对大量的候选化合物进行一一的药理学和动物学试验,这导致新药研发成本居高不下。而基因芯片技术的出现使得直接在基因水平上筛选新药和进行药理分析成为可能。基因芯片技术适合于复杂的疾病相关基因和药靶基因的分析,利用该技术可以实现一种药物对成千上万种基因的表达效应的综合分析,从而获取大量有用信息,大大缩短新药研发中的筛选试验,降低成本。它不但是化学药筛选的一个重要技术平台,而且还可以应用于中药筛选。国际上很多跨国公司普遍采用基因芯片技术来筛选新药。

目前,基因芯片技术还处于发展阶段,其发展中存在着很多亟待解决的问题。相信随着这些问题的解决,基因芯片技术会日趋成熟,并必将为 21 世纪的疾病诊断和治疗、新药开发、分子生物学、食品卫生、环境检测等领域带来一场巨大的革命。

13.2.2　蛋白质芯片

蛋白质芯片是一种新型的生物芯片,它是在基因芯片的基础上开发的。其基本原理是在保证蛋白质的理化性质和生物活性的前提下,将各种蛋白质有序地固定在基片上制成检测芯片,然后用标记的抗体或抗原与芯片上的探针进行反应,经过漂洗除去未结合成分,再用荧光扫描仪测定芯片上各结合点的荧光强度,分析获得有关信息。

蛋白质芯片技术是近年来出现的一种蛋白质的表达、结构和功能分析的技术,它比基因芯片更进一步接近生命活动的物质层面,有着比基因芯片更加直接的应用前景。蛋白质芯片技术可以用于研究生物分子相互作用,并且还广泛用于基础研究、临床诊断、靶点确证、新药开发等多个领域。

蛋白质芯片可以研究生物分子相互作用,例如,蛋白质—蛋白质相互作用、蛋白质—核酸相互作用、蛋白质—脂类相互作用、蛋白质—小分子相互作用、蛋白质—蛋白激酶相互作用、抗原—抗体相互作用、底物—酶相互作用、受体—配体相互作用等。

蛋白质芯片还广泛用于基础研究、临床诊断、靶点确证、新药开发,特别是检测基因表达。例如:可以用抗体芯片在蛋白质水平检测基因表达;可以用不同的荧光素标记实验组和对照组蛋白质样品,然后与抗体芯片杂交,检测荧光信号,分析哪些基因表达的蛋白质存在组织差异。检测基因表达可以用于研究功能基因组,寻找和识别疾病相关蛋白,从而发现新的药物靶点,建立新的诊断、评价和预后指标。

随着科学的不断发展,蛋白质芯片技术不仅能更加清晰地认识到基因组与人类健康错综复杂的关系,从而对疾病的早期诊断和疗效监测等起到强有力的推动作用,而且还会在环境保护、食品卫生、生物工程、工业制药等其他相关领域有更为广阔的应用前景。相信在不久的将来,这项技术的发展与广泛应用会对生物学领域和人们的健康生活生产产生重大影响。

13.2.3　组织芯片

组织芯片是近年来发展起来的以形态学为基础的分子生物学新技术。它是将数十到上千种微小组织切片整齐排列在一张基片上制成的高通量微阵列,可以进行荧光原位杂交(FISH)或免疫组化分析。传统的核酸原位杂交或免疫组化分析一次只能检测一种基因在一种组织中的表达,而组织芯片一次可以检测一种基因在多种组织中的表达。因此,组织芯片是传统的核酸原位杂交或免疫组化分析的集成。

组织芯片技术使科技工作者有可能同时对数十到上千种正常组织样品、疾病组织样品以及不同发展阶段的疾病组织样品进行一种或多种特定基因及相关表达产物的研究。作为生物芯片的新秀,组织芯片的发展很快,应用领域不断扩展,有望应用于常规的临床病理检验,特别是肿瘤诊断。

13.3　基因治疗

基因疗法是一种新兴的治疗技术,是近 30 年来生命科学发展的一种革命性的结果。基因治疗指的是,通过一定的方式,将野生型基因或有治疗作用的 DNA 序列导入人体靶细胞去纠正突变的功能缺陷来治疗或缓和人类的遗传疾病。在使用这种治疗方式的过程中,需要将目的基因被导入到患者的靶细胞内,或整合染色体上,稳定地复制,或游离于染色体外,独立地复制,但无论是哪种方式都可以在细胞中得到表达,从而起到治疗疾病的作用。

13.3.1　基因治疗在病毒病方面的应用

基因治疗在病毒病的防治中的应用,主要体现在病毒性肝炎和艾滋病的基因治疗研究中。引起病毒性肝炎的病原体主要是肝炎病毒,包括甲型肝炎病毒(HAV)、乙型肝炎病毒(HBV)、丙型肝炎病毒(HCV)、丁型肝炎病毒(HDV)、戊型肝炎病毒(HEV)。

人类免疫缺陷病毒(HIV)是艾滋病(获得性免疫缺陷综合征,AIDS)的病原体。目前主要的治疗方法是高效抗逆转录病毒药物治疗(HAART),虽然取得了较好的效果,但药物的毒副作用、费用、耐药性及复杂的服用程序等都阻碍了 AIDS 药物治疗的发展。基因治疗是一种新颖、具有挑战性、很有前景的 AIDS 治疗方法。

1. 艾滋病病毒的结构与感染过程

HIV 是一种逆转录病毒,分为 HIV-1、HIV-2 两种型,二者在结构上极为相似,主要是由外膜和内核组成的。HIV-1 结构如图 13-1 所示。外膜是脂质双层结构,其间有突出于膜的 Env 包膜糖蛋白。HIV 的包膜蛋白在合成过程中,首先形成糖蛋白前体 gp160,而后在高尔基复合体中分解成为 gpl20/gp41。内核由 P24 核包膜蛋白、病毒 RNA 和酶类所构成。病毒基因组包括 9 个基因和 2 个长末端重复序列(LTR)。结构基因 *gag*、*pol* 和 *env* 分别编码核包膜蛋白(Gag)、整合酶(Pol),病毒包膜糖蛋白(Env)和病毒复制所需反转录酶等。

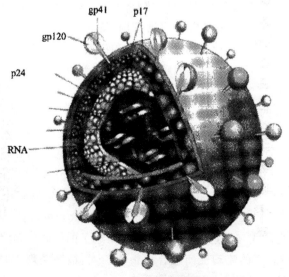

图 13-1　HIV-1 结构模式图

HIV 通过其表面的包膜糖蛋白与宿主细胞 CD4 结合,在 CCR5 或 CXCR-4 等辅助受体协同帮助下,与细胞膜融合,病毒核心进入细胞内,病毒 RNA 在反转录酶作用下合成前病毒。一方面病毒以出芽方式从细胞释放形成新病毒,同时感染别的新细胞;另一方面,病毒与细胞 DNA 整合而呈潜伏状态。调控基因有 rev、nef 和 tat 等,rev 增加 gag 和 env 基因表达,输送转录的病毒 RNA 出核;nef 在原来被认为是负调节子,但后来经研究表明 nef 实际上是 HIV 复制、扩散所不可缺少的基因,可以增强病毒的感染力;tat 能结合病毒 LTR,激活病毒基因的转录。此外还有 vif、vpu、vpr 基因,它们的作用分别为调整病毒颗粒的装配、下调宿主细胞 CD4 的表达、促使病毒 DNA 输送进核等。HIV-2 基因组不含 vpu 而含未知功能的 vpx 基因。

艾滋病发病的一个重要机制是 $CD4^+$ T 淋巴细胞的破坏与衰竭,会导致机体免疫力的下降,甚至是丧失。

当从不同的角度来选取目的基因时,就会形成不同的 HIV 基因治疗策略。

2. 阻断病毒进入细胞

HIV 感染并进入宿主细胞之后,必须要借助其包膜糖蛋白 gp120 与宿主淋巴细胞膜上的 CD4 抗原相结合,这也是 HIV 选择性破坏 $CD4^+$ 细胞的重要原因。因此,过量的 CD4 抗原分子和 HIV 的包膜糖蛋白 gp120,可以阻断和抑制 HIV 的感染能力,保护未受感染的 $CD4^+$ 细胞。将可溶性 $CD4^+$(sCD4)分子的编码基因导入到体外培养的 T 淋巴细胞中,sCD4 分子确实可以阻断 HIV-1 的感染。sCD4 与免疫球蛋白融合基因的表达,也获得了明显的抗 HIV-1 的效果。免疫系统中 CD4 分子的正常功能与主要组织相容性复合体(MHC)II 型分子的免疫识别密切相关。因此,用 sCD4 分子干扰 HIV-1 与 $CD4^+$ 细胞结合来进行抗病毒基因的治疗,担心会干扰 MHC II 特异性 T 细胞的功能。但转基因小鼠的研究结果表明,这种担心实际上是没有必要的。表达 sCD4 分子的转基因小鼠品系,持续表达 sCD4 分子达 100 ug/ml,辅助性 T 细胞介导的体内抗体的应答机制,并不受 sCD4 分子过表达的影响。

但是,以 sCD4 基因作为目的基因的抗 HIV-1 基因治疗 I 期临床实验却没有获得预期的成功。从临床标本中分离到了抗 sCD4 分子的 HIV-1 病毒株,从一个侧面解释了其中的原因。实验证实,中和 sCD4 抗性株所需的 sCD 分子数是 sCD4 敏感株的 $200 \sim 2\,700$ 倍。因此,利用 sCD4 编码基因作为目的基因进行抗病毒基因治疗时,除了必须要考虑到基因转移与表达调控的技术之外,还要考虑到 sCD4 分子本身的一些性质和特点。

如果只有 CD4 并不能对 HIV-1 的细胞嗜性进行充分的解释,HIV-1 的入侵还需要人类细胞表面的其他具有组织特异性的辅助受体。1996 年由旅美学者冯愈及其同事鉴定出第一种嗜 T 细胞 HIV-1 感染所必需的辅助受体——fusin/CXCR4。此后不久,邓宏魁等又发现了嗜巨嗜细胞 HIV-1 株的辅助受体——CCR5。一般认为,在感染前状态时,HIV gp41 三聚体的核心螺旋(H1)被外围螺旋(H2)和 gp120 所包围。与 CD4 结合后,gp120 离开 gp41 三聚体,并将 gp41 的 H1 螺旋从中央拉出。gp120 进一步与辅助受体结合后,使 gp120 与 gp41 完全脱离,随即 H1 伸展出来,使 N 末端的融膜肽到达宿主细胞表面并牢固地插入细胞膜中。此后 gp41 三聚体进行了 H1 与 H2 相互靠拢的构象变化,重新形成平行的螺旋六元束,这一变化提供了病毒包膜与宿主细胞膜的水化表面之间相互靠近所需的能量,拉近了两层膜。多个 gp41 三聚体在两层膜接近处形成膜间的融合孔,膜的流动性使融合孔很快扩大,最终实现 HIV-1 包膜与宿主细胞膜的融合(图 13-2),使 HIV-1 核心进入宿主细胞质中。

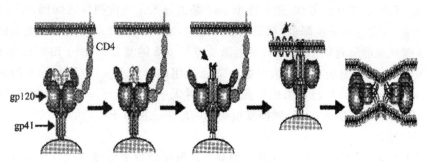

图 13-2　HIV-1 包膜与宿主细胞膜的融合模式图

3. 单链可变区抗体

单链可变区抗体(single chain variable fragment,ScFv),指的是将免疫球蛋白的重链可变区(VH)和轻链可变区(VL)通过一段连接肽连接而成的重组蛋白,1988 年,由 Huston 等利用基因工程技术首次成功制备。ScFv 对靶抗原的结合活性与天然抗体十分接近,其具有多个优点:①无 Fc 段,不易为具有 Fc 受体的细胞结合或吞噬;②分子小,分子质量为 27~28 kDa,大小为完整抗体的 1/6,免疫原性低;③易于基因操作和大量生产。利用病毒载体和非病毒载体技术,可以将 ScFv 的编码基因导入人体的细胞内,从而实现抗病毒的基因治疗。

F105 人源性单克隆抗体已经被证实了具有中和活性的抗-gpl20 抗体,可竞争性抑制 HIV 与 CD4 分子的结合,并可与多个 HIV-1 型原始株结合。1993 年,Maraseo 等将 F105 的 VH 和 VL 片段扩增,并在 VL 片段后接上肽段 SEKDEL,附加的 KDEL 序列可使抗-gpl20 ScFv 单链抗体滞留在内质网中,从而将与之特异性结合的 gpl20 扣留在内质网,阻断病毒包膜蛋白的生成。该工作是最早的关于细胞内免疫抗 HIV 基因治疗的研究报告。

13.3.2　基因治疗在肿瘤方面的应用

1. 抑癌基因的基因治疗

抑癌基因又叫做抗癌基因,经专家的研究表明,几乎一半的人类肿瘤均存在抑癌基因的失活。因此,将正常的抑癌基因导入肿瘤细胞中,以补偿和代替突变或缺失的抑癌基因,达到抑制肿瘤的生长或逆转其表型的抑癌基因治疗策略,必将成为肿瘤基因治疗中的一种重要的治疗模式。

1979 年,Lane 和 Grawford 在 SV40 大 T 抗原基因转染的细胞中发现了 $p53$ 基因,这是目前研究最为广泛和深入的抑癌基因。$p53$ 能与 DNA 结合而起到转录因子的作用,$p53$ 蛋白的 C 端对其与 DNA 结合的能力起着重要的调控作用。野生型 $p53$ 不仅能抑制那些促进失控细胞生长和增殖相关的基因的表达,并且还可以活化抑制失控细胞异常增殖的基因。野生型 $p53$ 的缺失、突变或失活可能会使细胞发生转化。迄今已发现的 10000 种人类肿瘤的 2500 种基因突变中,$p53$ 蛋白的 393 个氨基酸就有 280 个以上发生了突变。由于这种点突变,直接的后果是导致氨基酸的改变,最终产生没有活性的 p53 蛋白,从而丧失了抑癌的作用。

由于人类恶性肿瘤 $p53$ 基因突变率较高,因此以正常 $p53$ 基因治疗肿瘤就成为了专家们研究的热点。大量的体内外试验已证实,引入 $p53$ 基因确实可以起到抑制肿瘤细胞生长,诱导细胞凋亡的作用。利用电穿孔的方法,把野生型 $p53$ 基因导入人类前列腺癌细胞 PC-3 中,发现肿瘤细胞形态改变,细胞生长速度降低,裸鼠致瘤性消失,进一步研究发现肿瘤抑制是因为其凋亡增加所致。从裸鼠尾静脉每隔 $10\sim12$ d 注射脂质体与 $p53$ 的复合物,用于治疗接种于裸鼠皮下的人恶性乳腺癌(含 $p53$ 突变),结果大多数 $p53$ 治疗组的肿瘤消失(8/15),而对照组只有 1 只消失(1/22);停止治疗后,8 只已消失的肿瘤 1 个月后无一复发。将 $p53$ 基因相继导入肝癌、口腔癌、肺癌、头颈部肿瘤等肿瘤细胞,同样发现类似的结果。但对于不同的细胞类型,$p53$ 基因的抑制作用各不相同。

除了直接的抑瘤作用外,正常 $p53$ 基因的导入还可以诱导癌细胞对化疗药物及放疗的敏感性,加快肿瘤细胞的死亡。腺病毒介导的 $p53$ 基因与放射线对小鼠皮下异体移植 SW260 结直肠癌有协同抑制的作用,小鼠再生的肿瘤受到 5Gy 的放射治疗后需要 15 d 才能长至 $1\,000$ mm^3(一般小鼠仅需 2 d),如果再对其使用 $p53$ 基因治疗,则需要 37 d,从这里就可以看出 $p53$ 基因确实可以提高小鼠对放射线的敏感性。

$p16$ 基因是另一个研究较多的抑癌基因。由于其对细胞周期 G1 期有特异性调节作用,因此又被称为多肿瘤抑制基因 1,INK4。正常情况下,$p16$ 与细胞周期素 D 竞争 CDK4、CDK6,抑制它们的活性,使其一系列底物(如 Rb)保持持续去磷酸化高活性,而不能解除 Rb 对转录因子 E2F 等的抑制,从而阻止细胞 G1 期进入 S 期,直接抑制细胞的增殖。相反,当 $p16$ 基因发生异常改变时,细胞增殖失控导致其向癌变发展。

$p16$ 基因异常的表现为,以基因缺失为主,在肿瘤中可达 80% 以上。基因异常的总发生率高于其他已知的抑癌基因,而且 $p16$ 基因异常分布的瘤谱范围很广。用腺病毒介导 $p16$ 基因导入肺癌细胞,可抑制癌细胞的生长和克隆形成,造成细胞周期 G1 期阻滞。对乳腺癌细胞(MCF-7)、膀胱癌细胞等,也会产生类似的结果。

$p16$ 作为一种新型的抑癌基因,具有多个优点,如可特异地阻抑 CDK4 或 CDK6,与恶性肿瘤的联系更加广泛,抑癌机制比较明确,较之有间接作用的 $p53$,$p16$ 对细胞周期有肯定的直接作用。而且,$p16$ 基因相对分子质量较小,仅为 $p53$ 的 1/4,易于基因治疗的操作。所以,$p16$ 在肿瘤的研究领域及基因治疗方面的作用日益受到关注。

为了探讨 $p16$ 与 $p21$、$p53$ 之间的协同作用,Ghaneh 等将 Ad-$p53$ 与 Ad-$p16$ 共转染到 5 种前列腺癌细胞中,从而发现无论在体内或体外,在体或离体,与单独治疗相比,两者联合可诱发大量的肿瘤细胞凋亡,肿瘤细胞生长受到严重的抑制。

2. 癌基因的治疗

癌基因指的是,细胞基因组中具有的能够使正常细胞发生恶性转化的一类基因,这种基因在人的正常细胞中就已存在。在大多数的情况下,这类潜在的癌基因都处于不表达的状态,或其表达水平不足以引起细胞的恶性转化,或野生型蛋白的表达不具有恶性转化作用。当这些基因改变时,就会导致基因异常活化而启动细胞生长,从而发生恶性转化。如 Ras、Myc、Src 等基因,由于突变而使其功能处于异常活跃状态,不断地激活细胞内正性调控细胞生长和增殖的信号传导途径,促使细胞异常生长。因此,封闭癌基因,抑制其过表达是抑制肿瘤的另一种策略,反义癌基因即是其中一种较为有效的手段。反义 RNA 指的是能抑制基因表达的 RNA,其本身含有一段与靶基因互补的序列。通过这一段序列与靶基因编码 mRNA 特定序列结合,形成反义 RNA-靶 RNA 二聚体,可能通过抑制转录、转录后加工或抑制翻译,从而对目的基因的功能产生一定的影响。

用反义 Myc 片段构建的重组腺病毒载体 Ad-As-Myc,能显著抑制肺腺癌 GLC-82 和 SPC-A-1 细胞生长和克隆形成,并诱导其凋亡。RT-PCR 和 Western 印迹显示 Myc 基因表达下降,凋亡相关基因 *Bcl-2* 和 *Bax* 分别出现下调和上调。瘤内注射 Ad-As-Myc 可抑制裸鼠皮下移植肿瘤的生长(抑瘤率为 52%)。对肝癌细胞 BEL-7402、HCC-9204、QSG-7701 和 SMMC-7721、胃癌细胞 MGC-803 和 SGC-823 也有抑制作用,表明反义 Myc 具有广谱的抗肿瘤作用。把反义 c-Myc 和反义 c-erbB-2 同时及分别导入卵巢癌细胞(COCl),发现反义 c-Myc 组抑制率为 64.5%,反义 c-erbB-2 组为 61.9%,两者结合组则高达 82.6%。

以逆转录病毒为载体将反义的 K-Ras 导入胃癌细胞 YCC-1(高表达野生型 K-Ras)和 YCC-2(K-Ras12 位突变)中,发现 K-Ras 基因的表达显著降低,其癌细胞生长明显受抑,其抑制率近 50%。体内实验也表明,未转染反义 K-Ras 的裸鼠在 20 d 后肿瘤迅速增大,而转染反义 K-Ras 的肿瘤未见长大。将含有具有抑制 *K-Ras* 功能的突变体 *N116Y* 基因的腺病毒(AdCEA-N116Y)导入胰腺癌细胞(PCI-35、PCI-43),然后再感染裸鼠,发现无论是 *N116Y* 的表达,还是肿瘤受抑,抑或凋亡等变化,与对照组(人胚胎胰细胞 1C3D3)相比均有显著性差异,对膀胱癌的研究也发现了类似的结果。

针对癌基因的核酶技术研究也有很多,其主要原因是核酶能够序列特异性地抑制靶 mRNA,区别正常的癌基因和突变型癌基因。针对突变型 K-Ras 癌基因的锤头状核酶,可特异且有效地切割突变的 K-Ras mRNA,但对野生型的 mRNA 无作用,体内外均能显著抑制结肠癌细胞的生长。K-Ras 核酶除了抑制肿瘤的生长外,还能增强肿瘤对化疗药物的敏感性。

3. 肿瘤免疫基因治疗

从广义上来说,凡是应用基因转移技术治疗免疫性疾病或根据免疫学原理和技术而建立的基因治疗方案,都属免疫基因治疗。

(1)针对肿瘤细胞的免疫基因治疗。

将细胞因子和免疫相关基因导入肿瘤细胞中,可以制备各种瘤苗以增强机体的抗肿瘤免疫功能。用含 IFN-γ 的逆转录病毒进行膀胱癌切除后的免疫基因治疗,可以增加肿瘤细胞在局部产生 IFN-γ,以诱导淋巴细胞的反应而达到治疗的目的。用电穿孔的方法介导 IL-12 基因对肝细胞癌的基因治疗,发现肿瘤受到抑制不仅局限于电穿孔处,对远端的肿瘤也有抑制的作用;而且经过电穿孔处理的肿瘤,肺转移的发生率会降低,肿瘤内发现有大量的免疫功能细胞浸润。用逆转录病毒介导 IFN-γ 基因和用牛痘病毒载体联合导入 *IL-1* 和 *IL-12* 基因治疗胶质瘤,发现都可以抑制肿瘤的发生。

肿瘤抗原需要与 MHC-I 类分子结合,被 CD8⁺ CTL 识别,被 APC 摄取加工后与 MHC-Ⅱ类分子结合,再被 CD4⁺ Th 识别,就可以激活肿瘤免疫。而 MHC-I 和 MHC-Ⅱ 途径都需要 B7 共刺激。肿瘤细胞低表达或不表达 MHC-I 或 MHC-Ⅱ 及共刺激分子是其抗原呈递发生障碍,最终逃脱机体免疫的重要原因。将人乳头瘤病毒(HPV-16)的 E7 基因转染黑色素瘤细胞株 K1735,以期通过 E7 基因的表达来增强肿瘤细胞的免疫原性,发现单纯转染了 *E7* 基因的肿瘤细胞在体内 100% 成瘤,但同时转染了 *E7* 和 B7 共刺激分子的肿瘤细胞在体内完全丧失了致瘤能力。将共刺激分子 *CD40* 基因的重组腺病毒直接注入小鼠黑色素瘤、结肠癌及 Lewis 肺癌等实体瘤内,发现 60% 以上的小鼠黑色素瘤及结肠癌得以治愈,而免疫原性极弱的 Lewis 肺癌也有部分被治愈。

（2）针对免疫应答细胞的基因治疗。

该方法使用的原理是，将细胞因子导入抗肿瘤效应细胞中以增强抗肿瘤作用，并以免疫应答细胞为载体细胞将细胞因子基因携带至体内靶细胞，使细胞因子局部浓度提高，从而更有效地激活肿瘤局部及周围的抗肿瘤免疫功能。

常用的免疫效应细胞有自然杀伤细胞（NK）、淋巴因子激活的杀伤细胞（LAK）、肿瘤浸润淋巴细胞（TIL）等，可供选择的目的基因有白细胞介素、干扰素、肿瘤坏死因子、集落刺激因子、趋化因子等。IL-2 激活的 NK 细胞可以选择性地聚集在某些实体瘤组织中起到杀伤作用。IFN-γ 基因转染至 LAK 细胞也可以增强杀死肿瘤的活性。

树突状细胞（dendritic cell，DC）是人体最有效的抗原呈递细胞（APC），能致敏和激活静止 T 细胞和 B 细胞。T 细胞直接或通过分泌细胞因子，B 细胞通过分泌抗体，作用于靶细胞或病原体上，最终消灭靶细胞或病原体。最近几年，DC 作为肿瘤生物治疗和基因治疗的方案已经获得了 FDA 的批准并进入Ⅲ期临床。该疗法比传统的 LAK 细胞疗法具有更特异和更强大的杀瘤活性，被誉为当前肿瘤生物治疗和基因治疗最有效的手段。比较成熟的制备 DC 细胞的方法是采用抗原基因、抗原和细胞因子来转染和修饰 DC。常用的有抗原肽刺激和各种抗原基因，如宫颈癌-E7、E6，前列腺癌-PSA 等；肿瘤提取物及细胞因子。多项动物实验结果表明，转导肿瘤特异性抗原基因的 DC 可使肿瘤组织减小。用小鼠肝癌总 RNA 转染的 DC 体外诱导特异性细胞毒 T 淋巴细胞的研究发现，转染的 DC 其组织相容性分子（MHC-I、MHC-II）及共刺激分子（B7-1、B7-2）表达明显增高，刺激同基因型小鼠 T 细胞可使增殖能力增强，且还能诱导肝癌细胞特异性的 CTL 产生。甲胎蛋白 AFP-DC 瘤苗不仅能产生和分泌 AFP，而且还能上调自身的 B7 分子和 MHC 分子，明显刺激 T 细胞增殖及提高 CTL 的杀伤作用。

DC 增强抗肿瘤免疫反应的另一机制是编码 CD40 配体的基因转录。CD40 配体的表达可以通过 DC 表达的 CD40 之间的相互作用自动激活，这可直接刺激抗原特异性的 $CD8^+$ T 细胞而无需 $CD4^+$ T 细胞的介导。在小鼠黑色素瘤中，这种机制可使肿瘤退化，延长生存期限。同时向肿瘤内注射表达有 CD40 的腺病毒载体和改造过的 DC，可引发肿瘤特异性的免疫反应，抑制肿瘤生长，并增加肿瘤 CD40 配体的表达。因此，肿瘤细胞转基因 CD40 配体的表达可明显增强 DC 表达 CD40，从而增强其抗肿瘤活性。

13.3.3　基因治疗在遗传病方面的应用

1. 囊性纤维化

囊性纤维化（CF）在西方是一种较为常见的单基因遗传病，平均每 2 500 个婴儿中就有一个患囊性纤维化。囊性纤维化是由于 cftr 基因突变引起的，蛋白质 CFTR 能够引导氯离子穿过细胞膜。在囊性纤维化症患者体内，这些通道无法正常工作，造成化学失衡，使肺细胞分泌过量的黏液，结果导致病人出现呼吸困难等，而且容易导致感染。

2003 年 4 月，美国克立夫兰的科学家和医生公布了一项鼓舞人心的囊性纤维化基因治疗临床试验结果和一种新型"压缩 DNA"（compacted DNA）技术。由克利夫兰大学医院（UHC）、凯西西部保留地大学（CWRU）医学院、非盈利组织囊性纤维化基金会下属的囊性纤维化基金会治疗公司（Cystic Fibrosis Foundation Therapeutics）在 2002 年共同发起了这项囊性纤维化基因治疗一期临床试验。

共有 12 名患者参加了这个试验。在试验中,科学工作者使用了克立夫兰的生物技术公司 Copernicus Therapeutics 公司的非病毒基因导入技术。在 UHC 和 CWRU 科学家的合作下, Copernicus 公司开发出了一种压缩 DNA 技术,使 DNA 链紧密结合以使其体积大幅变小,可以直接穿透细胞膜进入细胞。这样可以利用这些外来的 DNA 产生那些囊性纤维化患者细胞所缺限的蛋白,从而治疗这种疾病。实验中,研究者通过鼻通道滴注生理盐水,将正常的基因导入到 12 名参加实验的囊性纤维化患者。通过鼻组织活检,研究者可以检测正常的 $cftr$ 基因是否进入了患者的细胞,并产生足够的蛋白来影响盐和水进出细胞。最终研究者发现有 2/3 接受治疗的患者在鼻细胞对氯离子的转入和转出有显著的提高。所有参加实验的患者都完成了治疗试验。实验中没有发现任何显著的不良反应,并且治疗可以被病人很好地接受。

Copernicus Therapeutics 公司正在开发一种气雾剂基因导入技术,通过这种技术可以将正常的 $cftr$ 基因通过气雾剂直接进入患者的肺细胞。下一步的临床试验,将采用气雾剂基因导入技术来取代现在的生理盐水滴注法。

2. β 地中海贫血

β 地中海贫血(简称为 β 地贫)是一种遗传性溶血性疾病,其发病机制是由于 β 珠蛋白基因(简称 β 基因)的突变或缺失,导致构成血红蛋白 HbA(α2β2)的 β 珠蛋白肽链合成减少(β+)或不能合成(β0),造成 α 肽链与 β 肽链合成率失衡而引起患者溶血性贫血。目前对 β 地贫处于研究阶段的基因治疗主要有 β 珠蛋白基因转移的治疗、反义核酸基因治疗等。

(1)β 珠蛋白基因转移的治疗。

针对 β 地贫发病的分子机制,β 地贫基因治疗的核心是增加患者红系组织中 β 基因表达,从而纠正 α 与 β 肽链合成率的不平衡。因此,许多实验室采取的基因治疗策略是向患者的造血干细胞导入正常的 β 基因补充 β 珠蛋白表达水平的不足或替换异常的 β 基因来达到治疗目的。这种方法可以使所转 β 基因在红系组织中获得长期正常的表达,使 β 地贫患者得到终生治疗。

(2)反义核酸修复。

导致 β 基因表达缺陷和 β 珠蛋白缺陷的基因突变类型大约有 130 多种,其中有相当一部分是由于 RNA 剪接异常所致,即 β 基因中的突变点激活了前体 mRNA 中异常剪接位点,使之改变正常的剪接途径而进行异常剪接,产生异常的 βmRNA 和 β 肽链。反义核酸技术在 β 地贫基因治疗中以其高度的特异性引起了人们的关注。反义核酸的活性在于它与目标 mRNA 特异性杂交,从而导致细胞内 RNase H 对 mRNA 的降解,也可修饰 mRNA 的剪接及阻碍 mRNA 的翻译。因此,反义核酸可以特异性地封闭剪接缺陷型突变的 β 基因前体 mRNA 中的异常剪接位点,使之恢复正常剪接,从而产生正常的 βmRNA 和 β 珠蛋白肽链。反义核酸技术是治疗由剪接缺陷型突变所致 β 地贫的一种可供参考的途径。

血红蛋白病曾被认为是最有希望通过基因治疗治愈的单基因遗传病。经过近 20 年的探索,血红蛋白病基因治疗尤其是地中海贫血基因治疗仍处于基础研究阶段,距离临床应用仍有较大距离。待解决的问题主要表现在两个方面:一方面是作为血红蛋白病基因治疗基础的珠蛋白基因的表达调控规律非常复杂,仍未完全阐明;另一方面是,基因治疗的载体系统容量有限,不完全适合带复杂调控序列的珠蛋白基因转移。

3. 血友病 B

血友病 B 又叫做乙型血友病,是一种由于血液中凝血因子Ⅸ缺乏而引起的严重凝血功能障碍。血友病 B 是 X 连锁隐性遗传,在男性中发病率为 1/30000。在正常情况下,当人的血管受到损伤而出血时,创伤表面释放的激肽原和激肽释放酶会激发凝血级联反应,最终使血液中可溶性的血纤维蛋白原转变成不溶的呈网状聚合的血纤维蛋白,从而使血液凝固。参与凝血级联反应过程的凝血因子有十几种,凝血Ⅸ因子(简称 FⅨ)便是其中之一。在级联反应中,FⅨ 不仅是必需的蛋白因子,而且当 FⅨ 与调控蛋白 FⅧ 形成复合物后,凝血反应速度成千倍增加,致使凝血过程仅在几分钟内即可完成。因此,当人体内缺乏 FⅨ 时,便表现为自发性或微外伤后出血不止,严重者可因关节出血而导致关节变形和残废,或因内脏、颅内出血而死亡。此病的常规临床治疗方法主要依靠蛋白替代治疗,即输血或凝血酶原复合物,这样不仅费用昂贵,而且可能引起严重的输血反应,引起血栓形成和栓塞。

血友病 B 的基因治疗研究起步较早,研究较为深入。1991 年,血友病 B 已成为世界上第二个进入遗传病基因治疗临床试验的病种,成为我国在基因治疗领域中的一个标志。编码 FⅨ 蛋白的基因于 1982 年被克隆,它位于 Xq27 的 1 带,编码 415 个氨基酸。目前用于 FⅨ 基因治疗研究的载体有逆转录病毒载体、腺病毒载体、腺伴随病毒载体及脂质体、可移植的微胶囊等非病毒载体。我国复旦大学薛京伦等于 1994 年首次报道了以逆转录病毒载体介导的对血友病 B 患者实施基因治疗的临床试验。他们用构建有人 FⅨ cDNA 的逆转录病毒载体感染血友病 B 患者皮肤成纤维细胞,并用胶原包埋细胞直接注射到 2 名血友病 B 患者腹部或背部皮下,治疗后患者体内 FⅨ 浓度从 70~130 ug/L 上升到 240~280 ug/L,以后以 220 ug/L 的水平维持了 6 个月以上。但是,此方案过程繁琐,很难在临床推广。2003 年,薛京伦等又研制成功"重组 AAV-2 人凝血因子Ⅸ注射液",将腺伴随病毒载体介导的Ⅸ因子基因直接肌肉注射到体内,方法简单,易于推广,获得了国家食品药品监督管理局的《药物临床研究批件》,这标志着复旦大学在血友病基因治疗领域取得了突破性的进展,进一步显示了我国基因治疗的国际先进水平。

血友病 B 基因治疗临床试验是安全可行的,其中腺病毒途径被认为是最有效的方法之一,虽然当前的治疗效果还有待提升,但是却已经能够将中型血友病 B 患者的症状明显减轻了。

13.4 DNA 指纹图谱

DNA 指纹图谱——DNA 多态性的记录模式已成为提供个体识别的强有力证据。多年来指纹图谱在人类案件鉴证中起到了重要的作用。事实上,指纹常常提供了将嫌犯送入监狱的关键证据。在法庭受理的案件中,使用指纹作为证据是基于没有两个个体会具有完全一致的指纹这样的前提。

13.4.1 鉴定测试

过去,不确定的血缘案件经常通过比对孩子、母亲和可能的父亲的血型来决定。血型数据可以用来证明拥有特定血型的男子不可能是孩子的父亲。不幸的是,这些血型比对的结果无法提供父亲的阳性鉴别结果。相对的,DNA 指纹图谱不仅能够排除错认的父亲,还能进一步提供对于生父的阳性鉴别。DNA 样本从孩子、母亲和可能的父亲的细胞中获得,并制备 DNA 指纹图谱。但指纹图谱被比对时,孩子 DNA 印迹中所有的条带都应该出现在双亲 DNA 混合印迹中。由于孩子会分别从父母每一个人那里获得一对同源染色体中的一条。因此,孩子 DNA 印迹中约一半的条带由遗传自母亲的 DNA 序列所产生,另一半则来自于遗传自父亲的 DNA 序列。

　　图 13-3 展示了一个孩子、母亲、还有两名被怀疑是孩子父亲的男子的 DNA 指纹图谱。在这一案例中,DNA 印迹显示第二名父亲可能是孩子的生父。在鉴别孩子与双亲血缘关系的 DNA 指纹图谱的准确性可以由增加分析中所使用的杂交探针来增强。使用更多的探针,更多的多态性可以被分析,孩子和双亲基因组的很多属性可以被比较,鉴别结果就更为可信了。

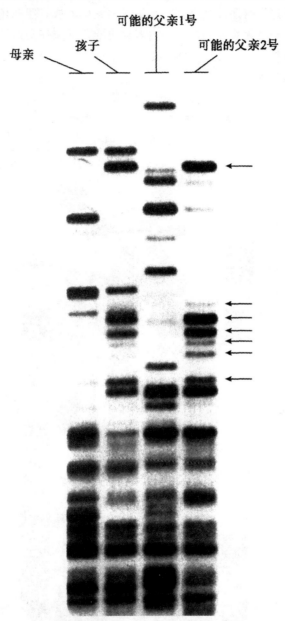

图 13-3　一名母亲,她的孩子和另外两名声称是孩子父亲的男子的 DNA 指纹图谱

箭头所指的条带将 2 号男性鉴别为孩子的生父

13.4.2　法庭诉讼应用

　　在 1988 年,DNA 指纹图谱首次被作为犯罪事件的证据使用。1987 年,一项美国佛罗里达的法官否决了控方针对一名强奸罪疑犯 DNA 证据进行统计学解释的请求。在无效审判之后,这名疑犯被释放了。三个月后,他再次被传唤到法庭,被指控犯下了另一起强奸罪。这次法官允许控方出示基于相应人群调查对数据进行的统计学分析。分析显示从受害者身上提取到的精液样本所制备的 DNA 指纹图谱只有 10 万分之一的可能性仅仅出于偶然而与疑犯的 DNA 指纹图谱相匹配。这次疑犯被宣告有罪。当良好的组织或细胞样本从犯罪现场被采集后,DNA 印迹在这类法庭诉讼中的价值是毫无疑问的。如果由有经验的科学家仔细地操作并且严格利用有效的基于人口的多态性分布数据进行分析,DNA 指纹图谱可以在与犯罪的持续斗争过程中提供一个相当有力且急需的鉴别工具(图 13-4)。

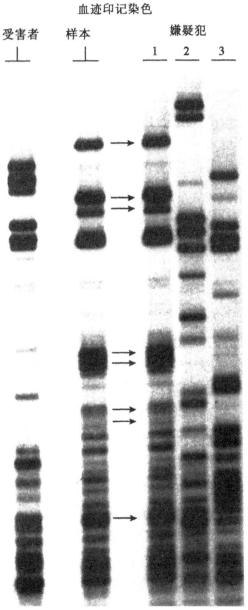

图 13-4　用来自于犯罪现场的血迹和来自于三名被指控犯下罪行的疑犯身上
获得的血样准备的 DNA 指纹图谱

在法庭诉讼案件中使用的一类 DNA 指纹图谱,被称为 VNTR 印迹。从犯罪现场采集的血迹样本所制备的 DNA 指纹图谱与疑犯 1 的 DNA 印迹相匹配,而与另两名疑犯的印迹不同。当然,这些匹配的 DNA 印迹本身不能证明疑犯 1 犯下了罪行,不过,如果和额外的 DNA 印迹相比对并和其他能够支持的证据一起使用,它们能有力地证明疑犯曾经位于犯罪现场。也许更重要的是,这些印迹清楚地显示从血迹中取得的血细胞不是来自于其他两名疑犯的。因此,DNA 指纹图谱被证明对减少错误指控率具有相当的价值。

通过将 VNTR 指纹图谱和用其他类型的 DNA 探针植被的印迹混合使用,因为偶然性而使来自两名个体的 DNA 指纹图谱相匹配的可能性大大减少。能够使用 DNA 指纹图谱去鉴别个体的根本原因是因为每一个人的 DNA 具有独特的核酸序列。不管人类群体如何扩增,人类基因中 3×10^9 个碱基对具有远多于地球上人类数目的四种碱基的组合方式。因此,除非是同卵双胞胎,没有两个人会具有完全一致的基因组。DNA 指纹图谱提供了能够发现和记录这些差异的工具,就如同指纹图谱多年来所记录的那样。

13.5　DNA 重组技术鉴别人类基因

DNA 重组技术对寻找导致人类疾病的缺陷基因是一场革命。事实上,大量主要的"疾病基因"已通过定位克隆被鉴别了出来。另外,通过与野生型等位基因的核苷酸序列作比较,导致疾病的突变从而也得以确定。野生型等位基因的编码序列已通过计算机翻译、预测基因产物的氨基酸序列。基于预测的氨基酸序列的寡肽已被合成用于制备抗体,而抗体则被用于对基因产物进行定位用来研究它们在体内的功能。这些研究的结果在将来会使通过基因疗法治疗某些疾病成为可能。

13.5.1　囊肿性纤维化病变

囊肿性纤维化病(CF)变是人类最普遍的遗传性疾病之一,在北欧人群中每 2 000 例新生儿中就有 1 例受到它的影响。囊肿性纤维化病变以常染色体隐性突变的方式遗传,在俄罗斯高加索人群中杂合体的概率估计约为 1/25。仅在美国,超过 30 000 的人群受到这种毁灭性的疾病的折磨。囊肿性纤维化病变的一个比较容易诊断的症状是含过量盐分的汗液,这是受突变基因影响的一种非常温和的症状。然而其他的症状就没有这么温和了。肺、胰还有肝内部被黏稠的黏液所阻塞,这是长期感染以及那些活体组织最终失去功能的结果。另外,黏液经常累积在消化道中,导致不管个体吃了多少东西都会变得营养不良。肺部感染反复发作,患者常常死于肺炎或者呼吸系统的其他感染症状。在 1940 年,罹患囊肿性纤维化病变的新生儿的平均预期寿命短于 2 年。随着治疗手段的进步,这一预期寿命逐渐延长了不过他们的生活质量十分糟糕。

囊肿性纤维化病变基因的鉴别是定位克隆所取得的主要成果之一。根据来自囊肿性纤维化病变患者的细胞的生化分析未能鉴别出任何代谢缺陷或突变基因产物。然而在 1989 年,FrancisCollins 和 Lap-Chee Tsui 还有他们的合作者们鉴别出了囊肿性纤维化病变基因以及造成该悲剧性疾病的突变。囊肿性纤维化病变基因的克隆测序很快使其产物得以被鉴别,这些成果在之后给针对这种疾病的临床治疗手段带来了很多指导性的帮助,并且在未来有希望发展出成功的基因疗法。

通过它与 RFLP 间的行为一致性，囊肿性纤维化病变基因最初被定位于 7 号染色体的长臂上。进一步的 RFLP 制图将这个基因定位于 7 号染色体一个 500 kb 的区域内。之后最靠近囊肿性纤维化病变基因的两个 RFLP 标记被用于进行染色体步移（图 13-5）及跳跃（图 13-6），然后开始建立一份这个区域的详细物理图谱。三种信息被用于缩小搜寻囊肿性纤维化病变基因的范围。

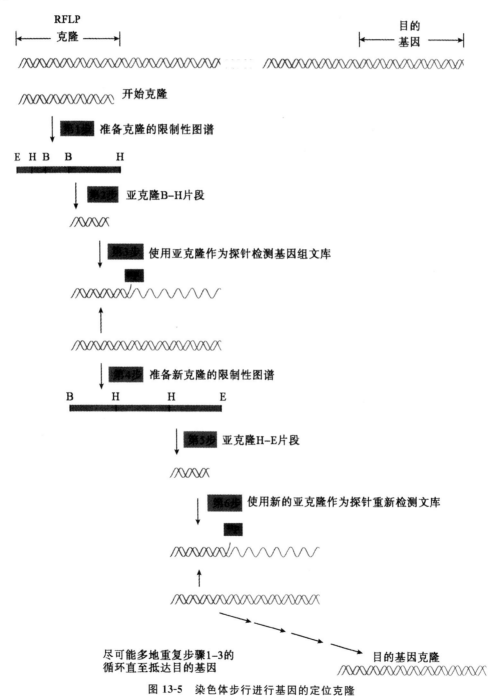

图 13-5　染色体步行进行基因的定位克隆

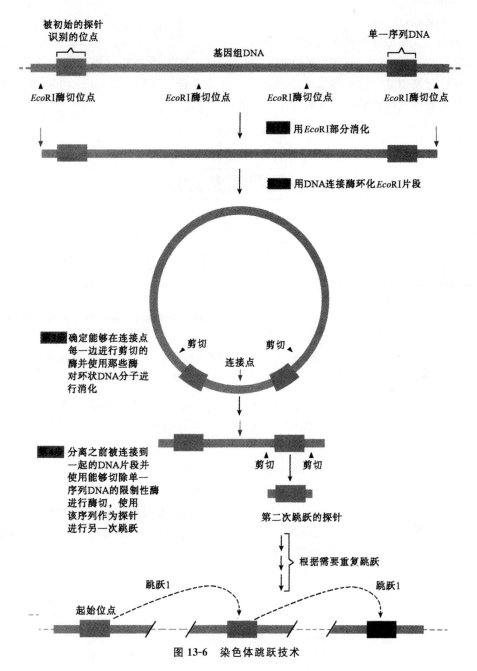

图 13-6 染色体跳跃技术

1)人类基因通常位于被称为 CpG 岛的胞嘧啶和鸟嘌呤集簇下游。三个这样的集簇刚好出现在囊肿性纤维化病变基因上游,如图 13-7 所示。

2)重要的编码序列通常在相关的物种间保守。当来自于囊肿性纤维化病变基因的外显子序列被用作探针检测来自于人类、仓鼠以及水牛基因组 DNA 的限制性片段的 Westernblot blot 时,该外显子被发现是高度保守的。

3)我们知道囊肿性纤维化病变与肺、胰和汗腺中异常的黏液有关。一个来自于体外培养的汗腺细胞 mRNA 的 cDNA 文库被建立了起来,并通过使用来自囊肿性纤维化病变基因外显子的探针克隆杂交进行检测。

　　汗腺 cDNA 文库的使用被证明是极其重要的,因为之后的 Northern blot 试验显示该基因只表达于肺、胰、唾液腺、汗腺、肠和生殖道的上皮细胞中。所以,囊肿性纤维化病变基因的 cDNA 克隆将不能通过使用其他组织器官来源的 cDNA 文库来进行鉴别。Northern blot 的结果同样显示假定的囊肿性纤维化病变基因表达于相应的组织中。

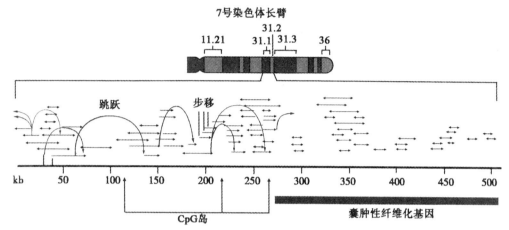

图 13-7　染色体步移和跳跃得到的序列被用来对囊肿性纤维化病变基因进行定位和鉴别
在该基因 5′末端定位中用作标记的 CpG 岛的位置同样展示于图中

　　是否能将一个候选基因定义为一种疾病基因取决于对来自数个不同家族的正常和突变等位基因间的比较。囊肿性纤维化病变的特殊之处在于突变等位基因中的 70% 含有相同的三个碱基的缺失,ΔF508,该缺失造成了囊肿性纤维化病变基因产物在 508 位上苯丙氨酸残基的丢失。囊肿性纤维化病变的核酸序列给我们提供了很多信息。该基因十分巨大,跨越了 250 kb 的长度并且包含了 24 个外显子,如图 13-8 所示。囊肿性纤维化病变 mRNA 长约 6.5 kb,编码一个含 1 480 个氨基酸的蛋白质。在蛋白数据库中的计算机检索很快发现囊肿性纤维化病变基因产物与数种离子通道蛋白质类似,这些蛋白质在细胞之间形成离子得以通过的孔道。囊肿性纤维化病变基因产物,被称为囊肿性纤维化病变跨膜介导调节因子,或者 CFTR 蛋白,形成通过组成呼吸道、胰、汗腺、肠和其他组织的细胞细胞膜的离子通道,并且调节盐分和水分在那些细胞中的进出。由于在囊肿性纤维化病变患者身上突变的 CFTR 蛋白工作不正常,盐分在上皮细胞中聚集并导致黏液在这些细胞表面的累积。

　　黏液在呼吸道表面的存在导致长期的、渐进性的绿脓杆菌、金黄色葡萄球菌以及相关细菌的感染。这些感染最终通常会以呼吸衰竭和死亡作为结局。但是,囊肿性纤维化病变基因的突变为多效性的,它们会引起一系列不同的表观效果。胰、肝、骨和肠道的功能障碍对患有囊肿性纤维化病变的个体来说十分普遍。虽然 CFTR 形成了氯离子通道,如图 12-6 所示,它同样调节数种其他转运系统的活性。有一些研究提出了 CFTR 可能在调节脂类代谢和转运过程中起作用。CFTR 与很多其他蛋白质相互作用并经历激酶和磷酸酶的磷酸化/脱磷酸化作用。所以,CFTR 应该被认为是多功能的。然而事实上,囊肿性纤维化病变的一些症状可能是由于 CFTR 失去其他功能而不是氯离子通道所引起的。

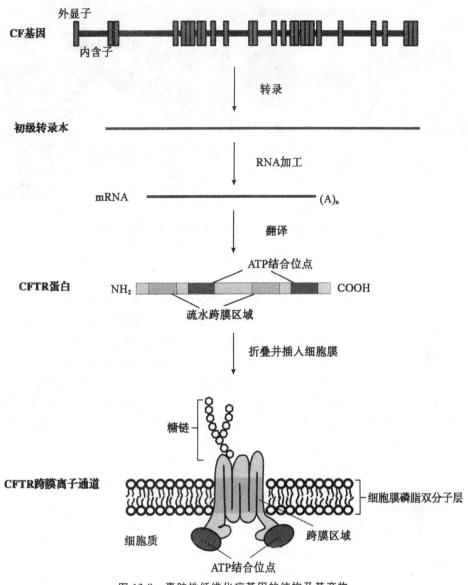

图 13-8　囊肿性纤维化病基因的结构及其产物

　　虽然 70％的囊肿性纤维化病变病例是由 ΔF508 三核苷酸缺失所造成的,超过 170 种不同的囊肿性纤维化病变突变被鉴别了出来。这其中的约 20 种是相当常见的,其他的则比较罕见,很多只出现于某个单个个体中。这些突变中的好几种可通过 DNA 检测来发现。这些检测可在通过羊膜穿刺术或绒毛检查中获得的胎儿细胞上进行。它们同样能够成功地在体外授精中产生的八细胞囊胚前期组织上进行。导致囊肿性纤维化病变的突变的多样化(图 13-9)使设计一套适用于全部囊肿性纤维化病变突变位点的 DNA 检测方法变得十分艰难。

　　引起囊肿性纤维化病变的突变的分布和归类示于囊肿性纤维化病基因外显子下方。CFTR 蛋白的图解被示于外显子图谱上方用来说明受突变影响的蛋白域。囊肿性纤维化病所有病例中约 70％的病例是由于 ΔF508 突变造成的,这引起了出现在正常 CFTR 蛋白 508 位的苯丙氨酸的缺失。

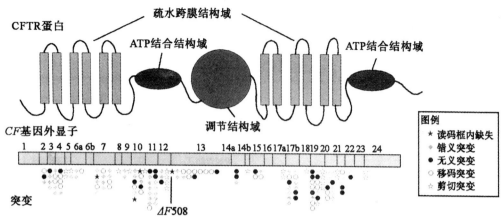

图 13-9　囊肿性纤维化病基因中引起囊肿性纤维化病变的突变图

13.5.2　亨廷顿氏病

　　亨廷顿氏病为一常染色体显性突变导致的遗传病,在欧洲人群中此种疾病的发生率约为千分之一。罹患亨廷顿氏病的个体会经历中枢神经系统渐进性的退行病变,这通常起始于 30 至 50 岁间并最终在 10 到 15 年后导致死亡。到目前为止,亨廷顿氏病是一种绝症。然而,相关基因和引起亨廷顿氏病的突变缺陷的鉴别成为在未来开发出一种有效的治疗手段的希望。因为此疾病病发年龄较晚,多数亨廷顿氏病患者在疾病症状出现之前已有孩子。同时因为此疾病是由显性突变引起的,每一个杂合体亨廷顿氏病患者的孩子都有 50% 的几率罹患此疾病。那些看着自己亨廷顿氏病父母病发直至死亡的孩子知道他们自己将会有一半的几率遭受同样的命运。

　　亨廷顿氏病基因是最先被发现与一种 RFLP 紧密相关的一批基因中的一员。在 1983 年,James Gusella、Nancy Wexler 与他们的合作者证实了亨廷顿氏病基因与定位于 4 号染色体短臂附近的一段 RFLP 片段行为一致(共隔离)。他们的发现主要建立于来自两个大家族的研究数据,其中一个家族来自于美国,另一个来自于委内瑞拉。通过之后的研究显示完全连锁率为 96%;亨廷顿氏病杂合体患者 4% 的后代为 RFLP 和亨廷顿氏病等位基因的重组者。基于将亨廷顿氏病基因确定于 4 号染色体相对较短区域的早期定位工作,有些遗传学家预言亨廷顿氏病基因将很快被克隆并被鉴别出来。但是,这项工作却花费了整整 10 年才完成。

　　通过使用定位克隆手段,Gusella、Wexler 和他们的合作者鉴别出了一个在 4 号染色体短臂末端跨越了约 210 kb 距离的基因,如图 13-10 所示,最初被称作 IT15 接着又改称为 *huntingtin*。该基因包含了一个三核苷酸重复,$(CAG)_n$,此重复在每一个健康个体的 4 号染色体上出现 11 到 34 个拷贝。在罹患亨廷顿氏病的个体身上,携带亨廷顿氏病突变的染色体在这个基因上含有 42 至 100 甚至更多的 CAG 重复拷贝。此外,亨廷顿氏病发病的年龄与三核苷酸重复的拷贝数负相关。在含有不寻常高拷贝数的孩子身上很少发生幼年病发的情况。亨廷顿氏病染色体的三核苷酸重复区域不稳定,重复数目经常扩大而有时在世代间会缩小。Gusella,Wexler 和他们的同事从来自 72 个不同的患有亨廷顿氏病的家庭的染色体样本中发现了扩张了的 CAG 重复区域,所以他们鉴别出了正确的基因该点不存在多大疑问。

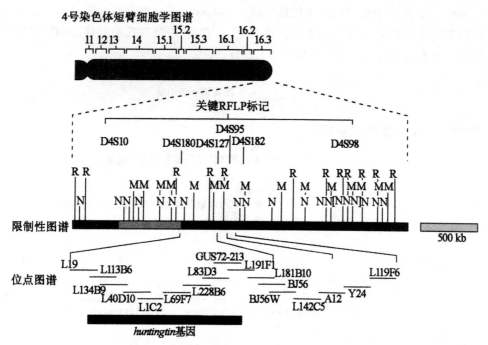

图 13-10　通过定位克隆鉴别造成亨廷顿氏病的基因图

4 号染色体短臂的生物学图谱示于顶端。用于对 *huntingtin* 基因定位的 RFLP 标记,限制性图谱和位点图谱示于细胞学图谱下方。M、N 和 R 分别代表 MluI、NotI 和 NruI 限制性位点

huntingtin 基因表达于很多不同类型的细胞中,产生一段大小为 10～11 kb 的 mRNA。在 *huntingtin* mRNA 编码区域预测得到一个长度为 3 144 个氨基酸的蛋白质。然而十分不幸,预测得到 *huntingtin* 蛋白的氨基酸序列不能为其功能提供足够的信息。亨廷顿氏病突变的显性提示了是突变蛋白导致了这种疾病。

突变的 *huntingtin* 基因中扩张的 CAG 重复区域在该蛋白质氨基末端编码了一段异常的长聚谷氨酰胺区域。这段加长了的聚谷氨酰胺区域促进了蛋白质之间的相互作用导致 *huntingtin* 蛋白聚合体在脑细胞中的累积。这些蛋白质聚集体被认为导致了亨廷顿氏病的临床症状,所以最近的治疗手段包括了对那些蛋白质聚集体进行瓦解和清除的尝试。

亨廷顿氏病是第四种与不稳定的三核苷酸重复相关的人类疾病。在 1991 年,脆弱 X 综合征——人类最常见的智力障碍类型,被证实为第一种与三核苷酸重复扩张相关的人类疾病。不久,肌肉强制性营养不良和脊髓延髓肌肉萎缩这两种疾病也被证实与三核苷酸重复的扩张有关。到 2004 年,超过 40 种不同的人类疾病——这其中的许多与神经退行性异常有关,被证实为是三核苷酸重复扩张的结果。它们包括数种类型的脊髓小脑性共济失调、弗里德赖希共济失调、齿状核红核苍白球吕伊斯体萎缩以及脆弱 X 综合征。由三核苷酸重复扩张引发的人类疾病的高频率出现提示了这种扩张可能是我们这个物种中比较普遍的突变事件。

尽管在 *huntingtin* 基因上三核苷酸重复扩张这一遗传缺陷的鉴别还没有能够提供一套针对这种疾病的治疗方案,然而为亨廷顿氏病突变提供了一种简单而精确的 DNA 测试方法,如图 13-11 所示。一旦知道了 *huntingtin* 基因三核苷酸重复区域每一侧的核苷酸序列,那么则可以此去合成引物然后用这些引物通过 PCR 对这个区域进行扩增,之后 CAG 重复的数目可通过聚

丙烯酰胺凝胶电泳予以确认。所以,可能携带突变的 *huntingtin* 基因的个体可十分简单地通过此方法被检测出来。由于 PCR 只需要很少量的 DNA 样本,亨廷顿氏病的检测同样可在产前通过羊膜刺穿术或者绒毛检查获得的胎儿细胞上进行。

方法

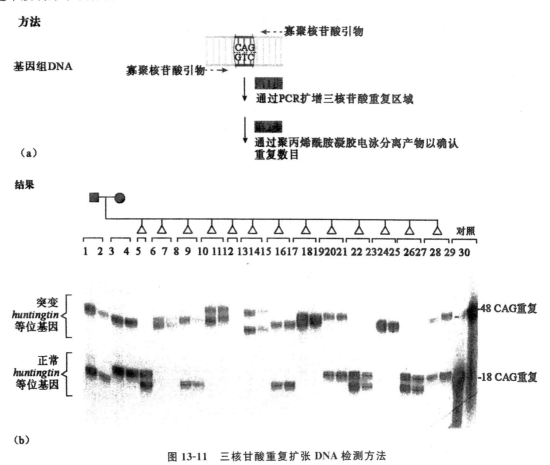

（a）

结果

（b）

图 13-11　三核甘酸重复扩张 DNA 检测方法

通过 PCR 检测引起亨廷顿氏病的 *huntingtin* 基因中扩张了的三核苷酸重复区（a）。在（b）中所示的结果来自于一个父母为同一种 *huntingtin* 突变等位基因杂合体的委内瑞拉家庭。孩子的出生顺序被打乱了,且他们的性别没有给出以保证匿名性。多数个体被测试了两次以减少错误的发生有了针对亨廷顿氏病突变的 DNA 检测,可能将缺陷基因传递给后代的个体就可在建立家庭之前决定是否接受检测。每一个拥有杂合体父母的人有 50% 的可能性不会携带缺陷基因。若其检测结果为阴性,他或者她就可不用顾虑会把突变传递给下一代而建立一个家庭。若其检测结果为阳性,胎儿可在产前接受检测,或者这对夫妇可考虑体外授精。若八细胞胚前期检测结果是亨廷顿氏病突变阴性,那么它所携带的是两个正常的 *huntingtin* 基因拷贝,所以可植入母亲的子宫中继续发育。若妥善地使用,针对亨廷顿氏病突变的 DNA 检测可减少受这种可怕疾病折磨的人群。

在 20 世纪生物学取得的突破性进展部分归因于遗传学方法在生物过程分析中的应用。经典遗传学方法被用来鉴别具有异常表型的生物并鉴别与那些表型相关的突变基因。接着分子比较研究在突变型和野生型生物间进行以确定突变的效果。这些研究鉴别出所关注的生物学过程中所涉及到的基因编码产物。在一些场合,这些研究结果使生物学家得以确定生物学过程发生事件或途径的清晰顺序。大肠杆菌 T4 噬菌体形态发生的完整途径提供了有力的诱变研究手段的早期依据。

在最近的二十几年中,基因的核苷酸序列与整个基因组成为了已知的材料。现在,我们往往在知道某个基因的功能之前就获得了该基因的核苷酸序列。该现状带来了生物学过程遗传分析的新手段,这些手段被统称为反向遗传学。反向遗传学手段利用基因的核苷酸序列来设计分离它们之中无效基因或关闭它们的表达的方案。特定基因的功能往往可通过研究缺乏任何该基因有功能的产物的生物来推导。

13.6　利用抑制基因表达分析生物学过程

13.6.1　反义 RNA

反义 RNA 的使用为最早的用来关闭特定基因表达的反向遗传学方案。反义 RNA 技术是指合成与给定基因转录生成的 mRNA 互补的 RNA 分子。基因的正常 mRNA 被称做正义的,应为它携带了能够在翻译过程中产生多肽基因产物特定氨基酸序列的密码子。一般情况下,mRNA 正义链的互补链不含能够翻译产生有功能的蛋白的密码子序列;所以,此种互补链被称为反义 RNA。此外,反义 RNA 一般不会含有翻译所需的调节序列。当同一个基因的反义 RNA 分子与正义(mRNA)分子出现在同一个细胞中时,反义 RNA 和 mRNA 分子将退火形成双链 RNA 分子,这种分子将会被降解或抑制翻译。

在分析植物、动物以及微生物的基因表达途径的研究中反义 RNA 分子手段被证明十分有用。第一个被批准用于人类消费的遗传工程植物产品,FlavrSavrTM 番茄,在 1994 年被引入了加利福尼亚和伊利诺斯的超市。FlavrSavr™ 番茄成熟的过程中能保持较长时间的坚实状态,该特性是通过使用反义 RNA 减少编码多聚半乳糖醛酸酶的内源基因表达率至正常水平的 10% 来实现的。多聚半乳糖醛酸酶是一种降解细胞壁的酶,它会引起番茄在成熟过程中的软化。

就像我们中的大多数通过第一手经验所获知的那样,自然成熟的番茄比那些提前采摘在推向市场前捂熟的番茄更受欢迎。然而,自然成熟的番茄太软了无法在运输过程中很好地保存;它们太容易损伤了。FlavrSavr™ 番茄部分地解决了该问题。FlavrSavr™ 番茄在成熟的过程中能更久地保持坚实,使它们能够在被采摘运往市场前在植株上保存更久的时间。

下述为最简单的在细胞或机体内生产某个基因的反义 RNA 的方法。

①克隆感兴趣的基因。

②通过合适的限制酶把该基因的编码序列从 DNA 上切下,与它的启动子分离。

③把编码序列反向与其启动子相连。

④然后通过转化把启动子/反向编码序列结构或称反义基因导入宿主细胞或者机体中。

反义 RNA 基因的效果如图 13-12 所示。反义基因的转录将会产生反义 RNA 转录本。这些反义 RNA 将和细胞中的 mRNA 相结合,且介导它们的降解或者通过 RNA 干扰途径阻碍它们的翻译。结果,反义 RNA 将阻碍携带互补 mRNA 的基因的表达。虽然反义 RNA 能够阻碍许多基因的表达,它们对其他一些基因的表达几乎没有影响。所以,在反向遗传分析中反义 RNA 的使用已经在很大程度上被使用 T-DNA 和转座子插入诱变或者 RNA 干扰的研究手段所取代。

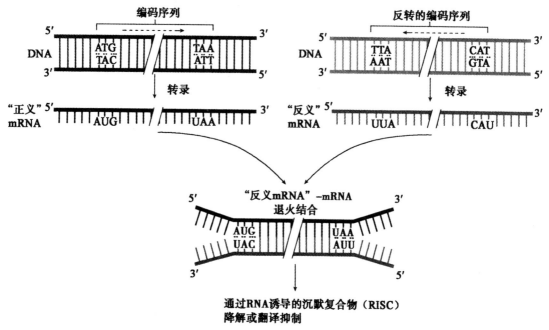

图 13-12　阻碍或减少特定基因表达水平的反义 RNA 方案

13.6.2　小鼠敲除突变

通常,转基因被插入基因组的随机位点上。但是,若注射或者转染的 DNA 包含一段与小鼠基因组中的序列同源的序列的话,它在某些情况下就会通过同源重组插入那段序列中。就像转座遗传元件那样,如图 13-13 所示,这种外源 DNA 在基因中的插入将会干扰或者"敲除"这个基因的功能。事实上,此方法已经被用于生产数百种小鼠基因的敲除突变了。

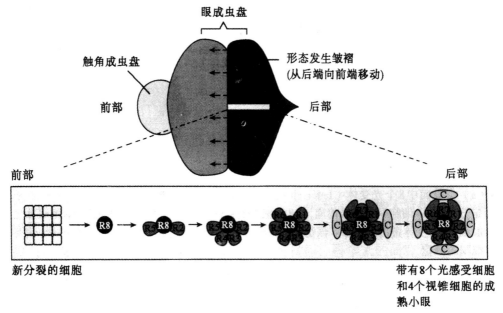

图 13-13　果蝇眼睛的发育图

　　制造携带目的基因的敲除突变小鼠的第一步是构建一个基因靶向载体,这种载体具有与相应基因在染色体上的某个拷贝进行同源重组的可能性,并通过此方式将外源 DNA 插入这个基因并干扰其功能。一个新霉素抗性基因(neo^+)被插入目的基因的克隆拷贝中,将这个基因分割成两部分并使其失去功能,如图 13-14 第一步所示。neo^+ 基因的存在使新霉素可被用来去除不携带基因靶向载体或 neo^+ 基因整合拷贝的细胞。在插入的 neo^+ 基因两侧残留的基因片段提供了与位于染色体上的该基因拷贝进行同源重组的位点。来自于单纯疱疹病毒的胸腺嘧啶激酶基因(tk^{HSV})被插入克隆载体,如图 13-14 第二步所示。用于之后去除由载体随机插入产生的转基因小鼠细胞。来自于单纯疱疹病毒(HSV)的胸腺嘧啶激酶能够磷酸化药物更昔洛韦,当这种磷酸化的核苷酸类似物被掺入 DNA 后,会杀死宿主细胞。在没有 HSV 胸腺嘧啶激酶的情况下,更昔洛韦对宿主细胞是无害的。neo^+ 基因使小鼠细胞获得了对新霉素的抗性,tk^{HSV} 基因对核苷酸类似物更昔洛韦敏感接下来的步骤是用基因靶向载体的线性拷贝转染培养的胚胎干细胞(ES)(来自于深色的小鼠)(图 13-14 第三步),并在之后将它们放置于含新霉素和更昔洛韦的培养基中(图 13-14 第四步)。三种不同的事件将在转染的 ES 细胞中发生。①同源重组可能会在载体上相应基因被分开的片段和该基因在染色体上的拷贝间发生,将 neo^+ 基因插入染色体上的基因并干扰其功能。当这起事件发生时,那么 tk^{HSV} 基因将不会被插入染色体中。结果,这些细胞将具有对新霉素的抗性,对更昔洛韦不敏感。②基因靶向载体可能会随机整合入宿主染色体中。当此发生时,neo^+ 和 tk^{HSV} 都将出现在染色体中。这些细胞将能抵抗新霉素,然而却会被更昔洛韦杀死。③在基因靶向载体和染色体之间可能不会存在重组现象,所以不会出现任何基因的整合。在此情况下,细胞将会被新霉素杀死。所以,只有携带通过 neo^+ 基因插入染色体上目的基因产生的敲除突变的 ES 细胞才能够在同时含有新霉素和更昔洛韦的培养基中生长。

　　被选出来的含有敲除突变 ES 细胞被注射入来源于浅色双亲的囊胚中,囊胚被植入浅色的雌性小鼠体内。一些后代将会是带有浅色和深色毛皮板块的嵌合体。嵌合体后代与浅色小鼠交配,通过这样的交配产生的任何深色后代被用来检查敲除突变的存在情况。最后一步中,含有敲除突变的雄性和雌性小鼠被杂交用于产生纯合突变后代。取决于基因的功能,纯合体后代将具有正常或异常的性状。然而事实上,若基因的产物对早期发育是必需的话,敲除突变的纯合体将会死于胚胎发育早期。在其他的场合,如当具有同样功能的相关基因存在的话,敲除突变纯合体小鼠将具有野生型的性状,PCR 和 Southern blot 可用来鉴别这种敲除突变的存在。

　　敲除小鼠被广泛用于包括哺乳动物发育、生理学、神经生物学以及免疫学过程的研究。敲除小鼠为从镰刀状细胞贫血到心脏病到许多不同类型癌症的人类遗传性疾病的研究提供了模型。

13.6.3　T-DNA 和转座子插入

　　当 T-DNA 插入一个基因中后,它会干扰该基因的功能。转座子是具有从基因组的一个位置转移到另一个位置能力的遗传元件。就像 Ti 质粒的 T-DNA 那样,转座子能够干扰被它插入的基因的功能。所以,T-DNA 和转座子提供了反向遗传分析的有力工具。在所有的场合,遗传元件被用来进行插入诱变——通过把外源 DNA 插入基因诱导产生无效突变(通常被称作“敲除”突变)。不管是使用 Ti 质粒还是转座子,插入诱变的过程基本上是相同的。所以,我们将通过讨论在拟南芥中利用 T-DNA 插入来分析基因功能的事例从而来说明反义遗传学中的插入诱变。

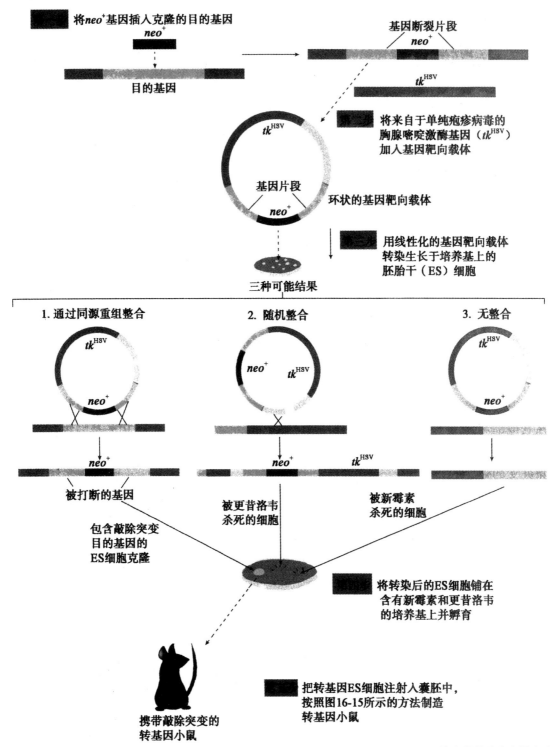

图 13-14 通过转染胚胎干细胞(ES)中基因靶向载体和染色体基因间的同源重组实现的小鼠敲除突变的产生

当 T-DNA 从根癌脓杆菌转移到植物细胞时，它一定会整合入基因组的所有部分；即 T-DNA 散布于拟南芥 5 条染色体的每一条之中。所以，当足够数量被转化的拟南芥被检测后，有可能从这个物种所有的约 26 000 个基因上鉴别出 T-DNA 插入。

在早期用于拟南芥的 T-DNA 插入诱变中,DNA 样本从 100～1 000 株被转化的植株库中被分离并通过 PCR(图 13-15)检测在特定基因中的插入情况。若来自于转化植株库的 DNA 在目的基因中存在插入情况,这部分 DNA 将从更小的库中或者植株个体上被制备,再重新检测以确定包含预期插入的植株个体。

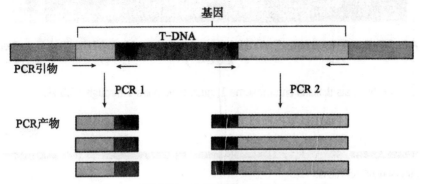

图 13-15　通过 PCR 来鉴别基因中的 T-DNA 插入

检测方案需要合成对应于 T-DNA 末端和基因末端的 PCR 引物,将它们成对使用——一段 T-DNA 引物和一段反向的基因引物,来扩增插入的 DNA 片段。在 T-DNA 没有插入的情况下,无 DNA 片断会被扩增出来。之后 T-DNA 插入的确切位点通过对扩增了的 PCR 产物予以确定。同样的方法被用于检测基因中转座子的插入,仅在这里转座子的边界序列被用作了 PCR 引物。

含有位于 T-DNA 末端和目的基因末端的 5′-3′ 的核苷酸序列的 PCR 引物被用来扩增位于 T-DNA 插入和基因末端之间的 DNA 片段。由于 T-DNA 可从任意方向插入,一般情况下,要进行四组 PCR 扩增,两组如图所示,另两组将 T-DNA 边界引物左右交换。T-DNA 的精确插入位置通过对 PCR 扩增获得的 DNA 片段的测序来确认到目前为止,目的基因中 T-DNA 插入的转化植株系的鉴定变得更为简单。美国国家科学基金会和其他国家的政府机构已经建立了生产 T-DNA 转化拟南芥大种群的计划。在 T-DNA 插入位置两侧的 DNA 核酸序列被确定并被用来鉴别插入位点。由于拟南芥的基因组序列为已知的,DNA 两侧的序列可被用来精确地定位每一个插入片段。然而实际上,到 2005 年 1 月,大约 336 000 个 TIDNA 和转座子插入在拟南芥基因组中得到了图谱定位,并且,通过把这些插入的图谱结果提交到网络上,每一个人均可使用这些结果进行研究。位于加利福尼亚拉霍亚的索尔克学会的研究者整合了他们试验室 T-DNA 插入的制图结果和其他研究小组确定的 T-DNA 及转座子的制图结果。他们对于 1 号染色体插入图谱的简化版本如图 13-16 所示。

侧翼序列标记(FSTs)的位置由箭头标示在染色体下方。所示的数据来自于 SIGNAL(索尔克学会基因分析实验室)网络站点,http://signal.salk.edu/cgi-bin/tdnaexpress。1 号染色体该区域内的两个基因(Atl g01010 和 Atl g01020)具有已知的功能。T-DNA 和转座子插入植株来自于索尔克学会(Salk T-DNA),德国收集库(GABI-Kat),法国收集库(FLAG),美国威斯康星大学(Wisc),Synge nta 拟南芥插入库(SAIL),日本利根生物资源中心以及冷泉港实验室(CSHL)收集库来自于索尔克品系和许多其他收藏处的转基因植株种子,通过向位于美国俄亥俄州的拟南芥生物资源中心(ABRC)申请可以得到。此外,法国的凡尔赛基因资源中心

（VGRC），德国诺丁汉拟南芥储存中心（NASC）和日本的利根生物资源中心鉴定的 T-DNA 和转座子插入品系的种子也同样对拟南芥研究团体适用。期望的品系的种子可从 ABRC 网站 http://www. arabidopsis. org/abrc 在线订购。此外与拟南芥基因组信息相关的其他站点连接可在 http://www. arabidopsis. org，拟南芥信息资源网（TAIR）上找到。

SIGnAL "T-DNA Express" Arabidopsis Gene Mapping Tool（Dec.20, 2004）

Arabidopsis thaliana chromosome 1, nucleotide pairs 1 through 10,001.

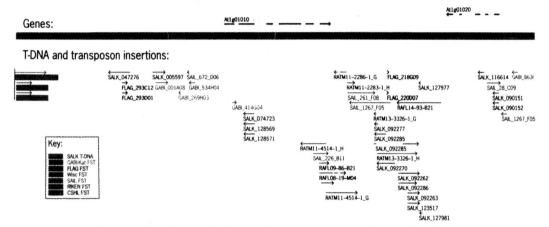

图 13-16　拟南芥中 1 号染色体末端 10 kb 区 T-DNA 和转座子插入的图谱

13.6.4　RNA 干扰

虽然其效果更早前最先于矮牵牛上被观察到，第三种反向遗传学手段——RNA 干扰的发现一般归功于 Andrew Fire、Craig Mello 及其同事在 1998 年公开的工作。当他们把双链 RNA（dsRNA）注射入秀丽线虫体内后，它"干扰"了含有相同核苷酸序列的基因的表达。在最近的几年中，RNAi 成为了分子生物学的前沿。我们现在知道双链 RNA（dsRNA）在避免病毒感染、与不断增加的转座遗传元件斗争以及调节基因表达的过程中起到了重要的作用。事实上，RNAi 不仅在分子生物学前沿，而且在与人类疾病的斗争中具有巨大的潜力。而在这一章节中，我们将聚焦于 RNAi 作为反向遗传学工具的使用，一种用于研究基因功能分析生物学过程的工具。

RNAi 被广泛用于在秀丽线虫、黑腹果蝇和许多植物的基因沉默中——下调或者关闭基因的表达。它具有在包括人类的所有物种中使用的潜在价值。RNAi 可通过数种不同的途径来完成。所有 RNAi 实验的共同特征是携带至少部分期望在所研究的机体或细胞中得到沉默的基因序列 dsRNA 的存在。两种不同的手段被频繁地用于达到该目的。在其中一项手段中，dsRNA 在体外被合成并显微注射入机体中，如图 13-17（a）所示。在另一项手段中，一种基因表达盒被构建，它携带两个至少部分目的基因的反向拷贝，并通过转化或转染被导入机体，如图 13-23（b）所示。当导入的转基因被转录时，它产生一个可自我互补配对的 RNA 分子，形成部分双链的茎环或者"发夹"结构。在每一个例子中,dsRNA 激发 RNA 诱导的基因沉默。dsRNA 最终被 RNA 诱导的沉默复合物所结合并被降解或受到转录抑制,这取决于所涉及的机体和细胞。

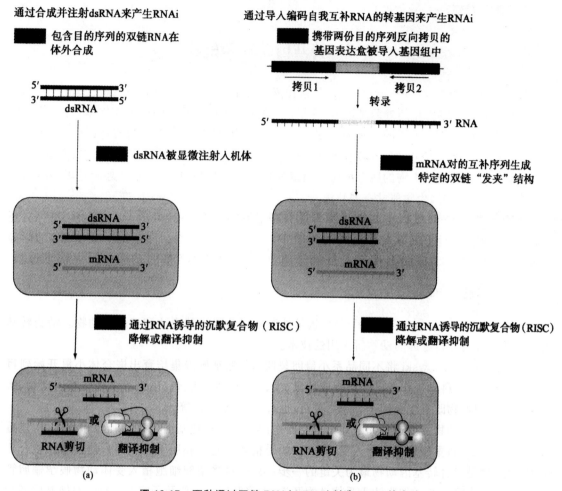

图 13-17　两种通过双链 RNA(dsRNA)制造 RNAi 的方法

　　RNAi 在秀丽线虫身上可十分容易地进行。这些小蠕虫可被显微注射入 dsRNA,吸收含有 dsRNA 的培养液或者喂食合成目的 dsRNA 的细菌。此三种方法均可有效地在秀丽线虫身上造成基因沉默。

　　1998 年 12 月,秀丽线虫基因组 99％的序列被发表了。在两年内,德国,美国,加拿大和瑞士的合作研究者们利用 RNAi 系统地沉默了秀丽线虫 I 号染色体上 2 769 个预测基因中超过 90％的基因和 III 号染色体 2 300 个预测基因中超过 96％的基因。这些研究提供了超过 400 个基因的相关功能的新信息。显然,RNAi 是一种能用来分析生物学过程的有力工具。RNAi 利用了基因表达调控所涉及的自然途径。在植物和动物基因组中有数百种编码 microRNA 的基因,它们在体内会形成 dsRNA。现在,我们只知道部分这些 microRNA 的调节功能,而剩余的 microR-NA 的功能是许多正在进行的研究的目标。

　　RNAi 可用来抑制像人类免疫缺陷病毒(HIV)这样的病毒的复制或者下调癌基因的表达吗? 我们并不知道该问题的答案。但是,我们确实知道商业化的世界对 RNAi 在治疗上潜在的用途表现出极大的兴趣。不仅那些大型制药公司不遗余力地在 RNAi 技术上进行研究,而且不计其数为了商业目的专门开发 RNAi 技术的新兴公司被成立。RNAi 技术能否像期望的那样发展下去还需要观察。

13.7 转基因动物和植物

转基因技术(transgenic technology)是指在离体的条件下,利用 DNA 重组技术把一种生物中具有某一特性的基因作为外源基因整合到另一种没有该基因的生物的基因组中,使其获得新的性状并稳定地遗传给子代的一项基因操作技术。其中,外源基因被称为转基因(transgene),转基因生物就是指基因组中含有转基因的生物,包括转基因动物、转基因植物、转基因微生物和转基因细胞等。转基因生物的所有细胞基因组都整合有外源基因,并具有将外源基因遗传给子代的能力,这是转基因生物所共有的特征。

转基因技术是一种重要的生物技术,不但实现了种属关系很远的个体间基因的传递,而且还打破了自然繁殖的种属间隔离。如今,它已经被广泛应用于生物学、医学、药学、农学和畜牧学等众多与生命科学有关领域的研究,对整个生命科学都产生着重要影响。

13.7.1 转基因动物及其应用

转基因动物(transgenic animal)是指携带外源基因并能将其表达和遗传的动物。动物转基因技术是培育携带转基因的动物所采用的技术。

从 1961 年 Tarkowski 将不同品系小鼠卵裂期的胚胎细胞聚集培育出嵌合体小鼠开始到目前为止,各国生命科学工作者已经培育成功鼠、牛、兔、羊、鸡、猪、鱼、昆虫等多种转基因动物,所表达的转基因产物既有生长因子、激素、疫苗,也有酶、血浆蛋白等。

培育转基因动物需要进行如下几个重要操作:第一,选择转基因(目的基因)和载体,构建重组转基因;第二,将重组转基因导入受体细胞(如受精卵细胞或胚胎干细胞等),使转基因整合到基因组中,这是培育转基因动物最为关键的一步;第三,将受精卵细胞植入受体动物假孕输卵管或子宫腔,或先将胚胎干细胞注入受体动物胚泡,再将胚泡植入假孕子宫腔;第四,对转基因胚胎的发育和生长进行观察、鉴定,筛选适合的转基因动物品系;第五,对转基因的整合率和表达效率进行分析、检验。显微注射法是目前应用最广泛、也最可靠的动物转基因方法。

基因工程的不断发展使得动物转基因技术不断得以完善,目前,该项技术已经被广泛应用于生物学基础、畜牧学、医学、生物工程学等各种领域的研究。

1. 生物学基础研究

培育带有目的基因的转基因动物,通过对其表型改变进行分析,可以研究基因型与表型的关系,阐明目的基因的功能;通过对其在生长发育过程中的表达进行检测,可以阐明目的基因在表达时间、空间和条件等方面的特异性。培育带有调控元件—报告基因重组体的转基因动物,通过对其报告基因的表达进行检测,还可以阐明调控元件在基因表达调控中的作用。可见,转基因动物为基因功能、基因表达及表达调控的研究提供了有效工具。

动物转基因技术有效地实现了分子水平、细胞水平和整体水平研究上的统一,以及时间上动态研究和空间上整体研究的统一,使研究结果从理论上和应用上而言都更具有意义。

2. 医药研究

转基因动物在医药研究领域的应用最为广泛、发展也最为迅速,前景令人振奋。

(1)人类疾病动物模型的建立。

人类疾病动物模型为现代生物医学研究提供了重要的实验手段和方法。由于用转基因技术培育的转基因动物模型与人类某种疾病具有相似的表型,它可以模拟人体生命过程,用于从整体、器官、组织、细胞和分子水平对疾病的病因、病机和治疗方法等进行分析研究,研究结果具有较高的适用性。例如:转有癌基因的转基因动物模型对化学致癌物更敏感,适合用于对化学致癌物的致癌机制,以及致癌物与癌基因、抑癌基因的相互作用进行研究;在心血管领域中,转基因动物可应用于血脂代谢与动脉粥样硬化关系的研究,以及在分子水平上认识心血管功能;在皮肤病领域中,转基因动物科用于银屑病的病因和发病机制的研究。

(2)新开发药物的筛选。

通常,新开发的药物总是在进行过动物试验之后才能用于人体。虽然说传统的动物模型具有与人类某种疾病相似的症状,但由于各种疾病的病因、病机不尽相同,所以它还是不能完全适合人们的需要。而转基因动物模型可以代替传统的动物模型进行药物筛选,具有筛选工艺经济、实验次数少,实验更加高效,筛选结果准确等优点。目前,转基因动物在筛选抗艾滋病病毒药物、抗肝炎病毒药物、抗肿瘤药物、肾脏疾病药物等应用方面均已取得突破性进展。但是转基因动物模型也未能得到广泛采用,这主要是因为人类多数疾病的遗传因素尚未阐明,相应的转基因动物模型很难培育起来。

(3)异体器官的移植。

在目前来说,器官移植已经被作为治疗器官功能衰竭等疾病的首选方法。但是,在很多国家都存在供体器官严重匮乏的问题。异种器官移植可以解决来源不足问题,这使得人们不得不对其重新引起重视。通过培育转基因动物、改造器官基因状态等,使之适用于人体器官或组织移植是解决移植源短缺的有效途径。目前,这类研究主要集中在攻破一下难题:其一,将人体的补体调节因子基因利用转基因技术转入器官移植供体动物,使移植器官获得抵抗补体反应的能力,以降低或消除补体反应;其二,通过基因敲除减少或改变供体器官的表面抗原;其三,使供体器官表达人体的免疫抑制因子。该研究具有重要的实用价值,相信以后会有更多更加完善的改造器官用于人类疾病的治疗。

(4)作为生物反应器生产药物和营养保健品。

生物反应器本意是指可以实现某一特定生物过程的设备,例如发酵罐、酶反应器。转基因动物作为生物反应器可以生产营养蛋白、单克隆抗体、疫苗、激素、细胞因子、生长因子。现在已有 100多种外源蛋白在不同的动物、不同的器官生产出来,这为转基因动物生产药用蛋白奠定了基础。动物转基因技术生产药用蛋白,具有方便饲养、取材方便、生产高效、易于实现规模化等优点,已经成为生物制药产业大规模生产药用蛋白的新工艺。转基因动物的乳腺因其自身的特点而成为特殊的生物反应器,乳腺生物反应器是目前国际上唯一证明可以达到商业化水平的生物反应器。

3. 动物品种的改良和培育

利用动物转基因技术改良动物基因成为可能,可以达到提高养殖动物肉、蛋、奶的品质和产量,提高饲料利用率,加快动物生长速度的目的;还可以通过基因转移,增强牛、羊等动物的抗病、抗寒等能力。此外，动物转基因技术联合体细胞克隆技术能加快优良种畜的繁殖速度，从而缩短新品种培育周期。并且，转基因动物对于动物遗传资源保护具有重要意义，有望应用于挽救濒危物种。

综上所述，动物转基因技术诞生至今，已经取得了很大的进展，并创造了巨大的经济效益和社会效益。从目前的发展趋势看，有希望成为21世纪生物工程领域的核心技术，并给医药卫生领域(特别是药物生产和器官移植等)带来革命性变化。但是其中涉及一系列的问题，如转基因动物产品的安全问题、动物转基因技术的伦理问题等，并且动物转基因技术本身并不完善，还存在许多亟待解决的问题，这些都在一定程度上限制了其应用。相信随着研究的不断深入，转基因动物相关产品最终将实现产业化、市场化，从而为人类带来更大的利益。

13.7.2　转基因植物及其应用

转基因植物(transgenic pla nt)是指携带外源基因并能将其表达和遗传的动物。其转基因可以来自动物、植物或微生物。植物转基因技术是培育携带转基因的植物所采用的技术，该项技术是植物分子生物学研究的强有力手段，更是功能基因组研究必不可少的实验工具。

植物转基因技术可以用于生产疫苗、抗体、药用蛋白等医疗药品，可以用于培育转基因农作物，还可以用于用于生物除污。我国已经获准种植的转基因植物有抗虫棉、改色牵牛花、延熟番茄和抗病毒甜椒等。我国转基因植物的研究和开发取得了显著成果，已经在基因药物、农作物基因图与新品种等方面形成优势，并且有些研究已经达到国际先进水平。

培育转基因植物的基本工艺包括如下几种：第一，分离目的基因，例如植物抗旱、抗寒基因等；第二，培养受体细胞，例如愈伤组织、悬浮细胞、无菌苗等；第三，以转基因转化受体细胞；第四，培养和筛选阳性转化细胞；第五，培育和鉴定转基因植物。

转基因的转化是植物转基因技术的核心，目前已经有多种成熟的转化工艺，并且已发展出一系列比较完善的植物转化系统。

1. 医药领域

随着现代生物技术的发展，转基因技术也获得飞速发展，如今植物转基因技术已经在医药领域得到应用。转基因植物同样可以作为一种新型的生物反应器，可以用于生产疫苗、抗体、药用蛋白等。

(1)转基因植物疫苗。

用抗原基因转化植物，利用植物基因表达系统表达，生产相应的抗原蛋白，即转基因植物疫苗，适合于作为口服疫苗。1992年，Mason等首次用乙型肝炎病毒表面抗原基因转化烟草，使其成功表达乙肝疫苗。我国科学工作者也已经用乙型肝炎病毒表面抗原基因培育转基因番茄、胡萝卜和花生。

目前有两种转基因植物疫苗系统：①稳定表达系统：是将抗原基因整合入植物基因组，获得稳定表达的转基因植株；②瞬时表达系统：是将抗原基因整合入植物病毒基因组，然后将重组病毒接种到植物叶片上，任其蔓延，抗原基因随着病毒的复制而高效表达。严格地说瞬时表达系统这一方法并没有培育出转基因植物。

(2)转基因植物抗体。

转基因植物抗体是用抗体或抗体片段的编码基因培育转基因植物表达的具有免疫活性的抗

体或抗体片段。人类既可以用植物作为生物反应器生产具有药用价值的抗体,特别是单克隆抗体,又可以直接利用抗体在植物体内进行免疫调节,来研究植物的代谢机制,或增强植物的抗病虫害能力。

(3)其他药用转基因植物蛋白。

1986 年,人生长激素第一个在转基因烟草中得到表达。此后,人白蛋白(马铃薯)、人促红细胞生成素(番茄)、白细胞介素 2(烟草)、粒细胞巨噬细胞集落刺激因子(水稻)、蛋白酶抑制剂(水稻)、亲和素(玉米)、牛胰蛋白酶(玉米)等许多生物活性蛋白在不同植物中相继得到表达。这为高需求量的药用蛋白提供了新资源。此外,一些用于保健的蛋白质也在植物中得到表达,例如能增进婴幼儿健康的人乳铁蛋白。

与其他生物制药相比,转基因植物制药存着诸多优点,如生产成本低、成活率高、风险较低、方便储存、可进行蛋白质产物的靶向生产等。但由于各种因素的影响还会存着各种缺陷,如规模种植受季节和区域限制、工业化后加工技术不成熟导致成本升高、成熟的转基因植物生产系统较少等。

2. 植物选育

1986 年,世界上第一例转基因植物——抗烟草花叶病毒(TMV)烟草在美国成功培植,开创了抗病毒育种的新途径。自从第一株转基因烟草培育成功以来,植物转基因技术在许多领域取得了令人瞩目的成就。1994 年,第一种转基因食物——延熟番茄(商标名称 FLAVR SAVR)获准上市。截止到 2004 年,全球转基因植物种植面积已经达到 8 100 万公顷,其中大豆占 61%,玉米占 23%,棉花占 11%,油菜占 5%。植物转基因研究是改进农作物性状的一条新途径,自 1980年以来取得了迅速发展,尤其是采用转基因技术在选育抗除草剂植物、抗病毒植物。

(1)抗除草剂植物。

目前各国普遍应用除草剂除草以提高农作物产量,但是由于大多数除草剂无法很好地区分杂草与农作物,经常会对农作物造成不必要的伤害,这对于除草剂的广泛应用是很不利的。为此可以将除草剂作用的酶或蛋白质的编码基因转入农作物,增加拷贝数,使这些酶或蛋白质的表达量明显增加,从而提高对除草剂的抗性。

目前已经培育的抗除草剂农作物有棉花、大豆、水稻、小麦、玉米、甜菜、油菜、向日葵、烟草等,可以抗草丁膦(glufosinate,抑制谷氨酰胺合成,欧洲议会禁用)、草甘膦(glyphosate,抑制芳香族氨基酸合成)、磺酰脲类、咪唑啉酮类(imidazolinones,抑制支链氨基酸合成)、溴苯腈(bromoxynil,抑制光合作用)、阿特拉津(atrazine,抑制电子传递,欧盟禁用)等除草剂。

(2)抗病毒植物。

植物病毒会降低农作物的产量和品质,用植物病毒衣壳蛋白基因、植物病毒复制酶基因、植物病毒复制抑制因子基因、核糖体失活蛋白基因、干扰素基因等转化农作物,可以培育抗病毒转基因农作物,从而使病毒的传播和发展得到有效控制。

目前被应用的抗病基因有抗烟草花叶病毒基因,抗白叶枯病基因,抗棉花枯萎病基因,抗黄瓜花叶病毒基因,抗小麦赤霉病、纹枯病和根腐病基因等,已经培育的抗病农作物有棉花、水稻、小麦、大麦、番茄、马铃薯、燕麦草、烟草等。我国培育的抗黄瓜花叶病毒甜椒和番茄已经开始推广种植。

(3)抗虫植物。

目前防治农作物病虫害主要依赖于喷施农药,但农药一方面会污染环境,另一方面还造成了病虫的耐受性。将抗虫基因导入农作物不但能够减轻喷施农药所带来的负面影响,还能够增加农作物产量。

1987 年,Vaeck 等最早用 Bt 基因转化培育出能抗烟草天蛾幼虫的转基因烟草,至今已经用 Bt 基因转化培育出 50 多种转基因农作物,统称 Bt 作物(Bt crop)。目前应用的抗虫基因有几十个,其中应用最广泛的为蛋白酶抑制剂基因和外源凝集素基因等,已经培育的抗虫农作物和其他经济作物有大豆、水稻、玉米、豇豆、慈菇、番茄、马铃薯、甘薯、甘蔗、胡桃、油菜、向日葵、苹果、葡萄、棉花、烟草、杨树、落叶松等。目前抗虫作物已占全球转基因作物的 22%。

(4)抗逆植物。

为了提高农作物对干旱、低温、盐碱等逆境的抗性,近年来各国都在进行以转基因技术提高农作物抗逆能力的研究。目前已经分离的抗逆基因包括与耐寒有关的脯氨酸合成酶基因、鱼抗冻蛋白基因、拟南芥叶绿体 3-磷酸甘油酰基转移酶基因,与抗旱有关的肌醇甲基转移酶基因、海藻糖合酶基因等。目前已经培育出耐盐的小麦、玉米、草莓、番茄、烟草、苜蓿,耐寒的草莓、苜蓿,抗旱、抗瘠的小麦、大豆,耐盐、耐寒、抗旱的水稻。

(5)改良品质植物。

随着生活水平的不断提高,人们更加重视食物的口味、营养价值。通过转基因技术能够改变农作物代谢活动,从而改变食物营养组成,包括蛋白质的含量、氨基酸的组成、淀粉和其他糖类化合物、脂类化合物的组成等。

已经培育有富含蛋氨酸烟草,低淀粉水稻,富含月桂酸油菜,延熟番茄,改变花色玫瑰,富含铁、锌和胡萝卜素的"金水稻"。

(6)环保植物。

转基因植物可以用于生物除污(例如清除水体和土壤中的有机物和重金属污染等),改善环境。北京大学生命科学院培育的转基因烟草和转基因蓝藻可以分别用于吸附并排除土壤、污水中的重金属镉、汞、铅、镍污染,并且种植转基因烟草的土地重金属含量明显下降,可以种植出优质农作物。英国科学家用能降解 TNT 细菌的相关基因转化烟草,培育出能在被 TNT 污染的地区茁壮成长、大量吸收并降解 TNT 的转基因烟草。美国科学家用转基因技术改良白杨树,使其能够更多地吸收地下水中的毒素,实验结果显示:转基因白杨树可以将实验所用液体中的三氯乙烯毒素吸收 91%,而普通植物只能吸收 3%。

当然,转基因植物制药还存在一些技术和安全(包括食品安全、环境安全等问题)等方面的问题。希望随着研究的不断深入,技术能够得以发展,从而寻找到解决这些问题的对策。转基因植物在医药、农业、生态、环保领域所具有的巨大的潜在价值必定会给人类带来极大的效益。

参考文献

[1] 周海梦,王洪睿.蛋白质化学修饰.北京:清华大学出版社,1998.

[2] 黄文林,朱孝峰.信号转导.北京:人民卫生出版社,2005.

[3] 沃森著.基因的分子生物学.杨焕民等译.北京:科学出版社,2005.

[4] 王德宝,祁国荣.核酸结构、功能与合成(上、下).北京:科学出版社,1987.

[5] 孙乃恩.分子遗传学.南京:南京大学出版社,1989.

[6] 赵永芳.生物化学技术原理与应用.北京:科学出版社,2002.

[7] 郜金荣,叶林柏.分子生物化学(修订版).武汉:武汉大学出版社,2007.

[8] 陈启民,王金忠,耿运琪.分子生物化学.天津:南开大学出版社,2010.

[9] 孙树汉.医学分子遗传学.北京:科学出版社,2009.

[10] 李明刚.高级分子遗传学.北京:科学出版社,2004.

[11] 贾弘褆,冯作化.生物化学与分子生物学(第2版).北京:人民卫生出版社,2011.

[12] 蒋继,王金胜.分子生物学.北京:科学出版社,2011.

[13] 杨建雄.分子生物学.北京:化学工业出版社,2009.

[14] 杨岐生.分子生物化学.杭州:浙江大学出版社,2004.

[15] 乔中东.分子生物化学.北京:军事医学科学出版社,2011.

[16] 温进坤.生物化学.北京:中国中医药出版社,2008.

[17] 赵武玲.分子生物化学.北京:中国农业大学出版社,2010.

[18] 袁红雨.分子生物学.北京:化学工业出版社,2012.

[19] 静国忠.基因工程及其分子生物学基础——分子生物学基础分册.第2版.北京:北京大学出版社,2009.

[20] (美)韦弗著.分子生物化学(第5版).郑用琏等译.北京:科学出版社,2013.

[21] (英)特纳等编著.分子生物化学(第3版).刘进元等译.北京:科学出版社,2010.

[22] (美)韦弗(Weaver,R.F).分子生物学(第4版).郑用琏,张富春,徐启江等译.北京:科学出版社,2009.

[23] Gerald Karp. Eell and Molecular Biology. 北京:高等教育出版社,2002.

[24] Lodish Harvey,David Baltimore et al. Molecular Cell Biology. Scientific America Books,1995.

[25] Fou ntoulakis,M. et al. Electrophoresis,1998,19(5).

[26] Flint,S. J.,L. W. Enquist et al. Principles of Virology. ASM Press,2000.

[27] Eniasson,C. et al. Electrophoresis,1997,18(3—4).

[28] Watson J D and Crick F H. Molecular structure of the nucleic acids:A structure for deoxyribose nucleic acid. Nature,1953.

[29] Robert F. Weaver 著.分子生物学.郑用琏,张富春,徐启江,岳兵主译.北京:科学出版社,2009.